U0249624

《现代数学基础丛书》编委会

主　编：程民德

副主编：夏道行　龚　昇　王梓坤　齐民友

编　委：（以姓氏笔划为序）

万哲先　王世强　王柔怀　叶彦谦

孙永生　庄圻泰　江泽坚　江泽培

张禾瑞　严志达　胡和生　聂灵沼

莫绍揆　曹锡华　蒲保明　潘承洞

现代数学基础丛书·典藏版 8

有限群构造

上册

张远达 著

科学出版社

北京

内 容 简 介

本书主要论述有限群的构造理论，分上、下两册. 上册是代数领域中关于有限群的一些基本知识. 下册论述有限群的专题部分.

本书可供大专院校数学系高年级学生、研究生及代数研究工作者阅读，也可供其他有关科技工作者参考.

图书在版编目(CIP)数据

有限群构造. 上册/张远达著. —北京：科学出版社，2015.11
(现代数学基础丛书·典藏版；8)
ISBN 978-7-03-046419-4

Ⅰ.①有… Ⅱ.①张… Ⅲ.①有限群-研究 Ⅳ.①O152.1

中国版本图书馆 CIP 数据核字(2015) 第 277007 号

责任编辑：张 扬／责任校对：林青梅
责任印制：徐晓晨／封面设计：王 浩

科学出版社出版
北京东黄城根北街 16 号
邮政编码：100717
http://www.sciencep.com
北京厚诚则铭印刷科技有限公司印刷
科学出版社发行 各地新华书店经销
*
2015 年 11 月第 一 版 开本：B5(720×1000)
2016 年 6 月 印 刷 印张：27 1/2 插页：1
字数：357 000

定价：198.00 元

(如有印装质量问题，我社负责调换)

序　　言

有限群是代数学中一个古老的分支，它有十分悠久的历史．它是由解代数方程的需要，也就是由伽罗瓦（Galois）理论的需要而产生的，并且首先是由置换群的概念发展起来的．至于群的抽象的讨论大概是从弗罗比尼斯（Frobenius）开始的，也就是后来发现构成群之特殊材料（置换这个概念）并不重要，而只需注意一集合里面所定义的代数运算这个性质的探讨．正是这样一种发展，才使得有限群的一般理论得以建立在公理基础之上而变得严谨且清晰，并有利于这理论的进一步发展．仅在第二次世界大战后期几年它的研究中断了，但不久又恢复了它的活跃力，现在人们对有限群反而更为重视，考其原因是群论几乎在各个科技领域里都有它的应用．在爱丁堡举行的国际数学会上由维兰德（H. Wielandt）作的题为《有限群构造之发展》的报告（文献［1］），以及由居里亨（С. А. Чунихин）在全苏第三届代数会上作的题为《近年来有限群发展的若干方向》的报告（文献［2］），并由最近出版的虎拍（B. Huppert）的巨著（文献［3］），都足以说明近年来有限群研究的盛行．

有限群之研究大体可分为群表现与群构造两个方面．本书只叙述了有限群表现的基本知识，目的是用它证明 p^aq^b 阶群的可解性．本书主要是叙述有限群的构造理论．有限群构造的内容也非常丰富，不可能在一本书内包括无遗．例如，近年来国际上对于有限单群的研究有很大的发展，而本书对这个问题却未触及．本书仅环绕有限可解群能分解为西洛（Sylow）基底，以之为中心来阐述近来的发展趋势，而对超可解群给以较详尽的论述．

全书分上、下两册．上册共五章．第一章是基础理论；第二章以有限可解群能分解为素数幂阶群之积以及这样分解之唯一性来说明素数幂阶群（在本书中称为 p-群）之重要性；第三章论述群表现的基本知识，解决 p^aq^b 阶群之可解性；第四章讲扩展理论，其重要性有二：一为借它可由二个群怎样去作另一新的群，二为因有限群存在合成群列，故知研究有限群的根本问题是决定有限单群与探索扩展理论；第五章讨论 p-群的基本性质．总而言之，上册为基本概念，是代数领域中关于有限群的一些基本知识，当然间或有些不是为专攻有限群工作的同志所需的内容；凡是这样的地方均打有星号 *，或用小号字排印，像这样一些地方初学者也可略去．

下册论述有限群的专题部分，诸如弗拉梯尼（Frattini）子群，费丁（Fitting）子群，卡特（Carter）子群，恩格尔（Engel）子群，群之 Π-性质及分解，半单群，超可解群，传输理论等等．概括之，本书是以霍尔（P. Hall），柏额（R. Baer），虎拍，维兰德，居里亨等人的主要工作为基础而阐述的，其间并非无作者的创意在．由于有限群范围过大，而本人学识肤浅，错误难免且取材可能不当，望同好者批评指正．

张远达

武汉大学，1980 年 8 月

目　　录

第一章　基础理论

群的概念在数学各分支与其他科技领域里有广泛的应用. 为使读者阅读方便，本书是从群定义及它的一些基本性质开始来叙述的.

§1. 群的概念

定义　由一些同类的元素(例如数或矩阵等等)组成的一个非空集合 G 满足下列四条件时，就把 G 叫做群:

1°. 在集合 G 内定义了一种代数运算——即对 G 之任二元 a, b(a, b 可为一同元，也可不同) 总可在 G 中找得一元与它们相应. 习惯上叫这样所找得的元素为 a 与 b 的积，记作 ab (或 $a\cdot b$)，并叫 a 与 b 都是积 ab 之因子. 注意，积与它的因子之先后顺序有关，即 ab 与 ba 一般不见得相等.

2°. 结合律成立——即对 G 之任三个元 a, b, c，常有关系式 $(ab)c=a(bc)$.

3°. G 中至少有这样一元 e，使 $ex=x$ 恒成立(任 $x\in G$).——叫这 e 为 G 之一个左单位元.

4°. 对每个 $x\in G$，G 中至少有这样一元 x^{-1} 具有性质 $x^{-1}x=e$，但这 e 为 3° 中所说的某确定的 e. 于是 x^{-1} 不仅与 x 有关且还与 e 之选择有关叫 x^{-1} 为 x 的一个左逆元(对 e 而言).

说确切些，又把 G 关于 1° 之结合方法叫做群. 1° 中说的结合方法叫**乘法**. 注意，**乘法与积**只是两个术语，说明群元素结合的意义与结合的结果. 如将群元素结合方法写为加法“+”，则 a, b 结合的结果为 $a+b$，叫做**和**，而结合律应改为 $(a+b)+c=a+(b+c)$.

群之左单位元及每元 x 之左逆元 x^{-1} 究竟有怎样的特性呢？

首先，设 e 为群 G 之一左单位元．对这 e 言，若 $x\in G$（符号 $x\in G$ 表 x 为 G 之元)，则由 4° 知有 $x^{-1}\in G$，因之又有 $(x^{-1})^{-1}\in G$，使 $x^{-1}x=e$，$(x^{-1})^{-1}\cdot x^{-1}=e$，于是 $(x^{-1}x)x^{-1}=ex^{-1}=x^{-1}$，故再据 2° 得 $x^{-1}(xx^{-1})=x^{-1}$，据 3° 得 $(x^{-1})^{-1}[x^{-1}(xx^{-1})]=(x^{-1})^{-1}x^{-1}=e$，复由 2° 与 3° 得 $e=[(x^{-1})^{-1}x^{-1}](xx^{-1})=e(xx^{-1})=xx^{-1}$．证得了 $x^{-1}x=xx^{-1}=e$，即对 e 言知 G 中每元 x 之每个左逆元 x^{-1} 必同时为 x 的右逆元．正因为如此，故无必要把逆元加以左、右之分，干脆叫 x^{-1} 为 x 之逆元，也说明了原先直接用符号 x^{-1} 的用意．须注意的是，x 的每个逆元 x^{-1}（关于 e 言）还是唯一的，因若 x_1 是 x 之任一个逆元，则从 $xx_1=e=xx^{-1}$，得 $x^{-1}(xx_1)=x^{-1}(xx^{-1})$，$(x^{-1}x)x_1=(x^{-1}x)x^{-1}$，$ex_1=ex^{-1}$，$x_1=x^{-1}$，即证明了逆元的唯一性，且同时证明了 x^{-1} 之逆元为 x，即 $(x^{-1})^{-1}=x$．

其次，由 $xe=x(x^{-1}x)=(xx^{-1})x=ex=x$，又知每左单位元 e 同时必为右单位元，因而也无必要将单位元加以左、右之分；干脆叫 e 为 G 之单位元．群 G 之单位元也是唯一的：因若 e' 是一单位元，则由 e 与 e' 都可为左、右单位元，就不得不有 $ee'=e'$ 与 $ee'=e$，故 $e'=e$．

总之，群 G 的单位元 e 只有一个，每元 x 的逆元 x^{-1} 也只有一个．

如将群定义中的条件 3° 与 4° 分别改为：

$3_1°$. G 中至少有一右单位元 e 使 $xe=x$ 对任 $x\in G$ 常成立；

$4_1°$. 对每 $x\in G$，G 中至少有一元 x^{-1} 使 $xx^{-1}=e$（叫 x^{-1} 为 x 的一个右逆元)，但 e 是 $3_1°$ 中说的某个 e；那末同样可证由 $3_1°$ 与 $4_1°$.能得 3° 与 4°．换言之，1°，2°，3°，4° 和 1°，2°，$3_1°$，$4_1°$ 是群定义的等价条件，即把群定义中的“左”字都改为“右”字，是无影响的．

于是我们自然会问：若将 3° 与 4° 中某个“左”字不变，另一个“左”字改为“右”字，会发生什么现象呢？如

$$e_1=\begin{pmatrix}1 & 1\\ 0 & 0\end{pmatrix},\quad e_2=\begin{pmatrix}1 & -1\\ 0 & 0\end{pmatrix},$$

$$a=\begin{pmatrix}-1 & 1\\ 0 & 0\end{pmatrix},\quad b=\begin{pmatrix}-1 & -1\\ 0 & 0\end{pmatrix},$$

这四个2级矩阵组成的集合G中若定义二元之结合方法为矩阵之通常的乘法，那末G中任二元结合之结果如下表所示.

	e_1	e_2	a	b
e_1	e_1	e_2	a	b
e_2	e_1	e_2	a	b
a	b	a	e_2	e_1
b	b	a	e_2	e_1

即先画两条互相垂直的线(一是水平的、另一是竖直的)；再将G之元e_1，e_2，a，b写在水平线上方，同时又写在竖直线之左方；G中二元结合时，约定第一个因子取在竖直线的左方，第二个因子取在水平线的上方，并将结合结果写在第一个因子的向右及第二个因子的向下的交叉点处.

从上表看出集合G满足群定义条件1°；因矩阵乘法确满足结合律，故集合G满足群定义条件2°；又从上表已看出e_1与e_2皆可充当G之左单位元，即3°成立；但关于e_1言确知e_1，e_2，a，b的右逆元各为e_1，e_1，b，b，而对e_2言又知它们的右逆元各为e_2，e_2，a，a 故G满足4_1°. 这说明了G满足1°，2°，3°，4_1°；但G不是群，因群之左单位元必为右单位元，而e_1与e_2都不是右单位元.

由此例可知判断一集合为群时除检验1°，2°外，还需检验3°与4°同时成立(或检验3_1°与4_1°同时成立)，光检验了3°与4_1°(或3_1°与4°)是不行的.

当结合方法1°写为加法“+”时，常用符号“0”表示单位元，用$-a$表示a之逆元，习惯上叫这样的群为**加群**. 结合法写为乘法的群叫**乘群**，乘群的单位元有时用1表示.

群条件 1° 只是说群之任二元 x，y 结合的结果 xy 与 yx 都是群之元，并不要求 $xy = yx$. 特当群中任二元 x，y 常有关系式 $xy = yx$ 时，叫群为**交换群**. 结合方法写为加法的群习惯上总是表示交换群(即 $x + y = y + x$ 常成立).

只含有限多个元的群 G 叫**有限群**(或叫 G 的**阶**为有限的)，否则就说 G 为**无限群**(或叫 G 的**阶**为无限). 通常用符号 $o(G)$ 表示群 G 的阶，例如 $o(G) = \infty$ 表 G 为无限群，而 $o(G) = n$ 表 G 为有限群，其阶等于 n，或叫 G 为 n 阶群.

有限、无限、交换、非交换群的例很多.如一切正实数之集合是无限交换(乘)群；一切 n 级满秩矩阵(矩阵的要素即组成分子为某域内的元)的集合是无限非交换(乘)群；1 之 n 个 n 次单位根(即方程 $x^n - 1 = 0$ 之根)之集合是 n 阶(有限阶)交换群；由

$$e = \begin{pmatrix} 1 & 0 & 0 \\ 0 & 1 & 0 \\ 0 & 0 & 1 \end{pmatrix}, \quad a = \begin{pmatrix} 0 & 1 & 0 \\ 1 & 0 & 0 \\ 0 & 0 & 1 \end{pmatrix}, \quad b = \begin{pmatrix} 0 & 0 & 1 \\ 0 & 1 & 0 \\ 1 & 0 & 0 \end{pmatrix},$$

$$c = \begin{pmatrix} 1 & 0 & 0 \\ 0 & 0 & 1 \\ 0 & 1 & 0 \end{pmatrix}, \quad d = \begin{pmatrix} 0 & 1 & 0 \\ 0 & 0 & 1 \\ 1 & 0 & 0 \end{pmatrix}, \quad f = \begin{pmatrix} 0 & 0 & 1 \\ 1 & 0 & 0 \\ 0 & 1 & 0 \end{pmatrix}$$

这六个 3 级初等矩阵(满秩的)所成之集合关于矩阵之乘法言确成群，而为六阶(有限阶)非交换群，这可以像前面由四个 2 级矩阵列表那样去检验，这时的表如下(叫做群表)：

	e	a	b	c	d	f
e	e	a	b	c	d	f
a	a	e	d	f	b	c
b	b	f	e	d	c	a
c	c	d	f	e	a	b
d	d	c	a	b	f	e
f	f	b	c	a	e	d

与群定义中条件 1°，2°，3°，4° 等价的除了 1°，2°，3_1°，4_1° 外，

还有另一组等价条件，即 1°, 2° 与

5°. 对于集合 G 中任二元 a 与 b，方程 $ax = b$ 与 $ya = b$ 在 G 内都有解.

由 1°, 2°, 3°, 4° 易知 5°：因为 $x = a^{-1}b$ 与 $y = ba^{-1}$ 显然分别为 $ax = b$ 与 $ya = b$ 的解. 故需检验的是 1°, 2°, 5° $\Longrightarrow$ 3°, 4° [甲 $\Longrightarrow$ 乙表示由甲可推得乙]. 这也易于了解：因对某 $a \in G$，由 5° 可知 $ya = a$ 在 G 内可解，令 e 为其一解 ($ea = a$)，于是对 $b \in G$ 而根据 5° 取 $ax = b$ 之一解 c 后 ($ac = b$)，就有 $eb = e(ac) = (ea)c = ac = b$，证明了 e 为 G 之一左单位元，即 3° 成立；又 $ya = e$ 之解的存在性（条件 5°）即证明了条件 4°.

下一性质很重要，经常引用，即

6°. 在群 G 内方程 $ax = b$ 与 $ya = b$ 的解皆是唯一的.

因从 $ax = b$ 得 $a^{-1}(ax) = a^{-1}b$，而 $a^{-1}(ax) = (a^{-1}a)x = ex = x$，故 $x = a^{-1}b$，即 $ax = b$ 之解只能是 $x = a^{-1}b$. 同样可证 $ya = b$ 之解的唯一性.

注意 这性质 6° 的含义是消去律，即

$$\begin{cases} ax = ax_1 \Rightarrow x = x_1, \\ ya = y_1a \Rightarrow y = y_1. \end{cases}$$

特当 G 为由有限多个元而成之集时，易证 G 成群的充要条件是1°, 2°与6°.（即这时不要求5°之可解性，而只要求解之唯一性.）

因若 G 成群，则 1°, 2°, 6° 成立自明. 故需检验的是1°, 2°, 6° $\Longrightarrow$ 5°：因集合 G 只含有限多个元，如以 $a_1, a_2, \cdots, a_n$ 表示。故取定了 G 之某元 a 并作 n 个乘积 $aa_1, aa_2, \cdots, aa_n$ 后，则据 1，知 $aa_i \in G(i = 1, 2, \cdots, n)$，再据 6° 又知当 $i \neq j$ 时确有 $aa_i \neq aa_j$，于是 $aa_i(i = 1, 2, \cdots, n)$ 不得不为 G 之全部元素，故不论 b 为 G 之任何元，恒有一 a_i 使 $aa_i = b$（i 随 b 而变化），即 $ax=b$ 在 G 内可解. 同理也知 $ya = b$ 在 G 内可解. 因而 5° 获证.

总之，判定集合 G 成群，有下列三组条件（等价的）：

（一）1°, 2°, 3°, 4°；

（二）1°, 2°, 3_1°, 4_1°；

（二）1°，2°，5°.

但判定有限集成群，尚有下面一组等价条件：

（四）1°，2°，6°.

可是判定一有限集成群，有时常用群表来说明．事实上，从群表可看出许多性质：例如单位元的存在从群表的角度言即意味着有一行的元素与水平线上方的元素完全一致（即相应位置的元相同），也有一列的元素与竖直线左方的元素完全一致；消去律则意味着群表之每行和每列都没有相同的元．于是，当这些现象中有一不合时，则知所给的集合不成群．但这些现象即令皆适合，要这集成群，还需检验结合律；可惜从群表不易判断结合律，§5 末再叙述检验的方法．

结合律指对 G 之任三元 a，b，c，常有 $(ab)c=a(bc)$；正因为这样，故干脆将 $(ab)c=a(bc)$ 简写为 abc 而不加括号，并不有损其意义之明确性．关于

$$\prod_{i=1}^{n} a_i = a_1a_2\cdots a_n$$

之多个元素的结合积是用递归公式

$$\prod_{i=1}^{1} a_i = a_1, \quad \prod_{i=1}^{n+1} a_i = \left(\prod_{i=1}^{n} a_i\right) a_{n+1}$$

来定义的．关于这个，有下列两个引理．

引理 1 $\prod_{i=1}^{m} a_i \cdot \prod_{j=1}^{n} a_{m+j} = \prod_{k=1}^{m+n} a_k$.

事实上，$n=1$ 时显然成立（这是定义）．归纳地假定 $n=r$ 时成立，则由条件 2° 及定义，有

$$\begin{aligned}\prod_{i=1}^{m} a_i \cdot \prod_{j=1}^{r+1} a_{m+j} &= \prod_{i=1}^{m} a_i \cdot \left[\left(\prod_{j=1}^{r} a_{m+j}\right) a_{m+r+1}\right] \\ &= \left(\prod_{i=1}^{m} a_i \cdot \prod_{j=1}^{r} a_{m+j}\right) a_{m+r+1} \\ &= \left(\prod_{k=1}^{m+r} a_k\right) a_{m+r+1} = \prod_{k=1}^{m+r+1} a_k,\end{aligned}$$

即证明了引理 1 在 $n=r+1$ 时是成立的.

引理 1 的实质意义是说两个结合积之积与它们的所有因子在同一顺序下的结合积相等,例如 $(abc)(df)=abcdf$. 于是, n 个元 $a_1, a_2, \cdots, a_n$ 所决定的一切结合积,只要这 n 个元的顺序不改变,不管在它们中间怎样添加括号或去掉括号,结果都一样,总是等于 $\prod_{i=1}^{n} a_i$. 特当这些 a_i 都相等而为 a 时,就用幂 a^n 表示 $a_1a_2\cdots a_n=\underbrace{aa\cdots a}_{n个}$, 叫 a^n 为 a 之 n 次幂. 于是由引理 1 又有

$$a^na^m=a^ma^n=a^{m+n}, \quad (a^m)^n=(a^n)^m=a^{mn}. \tag{1}$$

再定义 $a^0=1$, $a^{-n}=(a^{-1})^n (n>0)$, 易证公式(1)对任何整数 m, n(正、负或零)皆成立,故又有 $a^{-n}=(a^n)^{-1}$.

又因 $(ab)(b^{-1}a^{-1})=a(bb^{-1})a^{-1}=1$, 故根据逆元的唯一性可知 $(ab)^{-1}=b^{-1}a^{-1}$, 于是用归纳法可知

$$(a_1a_2\cdots a_n)^{-1}=a_n^{-1}\cdots a_2^{-1}a_1^{-1}. \tag{2}$$

关于交换群又有下面的

引理 2 设 $a_1, a_2, \cdots, a_n$ 为交换群 G 之任 n 个元. 不论 $p(1), p(2), \cdots, p(n)$ 表示自然数 $1, 2, \cdots, n$ 之任何排列,恒有关系式

$$\prod_{i=1}^{n} a_{p(i)}=\prod_{i=1}^{n} a_i(=a_1a_2\cdots a_n).$$

证明 $n=1$ 时显然成立. 再归纳地假定引理 2 对 $n-1$ 个元成立. 因 $p(1), p(2), \cdots, p(n)$ 是 $1, 2, \cdots, n$ 之排列, 故必有一 k 使 $p(k)=n$, 因之

$$\prod_{i=1}^{n} a_{p(i)}=\left(\prod_{i=1}^{k-1} a_{p(i)}\right)\cdot a_{p(k)}\cdot\left(\prod_{i=k+1}^{n} a_{p(i)}\right)^{1)}$$

---

1) $k=1$ 时无第一个括号 $\left(\prod_{i=1}^{k-1} a_{p(i)}\right)$, $k=n$ 时无后一个括号 $\left(\prod_{i=k+1}^{n} a_{p(i)}\right)$, 这些都不影响证明的一般性.

$$= \left(\prod_{i=1}^{k-1} a_{p(i)}\right)\left(\prod_{i=k+1}^{n} a_{p(i)}\right) \cdot a_{p(k)}$$

$$= (a_{p(1)} \cdots a_{p(k-1)} a_{p(k+1)} \cdots a_{p(n)}) a_n.$$

但因 $p(1), \cdots, p(k-1), p(k+1), \cdots, p(n)$ 是 $1, 2, \cdots, n-1$ 的一个排列,故由归纳法的假设可知

$$a_{p(1)} \cdots a_{p(k-1)} a_{p(k+1)} \cdots a_{p(n)} = \prod_{i=1}^{n-1} a_i,$$

因之就有

$$\prod_{i=1}^{n} a_{p(i)} = \left(\prod_{i=1}^{n-1} a_i\right) a_n = \prod_{i=1}^{n} a_i, \quad \text{证完.}$$

引理 2 是说交换群中 n 个元之结合积的结果只和这 n 个元自身有关,而与其先后顺序无关.

由引理 2 易证交换群 G 中任二元 a, b 恒有

$$(ab)^n = a^n b^n \tag{3}$$

之关系,但 n 为任何整数（正、负或零). 同样,虽 G 非交换群,只要 $ab = ba$, 也可证明 (3) 式为真.

在加群里,用符号 $\sum_{i=1}^{n} a_i$ 代替符号 $\prod_{i=1}^{n} a_i$, 用 na 代替 a^n, 于是公式 (1) 变为

$$ma + na = (m+n)a, \quad m(na) = (mn)a,$$

而公式 (3) 变成了 $n(a+b) = na + nb$.

问题　由 $a \neq 0$ 之一切实数偶 (a, b) 所成之集 G 中结合方法为 $(a, b) \cdot (c, d) = (ac, bc + d)$. 试证 G 为无限非交换群.

§2. 同 构, 同 态

群论的任务是研究“有一种代数运算”的集合（当然对这一种代数运算还要附加若干条件,如前节中的 2°, 3°, 4°). 代数学研究的对象就是具有一种或多种代数运算的集合, 但不是孤立地研究集合本身,往往是将集合中的结合方法（即代数运算）一块来考

虑．研究群当然也如此．于是当两群 G，G_1 已给时，可能 G 与 G_1 之结合方法不同（例如一为加群、一为乘群），但若在 G 与 G_1 之元间能建立一种对应关系，使这对应关系仅牵连到结合方法，而与各个群之元究竟是什么具体东西没有关系，那末从抽象的角度言，由某一群只利用其结合方法所推出的性质即得另一群借对应关系应具有的类似性质，这样可使我们的研究能一般化．为此，要引进一个重要概念——同构．下面先从一般情况来谈．

定义 1 设 S 与 T 为任二集合．如有一确定方法（记为 σ）能使 S 之每元 x 得在 T 内有相应的一元 y（记为 $y = x^{\sigma}$，或 $x\sigma$，或 σx），就叫 σ 是 S 在 T **内**的一个映射．叫 y 为 x 的像，而叫 x 为 y 的一个原像（借映射 σ）．有时又记为

$$\sigma:\ x \to y.$$

注意这里的确定方法用通俗语言来说就是函数关系，即 y 为 x 之函数；从 x 能找着相应的 y 即表示 y 是 x 的单值函数；σ 为 S 在 T **内**的一个映射就是说单值函数 y 的值域在 T 内，而自变量 x 变化的范围（或区域）为全集合 S.

若集 T 之每元 y 是集 S 中至少一个元 x 的像（关于映射 σ），即 T 之每元 y 至少有一个原像（或函数的值域为全集合 T），就叫 σ 是 S 在 T **上**的映射．例如当 S 为一切整数之集合，而 T 为一切偶数之集合时，那末使每整数对应于其 2 倍的方法就是 S 在 T **上**的映射，而使每整数对应于其 4 倍的方法就是 S 在 T **内**的映射．

定义 2 若 S 在 T **上**的映射 σ 只能使 T 之每元 y 为 S 之唯一个元 x 的像（即 T 之每元只有唯一个原像），就叫 σ 为 S 在 T 上的一对一的（简称 1-1 的）映射，记为 $\sigma: x \longleftrightarrow y$．于是 S 与 T 有相同的浓度（或基数）——集合论的术语．

至于 S 在 T **内**的 1-1 映射也可同样定义，不过这时 T 之每元不见得有原像，但若有，就只有一个．例如使每整数对应于其 2 倍与 4 倍分别为整数集合 S 在偶数集合 T **上**与**内**的 1-1 映射．

定义 3 设 G 与 G_1 为二个群，其元分别表为 $a, b, c, \cdots$ 与 $a_1, b_1, c_1, \cdots$．若 σ 是 G 到 G_1 **内**（或**上**）的这样一个映射即由 σ

只要 $x \to x_1$, $y \to y_1$, 就必有 $xy \to x_1y_1$ [与之等价的是 $(xy)^\sigma = x^\sigma y^\sigma$ 或 $(xy)\sigma = x\sigma \cdot y\sigma$], 那末就叫 σ 是 G 到 G_1 **内**(或**上**)的同态映射而叫 G 同态于 G_1 **内**(或**上**). 特当 G 同态于 G_1 上时, 简称 G 同态于 G_1(或 G 与 G_1 同态), 表为 $G \overset{\sigma}{\sim} G_1$, 或简写为 $G \sim G_1(=G^\sigma)$.

当同态映射 σ 为 1-1 映射时, 叫 σ 为**同构映射**并叫 G 同构于 G_1 **内**(或**上**). 若 σ 为 G 到 G_1 **上**之同构映射时, 简称 G 同构于 G_1 (或 G 与 G_1 同构), 表为 $G \overset{\sigma}{\simeq} G_1$, 或简表为 $G \simeq G_1(=G^\sigma)$.

据同构之义, 欲证映射 σ 为同构, 只需证明

$$(xy)^\sigma = x^\sigma y^\sigma \tag{1}$$

及

$$x^\sigma = y^\sigma \Rightarrow x = y. \tag{2}$$

例如使每整数对应于其 2 倍或 4 倍的映射分别是一切整数之加群在一切偶数之加群上或内的同构映射. 又如令正实数 a 对应于它的对数 $a_1 = \log a$ 之映射为 $\sigma[a \to a^\sigma = a_1 = \log a]$, 则因 $(ab)^\sigma = \log(ab) = \log a + \log b = a^\sigma + b^\sigma$, 以及 $a^\sigma = b^\sigma$ (即 $\log a = \log b) \Rightarrow a = b$, 并因每实数 a_1 可由 $e^{a_1} = a$ (即 $a_1 = \log a$) 得以决定唯一的正数 a, 即每实数 a_1 有唯一个原象 a, 故知一切正实数之乘群 G 与一切实数之加群 G_1 是同构的, 因而从群论的方法又知这二个集合的浓度相同.

设有二群 G 与 G_1, 假定 $G \overset{\sigma}{\sim} G_1$.

若 $x_1 \in G_1$, 则从 $G \overset{\sigma}{\sim} G_1$ 可知至少有一元 $x \in G$ 使 $x^\sigma = x_1$; 又由 $x = ex$ (e 为 G 之单位元) 得 $x_1 = x^\sigma = (ex)^\sigma = e^\sigma x^\sigma = e^\sigma x_1$, 故从 x_1 在 G_1 内的任意性不得不有 $e^\sigma = e_1$ (G_1 之单位元). 再从 $e_1 = e^\sigma = (x^{-1}x)^\sigma = (x^{-1})^\sigma \cdot x^\sigma$ 又知 $(x^{-1})^\sigma = (x^\sigma)^{-1}$. 于是证得

定理 1 若 $G \overset{\sigma}{\sim} G_1$, 则 G 之单位元 e 必对应 G_1 之单位元 e_1, G 之每元 x 的逆元 x^{-1} 必对应于 x 之对应元 x_1 的逆元 x_1^{-1}. 即 $e^\sigma = e_1$, $(x^{-1})^\sigma = (x^\sigma)^{-1}$.

推论 若 $G \simeq G_1$, 则 $e \leftrightarrows e_1$; 且当 $x \leftrightarrows x_1$ 时, 又有 $x^{-1} \leftrightarrows x_1^{-1}$.

当 $G \simeq G_1$ 时，还易证：若 G 之元 $x, y, z, \cdots$ 之间有某关系 $x^l y^m z^n \cdots = e$，那末 G_1 中对应元 $x_1, y_1, z_1, \cdots$ 间也有类似关系 $x_1^l y_1^m z_1^n \cdots = e$. 反之亦然. 于是,同构的二群除了作为它们的元素所采用的符号不同外，关于由结合方法产生群元素间的性质在本质上无差异，这也是说凡由结合方法都能导得元素间的任何关系对于同构群成立. 所以两个同构的群从抽象的角度言是一回事,不必认为相异.

但在 $G \sim G_1$ 时，虽能证明由 G 之元间某关系能导出 G_1 中对应元素亦必具相同的关系；可是反过来，从 G_1 之元间某关系却不能断言 G 中被对应元间具有相同之关系，原因是 G_1 之一元在 G 内的原像不止一个. 然而这时 G 中被对应元间究竟会发生怎样的关系，这个问题留在 §6 里去解决.

关于同态，还有

定理 2 设 G 是群而 G_1 是具有一种代数运算（简写为乘法）的非空集合(注意并不要求 G_1 成群). 如果 σ 表示 G 到 G_1 上的一个同态映射(即 $x \in G$ 时有 $x^\sigma \in G_1$ 且 $(xy)^\sigma = x^\sigma y^\sigma$，并当 $x_1 \in G_1$ 时必至少有一 $x \in G$ 使 $x_1 = x^\sigma$)，那末 G_1 也一定是群.

证明 由 G_1 具一种代数运算即知 G_1 满足 §1 中条件 1°. 再设 $x_1, y_1, z_1 \in G_1$，借映射 σ 设 x_1, y_1, z_1 在 G 中的原像之一各为 x, y, z，于是从 $(xy)z = x(yz)$ 得 $(xy)^\sigma z^\sigma = x^\sigma (yz)^\sigma$，$(x^\sigma y^\sigma) z^\sigma = x^\sigma (y^\sigma z^\sigma)$，即 $(x_1 y_1) z_1 = x_1 (y_1 z_1)$，这说明了 G_1 满足 §1 中条件 2°. 最后，再令 $a_1, b_1 \in G_1$，并令 a_1, b_1 在 G 内的原像（借映射 σ）之一各为 a, b；因 $ax = b$ 与 $ya = b$ 在 G 内分别有解 x 与 y，故当令 $x^\sigma = x_1 \in G_1$ 与 $y^\sigma = y_1 \in G_1$ 时，由 σ 为同态之理，就应有 $(ax)^\sigma = b^\sigma$，$a^\sigma x^\sigma = b^\sigma$，$a_1 x_1 = b_1$，同理也有 $y_1 a_1 = b_1$，这说明了 G_1 满足 §1 中条件 5°. 故 G_1 成群，证完.

须注意的是：同构关系满足 (i) **自反律** ($G \simeq G$)，(ii) **对称律** ($G \simeq G_1 \Rightarrow G_1 \simeq G$)，(iii) **传递律** ($G \simeq G_1, G_1 \simeq G_2 \Rightarrow G \simeq G_2$)；但同态关系只满足自反律与传递律，一般不满足对称律.

问题 1 写正有理数 α 为 $\alpha = 2^n \alpha_1$ 形，使 α_1 之分子和分母都

与 2 互质，而 n 为整数（正、负或零）. 试证映射 $\sigma:\alpha \to n$ 为正有理数乘群到整数加群上的同态.

问题 2　一切非零之有理数而成之乘群与一切整数而成之加群是同态的.

问题 3　形如 $\begin{pmatrix} a & b \\ -b & a \end{pmatrix}$ 的二级实矩阵（a, b 不全为零）之集为一交换（乘）群，并与一切非零复数之乘群同构.

§3. 子群及其陪集与指数

研究有限群之构造往往要联系到群之某些子集合而这些子集合关于原来群的结合方法又成群，像这样的子集合当然显得很有重要性，因而先说下面的.

定义　设 H 是群 G 的一个非空子集. 若 H 关于 G 的结合方法也成群就叫 H 是 G 的子群.

显然，任何群 G 都至少有两个子群，一为群 G 本身，另一为仅由 G 之单位元 e 而成的子群. 仅由 G 之单位元 e 而成的子群叫做 G 的**单位(元)子群**. 凡不等于 G 自身的 G 之任何子群叫做 G 的**真子群**. 单位子群当然是 G 之真子群. 当然，这些都是已假定了 G 至少含两个元素. 特当群 G 只含一个元时，G 自身就是单位子群，这时它只有唯一个子群，叫这样的群为**单位群**.

今问这样一个问题，即当 H 为 G 之子群时，那末 H 之单位元以及 H 之元 x 在 H 内的逆元都是什么呢? 先解决

引理　凡满足关系式 $x^2 = x$ 之群元 x 一定是群之单位元.

事实上，从 $x^2=x$ 得 $x^{-1}x^2=x^{-1}x=e$，而由结合律又有 $x^{-1}x^2 = (x^{-1}x)x = ex = x$，故 $x = e$。证完.

今设 e' 是子群 H 的单位元，于是 $e'^2 = e'$，再由上引理得 $e'=e$，说明了子群的单位元与原群的单位元一致. 再设 $x \in H$；若 x 在 H 内的逆元为 x'，则 $x'x = e' = e$，但 $x' \in G$，故由 x 在 G 内之逆元的唯一性就应有 $x' = x^{-1}$。说明了子群之元在子群内的逆元

恰为这元在原群内的逆元. 故得

定理 1 设 H 为群 G 之子群，则 H 之单位元就是 G 之单位元，H 之元 x 在 H 内的逆元也是 x^{-1}.

再研究群 G 之子集 H 为子群的条件.

当 H 为子群时，从 $a, b\in H$ 当然产生了 $ab\in H$ 与 $a^{-1}\in H$. 反之，$a, b\in H \Longrightarrow ab\in H$ 说明了 H 满足 §1 的条件 1°; 又若由 $a\in H$ 恒得 $a^{-1}\in H$，则据条件 1° 应有 $e=a^{-1}a\in H$，说明了 H 满足 §1 的条件 3°; 又假定了从 $a\in H$ 恒得 $a^{-1}\in H$ 这一事实还说明了 §1 的条件 4° 在 H 内成立; 由于 H 之元就是 G 的元，故 H 满足 §1 条件 2° (结合律)是当然的. 于是得到了

定理 2 群 G 之非空子集 H 为 G 的子群之充要条件是:

(i) $a, b\in H \Longrightarrow ab\in H$,

(ii) $a\in H \Longrightarrow a^{-1}\in H$.

定理 2 中条件 (i) 和 (ii) 可合并为一个，即下面的

推论 1 群 G 之非空子集 H 为 G 之子群的充要条件是: $a,b\in H \Longrightarrow ab^{-1}\in H$.

事实上，若 H 为子群，则当 $a, b\in H$ 时，由 (ii) 应有 $b^{-1}\in H$，故由 (i) 得知 $ab^{-1}\in H$. 反之，设 $a, b\in H \Longrightarrow ab^{-1}\in H$，则由 $a\in H$ 即得 $aa^{-1}\in H$，即 $e\in H$，再利用一次假设又得到 $ea^{-1}=a^{-1}\in H$，即 (ii) 成立，其次，从 $a, b\in H$ 而利用已证得的 (ii) 就有 $b^{-1}\in H$，因而再一度利用我们的假设就得知 $a(b^{-1})^{-1}=ab\in H$，证明了 (i). 故 H 是子群.

特当 H 只含有限多个元时，又有

推论 2 群 G 之非空有限子集 H 为子群的充要条件是: $a,b\in H \Longrightarrow ab\in H$.

事实上，当 H 为子群时，$a, b\in H \Longrightarrow ab\in H$ 自明. 反之，$a, b\in H \Longrightarrow ab\in H$ 就说明了 H 满足 §1 的条件 1°; 因 H 为 G 之子集，故 §1 的条件 2° 与 6° 在 H 内也成立. 于是据 H 之有限性知 H 成群.

再设 H 与 K 都是群 G 之子群，考虑它们的公共部分 $D=H\cap K$

(叫做H与K的**交**).因G之单位元e在H内又在K内,故有$e\in D$,即D非空集. 今若$a, b\in D$,则由上推论1可知$ab^{-1}\in H$, $ab^{-1}\in K$,故有$ab^{-1}\in D$,即D为子群.

对任意多个(有限或无限)子群A_α(α过某集合),也可类似地定义它们的**交**记为$\bigcap_\alpha A_\alpha$,且同样能证明$\bigcap_\alpha A_\alpha$为G之子群. 故有

定理3 群G之任意多个子群之交亦为G之子群.

再设H为群G之真子群. 于是必有元$a\in G$,而$a\bar{\in}H$[符号$a\bar{\in}H$表示a不在H内],今作G的子集Ha(或aH)——它表示形如xa(或ax)的集(x跑遍H),叫做H在G内的**左陪集**(或右陪集),这时据§1的条件6°(消去律)易知映射$x\to xa$为集H在集Ha上的1-1映射,故H和Ha有相同的基数. 又$H\cap Ha$为空集——因由$x, y\in H$及$x=ya$得$a=y^{-1}x\in H$而与假设$a\bar{\in}H$相矛盾.若G之子集$H+Ha$(这里加号"+"表示H与Ha之并集)还不能包括G之全部元素,就再取$b\in G$使$b\bar{\in}H+Ha$,而作左陪集Hb,于是据刚才所说之理可知Hb与H有相同的基数且$H\cap Hb$为空集;这时尚可知$Ha\cap Hb$为空集——因从$xa=yb(x, y\in H)$得$b=y^{-1}xa\in Ha$而与假设$b\bar{\in}H+Ha$相矛盾.如G中尚有元不在子集$H+Ha+Hb$内,就再令c是这样的一个元素,同上述的道理可知Hc与H, Ha, Hb之交都是空集. 继续这样作下去,或有可能使G分解成有限多个H之左陪集的并集,如

$$G=H+Ha_2+Ha_3+\cdots+Ha_n. \tag{1}$$

但也有可能使G不可以分解成有限多个H之左陪集的并集,例如H为无限群G之单位子群时就是这样的现象.若注意当$a_1\in H$时,易证有$H=Ha_1=a_1H$这一事实,则(1)式可写为对称形

$$G=Ha_1+Ha_2+\cdots+Ha_n,$$

或简写为$G=\sum_{i=1}^{n}Ha_i$或$G=\bigcup_{i=1}^{n}Ha_i$.

若G不能分解成有限多个H之左陪集的并集,我们也形式地记为

$$G=\sum_{i=1}^{\infty} Ha_i \text{ 或 } G=\bigcup_{i=1}^{\infty} Ha_i,$$

叫做 G 分解为 H 之无限多个左陪集的并集.

但不论怎样,左陪集之个数恒一定. 换言之,当分解一度为无限时,永远是无限的;当分解一度为某有限数 n 时,也永远是有限数 n. 为此,有赖于下面的

定理 4 群 G 之二元 x, y 在子群 H 之同一个左陪集(或右陪集)内的充要条件是 $xy^{-1}\in H$ (或 $x^{-1}y\in H$).

$x,\ y\in Ha \Longrightarrow x=h_1a,\ y=h_2a(h_1,\ h_2\in H)\Longrightarrow xy^{-1}=h_1h_2^{-1}\in H$. 反之, $xy^{-1}\in H\Longrightarrow x\in Hy$, 而 $y\in Hy$, 故 x, y 在 H 之同一个左陪集内. 定理 4 获证.

由定理 4 即得下面的

推论 群 G 之子群 H 的两个左(右)陪集或无公共元或完全一致.

事实上, $x\in Ha\cap Hb\Longrightarrow x=h_1a=h_2b(h_1,\ h_2\in H)$, 故有 $a=h_1^{-1}h_2b\in Hb$, $Ha\subseteq Hb$. 同理, $Hb\subseteq Ha$. 故 $Ha=Hb$.

现在可解决上述分解为左陪集之个数恒为定数的问题. 即设 $G=Ha_1+Ha_2+\cdots+Ha_n$ 与 $G=Hb_1+Hb_2+\cdots+Hb_m$ 为 H 在 G 内的两种左陪集分解. 若 $m>n$, 则因 $b_i\in G(i=1,\cdots,m)$, 故 $b_i\in Ha_{p(i)}$, 而 $p(i)$ 是 $1,2\cdots,n$ 中的某一;由于 $m>n$, 故 $p(1),p(2),\cdots,p(m)$ 中至少有二个相等, 如令 $p(1)=p(2)$, 就有 $b_1,\ b_2\in Ha_{p(1)}$, 因而 $b_2b_1^{-1}\in H$ (定理 4), $b_2\in Hb_1$, $Hb_2=Hb$. (定理 4 的推论),显然与左陪集分解式

$$G=Hb_1+Hb_2+\cdots+Hb_m$$

之意义相抵,不可. 同理, $m<n$ 亦不可. 故 $m=n$.

上面的证法对于左陪集分解之个数一度为无限时也适用, 即这时不论再怎样分解, 左陪集之个数是恒为无限的. 又上面关于左陪集分解之结论对右陪集分解而言也是成立的,且还能断言:

群 G 关于子群 H 之左陪集分解之基数一定也等于它的右陪集分解之基数.

事实上，由左陪集 Ha 之诸元 $ha(h\in H)$ 之逆元 $(ha)^{-1}=a^{-1}h^{-1}$ 而成的集合 $(Ha)^{-1}$ 显为右陪集 $a^{-1}H$，即 $(Ha)^{-1}=a^{-1}H$，反之也有 $(bH)^{-1}=Hb^{-1}$，故在左陪集分解与右陪集分解之间能建立一一对应关系，因而从左陪集分解

$$G=Ha_1+Ha_2+\cdots+Ha_n$$

可得右陪集分解

$$G=a_1^{-1}H+a_2^{-1}H+\cdots+a_n^{-1}H.$$

这就证明了群 G 关于子群 H 之左陪集分解的个数等于其右陪集分解之个数. 于是当一方为无限时，另方也必无限. 我们叫子群 H 的左陪集(或右陪集) 分解的个数(说确切些，应改为基数) 为 H 在 G 内的**指数**，表为 $[G:H]$，于是 $[G:H]=n$ (有限)或 $=\infty$.

从 $G=Ha_1+Ha_2+\cdots+Ha_n$ 得 $G=a_1^{-1}H+a_2^{-1}H+\cdots+a_n^{-1}H$，可知由左(右)陪集分解推出的结论对右(左)陪集分解言同样成立. 正因为这样，今后专对左陪集分解来讨论，而将得到的结果不附加“左”或“右”字. 又知群的阶等于其所含元之个数 (基数)，故概括之，得到了

定理 5 (拉格朗日 (Lagrange) 定理) 群 G 之阶 $o(G)$ 等于子群 H 的阶乘上 H 在 G 内的指数，即 $o(G)=o(H)\cdot[G:H]$.

应注意的是：由同一元 a 所作的左陪集与右陪集一般不见得一致，即 $Ha\neq aH$. 例如 §1 里列举的由六个 3 级初等矩阵 e, a, b, c, d, f 所成的非交换群 G 中，二元 e, a 而成之子集 $H=\{e, a\}$ 是 G 之子群，而左陪集 Hb 含元 b, d，右陪集 bH 含元 b, f，显然有 $Hb\neq bH$. 尽管一般不必有 $Ha=aH$，但 $Ha\cap aH$ 决不是空集，因为常有 $a\in Ha\cap aH$ 的缘故. 至于使 $Ha=aH$ (任 $a\in G$) 常成立的子群 H 叫做 G 的**正规子群**，留在 §6 里讨论，今着重讨论与子群之指数有关的问题.

设 H 为 G 之子群，而 D 又是 H 的子群，问 $[G:D]$ 与 $[G:H]$ 的关系怎样?

令 $G=\sum Ha_i$ 与 $H=\sum Db_j$ 各为 G 关于 H 与 H 关于 D 之(左)陪集分解. 当 $x\in G$ 时，有某 i (i 与 x 之变化有关) 使 $x=$

$ha_i(h\in H)$，因而又有某 i 使 $h=db_j(d\in D)$，于是 $x=ha_i=db_ja_i\in Db_ja_i$，说明$G$之每元必在形如 Db_ja_i 之某陪集内，故不得不有 $[G:D]\leqslant[G:H][H:D]$. 另方面，又知形如 Db_ja_i 之陪集中任二个无公共元：事实上，若 $Db_ra_s\cap Db_ua_v$ 非空集，则由定理 4 之推论知 $Db_ra_s=Db_ua_v$，于是 $b_ra_sa_v^{-1}b_u^{-1}\in D\subseteq H$，$a_sa_v^{-1}\in b_r^{-1}Hb_u=H$，$Ha_s=Ha_v$，故由分解 $G=\sum Ha_i$ 之意义应有 $s=v$，随而 $Db_r=Db_u$，故再据 $H=\sum Db_j$ 之义又有 $r=u$. 这说明了二等式 $r=u$ 与 $s=v$ 中有一不成立时，Db_ra_s 与 Db_ua_v 决无公共元，即凡形如Db_ja_i之陪集中任二个都无公共元，于是又有 $[G:H][H:D]\leqslant[G:D]$. 因而证得了

定理 6 若D为H之子群，H为G之子群，则有 $[G:D]=[G:H][H:D]$. 且当 $G=\sum Ha_i$ 与 $H=\sum Db_j$ 时，则必有 $G=\sum Db_ja_i$.

特当子群之指数为有限数时，又有

定理 7 如果有限多个子群之指数都是有限数，那末它们的交之指数也是有限数.

证明 只需讨论两个子群的情况即可，因为这显然无损论证的普遍性. 设 $D=H\cap K$，$[G:H]$ 与 $[G:K]$ 都是有限数. 故得令

$$Ha_1+Ha_2+\cdots+Ha_n=G=Kb_1+Kb_2+\cdots+Kb_m.$$

现在考虑 $Ha_i\cap Kb_j$ 为非空集的情况. 这时，若 $x,y\in Ha_i\cap Kb_j$，则从 $x,y\in Ha_i$ 得 $xy^{-1}\in H$，而由 $x,y\in Kb_j$ 又知 $xy^{-1}\in K$，故$xy^{-1}\in D$，说明了 $Ha_i\cap Kb_j$ 之一切元素全在D之同一个陪集 Dy 内，即 $Ha_i\cap Kb_j\subseteq Dy$，但 y 可自 $Ha_i\cap Kb_j$ 中任意选取. 但这时又因 $y\in Ha_i$，故 $Dy\subseteq Ha_i$，同理又有 $Dy\subseteq Kb_j$，于是得 $Dy\subseteq Ha_i\cap Kb_j$. 故结果得 $Dy=Ha_i\cap Kb_j$，说明了：H之每左陪集与K之每左陪集（在G内的）之交或为空集或者就是D在G内的一个左陪集. 反之，D在G内的任一个左陪集也一定是像刚才说的那样等于H的一个左陪集与K的一个左陪集之交：事实上，从 $Dx\subseteq Hx$，$Dx\subseteq Kx$ 得 $Dx\subseteq Hx\cap Kx$，但因有某 s 使 $Hx=Ha_s$，有

某 r 使 $Kx = Kb_r$，故 $Dx \subseteq Ha_s \cap Kb_r$，因而 $Ha_s \cap Kb_r$ 非空集，于是 $Ha_s \cap Kb_r$ 必为 D 之一个左陪集，不得不有 $Dx = Ha_s \cap Kb_r$.

总括上述，知 D 在 G 内左陪集之个数必等于 mn 个交 $Ha_i \cap Kb_j$ 中非空集之个数，故 $[G:D]$ 是有限数. 证完.

注意 由证明方法尚知 $[G:D] \leqslant [G:H][G:K]$.

结束本节前，再说一个问题，即群 G 之任一子群 H 的左、右两种陪集分解

$$G = Hg_1 + Hg_2 + \cdots + Hg_n \quad 与 \quad G = g_1'H + g_2'H + \cdots + g_n'H$$

中，代表元素系 $(g_1, g_2, \cdots, g_n)$ 与 $(g_1', g_2', \cdots, g_n')$ 以全体而言不必一致 [所谓 $(g_1, g_2, \cdots, g_n)$ 与 $(g_1', g_2', \cdots, g_n')$ 一致，指的是有自然数 $1, 2, \cdots, n$ 的一个排列 $p(1), p(2), \cdots, p(n)$ 使 $g_1' = g_{p(1)}, g_2' = g_{p(2)}, \cdots, g_n' = g_{p(n)}$]，今问能否存在着一组公共代表元素系 $x_1, x_2, \cdots, x_n$，使

$$Hx_1 + Hx_2 + \cdots + Hx_n = G = x_1H + x_2H + \cdots + x_nH$$

呢？若 G 为有限群，这答案是肯定的，为此，需先证下面的

引理 一个 n 级矩阵 $A = (a_{ij})$ 之行列式 $|A|$ 的展开式中所有的项都是零的充要条件是 A 里面有一个 $p \times (n - p + 1)$ 维的零子矩阵 $(p \leqslant n)$.

证明 充分条件易证：事实上，如 A 有一个 $p \times (n - p + 1)$ 维的零子矩阵，可不失普遍性假定

$$A \cong \begin{pmatrix} \times & \times \\ p\{ \underbrace{\ 0\ }_{n-p+1} & \times \end{pmatrix},$$

即 $p \times (n - p + 1)$ 维的零子矩阵在 A 的左下角，亦即 $a_{ij} = 0 (n - p + 1 \leqslant i \leqslant n,\ 1 \leqslant j \leqslant n - p + 1)$——因为调动 A 的行与列即可达到这样的要求. 行列式 $|A|$ 之每项为 $\pm a_{i_1 1} a_{i_2 2} \cdots a_{i_{n-p+1}, n-p+1} \cdots a_{i_n n}$ 形，其中 $(i_1, i_2, \cdots, i_{n-p+1}, \cdots, i_n)$ 为 $(1, 2, \cdots, n - p + 1, \cdots, n)$ 的一个排列. 由于 $i_1, i_2, \cdots, i_{n-p+1}$ 共有 $n - p + 1$ 个数，故不能全从 $1, 2, \cdots, n - p$ 中去取，故至少有一个等于 $n - p + 1, \cdots, n$ 中的某一个；这说明了项

$$a_{i_1 1} a_{i_2 2} \cdots a_{i_{n-p+1}, n-p+1} \cdots a_{i_n n}$$

中前面 $n - p + 1$ 个因子内至少有一个等于零，因而这项也必等于零，即行列式 $|A|$ 展开式中每项都等于零.

再证条件的必要性. 用反证法，假定 A 中任何 $r \times s$ 维的零子矩阵恒有 $r + s \leqslant n$ 时，来证明行列式 $|A|$ 之展开式中至少有一项不等于零.

当矩阵 A 之级 $n = 2$ 时，结论显然正确：因为这时由于 $r + s \leqslant 2$ 且 r,

$s \geqslant 1$，故只有 $r = s = 1$ 这一种可能性，于是 2 级矩阵

$$A = \begin{pmatrix} a_{11} & a_{12} \\ a_{21} & a_{22} \end{pmatrix}$$

中或无零元，或即令有之也不过是 $a_{11} = 0$ 及 $a_{12}a_{21} \neq 0$，或 $a_{22} = 0$ 及 $a_{12}a_{21} \neq 0$，或 $a_{21} = 0$ 及 $a_{11}a_{22} \neq 0$，或 $a_{12} = 0$ 及 $a_{11}a_{22} \neq 0$；但不论怎样，都说明了行列式 $|A|$ 之展开式中至少有一项不等于零．这证明了 $n = 2$ 时结论的正确性．

再归纳地假定小于 n 级的矩阵是成立的，而来考虑 n 级矩阵 A．因为 A 中任何 $r \times s$ 维的零子矩阵（如存在）恒有 $r + s \leqslant n$，而令 A 有一个 $p \times q$ 维的零子矩阵，其维数和 $p + q = k$ 是最大数，即 A 中任何 $r \times s$ 维零子矩阵的 $r + s \leqslant p + q = k$，当然 $k = p + q \leqslant n$．

下分二款：（一）$k = p + q = n$，（二）$k = p + q \leqslant n - 1$．

先研究（一）$k = p + q = n$．这时可不失一般性能令

$$A = \begin{pmatrix} B & C \\ p\{\underbrace{0}_{q} & D \end{pmatrix},$$

式中 B 为 $(n - p) \times q$ 维的，D 为 $p \times (n - q)$ 维的．由于 $p + q = n$，故实际上 B 为 q 级矩阵，D 是 p 级矩阵．如果 B 中有 $\lambda \times \mu$ 维的零子矩阵，则 A 相应地就有 $(\lambda + p) \times \mu$ 维的零子矩阵，因而不得不有 $\lambda + p + \mu \leqslant p + q = n$，即 $\lambda + \mu \leqslant q$，说明了 q 级矩阵 B 中任何 $\lambda \times \mu$ 维的零子矩阵恒有关系式 $\lambda + \mu \leqslant q (< n)$，故据归纳法的假设知 B 之行列式 $|B|$ 之展开式中至少有一项不等于零．同理可证 D 之行列式 $|D|$ 之展开式中也至少有一项不等于零．合并之，即知 A 之行列式 $|A|$ 的展开式中至少有一项不等于零．证明了在款（一）时是正确的．

再研究（二）$k = p + q \leqslant n - 1$．因为 A 在此时任何行（或列）不能全为零，否则 A 就有一个 $1 \times n$（或 $n \times 1$）维的零子矩阵，并有 $1 + n > n$，与题设相抵．不失一般性可令 $a_{nn} \neq 0$，即

$$A = \begin{pmatrix} A_1 & \times \\ \times & a_{nn} \end{pmatrix},$$

式中 $A_1 = \begin{pmatrix} a_{11} & \cdots a_{1,n-1} \\ \vdots & \vdots \\ a_{n-1,1} & \cdots a_{n-1,n-1} \end{pmatrix}$ 为一个 $(n - 1)$ 级矩阵．

因 A 之任何 $r \times s$ 维零子矩阵恒有 $r + s \leqslant n - 1$，故 A_1 的任何 $r \times s$

维零子矩阵当然也必有 $r+s\leqslant n-1$，于是据归纳法的假定，可知 A_1 的行列式 $|A_1|$ 之展开式中至少有一项如 $\pm a_{j_1 1}a_{j_2 2}\cdots a_{j_{n-1},n-1}\neq 0$，$(j_1j_2\cdots j_{n-1})$ 为 $(1,2,\cdots,n-1)$ 的某一个排列，故 A 的行列式 $|A|$ 之展开式中的项

$$\pm a_{j_1 1}a_{j_2 2}\cdots a_{j_{n-1},n-1}a_{nn}\neq 0,$$

完全证明了需要的论断．于是引理获证。

再可解决上面提出的问题，即

定理 8 有限群 G 之任何子群 H 的左、右两种陪集分解必有一组公共代表元素系．

证明 设 $G=Hg_1+Hg_2+\cdots+Hg_n$ 与 $G=g_1'H+g_2'H+\cdots+g_n'H$ 为左、右两种陪集分解．作矩阵

$$A=\begin{pmatrix} a_{11} & a_{12}\cdots a_{1n} \\ a_{21} & a_{22}\cdots a_{2n} \\ \vdots & \vdots \quad \vdots \\ a_{n1} & a_{n2}\cdots a_{nn} \end{pmatrix},$$

使 $a_{ij}=0$ 当 $Hg_i\cap g_j'H$ 为空集时，否则就令 $a_{ij}=1$。

如 A 有一 $r\times s$ 维零子矩阵，且可不失普遍性令其在 A 之左上角如

$$A=\begin{pmatrix} r\{\overbrace{0}^{s} & \times \\ \times & \times \end{pmatrix},$$

即 $a_{ij}=0(1\leqslant i\leqslant r,\ 1\leqslant j\leqslant s)$，这意味着 $Hg_i\cap g_j'H(1\leqslant i\leqslant r,\ 1\leqslant j\leqslant s)$ 都是空集，因之集合 $Hg_1+\cdots+Hg_r$ 与 $g_1'H+\cdots+g_s'H$ 无公共元，故从集合论的观点而言应有

$$Hg_1+\cdots+Hg_r\subseteq g_{s+1}'H+\cdots+g_n'H,$$

故 $r\cdot o(H)\leqslant(n-s)\cdot o(H)$，$r\leqslant n-s, r+s\leqslant n$．于是据上引理可知 A 之行列式 $|A|$ 的展开式中至少有一项

$$a_{t_1 1}a_{t_2 2}\cdots a_{t_n n}\neq 0,$$

但 $(t_1,t_2,\cdots,t_n)$ 为 $(1,2,\cdots,n)$ 的一排列．于是不得不有 $a_{t_1 1}=a_{t_2 2}=\cdots=a_{t_n n}=1$，说明了

$$Hg_{t_1}\cap g_1'H,\ Hg_{t_2}\cap g_2'H,\cdots,Hg_{t_n}\cap g_n'H$$

都非空集，即至少有一元 $x_i\in Hg_{t_i}\cap g_i'H(i=1,2,\cdots,n)$，故 $Hg_{t_i}=Hx_i$，$g_i'H=x_iH$，因而有

$$\begin{aligned} G&=Hg_1+Hg_2+\cdots+Hg_n=Hg_{t_1}+Hg_{t_2}+\cdots+Hg_{t_n} \\ &=Hx_1+Hx_2+\cdots+Hx_n \end{aligned}$$

及

$$G = g'_1H + g'_2H + \cdots + g'_nH = x_1H + x_2H + \cdots + x_nH,$$

即 $x_1, x_2, \cdots, x_n$ 为左、右两种陪集分解的一组公共代表元素系． 定理 8 获证．

到这里，要特别强调的是：虽然 $x_1, x_2, \cdots, x_n$ 为左、右两种陪集分解的一组公共代表元素系，即

$$G = Hx_1 + Hx_2 + \cdots + Hx_n = x_1H + x_2H + \cdots + x_nH,$$

但对每 i 不必有 $Hx_i = x_iH$，可能对每 i 都是 $Hx_i \neq x_iH$，也可能对某些 i 有 $Hx_i = x_iH$，而对另一些 i 有 $Hx_i \neq x_iH$． 然不论怎样，$Hx_i \cap x_iH$ 非空集而含元 x_i．

问题 1　由交换群 G 之各元的 k 次幂所成的集合 G^k 是 G 之子群（k 为正、负整数）．

问题 2　交换群 G 中具性质 $x^k = 1$ 的元 x 的集合 $G_{(k)}$ 是 G 之子群（k 为正、负整数）．

问题 3　交换群 G 中若 $[G:G_{(k)}]$ 为有限数，则 G^k 必为有限群，且实际上有 $o(G^k) = [G:G_{(k)}]$．

问题 4　设 H, K 为群 G 之两个有限子群，试证集 HK 含有 G 之 $\dfrac{o(H)\cdot o(K)}{o(H\cap K)}$ 个不同的元． HK 表示凡形为 hk 之元之集（$h\in H, k\in K$），叫做 H 与 K 的**积**．

问题 5　在定理 7 中若 $[G:H]$ 与 $[G:K]$ 互质，试证

$$[G:H\cap K] = [G:H][G:K].$$

§ 4. 循环群，生成元

研究群的目的就是要把其结构弄清楚，也就是想研究属于某一类抽象群中究竟有多少个是互不同构的． 当然，应先从简单的情形着手．最简单的群只由一个元所成，即单位群，这当然没有什么可研究的，所以今后考虑的都是至少含有二个元素的群，这样一些群中最简单的就是群元素都可写为一特定元之幂（幂指数可为正、负、零）． 这样的群有吗？（如果有，当然是交换群．）例如 1 之 n 次单位根之集合（即方程 $x^n - 1 = 0$ 的 n 个根）就是有限

阶（n 阶）的这样的群，因为每个 n 次单位根都等于 n 次单位原根(primitive root) ζ 之幂. 又一切整数之加群也是这样的群(无限阶的)，其每元都是 1 之幂(这里所谓 1 之幂就是 1 之倍数). 于是有必要界说

定义 1 若群 G 之每元可写为 G 中某元 a 的幂，就叫 G 为循环群记为 $G=\{a\}$. 并叫 a 为 G 之生成元(或叫 G 由元 a 所生成).

分 G 为有限与无限两款讨论.

设 $G=\{a\}$ 为有限阶的. 这时，元素 $a, a^2, a^3, \cdots$ 中必有重复的，即如 $a^t=a^s(t>s)$ 之正整数 t 和 s 存在，于是 $a^{t-s}=1$，说明了有自然数 $k(=t-s)$ 使 $a^k=1$. 再令 n 是最小的自然数使具性质 $a^n=1$，即 $a^n=1$ 而 $a^\lambda \neq 1\ (0<\lambda<n)$. 注意必使 $n>1$ (因 G 至少含两元素).

现能断言 $a^m=1$ 的充要条件是 $n|m$.

因若令 $m=qn+r\ (0\leqslant r<n)$，则 $a^r=a^{m-qn}=a^m(a^n)^{-q}=a^m$，故 $a^m=1$ 的充要条件是 $a^r=1$，而 $a^r=1$ 据 n 之假定是在且仅在 $r=0$ 时，即 $n|m$.

由是可知 $a, a^2, \cdots, a^{n-1}, a^n(=1)$ 是 G 中 n 个不同的（即两两互异)元素，且 G 中任何元（a 之任一幂)必为这 n 个中之一. 故 $o(G)=n$，且 n 是使 $a^k=1$ 成立的自然数 k 中最小的，叫 n 为元素 a 的**阶**，记为 $o(a)=n$. 对任何群中各元 x 之阶也是这样定义的，即使 $x^k=1$ 成立之最小自然数 $n(=k)$ 叫做元 x 的**阶**. 但若群 G 之元 x 对任何正整数 k 总是有 $x^k\neq 1$ 时，就叫元 x 的阶为无限，记为 $o(x)=\infty$.

总之，有限循环群 $G=\{a\}$ 之生成元 a 之阶 n 就等于 $o(G)$，且 G 之全部元为 $a, a^2, \cdots, a^{n-1}, a^n(=1)$.

再讨论 $G=\{a\}$ 为无限的. 这时亦可按照上面同样的论证方法可知元 a 之任二个不同的幂 a^r 与 $a^s(r\neq s)$ 决不会相等，随而 a 之阶无限，即 $o(a)=\infty$. 于是无限循环群 $G=\{a\}$ 之全部元素由 $a^0(=1), a, a^{-1}, a^2, a^{-2}, \cdots, a^k, a^{-k}, \cdots$ 而与之.

上面谈了任意群 G 中元 x 之阶的概念. 若 G 中凡由元 x 之幂

而成的集表为 H，则因 $x^r x^s = x^{r+s}$ 及 $(x^r)^{-1} = x^{-r}$ 仍为 x 的幂，故 H 是 G 之子群，而叫 H 为由元 x 生成的(循环)子群，记为 $H=\{x\}$，因之 $o(H) = o(x)$，且据 §3 的拉格朗日定理 5，又得到下面的

定理 1 有限群 G 之每元 x 的阶也是有限的，且为 $o(G)$ 之因数，即 $o(x) \mid o(G)$.

定理 1 之证明方法同时还证明了这样的事项，即不论群 G 有限或无限，由其任一元 x 之一切幂所成的集 H 为 G 之子群——由 x 生成的循环子群 $H = \{x\}$. 不过在 $o(G) = \infty$ 时，$o(x)$ 或有限或无限. 如若 $o(x)=n$，则 $x^r=x^s$ 的充要条件是 $r \equiv s(\mathrm{mod}\, n)$.

再问互不同构的循环群究有多少？若 $G = \{a\}$ 无限，则 $r \neq s \Longrightarrow a^r \neq a^s$，因而映射 $r \to a^r$ 为整数加群到 $G = \{a\}$ 上的 1-1 映射，于是由 $a^r \cdot a^s = a^{r+s}$ 即知这 1-1 映射是同构的. 苟若 $G = \{a\}$ 是 n 阶循环群，则由 $o(a) = n$ 可知虽有 $a^r a^s = a^{r+s}$，但在 $r \neq s$ 时却有 $a^r = a^s$ 之可能，于是这时映射 $r \to a^r$ 为整数加群到 $G = \{a\}$ 上的同态映射，而不为同构的；若注意 $a^r = a^s$ 之充要条件是 $r \equiv s(\mathrm{mod}\, n)$，马上可知映射 $r \to a^r$ 是模 n 之剩余类（加）群到 $G = \{a\}$ 上的同构映射，即 $G = \{a\}$ 与模 n 之剩余类群同构. 故证得了下面的

定理 2 无限循环群的类型只唯一个，即彼此同构且实际上都和整数加群是同构的. 又 n 阶循环群的类型也是唯一的，即与模 n 之剩余类群同构.

再讨论循环群 $G = \{a\}$ 之生成元. G 之每元为 a 之幂，今问除元 a 外是否还有别的元 a^r 可为 G 的生成元吗？即问 a^r 为 G 之生成元的条件是什么？显然，a^r 为 G 之生成元的充要条件是子群 $H = \{a^r\}$ 与 G 一致，而 $G = H = \{a^r\}$ 之条件又是 $a \in H = \{a^r\}$，即适合 $a = (a^r)^x = a^{rx}$ 之整数 x 一定存在；但 $G = \{a\}$ 为无限时，$a = a^{rx}$ 之充要条件是 $rx = 1$，即 $r = \pm 1$. 而当 $G = \{a\}$ 为 n 阶时，$a = a^{rx}$ 之充要条件是 $rx \equiv 1(\mathrm{mod}\, n)$，然 $rx \equiv 1(\mathrm{mod}\, n)$ 有解 x 的充要条件是 $(r, n) = 1$，即 r 只能是 $1, 2, \cdots, n$ 中与 n 互素的数，其个数为数论中的欧拉 (Euler) 函数 $\varphi(n)$. 故总括之

证得了

定理 3 无限循环群 $G=\{a\}$ 之生成元只有两个，为 a 与 a^{-1}. n 阶循环群 $G=\{a\}$ 之生成元有 $\varphi(n)$ 个，其形为 a^r，而 r 与 n 互素.

易知：两个同构的循环群在它们同构映射的关系中生成元必映射为生成元，因之据定理 3 又有下面的

推论. 两个无限循环群在它们的元素间只能有两种方法使之对应成同构映射. 两个 n 阶循环群在它们的元素间有 $\varphi(n)$ 种方法使之对应成同构映射. [设 σ 与 τ 为集 S 到集 T 上(或内)的两个映射. 若对每 $x\in S$ 恒有 $x^\sigma=x^\tau$，就叫 $\sigma=\tau$；若有一元 $a\in S$ 使 $a^\sigma\neq a^\tau$，就叫 $\sigma\neq\tau$.]

再讨论循环群的子群. 设 H 是循环群 $G=\{a\}$ 之子群. 如 H 非单位子群，由 $a^r\in H$ 得 $(a^r)^{-1}=a^{-r}\in H$ 就说明了有 a 之正指数幂属于 H. 今令属于 H 里面 a 之正指数幂中最小的正指数幂为 a^k，即 $a^k\in H\ (k>0)$ 且在 $0<\lambda<k$ 时必为 $a^\lambda\bar{\in}H$. 这时，一方面由 $a^k\in H$，可知不论 t 为任何整数，常有 $(a^k)^t=a^{kt}\in H$；另方面，若 $a^m\in H$，则当令 $m=qk+r\ (0\leqslant r<k)$ 时就有 $a^r=a^{m-qk}=a^m(a^k)^{-q}\in H$，故由 k 之意义知必有 $r=0$，即 $k\mid m$，证明了 H 之元 $a^m=(a^k)^q$ 为 a^k 之幂. 于是 $H=\{a^k\}$，即为由 a^k 所生成的 G 之循环子群. 然由 k 之意义已知 $a, a^2, \cdots, a^{k-1}$ 都不属于 H，故作 H 之 k 个左陪集，如 $H, Ha, Ha^2, \cdots, Ha^{k-1}$ 时，据 §3 则知这 k 个陪集中两两无公共元. 另方面，$G=\{a\}$ 之元 a^m 如令 $m=qk+r\ (0\leqslant r<k)$ 时就有 $a^m=(a^k)^q a^r\in Ha^r$，说明了 G 中每元又必属于这 k 个陪集中之一. 故结果

$$G=\sum_{i=0}^{k-1} Ha^i\ \ (a^0=1),$$

即 $[G:H]=k$.

下面再细分 $G=\{a\}$ 为有限与无限两款.

(一) $G=\{a\}$ 是无限的. 这时，$H=\{a^k\}$ 是由 $1, a^{\pm k}, a^{\pm 2k}, \cdots$ 而成，因之 H 亦为无限. 又对任自然数 k 可作相应的

$H=\{a^k\}$，因之有 $[G:H]=k$；且这样的子群 H 是唯一的，因若 $K=\{a^{k'}\}(k'>0)$ 具 $[G:K]=k$，则据上述又有 $[G:K]=k'$，不得不有 $k'=k$.

（二）$G=\{a\}$ 为 n 阶的. 这时，由拉格朗日定理有 $k|n$. 反之，若 $k>0$ 且 $k|n$，作循环子群 $H=\{a^k\}$ 时，易证 $[G:H]=k$ 或 $o(H)=\frac{n}{k}$；并且也知道 G 中阶为 $\frac{n}{k}$ 之子群是唯一的，即只有这 $H=\{a^k\}$，因若 $K=\{a^{k'}\}$ 为这样的子群 $(k'>0)$，即 $o(K)=\frac{n}{k}$，则又因 $o(K)=\frac{n}{k'}$，不得不有 $k'=k$.

又不论 $G=\{a\}$ 为有限或无限，$\{a^k\}=\{a^{-k}\}$ 自明.

于是，证得了

定理 4 循环群 $G=\{a\}$ 之非单位子群 H 也是循环的，可令 $H=\{a^k\}$，k 为自然数. 当 $G=\{a\}$ 无限时，k 可任意，但指数 $[G:H]$ 有限而等于 k（即无限循环群之任何非单位子群的指数恒为有限的）. 当 $G=\{a\}$ 为 n 阶时，k 得为 n 之因数，而 $o(H)=\frac{n}{k}$；反之，对每 $k|n(k>0)$，n 阶群 $G=\{a\}$ 有且只有一个阶 $\frac{n}{k}$ 之子群 $\{a^k\}$.

这定理 4 说明两个问题： 一是当有限群 G 为循环时，对每 $d|o(G)$，G 有且只有一个阶 d 之子群；二是无限群 G 为循环时，它的任一个非单位子群之指数恒为有限的.

现在问它们的逆定理怎样？ 即问：对有限群 G 之阶 $o(G)$ 的每因数 d，G 恒有唯一个阶 d 之子群时，G 是循环的吗？ 又无限群 G 之任何非单位子群之指数恒为有限时，这 G 为循环群吗？ 我们说都是正确的.

先讨论有限群 G. 设 $o(G)=n$，并假定对每 $d|n$，G 至多有一个阶 d 之子群[1]. 今将 G 中具相同阶的元归并为一类，而设 G 中

1）要求 G 有唯一个阶 d 之子群说明 d 阶子群之存在性与唯一性都要，而 G 至多有一个阶 d 之子群只是要求了唯一性，并未要求存在性. 因之，这里的条件放宽了.

n 个元分成了 t 个类，各类中元的阶分别都等于 $d_1, d_2, \cdots, d_t$——当然，$d_i | n$. 在元之阶为 d_1 之类中先取一元 a 后，再取任元 x 时，则因 $\{x\}$ 与 $\{a\}$ 都是 G 中阶 d_1 之子群，故由题设有 $\{x\} = \{a\}$，$x = a^\lambda$，$\lambda > 0$ 且 $(\lambda, d_1) = 1$。反之，当 $(\lambda, d_1) = 1$ 时，又易证 a^λ 之阶为 d_1. 于是 G 中阶 d_1 之元为且仅为 a^λ 形，$\lambda > 0$ 且 $(\lambda, d_1) = 1$，故其个数等于数论中的欧拉函数 $\varphi(d_1)$。同理，G 中阶 $d_2, \cdots, d_t$ 之元之个数各等于 $\varphi(d_2), \cdots, \varphi(d_t)$. 因而不得不有

$$\sum_{i=1}^{t} \varphi(d_i) = n.$$

然而由数论的知识又知 $\sum_{d|n} \varphi(d) = n$ $\left(\sum_{d|n}\right.$ 表示过 n 之一切正因数 d 取和$\left.\right)$，故结果有

$$\sum_{i=1}^{t} \varphi(d_i) = \sum_{d|n} \varphi(d),$$

于是 $d_1, d_2, \cdots, d_t$ 不得不为 n 之一切正因数，因而其中必有等于 n 的，即说明了 G 中阶为 $o(G) = n$ 之元必存在，故 G 为循环群，而得到

定理 5 有限群 G 为循环的充要条件是对每 $d | o(G)$，G 至多有一个阶 d 之子群（或与之等价的条件是 G 至多有一个指数为 d 的子群）.

再与定理 4 联系，又得到下面的

推论 若对每 $d | o(G)$，G 至多有一个阶（或指数）等于 d 之子群时，那末 G 就必有一个阶（或指数）等于 d 之子群.

下面再从群之元素的角度研究循环群. 首先，令循环群 G 之阶 $o(G) = n$. 若 $d | n$，则 G 有唯一个阶 d 之子群 $H = \{x\}$，H 中各元 $x^i (i = 1, \cdots, d)$ 的 d 次幂等于单位元 $[(x^i)^d = (x^d)^i = 1]$，已说明了 G 有 d 个元其 d 次幂均为单位元. 若 $y \in G$ 且 $y^d = 1$，则 y 之阶 $o(y) = d'$ 应为 d 之因数 $(d' | d)$，于是 $\{y\}$ 是 G 中唯一的一个阶等于 d' 之子群；然 d 阶循环群 $H = \{x\}$ 据定理 4 也只有唯一个 d' 阶子群，它当然也是 G 之 d' 阶子群，故不得不有 $\{y\} \subseteq$

H，即 $y\in H$，这说明了凡 d 次幂等于单位元的 G 之元又必在 H 内．故 G 中 d 次幂为单位元者之个数有 d 个．

反之，假定对每 $d|o(G)=n$，G 至多有 d 个元其 d 次幂为单位元．于是，若 G 有阶 d 的元 x，则 G 有 d 阶子群 $A=\{x\}$；因 $A=\{x\}$ 中 d 个元素之 d 次幂都等于 1，故由假设可知 A 已包含了 G 中凡 d 次幂为 1 的全部元，于是 G 中阶 d 之元 z 必为 x^i 形而 $(i,d)=1$，这样的元显然共有 $\varphi(d)$ 个．这证明了 G 中阶 d 之元的个数 $\psi(d)$ 或 $=0$ 或 $=\varphi(d)$．然 G 中每元之阶又必为 n 之一因数，故若将 G 之元分类，使具同阶的元属于同一类，就应有 $\sum\limits_{d|n}\psi(d)=n$；于是利用公式 $\sum\limits_{d|n}\varphi(d)=n$ 及关系式 $\psi(d)\leq\varphi(d)$，就不得不有对每 $d|n$ 恒有 $\psi(d)=\varphi(d)$，因而有 $\psi(n)=\varphi(n)$，说明了 G 中阶 $o(G)=n$ 之元必存在，即 G 为循环的．又得到了下面的

定理 6 有限群 G 为循环的充要条件是对每 $d|o(G)$，G 至多有 d 个元其 d 次幂为 1．于是对每 $d|o(G)$，G 至多有 d 个元其 d 次幂为 1 与 G 中恰有 d 个元其 d 次幂为 1 者是等价的．

上面所提的第一个问题已由定理 5 作了肯定的回答．至于任何非单位子群之指数恒为有限的无限群一定为循环的这个问题牵涉的知识较多，留在以后再解决．

再提一个问题，即任何非单位子群之指数为有限的无限群既存在（无限循环群是其例），那末任何真子群之指数恒为无限的群存在吗？答案是肯定的，例如一切有理数（或一切实数，或一切复数）而成的加群都是这样的例子，又一切 n 级矩阵（矩阵之组成元或在有理数域内、或在实数域内、或在复数域内）而成的加群也是这样的例子．

今以有理数加群 R 为例来证明．设 H 是 R 之一真子群，于是有一有理数 $a\bar{\in}H$．下分二款．

（一）对任意自然数 k 都是 $ka\bar{\in}H$．

这时，a，$2a$，$3a$，$4a$，$\cdots$ 彼此属于 H 之不同的陪集内，因而当

然有 $[R:H]=\infty$.

(二) 至少有一自然数 μ 使 $\mu a\in H$.

这时,必有 $\mu>1$. 今能断言无穷数列

$$a,\ \frac{1}{\mu}a,\ \frac{1}{\mu^2}a,\cdots,\frac{1}{\mu^n}a,\cdots$$

中两两属于H之不同的陪集内:事实上,从 $\frac{1}{\mu^n}a=\frac{1}{\mu^k}a+h\,(h\in H,\ n>k)$ 得 $a=\mu^{n-k}a+\mu^n h\in H$,而与 $a\bar{\in}H$ 之原假定相抵. 因而这时也是 $[R:H]=\infty$.

至于上面列举的其他例子都可用同样的方法证明. 我们还要在 §6 里面证明一个更广泛的定理,由之可知这些例子都是该定理的特例(参看 §6 定理 10).

前面不止一次地谈到由群G之某元a生成的(循环)子群$\{a\}$. 这样的子群实际上是G中含元a的一切子群之**交**,也可以认为是G中含元a之最小子群. 因若G之子群H含元a,则H也必含a之幂,故$\{a\}\subseteq H$.

一般,设M是群G之一个非空子集. 由 §3 定理 3,可知凡含集M的G之一切子群之**交**亦为G之子群且显然也含M,故为含M的G之最小子群,通常表为$\{M\}$,而叫$\{M\}$是由集M生成的G之子群,并叫M之元为$\{M\}$的生成元. 当M只含一元a时,就变成了前面说过了的由a生成的循环子群$\{a\}$.

今问$\{M\}$之元为何形? 据子群$\{M\}$之义,则知$\{M\}$含M中任何元的正、负幂,因而也含任有限多个这样的幂而成之积,即$\{M\}$包含了凡形状为 $g_1^{\delta_1}g_2^{\delta_2}\cdots g_s^{\delta_s}$ 的元(每 $g_i\in M$,每 δ_i 为正或负整数,s 为自然数). 反之,凡这样形状之元组成的集又易证为G的子群: 因从 $a=g_1^{\delta_1}g_2^{\delta_2}\cdots g_s^{\delta_s}$ 及 $b=h_1^{\varepsilon_1}h_2^{\varepsilon_2}\cdots h_t^{\varepsilon_t}$(每 g_i, $h_i\in M$,且各 δ_i 与 ε_i 为正或负整数),而得 $ab^{-1}=g_1^{\delta_1}g_2^{\delta_2}\cdots g_s^{\delta_s}h_t^{-\varepsilon_t}\cdots h_2^{-\varepsilon_2}h_1^{-\varepsilon_1}$ 也是这样形状的缘故. 于是结果得知子群$\{M\}$是由凡形为 $g_1^{\delta_1}g_2^{\delta_2}\cdots g_s^{\delta_s}$ 之元而成之集(每 $g_i\in M$, δ_i 为正、负整数).

群论里经常引用的是由群G之二子群生成的子群,即当A与

B 为 G 之任二子群时，经常会碰到要研究由 A，B 之并集所生成的 G 之子群 $\{A, B\}$. 若将 A 与 B 之并集 $A\cup B$ 看做为上段中的 $M(M = A\cup B)$，则因 A，B 都是子群，故 M 中每元之正、负幂也就是 A（或 B）中的元之正、负幂，随而仍为 A（或 B）之元，故结果亦是 M 的元. 于是可知 $\{A, B\}$ 是以 G 中凡形为 $g_1g_2\cdots g_s$（每 $g_i\in A$ 或 B）之有限多个元之积为元而成之子群. 再令 $A\cap B = D$，并令 D 在 A 中的陪集分解为 $A = \sum Dx_i$. 于是，从 $x_ix_j^{-1}\in A$ 及 $x_ix_j^{-1}\notin D$ 得知 $x_ix_j^{-1}\notin B$，即 Bx_i 与 Bx_j 为 B 在 $\{A, B\}$ 内的两个不同的陪集（$i\neq j$ 时）. 这就证明了

定理 7 若 A，B 为群 G 之二子群，则子群 $\{A, B\}$ 是由 G 中凡形为 $g_1g_2\cdots g_s$（每 $g_i\in A$ 或 B）之元而成之集，并有 $[\{A, B\}:B]\geqslant[A:A\cap B]$.

现在又有一问题，即在定理 7 中关于群指数之不等式中的等号何时成立？若 $[\{A, B\}:B] = [A:A\cap B]$，则从定理 7 之证明方法，即知当 $A = \sum Dx_i$ 时，有 $\{A, B\} = \sum Bx_i$，即意味着 $\{A, B\}$ 之元恒可表写为 $b'x_i$ 形，于是从 $AB\subseteq\{A, B\}$ 知 AB 的元能写为 $b'x_i\in BA$，即 $AB\subseteq BA$. 同理，若写 $A = \sum y_iD$，又得 $\{A, B\} = \sum y_iB$，故由 $BA\subseteq\{A, B\}$ 又知 BA 的元能写为 y_ib 形，即意味着 $BA\subseteq AB$. 于是不得不有 $AB = BA$. 反之，若 $AB = BA$[1]，容易验证 $\{A, B\}$ 之元 $g_1g_2\cdots g_s$（$g_i\in A$ 或 B）可写为 ab 形或 ba 形；因之当 $A = \sum Dx_i$ 时，就得 $ba = bdx_i(d\in D)$，即 $ba\in Bx_i$，故 $\{A, B\}$ 之元必在某陪集 Bx_i 内，于是不得不有 $\{A, B\} = \sum Bx_i$，即证明了 $[\{A, B\}:B] = [A:A\cap B]$. 故又得

定理 8 设 A，B 是群 G 之二子群，一般恒有 $[\{A, B\}:B]\geq[A:A\cap B]$. 而 $[\{A, B\}:B] = [A:A\cap B]$ 之充要条件是 $AB = BA$，因之由对称的原因可知二个等式 $[\{A, B\}:B]=[A:A\cap B]$

---

1) 二子群 A, B 具性质 $AB = BA$ 时，叫 A 与 B **可交换**（简称**可换**），这时二集合 AB 与 BA 是一致的，但并非对每 $a\in A$ 及每 $b\in B$ 恒有 $ab = ba$. 如果对每 $a\in A$ 及每 $b\in B$ 时恒有 $ab = ba$，特叫 **A 与 B 之元间两两可换**.

与 $[\{A, B\}:A]=[B:A\cap B]$ 中有其一则必有其二.

仔细观察定理 8 之证明，可知 $AB=BA$ 是在且仅在由 $A=\sum Dx_i$ 而得 $\{A, B\}=\sum Bx_i$ 时，即 $\{A, B\}\subseteq BA$ 时；但 $BA\subseteq\{A, B\}$ 又显然，故 $AB=BA$ 之充要条件是 $\{A, B\}=BA$，亦即 $AB(=BA)$ 为 G 之子群. 于是又得

推论 群 G 之二子群 A, B 的积 AB 仍为 G 之子群的充要条件是 $AB=BA$，因之这时 $AB=BA=\{A, B\}$.

这推论还可直接地证明：事实上，若 AB 成群，则对每 $a\in A$，每 $b\in B$，由于 $a^{-1}b^{-1}\in AB$，即知 $(a^{-1}b^{-1})^{-1}\in AB$，即 $ba\in AB$，证明了 $BA\subseteq AB$；但另方面由于 $(ab)^{-1}=b^{-1}a^{-1}\in BA$，即群 AB 中每元之逆元在 BA 内，故知 AB 之每元亦在 BA 内，即 $AB\subseteq BA$. 于是结果有 $AB=BA$. 反之，若 $AB=BA$，则当 $a_i\in A$，$b_i\in B$ 时就有 $(a_1b_1)(a_2b_2)^{-1}=a_1(b_1b_2^{-1})a_2^{-1}=a^1b_3a_2^{-1}=a_1a'b'(b_3=b_1b_2^{-1}, b_3a_2^{-1}=a'b')=a_3b'\in AB(a_3=a_1a')$，故 AB 成群.

定理 8 说明了 $AB=BA$ 可保证 $[\{A, B\}:B]=[A:A\cap B]$，这是从定性的角度来谈的. 从定量的角度来谈（即 $[\{A, B\}:A]$ 与 $[\{A, B\}:B]$ 为互素之二数），也可以得到 $[\{A, B\}:B]=[A:A\cap B]$——事实上，$[\{A, B\}:A\cap B]=[\{A, B\}:A][A:A\cap B]=[\{A, B\}:B][B:A\cap B]$ 及 $([\{A, B\}:A], [\{A, B\}:B])=1$ 保证了

$$[\{A, B\}:A]\,|\,[B:A\cap B] \text{ 与 } [\{A, B\}:B]\,|\,[A:A\cap B],$$

故 $[\{A, B\}:A]\leqslant[B:A\cap B]$ 与 $[\{A, B\}:B]\leqslant[A:A\cap B]$，再与定理 7 联系，即得 $[\{A, B\}:A]=[B:A\cap B]$ 与 $[\{A, B\}:B]=[A:A\cap B]$. 故得

定理 9 设 A, B 是群 G 之二子群. 若 $[\{A, B\}:A]$ 与 $[\{A, B\}:B]$ 为互素的二个有限数，就必有 $[\{A, B\}:A]=[B:A\cap B]$ 和 $[\{A, B\}:B]=[A:A\cap B]$，因之 $AB=BA=\{A, B\}$.

本节到此结束.

问题 1　每元之阶为 2 的群是交换群.

问题 2　设群元 a 之阶为 n，则 $a^m=1$ 之充要条件是 $n|m$；

又 $o(a^k)=\frac{n}{(n,k)}$.

问题 3　设群元 a, b 之阶分别为 m, n, 且 $ab=ba$. 试证 $o(ab)$ 为 $[m,n]$ 之因数,——m, n 之最小公倍. 若 $(m,n)=1$, 则 $o(ab)=mn$.

问题 4　设 a, b 为群元, 证明 $o(a)=o(a^{-1})$ 及 $o(ab)=o(ba)$.

问题 5　设群 G 只有唯一个阶 2 之元 a, 试证对任 $x\in G$ 常有 $ax=xa$.

问题 6　设群 G 之非空子集 H 中每元的阶为有限的, 则 H 为子群的充要条件是 $a, b\in H\Longrightarrow ab\in H$.

问题 7　设群 G 之元 a 之阶 $o(a)=mn$, 且 $(m,n)=1$. 证明 $a=bc$, $o(b)=m$, $o(c)=n$ 且 $bc=cb$. 又这表示法是唯一的.

问题 8　设群 $G=\{a_1, a_2, \cdots, a_k\}$, $a_ia_j=a_ja_i$, 且每 $o(a_i)$ 为有限的. 证明 G 是有限交换群.

问题 9　群 G 除单位子群外无其他真子群的充要条件是 G 为素数阶的循环群.

问题 10　循环群之同态像仍为循环的. 无限循环群与任何循环群同态. 无限循环群之任二个非单位子群的交也是非单位子群.

§5. 置换群简介

这节研究**置换群**. 这类群的重要性表现在三方面: (一)置换群一般为非交换群的例,同时又是群元素非数的群之例;(二)从群之历史言,置换群是今日研究抽象群的根源,即数学史上是先研究解一元高次方程而引进了置换群的概念, 然后据此才形成了抽象群的概念;(三)置换群理论自身亦很重要,因为抽象群必与某置换群同构(下面即将讲到),故其研究可转化为置换群来讨论.

今从一般情况叙述．设 $\mathfrak{S}$ 为某集合(一般指无限集合)，考虑从 $\mathfrak{S}$ 到 $\mathfrak{S}$ **上**的一切 1-1 映射而成之集 G． 用小写拉丁字母 x，y，$\cdots$ 或附加下标如 x_1，x_2，$\cdots$ 表示 $\mathfrak{S}$ 的元，用希腊字母 λ，μ，σ，τ，$\cdots$ 或附加下标如 σ_1，σ_2，$\cdots$ 表示 G 的元(即 $\mathfrak{S}$ 到 $\mathfrak{S}$ **上**的 1-1 映射)． $\mathfrak{S}$ 之元 x 经映射 σ 变为 $\mathfrak{S}$ 的元记为 $x\sigma$ 而映射 σ 也得表为 $\sigma=\begin{pmatrix} x \\ x\sigma \end{pmatrix}$.

定义 $x(\sigma\tau)=(x\sigma)\tau$ 后，易证 $\sigma\tau=\begin{pmatrix} x \\ x(\sigma\tau) \end{pmatrix}$ 是 $\mathfrak{S}$ 到 $\mathfrak{S}$ **上**的 1-1 映射 (叫 $\sigma\tau$ 为 σ 与 τ 的**积**)，故 $\sigma\tau\in G$． 由于 $x((\sigma\tau)\lambda)=(x(\sigma\tau))\lambda=((x\sigma)\tau)\lambda=(x\sigma)(\tau\lambda)=x(\sigma(\tau\lambda))$，知 $(\sigma\tau)\lambda=\sigma(\tau\lambda)$，即**积**运算满足结合律． 同时，若令 $\mathfrak{S}$ 之每元都不变的映射记作 $\mathbf{1}$ (即 $x\mathbf{1}=x$)，显有 $\mathbf{1}\in G$，叫 $\mathbf{1}$ 为 $\mathfrak{S}$ 的恒同 (或恒等) 映射；因 $x(\sigma\mathbf{1})=(x\sigma)\mathbf{1}=x\sigma$ 对每 $x\in\mathfrak{S}$ 成立，故 $\sigma\mathbf{1}=\sigma$，即 G 具右单位元 $\mathbf{1}$． 又设 $\sigma=\begin{pmatrix} x \\ x\sigma \end{pmatrix}\in G$ 时，由于 $x\sigma$ 与 x 同时跑遍 $\mathfrak{S}$，故使 $x\sigma$ 变为 x 之映射仍为 $\mathfrak{S}$ 到 $\mathfrak{S}$ **上**的 1-1 映射，记作 σ^{-1}，故有 $\sigma^{-1}\in G$；且由于 $\sigma^{-1}=\begin{pmatrix} x \\ x\sigma^{-1} \end{pmatrix}=\begin{pmatrix} x\sigma \\ x \end{pmatrix}$，知对每 $x\in\mathfrak{S}$ 有 $x(\sigma\sigma^{-1})=(x\sigma)\sigma^{-1}=x$，即得 $\sigma\sigma^{-1}=\mathbf{1}$，即 σ^{-1} 为 σ 在 G 内的右逆元． 于是集 G 对映射之积运算言成群，叫它为 $\mathfrak{S}$ 上的**变换群**． 一般，$\mathfrak{S}$ 到 $\mathfrak{S}$ **上**的某些 1-1 映射而成的集 (不必要求是所有的 1-1 映射) 若成群，也叫它为 $\mathfrak{S}$ 上的变换群．

特当 $\mathfrak{S}$ 只含有限多个元素时，$\mathfrak{S}$ 上的变换群就叫做**置换群**，群之每元特叫**置换**．换言之，设有 n 个数字 $1, 2, \cdots, n$，令 $p(1)$，$p(2), \cdots, p(n)$ 为 $1, 2, \cdots, n$ 之排列，将 $1, 2, \cdots, n$ 分别变为 $p(1)$，$p(2), \cdots, p(n)$ 之变换 σ 显然是 $1, 2, \cdots, n$ 这 n 个数字之集到它自身上的 1-1 映射，记 σ 为 $\sigma=\begin{pmatrix} 1 & 2 & \cdots & n \\ p(1) & p(2) & \cdots & p(n) \end{pmatrix}$，即 $i\sigma=p(i)$，而叫 σ 为 $1, 2, \cdots, n$ 这 n 个文字的置换．这 n 个文字上的一切置换之集成群，叫它为 **n 次对称群**，记为 $\mathfrak{S}_n$；n 次对称群之任何

子群统统叫做（n 次）置换群，故 $\mathfrak{S}_n$ 也是一个 n 次置换群．因 1，2，…，n 上的排列之总数等于 $n!$，故 $o(\mathfrak{S}_n)=n!$，于是据 §3，可知欲判断 n 个文字 1，2，…，n 上的某些置换而成之集 G 成群，就只须检验由置换 $\sigma, \tau \in G$ 而得 $\sigma\tau \in G$ 就行了．

如在置换 $\sigma=\begin{pmatrix}1 & 2\cdots & n\\ p(1) & p(2)\cdots & p(n)\end{pmatrix}$ 的上一行里任取一文字如 1，若在 1 的正下方 $p(1)=k_1 \neq 1$ 时，再取 k_1 之正下方的文字 $p(k_1)=k_2$；若 $k_2 \neq 1$，又取 k_2 之正下方的文字 $p(k_2)=k_3$；继续这样作下去，因文字之个数有限（等于 n），故经有限多次后终必出现某文字 $k_t=1$（易证），即 $p(k_{t-1})=k_t=1$，于是得一**循环置换** $(1, k_1, k_2, \cdots, k_{t-1})$，其意义是 σ 使 k_{i-1} 变为 k_i，即 $p(k_{i-1})=k_i$，但 $i=1, 2, \cdots, t$ 且 $k_0=k_t=1$．若 $t<n$（即 $1, k_1, k_2, \cdots, k_{t-1}$ 不包括 1，2，…，n 这 n 个文字的全部），就再取 $1, k_1, k_2, \cdots, k_{t-1}$ 以外的任一文字，然后仿上述方法又可作另一**循环置换**，这个新循环置换与前一个循环置换显然不会含有公共文字．继续这样作循环置换，结果可将 σ 写成两两无公共文字的循环置换之积，这样的表写方法叫做 σ 的**循环表示**，而其中为因子的各个循环置换叫做 σ 的**循环因子**．例如

$$\tau=\begin{pmatrix}1 & 2 & 3 & 4 & 5 & 6 & 7 & 8\\ 2 & 3 & 1 & 6 & 7 & 4 & 5 & 8\end{pmatrix}=(123)(46)(57)(8)$$

中的 (123)，(46)，(57)，(8) 都叫做 τ 的循环因子．若循环因子只含一文字，即该置换使这文字不变，则习惯上总是把这样的循环因子在循环表示中去掉，于是上述的 τ 总是写成 $\tau=(123)(46)(57)$．

因循环表示中诸循环因子两两无公共文字，故诸循环因子可两两交换，如 $\tau=(123)(46)(57)=(46)(123)(57)$．若出现在一循环置换内的文字之个数为 r，又叫这循环置换为 **r 项循环置换**．例如 (123) 为三项循环置换．只使二文字互相掉换而别的文字都不变的置换叫做**对换**，例如 $\begin{pmatrix}1 & 2 & 3 & 4\cdots n\\ 2 & 1 & 3 & 4\cdots n\end{pmatrix}$ 为 1，2 二

文字的**对换**，用上述之循环表示法则有 $\begin{pmatrix} 1 & 2 & 3\cdots n \\ 2 & 1 & 3\cdots n \end{pmatrix}=(12)$.

又用归纳法易证：$(12)(13)=(123)$，$(12)(13)(14)\cdots(1,n-1)(1n)=(1,2,\cdots,n-1)(1n)=(12\cdots n)$. 即每循环置换得写成一些对换之积. 于是任何置换都可写为对换之积，叫做置换的**对换表示**.

置换之循环表示中循环因子是两两无公共文字的，但对换表示中二对换因子可有公共文字，这是应注意之第一点. 又循环表示中除各循环因子之先后次序可任意外，循环表示的方法是唯一的，但对换表示往往不止一种，如 $(12)(13)(12)=(23)$，且对换因子之先后次序一般不可任意掉换，这是应注意的第二点. 置换之对换表示虽非唯一，但各表示间有无联系呢？我们说有联系，即对换因子个数的奇偶性不变. 为什么？例如置换

$$\tau=\begin{pmatrix} 1 & 2 & 3 & \cdots & n \\ p(1) & p(2) & p(3) & \cdots & p(n) \end{pmatrix}$$

有两种方法表写为对换之积，如

$$\tau=(k_1^{(1)}k_2^{(1)})(k_1^{(2)}k_2^{(2)})\cdots(k_1^{(s)}k_2^{(s)})$$

及

$$\tau=(l_1^{(1)}l_2^{(1)})(l_1^{(2)}l_2^{(2)})\cdots(l_1^{(t)}l_2^{(t)}),$$

前者对换之个数为 s，后者之个数为 t，今考虑 n 个文字 $x_1,x_2,\cdots,x_n$ 上的凡得蒙（Vandemonde）行列式

$$D=\begin{vmatrix} 1 & 1 & \cdots & 1 \\ x_1 & x_2 & \cdots & x_n \\ \vdots & \vdots & & \vdots \\ x_1^{n-1} & x_2^{n-1} & \cdots & x_n^{n-1} \end{vmatrix}.$$

如将置换 τ 中每一个对换因子 (ij) 看做是使 D 之第 i，j 两列互换，则从 τ 之前一种 s 个对换之积表示，可知连续施行这 s 个对换于 D 就使 D 变成 $(-1)^sD$，而从 τ 之后一种表示又使 D 变成 $(-1)^tD$. 但这二结果都是将置换 τ 施行于 D 上而得，故为

$$\begin{vmatrix} 1 & 1 & \cdots & 1 \\ x_{p(1)} & x_{p(2)} & \cdots & x_{p(n)} \\ \vdots & \vdots & & \vdots \\ x_{p(1)}^{n-1} & x_{p(2)}^{n-1} & \cdots & x_{p(n)}^{n-1} \end{vmatrix},$$

于是不得不有 $(-1)^s D = (-1)^t D$. 因而由 D 不恒为零就必有 $(-1)^s = (-1)^t$，即 s 与 t 同奇偶性.

因此，今后若置换一度能写为偶数个对换之积，就叫它为**偶置换**；而一度能写为奇数个对换之积的置换叫做**奇置换**；这决不会引起混淆. 于是因恒等置换得写为 $\mathbf{1}=(12)(12)$，故恒等置换 $\mathbf{1}$ 为偶置换.由于偶置换之积仍为偶置换，故 n 个文字 $1, 2, \cdots, n$ 上的一切偶置换之集是一个置换群，叫它是 ***n* 次交代群**，表为 $\mathfrak{A}_n$. 然由于任二个奇置换之积是偶置换，故它们属于 $\mathfrak{A}_n$ 在 $\mathfrak{S}_n$ 内的同一陪集(左、右皆可)里，于是得 $[\mathfrak{S}_n:\mathfrak{A}_n] = 2$, $o(\mathfrak{A}_n) = n!/2$. 又因 $(123\cdots k) = (12)(13)\cdots(1k)$，故奇项循环置换为偶置换，偶项循环置换为奇置换.

上面讲过了任一置换可写为对换之积，但每一对换 (ij) 当 $i \neq 1$ 与 $j \neq 1$ 时又可写为 $(ij) = (1i)(1j)(1i)$，这说明了 n 个文字 $1, 2, \cdots, n$ 上的任何置换都能从有一公共文字（例如 1）的 $n-1$ 个对换

$$(12), (13), \cdots, (1, n-1), (1n)$$

(中取若干个相乘(每对换允许重复). 故得

定理 1 *n 个文字 $1, 2, \cdots, n$ 上的置换群含有像 (12), $(13), \cdots, (1n)$ 这 $n-1$ 个对换的充要条件是这置换群为 n 次对称群 $\mathfrak{S}_n$.*

推论 $\mathfrak{S}_n = \{(12), (13), \cdots, (1n)\}$.

据定理 1 可知 $1, 2, \cdots, n$ 上的任何偶置换能从 $n-1$ 个对换 (12), $(13), \cdots, (1n)$ 中取适当的偶数个相乘；又易证 $(1i)(1j) = (1ij)$ 在 $i \neq j$ 时；且当 i, j 都不为 2 时又有 $(1ij) = (12j)(12i)(12j)^2$，而 $(1i2) = (12i)^2$. 这说明了任一偶置换恒可从有二个公共文字的 $n-2$ 个三项循环置换，如

$$(123),(124),\cdots,(12n)$$

中取适当的若干个相乘而得．于是又证得

定理 2 n 个文字 $1,2,\cdots,n$ 上的一些偶置换组成的置换群含有 $(123),(124),\cdots,(12n)$ 这 $n-2$ 个三项循环置换的充要条件是这置换群为 n 次交代群 $\mathfrak{A}_n$.

推论 $\mathfrak{A}_n=\{(123),(124),\cdots,(12n)\}$.

这节的开头曾说过抽象群的研究可转化为置换群来讨论．究竟是怎样一回事？述于下．

设 $o(G)=n$，其 n 个元令为 $a_1(=1),a_2,\cdots,a_n$．由消去律知对每 $a_i\in G$，G 中 n 个元

$$a_1a_i,\ a_2a_i,\cdots,a_na_i$$

必两两互异，因而它们是 $a_1,a_2,\cdots,a_n$ 之某排列，故得着了 n 个文字 $a_1,a_2,\cdots,a_n$ 上的一置换

$$R(a_i)=\begin{pmatrix}a_1 & a_2 & \cdots & a_n\\ a_1a_i & a_2a_i & \cdots & a_na_i\end{pmatrix}=\begin{pmatrix}x\\ xa_i\end{pmatrix},$$

x 表 G 之任一元．若令 G 之元 a_i 对应于置换 $R(a_i)$，即 $a_i\to R(a_i)$，则当 $a_i\neq a_j$ 时易知 $R(a_i)\neq R(a_j)$，并有

$$R(a_i)\cdot R(a_j)=\begin{pmatrix}x\\ xa_i\end{pmatrix}\begin{pmatrix}x\\ xa_j\end{pmatrix}=\begin{pmatrix}x\\ xa_i\end{pmatrix}\begin{pmatrix}xa_i\\ xa_ia_j\end{pmatrix}$$

$$=\begin{pmatrix}x\\ xa_ia_j\end{pmatrix}=R(a_ia_j),$$

故映射 $a_i\to R(a_i)$ 为同构映射．这说明了任何有限群确与一置换群同构，即抽象群的研究可转化为置换群来讨论的含义．具体地说，就是

定理 3 （凯莱（Cayley）定理） n 阶群 G 依上述 $a_i\to R(a_i)$ 的对应方法与一个 n 次置换群 $R(G)$ 同构.

$R(G)$ 叫做群 G 的**右正则表现**．同理，若令 $a_i\to L(a_i)=\begin{pmatrix}x\\ a_i^{-1}x\end{pmatrix}$，又能得到 G 之另一个置换群的同构表示，叫做 G 的**左正则表现**，记为 $L(G)$．今后若不声明，谈正则表现是恒指右正则表

现.

凯莱定理虽然阐明了抽象群可转化为具体的置换群来研究，但实用价值不大，原因是 n 阶群之正则表现为 n 次对称群 $\mathfrak{S}_n$（阶为 $n!$）的一个 n 阶子群，而一般又知 $n!$ 比 n 大很多，故决定 $\mathfrak{S}_n$ 中阶 n 的子群极为困难. 可是，凯莱定理的思想在帮助我们检验具有结合方法的有限集合是否成群时还是有一定意义的.

事实上，设 G 为 n 阶群，其 n 个元素记为 $a_1(=1)$, $a_2, \cdots, a_n$，并仿照 §1 里所说作下表

$$\begin{array}{c|cccc} & a_1 & a_2 & \cdots & a_n \\ \hline a_1 & a_{1'} & a_{1''} & \cdots & a_{1^{(n)}} \\ a_2 & a_{2'} & a_{2''} & \cdots & a_{2^{(n)}} \\ \vdots & \vdots & \vdots & & \vdots \\ a_n & a_{n'} & a_{n'} & \cdots & a_{n^{(n)}} \end{array} \qquad (1)$$

表 (1) 中元素 $a_{i^{(k)}} = a_i a_k$. 由于 G 满足消去律，所以表 (1) 中每行每列都无相同元，即 $i', i'', \cdots, i^{(n)}$ 必为 $1, 2, \cdots, n$ 之某排列（不论 i 为 $1, 2, \cdots, n$ 中任何数）；同样，$1^{(j)}, 2^{(j)}, \cdots, n^{(j)}$ 也是 $1, 2, \cdots, n$ 之一排列（不论 j 为 $1, 2, \cdots, n$ 中的任何数）. 今提出一问题，即当 G 是具有 n 元 $a_1, a_2, \cdots, a_n$ 的一个集合，而作如 (1) 之表，试问从这样的表 (1) 可判定 G 成群吗？这不敢保证，为什么呢？因 $a_i a_j = a_{i^{(j)}}$ 而 $a_{i^{(j)}}$ 为 $a_1, a_2, \cdots, a_n$ 中某一只能保证 G 中任二元 a_i, a_j 之结合法已知，亦即 G 满足 §1 的条件 1°；又表中每行每列无相同元只能保证 G 满足消去律（§1 的条件 6°）；故欲 G 成群，尚需检验结合律（§1 的条件 2°），但从群表检验结合律非常困难，例如 $n = 8$ 时，检验结合律 $(ab)c = a(bc)$ 无异乎要验算 $2 \times 8^3 = 1024$ 次的计算，工作量太大. 但借凯莱定理的思想，这个困难的问题有时能得到较大程度的解决. 先证

定理 4 满足 §1 的 1°, 3°, 6° 三个条件的有限集 G，当它的右正则表现 $R(G)$ 成群时，也成群.

证明 因 $R(G)$ 成群，故当 $g, h \in G$ 时，必有 $R(g) \cdot R(h) =$

$R(y)$ 之 $y\in G$，这 y 随 g,h 而变． 因假设 G 有左单位元 e，而 $e(R(g)\cdot R(h))=(eR(g))R(h)=(eg)R(h)=gR(h)=gh$，$eR(y)=ey=y$，故由 $R(g)R(h)=R(y)$ 即得 $gh=y$，因之有 $R(g)R(h)=R(gh)$．于是对每 $x\in G$，由于 $R(g)=\begin{pmatrix}x\\xg\end{pmatrix}$，$R(h)=\begin{pmatrix}x\\xh\end{pmatrix}=\begin{pmatrix}xg\\(xg)h\end{pmatrix}$ 及 $R(gh)=\begin{pmatrix}x\\x(gh)\end{pmatrix}$，则知从 $R(g)R(h)=R(gh)$ 得 $(xg)h=x(gh)$，即 G 中结合律成立，故 G 满足 §1 的 1°，2°，6°，因而由 G 之有限性知 G 成群，证完．

由这定理 4，可知欲判定有限集 G 是否成群，先作如 (1) 的表；若表中每 $a_{i^{(k)}}$ 仍为 $a_1, a_2, \cdots, a_n$ 之一，就说明 G 满足 §1 条件 1°；若表 (1) 中每行每列都无相同元，就说明 G 满足 §1 条件 6°；再只需检查有 i 存在使 $i^{(k)}=k(k=1,2,\cdots,n)$，目的为验证 G 满足 §1 条件 3°． 如果这些要求都适合，再不必象前面说的那样，为要检验结合律需计算 n^3 个等式(或总共需 $2\times n^3$ 次的计算)，我们可据定理 4 只需检验 n 个置换

$$\begin{pmatrix}1 & 2 & \cdots & n\\1' & 2' & \cdots & n'\end{pmatrix},\begin{pmatrix}1 & 2 & \cdots & n\\1'' & 2'' & \cdots & n''\end{pmatrix},\cdots,\begin{pmatrix}1 & 2 & \cdots & n\\1^{(n)} & 2^{(n)} & \cdots & n^{(n)}\end{pmatrix}$$

所成之集成群就行了．这时只需验证其中任二个之积仍在这些置换里面就可以，而这样检验的次数为 n^2，已较 n^3 大为减小．

问题 1　一置换之阶等于其循环因子之长的最小公倍 (k 项循环置换的长叫做 k)．

问题 2　n 次对称群 $\mathfrak{S}_n$ 中凡阶为奇数之置换必为偶置换(即在 n 次交代群 $\mathfrak{A}_n$ 内)．

问题 3　设 p 为素数．证明对称群 $\mathfrak{S}_p$ 含有 $(p-1)!$ 个阶 p 之置换与 $(p-2)!$ 个阶 p 的子群．

§6. 正规(不变)子群

§3 里说过：对任元 $g\in G$ (群)，子群 H 之左、右两陪集一般不

必相同，即等式 $Hg = gH$ 不必恒成立．这节内就特地研究使等式 $Hg = gH$（任 $g \in G$）恒成立之子群 H，叫这样的子群 H 为 G 之**正规子群**（或**不变子群**）；显然，与它等价的条件是 $g^{-1}Hg = H$（任 $g \in G$）．一般，当 H 为 G 之子群时，易证 $g^{-1}Hg$ 也是 G 之子群，叫做**用元 g 变 H 之形所得的子群**．故 H 为正规（或不变）的充要条件是用 G 之任元 g 变 H 的形恒能使 H 不变，这也是不变子群命名的由来．子群 H 为正规之充要条件尚可减弱为：对任 $g \in G$，常有 $g^{-1}Hg \subseteq H$．事实上，由 $g^{-1}Hg \subseteq H$ 及 g 之任意性，可知以 g^{-1} 去代替 g 时又有 $(g^{-1})^{-1}H(g^{-1}) \subseteq H$，即 $gHg^{-1} \subseteq H$，因而 $g^{-1}(gHg^{-1})g \subseteq g^{-1}Hg$，即 $H \subseteq g^{-1}Hg$；故再与假设 $g^{-1}Hg \subseteq H$ 合并就有 $g^{-1}Hg = H$，这正是 H 为正规的要求．

§4 里又说过：群 G 之二子群 A, B 的积 AB 仍为 G 之子群的充要条件是 $AB = BA$，因而也必等于 $\{A, B\}$．然何时才敢保证 $AB = BA$ 呢？下面的定理 1 回答了，即

定理 1 当群 G 之二子群 A, B 有一是正规时，则积 AB 为 G 之子群，即 $AB = BA = \{A, B\}$．

事实上，A 之正规性保证了 $a \in A, b \in B \Longrightarrow ab = b \cdot b^{-1}ab \in BA$，即 $AB \subseteq BA$，以及 $ba = bab^{-1} \cdot b \in AB$ 又表示了 $BA \subseteq AB$．于是 $AB = BA$，证完．

特当 A, B 都是正规时，易证 $A \cap B$ 与 $AB = \{A, B\}$ 也都是 G 之正规子群．推广到多个（有限或无限）正规子群的交与它们的积，也有同样的结论．故又得

定理 2 群 G 中任意多个（有限或无限）正规子群之交与积[1]也都是 G 的正规子群．

因每个非单位群 G 都至少有两个正规子群，即 G 自身与单位子群．今问：除这以外 G 之怎样的子群 H 才是 G 的正规子群呢？有下面的

---

1) 若 $A_1, A_2, \cdots$ 为 G 中无限多个正规子群，则凡形如 $a_{i_1}a_{i_2}\cdots a_{i_n}(a_{i_t} \in A_{i_t})$ 的由有限多个元之积而成的集叫做这些 A_i 的积，表为 ΠA_i．易证积 $\Pi A_i \triangleleft G$，又叫 ΠA_i 为由 A_i 生成的正规子群，即 $\Pi A_i = \{A_1, A_2, \cdots\}$．

定理 3 凡指数等于 2 之子群为正规子群.

事实上，由 $[G:H]=2$ 知 $H \neq G$，故有 $g \in G$，$g \bar{\in} H$，因而 H 与 Hg 是 H（在 G 内）的两个不同的陪集，不得不有 $G=H+Hg$（$\because [G:H]=2$）；同理也有 $G=H+gH$；由是，$Hg=gH$，即 $g^{-1}Hg=H$. 再由 $G=H+Hg$ 又知 G 之任一元或为 h 或为 $hg(h \in H)$，且 $h^{-1}Hh=H$，$(hg)^{-1}H(hg)=g^{-1}(h^{-1}Hh)g=g^{-1}Hg=H$，即不论用 G 之任元去变 H 之形均使 H 不变，故 H 是正规的. 证完.

今后用符号 $H \lhd G$ 表示 H 为 G 之正规子群. 于是由定理 3，知 $\mathfrak{A}_n \lhd \mathfrak{S}_n$. 推广定理 3，尚有

定理 4 设有限群 G 之子群 H 在 G 内之指数等于 $o(G)$ 之最小素因数，则 $H \lhd G$.（文献 [4]）

证明 设 $g=o(G)=p_1^{\alpha_1}p_2^{\alpha_2}\cdots p_n^{\alpha_n}$，$p_1<p_2<\cdots<p_n$，$p_i$ 都是素数. $[G:H]=p_1 \Longrightarrow o(H)=h=p_1^{\alpha_1-1}p_2^{\alpha_2}\cdots p_n^{\alpha_n}$. 令 $x \in G$，$x \bar{\in} H$，且令 $D=H \cap x^{-1}Hx$，$o(D)=d$. 因 $\frac{h}{d} \Big| g=o(G)$，故由 p_1 为 g 之最小素因数，就有或 $\frac{h}{d}=1$ 或 $\frac{h}{d} \geqslant p_1$. 但集 $x^{-1}Hx \cdot H$ 含 G 之 $h \cdot \frac{h}{d}$ 个元（§3 问题 4)，就知 $h \cdot \frac{h}{d} \leqslant g=hp_1$，$\frac{h}{d} \leqslant p_1$，故当 $\frac{h}{d} \neq 1$ 时则必有 $\frac{h}{d}=p_1$，这时 $x^{-1}Hx \cdot H$ 应含 G 之 $hp_1=g$ 个元，即 $x^{-1}Hx \cdot H=G$，于是 $x^{-1}=x^{-1}ax \cdot b(a,\ b \in H)$，由之得 $x=a^{-1}b^{-1} \in H$，与假设 $x \bar{\in} H$ 相抵，不可. 故只能是 $\frac{h}{d}=1$，$h=d$，$D=H$，即 $H=x^{-1}Hx$. 因而 $H \lhd G$，证完.

再讨论正规子群 H 在群 G 内诸陪集间的关系. 设 $G=\sum Ha_i$ 为 H 之左陪集分解. 由 $H \lhd G$ 知 $xH=Hx$（任 $x \in G$），因之有 $Ha_i \cdot Ha_j=H(a_iH)a_j=H(Ha_i)a_j=Ha_ia_j$，说明 H 之二陪集之积仍是 H 的一陪集，且还说明含元 a_i 之陪集与含元 a_j 之陪集的积 $Ha_i \cdot Ha_j$ 是一个含元 a_ia_j 之陪集 Ha_ia_j. 又因有这样一陪集 $Ha_1=H(a_1 \in H)$ 使 $Ha_1 \cdot Ha_i=Ha_1a_i=Ha_i$，即 $H=Ha_1$ 在陪集之积运算中担任左单位元的角色，而由之有 $Ha_i^{-1} \cdot Ha_i=H$ 又说明了陪集之积运算中 $Ha_i^{-1}=a_i^{-1}H=(Ha_i)^{-1}$ 担负了 Ha_i 之左逆元的任务（对左单位元 H 言），且 $(Ha_i \cdot Ha_j) \cdot Ha_k=Ha_i \cdot$

$(Ha_j \cdot Ha_k)$ 又说明陪集之积运算满足结合律，故视正规子群H之每陪集 Hx 为单独的元素，则所有陪集之集关于积运算言成群，叫它是G关于正规子群H的**商群**，也叫做以正规子群H为模的G之**剩余类群**，表为 G/H.

反之，设群G有一子群H，且以H为模之G的剩余类成群，于是任二陪集 Ha，Hb 之积 $Ha \cdot Hb$ 应又为一陪集 Hc，即 $Ha \cdot Hb = Hc$；但因 $ab \in Ha \cdot Hb$，故 $ab \in Hc$，$Hab = Hc$，$Ha \cdot Hb = Hab$；于是令 $a = b^{-1}$ 时就有 $Hb^{-1} \cdot Hb = Hb^{-1}b = H$，不得不有 $b^{-1}Hb \subseteq H$，故据 b 之任意性得 $H \lhd G$. 于是证得了下面的

定理 5 以群G之子群H为模的G之剩余类(即陪集)之集合关于陪集之积运算言成群(即商群存在)的充要条件是 $H \lhd G$.

商群的概念很重要，用之可解决 §2 里提出的问题，即当 $G \sim G_1$ 时，由于 G_1 之每元在G中的原像不止一个，故从 G_1之一组元间某关系不能断言G中被对应元间也有相同的关系，今借正规子群的概念可解决它们间的内在联系.

设 $G \overset{\sigma}{\sim} G_1$，并令对应于 G_1 之单位元 e_1 的G中全部元之集合为 H，叫H为这同态的**核**. 于是，当 $a, b \in H$ 时，有 $a \to e_1$，$b \to e_1$，因而 $b^{-1} \to e_1^{-1} = e_1$，$ab^{-1} \to e_1e_1 = e_1$，$ab^{-1} \in H$，故$H$为$G$之子群；又若 $x \in G$，并令 $x \to x_1 \in G_1$，则 $x^{-1}ax \to x_1^{-1}e_1x_1 = e_1$，$x^{-1}ax \in H$，$x^{-1}Hx \subseteq H$，即 $H \lhd G$，故有商群 $\bar{G} = G/H$.

再借 $G \overset{\sigma}{\sim} G_1$ 而令 $g(\in G) \to g_1(\in G_1)$，则从 $a \in H$ (即 $a \to e_1$) 得 $ag \to e_1g_1 = g_1$，说明了陪集 Hg 中的元都映射为 g_1. 反之，若 $x \in G$ 且借同态 $G \overset{\sigma}{\sim} G_1$ 而有 $x \to g_1$，则因 $g^{-1} \to g_1^{-1}$，故 $xg^{-1} \to g_1g_1^{-1} = e_1$，$xg^{-1} \in H$，$x \in Hg$，说明了凡映射为 g_1 的G中之原像又全在陪集 Hg 内. 于是陪集 Hg 且只有陪集 Hg 之元才映射为 g_1. 故由同态 $G \overset{\sigma}{\sim} G_1(=G^\sigma)$ 可使商群 $\bar{G} = G/H$ 与群 G_1 之元间能建立 1-1 对应关系 $\varphi: (Hg)^\varphi = g^\sigma = g_1$，即 $Hg \longleftrightarrow (Hg)^\varphi = g^\sigma = g_1$. 因为 $(Hf \cdot Hg)^\varphi = (Hfg)^\varphi = (fg)^\sigma = f^\sigma g^\sigma$，故 φ 为同构映射，即

$$\overline{G} = G/H \overset{\varphi}{\simeq} G_1.$$

上面两段之意义是说同态 $G \sim G_1$ 的核 $H \lhd G$，且借这同态关系能建立 $G/H \simeq G_1$.

反之，设已知 $H \lhd G$，并令 G 之元 x 对应于商群 $\overline{G} = G/H$ 之元 Hx，即令 $x \to x^\sigma = Hx$，则从 $(xy)^\sigma = Hxy = Hx \cdot Hy = x^\sigma y^\sigma$，即知映射 σ 为 G 在 $\overline{G} = G/H$ 上的同态映射，即有 $G \overset{\sigma}{\sim} \overline{G} = G/H$. 这同态之核显然是 H：因 $Hx = x^\sigma = \overline{1}$（$\overline{G} = G/H$ 之单位元）之充要条件是 $x \in H$ 的缘故. 通常叫做由 $x \to x^\sigma = Hx$ 产生的同态为 G 到 G/H 上的**自然同态**.

总括上述，证得了

定理 6 若 $G \sim G_1$，则其核 $H \lhd G$，且 $G_1 \simeq G/H$；反之，若 $H \lhd G$，则有群 G_1 使 $G \sim G_1$，且其核恰为 H（实际上，可选 G/H 充当 G_1）.

定理 6 当然解决了在 §2 里面曾经提出过的问题. 另方面，定理 6 又可推广：已知同态 $G \overset{\sigma}{\sim} G_1$ 之核 H 是对应于 G_1 之单位元 e_1 的 G 中全部元所成之集，而 $e_1 \lhd G_1$ 是当然的，且有 $H \lhd G$；今问：对 G_1 之任一正规子群 $A_1(A_1 \lhd G_1)$，由同态 $G \overset{\sigma}{\sim} G_1$ 使对应于 A_1 之元的 G 中全部元而成之集为 A 时，则有 $A \lhd G$ 吗？这答案是肯定的，且尚有深刻的结果.

事实上，由 $G \overset{\sigma}{\sim} G_1$ 及自然同态 $G_1 \overset{\alpha}{\sim} G_1/A_1$，得 $G \overset{\sigma\alpha}{\sim} G_1/A_1$（同态关系满足传递律），即对每 $g \in G$，使 $g \to g^{\sigma\alpha} = (g^\sigma)^\alpha = A_1 g^\sigma$ 之映射 $\sigma\alpha$ 得完成 $G \sim G_1/A_1$. $g^{\sigma\alpha}(= (g^\sigma)^\alpha) = \overline{1}$（$G_1/A_1$ 之单位元）的充要条件是 $g^\sigma \in A_1$，因而由 A 之意义是在且仅在 $g \in A$ 时，说明了 $G \overset{\sigma\alpha}{\sim} G_1/A_1$ 的核为 A，故由定理 6 得 $A \lhd G$，且 $G/A \simeq G_1/A_1$.
故又证得了

定理 7 设 $G \sim G_1$ 且 $A_1 \lhd G_1$. 那末凡与 A_1 之元被对应的 G 中全部元所成之集 A（叫做 A_1 的完全象原）有下列二性质：

(i) $A\lhd G$ 及 (ii) $G/A\simeq G_1/A_1$.

附注 1 当 $A_1=e_1$ (G_1 之单位元) 时, A 就是同态 $G\sim G_1$ 的核, 定理 7 变成了定理 6, 故定理 6 可看做为定理 7 之特例. 但证明定理 7 时还需利用定理 6, 这是应注意的一点.

附注 2 定理 7 是说先有 $A_1(\lhd G_1)$, 然后才有 $A(\lhd G)$. 若先取 $A\lhd G$, 然后借 $G\sim G_1$ 作 A 在 G_1 内的像集合 A_1 时,又怎样呢?

我们说这时仍有 $A_1\lhd G_1$. 事实上, 从 $a_1, b_1\in A_1$ 而据 A_1 之意义则知 a_1, b_1 各至少有一原像 $a, b\in A$ 使借 $G\sim G_1$ 确有 $a\to a_1$, $b\to b_1$, 因而 $ab^{-1}\to a_1b_1^{-1}$, 故从 $ab^{-1}\in A$ 知 $a_1b_1^{-1}\in A_1$, 即 A_1 为 G_1 之子群. 再令 $x_1\in G_1$, 并取 x_1 之一原像 $x\in G$ (借同态 $G\sim G_1$), 于是从 $x^{-1}ax\in A$ 及 $x^{-1}ax\to x_1^{-1}a_1x_1$ 知 $x_1^{-1}a_1x_1\in A_1$, 证明了 $A_1\lhd G_1$.

虽然保证了 $A_1\lhd G_1$, 但这时却不能保证 $G/A\simeq G_1/A_1$, 理由很简单, 因为借同态 $G\sim G_1$ 只能说 A_1 之完全象原 B 一般为 $B\supseteq A$ 之关系,可能有 $B\supset A$ 而 $B\neq A$ 的情况发生,但据定理 7 只能是 $G/B\simeq G_1/A_1$, 这是应注意的另一点.

附注 3 由附注 2 自然又提出一个问题: 即 A_1 之完全象原 B 与 A_1 之一原象 A 究竟有什么关系? (当然 $B\supseteq A$ 自明). 我们说 $B=AH$, H 为核. 事实上,有下面一般的

定理 设 $G\sim G_1$ 之核为 H, 且 G 之子群 K 的像集合为 K_1, 则 K_1 (易证为 G_1 之子群)的完全象原为 KH.

因若令 B 为 K_1 之完全象原, 则当 $x\in B$ 时有 $x\to x_1\in K_1$, 然由 K_1 之形成又知必有 $x'\in K$ 使 $x'\to x_1$, 故 $x'^{-1}\to x_1^{-1}$, $xx'^{-1}\to x_1x_1^{-1}=e_1$ (G_1 之单位元), $xx'^{-1}\in H$, $x\in Hx'\subseteq HK$, 即 $B\subseteq HK$. 反之, HK 之任一元为 hk 形 ($h\in H$, $k\in K$), 而 $h\to e_1$, $k\to k_1\in K_1$, 于是 $hk\to e_1k_1=k_1$, 不得不有 $hk\in B$, 即 $HK\subseteq B$. 故结果就有 $B=HK$.

关于正规子群,还有一个今后常用的

引理 若 $N\lhd G$, 且 $N\subseteq A\subseteq G$, 那末 $A/N\lhd G/N$ 的充要条件是 $A\lhd G$.

事实上, 由 $N\lhd G$ 得 $G\sim G/N$. 故当 $A\lhd G$ 时, 据上面附注 2 知 $AN/N\lhd G/N$(因借自然同态 $G\sim G/N$ 得 A 之像为 AN/N), 故从 $N\subseteq A$ 又得 $AN/N=A/N$, 即 $A/N\lhd G/N$.

反之, 从 $A/N\lhd G/N$ 并借自然同态 $G\sim G/N$ 知 A/N 之原

像为 A，故由定理 7 得 $A \lhd G$. 证完.

由这引理，可证同构关系的另一重要性质，即

定理 8 设 $N \subseteq A \subseteq G$，且 $N \lhd G$，$A \lhd G$，则 $(G/N)/(A/N) \simeq G/A$.

事实上，由引理已知 $A/N \lhd G/N$，且借自然同态 $G \sim G/N$ 知 A/N 之原像 A 具性质 $G/A \simeq (G/N)/(A/N)$（定理 7 之 (ii)).

再考虑 G 之二子群 A, B 中有一为正规时所牵涉的同构关系. 例如设 $A \lhd G$. 这时，据自然同态 $G \sim G/A$ 可知 $b \to Ab \in AB/A$ $(b \in B)$，且 AB/A 之任一元又得写为 Ab 形 $(b \in B)$，并还有 $Ab_1 \cdot Ab_2 = Ab_1b_2$，这说明了由自然同态 $G \sim G/A$ 就得到了 $B \sim AB/A$，故据定理 6 应有 $AB/A \simeq B/D$，而 D 为 $B \sim AB/A$ 之核，即 $D = \{b \mid b \in B, Ab = A\}$. 但 $Ab = A$ 的充要条件是 $b \in A$，故不得不有 $D = A \cap B$，这就证明了下面的

定理 9 设 B 为 G 之子群且 $A \lhd G$，则必有 (i) $A \cap B \lhd B$ 及 (ii) $AB/A \simeq B/A \cap B$.

附注 定理 9 中的条件还可减弱，不需要 $A \lhd G$，只要求 $A \lhd \{A, B\}$ 就行了. 因为这时可证明 $AB = BA = \{A, B\}$，再仿照证定理 9 之方法仍可得到上二个结论. 可是若只假定 $A \cap B \lhd B$，那就不见得有 $A \lhd \{A, B\}$，因而也就无上面的结论 (ii)，这是应注意的. 例如 $G = \mathfrak{S}_4$，$A = \mathfrak{S}_3$，B 为克莱茵 (Klein) 四元群 $\mathfrak{K}_4 = \{1, (12)(34), (13)(24), (14)(23)\}$ 时，易证 $\{A, B\} = G = \mathfrak{S}_4$，但 $A = \mathfrak{S}_3$ 不是 $\{A, B\} = \mathfrak{S}_4$ 之正规子群，而 $A \cap B = \mathfrak{S}_3 \cap \mathfrak{K}_4 = 1 \lhd B$ 自明. 这附注里谈的现象以及定理 7 后附注 2 里谈的现象，都应特别留心.

最后，谈一个应用正规子群的概念，解决 §4 里说的任何真子群之指数为无限的无限群存在的问题. 即要证明下面的

定理 10 设群 G 内方程 $x^n = g$ 恒可解（任元 $g \in G$ 及任意自然数 n)，那末 G 中任一个真正规子群的指数是无限的.

证明 设 $H \lhd G$，且 $H \neq G$. 假若 $[G:H] = n$ 为一有限数，则对任元 $g \in G$ 由于 $o(G/H) = n$ 可知有

$$(Hg)^n = Hg^n = H, \text{ 即 } g^n \in H,$$

说明了G之每元的n次幂恒在H内. 然由假设，取$g \in G$时必有$x \in G$使$x^n = g$，于是从刚才所说$x^n \in H$可知$g \in H$，证明了 $G \subseteq H$，不得不有 $H = G$，而与H为真子群的假定相抵. 于是 $[G:H] = \infty$. 证完.

由定理 10，易证下面的

推论 特征称为0的域 F，或F上的n级全矩阵环 $M_n(F)$，或F上的多项式环 $F[x, y, z, \cdots]$，就加群言，其每真子群之指数都是无限的.

事实上，从加群之交换性，可知 F，或 $M_n(F)$，或 $F[x, y, z, \cdots]$之每子群为正规的. 又例如就F言，因$g \in F$时，$nx = g$在F内有解x是显然的($x^n = g$这时变为$nx = g$——因F是加群的缘故)，故据定理 10 知加群F的每子群之指数为无限的. 同理，就加群 $M_n(F)$ 或 $F[x, y, z, \cdots]$ 言都一样. 证完.

由是可知§4内列举的有理数加群等例子，其真子群之指数为无限的，能用定理 10 之证明方法可使其证明大为简化.

问题 1 若有限群G只有唯一个所与阶的子群，则这子群必是正规的.

问题 2 设有限群 G，$N \lhd G$，且 $(o(N), [G:N]) = 1$. 试证凡阶为 $o(N)$ 之因数的G之子群H必为N之子群.

问题 3 设 $H \lhd G$，$o(H) = mn$，$(m, n) = 1$，G 有限或无限均可；而 $K \lhd H$，$o(K) = n$. 试证 $K \lhd G$.

问题 4 设 mn 阶群G含阶n之子群 H，且n之每个素因数都不小于 m，试用证定理 4 的类似方法证明 $H \lhd G$.

§7. 共轭(元素、子群)类

所谓H为群G之正规子群指的是对任$x \in G$常有 $x^{-1}Hx = H$. 故当子群H非正规时，则至少有一元$g \in G$使$g^{-1}Hg \neq H$. 一般，叫$g^{-1}Hg$为与H**共轭**的子群，换句话说，如有$g \in G$使G之二子群

K和H有关系 $K = g^{-1}Hg$ 时，就叫K与H**共轭**，或叫K共轭于H(在G内)．易知二共轭子群 $g^{-1}Hg$ 与H为同构的(使H之元h映射为 $g^{-1}Hg$ 之元 $g^{-1}hg$ 即得 $g^{-1}Hg \simeq H$)．

共轭的概念满足等价律，即

(i) **自反律**：H与其自身共轭(对任 $h \in H$ 有 $H = h^{-1}Hh$)；

(ii) **对称律**：若K与H共轭，则H与K共轭(因从 $K = g^{-1}Hg$ 可得 $H = (g^{-1})^{-1}K(g^{-1})$)；

(iii) **传递律**：若K与H共轭，H与L共轭，则K与L共轭(因从 $K = g^{-1}Hg$，$H = g_1^{-1}Lg_1$，得 $K = (g_1g)^{-1}L(g_1g)$)．

由是可知群G之一切子群能分类，使属于同类中的子群互为共轭，属于异类中的子群互不共轭．这样的每个类叫**共轭子群类**(简称**共轭类**)．每共轭类中包含子群之个数一般不止一个，而一共轭类仅含唯一个子群H的充要条件是H为正规的，因而这时与H共轭的子群只能是H本身，所以正规子群又叫做**自共轭子群**．

已知：当H不为G之正规子群时，必有 $g \in G$ 使 $g^{-1}Hg \neq H$；但这时并不排斥有 $x \in G$ 使 $x^{-1}Hx = H$，例如H之元x就是的．今令凡使 $x^{-1}Hx = H$ 的G中一切这样元x之集合为 $N_G(H)$，即 $N_G(H) = \{x \mid x^{-1}Hx = H\}$，而叫 $N_G(H)$ 为H在G内的**正规化子**．当 $x, y \in N_G(H)$ 时，因从 $y^{-1}Hy = H$ 可得 $H = (y^{-1})^{-1}H(y^{-1})$，故 $(xy^{-1})^{-1}H(xy^{-1}) = (y^{-1})^{-1}(x^{-1}Hx)(y^{-1}) = (y^{-1})^{-1}H(y^{-1}) = H$，即 $xy^{-1} \in N_G(H)$，因而 $N_G(H)$ 为G之子群．又由形成 $N_G(H)$ 之义，得知 $N_G(H)$ 是G中这样一个最大子群，即使H在它内是正规的．$N_G(H) = G$ 之充要条件是 $H \lhd G$．

再取 $N_G(H)$ 在G内之任一陪集 $N_G(H) \cdot x_1$．若 $a \in N_G(H)$，则 $(ax_1)^{-1}H(ax_1) = x_1^{-1}(a^{-1}Ha)x_1 = x_1^{-1}Hx_1$；反之，从 $g^{-1}Hg = x_1^{-1}Hx_1$ 又有 $H = x_1g^{-1}Hgx_1^{-1} = (gx_1^{-1})^{-1}H(gx_1^{-1})$，故 $gx_1^{-1} \in N_G(H)$，$g \in N_G(H) \cdot x_1$．这证明了属于 $N_G(H)$ 之同一个(左)陪集(在G内的)且只有在这同一陪集内的元用以变H的形，其结果才会是一样的．于是得知下面的

定理 1 群G之子群H的正规化子 $N_G(H)$ 是G中含H为正

规子群的最大子群. 子群H所属的共轭类中含子群的个数等于$[G:N_G(H)]$. $H\lhd G$之充要条件是$N_G(H)=G$. 特当G为有限群时,每共轭类中含子群的个数等于阶$o(G)$之因数.

正规化子间的联系体现在下面的

定理 2 共轭子群的正规化子亦共轭. 说精确些, 若$K=g^{-1}Hg$, 则$N_G(K)=g^{-1}\cdot N_G(H)\cdot g$ [即$N_G(g^{-1}Hg)=g^{-1}N_G(H)g$].

事实上, $a\in N_G(H)\Longrightarrow(g^{-1}ag)^{-1}K(g^{-1}ag)=g^{-1}a^{-1}(gKg^{-1})\cdot ag=g^{-1}a^{-1}Hag=g^{-1}Hg=K$就说明了$g^{-1}\cdot N_G(H)\cdot g\subseteq N_G(K)$. 反之, $b\in N_G(K)\Longrightarrow g^{-1}Hg=K=b^{-1}Kb=b^{-1}(g^{-1}Hg)b\Longrightarrow H=(gbg^{-1})^{-1}H(gbg^{-1})$又说明了$gbg^{-1}\in N_G(H)$, $b\in g^{-1}N_G(H)g$, 即$N_G(K)\subseteq g^{-1}N_G(H)g$. 证完.

再讨论与群G之子群H共轭的诸子群之**交**与**积**. 令子群H所属之共轭类为ζ, 并令$D=\bigcap\limits_{H_\alpha\in\zeta}H_\alpha$ [当然, 类ζ中有一个$H_\alpha=H$]. D为G之子群自明. 又因$g^{-1}H_\alpha g=g^{-1}H_\beta g(g\in G)$之充要条件为$H_\alpha=H_\beta$, 故当$H_\alpha$跑遍类$\zeta$时, $g^{-1}H_\alpha g$亦跑遍ζ, 因之

$$g^{-1}Dg=\bigcap_{H_\alpha\in\zeta}g^{-1}H_\alpha g=\bigcap_{H_\alpha\in\zeta}H_\alpha=D,$$

证明了$D\lhd G$. 同理, 令$S=\{H_\alpha\}$——S是由形为$a_1a_2\cdots a_k$之有限多个元之积所形成的元素之集合(每$a_i\in$某H_α),也易证$S\lhd G$. 故得

定理 3 一共轭类中所有子群之交以及由它们生成的群都是原群之正规子群.

特当$[G:N_G(H)]=n$为有限时,令与H共轭之n个子群为

$$H_1(=H),\ H_2,\cdots,\ H_n,$$

则由定理 3 虽已有$\{H_1,H_2,\cdots,H_n\}\lhd G$, 但从集合论的观点又因有$H_1H_2\cdots H_n\subseteq\{H_1,H_2,\cdots,H_n\}$, 故现在要研究的是问$H_1H_2\cdots H_n$能否成群?

已知群G之任意多个子群之积不必再为子群,而只有当它们两两可交换时,这积才成群.可是若与子群H共轭之个数等于有限数n时,H所属之共轭类ζ中n个子群$H_1(=H)$, $H_2,\cdots,H_n$之积$H_1H_2\cdots H_n$确成群, 虽有$H_iH_j\neq H_jH_i$之可能. 为解决这问题, 先约定用a_i, b_i, c_i,$\cdots$等来表示H_i之元而简

化下面的叙述；先证两个引理.

引理 1 $a_ib_j=b_jc_k$ 或 d_la_i（引理之意说的是积 a_ib_j 中因子 a_i 得向后移，因子 b_j 也得向前移，叫**易位**）.

证明 因 $b_j^{-1}H_ib_j$ 与 H_i 共轭，故有某 k，使 $H_k=b_j^{-1}H_ib_j$，因而 $b_j^{-1}a_ib_j=c_k\in H_k$，即 $a_ib_j=b_jc_k$. 同理，有 l 使 $H_l=a_iH_ja_i^{-1}$，故 $a_ib_ja_i^{-1}=d_l\in H_l$，即 $a_ib_j=d_la_i$. 证完.

引理 2 形如 $a'_{\lambda_1}a''_{\lambda_2}\cdots a^{(k)}_{\lambda_k}(a^{(i)}_{\lambda_i}\in H_{\lambda_i})$ 之任 k 个元之积能经有限次的易位表写为 $b'_{\mu_1}b''_{\mu_2}\cdots b^{(k)}_{\mu_k}$ 形，式中 $b^{(j)}_{\mu_j}\in H_{\mu_j}$ 且 $\mu_1\leqslant\mu_2\leqslant\cdots\leqslant\mu_k$.

证明 $k=1$ 时显然正确. 今归纳地假定 $k-1$ 个元之积是正确的，而令 $\lambda_s=\max(\lambda_1,\lambda_2,\cdots,\lambda_k)$，于是由引理 1 知积 $a'_{\lambda_1}a''_{\lambda_2}\cdots a^{(k)}_{\lambda_k}$ 中的 $a^{(s)}_{\lambda_s}$ 经逐次向后移的有限多次易位而得 $a'_{\lambda_1}a''_{\lambda_2}\cdots a^{(k)}_{\lambda_k}=d'_{\lambda'_1}d''_{\lambda'_2}\cdots d^{(k-1)}_{\lambda'_{k-1}}a^{(s)}_{\lambda_s}$ 形，但 $d^{(i)}_{\lambda'_i}\in H_{\lambda'_i}$ 且 $\lambda'_1,\lambda'_2,\cdots,\lambda'_{k-1}$ 中可能出现有大于 λ_s 的；若有，再令 $\lambda'_t=\max(\lambda'_1,\lambda'_2,\cdots,\lambda'_{k-1},\lambda_s)$，于是显有 $\lambda'_t>\lambda_s$，且再度由引理 1 知使 $d^{(t)}_{\lambda'_t}$ 经逐次向后移的有限多次易位而达到 $d^{(t)}_{\lambda'_t}$ 在积中最后的位置. 继续这样做，总可使最后一个元的右下脚标递升. 但因右下脚标有上界 n，故结果可得

$$a'_{\lambda_1}a''_{\lambda_2}\cdots a^{(k)}_{\lambda_k}=c'_{\nu_1}c''_{\nu_2}\cdots c^{(k)}_{\nu_k} \tag{1}$$

形，而 $\nu_k(\leqslant n)$ 是积 $a'_{\lambda_1}a''_{\lambda_2}\cdots a^{(k)}_{\lambda_k}$ 经过可能易位所得的最后元素之右下脚标中最大的数.

再由归纳法的假定，得知 $k-1$ 个元之积 $c'_{\nu_1}c''_{\nu_2}\cdots c^{(k-1)}_{\nu_{k-1}}$ 经有限多次的易位得写为

$$c'_{\nu_1}c''_{\nu_2}\cdots c^{(k-1)}_{\nu_{k-1}}=b'_{\mu_1}b''_{\mu_2}\cdots b^{(k-1)}_{\mu_{k-1}}, \tag{2}$$

但 $\mu_1\leqslant\mu_2\leqslant\cdots\leqslant\mu_{k-1}$. 以 (2) 代入 (1) 中，得

$$a'_{\lambda_1}a''_{\lambda_2}\cdots a^{(k)}_{\lambda_k}=b'_{\mu_1}b''_{\mu_2}\cdots b^{(k-1)}_{\mu_{k-1}}c^{(k)}_{\nu_k}. \tag{3}$$

然由 ν_k 之假定又知每 $\mu_i\leqslant\nu_k$，故令 $\nu_k=\mu_k$ 并写 $c^{(k)}_{\nu_k}=b^{(k)}_{\mu_k}$ 时，即得引理 2.

现在可考虑积 $H_1H_2\cdots H_n$ 了. 设 $x=a_1a_2\cdots a_n$，$y=b_1b_2\cdots b_n(a_i,b_i\in H_i)$，则 $xy^{-1}=a_1a_2\cdots a_nb_n^{-1}\cdots b_2^{-1}b_1^{-1}$；由引理 2，可表写

$$xy^{-1}=c'_{\lambda_1}c''_{\lambda_2}\cdots c^{(2n)}_{\lambda_{2n}},\quad 1\leqslant\lambda_1\leqslant\lambda_2\leqslant\cdots\leqslant\lambda_{2n}\leqslant n,\quad c^{(j)}_{\lambda_j}\in H_{\lambda_j}.$$

当 $\lambda_i=\lambda_{i+1}$ 时，$c^{(i)}_{\lambda_i}c^{(i+1)}_{\lambda_{i+1}}\in H_{\lambda_i}$，可写 $c^{(i)}_{\lambda_i}c^{(i+1)}_{\lambda_{i+1}}=d^{(i)}_{\lambda_i}$ 形；用这样的方法，

得将积 $c'_{\lambda_1}c''_{\lambda_2}\cdots c^{(2n)}_{\lambda_{2n}}$ 中右下脚标相等的一些相邻的 c 合并，写为同一个 H_λ 的元，结果就有

$$xy^{-1} = d_{\mu_1}d_{\mu_2}\cdots d_{\mu_k} \tag{4}$$

形，$\mu_1<\mu_2<\cdots<\mu_k$，$d_{\mu_i}\in H_{\mu_i}$，当然有 $\mu_k\leqslant n$。若 $\mu_1>1$（或 $\mu_k<n$），则在 d_{μ_1} 的前面（或 d_{μ_k} 的后面）添加 μ_1-1 个（或 $n-\mu_k$ 个）单位元；如遇有 $\mu_t+1<\mu_{t+1}$，就在 d_{μ_t} 与 $d_{\mu_{t+1}}$ 之间插进 $\mu_{t+1}-\mu_t-1$ 个单位元；总之，恒可将 (4) 表为

$$xy^{-1} = h_1h_2\cdots h_n \in H_1H_2\cdots H_n$$

形，即证明了 $H_1H_2\cdots H_n$ 为 G 之子群，故 $H_1H_2\cdots H_n=\{H_1, H_2, \cdots, H_n\}\lhd G$。从证明的方法还知道：不论 $i_1, i_2, \cdots, i_n$ 是 $1, 2, \cdots, n$ 的任何排列，常有 $H_{i_1}H_{i_2}\cdots H_{i_n}=H_1H_2\cdots H_n$。故证得了

定理 4 若 $[G:N_G(H)]$ 为有限，则凡与 H 共轭的诸子群之积必为 G 之正规子群，而等于它们所生成的群；又与 H 共轭的诸子群之积与子群之排列的先后次序无关。

推论 与有限群 G 之子群 H 共轭的一切子群的积恒为 G 之正规子群。

定理 4 中主要关键在 $[G:N_G(H)]$ 为有限数。涉及"子群之指数为有限的相关问题，还有

定理 5 如果群 G 有指数为有限的真子群，则 G 也必有指数为有限的真正规子群。

证明 $[G:H]$ 为有限 $\Rightarrow[G:N_G(H)]$ 为有限，即与 H 共轭之子群的个数为有限。又因 $[G:g^{-1}Hg]=[G:H]$，故令 D 为凡与 H 共轭之子群的交时，则由 §3 定理 7 得知 $[G:D]$ 为有限(实际上有 $[G:D]\leqslant[G:H]^{[G:N_G(H)]}$)，且据定理 3 又知 $D\lhd G$。证完。

从定理 5 又得

推论 设 H 是无限群 G 的真子群，且 $[G:H]$ 为有限数，则与 H 共轭的诸子群的交决不是单位元群。

子群 H 在 G 内的正规化子是 $N_G(H)=\{x\mid x\in G, x^{-1}Hx=H\}$。如果不仅要求 $x^{-1}Hx=H$，更要求 $x^{-1}hx=h$（每 $h\in H$），又怎样呢？换言之，若考虑群 G 之子集 $Z_G(H)=\{x\mid x\in G, x^{-1}hx=h$ 对任 $h\in H\}$——叫 $Z_G(H)$ 为 H 在 G 内的**中心化子**（简称 H 的中心化子），问 $Z_G(H)$ 有些什么性质？

应注意的是 $x^{-1}hx=h$ 与 $xh=hx$ 为等价的，故 H 之中心化

子 $Z_G(H)$ 就是"与H之每元为可交换的" G 中这样一些元素所成的集合. 显然有 $Z_G(H)\subseteq N_G(H)$. 但 $H\subseteq N_G(H)$, 而一般言却有 $H\not\subseteq Z_G(H)$, 即子群不必包含在它的中心化子里面 ($H\subseteq Z_G(H)$ 的充要条件是H为交换群). 又由于G之单位元 $e\in Z_G(H)$, 故 $Z_G(H)$ 不是空集. 今若 $x, y\in Z_G(H)$, 则对每 $h\in H$ 由 $yh=hy\Longrightarrow y^{-1}h=hy^{-1}$, 可知 $(xy^{-1})h=x(y^{-1}h)=x(hy^{-1})=(xh)y^{-1}=(hx)y^{-1}=h(xy^{-1})$, 即 $xy^{-1}\in Z_G(H)$, 故 $Z_G(H)$ 为G之子群.

共轭子群的中心化子也共轭, 实际上有 $Z_G(g^{-1}Hg)=g^{-1}\cdot Z_G(H)\cdot g$: 因从 $x\in Z_G(H)$ 知对每 $h\in H$ 有 $(g^{-1}xg)(g^{-1}hg)=g^{-1}xhg=g^{-1}hxg=(g^{-1}hg)(g^{-1}xg)$, 即 $g^{-1}xg\in Z_G(g^{-1}Hg)$, 故 $g^{-1}\cdot Z_G(H)\cdot g\subseteq Z_G(g^{-1}Hg)$; 反之, $y\in Z_G(g^{-1}Hg)\Longrightarrow y\cdot g^{-1}hg=g^{-1}hg\cdot y\Longrightarrow gyg^{-1}\cdot h=h\cdot gyg^{-1}$, 故 $gyg^{-1}\in Z_G(H)$, $y\in g^{-1}Z_G(H)g$, 即 $Z_G(g^{-1}Hg)\subseteq g^{-1}Z_G(H)g$; 于是结果得 $g^{-1}Z_G(H)g=Z_G(g^{-1}Hg)$.

由是特当 $g\in N_G(H)$ 时, 有 $g^{-1}\cdot Z_G(H)\cdot g=Z_G(g^{-1}Hg)=Z_G(H)$, 说明了 $Z_G(H)\lhd N_G(H)$. 因而在 $H\lhd G$ 时, 从 $N_G(H)=G$ 知 $Z_G(H)\lhd G$.

总括上述,证得了

定理 6 群G之子群H的中心化子 $Z_G(H)$ 是它的正规化子 $N_G(H)$ 的正规子群 $[Z_G(H)\lhd N_G(H)]$, 因而正规子群的中心化子也为正规子群. 又 $Z_G(g^{-1}Hg)=g^{-1}\cdot Z_G(H)\cdot g$.

再推广上述的一些概念. 设M为群G的非空子集(不要求为子群),令

$$N_G(M)=\{x\mid x\in G,\ x^{-1}Mx=M\}$$

与

$$Z_G(M)=\{x\mid x\in G,\ x^{-1}mx=m\ \text{对每}\ m\in M\},$$

分别叫做M (在G内) 的正规化子与中心化子. 叫二集合 $x^{-1}Mx$ 与M为共轭的. 这时,与上面讨论子群H的情况完全类似,可证明下面的

定理 7 群G之非空子集M的正规化子 $N_G(M)$ 和中心化子

$Z_G(M)$ 都是G的子群，且 $Z_G(M)\lhd N_G(M)$. 又与M共轭的个数(在G内) 等于 $[G:N_G(M)]$, 且 $x^{-1}\cdot N_G(M)\cdot x=N_G(x^{-1}Mx)$ 与 $x^{-1}\cdot Z_G(M)\cdot x=Z_G(x^{-1}Mx)$.

不过这时应注意有 $M\not\lhd N_G(M)$ 的情况可能发生，原因是M不为子群. 而 $M\subseteq N_G(M)$ 的充要条件是对每 $x\in M$ 有 $xM=Mx$ (从集合论的角度言). 同理，$M\subseteq Z_G(M)$ 的充要条件是集M中每两元可互交换. 特当M只含一元 a 时，就有与 a 为共轭的元以及 a 之正规化子 $N_G(a)$ 和 a 之中心化子 $Z_G(a)$ 这些概念，并有 $a\in Z_G(a)=N_G(a)$. 与讨论子群的情况一样，元素共轭的概念满足等价律(自反律、对称律、传递律皆成立)，故群G中的元能分类，使属于同类的元两两共轭，属于异类的两元决不共轭. 于是有限群G中每共轭类所含元素之个数应为阶 $o(G)$ 之因数；故若令共轭类之个数为 k，而这 k 个类中每类所含元素之个数分别为 n_1, $n_2,\cdots,n_k$, 就有:

$$o(G)=n_1+n_2+\cdots+n_k,\ 每\ n_i|o(G). \tag{5}$$

显然，G之单位元 e 所在之类只含 e；但除 e 外，还可能有另一元其所属之共轭类也只含该元本身，这样的元当然与G之每元可交换. 反之，凡与G之各元可交换的元所属之共轭类也的确只含该元自身. 像这样使共轭类只含一个元的元叫做**自共轭元**(或**不变元**). 于是(5)中至少有一个 n_i 等于 1，也可能等于 1 的 n_i 不止一个. 对无限群言，也有这样的现象. 自共轭元是个很重要的概念，体现在下面的

定理 8 群G中一切自共轭元的集 $Z(G)$ 为G之一个交换正规子群，且 $Z(G)$ 之任何子群也是G的正规子群.

证明 $a,b\in Z(G)\Longrightarrow$ 对每 $x\in G$, 有 $(ab)x=a(bx)=a(xb)=(ax)b=(xa)b=x(ab)\Longrightarrow ab\in Z(G)$; 又 $ax=xa\Longrightarrow xa^{-1}=a^{-1}x$ 也说明了 $a^{-1}\in Z(G)$; 故 $Z(G)$ 是子群. 至于 $Z(G)$ 为交换且 $Z(G)\lhd G$ 以及 $Z(G)$ 之子群在G内也为正规的，这些事实都很容易由 $Z(G)$ 之意义得到.

附注 通常叫 $Z(G)$ 为G的**中心**(或**中核**)，因而自共轭元也叫

中心元. 为今后叙述简单，若群 G 之中心只含单位元时，就说 G 无中心，表为 $Z(G)=1$.

有了符号 $Z(G)$，公式(5)可写为

$$o(G)=o(Z(G))+\sum_{n_i>1}n_i,\quad 每\ n_i\mid o(G). \tag{6}$$

关于群 G 之中心 $Z(G)$，有几点要说明：

一、$Z_G(G)=Z(G)$，即 G 之中心化子就是中心.

二、若 H 为 G 之子群，则 $Z_G(H)\cap H=Z(H)$.

三、$Z(G)=G$ 之充要条件是 G 为交换群.

四、$Z(G)=1$ 的群 G 也存在，例如 n 次对称群 $\mathfrak{S}_n(n\geqslant 3)$ 就是 $Z(\mathfrak{S}_n)=1$.

事实上，设 $\pi=\begin{pmatrix}1 & 2 & \cdots & n\\ 1' & 2' & \cdots & n'\end{pmatrix}\in Z(\mathfrak{S}_n)$，则对每 $\sigma\in\mathfrak{S}_n$，恒有 $\pi^{-1}\sigma\pi=\sigma$，故当 $\sigma=(ij)$ 时因 $\pi^{-1}(ij)\pi=(i'j')$，故得知 $(1'2')=(12)$，$(1'3')=(13)$，$\cdots$，$(1'n')=(1n)$，于是不得不有 $1'=1$，$2'=2,\cdots,n'=n$，即 $\pi=\mathbf{1}$ 为恒等置换. 证明了 $Z(\mathfrak{S}_n)=1$.

同理，当 $n\geqslant 4$ 时，也有 $Z(\mathfrak{A}_n)=1$. 事实上，若

$$\pi=\begin{pmatrix}1 & 2 & 3 & \cdots & n\\ 1' & 2' & 3' & \cdots & n'\end{pmatrix}\in Z(\mathfrak{A}_n),$$

则从 $\pi^{-1}\sigma\pi=\sigma(\sigma\in\mathfrak{A}_n)$ 而令 σ 分别为 (123)，(124)，$\cdots$，$(12n)$ 时就得到

$$(1'2'3')=(123),\ (1'2'4')=(124),\cdots,\ (1'2'n')=(12n).$$

从 $(1'2'3')=(123)$ 及 $(1'2'4')=(124)$ 可知 $1'\neq 3$；苟若 $1'=2$，则从 $(123)=(1'2'3')=(22'3')$ 知必 $2'=3$，$3'=1$，于是有 $(124)=(1'2'4')=(234')$，显然不可；故只能为 $1'=1$，随之又有 $2'=2$，$3'=3$，$4'=4,\cdots,n'=n$，即 $\pi=\mathbf{1}$ 为恒等置换. 即 $Z(\mathfrak{A}_n)=1$.

既知 $Z(G)\lhd G$，得作商群 $G/Z(G)$. 今问：$Z(G)$ 既由 G 之全部中心元而成，那末 $G/Z(G)$ 还有中心吗？为解决这问题，先证

定理 9 *p-群的中心不为单位元群(即 p-群有中心). 阶为 p^2 的 p-群必为交换群.* (阶等于素数 p 之幂的群叫 p-群.)

证明 设 p-群 G 的阶 $o(G)=p^n\ (n>0)$. 由共轭元素类之公式(6), 知这时应有 $p^n=o(Z(G))+\sum\limits_{\lambda_i>0}p^{\lambda_i}$, 故必 $p\mid o(Z(G))$, 证明了 $Z(G)\neq 1$.

再令 $o(G)=p^2$. 这时, 或 $o(Z(G))=p$ 或 $o(Z(G))=p^2$. 若 $o(Z(G))=p$, 则 $o(G/Z(G))=p$, 因而 $G/Z(G)$ 为 p-阶循环群, 而有 $g\in G$ 使 $Z(G)\cdot g$ 为 $G/Z(G)$ 之生成元, 于是 $G=\{g, Z(G)\}$ 且 $g^p\in Z(G)$. 因 g 与 $Z(G)$ 之每元可交换, 故 $G=\{g, Z(G)\}$ 为交换的, 因而必有 $o(Z(G))=p^2$. 总之说明了 $o(Z(G))=p$ 不可能. 故只能是 G 为交换的. 证完.

今考虑 8 次对称群 $\mathfrak{S}_8$ 中两个置换

$$a=(1234)(5678) \text{ 与 } b=(1537)(2846)$$

生成的子群 $K=\{a, b\}$. 因为

$$a^4=1,\ a^2=b^2,\ ba=a^3b(=a^{-1}b),$$

故 K 之每元得唯一地写成 $a^\lambda b^\mu$ 形 $(\lambda=0, 1, 2, 3;\ \mu=0, 1)$, 即 $o(K)=8$. 易证 K 之中心 $Z(K)=\{a^2\}$ 为 2 阶循环群, 故 $o(K/Z(K))=4$, 于是据定理 9 可知 $K/Z(K)$ 为交换群, 即 $Z(K/Z(K))=K/Z(K)$. 这例足以说明使 $G/Z(G)$ 尚有中心的群 G 确实存在.

附注 令符号 $1, i, -1, -i, j, k, -j, -k$ 分别表示上述 8 阶群 K 中的元 $1, a, a^2, a^3, b, ab, a^2b, a^3b$, 则有 $i^2=j^2=k^2=-1$, $ij=-ji=k$, $jk=-kj=i$, $ki=-ik=j$. 由 ± 1, $\pm i$, $\pm j$, $\pm k$ 这八个元根据上述结合方法构成的群叫**四元数群**. 于是上述的群 K 与四元数群同构.

上面列举了一例说明以中心为模的商群还可能有中心, 如四元数群, 实际上以四元数群之中心为模的商群还是交换群. 于是问: 以中心为模的商群能为循环群吗? 我们说这是不可能的, 实际上有下面的

定理 10 *非交换群之以其中心为模的商群决不可能为循环*

群.

证明 用反证法，设 G 非交换，且 $G/Z(G)$ 为循环的. 于是有 $g\in G$ 使 $G/Z(G)=\{Z(G)\cdot g\}$，因而对任 $x\in G$ 知有使

$$Z(G)\cdot x=[Z(G)\cdot g]^{\lambda_x}=Z(G)\cdot g^{\lambda_x}$$

之自然数 λ_x 得以存在，由是有 $x=zg^{\lambda_x}$，$z\in Z(G)$，故得 $G=\{g, Z(G)\}$. 但由 g 与 $Z(G)$ 之每元可交换即知 $G=\{g, Z(G)\}$ 为交换群，不可. 证完.

在定理 8 的后面证过了 n 次对称群 $\mathfrak{S}_n(n\geqslant 3)$ 和 n 次交代群 $\mathfrak{A}_n(n\geqslant 4)$ 都没有中心，证明的过程都利用了置换群中共轭元之形成方法. 为使这问题说得更透彻，索性深入地讨论 n 次对称群 $\mathfrak{S}_n$ 及 n 次交代群 $\mathfrak{A}_n$ 的共轭元素类.

设 $\pi, \rho\in\mathfrak{S}_n$，即 $\rho=\begin{pmatrix} i \\ i\rho \end{pmatrix}$，$\pi=\begin{pmatrix} i \\ i\pi \end{pmatrix}(i=1,2,\cdots,n)$. 于是，$(i\rho)(\rho^{-1}\pi\rho)=(i\pi)\rho$，即 $\rho^{-1}\pi\rho=\begin{pmatrix} i\rho \\ (i\pi)\rho \end{pmatrix}$. 再将 π 写为循环因子之积如 $\pi=(i_1i_2\cdots i_s)(j_1j_2\cdots j_t)\cdots$，它表明 $i_k\pi=i_{k+1}(k=1,2,\cdots,s-1)$ 及 $i_s\pi=i_1$，$j_k\pi=j_{k+1}(k=1,2,\cdots,t-1)$ 及 $j_t\pi=j_1$，等等，于是从

$$\rho=\begin{pmatrix} i \\ i\rho \end{pmatrix}=\begin{pmatrix} i_1 & i_2 & \cdots & i_{s-1} & i_s & j_1 & j_2 & \cdots & j_t & \cdots \\ i_1\rho & i_2\rho & \cdots & i_{s-1}\rho & i_s\rho & j_1\rho & j_2\rho & \cdots & j_t\rho & \cdots \end{pmatrix},$$

得知 $\rho^{-1}\pi\rho=\begin{pmatrix} i\rho \\ (i\pi)\rho \end{pmatrix}$ 的意义就是

$$\begin{aligned}
&\rho^{-1}\pi\rho \\
&=\begin{pmatrix} i_1\rho & i_2\rho & \cdots & i_{s-1}\rho & i_s\rho & j_1\rho & j_2\rho & \cdots & j_{t-1}\rho & j_t\rho & \cdots \\ (i_1\pi)\rho & (i_2\pi)\rho & \cdots & (i_{s-1}\pi)\rho & (i_s\pi)\rho & (j_1\pi)\rho & (j_2\pi)\rho & \cdots & (j_{t-1}\pi)\rho & (j_t\pi)\rho & \cdots \end{pmatrix} \\
&=\begin{pmatrix} i_1\rho & i_2\rho & \cdots & i_{s-1}\rho & i_s\rho & j_1\rho & j_2\rho & \cdots & j_{t-1}\rho & j_t\rho & \cdots \\ i_2\rho & i_3\rho & \cdots & i_s\rho & i_1\rho & j_2\rho & j_3\rho & \cdots & j_t\rho & j_1\rho & \cdots \end{pmatrix} \\
&=(i_1\rho, i_2\rho, i_3\rho, \cdots, i_s\rho)(j_1\rho, j_2\rho, j_3\rho, \cdots, j_t\rho)\cdots,
\end{aligned}$$

这就证明了下面的

定理 11 在置换群中，置换 π 的共轭置换 $\rho^{-1}\pi\rho$ 能这样地得

到，即先把 π 写为循环因子之积，再将各循环因子中每个数字 k 换成 $k\rho$ 就行了.

由 π 与 $\rho^{-1}\pi\rho$ 的循环表示，还看出它们所包含的 r 项循环置换、s 项循环置换等等之个数都分别相等；像这样的两置换叫做**同型**. 故定理 11 有这样的涵义，即二个共轭置换是同型的. 反之，若 π 与 τ 为二同型置换，即写为循环表示时应有

$$\pi=(i_1i_2\cdots i_t)(j_1j_2\cdots j_s)\cdots,\quad \tau=(i_1'i_2'\cdots i_t')(j_1'j_2'\cdots j_s')\cdots$$

的形式，这时，取 $\rho=\begin{pmatrix} i_1 & i_2\cdots i_t & j_1 & j_2\cdots j_s\cdots \\ i_1' & i_2'\cdots i_t' & j_1' & j_2'\cdots j_s'\cdots \end{pmatrix}\in \mathfrak{S}_n$，则由定理 11，即得 $\rho^{-1}\pi\rho=\tau$，即 π 与 τ 为共轭置换. 故又证得了

定理 12 n 次对称群 $\mathfrak{S}_n$ 中二置换 π 与 τ 为共轭的（在 $\mathfrak{S}_n$ 内）充要条件是它们为同型的置换.

再可讨论对称群 $\mathfrak{S}_n$ 中一置换 π 所属之共轭元素类 ζ_π 中所包含共轭置换的个数问题.

设 π 写为循环表示时，有 a_i 个 i 项循环（$i=1, 2,\cdots, n$）.——当然，$\sum\limits_{i=1}^{n} ia_i=n$ 且 a_i 中必有为零的. 共轭类 ζ_π 含置换之个数等于 $[\mathfrak{S}_n:N_{\mathfrak{S}_n}(\pi)]$，$\sigma\in N_{\mathfrak{S}_n}(\pi)$ 的充要条件是 $\sigma^{-1}\pi\sigma=\pi$. 为便于说明，令含在 π 中的 a_j 个 j 项循环因子为 $\tau_1=(t_1't_2'\cdots t_j')$，$\tau_2=(t_1''t_2''\cdots t_j'')$，$\cdots$，$\tau_{a_j}=(t_1^{(a_j)}t_2^{(a_j)}\cdots t_j^{(a_j)})$. 由定理 11，可知 $\sigma^{-1}\pi\sigma$ 也只含 a_j 个 j 项循环因子，它们是 $\sigma^{-1}\tau_i\sigma=(t_1^{(i)}\sigma, t_2^{(i)}\sigma,\cdots, t_j^{(i)}\sigma)$（$i=1, 2,\cdots, a_j$）. 于是 $\sigma^{-1}\pi\sigma=\pi$ 的充要条件是 $\sigma^{-1}\tau_1\sigma, \sigma^{-1}\tau_2\sigma,\cdots,\sigma^{-1}\tau_{a_j}\sigma$ 为 $\tau_1, \tau_2,\cdots,\tau_{a_j}$ 的某排列；如果在 $\tau_1, \tau_2,\cdots,\tau_{a_j}$ 的某排列中已有 $\sigma^{-1}\tau_1\sigma=\tau_k$，即 $(t_1'\sigma, t_2'\sigma,\cdots, t_j'\sigma)=(t_1^{(k)}t_2^{(k)}\cdots t_j^{(k)})$，则文字 $t_1'\sigma$ 必为 $t_1^{(k)}, t_2^{(k)},\cdots, t_j^{(k)}$ 中某一，如令为 $t_1'\sigma=t_i^{(k)}$，随而必有 $t_s'\sigma=t_{i+s-1}^{(k)}$（$s=1, 2,\cdots, j$；而 $i+s-1$ 是取模 j 之最小正剩余），这说明了在 $\sigma^{-1}\tau_1\sigma=\tau_k$ 时 $t_1'\sigma$ 尚有 j 种变化；对 $\sigma^{-1}\tau_2\sigma$ 言，……，对 $\sigma^{-1}\tau_{a_j}\sigma$ 言都类似；然 $\tau_1, \tau_2,\cdots,\tau_{a_j}$ 的排列又共有 $a_j!$ 个；于是可知 $\sigma^{-1}\pi\sigma=\pi$ 之置换 σ 的个数等于 $\prod\limits_{i=1}^{n} j^{a_j}\cdot a_j!$，因之 $o(N_{\mathfrak{S}_n}(\pi))=\prod\limits_{j=1}^{n} j^{a_j}\cdot a_j!=a_1!\ a_2!\cdots a_n!$

$1^{a_1}2^{a_2}\cdots n^{a_n}$，随而共轭类 ζ_π 含有

$$\frac{n!}{a_1!a_2!\cdots a_n!1^{a_1}2^{a_2}\cdots n^{a_n}}$$

个置换．故证得了

定理 13 设 $\pi\in\mathfrak{S}_n$，并假定 π 之循环表示中有 a_j 个 j 项循环 $(j=1, 2,\cdots, n)$．那末 $\mathfrak{S}_n$ 中与 π 可交换之置换的个数为 $a_1!a_2!\cdots a_n!\,1^{a_1}2^{a_2}\cdots n^{a_n}$，因之 $\mathfrak{S}_n$ 里 π 所属之共轭类 ζ_π 含且仅含与 π 同型的置换，其个数等于

$$\frac{n!}{a_1!a_2!\cdots a_n!1^{a_1}2^{a_2}\cdots n^{a_n}}.$$

ζ_π 中任二个置换对 $\mathfrak{S}_n$ 言固为共轭，但对 n 次交代群 $\mathfrak{A}_n$ 言不见得为共轭的．我们现在就要考虑 $\mathfrak{A}_n$ 对 ζ_π 之影响．令 $\pi_1=(12)\pi(12)$，显然有 $\pi_1\in\zeta_\pi$．

若 $\tau\in\zeta_\pi$，则有 $\sigma\in\mathfrak{S}_n$ 使 $\tau=\sigma^{-1}\pi\sigma$．如果 σ 已为偶置换，$\tau=\sigma^{-1}\pi\sigma$ 说明了 τ 与 π 在 $\mathfrak{A}_n$ 内已共轭；若 σ 为奇置换，则 $[(12)\sigma]^{-1}\pi_1[(12)\sigma]=\tau$ 中的 $(12)\sigma$ 就是偶置换，即 τ 与 π_1 在 $\mathfrak{A}_n$ 内共轭．这说明了类 ζ_π 中每置换对 $\mathfrak{A}_n$ 言或与 π 共轭或与 π_1 共轭，二者必有一．

若 ζ_π 中每置换对 $\mathfrak{A}_n$ 言都与 π 共轭，则有 $\rho\in\mathfrak{A}_n$ 使

$$(12)\pi(12)=\pi_1=\rho^{-1}\pi\rho,$$

于是

$$\rho(12)\cdot\pi=\pi\cdot\rho(12),$$

即 π 能与一奇置换 $\rho(12)$ 可交换．反之，若 π 能与某奇置换 μ 可交换，则当 $\pi'=\lambda^{-1}\pi\lambda$ 且 λ 为奇置换时，就利用 $\pi=\mu^{-1}\pi\mu$ 可得 $\pi'=\lambda^{-1}\mu^{-1}\pi\mu\lambda=(\mu\lambda)^{-1}\pi(\mu\lambda)$，$\mu\lambda$ 为偶置换，证明了 ζ_π 中每置换对 $\mathfrak{A}_n$ 言也和 π 共轭．故 ζ_π 中每置换对 $\mathfrak{A}_n$ 言能与 π 共轭的充要条件是 π 能与一奇置换可交换．下面来探索定理 13 中的 a_i 为何值时才能保证 π 与一奇置换可交换．

显然，若有一 $a_{2i}>0$，则 π 至少有一个 $2i$ 项循环因子，因之 π 得与这个 $2i$ 项循环因子(奇置换)能交换；或者若有一 $a_{2i+1}>1$，例如上面的 $j=2i+1$，则这时 π 至少有 τ_1 与 τ_2 两个 $j=2i+1$

项循环因子，于是 $(t_1't_1'')(t_2't_2'')\cdots(t_j't_j'')$ 为奇置换且显然能与 π 可交换. 总之说明了: 若有一 $a_{2i}>0$ 或有一 $a_{2i+1}>1$ 时, π 的确是和一奇置换可交换的.

反之，若每个 $a_{2i}=0$ 且每个 $a_{2i+1}\leqslant 1$，则 π 之循环表示的形状为 $\pi=(v_1'v_2'\cdots v_{j_1}')(v_1''v_2''\cdots v_{j_2}'')\cdots(v_1^{(r)}v_2^{(r)}\cdots v_{j_r}^{(r)})$, 式中每 j_i 为奇数，且 $j_s\neq j_t$ 当 $s\neq t$ 时，又 $n-1\leqslant j_1+j_2+\cdots+j_r\leqslant n$; 于是若有置换

$$\sigma=\begin{pmatrix} v_1' & v_2'\cdots v_{j_1}' & v_1'' & v_2''\cdots v_{j_2}''\cdots v_1^{(r)} & v_2^{(r)}\cdots v_{j_r}^{(r)} \\ u_1' & u_2'\cdots u_{j_1}' & u_1'' & u_2''\cdots u_{j_2}''\cdots u_1^{(r)} & u_2^{(r)}\cdots u_{j_r}^{(r)} \end{pmatrix}$$

使 $\sigma\pi=\pi\sigma$, 即 $\sigma^{-1}\pi\sigma=\pi$, 就应有

$$\begin{aligned}&(u_1'u_2'\cdots u_{j_1}')(u_1''u_2''\cdots u_{j_2}'')\cdots(u_1^{(r)}u_2^{(r)}\cdots u_{j_r}^{(r)})\\&\quad=(v_1'v_2'\cdots v_{j_1}')(v_1''v_2''\cdots v_{j_2}'')\cdots(v_1^{(r)}v_2^{(r)}\cdots v_{j_r}^{(r)}),\end{aligned}$$

故从 $j_s\neq j_t(s\neq t$ 时$)$，不得不有

$$(u_1^{(i)}u_2^{(i)}\cdots u_{j_i}^{(i)})=(v_1^{(i)}v_2^{(i)}\cdots v_{j_i}^{(i)})\ [=\tau^{(i)}\text{令}],$$

式中 $i=1,2,\cdots,r$. 因之 $u_1^{(i)}$ 只能是 $v_1^{(i)},v_2^{(i)},\cdots,v_{j_i}^{(i)}$ 中的某一，随而 $u_2^{(i)},\cdots,u_{j_i}^{(i)}$ 都唯一地被决定，故 σ 之循环表示必为

$$\begin{aligned}\sigma&=(v_1'v_2'\cdots v_{j_1}')^{l_1}(v_1''v_2''\cdots v_{j_2}'')^{l_2}\cdots(v_1^{(r)}v_2^{(r)}\cdots v_{j_r}^{(r)})^{l_r}\\&=\tau'^{l_1}\tau''^{l_2}\cdots\tau^{(r)l_r},\end{aligned}$$

式中 $l_i=1,2,\cdots,j_i(i=1,2,\cdots,r)$. 这就是说 σ 必为偶置换. 于是，欲 π 能和一奇置换可交换，就必有某 $a_{2i}>0$ 或某 $a_{2i+1}>1$.

总括之，得到: π 与一奇置换可交换的充要条件是有某 $a_{2i}>0$ 或某 $a_{2i+1}>1$. 由是，类 ζ_π 中每置换对 $\mathfrak{A}_n$ 言能与 π 共轭的充要条件是有某 $a_{2i}>0$ 或某 $a_{2i+1}>1$. 故类 ζ_π 中非每置换对 $\mathfrak{A}_n$ 言都和 π 共轭的充要条件是 π 只能与偶置换可交换，因而这时易知 $\pi_1=(12)\pi(12)$ 对 $\mathfrak{A}_n$ 言决不能与 π 共轭; 由是这时类 ζ_π 中的置换可分成甲、乙两组: 属甲组的对 $\mathfrak{A}_n$ 言都只能和 π 共轭，属乙组的对 $\mathfrak{A}_n$ 言都只能与 π_1 共轭. 还知道甲、乙两组含置换之个数相等——事实上，若 π' 属甲组，则 $\pi'(\in\zeta_\pi)=\rho^{-1}\pi\rho(\rho\in\mathfrak{A}_n)$, 故 $(12)\pi'(12)^{-1}(\in\zeta_\pi)=[(12)\rho(12)^{-1}]^{-1}\pi_1[(12)\rho(12)^{-1}]$, $(12)\rho$

$(12)^{-1}\in\mathfrak{A}_n$，说明了 $(12)\pi'(12)$ 属乙组，故甲组含置换之个数不大于乙组所含的个数；同理也可知乙组含置换之个数不大于甲组所含之个数．故又得

定理 14 在定理 13 中如再令 $\pi_1=(12)\pi(12)$，则 ζ_π 中每置换对 $\mathfrak{A}_n$ 言必与 π 或 π_1 共轭，二者至少有一．类 ζ_π 中每置换对 $\mathfrak{A}_n$ 言能与 π 共轭的充要条件是 π 可与一奇置换交换(其等价条件为某 $a_{2i}>0$ 或某 $a_{2i+1}>1$)．于是类 ζ_π 中非每置换对 $\mathfrak{A}_n$ 言都与 π 共轭的充要条件是 π 只能与偶置换可交换，这时 π 与 π_1 对 $\mathfrak{A}_n$ 言不共轭，且 ζ_π 得分成含相等个数的置换之两组，使其中一组内诸置换对 $\mathfrak{A}_n$ 言都只能和 π 共轭，另一组内的置换对 $\mathfrak{A}_n$ 言都只能和 π_1 共轭．

结束这节以前，再谈一下由群 G 的共轭元素类产生的一些事项，首先有下面的

定理 15 设 ζ 是群 G 的一个共轭元素类，则凡属 ζ 之元的正规化子(中心化子)之集合组成 G 的一个共轭子群类．

事实上，若 $a,b\in\zeta$，则因有 $g\in G$ 使 $b=g^{-1}ag$，故据定理 7 就有 $N_G(b)=N_G(g^{-1}ag)=g^{-1}\cdot N_G(a)\cdot g$，即 $N_G(a)$ 与 $N_G(b)$ 为共轭的．反之，若 $H=x^{-1}\cdot N_G(a)\cdot x$，$a\in\zeta$，则因 $x^{-1}\cdot N_G(a)\cdot x=N_G(x^{-1}ax)$，故 $H=N_G(b')$，$b'=x^{-1}ax\in\zeta$，即表明了 H 为 ζ 中一元 b' 之正规化子．证完．

再有下面的

定理 16 设 ζ 是一个共轭元素类，则由 ζ 之元的逆元而成的集合 $\zeta^{(-1)}$ 也是一个共轭元素类．再推广，由 ζ 之各元的 m 次幂而成的集合 $\zeta^{(m)}$ 也是一个共轭元素类．

事实上，$a,b\in\zeta\Longrightarrow g\in G$ 使 $b=g^{-1}ag$，由是易证 $b^m=g^{-1}a^mg$，即 b^m 与 a^m 共轭．反之，若 c 与 a^m 共轭 $(a\in\zeta)$，则有 $x\in G$ 使 $c=x^{-1}a^mx=(x^{-1}ax)^m$，因而由 $x^{-1}ax\in\zeta$ 即得 $(x^{-1}ax)^m\in\zeta^{(m)}$，也就是 $c\in\zeta^{(m)}$．证完．

关于多个共轭元素类，又有

定理 17 设 ζ_1 与 ζ_2 是两个共轭元素类，那末 $\zeta_1\zeta_2$ 是若干个共轭元素类的并集．

事实上，若 $a_1\in\zeta_1$，$a_2\in\zeta_2$，则因 $g^{-1}(a_1a_2)g=(g^{-1}a_1g)(g^{-1}a_2g)$ 显然在 $\zeta_1\zeta_2$ 内，故凡与 a_1a_2 共轭的元全在 $\zeta_1\zeta_2$ 内．证完．

关于群 G 之非空子集，有下面的

定理 18 设M是群G的一个非空子集，则凡属于M之元的中心化子的交就等于M的中心化子，即 $Z_G(M) = \bigcap_{x\in M} Z_G(x)$.

事实上，$a\in Z_G(M)$ 的充要条件是 $ax = xa$ 对任 $x\in M$ 都成立，即等价于条件 $a\in \bigcap_{x\in M} Z_G(x)$，证完.

由是又有

推论 设 M, N 为群G之二个非空子集. 若 $M\subseteq N$，则必 $Z_G(N)\subseteq Z_G(M)$.

这推论也可直接证明：事实上，$a\in Z_G(N)$ 表明了对任 $x\in N$ 常有 $ax = xa$，因之从 $M\subseteq N$ 则知对任 $x\in M$ 当然也常有 $ax = xa$，即 $a\in Z_G(M)$. 故 $Z_G(N)\subseteq Z_G(M)$，证完.

问题 1 设 p 为群G之阶 $o(G)$ 的素因数. 若方程 $x^p = 1$ 在G内恰有 p 个解，则这 p 个解之集合为G的正规子群.

问题 2 设 $H\lhd G$. 试证：若H包含G之子群K，则H也必包含K在G内的任何共轭子群.

问题 3 设 $x_1, x_2, \cdots, x_n$ 是群G之任 n 个元. 证明 $x_1x_2\cdots x_n$ 与这 n 个元 $x_1, x_2, \cdots, x_n$ 之任何轮换而成之积 $x_rx_{r+1}\cdots x_nx_1x_2\cdots x_{r-1}$ 是共轭的.

问题 4 求四次对称群 $\mathfrak{S}_4$ 的一切正规子群.

问题 5 设H是有限群G之真子群，说明H的共轭子群类中一切子群的并集为G之真子群.

§8. 单群简介

每个群G都至少有两个正规子群，一为群G自身，一为单位元群. 若群G除这两个正规子群外再无别的正规子群时，就叫G为**单群**. 这节的任务是解决单群的存在问题.

由 §3 的讨论，知素数阶的群为单群. 当然，素数阶的群是循环的，因而是交换的. 反之，若一交换群为单群，则它必为素数阶的：事实上，取任 $a\in G$ (但 $a\neq 1$) 时，由G之交换性知 $\{a\}\lhd G$，于是再据G之单纯性以及 $\{a\}\neq 1$，不得不有 $G=\{a\}$，即G是循环的；若 $o(G)=\infty$，则 $1<\{a^2\}<\{a\}=G$ 且 $\{a^2\}\lhd G$，与 G 之单纯性相抵，不可，故必 $o(G)=n$（有限数）；再取 n 之一素因数 p，则 $\{a^p\}<G=\{a\}$ 且 $\{a^p\}\lhd G$，故由 G 之单纯性知 $\{a^p\}=1$，即 $a^p=1$，说明了 $o(G)=p$ 为素数．故证得了

定理 1 交换群为单群的充要条件是它为素数阶的（循环）群．

至于非交换单群，也存在而且也有无限多个，见

定理 2 当 $n\geqslant 5$ 时，n 次交代群 $\mathfrak{A}_n$ 是单群．

证明 先讨论 $\mathfrak{A}_5$．因 $\mathfrak{A}_5$ 中 $60=2^2\cdot 3\cdot 5$ 个偶置换是由 $4!=24$ 个五项循环如 (12345) 等、$2\times C_5^3$ 个 (=20) 三项循环如 (123) 等、$3\times C_5^4=15$ 个无公共文字的两对换之积如 (12)(34) 等、以及恒等置换 **1** 所组成的，故 $\mathfrak{A}_5$ 中不为恒等置换的每置换的阶或为 2，或为 3，或为 5．

今设 $N(\neq 1)\lhd\mathfrak{A}_5$．于是 $\mathfrak{A}_5$ 中有置换 $\pi(\neq\mathbf{1})\in N$，因而 $o(\pi)=2$，或 $=3$，或 $=5$．然而因 $\mathfrak{A}_5$ 可由一切三项循环生成，而每个三项循环 $(ijk)=(pq)(ij)\cdot(pq)(ik)$，即等于二个对换之积的积，故 $\mathfrak{A}_5$ 又可看做由上述 15 个两对换之积所生成的；可是每对换之积 $(ij)(kl)=(pikjl)(pkjli)$，又说明了 $\mathfrak{A}_5$ 可由一切五项循环所生成．总之，$\mathfrak{A}_5$ 得由其中阶相等的一切元素所生成．因之，若能证明凡与 π 有同阶的 $\mathfrak{A}_5$ 之元全在 N 内时，则 $\mathfrak{A}_5$ 的单纯性就解决了．

今若 $o(\pi)=3$（或 $=5$），则 $3\mid o(N)$ [或 $5\mid o(N)$]；但因 $3^2\nmid o(\mathfrak{A}_5)$，$5^2\nmid o(\mathfrak{A}_5)$，故 $3\nmid o(\mathfrak{A}_5/N)$ [或 $5\nmid o(\mathfrak{A}_5/N)$]，即商群 $\mathfrak{A}_5/N$ 没有阶 3（或阶 5）的元，因而 $\mathfrak{A}_5$ 中阶 3（或阶 5）的元全在 N 内，故 $N=\mathfrak{A}_5$．若 $o(\pi)=2$，可令 $\pi=(ij)(kl)$，则因 $(ijk)^{-1}\cdot\pi\cdot(ijk)=(jk)(il)\in N$，故 $(ij)(kl)\cdot(jk)(il)=(ik)(jl)\in N$，这说明了 N 包含以 $(ij)(kl)$ 为元的克莱茵四元群 $\mathfrak{K}_4$ 为子群，即 $2^2\mid o(N)$；但 $2^3\nmid o(\mathfrak{A}_5)$，于是这时有 $2\nmid o(\mathfrak{A}_5/N)$，即 N 包含了 $\mathfrak{A}_5$ 中阶 2 的全部元，因之也有 $N=\mathfrak{A}_5$．故 $\mathfrak{A}_5$ 为单群获证．

再讨论 $\mathfrak{A}_n(n>5)$．用归纳法，设已知 $\mathfrak{A}_{n-1}$ 为单群．假定

$N(\neq 1)\lhd \mathfrak{A}_n$，并用符号 $\mathfrak{A}_{n-1}^{(i)}$ 表示 $n-1$ 个文字 $1,\cdots,i-1,i+1,\cdots,n$ 上的 $n-1$ 次交代群 $(i=1,2,\cdots,n)$. 因 $\mathfrak{A}_{n-1}^{(i)}$ 是 $\mathfrak{A}_n$ 的子群，故据 §6 定理 9 可知 $N\cap \mathfrak{A}_{n-1}^{(i)}\lhd \mathfrak{A}_{n-1}^{(i)}$，于是由归纳法假定 $\mathfrak{A}_{n-1}^{(i)}$ 之单纯性，不得不有

$$N\cap \mathfrak{A}_{n-1}^{(i)}=\begin{cases}1,\\ \mathfrak{A}_{n-1}^{(i)}.\end{cases}$$

苟若对 $i=1,2,\cdots,n$ 言都是 $N\cap \mathfrak{A}_{n-1}^{(i)}=1$，那末当 $\pi(\neq 1)\in N$ 时，必有 $\pi\bar{\in}\mathfrak{A}_{n-1}^{(i)}$ $(i=1,2,\cdots,n)$，说明 π 必使 $1,2,\cdots,n$ 都发生变化，不损普遍性令

$$\pi=(12\cdots k_1)(k_1+1,k_1+2,\cdots,k_1+k_2)\cdots (k_1+\cdots+k_{s-1}+1,\cdots,k_1+\cdots+k_{s-1}+k_s),$$

式中 $k_1+k_2+\cdots+k_s=n$ 且每 $k_j\geqslant 2$，这时由于 $\pi'=(12)(3n)\pi(12)(3n)\in N$ 又知 $\sigma=\pi'\pi\in N$，但 σ 显然使数字 2 不发生变化，故 $\sigma\in \mathfrak{A}_{n-1}^{(2)}$，应有 $\sigma=1$；另方面，因 $n>5$，易知 $\sigma=\pi'\pi$ 使数字 n 发生变化，故又有 $\sigma\neq 1$；产生了矛盾，不可. 这说明了至少有某数字 j 使 $N\cap \mathfrak{A}_{n-1}^{(j)}=\mathfrak{A}_{n-1}^{(j)}$，即 $\mathfrak{A}_{n-1}^{(j)}\subseteq N$. 但因 $n>5$，故只要 $i\neq j$ 时就必有 $\mathfrak{A}_{n-1}^{(j)}\cap \mathfrak{A}_{n-1}^{(i)}\neq 1$，随而 $N\cap \mathfrak{A}_{n-1}^{(i)}\neq 1$，不得不又有 $N\cap \mathfrak{A}_{n-1}^{(i)}=\mathfrak{A}_{n-1}^{(i)}$，即 $\mathfrak{A}_{n-1}^{(i)}\subseteq N$. 这证明了对任何的 i，恒有 $\mathfrak{A}_{n-1}^{(i)}\subseteq N$. 但由 n 个 $\mathfrak{A}_{n-1}^{(i)}$ 所生成的群必为 $\mathfrak{A}_n$，故 $N=\mathfrak{A}_n$，$\mathfrak{A}_n$ 为单群. 证完.

附注 定理 2 是群论里一个众所周知的结果，这里的证明方法可参考文献 [5]。

定理 2 说明了有限非交换单群不仅存在，而且有无限多个. 但这些单群的阶显然都是偶数. 于是问：阶为奇合成数的群中有单群吗？这在群论史上曾经是个久悬未决的问题，直到 1963 年证明了奇阶群恒为可解的（文献 [6]），因而与之等价的"阶为奇合成数的群决不是单群"的问题才获解决.

又因 $o(\mathfrak{A}_5)=60$，故这样一些有限非交换单群 $\mathfrak{A}_n$ $(n\geqslant 5)$ 中阶最小的为 60，于是又有两个问题：一是凡有限非交换单群中阶最小者确为 60 吗？ 二是凡阶为 60 的非交换单群能否互相同构

呢？这些问题的答案都留在第三章 §7 后面去解决.

问题 1 有限群 G 为单群的充要条件是它的任一个非单位真子群的共轭类中所有子群之积恒等于 G 自身.

问题 2 设 G 为单群. 试证 G 之极大子群的正规化子必为这子群自身.

附注 所谓 H 为 G 之极大子群指的是：1) $H<G$, 2) $H<K<G$ 的 K 又不存在.

§9. 自同构(态)与特征(完全特征)子群

§2 里讲了两个群 G 与 G_1 的同构意义 ($G \simeq G_1$). 若这时 $G_1 = G$, 就叫这样的同构关系为 G 的**自同构**.

例 1 使每整数 n 对应于 $-n$ 的映射 $\sigma(n^\sigma = -n)$ 为一切整数而成之加群 Z 的**自同构**.

例 2 域 K 上所有 n 级满秩矩阵而成的乘群恒用 $GL(n, K)$ 表示，叫做 ***K* 上的 *n* 级全体线性群**. 若 $A \in GL(n, K)$, 则使 A 对应于其转置之逆 $(A')^{-1}$ 的映射 $\sigma[A^\sigma = (A')^{-1}]$ 为 $GL(n, K)$ 的一个自同构.

如果群 G 与它的子群 $G_1(\subseteq G)$ 同态 ($G \sim G_1 \subseteq G$), 就叫这同态映射为 G 的一个**自同态**. 特当 $G_1 = G$ 且同时映射又是 1-1 的，自同态就变成了自同构. 故自同构是自同态的特例.

例 3 使整数 n 对应于 $2n$ 的映射 $\sigma(n^\sigma = 2n)$ 为整数加群 Z 的一个**自同态**；但这映射又为整数加群 Z 和偶数加群 Z_2 间的同构映射 $[Z \overset{\sigma}{\simeq} Z_2]$.

使群 G 之每元 x 对应于元 $g^{-1}xg$ 的映射 σ (即 $x^\sigma = g^{-1}xg$) 易证是 G 的一个自同构，叫做由元 g 诱导的**内自同构**，一般表为 I_g, 即 $x^{I_g} = g^{-1}xg$, 而叫 $g^{-1}xg$ 为用元 g 变 x 的形. 于是 G 之正规子群 N 的意义实质上是说子群 N 对 G 之所有内自同构都不变，即对任 $g \in G$ 恒有 $N^{I_g} = N$. 更进一步，设子群 N 不仅对 G 之所有内自同构都不变，而且对 G 之任何自同构也不变(即不论 σ 为 G

之任何自同构，常有 $N^\sigma = N$)，这时叫 N 为 G 之**特征子群**. 例如，G 之中心 $Z(G)$ 就是 G 的特征子群：事实上，设 $z \in Z(G)$，而 σ 为 G 之自同构，则对任 $x \in G$ 因有 $x_1 \in G$ 使 $x_1^\sigma = x$，故 $z^\sigma x = z^\sigma x_1^\sigma = (zx_1)^\sigma = (x_1 z)^\sigma = x_1^\sigma z^\sigma = xz^\sigma$，$z^\sigma \in Z(G)$，即 $Z(G)^\sigma \subseteq Z(G)$；反之，从 $s \in Z(G)$ 因有 $s_1 \in G$ 使 $s_1^\sigma = s$，故对每 $x \in G$ 有 $(s_1 x)^\sigma = s_1^\sigma x^\sigma = sx^\sigma = x^\sigma s = x^\sigma s_1^\sigma = (xs_1)^\sigma$，于是由 σ 为 1-1 映射之理就有 $s_1 x = xs_1$，即 $s_1 \in Z(G)$，故 $s = s_1^\sigma \in Z(G)^\sigma$，$Z(G) \subseteq Z(G)^\sigma$. 故由这正反两面，有 $Z(G)^\sigma = Z(G)$，即 $Z(G)$ 为 G 之特征子群.

特征子群固为正规的，但正规子群不必是特征的. 例如由克莱茵四元群 $\mathfrak{K}_4$ 之交换性 [$\mathfrak{K}_4$ 含四个置换 $\mathbf{1}$，(12)(34)，(13)(24)，(14)(23)] 得知子群 $H_1 = \{a\}$，$H_2 = \{b\}$，$H_3 = \{c\}$ 都是 $\mathfrak{K}_4$ 的正规子群 [$a = (12)(34)$，$b = (13)(24)$，$c = (14)(23)$]，而置换

$$\sigma_1 = \begin{pmatrix} 1 & a & b & c \\ 1 & a & c & b \end{pmatrix},\quad \sigma_2 = \begin{pmatrix} 1 & a & b & c \\ 1 & c & b & a \end{pmatrix},$$

$$\sigma_3 = \begin{pmatrix} 1 & a & b & c \\ 1 & b & a & c \end{pmatrix}$$

易证都是 $\mathfrak{K}_4$ 的自同构，可是 $H_2^{\sigma_1} = H_3$，$H_3^{\sigma_2} = H_1$，$H_1^{\sigma_3} = H_2$，说明了 H_1，H_2，H_3 都不是 $\mathfrak{K}_4$[1)]的特征子群.

更进一步，若子群 N 对 G 之任一自同态 σ 都映射在 N 内，即 $N^\sigma \subseteq N$，就叫 N 为 G 之**完全特征子群**. 例如循环群之子群恒为**完全特征**的：事实上，若 σ 为 $G = \{a\}$ 之自同态，则由 $a^\sigma \in G$ 可知有整数 t 使 $a^\sigma = a^t$；故当 $N = \{a^k\}$ 为 G 之子群时，有 $(a^k)^\sigma = (a^\sigma)^k = (a^t)^k = (a^k)^t \in N$，即 $N^\sigma \subseteq N$.

完全特征子群固为特征的，但特征子群中确有不为完全特征

---

1) 一般，由四个元 1，a，b，c 而具结合法则 $a^2 = b^2 = c^2 = 1$，$ab = ba = c$，$bc = cb = a$，$ca = ac = b$ 所成之群显与 $\mathfrak{K}_4$ 同构，所以也叫这样抽象的群为克莱茵四元群. 显然，这群可由二元 a，b 生成之，其定义关系为 $a^2 = b^2 = 1$，$ab = ba$. 于是，今后所谓克莱茵四元群也可抽象地指的是 $K = \{a, b\}$ 而具定义关系 $a^2 = b^2 = 1$，$ab = ba$.

的．例如中心为特征子群（上面讲过），但由例 4 可知中心不必是完全特征的．

例 4 有理数域 R 上的 2 级全体线性群 $GL(2, R)$ 的中心 Z 就不是 $GL(2, R)$ 的完全特征子群．

事实上，从 $A \in GL(2, R)$ 知行列式 $\det A \neq 0$，故可写 $\det A = \frac{s_A}{t_A} \cdot 2^{n(A)}$ 形，但 s_A 及 t_A 为奇数，$n(A)$ 为整数（正、负或零）．因为 $\det(AB) = \det A \cdot \det B$，故 $\frac{s_{AB}}{t_{AB}} \cdot 2^{n(AB)} = \frac{s_A s_B}{t_A t_B} \cdot 2^{n(A)+n(B)}$，于是有 $2^{n(AB)} = 2^{n(A)+n(B)}$．因之，若定义 σ 为 $GL(2, R)$ 在它自身内的这样的映射，即当 $A \in GL(2, R)$ 时，令 $A \to A^\sigma = \begin{pmatrix} 1 & n(A) \\ 0 & 1 \end{pmatrix}$，则因 $(AB)^\sigma = \begin{pmatrix} 1 & n(AB) \\ 0 & 1 \end{pmatrix} = \begin{pmatrix} 1 & n(A)+n(B) \\ 0 & 1 \end{pmatrix} = \begin{pmatrix} 1 & n(A) \\ 0 & 1 \end{pmatrix} \begin{pmatrix} 1 & n(B) \\ 0 & 1 \end{pmatrix} = A^\sigma B^\sigma$，故 σ 为 $GL(2, R)$ 的一个自同态．但由于 $\begin{pmatrix} 2 & 0 \\ 0 & 2 \end{pmatrix}^\sigma = \begin{pmatrix} 1 & 2 \\ 0 & 1 \end{pmatrix}$，即知 σ 使中心 Z 的元 $\begin{pmatrix} 2 & 0 \\ 0 & 2 \end{pmatrix}$ 变为不属于 Z 之元 $\begin{pmatrix} 1 & 2 \\ 0 & 1 \end{pmatrix}$，就说明了 Z 不是 $GL(2, R)$ 的完全特征子群．

从上述得知：内自同构、自同构、自同态分别诱导正规子群、特征子群、完全特征子群的概念．已用符号 $A \lhd G$ 表 A 为 G 之正规子群，因而再用符号 $A \lhd\lhd G$ 与 $A \lhd\lhd\lhd G$ 分别表 A 为 G 之特征子群与完全特征子群．由是可知 $A \lhd\lhd\lhd G \Longrightarrow A \lhd\lhd G \Longrightarrow A \lhd G$．我们已知正规子群的概念不满足传递律，即从 $A \lhd B$ 及 $B \lhd C$ 不一定有 $A \lhd C$：例如二阶循环群 $\{(12)(34)\}$ 是克莱茵四元群 $\mathfrak{K}_4$ 的正规子群，而 $\mathfrak{K}_4 \lhd \mathfrak{A}_4$（四次交代群），但 $\{(12)(34)\}$ 已不是 $\mathfrak{A}_4$ 之正规子群．可是特征子群与完全特征子群的概念却都满足传递律，即

定理 1 (i) $A \lhd\lhd B, B \lhd\lhd C \Longrightarrow A \lhd\lhd C$;

(ii) $A \lhd\lhd\lhd B, B \lhd\lhd\lhd C \Longrightarrow A \lhd\lhd\lhd C$.

证明 设 σ 为 C 的任一个自同构（或自同态），则由(i)(或(ii))之假设，有 $B^\sigma = B$（或 $B^\sigma \subseteq B$），即对任 $b \in B$ 恒有 $b^\sigma \in B$，由是易证映射 $b \to b^\sigma$ 为 B 之自同构(或自同态)，即 σ 得诱导出 B 的一个自同构(或自同态)，故再据假设就有 $A^\sigma = A$（或 $A^\sigma \subseteq A$），证明了 $A \lhd\lhd C$（或 $A \lhd\lhd\lhd C$）. 证完.

除定理 1 外，尚有下面的

定理 2 (i) $A \lhd\lhd\lhd B, B \lhd\lhd C \Longrightarrow A \lhd\lhd C$;

(ii) $A \lhd\lhd\lhd B, B \lhd C \Longrightarrow A \lhd C$;

(iii) $A \lhd\lhd B, B \lhd C \Longrightarrow A \lhd C$.

证明的方法与定理 1 完全类似，从略. 又定理 1 与定理 2 可合并得用语言表述于下：如果 A 由一些符号"$\lhd$"通向 B，而 B 由一些符号"$\lhd$"又通向 C，只要后者符号"$\lhd$"之个数不超过前者之个数，那末 A 就可以用后者所说符号"$\lhd$"之个数通向 C，但前后符号"$\lhd$"之个数均为 1 时则除外.

与正规子群相类似，也有

定理 3 群 G 中任意多个（有限或无限）特征子群(或完全特征子群)的交与积仍都是 G 之特征子群(或完全特征子群).

关于无限多个子群之积的意义参看 §6 定理 2 之脚注，定理 3 之证法也全同 §6 定理 2，从略.

任何群 G 都有两个当然的特征子群，即 G 自身和单位元群. 若 G 除这两个当然的特征子群外再无别的特征子群时，就叫 G 为**特征单群**. **完全特征单群**也可类似地定义. 显然，单群是特征单群，但特征单群不必为单群，例如克莱茵四元群 $\mathfrak{K}_4 = \{a, b\}$ 不是单群，其中 $a^2 = b^2 = 1$ 且 $ab = ba$，因 $\{a\}$ 为 $\mathfrak{K}_4$ 的非当然正规子群；但 $\mathfrak{K}_4$ 确为特征单群：事实上，若 $1 < H < \mathfrak{K}_4$ 且 $H \lhd\lhd \mathfrak{K}_4$，则因这时必有 $o(H) = 2$，故 H 不外是例 3 后面说的 H_1, H_2, H_3 中之一，然又曾证明过每 H_i 不是 $\mathfrak{K}_4$ 的特征子群. 至于特征单群与单群间的联系，留在 §11 里讲直积概念时去解决.

已知正规子群、特征子群、完全特征子群分别与内自同构、自同构、自同态这些概念紧密地联系. 若令群 G 之所有内自同构、自同构、或自同态的集合分别用符号 $I(G)$, $A(G)$, $E(G)$ 来表示，则显有 $I(G)\subseteq A(G)\subseteq E(G)$.

今令 $I_a, I_b\in I(G)$. 当 $x\in G$ 时，定义 $x^{I_aI_b}=(x^{I_a})^{I_b}$; 于是，因 $(xy)^{I_aI_b}=[(xy)^{I_a}]^{I_b}=(x^{I_a}y^{I_a})^{I_b}=(x^{I_a})^{I_b}\cdot(y^{I_a})^{I_b}=x^{I_aI_b}\cdot y^{I_aI_b}$, 故映射 $x\to x^{I_aI_b}=b^{-1}(a^{-1}xa)b=(ab)^{-1}x(ab)=a^{I_{ab}}$ 也是G的内自同构，且有 $I_aI_b=I_{ab}\in I(G)$. 由是，$(I_aI_b)I_c=I_{ab}I_c=I_{(ab)c}=I_{a(bc)}=I_aI_{bc}=I_a(I_bI_c)$, 说明了结合律在 $I(G)$ 里成立. 又若 $z\in Z(G)$, 则因对每 $a\in G$ 恒有 $za=az$, 故 $I_zI_a=I_{za}=I_{az}=I_aI_z$, 并对任 $x\in G$ 由于 $x^{I_zI_a}=(x^{I_z})^{I_a}=(z^{-1}xz)^{I_a}=x^{I_a}$ 又知 $I_zI_a=I_a$, 说明了 I_z 在 $I(G)$ 内能肩负单位元的任务，叫 I_z 为**恒等内自同构**. 最后，因 $I_aI_{a^{-1}}=I_e=I_{a^{-1}}I_a$, 故 $I(G)$ 之每元 I_a 有逆元 $I_a^{-1}=I_{a^{-1}}$. 于是，$I(G)$ 为群，叫做G的**内自同构群**. 这里应注意的是：虽 $a\neq b$, 但可能有 $I_a=I_b$, 例如当 ba^{-1} 为G之中心元时即如此.

同样，设 $\sigma, \tau\in A(G)$, 则当 $x\in G$ 时，定义 $x^{\sigma\tau}=(x^\sigma)^\tau$ 后，也易证映射 $x\to x^{\sigma\tau}$ 是G的一个同构映射，即 $\sigma\tau\in A(G)$. 由是与证明 $I(G)$ 成群之理类似，可证明 $A(G)$ 为群，叫做G的**自同构群**，其单位元就是使G之每元都不变的G之恒等自同构 $\mathbf{1}$, 因而也就等于恒等内自同构 $I_z(z\in Z(G))$, 而自同构 σ 的逆元 σ^{-1} 是使 x^σ 变为 x 的G之自同构. 于是，$I(G)$ 为 $A(G)$ 的子群. 再当 $\sigma\in A(G)$, $I_a\in I(G)$ 时，因对任 $x\in G$ 恒有 $x^{\sigma^{-1}\cdot I_a\cdot\sigma}=((x^{\sigma^{-1}})^{I_a})^\sigma=(a^{-1}x^{\sigma^{-1}}a)^\sigma=(a^\sigma)^{-1}x(a^\sigma)=x^{I_{a^\sigma}}$, 故 $\sigma^{-1}\cdot I_a\cdot\sigma=I_{a^\sigma}$, 即证明了 $I(G)\lhd A(G)$, 同时也证明了用自同构 σ 变内自同构 I_a 的形之结果 $\sigma^{-1}\cdot I_a\cdot\sigma$ 就等于由元 a^σ 所诱导的内自同构 I_{a^σ}.

又关系式 $I_aI_b=I_{ab}$ 同时也说明了映射 $g\to I_g$ 为G在 $I(G)$ 上的同态映射：$G\sim I(G)$, 其核是由G中具性质 $I_a=1$ 的元 a 之集合；但 $I_a=1$ 的充要条件是对任 $x\in G$ 恒有 $x=x^{I_a}=a^{-1}xa$, 即 $a\in Z(G)$. 因之，同态 $G\sim I(G)$ 的核为 $Z(G)$, 故 $I(G)\simeq G/Z(G)$. 总括之，证得

定理 4 (i) $I(G)\lhd A(G)$; (ii) $I(G)\simeq G/Z(G)$; (iii)

$\sigma^{-1}\cdot I_a\cdot\sigma = I_{a^\sigma}(\sigma\in A(G),\ I_a\in I(G))$.

再设 $\lambda,\mu\in E(G)$. 当 $a\in G$ 时，也定义 $a^{\lambda\mu}=(a^\lambda)^\mu$; 仿讨论 $A(G)$ 一样得知 $\lambda\mu\in E(G)$，即 $(ab)^{\lambda\mu}=a^{\lambda\mu}b^{\lambda\mu}$. 虽然这时也知结合律在 $E(G)$ 内成立，且恒等自同构 **1** 又是 $E(G)$ 的单位元，但因 $E(G)$ 的元 λ 为 G 之自同态，故映射 $a\to a^\lambda$ 一般不为可逆的（λ 为可逆的充要条件是 $\lambda\in A(G)$），于是一般地说，λ 在 $E(G)$ 中没有逆元，即 $E(G)$ 一般不成群. 但若 **G 为交换群**，再定义 $a^{\lambda+\mu}=a^\lambda a^\mu$ 后，有 $(ab)^{\lambda+\mu}=(ab)^\lambda(ab)^\mu=a^\lambda b^\lambda a^\mu b^\mu=a^\lambda a^\mu b^\lambda b^\mu=a^{\lambda+\mu}b^{\lambda+\mu}$，说明了映射 $a\to a^{\lambda+\mu}$ 为 G 之自同态，即 $\lambda+\mu\in E(G)$; 又因 $a^{\lambda+\mu}=a^\lambda a^\mu=a^\mu a^\lambda=a^{\mu+\lambda}$，$a^{(\lambda+\mu)+\nu}=a^{\lambda+\mu}\cdot a^\nu=a^\lambda a^\mu a^\nu=a^\lambda a^{\mu+\nu}=a^{\lambda+(\mu+\nu)}$，故 $\lambda+\mu=\mu+\lambda$ 及 $(\lambda+\mu)+\nu=\lambda+(\mu+\nu)$，说明了 G 为交换群时，自同态之加法不仅有意义而仍为自同态，而且加法的交换律与结合律都成立. 再若令 G 之每元都映射为 G 之单位元 e 的 G 之自同态表为 θ，则由于 $x^{\lambda+\theta}=x^\lambda x^\theta=x^\lambda e=x^\lambda=x^{\theta+\lambda}$，即得 $\lambda=\lambda+\theta=\theta+\lambda$，说明了 θ 在加法运算中可充当 $E(G)$ 之零元的任务. 又若 $\lambda\in E(G)$，则因使 G 之元 x 对应于 $(x^{-1})^\lambda=(x^\lambda)^{-1}$ 的映射 λ' [即 $x^{\lambda'}=(x^{-1})^\lambda=(x^\lambda)^{-1}$] 具下述性质:

$$(xy)^{\lambda'}=[(xy)^\lambda]^{-1}=(x^\lambda y^\lambda)^{-1}=(x^\lambda)^{-1}(y^\lambda)^{-1}=x^{\lambda'}y^{\lambda'},$$

故 $\lambda'\in E(G)$，且 $x^{\lambda+\lambda'}=x^\lambda x^{\lambda'}=x^\lambda(x^\lambda)^{-1}=e=x^\theta$，证明了 $\theta=\lambda+\lambda'=\lambda'+\lambda$，即 $E(G)$ 之每元 λ 关于加法运算必有逆元 λ'. 又从 $\lambda,\mu,\nu\in E(G)$，有 $x^{\lambda(\mu+\nu)}=(x^\lambda)^{\mu+\nu}=(x^\lambda)^\mu\cdot(x^\lambda)^\nu=x^{\lambda\mu}\cdot x^{\lambda\nu}=x^{\lambda\mu+\lambda\nu}$，故 $\lambda(\mu+\nu)=\lambda\mu+\lambda\nu$，说明了分配律在 $E(G)$ 内成立.

总括上述，得到: 交换群 G 中所有自同态之集 $E(G)$ 为一个有单位元的环，叫做**自同态环**. 注意自同态环一般为非交换环.

由定理 4 得知群 G 之内自同构群 $I(G)$ 易求: 因 $I(G)\simeq G/Z(G)$，故为了求 $I(G)$，就只须求中心 $Z(G)$. 至于求 G 的自同构群 $A(G)$，一般说来，这是群论里的一个困难问题，原因是群 G 的一些性质在多数情况下对自同构群 $A(G)$ 言是不成立的，列举于下.

(I) 交换群G的自同构群 $A(G)$ 可不为交换群.

例如克莱茵四元群 $\mathfrak{K}_4$ 的自同构群 $A(\mathfrak{K}_4)\simeq\mathfrak{S}_3$.

(II) 无限群的自同构群可为有限群.

例如无限循环群 $G=\{a\}$ 的生成元只有 a 与 a^{-1}, 而G之任何自同构必使生成元映射为生成元,故 $G=\{a\}$ 恰有两个自同构, 一为 $a\to a$, 即恒等自同构, 另一为 $a\to a^{-1}$, 其阶等于 2. 故 $A(G)$ 为 2 阶循环群.

(III) 无限群的自同构群也可为无限群.

例如一切素数所成的集合间的任何 1-1 映射都是所有正有理数而成的乘法群之自同构.

(IV) 互不同构的两个群的自同构群可为同构的.

例如无限循环群与三阶循环群之自同构群都是 2 阶循环群.

虽然决定群G之自同构群 $A(G)$ 是个困难问题, 可是对有限群G之自同构群 $A(G)$ 之阶 $o(A(G))$ 的上限及下限都作了一些有意义的探索工作,这里不去讨论. 结束本节以前,再回顾定理 4 之关系式 $I(G)\simeq G/Z(G)$, 由于 $G=N_G(G)$, $Z(G)=Z_G(G)$, $I(G)\subseteq A(G)$, 故关系式 $G/Z(G)\simeq I(G)\subseteq A(G)$ 表明了 $N_G(G)/Z_G(G)\simeq I(G)\subseteq A(G)$, 即 $N_G(G)/Z_G(G)$ 和 $A(G)$ 之一子群成同构. 今问: 将G改为它的子群H时, 结果怎样? 是否能断言 $N_G(H)/Z_G(H)$ 与 $A(H)$ 的一子群成同构呢? 答案是肯定的,而有下面的

定理 5 对群G之任何子群 H, $N_G(H)/Z_G(H)$ 得与 $A(H)$ 的一子群成同构.

证明 考虑G之内自同构 $I_x(x\in G)$; 当 $x\in N_G(H)$ 时, 由于 $H\lhd N_G(H)$ 就有 $H^{I_x}=x^{-1}Hx=H$, 说明了这时G之内自同构 I_x 可诱导H的一个自同构,即 $h\to h^{I_x}=x^{-1}hx$ $(x\in N_G(H))$ 为H的自同构映射. 又易知: 当 $x, y\in N_G(H)$ 时, $h^{I_x}=h^{I_y}$ (即 I_x 与 I_y 诱导了H的同一个自同构) 的充要条件是 $xy^{-1}\in Z_G(H)$. 这也是说: 当 $x, y\in N_G(H)$ 时, I_x 与 I_y 可诱导H之同一个自同构的充要条件是 $x\cdot Z_G(H)$ 与 $y\cdot Z_G(H)$ 为商群 $N_G(H)/Z_G(H)$ 之同一元. 这无异乎是说

$$N_G(H)/Z_G(H)\simeq\Theta\subseteq A(H).$$

证完.

问题 1 n 阶群G之自同构群 $A(G)$ 的阶必为 $(n-1)!$ 之

因数，即 $o(A(G)) \mid [o(G)-1]!$.

问题 2　非交换群的自同构群不是循环的.

问题 3　无中心的群 G 之自同构群 $A(G)$ 也无中心.

问题 4　设群 $G=SM$，S 为子群，$M \lhd G$ 且 $S \cap M=1$. 若 $\sigma' \in A(S)$ 且对每 $s \in S$ 恒有 $s^{\sigma'}s^{-1} \in Z(G)$，并定义 $(sm)^{\sigma}=s^{\sigma'}m$ $(s \in S, m \in M)$，试证 $\sigma \in A(G)$.（文献 [7]）

§10. 换位子群

我们已知交换群的构造（在第二章里解决）. 就是到目前为止，也知道了交换群的一些性质：例如交换群为单群的充要条件是它为素数阶的循环群，交换群之一切自同态的集是一个具单位元的非可换环，交换群之子群恒为正规的，等等. 但实际上经常碰到的群大都又不是交换的，例如域 K 上的 $n(\geqslant 2)$ 级全体线性群 $GL(n, K)$，$n(\geqslant 3)$ 次对称群 $\mathfrak{S}_n$，等等. 于是，想使非交换群转化为交换群来讨论，在群论上当然是个重要问题. 怎样转化呢？首先自然要在非交换群 G 之元间重新定义一种相等的关系. 为了与 G 之元原有等号"="区别，今用符号"≡"表新的相等关系，叫做**相合**，我们目的是要研究 G 中任二元 a, b 虽非有 $ab=ba$ 之关系，但却希望有 $ab \equiv ba$ 之关系，即对相合关系言，G 为交换群. 当然，相合"≡"既为新的相等关系，应希望相合"≡"满足通常相等的要求：例如 G 之任二元 a, b 或为 $a \equiv b$ 或为 $a \not\equiv b$，二者有且必有一，并还满足下列的

(i)　自反律（对任 $a \in G$ 恒有 $a \equiv a$），

(ii)　对称律（若 $a \equiv b$，则 $b \equiv a$），

(iii)　传递律（若 $a \equiv b$，$b \equiv c$，则 $a \equiv c$）；

除此以外，还应要求由 $a \equiv a'$，$b \equiv b'$ 恒得 $ab \equiv a'b'$.

现在就假定在 G 之元间已定义了相合"≡"关系，并满足上述的各条要求. 首先问：与 G 之单位元 1 相合的 G 中诸元之集 N 为什么呢？

若 $a=1$，则 $aa^{-1}=1\cdot a^{-1}=a^{-1}$，即 $1=a^{-1}$；又若 $b=1$，则 $ab=1\cdot 1=1$. 这说明了 $a, b\in N\Longrightarrow a^{-1}, ab\in N$，故 N 是 G 之子群. 其次，由 $a\in N$（即 $a=1$），当 $g\in G$ 时因有 $g^{-1}ag=g^{-1}\cdot 1\cdot g=1$，故 $g^{-1}ag\in N$，即 $N\lhd G$. 再从 $x\equiv y$ 得 $1=xx^{-1}\equiv yx^{-1}$，$yx^{-1}\in N$，$y\in Nx$；反之，$y\in Nx\Longrightarrow yx^{-1}\in N\Longrightarrow yx^{-1}\equiv 1$，$yx^{-1}x\equiv x$，$y\equiv x$；这说明了凡相合之元必属于 N 之同一陪集（对 G 言）内，且属于 N 之同一陪集内之元又必相合. 于是得知相合关系实质上就是商群 G/N 中的相等关系，再由 $ab\equiv ba$ 即得 G/N 为交换群. 总之，在 G 之元间定义了相合概念后，并假定还满足上述的那些要求，那末凡与 G 之单位元相合之 G 中诸元的集 N 为 G 的正规子群，且商群 G/N 是交换的.

下一个问题是：N 究竟含 G 中怎样的元？由于条件 $ab\equiv ba$ 和条件 $a^{-1}b^{-1}ab\equiv 1$ 即 $a^{-1}b^{-1}ab\in N$ 是等价的，故若令 G' 表示由形状凡为 $a^{-1}b^{-1}ab(a, b\in G)$ 之元所生成的 G 之子群，即 $G'=\{[a, b]\mid[a, b]=a^{-1}b^{-1}ab(a, b\in G)\}$，显然就有 $G'\subseteq N$. 叫 $[a, b]$ 为 a, b 之**换位元**，这样的命名是由于 $ab=ba\cdot[a, b]$，即用 $[a, b]$ 右乘 ba 的结果就把 a, b 的位置互相掉换了的原故. 叫 G' 为 G 之**换位子群**，表为 $G'=[G, G]$.

再设 $\sigma\in E(G)$，则因 $[a, b]^{\sigma}=[a^{\sigma}, b^{\sigma}]$ 亦为换位元，故 $G'=[G, G]\lhd\lhd\lhd G$，因而有商群 G/G'. 由于 $aG'\cdot bG'=abG'=ba\cdot[a,b]\cdot G'=baG'=bG'\cdot aG'$，则知 G/G' 是交换的. 反之，若 $A\lhd G$ 且 G/A 是交换的，则对任 $x, y\in G$ 恒有 $xyA=xA\cdot yA=yA\cdot xA=yxA$，即 $x^{-1}y^{-1}xyA=A$，$[x, y]\in A$，因而 $G'=[G, G]\subseteq A$. 故得

定理 1 群 G 之换位子群 $G'=[G, G]$ 为 G 之完全特征子群，而以之为模的商群 G/G' 是交换群. 反之若 $A\lhd G$ 且 G/A 为交换群，则 $G'=[G, G]\subseteq A$.

由是可知：换位子群 G' 的特征表现在以它为模的商群能为交换的 G 中最小的一个正规子群. 还有更一般的结果，即

定理 2 设群 G 之子群 H 含换位子群 $G'=[G, G]$（即 $G'=$

$[G, G]\subseteq H\subseteq G$)，则 $H\lhd G$ 且 G/H 是交换的.

事实上，从 G/G' 之交换性知 $H/G'\lhd G/G'$，故 $H\lhd G$. 又因 $G/H\simeq(G/G')/(H/G')$，故 G/G' 之交换性保证了 G/H 为交换的.

下面再讨论 G 之子群 H 的换位子群 $H'=[H, H]$ 及商群 G/A 的换位子群 $(G/A)'=[G/A, G/A]$ 这二者与 $G'=[G, G]$ 之关系. 由定义易知从 $H\subseteq G$ 得 $H'\subseteq G'$. 故需考虑的是 $(G/A)'=[G/A, G/A]$. 据定义，知 $(G/A)'$ 是由形凡为

$$(g_1A)^{-1}(g_2A)^{-1}(g_1A)(g_2A)=g_1^{-1}g_2^{-1}g_1g_2A$$

之陪集所生成的 G/A 之子群；但 $g_1^{-1}g_2^{-1}g_1g_2\in G'$，故知 $g_1^{-1}g_2^{-1}g_1g_2A\in G'A/A$，证明了 $(G/A)'=[G/A, G/A]\subseteq G'A/A$. 反之，$G'A/A$ 之每元为 $g'A$ 形 ($g'\in G'=[G, G]$)，故 $g'=\prod_{i=1}^{n}[a_i, b_i]$，每 $a_i, b_i\in G$，于是可知 $g'A=\prod_{i=1}^{n}[[a_i, b_i]A]=\prod_{i=1}^{n}[a_iA, b_iA]$ 为 $[G/A, G/A]=(G/A)'$ 的元，又证明了 $G'A/A\subseteq(G/A)'$. 故又得到了

定理 3 (i) $H\subseteq G\Longrightarrow H'\subseteq G'$,

(ii) $(G/A)'=[G/A, G/A]=G'A/A$.

附注 虽然 $H<G$，但可能是 $H'=G'$，例如 G 为交换群时，其任何真子群 H 恒有 $H'=[H, H]=G'=[G, G]=1$. 又从 $(G/A)'=G'A/A$ 也得知 G/A 为交换群的充要条件是 $G'\subseteq A$.

为今后引用，列举换位元间的一些重要公式.

$$[a, b]^{-1}=[b, a], \tag{1}$$

$$\begin{aligned}[ab, c]&=b^{-1}[a, c]b\cdot[b, c]\\&=[a, c][[a, c], b][b, c],\end{aligned} \tag{2}$$

$$\begin{aligned}[a, bc]&=[a, c]\cdot c^{-1}[a, b]c\\&=[a, c][a, b][[a, b], c],\end{aligned} \tag{3}$$

$$[a^{-1}, b^{-1}]=(ab)\cdot[a, b]\cdot(ab)^{-1}. \tag{4}$$

这些公式都易证明，从略. 由公式 (2), (3), (4) 又易知

$$\left.\begin{aligned}&[ab, c] = [a, c][b, c]\\&[a, bc] = [a, b][a, c]\\&[a^{-1}, b^{-1}] = [a, b],\end{aligned}\right\}，当 G' = [G, G] \subseteq Z(G) 时.$$

还有下面的

定理 4　a) 若 $[a, b]$ 与 a 可交换，则对任何整数 n 常有 $[a^n, b] = [a, b]^n$.

b) 若 $[a, b]$ 与 a 及 b 都可交换，则对任自然数 n 常有 $(ab)^n = a^n b^n [b, a]^{\frac{n(n-1)}{2}}$.

证明　a) 对 $n > 0$ 时关于 n 用归纳法来证明. 当 $n = 1$ 时，结论显然成立. 又

$$\begin{aligned}[a^n, b] &= [aa^{n-1}, b]\\&= a^{-(n-1)} \cdot [a, b] \cdot a^{n-1} \cdot [a^{n-1}, b]\ (\text{利用了 (2) 式})\\&= [a, b][a^{n-1}, b]\ (\because [a, b] \text{ 与 } a^{n-1} \text{ 可交换})\\&= [a, b][a, b]^{n-1}\ (\text{利用归纳法的假设})\\&= [a, b]^n.\end{aligned}$$

再由 (2) 式可知当 $n > 0$ 时有

$$\begin{aligned}1 &= [a^n a^{-n}, b] = a^n \cdot [a^n, b] \cdot a^{-n} \cdot [a^{-n}, b]\\&= a^n \cdot [a, b]^n \cdot a^{-n} \cdot [a^{-n}, b]\\&= [a, b]^n \cdot [a^{-n}, b],\end{aligned}$$

于是得 $[a^{-n}, b] = [a, b]^{-n}$. 故 a) 获证.

b) $n = 1$ 时，显然为真. 今设 $n > 1$ 并归纳地假定 $n - 1$ 时结论是正确的，于是就有

$$\begin{aligned}(ab)^n &= (ab)^{n-1}(ab)\\&= a^{n-1}b^{n-1} \cdot [b, a]^{\frac{(n-1)(n-2)}{2}} \cdot ab\ (\text{利用了归纳法假定})\\&= a^{n-1}b^{n-1}ab \cdot [b, a]^{\frac{(n-1)(n-2)}{2}}\ (\because [b, a] = [a, b]^{-1} \text{ 与 } a \text{ 及 } b \text{ 都可交换})\\&= a^{n-1}ab^{n-1}b^{-(n-1)}a^{-1}b^{n-1}ab \cdot [b, a]^{\frac{(n-1)(n-2)}{2}}\\&= a^n b^{n-1}[b^{n-1}, a] \cdot b \cdot [b, a]^{\frac{(n-1)(n-2)}{2}}\\&= a^n b^{n-1} \cdot [b, a]^{n-1} \cdot b \cdot [b, a]^{\frac{(n-1)(n-2)}{2}}\ (\text{利用了 a)})\end{aligned}$$

$$= a^n b^n \cdot [b, a]^{(n-1)+\frac{(n-1)(n-2)}{2}}$$

$$= a^n b^n \cdot [b, a]^{\frac{n(n-1)}{2}}.$$ 故 b) 获证.

定理 5 （维特（Witt）恒等式） 若令 $[[a, b], c] = [a, b, c]$，则有

$$[a, b^{-1}, c]^{I_b}[b, c^{-1}, a]^{I_c}[c, a^{-1}, b]^{I_a} = 1 (I_a \in I(G), a \in G).$$

证明 令 $u = aca^{-1}ba$，以及 a, b, c 之循环轮换后再令 $v = bab^{-1}cb$ 及 $w = cbc^{-1}ac$. 于是有

$$\begin{aligned}[a, b^{-1}, c]^{I_b} &= b^{-1}[a, b^{-1}]^{-1}c^{-1}[a, b^{-1}]cb \\ &= b^{-1}[b^{-1}, a]c^{-1}[a, b^{-1}]cb \\ &= b^{-1}ba^{-1}b^{-1}ac^{-1}a^{-1}bab^{-1}cb \\ &= a^{-1}b^{-1}ac^{-1}a^{-1}bab^{-1}cb = u^{-1}v.\end{aligned}$$

同样道理，又可知道

$$[b, c^{-1}, a]^{I_c} = v^{-1}w \text{ 及 } [c, a^{-1}, b]^{I_a} = w^{-1}u.$$

于是，$[a, b^{-1}, c]^{I_b} \cdot [b, c^{-1}, a]^{I_c} \cdot [c, a^{-1}, b]^{I_a} = u^{-1}vv^{-1}ww^{-1}u = 1$. 证完.

问题 1 设 A 为群 G 的交换正规子群，而商群 $G/A = \{Ax\}$ 又是循环的. 试证:

(i) $a \to [a, x]$ 为 A 在 G' 上的同态映射 ($A \sim G'$)，

(ii) 对有限群 G 就有 $o(A) = o(G') \cdot o(A \cap Z(G))$.

问题 2 求 $\mathfrak{S}_4$ 与 $\mathfrak{A}_4$ 的换位子群.

问题 3 不论 $b_1, b_2, \cdots, b_n$ 为群 G 中 n 个元 $a_1, a_2, \cdots, a_n$ 的任何排列，关于 n 用归纳法证明恒有 $a_1b_1^{-1}a_2b_2^{-1}\cdots a_nb_n^{-1} \in G' = [G, G]$.

§11. 直 积

群论里常借助一些子群的性质来研究群，这在 §3 的开头就谈过这个问题. 所以当群 G 能写为二子群之积如 $G = AB$，且 A 与 B 又都是正规的并还有 $A \cap B = 1$ 时，这样借讨论 A、B 之性

质来探索 G，当然显得更为重要．现从下面的定义开始．

定义 1 设群 G 之二子群 A，B 满足

(i) $A \lhd G$，$B \lhd G$，

(ii) $G = AB$，

(iii) $A \cap B = 1$

这三个条件时叫 G 为 A 与 B 的直积，记为 $G = A \times B$．

由直积的定义，即知 $G = A \times B \Longrightarrow G = B \times A$，即 $A \times B = B \times A$．由 $G = A \times B$ 又知 $G/A \simeq B/A \cap B = B$，故若 $o(G)$ 为有限时，有 $o(G) = o(A) \cdot o(B)$．

据条件 (ii) 知 G 之每元 $g = ab$ 形 $(a \in A,\ b \in B)$；再由条件 (iii) 知 $g = ab$ 的表示法是唯一的：事实上，$g = ab = a_1 b_1 (a,\ a_1 \in A;\ b,\ b_1 \in B) \Longrightarrow a_1^{-1} a = b_1 b^{-1} \in A \cap B = 1 \Longrightarrow a_1 = a,\ b_1 = b$．但由条件 (i) 与 (iii) 之合并，又有

$$a^{-1}b^{-1}ab = \begin{cases} a^{-1}(b^{-1}ab) \in A \\ (a^{-1}b^{-1}a)b \in B \end{cases} \Longrightarrow a^{-1}b^{-1}ab \in A \cap B$$

$$= 1 \Longrightarrow ab = ba.$$

故得：(I) G 之每元 g 可唯一地表写为 $g = ab (a \in A,\ b \in B)$ 形，

(II) A 与 B 之元间是两两可交换的．

反之，设群 G 之二子群 A，B 已满足 (I)，(II) 两款．款 (I) 说明了 $G = AB$，即条件 (ii)．又因 $g^{-1}Ag = b^{-1}(a^{-1}Aa)b = b^{-1}Ab$，故据款 (II) 得 $g^{-1}Ag = b^{-1}Ab = A$，即 $A \lhd G$；同理，$B \lhd G$．于是条件 (i) 成立．再若 $x \in A \cap B$，则因 $x = 1 \cdot x = x \cdot 1$，故据款 (I) 不得不有 $x = 1$，即条件 (iii) 正确．故 $G = A \times B$，而得到

定理 1 群 G 为其二子群 A，B 之直积 $A \times B$ 的充要条件是 (I)，(II)．换言之，条件 (i)，(ii)，(iii) 与条件 (I)，(II) 是等价的．

推广到群 G 之 n 个子群，又有下面的

定理 2 设 H_1，H_2，$\cdots$，H_n 为群 G 之 n 个子群 $(n \geqslant 2)$，那末下面的二条件

(I) G 之每元得唯一地写为 $g = h_1 h_2 \cdots h_n$ 形 $(h_i \in H_i)$,

(II) H_i 与 H_j 之元间能两两可交换 $(i \neq j)$

和下面的三条件

(i) 每 $H_i \lhd G (i = 1, 2, \cdots, n)$,

(ii) $G = \{H_1, H_2, \cdots, H_n\}$, 因之由 (i) 知 $G = H_1 H_2 \cdots H_n$,

(iii) $H_i \cap \prod_{\substack{j=1 \\ j \neq i}}^{n} H_j = 1$

是等价的.

证明的方法与证定理 1 全同，从略. 叫 G 为 $H_1, H_2, \cdots, H_n$ 之**直积**，表为 $G = H_1 \times H_2 \times \cdots \times H_n$，而叫每 H_i 为 G 的**直因子**. 由于 $G/H_n \simeq H_1 \times \cdots \times H_{n-1} \Big/ H_n \cap \prod_{1}^{n-1} H_i = H_1 \times \cdots \times H_{n-1}$，故对有限群 G 言有 $o(G) = o(H_n) \cdot o(H_1 \times \cdots \times H_{n-1})$，因而对直因子之个数 n 用归纳法可知 $o(G) = \prod_{i=1}^{n} o(H_i)$. 若 G 为加群，将直积改叫**直和**，表为 $G = H_1 \dotplus H_2 \dotplus \cdots \dotplus H_n$.

直积概念有许多重要性质，列举于下.

定理 3 设 A 为 G 之直因子，则 A 之正规子群也必为 G 之正规子群.（这定理 3 也说明了正规子群概念要满足传递律的一个充分条件.）

事实上，从 $G = A \times B$ 知 G 之每元 $g = ab = ba (a \in A, b \in B)$，故若 $N \lhd A$，则 $g^{-1}Ng = b^{-1}(a^{-1}Na)b = b^{-1}Nb = N$，即 $N \lhd G$，证完.

定理 4 若 $G = H_1 \times H_2 \times \cdots \times H_n$, $H_i = H_{i1} \times H_{i2} \times \cdots \times H_{it_i} (i = 1, \cdots, n)$，则 G 也必为这些 H_{ij} 的直积 $(i = 1, 2, \cdots, n;\ j = 1, \cdots, t_i)$.（定理 4 说明了直因子的概念满足传递律.）

证明 由定理 3 确知每 $H_{ij} \lhd G$. 又因 $G = \{H_1, \cdots, H_n\}$，而 $H_i = \{H_{i1}, H_{i2}, \cdots, H_{it_i}\} (i = 1, 2, \cdots, n)$，故 G 当然可由这些 H_{ij} 生成. 最后，若 $x \in H_{\lambda\mu} \cap \prod_{(i,j) \neq (\lambda,\mu)} H_{ij}$，则因

$$\prod_{(i,j) \neq (\lambda,\mu)} H_{ij} = H_1 \cdots H_{\lambda-1} H_{\lambda+1} \cdots H_n \cdot H_{\lambda 1} \cdots H_{\lambda,\mu-1} H_{\lambda,\mu+1} \cdots H_{\lambda t_\lambda},$$

故从 $x\in\prod_{(i,j)\neq(\lambda,\mu)}H_{ij}$ 即得 $x=hy$, $h\in\prod_{i\neq\lambda}H_i$, $y\in\prod_{\nu\neq\mu}H_{\lambda\nu}\subset H_\lambda$, 于是再由 $x\in H_{\lambda\mu}\subset H_\lambda$ 又得

$$h=xy^{-1}\in H_\lambda\cap\prod_{i\neq\lambda}H_i=1,$$

不得不有 $x=y\in H_{\lambda\mu}\cap\prod_{\nu\neq\mu}H_{\lambda\nu}=1$, 故 $x=1$, 即

$$H_{\lambda\mu}\cap\prod_{(i,j)\neq(\lambda,\mu)}H_{ij}=1.$$

故证明了所有的 H_{ij} 能满足定理 2 中条件 (i), (ii), (iii), 即 G 为这些 H_{ij} 的直积. 证完.

定理 5 若 $G=H_1\times H_2\times\cdots\times H_n$, 则由适合 $1\subseteq A_i\subseteq H_i\ (i=1,\cdots,n)$ 的 n 个子群 $A_1, A_2,\cdots, A_n$ 所生成的 G 之子群 $C=\{A_1, A_2,\cdots, A_n\}$ 等于 $A_1, A_2,\cdots, A_n$ 的直积.

证明 由于 H_i 和 H_j 之元间的两两可交换性 $(i\neq j)$, 而利用关系式 $A_i\subseteq H_i(i=1, 2,\cdots, n)$, 则知 C 之每元 c 可写为 $c=a_1a_2\cdots a_n$ 形 $(a_i\in A_i)$. 再因 $c\in G$, $a_i\in H_i$, 并利用直积 $G=H_1\times H_2\times\cdots\times H_n$ 的意义知 $c=a_1a_2\cdots a_n$ 之表示法为唯一的. 再因 $A_i\subseteq H_i$, $A_j\subseteq H_j$, 故在 $i\neq j$ 时, A_i 与 A_j 之元间也必能两两可交换. 这证明了 C 之子群 $A_1, A_2,\cdots, A_n$, 能满足定理 2 中的条件(I)与(II), 故 $C=A_1\times A_2\times\cdots\times A_n$, 证完.

再令 $G=A\times B$, G 之子群 $F\supseteq A$. 于是, F 之每元为 $f=ab$ 形 $(a\in A, b\in B)$, 故由 $a\in A\subseteq F$ 得 $b=a^{-1}f\in F$, 即 $b\in B\cap F$, 证明了 $F\subseteq A\cdot(B\cap F)$. 另方面, 由 $A\subseteq F$ 及 $B\cap F\subseteq F$ 显然又有 $A\cdot(B\cap F)\subseteq F$. 故结果得 $F=A\cdot(B\cap F)$. 其次, 从 $B\lhd G$ 显有 $B\cap F\lhd F$, 又从 $A\lhd G$ 与 $A\subseteq F$ 而有 $A\lhd F$. 最后, $A\cap(B\cap F)\subseteq A\cap B=1$. 因之有直积 $F=A\times(B\cap F)$, 而证得

定理 6 若 $G=A\times B$, 且 G 之子群 $F\supseteq A$, 则 $F=A\times(B\cap F)$.

附注 因 $F\supseteq A$, 故 $A=A\cap F$, 因之定理 6 的结论得写为 $F=(A\cap F)\times(B\cap F)$, 当 $G=A\times B$ 时. 于是可能会提出这样的问题,

即当 $G = A \times B$ 时，不论 F 为 G 之任何子群，常有关系式 $F = (A \cap F) \times (B \cap F)$ 吗？一般说来，这是不成立的。因为从 $G = A \times B$，虽知 F 的每元 $f = ab$ 能唯一地决定 a 与 b，但却不敢保证 a 与 b 都在 F 内，故据定理 5 只能说有直积 $(A \cap F) \times (B \cap F)$ $(\subseteq F)$，却不敢保证这直积和 F 一致。

关于直积分解的换位子群与中心，有

定理 7 若 $G = A \times B$，则 $Z(G) = Z(A) \times Z(B)$，$G' = A' \times B'$，式中 $G' = [G, G]$，$A' = [A, A]$，$B' = [B, B]$。

证明 $G = A \times B$ 表明了 A 之每元与 B 之每元可交换，而 $Z(A) \subseteq A$ 当然也说明了 $Z(A)$ 之每元与 B 之各元可交换，同时又因 $Z(A)$ 之每元与 A 之每元可交换，故结果可知 $Z(A)$ 之每元与 G 之各元可交换，即 $Z(A) \subseteq Z(G)$。同理，$Z(B) \subseteq Z(G)$。故据定理 5 又有直积 $Z(A) \times Z(B) \subseteq Z(G)$。反之，$z \in Z(G) \Longrightarrow z = a_1 b_1 (a_1 \in A,\ b_1 \in B)$，故对任 $a \in A$，利用 $za = az$ 及 $b_1 a = a b_1$，得

$$a_1 a b_1 = a_1 b_1 a = za = az = a a_1 b_1,$$

不得不有 $a_1 a = a a_1$，即 $a_1 \in Z(A)$。同理，$b_1 \in Z(B)$。于是又得 $z = a_1 b_1 \in Z(A) \times Z(B)$，即 $Z(G) \subseteq Z(A) \times Z(B)$。故不得不有 $Z(G) = Z(A) \times Z(B)$。同样，由定理 5 又有直积 $A' \times B'$，再从 $A' \subseteq G'$ 及 $B' \subseteq G'$ 得 $A' \times B' \subseteq G'$。反之，设 $g_1 = a_1 b_1$，$g_2 = a_2 b_2 (a_i \in A,\ b_i \in B)$，而利用 A 之元与 B 之元两两可交换，知

$$\begin{aligned}[g_1, g_2] &= b_1^{-1} a_1^{-1} b_2^{-1} a_2^{-1} a_1 b_1 a_2 b_2 = a_1^{-1} a_2^{-1} a_1 a_2 b_1^{-1} b_2^{-1} b_1 b_2 \\ &= [a_1, a_2][b_1, b_2] \in A' \times B',\end{aligned}$$

即证明了 $G' \subseteq A' \times B'$。故得 $G' = A' \times B'$。证完。

再用归纳法，得

推论 若 $G = A_1 \times A_2 \times \cdots \times A_n$，则 $Z(G) = Z(A_1) \times Z(A_2) \times \cdots \times Z(A_n)$ 与 $G' = [G, G] = A_1' \times A_2' \times \cdots \times A_n'$，式中 $A_i' = [A_i, A_i]$。

如果只有 $G = AB$，$A \lhd G$，$B \lhd G$，但积 AB 非直积，即这时 $A \cap B \neq 1$，那末当令 $D = A \cap B$ 时，因 $D \lhd G$，故 $A/D \lhd G/D$ 与

$B/D \lhd G/D$；其次，$G/D=(A/D)(B/D)$；最后，$aD=bD(a\in A,\ b\in B)\Longrightarrow a=bd(d\in D)\in B$，于是 $a\in A\cap B=D$，$aD=D$，即 $A/D\cap B/D=1$. 这就证明了

定理8 若 $G=AB$，$A\lhd G$，$B\lhd G$，那末当令 $D=A\cap B$ 时，就有 $G/D=A/D\times B/D$.

定理8的意义是说非直积分解可转化为直积分解的一种方法.

上面讲的都是从一个已知群出发，研究它分解为一些子群之直积时应具有的性质. 这直积分解的概念同时又提供了一个方法，使我们能够从一些已知的群作另一个新群，而所作的新群在同构的意义下得为这些已知群的直积. 具体作新群的步骤是这样的:

为简单计，只讨论两个群 A 与 B（因为群的个数增多时，一般不会出现本质上是新的东西）. 令 A 与 B 之元各用符号 a，a_1，a_2，$\cdots$ 与 b，b_1，b_2，$\cdots$ 来表示. 今作一切可能的元素偶 (a,b) 之集合 $G(a\in A,\ b\in B)$，并定义 G 中结合方法为 $(a_1,b_1)\cdot(a_2,b_2)=(a_1a_2,b_1b_2)$. 容易证明: G 关于这结合方法成群，单位元为 $(1,1)$——为简单计将 A 与 B 之单位元都用1表示，元 (a,b) 之逆元为 $(a,b)^{-1}=(a^{-1},b^{-1})$. 这 G 就是由已知的群 A 和 B 要求我们所作的新群. 于是剩下需解决的问题是怎样在同构意义下使 G 为 A 与 B 之直积.

易知 G 中形为 $(a,1)$ 之元 $(a\in A)$ 之集 $\bar{A}$ 是 G 的正规子群，同理形为 $(1,b)$ 之元 $(b\in B)$ 之集 $\bar{B}$ 也是 G 之正规子群. 由于 $(a,b)=(a,1)\cdot(1,b)$ 则知 $G=\bar{A}\bar{B}$. 又 $\bar{A}\cap\bar{B}=1$，即 $\bar{A}$ 与 $\bar{B}$ 的交只含单位元. 故得 $G=\bar{A}\times\bar{B}$.

如令 A 之元 a 对应于 $\bar{A}$ 之元 $(a,1)$，易证这时的对应是 A 与 $\bar{A}$ 之元间的1-1映射: $a\longleftrightarrow(a,1)$，且为同构映射: $A\simeq\bar{A}$. 同理，$b\longleftrightarrow(1,b)$ 是 B 与 $\bar{B}$ 间的同构映射: $B\simeq\bar{B}$. 如果把同构的群抽象地看做相同，那就干脆叫 $G=\bar{A}\times\bar{B}$ 为 A 与 B 的**直积**，记为 $G=A\times B$，这就是在同构意义下要解决的使 G 为 A 与 B

之直积的意义，亦即由A与B要作A，B之直积的意义．也正因为这样，故有时又将G之元形式地写为$ab(a\in A, b\in B)$，而不写为(a, b)，并定义元素间的结合方法形式地为$a_1b_1\cdot a_2b_2=(a_1a_2)(b_1b_2)$．

由已知的群A，B，作其直积$A\times B$的问题虽然解决了，但在同构的意义下直积是唯一的吗？换言之，设$A^{(0)}\simeq A$，$B^{(0)}\simeq B$，若令$G^{(0)}=A^{(0)}\times B^{(0)}$，$G=A\times B$，则$G^{(0)}\simeq G$吗？这当然是肯定的答案．因为若令$A^{(0)}\simeq A$与$B^{(0)}\simeq B$分别是由1-1映射$a\longleftrightarrow a^{(0)}$与$b\longleftrightarrow b^{(0)}$所产生的$(a\in A, a^{(0)}\in A^{(0)}, b\in B, b^{(0)}\in B^{(0)})$，则在$G$与$G^{(0)}$之元间得能建立1-1映射$(a, b)\longleftrightarrow(a^{(0)}, b^{(0)})$之对应关系，且这对应关系又确使$G\simeq G^{(0)}$．故$A$，$B$之直积除同构者外确系唯一的．同样，$n(>2)$个已知群$A_1, A_2, \cdots, A_n$之直积$A_1\times A_2\times\cdots\times A_n$亦得定义，且唯一地决定(除同构者外)．

有了从已知群作直积的概念后，就可以解决§9里说的特征单群与单群间的关系问题，同时也探索一下群之正规子群究竟与直积有怎样的影响．在定理8里面也是谈的群之正规子群对直积的影响问题；但若只知$A\lhd G$及$B\lhd G$，不必有$G=AB$时，那末G/D与直积之关系怎样(但$D=A\cap B$)？

由于$A\lhd G$及$B\lhd G$，有商群G/A及G/B，因而也就可作直积$G/A\times G/B$，于是对任$g\in G$令$g^\delta=(gA, gB)\in G/A\times G/B$时，由于$(g_1g_2)^\delta=(g_1g_2A, g_1g_2B)=(g_1A\cdot g_2A, g_1B\cdot g_2B)=(g_1A, g_1B)\cdot(g_2A, g_2B)=g_1^\delta\cdot g_2^\delta$，则知映射$g\to g^\delta$为$G$到$G/A\times G/B$内的同态映射．又$g^\delta=(1, 1)$的充要条件是$gA=A$与$gB=B$，即$g\in A\cap B=D$，即示同态映射$\delta$的核为$D=A\cap B$．这结论与$G$是否都等于$AB$没有关系，故证得了下面的

定理9 设$A\lhd G$，$B\lhd G$，则令$D=A\cap B$时，就有G/D得与$G/A\times G/B$之一子群同构(简记$G/D\subseteq G/A\times G/B$)．

定理9是从映射$g\to g^\delta=(gA, gB)$而产生的．如果欲使这映射为G到$G/A\times G/B$上的同态映射，也就是想使G/D与直积$G/A\times G/B$成同构$(G/D\simeq G/A\times G/B)$时，其条件怎样呢？显然，这时的充要条件是对任$x, y\in G$应有一适当的$g\in G$使$(xA, yB)=(gA, gB)$，因而与之等价的条件是$g\in xA\cap yB$，即$A$之任一陪集与$B$之任一陪集(在$G$内的)必有公共元．于是必有

元 $a\in A\cap gB$，故 $a=gb\ (b\in B)$，即 $g=ab^{-1}\in AB$，证明了 $G=AB$．反之，当 $G=AB$ 时，对任 $x,\ y\in G$ 常有适当的 $g=ab\in G$，使 $y=xg=xab$，于是 $a\in A\cap aB\Longrightarrow xa\in xA\cap xaB=xA\cap yB$，说明了 A 之任一陪集与 B 之任一陪集必有公共元．因而 $G/D\simeq G/A\times G/B$ 的充要条件是 $G=AB$，由是再由于这时有 $G/A\simeq B/D$ 及 $G/B\simeq A/D$，就必然得到了 $G/D\simeq A/D\times B/D$，这同时说明了定理 8 可视为定理 9 的一个推论．

对有限群言，正规子群对直积的影响有下面的重要结果，即

定理 10 设有限群 G 之 n 个正规子群 $A_1,\ A_2,\cdots,\ A_n$ 的阶 $g_1,\ g_2,\cdots,\ g_n$（即 $o(A_i)=g_i$）两两互素且 $o(G)=g_1g_2\cdots g_n$．那末必有：

(i) $G=A_1\times A_2\times\cdots\times A_n$，

(ii) $A(G)\simeq A(A_1)\times A(A_2)\times\cdots\times A(A_n)$．

证明 对正规子群之个数 n 用归纳法不难证明：阶为两两互素的 n 个正规子群之积为直积．于是 $A_1A_2\cdots A_n=A_1\times A_2\times\cdots\times A_n$，故 $o(A_1A_2\cdots A_n)=g_1g_2\cdots g_n=o(G)$，不得不有 $G=A_1\times A_2\times\cdots\times A_n$，即 (i) 获证．

再令 $\sigma\in A(G)$．因据 §6 的问题 2 可知：由于 $o(A_i^\sigma)=o(A_i)$，即得 $A_i^\sigma\subseteq A_i$，不得不有 $A_i^\sigma=A_i$．这说明了 G 之任一自同构 σ 作用在 A_i 上时即得到 A_i 的一个自同构．换言之，对任 $a_i\in A_i$，$a_i\to a_i^{\sigma_i}=a_i^\sigma$ 确为 A_i 之一个自同构，即 $\sigma_i\in A(A_i)$．由是可知每 $\sigma\in A(G)$ 得确定 $A(A_1)\times A(A_2)\times\cdots\times A(A_n)$ 的唯一个元 $(\sigma_1,\ \sigma_2,\cdots,\ \sigma_n)$，即 $\sigma\to\sigma^\mu=(\sigma_1,\ \sigma_2,\cdots,\ \sigma_n)$ 为 $A(G)$ 在直积 $A(A_1)\times A(A_2)\times\cdots\times A(A_n)$ 内的映射．若再令 $\tau\to\tau^\mu=(\tau_1,\ \tau_2,\cdots,\ \tau_n)$，则因对每 $a_i\in A_i$ 有

$$a_i\to a_i^{\sigma\tau}=(a_i^\sigma)^\tau=(a_i^{\sigma_i})^\tau=(a_i^{\sigma_i})^{\tau_i}=a_i^{\sigma_i\tau_i},$$

故据 $(\sigma\tau)^\mu$ 之意义不得不有

$$\sigma\tau\to(\sigma\tau)^\mu=(\sigma_1\tau_1,\ \sigma_2\tau_2,\cdots,\ \sigma_n\tau_n)=$$
$$=(\sigma_1,\ \sigma_2,\cdots,\ \sigma_n)\cdot(\tau_1,\ \tau_2,\cdots,\ \tau_n)=\sigma^\mu\tau^\mu,$$

说明了 $\sigma\to\sigma^\mu$ 为同态映射．然因 G 之任一元可唯一地表写为 $x=a_1a_2\cdots a_n$ 形 $(a_i\in A_i)$，故从 $\sigma^\mu=\tau^\mu$ 得 $(\sigma_1,\ \sigma_2,\cdots,\ \sigma_n)=(\tau_1,\ \tau_2,\cdots,\ \tau_n)$，$\sigma_i=\tau_i$，于是 $x^\sigma=(a_1a_2\cdots a_n)^\sigma=a_1^\sigma a_2^\sigma\cdots a_n^\sigma=a_1^{\sigma_1}a_2^{\sigma_2}\cdots a_n^{\sigma_n}=a_1^{\tau_1}a_2^{\tau_2}\cdots a_n^{\tau_n}=a_1^\tau a_2^\tau\cdots a_n^\tau=(a_1a_2\cdots a_n)^\tau=x^\tau$，不得不有 $\sigma=\tau$．这就证明了 $\sigma\to\sigma^\mu$ 为 $A(G)$ 在直积 $A(A_1)\times A(A_2)\times\cdots\times A(A_n)$ 内的同构映射．

反之，取直积 $A(A_1)\times A(A_2)\times\cdots\times A(A_n)$ 之任一元素 $(\alpha_1,\ \alpha_2,\cdots,\ \alpha_n)$ 时（即 $\alpha_i\in A(A_i)$），对 $G=A_1\times A_2\times\cdots\times A_n$ 之任一元 $x=(a_1,\ a_2,\cdots,\ a_n)$，定义

$$x^\alpha = (a_1^{\alpha_1}, a_2^{\alpha_2}, \cdots, a_n^{\alpha_n})$$

后，可证 $x \to x^\alpha$ 为 G 之自同构，即 $\alpha \in A(G)$：事实上，从 $y = (b_1, b_2, \cdots, b_n) \in A_1 \times A_2 \times \cdots \times A_n = G$ 得 $y^\alpha = (b_1^{\alpha_1}, b_2^{\alpha_2}, \cdots, b_n^{\alpha_n})$，因而 $xy = (a_1b_1, a_2b_2, \cdots, a_nb_n) \Longrightarrow (xy)^\alpha = ((a_1b_1)^{\alpha_1}, (a_2b_2)^{\alpha_2}, \cdots, (a_nb_n)^{\alpha_n}) = (a_1^{\alpha_1}b_1^{\alpha_1}, a_2^{\alpha_2}b_2^{\alpha_2}, \cdots, a_n^{\alpha_n}b_n^{\alpha_n}) = (a_1^{\alpha_1}, a_2^{\alpha_2}, \cdots, a_n^{\alpha_n})(b_1^{\alpha_1}, b_2^{\alpha_2}, \cdots, b_n^{\alpha_n}) = x^\alpha y^\alpha$，说明了 $x \to x^\alpha$ 为 G 之自同态；其次，$x^\alpha = y^\alpha \Longrightarrow a_i^{\alpha_i} = b_i^{\alpha_i}$，因而由于 $\alpha_i \in A(A_i)$ 就不得不有 $a_i = b_i \Longrightarrow x = y$，又说明了 $x \to x^\alpha$ 为 1-1 映射，即 $x \to x^\alpha$ 为 G 到 G 内的同构映射；再次，对任 $x = (a_1, a_2, \cdots, a_n) \in G = A_1 \times A_2 \times \cdots \times A_n$，因有 $b_i \in A_i$ 使 $b_i^{\alpha_i} = a_i$，故有 $y = (b_1, b_2, \cdots, b_n)$ 使 $y^\alpha = (b_1^{\alpha_1}, b_2^{\alpha_2}, \cdots, b_n^{\alpha_n}) = (a_1, a_2, \cdots, a_n) = x$，说明了映射 $x \to x^\alpha$ 为 G 到 G 上的；故 α 为 G 之自同构，即 $\alpha \in A(G)$. 又 α 作用在 A_i 上的结果与 α_i 同效：这是因为 $a_i^\alpha = (1^{\alpha_1}, \cdots, 1^{\alpha_{i-1}}, a_i^{\alpha_i}, 1^{\alpha_{i+1}}, \cdots, 1^{\alpha_n}) = (1, \cdots, 1, a_i^{\alpha_i}, 1, \cdots, 1) = 1\cdots 1 \cdot a_i^{\alpha_i} \cdot 1 \cdots 1 = a_i^{\alpha_i}$ 的缘故. 因而又证明了前段中的映射 $\sigma \to \sigma^\mu$ 实际上是 $A(G)$ 到直积 $A(A_1) \times A(A_2) \times \cdots \times A(A_n)$ 上的同构映射，即 $A(G) \simeq A(A_1) \times A(A_2) \times \cdots \times A(A_n)$. 定理 10 完全获证.

现在来解决特征单群与单群间的关系. 为使讨论的范围广泛一些，不必局限于有限群，先界说下面的

定义 2 若群 G 之任意多个（有限或无限）子群的集合中总有一个极大的（即不为集合中其他子群的真子群），就叫 G 满足极大条件. 同样，若集合中总有一个极小的（即不含集合中其他子群为真子群），就叫 G 满足极小条件.

附注 定义 2 中只说极大子群或极小子群的存在性，并未要求其唯一性. 故当群 G 满足极大条件时，那末任意多个子群所成之集中固有一极大的，但也可能有两个或多个极大的. 对极小条件言也是这样. 又有限群当然满足极大与极小条件.

今设 G 为特征单群，并假定 G 满足极大与极小两条件. 如 G 非单群，则如 $1 < A < G$ 之 G 的正规子群 A 存在；今作所有这样的正规子群 A 之集 $\mathfrak{M}$，由于 G 满足极小条件，知 $\mathfrak{M}$ 含至少一个极小的 N，即 $1 < N < G$, $N \lhd G$，且 G 中任何非单位正规子群都不是 N 之真子群. 因之，若 $\sigma \in A(G)$，则由同构之理可知 N^σ 为 $G^\sigma(=G)$ 之极小正规子群，即任 $\sigma \in A(G)$ 也使 N^σ 为 G 之极小正规子群. 于是，当 $\sigma_1, \sigma_2 \in A(G)$ 时，由 N^{σ_1} 与 N^{σ_2} 之极小性就知道：

$$\text{或 } N^{\sigma_1} \cap N^{\sigma_2} = 1, \text{ 或 } N^{\sigma_1} = N^{\sigma_2},$$

二者必有一. 若 $N^{\sigma_1} \cap N^{\sigma_2} = 1$，则 G 之正规子群 $N^{\sigma_1}N^{\sigma_2} = N^{\sigma_1} \times N^{\sigma_2}$；这时

再取 $\sigma_3\in A(G)$ 使 $\sigma_3\neq\sigma_1,\sigma_2$，由是从 N^{σ_3} 之极小性又知：

$$\text{或}\ (N^{\sigma_1}\times N^{\sigma_2})\cap N^{\sigma_3}=1,\ \text{或}\ N^{\sigma_3}\subseteq N^{\sigma_1}\times N^{\sigma_2},$$

二者必有一．若 $(N^{\sigma_1}\times N^{\sigma_2})\cap N^{\sigma_3}=1$，则 G 之正规子群 $N^{\sigma_1}N^{\sigma_2}N^{\sigma_3}=N^{\sigma_1}\times N^{\sigma_2}\times N^{\sigma_3}$．继续这样作直积之方法，得到了 G 的一个"正规子群递升串列"，如

$$1<N^{\sigma_1}<N^{\sigma_1}\times N^{\sigma_2}<N^{\sigma_1}\times N^{\sigma_2}\times N^{\sigma_3}<\cdots.$$

因 G 满足极大条件，故上串列必有止境，即有这样的直积 $M=N^{\sigma_1}\times N^{\sigma_2}\times\cdots\times N^{\sigma_r}$（每 $\sigma_i\in A(G)$），使对任 $\sigma\in A(G)$ 恒有 $N^{\sigma}\subseteq M$，因而也有 $N^{\sigma_i\sigma}\subseteq M(i=1,2,\cdots,r)$，故 $M^{\sigma}=\prod N^{\sigma_i\sigma}\subseteq M$，证明了 $M\lhd\lhd G$．于是再由 $M\neq1$ 及 G 之特征单纯性，知 $M=G$，即 $G=N^{\sigma_1}\times N^{\sigma_2}\times\cdots\times N^{\sigma_r}$．又由定理 3 知 N^{σ_i} 之正规子群必为 G 之正规子群，故由 N^{σ_i} 之极小性知 N^{σ_i} 为单群．至于 $N^{\sigma_i}\simeq N^{\sigma_j}$，自明．故证得

定理 11　设 G 为特征单群，并假定 G 满足极大与极小二条件．于是 G 或为单群或等于有限多个互相同构的单群之直积．且这时 G 之任一个极小正规子群都是单群且为 G 的直因子．

今问定理 11 的逆若何？事实上，逆定理必然也正确，且极大与极小的条件限制还可取消，因为单群显然是特征单群，故只须证明下面的

定理 12　等于有限多个互相同构单群之直积的群 G 一定是特征单群．

证明　设 $G=A_1\times A_2\times\cdots\times A_n$，每 A_i 为单群，且 $A_i\simeq A_j$．苟若 G 非特征单群，则有 $N\lhd\lhd G$ 且 $1<N<G$．当然，$G=NA_1A_2\cdots A_n$．从 A_i 之单纯性及 $NA_1A_2\cdots A_{i-1}\cap A_i\lhd A_i$，得 $NA_1A_2\cdots A_{i-1}\cap A_i=1$ 或 $NA_1A_2\cdots A_{i-1}\cap A_i=A_i$，二者必有一且只有一；如为前者（即 $NA_1A_2\cdots A_{i-1}\cap A_i=1$），就有直积 $NA_1A_2\cdots A_{i-1}\times A_i$；若为后者（即 $NA_1A_2\cdots A_{i-1}\cap A_i=A_i$），则有 $A_i\subseteq NA_1A_2\cdots A_{i-1}$，因之在 $G=NA_1A_2\cdots A_{i-1}A_i\cdots A_n$ 中因子 A_i 为多余的，可以删掉．现在令 $i=1$ 开始，顺次地讨论，删掉象刚才上面说的那些多余的 A_i 之后，就知 G 等于 N 与某些 A_j 之直积，为简便计就令

$$G=N\times A_1\times A_2\times\cdots\times A_t.$$

由于 $1<N<G$ 知 $1\leqslant t<n$，故

$$N\simeq G/A_1\times A_2\times\cdots\times A_t\simeq A_{t+1}\times\cdots\times A_n,$$

因而 N 得写为 $n-t$ 个互相同构单群的直积，令为

$$N=B_{t+1}\times\cdots\times B_n,\ \text{每}\ B_i\simeq\text{每}\ A_j.$$

于是得到了

$$G = N \times A_1 \times \cdots \times A_t = A_1 \times \cdots \times A_t \times B_{t+1} \times \cdots \times B_n\text{[1]}. \tag{1}$$

今在互相同构的单群 $A_1, \cdots, A_t, B_{t+1}, \cdots, B_n$ 中任取一 A_i 与一 B_j，如 A_1 及 B_n。令 $A_1 \simeq B_n$ 是由映射 $a_1 \to a_1^{\sigma_{1n}} (\in B_n)$ 来完成的 $(a_1 \in A_1)$，即 a_1 跑遍 A_1 时，$a_1^{\sigma_{1n}}$ 跑遍 B_n，且有 $(a_1 a_1')^{\sigma_{1n}} = a_1^{\sigma_{1n}} a_1'^{\sigma_{1n}}$ 以及 $a_1 \neq a_1' \Longrightarrow a_1^{\sigma_{1n}} \neq a_1'^{\sigma_{1n}}$。

今作 G 之这样一个映射 τ，使得：

(i) $a_1 \in A_1$ 时，定义 $a_1^\tau = a_1^{\sigma_{1n}} \in B_n$ 及 $(a_1^{\sigma_{1n}})^\tau = a_1 \in A_1$；

(ii) τ 不使 $A_2, \cdots, A_t, B_{t+1}, \cdots, B_{n-1}$ 的元发生变化；

(iii) 据 (1) 将 G 之元 g 写为 $g = a_1 a_2 \cdots a_t b_{t+1} \cdots b_n (a_i \in A_i, b_j \in B_j)$ 时，就定义 $g^\tau = a_1^\tau a_2 \cdots a_t b_{t+1} \cdots b_{n-1} b_n^\tau$。于是 $a_1^\tau = a_1^{\sigma_{1n}} \in B_n$，$b_n^\tau = (x_1^{\sigma_{1n}})^\tau = x_1 \in A_1$；且可验证 $g \to g^\tau$ 为 G 之自同构：因从 $g' (\in G) = a_1' a_2' \cdots a_t' b_{t+1}' \cdots b_{n-1}' b_n' (a_i' \in A_i, b_j' \in B_j)$ 而得 $g'^\tau = a_1'^\tau a_2' \cdots a_t' b_{t+1}' \cdots b_{n-1}' b_n'^\tau$ 后（于是，$a_1'^\tau = a_1'^{\sigma_{1n}} \in B_n$，$b_n'^\tau = (x_1'^{\sigma_{1n}})^\tau = x_1' \in A_1$），若 $g^\tau = g'^\tau$，则由 (1) 式就应有

$$\left.\begin{array}{l} a_1^\tau = a_1'^\tau \\ b_n^\tau = b_n'^\tau \end{array}\right\} \Longrightarrow \left.\begin{array}{l} a_1^{\sigma_{1n}} = a_1'^{\sigma_{1n}} \\ x_1 = x_1' \end{array}\right\} \Longrightarrow \left.\begin{array}{l} a_1 = a_1', \\ x_1^{\sigma_{1n}} = x_1'^{\sigma_{1n}} \Longrightarrow b_n = b_n', \end{array}\right\}$$

以及 $a_2 = a_2', \cdots, a_t = a_t', b_{t+1} = b_{t+1}', \cdots, b_{n-1} = b_{n-1}'$，于是必有 $g = g'$，足以说明 τ 为 1-1 映射；其次，对 $a_1 \in A_1$，有 $a_1^\tau = a_1^{\sigma_{1n}} = y_n \in B_n$，对 $b_n \in B_n$ 又有 $x_1 \in A_1$ 使 $x_1^\tau = x_1^{\sigma_{1n}} = b_n$，故令 $\bar{g} = x_1 a_2 \cdots a_t b_{t+1} \cdots b_{n-1} y_n$ 时，就有 $\bar{g}^\tau = g$，即对任 $g \in G$ 恒有 $\bar{g} \in G$ 使 $\bar{g}^\tau = g$，即映射 $g \to g^\tau$ 是 G 到 G 上的；最后，由于 $(a_1 a_1')^\tau = (a_1 a_1')^{\sigma_{1n}} = a_1^{\sigma_{1n}} a_1'^{\sigma_{1n}} = a_1^\tau a_1'^\tau$ 及 $(b_n b_n')^\tau = (x_1^{\sigma_{1n}} x_1'^{\sigma_{1n}})^\tau = [(x_1 x_1')^{\sigma_{1n}}]^\tau = x_1 x_1' = (x_1^{\sigma_{1n}})^\tau (x_1'^{\sigma_{1n}})^\tau = b_n^\tau b_n'^\tau$，就知道 $(gg')^\tau = (a_1 a_1')^\tau (a_2 a_2') \cdots (a_t a_t')(b_{t+1} b_{t+1}') \cdots (b_{n-1} b_{n-1}')(b_n b_n')^\tau = (a_1^\tau a_2 \cdots a_t b_{t+1} \cdots b_{n-1} b_n^\tau)(a_1'^\tau a_2' \cdots a_t' b_{t+1}' \cdots b_{n-1}' b_n'^\tau) = g^\tau g'^\tau$，即 τ 为同态；于是 $g \to g^\tau$ 确为 G 的自同构。

由是，从 $N \lhd\lhd G$ 得 $N^\tau = N$，因之由 $B_n \subseteq N$ 知 $B_n^\tau \subseteq N^\tau = N$，即 $A_1 \subseteq N$，这显与 $G = N \times A_1 \times \cdots \times A_t$ 相矛盾．这矛盾的产生是由 G 非特征单群而致．故 G 为特征单群，证完．

因有限群当然满足极大与极小两条件，故从定理 11 及 12 又有下面的

推论 1 有限群为特征单群的充要条件是它或为单群或等于互相同构的一些单群的直积．

因之又有

---

1) 从证明 (1) 式的过程获知这样的结论：若 G 为一些单群之直积（它们不一定为同构的），则 G 之任一正规子群 N 必为 G 之直因子，且 N 也可分解为单群之直积．这里只提请注意这事实，下面再对这问题详细地论述．

推论 2 有限交换群为特征单群的充要条件是它或为素数阶的循环群或等于同一个素数阶的循环群之直积.

再问：群之怎样的子群才是特征单群呢？下面的定理作了回答，即

定理 13 任何群的极小正规(或特征)子群皆为特征单群.

证明 若群 G 之极小正规（或特征）子群 N 非特征单群，则有 A 使 $1 < A < N$ 及 $A \lhd\lhd N$；但由 $N \lhd G$（或 $N \lhd\lhd G$）而据 §9 定理 2（或 1）就知道 $A \lhd G$（或 $A \lhd\lhd G$），这显与 N 为 G 之极小正规（或特征）子群相矛盾，不可．故 N 为特征单群．证完．

由是又得知下列的几个推论.

推论 1 满足极大与极小两条件的群 G（或有限群 G）的极小正规（或特征）子群或为单群或为一些互相同构单群之直积.

推论 2 有限群之极小正规(或特征)子群为交换群时，它或为素数阶的循环群或等于同一个素数阶的一些循环群的直积.

由上述的论证，可知特征单群牵涉到互相同构单群的直积，今推广之而界说下面的

定义 3 凡能写为单群之直积的群统统叫做完全分裂群.

于是由证明定理 12 时的一个脚注，可写之为

定理 14 完全分裂群的任何正规子群也是完全分裂的，且还是原群的一个直因子.

完全分裂群指的是它能写为单群之直积，但写为单群之直积的表示方法是唯一的吗？试以克莱茵四元群 $\mathfrak{K}_4 = \{a, b\}$ 为例来说明之 ($a^2 = b^2 = 1$, $ab = ba$)：容易获知 $\mathfrak{K}_4 = \{a\} \times \{b\} = \{a\} \times \{c\} = \{b\} \times \{c\}$，式中 $c = ab = ba$，但 $\{a\}, \{b\}, \{c\}$ 都是 2 阶循环群，因而为交换单群．于是，克莱茵四元群 $\mathfrak{K}_4$ 虽为完全分裂的，但写为单群之直积的表示法不唯一．注意克莱茵四元群写为单群之直积表示中的直因子都是交换单群．若一完全分裂群中为直因子的诸单群一度皆为非交换群时，又怎么样呢？我们说这时表写方法是唯一的．先证下面的

引理 1 设 $G = A \times B = A \times C$，若 $Z(A) = 1$，则必有 $B = C$.

证明 $B \simeq G/A \simeq C$，而 $B \simeq C$ 是借 B 与 C 都和 G/A 同构而产生的；但 $B \simeq G/A$ 与 $C \simeq G/A$ 分别是由对应关系 $b \rightleftarrows Ab$ 与 $c \rightleftarrows Ac$ 所产生 ($b \in B$, $c \in C$)，故同构 $B \simeq C$ 借对应关系 $b \rightleftarrows c$ 可得到，其条件限制就是 $Ab = Ac$，即 $bc^{-1} \in A$．但因 b, c 都和 A 之每元可交换，故 bc^{-1} 也必与 A 之每元可交换，于是 $bc^{-1} \in A$ 就表示了 $bc^{-1} \in Z(A) = 1$，即有 $b = c$，即同构关系 $B \simeq C$

中 B 之任一元 b 的像仍为 b，这证明了 $C = B$. 证完.

据引理 1，可解决完全分裂群中分解的唯一性问题，即下面的

定理 15 完全分裂群之某一个分解中的单直因子若一度全为非交换单群，那末分解为单直因子的方法是唯一的.

证明 设完全分裂群 G 有两种单直因子的分解法，如

$$G = A_1 \times A_2 \times \cdots \times A_n, \tag{2}$$

$$G = B_1 \times B_2 \times \cdots \times B_m. \tag{3}$$

并假定 (2) 中的每个 A_i 为非交换 (单) 群. 我们的目的就是要证明 $m = n$，且适当地将 (3) 中各 B 之顺序重新编号后应有 $B_i = A_i (i = 1, 2, \cdots, n)$.

首先证明 (3) 中每 B_j 为非交换单群：事实上，由 A_i 之非交换单纯性以及 $Z(A_i) \lhd A_i$，就应有 $Z(A_i) = 1$，故 $Z(G) = Z(A_1) \times Z(A_2) \times \cdots \times Z(A_n) = 1$，于是再据 (3) 式又必有 $Z(B_i) = 1$，这足以说明每 B_i 为非交换单群.

当 $n = 1$ 时，由 (2) 式知 $G = A_1$ 为非交换单群，因而这时 (3) 中的 $m = 1$ 即说明了 $n = 1$ 时定理 15 的正确性. 再归纳地假定 (2) 中直因子之个数小于 n 时定理 15 成立，在此归纳法假定的前提下而来考虑 (2) 中 n 个非交换单直因子 A_i 的情况.

不损普遍性，可假定 $m \geqslant n$：因已证过每 B_i 为非交换单群，故当 $m < n$ 时，据归纳法的假定(视 (3) 为 (2)) 立即获知 $m = n$，矛盾产生了(即与 $m < n$ 相抵).

于是，从 (3) 式令 $N = B_2 \times \cdots \times B_m$ 时，有 $1 < N < G$ 且 $N \lhd G$，故据定理 14 知 N 为 G 之直因子，且由定理 12 之证明方法中尚可知道能从 (2) 中取适当的 t 个因子如 $A_1, A_2, \cdots, A_t$ 使得

$$G = N \times A_1 \times \cdots \times A_t, \tag{4}$$

并显然有 $1 \leqslant t \leqslant n - 1$. 从 (3) 式，显然又有

$$G = N \times B_1. \tag{5}$$

因 $Z(G) = Z(A_1) \times \cdots \times Z(A_n) = 1$，故据引理 1 由 (5) 与 (4) 式就得到 $B_1 = A_1 \times \cdots \times A_t$，因而从 B_1 之单纯性就得 $t = 1$，即 $B_1 = A_1$，故再据 (2) 与 (3) 又得到了

$$G = A_1 \times (A_2 \times \cdots \times A_n) = A_1 \times (B_2 \times \cdots \times B_m),$$

于是再度利用引理 1，不得不有

$$A_2 \times \cdots \times A_n = B_2 \times \cdots \times B_m. \tag{6}$$

故据归纳法的假设可知 (6) 中左、右两种分解完全一致，即必有 $m - 1 = n - 1$，且将 $B_2, \cdots, B_m$ 之顺序适当地调整后应为 $B_2 = A_2, \cdots, B_n = A_n$. 至

此，定理 15 完全获证.

结合这定理 15 与上面的定理 11 和 12 又得知下面的两个推论.

推论 1 满足极大、极小两条件而又非单群的特征单群 G 如果不是交换群，那就只能用唯一种方法把 G 写成有限多个互相同构的单群之直积，而且这里所唯一地分解出来的有限多个互相同构的单群就是 G 中所有的极小正规子群.

证明 据定理 11，知 $G=A_1\times A_2\times\cdots\times A_n$，$n\geqslant 2$，$A_i\simeq A_j$ 且每 A_i 为单群. 由 G 之非交换性即知每 A_i 为非交换的，故据定理 15 可知如 $G=A_1\times A_2\times\cdots\times A_n$ 之单直因子的分解是唯一的. 证明了推论的第一个结论.

再设 N 为 G 的一个极小正规子群，则由定理 11 可知 N 为单群且为 G 的一个直因子，于是据第一个结论（即分解之唯一性）可知这 N 必为 A_1，A_2，…，A_n 中的某一. 证完.

推论 2 有限非交换单群的特征单群 G 中所有极小正规子群都是互相同构的单群，而且 G 等于它们的直积.

问题 1　设 p_1，p_2，…，p_n 是 n 个两两互异的素数. 证明 $p_1^{\lambda_1}p_2^{\lambda_2}\cdots p_n^{\lambda_n}$ 阶循环群 G 等于 $p_1^{\lambda_1}$ 阶，$p_2^{\lambda_2}$ 阶，…，$p_n^{\lambda_n}$ 阶的诸循环子群的直积. 并求 $A(G)$.

问题 2　如 $G=G_1\times G_2$，恒有 $A(G_1)\times A(G_2)\subseteq A(G)$，证之.

问题 3　设 $G=G_1\times G_2\times\cdots\times G_r$ 为非交换单群 G_i 之直积. 试证积 $\prod\limits_{i\in J}G_i$（而有 $J\subseteq\{1,2,\cdots,r\}$ 者）为 G 之仅有的正规子群，而 G_i 为 G 之仅有的极小正规子群.

§12. 全形，完全群

问题的提出：我们知道群之内自同构不使它的正规子群发生变化，换言之，群之内自同构能诱导出它的正规子群的一个自同构. 于是自然会提出它的逆命题，即问：当群 G 已知时，能否找得一个群 $\mathfrak{G}$，使 $G\lhd\mathfrak{G}$ 且 G 之任何自同构都能由 $\mathfrak{G}$ 之内自同构诱导出吗？这答案是肯定的，也就是说群 $\mathfrak{G}$ 的确是存在的. 详述于下.

先作变换群$\mathfrak{S}_G$，它是用G之元当做变换的文字所作的一切1-1映射而成的变换群．于是，若$\sigma\in A(G)$，则变换$\begin{pmatrix}x\\x^{\sigma}\end{pmatrix}$为群$\mathfrak{S}_G$的这样一个元素，即使$G$之单位元1不变动的一个变换（$x\in G$），故可视为$A(G)\subseteq\mathfrak{S}_G$，如果把$A(G)$之元当做$G$之元间的变换来看待的时候．因而今后将$A(G)$之元$\sigma$写为$\sigma=\begin{pmatrix}x\\x^{\sigma}\end{pmatrix}$.

再作G之左、右正则表现$L(G)$与$R(G)$．显然，$L(G)$与$R(G)$都是变换群$\mathfrak{S}_G$的子群．因为$L(g_1)\cdot R(g_2)=\begin{pmatrix}x\\g_1^{-1}x\end{pmatrix}\cdot$
$\begin{pmatrix}x\\xg_2\end{pmatrix}=\begin{pmatrix}x\\g_1^{-1}x\end{pmatrix}\begin{pmatrix}g_1^{-1}x\\(g_1^{-1}x)g_2\end{pmatrix}=\begin{pmatrix}x\\g_1^{-1}xg_2\end{pmatrix}=\begin{pmatrix}x\\xg_2\end{pmatrix}\begin{pmatrix}xg_2\\g_1^{-1}(xg_2)\end{pmatrix}=R(g_2)\cdot$
$L(g_1)$足以说明左、右正则表现$L(G)$与$R(G)$之元为两两可交换，故$R(G)$与$L(G)$分别为$L(G)$与$R(G)$之中心化子（在$\mathfrak{S}_G$内的）的子群，即$R(G)\subseteq Z_{\mathfrak{S}_G}(L(G))$与$L(G)\subseteq Z_{\mathfrak{S}_G}(R(G))$.

反之，设$\begin{pmatrix}x\\x^*\end{pmatrix}\in Z_{\mathfrak{S}_G}(L(G))$，则因$R(1^*)\in Z_{\mathfrak{S}_G}(L(G))$，故

$$\begin{aligned}\begin{pmatrix}x\\x^*\end{pmatrix}\cdot R(1^*)^{-1}&=\begin{pmatrix}x\\x^*\end{pmatrix}\begin{pmatrix}x\\x1^*\end{pmatrix}^{-1}=\begin{pmatrix}x\\x^*\end{pmatrix}\begin{pmatrix}x\\x1^{*-1}\end{pmatrix}\\&=\begin{pmatrix}x\\x^*\end{pmatrix}\begin{pmatrix}x^*\\x^*1^{*-1}\end{pmatrix}=\begin{pmatrix}x\\x^*1^{*-1}\end{pmatrix}\in Z_{\mathfrak{S}_G}(L(G));\end{aligned}$$

但因$\begin{pmatrix}x\\x^*1^{*-1}\end{pmatrix}$显然使$G$之单位元1不变，故$\begin{pmatrix}x\\x^*\end{pmatrix}\cdot R(1^*)^{-1}\cdot$
$L(g)$使G之单位元1变为g^{-1}，于是据

$$\begin{pmatrix}x\\x^*\end{pmatrix}R(1^*)^{-1}\cdot L(g)=L(g)\cdot\begin{pmatrix}x\\x^*\end{pmatrix}R(1^*)^{-1}$$

以及$L(g)$使G之单位元1变为g^{-1}，就知道$\begin{pmatrix}x\\x^*\end{pmatrix}R(1^*)^{-1}$必使$G$之元$g^{-1}$不变．由于$g^{-1}$在$G$内的任意性，故不得不有

$$\begin{pmatrix} x \\ x^* \end{pmatrix} R(1^*)^{-1} = 1 \text{ (恒等变换)},$$

即

$$\begin{pmatrix} x \\ x^* \end{pmatrix} = R(1^*) \in R(G),$$

又证明了 $Z_{\mathfrak{S}_G}(L(G)) \subseteq R(G)$. 同理，可证 $Z_{\mathfrak{S}_G}(R(G)) \subseteq L(G)$. 于是证得了

定理 1 群 G 之左、右正则表现 $L(G)$, $R(G)$ 彼此互为在变换群 $\mathfrak{S}_G$ 内的中心化子，即

$$R(G) = Z_{\mathfrak{S}_G}(L(G)) \quad 与 \quad L(G) = Z_{\mathfrak{S}_G}(R(G)).$$

定理 1 只谈了中心化子. 再考虑正规化子，即考虑 $N_{\mathfrak{S}_G}(R(G))$ 与 $N_{\mathfrak{S}_G}(L(G))$. 因中心化子为正规化子的正规子群，故由定理 1 即得

$$L(G) \lhd N_{\mathfrak{S}_G}(R(G)) \quad 与 \quad R(G) \lhd N_{\mathfrak{S}_G}(L(G)).$$

今若 $\sigma \in A(G)$，即 $\sigma = \begin{pmatrix} x \\ x^\sigma \end{pmatrix}$，则因

$$\sigma^{-1} \cdot R(g) \cdot \sigma = \begin{pmatrix} x^\sigma \\ x \end{pmatrix} \begin{pmatrix} x \\ xg \end{pmatrix} \begin{pmatrix} xg \\ (xg)^\sigma \end{pmatrix} = \begin{pmatrix} x^\sigma \\ (xg)^\sigma \end{pmatrix}$$

$$= \begin{pmatrix} x^\sigma \\ x^\sigma g^\sigma \end{pmatrix} = \begin{pmatrix} x \\ xg^\sigma \end{pmatrix} = R(g^\sigma),$$

故 $\sigma = \begin{pmatrix} x \\ x^\sigma \end{pmatrix} \in N_{\mathfrak{S}_G}(R(G))$，即 $A(G) \subseteq N_{\mathfrak{S}_G}(R(G))$. 但 $1^\sigma = 1$，故 $A(G)$ 是 $N_{\mathfrak{S}_G}(R(G))$ 之一个这样的子群，即其每元(置换)都使 G 之单位元这个文字不变. 同理，

$$\sigma^{-1} \cdot L(g) \cdot \sigma = L(g^\sigma) \Longrightarrow A(G) \subseteq N_{\mathfrak{S}_G}(L(G)).$$

反之，设 $\begin{pmatrix} x \\ x' \end{pmatrix} \in N_{\mathfrak{S}_G}(R(G))$，且 $1' = 1$ (即变换 $\begin{pmatrix} x \\ x' \end{pmatrix}$ 使 G 之单位元 1 不变)，则因

$$\begin{pmatrix} x \\ x' \end{pmatrix}^{-1} \cdot R(y) \cdot \begin{pmatrix} x \\ x' \end{pmatrix} = \begin{pmatrix} x' \\ x \end{pmatrix} \begin{pmatrix} x \\ xy \end{pmatrix} \begin{pmatrix} xy \\ (xy)' \end{pmatrix} = \begin{pmatrix} x' \\ (xy)' \end{pmatrix} \in R(G),$$

故$\begin{pmatrix} x' \\ (xy)' \end{pmatrix} = R(g) = \begin{pmatrix} x' \\ x'g \end{pmatrix}$，$g$ 当然随 y 而变，即对任 $x \in G$，恒有 $(xy)' = x'g$，故特当 $x = 1$ 时有 $(1y)' = 1'g = g$，即 $y' = g$，因而不得不有 $(xy)' = x'y'$ 对任 $x, y \in G$ 常成立．这证明了G在G上的 1–1 映射 $x \rightleftarrows x'$ 为G之一个自同构 τ，即

$$\tau = \begin{pmatrix} x \\ x' \end{pmatrix} = \begin{pmatrix} x \\ x^{\tau} \end{pmatrix} \in A(G),$$

也就是说 $N_{\mathfrak{S}_G}(R(G))$ 中凡使G之单位元 1 这文字不变的置换必在 $A(G)$ 内.

故由上面的两段，获知：$N_{\mathfrak{S}_G}(R(G))$ [或 $N_{\mathfrak{S}_G}(L(G))$] 中凡使G之单位元这文字不变的一切变换而成的子群恰是 $A(G)$.

又因 $L(G) = Z_{\mathfrak{S}_G}(R(G)) \triangleleft N_{\mathfrak{S}_G}(R(G))$，而$N_{\mathfrak{S}_G}(L(G))$又是 $\mathfrak{S}_G$ 中包含 $L(G)$ 为正规子群的最大子群，故必 $N_{\mathfrak{S}_G}(R(G)) \subseteq N_{\mathfrak{S}_G}(L(G))$．同理，又有$N_{\mathfrak{S}_G}(L(G)) \subseteq N_{\mathfrak{S}_G}(R(G))$．故结果得 $N_{\mathfrak{S}_G}(R(G)) = N_{\mathfrak{S}_G}(L(G))$，通常叫它为$G$之**全形**，用符号 $H(G)$ 表示之，即

$$H(G) = N_{\mathfrak{S}_G}(R(G)) = N_{\mathfrak{S}_G}(L(G)).$$

又显有 $A(G) \cap R(G) = A(G) \cap L(G) = \mathbf{1}$．故证得了

定理 2 群G的全形 $H(G) = N_{\mathfrak{S}_G}(R(G)) = N_{\mathfrak{S}_G}(L(G))$ 为变换群 $\mathfrak{S}_G$ 中包含 $R(G)$ 与 $L(G)$ 为正规子群的最大子群；$H(G)$ 中凡使G之单位元 1 这文字不变的一切变换而成的子群恰是G的自同构群 $A(G)$；又 $A(G) \cap R(G) = A(G) \cap L(G) = \mathbf{1}$.

现在很容易解决这节开头提出的问题，即对已知群G必可找得较大的群 $\mathfrak{G}$，使 $G \triangleleft \mathfrak{G}$ 且G之自同构恒可由 $\mathfrak{G}$ 之内自同构诱导出：

事实上，G之元 g 对应于 $R(G)$ 之元 $g^{\mu} = R(g) = \begin{pmatrix} x \\ xg \end{pmatrix}$ 之映射 $g \to g^{\mu}$ 显为G与 $R(G)$ 之同构映射：$G \simeq R(G)$．故G与 $R(G)$ 之差别仅仅是采用元素之符号不同而无本质上的差异，也

就是说将 G 之各元 g 改用 g^{μ} 后而仍保持原有的结合方法就得到了 $R(G)$. 于是若视同构的群为同一，则因 $R(G)\lhd H(G)$，故可以认为是 $G\lhd H(G)$，这样也不致引起混乱. 今若 $\sigma\in A(G)$，则由定理 2 知 $\sigma\in H(G)$，且从定理 2 之证明过程已知道了 $\sigma^{-1}\cdot R(g)\cdot\sigma=R(g^{\sigma})$，故 $G[\simeq R(G)]$ 之自同构 σ 可以认为是从 $H(G)$ 之元 σ 所诱导出的内自同构而得：

$$R(g)\to R(g^{\sigma})=\sigma^{-1}\cdot R(g)\cdot\sigma=R(g)^{I_{\sigma}},\quad I_{\sigma}\in I(H(G)).$$

这也正是解决了本节开头提出的问题.

本节开头提出的问题既已解决，就解决了主要问题. 回顾解决的过程，关键在作群 G 之**全形** $H(G)$，于是对全形 $H(G)$ 作深入的探索，是有意义的.

已知 $R(G)\lhd H(G)$，$L(G)\lhd H(G)$ [实际上，这是中心化子与正规化子之关系]，故 $R(G)\cdot L(G)\lhd H(G)$. 今问：在什么时候有 $H(G)=R(G)\cdot L(G)$ 呢？这就需要对变换群进一步地探索，先引进**可迁变换群**的概念.

设 $\mathfrak{G}$ 为集合 S 上的一个变换群. 若群 $\mathfrak{G}$ 含有使 S 之一固定文字 x_0 变为 S 的任一文字 x 的变换 σ $(x_0\sigma=x)$，就叫 $\mathfrak{G}$ 是 S 上的**可迁变换群**. 这时，若令 $\tau\in\mathfrak{G}$ 且 $x_0\tau=y$，则 $\sigma^{-1}\tau\in\mathfrak{G}$ 且 $x(\sigma^{-1}\tau)=(x\sigma^{-1})\tau=x_0\tau=y$，说明了 S 上的可迁群 $\mathfrak{G}$ 含有使 S 的任一文字 x 变为 S 的任何文字 y 的置换.

再令 $\mathfrak{G}$ 中凡使 S 之文字 x_0 不变的一切变换所成的集为 $\mathfrak{H}$，易证 $\mathfrak{H}$ 为 $\mathfrak{G}$ 之子群；又若 $\sigma_x\in\mathfrak{G}$ 且 $x_0\sigma_x=x$，也易证陪集 $\mathfrak{H}\sigma_x$ 是 $\mathfrak{G}$ 中凡使 S 之文字 x_0 变为文字 x 的一切变换所成之集合. 这些东西的证明都留给读者. 于是证得了下面的

引理 1 设 $\mathfrak{G}$ 为集合 S 上的一个变换群. 若 $\mathfrak{G}$ 为可迁的，则凡使 S 之一文字 x_0 不变的 $\mathfrak{G}$ 中一切变换组成 $\mathfrak{G}$ 的一个子群 $\mathfrak{H}$，且 $\mathfrak{H}$ 之每个陪集 $\mathfrak{H}\sigma$ 是 $\mathfrak{G}$ 中凡使文字 x_0 变为文字 $x_0\sigma$ 的一切变换所成之集合，因而 $[\mathfrak{G}:\mathfrak{H}]$ 为集合 S 之浓度，于是特当 S 只含 n (有限)个文字时(这时就叫 $\mathfrak{G}$ 为 n 次可迁置换群)，则知 n 次可迁置换群 $\mathfrak{G}$ 的阶 $o(\mathfrak{G})$ 必为 n 所整除. 又 n 次可迁置换群 $\mathfrak{G}$ 中

使任何文字不变的一切置换而成之子群 $\mathfrak{H}$ 的阶 $o(\mathfrak{H})$ 都等于 $[o(\mathfrak{G}):n]$.

有了可迁变换群的概念，就能深入地讨论群 G 之全形 $H(G)$ 的性质.

已知 $R(G)\lhd H(G)$，而 $R(G)$ 为集合 G 上的可迁变换群（$\because R(g)$ 使文字 1 变为 g），于是 $H(G)$ 当然也是 G 上的可迁变换群. 因 $A(G)$ 是 $H(G)$ 中凡使文字 1（G 的单位元）不变的一切变换而成的子群，故可把 $H(G)$ 依子群 $A(G)$ 分为陪集分解，如

$$H(G)=A(G)\cdot\sigma_1+A(G)\cdot\sigma_a+A(G)\cdot\sigma_b+\cdots,$$

式中 σ_1 得令为 $\sigma_1=\mathbf{1}$（恒等变换），而 σ_x 是 $H(G)$ 中使 G 之单位元 1 变为 G 之元 x 的一个变换，因而可令

$$\sigma_a=\begin{pmatrix}x\\xa\end{pmatrix},\quad \sigma_b=\begin{pmatrix}x\\xb\end{pmatrix},\cdots,$$

即可以从 $R(G)$ 中去取 $\sigma_a,\sigma_b,\cdots$. 这就证明了 $H(G)=\{A(G),R(G)\}$，因而再据 $R(G)\lhd H(G)$ 就不得不有 $H(G)=A(G)\cdot R(G)$. 同理也有 $H(G)=A(G)\cdot L(G)$. 故当然有 $H(G)=A(G)\cdot R(G)\cdot L(G)$.

再由 $A(G)\cap R(G)=\mathbf{1}=A(G)\cap L(G)$，而利用 $H(G)=A(G)R(G)=A(G)\cdot L(G)$，就得知

$$H(G)/R(G)\simeq A(G)\simeq H(G)/L(G).$$

同样，利用 $H(G)=A(G)\cdot R(G)\cdot L(G)$ 又得知

$$H(G)/R(G)\cdot L(G)\simeq A(G)/A(G)\cap R(G)\cdot L(G).$$

今能断言 $A(G)\cap R(G)\cdot L(G)=I(G)$.

事实上，若 $\begin{pmatrix}x\\x'\end{pmatrix}\in A(G)\cap R(G)\cdot L(G)$，则从 $\begin{pmatrix}x\\x'\end{pmatrix}\in A(G)$，即得 $(xy)'=x'y'$；而从 $\begin{pmatrix}x\\x'\end{pmatrix}\in R(G)\cdot L(G)$ 又知使 $\begin{pmatrix}x\\x'\end{pmatrix}=\begin{pmatrix}x\\xg_1\end{pmatrix}\begin{pmatrix}x\\g_2x\end{pmatrix}=\begin{pmatrix}x\\g_2xg_1\end{pmatrix}$ 的 g_1 与 g_2 是存在的，于是 $x'=g_2xg_1$，随之有 $(xy)'=g_2xyg_1$，故 $g_2xg_1g_2yg_1=x'y'=(xy)'=g_2xyg_1\Rightarrow g_1g_2=$

$1 \Rightarrow g_2 = g_1^{-1}$，于是 $\begin{pmatrix} x \\ x' \end{pmatrix} = \begin{pmatrix} x \\ g_1^{-1}xg_1 \end{pmatrix} = \begin{pmatrix} x \\ x^{I_{g_1}} \end{pmatrix} = I_{g_1}$ （$I_{g_1} \in I(G) \subseteq A(G)$），这就证明了 $A(G) \cap R(G) \cdot L(G) \subseteq I(G)$. 反之，因 $I(G)$ 的任一元 I_g 为 $I_g = \begin{pmatrix} x \\ x^{I_g} \end{pmatrix} = \begin{pmatrix} x \\ g^{-1}xg \end{pmatrix} = \begin{pmatrix} x \\ xg \end{pmatrix}\begin{pmatrix} x \\ g^{-1}x \end{pmatrix} = R(g) \cdot L(g)$，故 $I_g \in A(G) \cap R(G) \cdot L(G)$，又证明了 $I(G) \subseteq A(G) \cap R(G) \cdot L(G)$. 于是不得不有

$$A(G) \cap R(G)L(G) = I(G).$$

因而

$$H(G)/R(G)L(G) \simeq A(G)/I(G).$$

故又证得了下面的

定理 3 群 G 之全形 $H(G)$，左、右正则表现 $L(G)$、$R(G)$，自同构群 $A(G)$ 与内自同构群 $I(G)$ 之间除了有定理 1, 2 中所说的关系以外，还有:

(i) $H(G) = A(G) \cdot R(G) = A(G) \cdot L(G) = A(G) \cdot R(G) \cdot L(G)$,

(ii) $H(G)/R(G) \simeq A(G) \simeq H(G)/L(G)$,

(iii) $H(G)/R(G) \cdot L(G) \simeq A(G)/I(G)$,

(iv) $A(G) \cap R(G) \cdot L(G) = I(G)$.

由定理 3 的 (iii)，即得

定理 4 $H(G) = R(G) \cdot L(G)$ 的充要条件是 $A(G) = I(G)$，即群 G 除内自同构外再没有别的自同构.

更进一步地问: $H(G)$ 不仅要求为 $R(G)$ 与 $L(G)$ 之积，而且更要求为 $R(G)$ 与 $L(G)$ 的直积，条件又怎样呢？当然这时除条件为 $A(G) = I(G)$ 以外，还应有 $R(G) \cap L(G) = 1$. 但因 $L(G) = Z\mathfrak{S}_G(R(G))$，故 $R(G) \cap L(G)$ 为 $R(G)$ 之中心，同理知 $R(G) \cap L(G)$ 亦为 $L(G)$ 之中心，即 $R(G) \cap L(G) = Z(R(G)) = Z(L(G))$；再由 $R(G) \simeq G$ 又知 $Z(R(G)) \simeq Z(G)$，故 $R(G) \cap L(G) \simeq Z(G)$；由是 $R(G) \cap L(G) = 1$ 的充要条件是 $Z(G) = 1$，即 G 无中心. 故又得

定理 5 $H(G) = R(G) \times L(G)$ 的充要条件是 G 无中心且

G只有内自同构(即 $Z(G)=1$ 与 $A(G)=I(G)$).

从证明定理 5 的过程,又知

推论 $R(G)\cap L(G)\simeq Z(G)$.

附注 这推论也容易直接证明: 事实上,$\begin{pmatrix}x\\xg\end{pmatrix}\in L(G)$ 之充要条件是有 $a\in G$ 使 $\begin{pmatrix}x\\xg\end{pmatrix}=\begin{pmatrix}x\\ax\end{pmatrix}$, 即对任 $x\in G$ 恒有 $xg=ax$, 故当取 $x=1$ 时得 $a=g$, 即 $xg=gx$ 对任 $x\in G$, 其充要条件是 $g\in Z(G)$.

然而无中心且除内自同构外又没有别的自同构的群习惯上叫做**完全群**. 故定理 5 之意义得表述为: 群 G 之全形 $H(G)$ 等于其左、右正则表现之直积的充要条件是 G 为完全群.

到此又产生了完全群是否存在的问题. 如果存在性的问题不解决,那末上面说的全是空话. 我们知道交换群一定不是完全群,因其中心不等于 1. 于是完全群只能从非交换群中去寻求. 现在考虑非交换单群,而有

定理 6 非交换单群的自同构群是完全群.

证明 设 G 为非交换单群,令 $\bar{A}=A(G)$, $\bar{I}=I(G)$. 我们的目的是要证明 $\bar{A}=A(G)$ 为完全群, 即要证明 $Z(\bar{A})=1$ 与 $A(\bar{A})=I(\bar{A})$.

G 之非交换单纯性保证了 $Z(G)=1$, 因而再由 §9 问题 3 即知 $\bar{A}=A(G)$ 亦无中心,即 $Z(\bar{A})=1$. 故剩下要解决的问题是 $A(\bar{A})=I(\bar{A})$.

首先来证明 $Z_{\bar{A}}(\bar{I})=1$: 事实上, 若 $\sigma\in Z_{\bar{A}}(\bar{I})$, 即 $\sigma\in\bar{A}=A(G)$ 且 σ 与 $\bar{I}=I(G)$ 之每元 $I_g(g\in G)$ 可交换, 那末一方面固然有 $\sigma^{-1}I_g\sigma=I_g$,另方面又因 $\sigma^{-1}I_g\sigma=I_{g^\sigma}$ (§9 的定理 4), 故 $I_{g^\sigma}=I_g$, $g^\sigma g^{-1}\in Z(G)=1$, 即对每 $g\in G$ 恒有 $g^\sigma=g$, 于是不得不有 $\sigma=1$, 即 $Z_{\bar{A}}(\bar{I})=1$.

今若 $\tilde{\sigma}\in A(\bar{A})$, 则从 $\bar{I}\lhd\bar{A}$ 得 $\bar{I}^{\tilde{\sigma}}\lhd\bar{A}^{\tilde{\sigma}}=\bar{A}$, 故 $\bar{I}\cap\bar{I}^{\tilde{\sigma}}\lhd\bar{A}$, 因而当然有 $\bar{I}\cap\bar{I}^{\tilde{\sigma}}\lhd\bar{I}$;于是由 $\bar{I}=I(G)\simeq G/Z(G)=G$ 而保证了 $\bar{I}=I(G)$ 之单纯性后,可知只有二个可能:

或 $\bar{I}\cap\bar{I}^{\tilde{\sigma}}=1$, 或 $\bar{I}\cap\bar{I}^{\tilde{\sigma}}=\bar{I}$.

今能断言 $\bar{I}\cap\bar{I}^{\tilde{\sigma}}\neq 1$：事实上，$\bar{I}\cap\bar{I}^{\tilde{\sigma}}=1\Rightarrow\bar{I}\times\bar{I}^{\tilde{\sigma}}$，即 $\bar{I}^{\tilde{\sigma}}$ 之每元与 $\bar{I}$ 之每元可交换，故从 $\bar{I}^{\tilde{\sigma}}\subseteq\bar{A}$ 即知 $\bar{I}^{\tilde{\sigma}}\subseteq Z_{\bar{A}}(\bar{I})$，于是由 $Z_{\bar{A}}(\bar{I})=1$ 就不得不有 $\bar{I}^{\tilde{\sigma}}=1$，随而亦必有 $\bar{I}=1$，故 $G/Z(G)\simeq I(G)=\bar{I}=1$，$G=Z(G)$，不可。

所以只能是 $\bar{I}\cap\bar{I}^{\tilde{\sigma}}=\bar{I}$，故再由 $\tilde{\sigma}$ 之任意性知 $\bar{I}=\bar{I}^{\tilde{\sigma}}$。这说明了：$\bar{A}=A(G)$ 的任一个自同构 $\tilde{\sigma}$ 作用在 $\bar{I}=I(G)$ 上的结果就是 $\bar{I}$ 的一个自同构（即 $\tilde{\sigma}$ 得诱导 $\bar{I}=I(G)$ 之自同构），即 $\bar{I}$ 为 $\bar{A}$ 之特征子群。但由 $\tilde{\sigma}[\in A(\bar{A})]$ 所诱导得 $\bar{I}$ 的自同构的实现的具体步骤是这样来完成的，即：

(i) $G\simeq\bar{I}=I(G)$ 是借 1-1 映射 $g\leftrightarrows I_g$ 来完成的，

(ii) $\tilde{\sigma}$ 所诱导得 $\bar{I}=I(G)$ 之自同构是借 $\bar{I}=I(G)$ 自身间的 1-1 映射 $I_g\leftrightarrows I_g^{\tilde{\sigma}}$ 来完成的，

(iii) 从 $G\simeq\bar{I}=I(G)$，则知相应于 (ii) 中 $\bar{I}$ 之自同构 $\tilde{\sigma}$ [实际是从 $\tilde{\sigma}\in A(\bar{A})$ 所诱导得 $\bar{I}$ 之自同构] 一定有 G 之一自同构 σ [$\sigma\in\bar{A}=A(G)$] 相对应，

(iv) 然而 G 之自同构 σ 是借 G 之元间 1-1 映射 $g\leftrightarrows g^{\sigma}$ 来完成的，

(v) 故从 $g\leftrightarrows I_g$ 为同构关系 $G\simeq\bar{I}=I(G)$ 中对应的元，马上可知 $g^{\sigma}\leftrightarrows I_g^{\tilde{\sigma}}$ 亦为同构关系 $G\simeq\bar{I}=I(G)$ 中对应的元，

(vi) 但同构关系 $G\simeq\bar{I}=I(G)$ 中实际上对应的元应为 $g^{\sigma}\leftrightarrows I_{g^{\sigma}}$，

(vii) 故结果不得不有 $I_g^{\tilde{\sigma}}=I_{g^{\sigma}}=\sigma^{-1}\cdot I_g\cdot\sigma$。

这是说：对每 $\tilde{\sigma}\in A(\bar{A})$，必相应地有 $\sigma\in\bar{A}=A(G)$，使对每 $g\in G$ 常有下式成立

$$I_g^{\tilde{\sigma}}=I_{g^{\sigma}}=\sigma^{-1}I_g\sigma. \tag{1}$$

若令符号 $\tilde{I}_{\sigma}$ 表示由 $\bar{A}=A(G)$ 之元 σ 所诱导的 $\bar{A}$ 之内自同构，即对任 $\alpha\in\bar{A}=A(G)$ 时，定义

$$\alpha^{\tilde{I}_{\sigma}}=\sigma^{-1}\cdot\alpha\cdot\sigma,$$

那末 (1) 式又可写为

$$I_g^{\tilde{\sigma}}=I_g^{\tilde{I}_{\sigma}}. \tag{2}$$

但由 $\bar{I}\lhd\bar{A}$ 又知 $\tilde{I}_\sigma$ 为 $\bar{I}=I(G)$ 的一个自同构，因而令 $\tilde{\tau}=\tilde{I}_\sigma\cdot\tilde{\sigma}^{-1}$ 时，一方面固然知道 $\tilde{\tau}\in A(\bar{A})$，另方面据 (2) 式又知 $\tilde{\tau}$ 使 $\bar{I}=I(G)$ 之每元都不变，即 $I_g^{\tilde{\tau}}=I_g$，这是说 $\tilde{\tau}$ 诱导了 $\bar{I}=I(G)$ 的恒等自同构.

故若 $\alpha\in\bar{A}=A(G)$，就有

$$I_g^{I\sigma\tilde{\tau}}=(\alpha^{\tilde{\tau}})^{-1}\cdot I_g\cdot(\alpha^{\tilde{\tau}})=(\alpha^{-1})^{\tilde{\tau}}\cdot I_g^{\tilde{\tau}}\cdot(\alpha^{\tilde{\tau}})$$
$$=(\alpha^{-1}I_g\alpha)^{\tilde{\tau}};$$

但由 $\bar{I}\triangle\bar{A}$ 又知 $\alpha^{-1}I_g\alpha\in\bar{I}$，故再利用 $\tilde{\tau}$ 得诱导 $\bar{I}$ 之恒等映射，就不得不有 $(\alpha^{-1}I_g\alpha)^{\tilde{\tau}}=\alpha^{-1}I_g\alpha$，于是结果就有

$$(\alpha^{\tilde{\tau}})^{-1}\cdot I_g\cdot(\alpha^{\tilde{\tau}})=\alpha^{-1}\cdot I_g\cdot\alpha,$$

因而 $\alpha^{\tilde{\tau}}\alpha^{-1}\in Z_{\bar{A}}(\bar{I})=1$，即 $\alpha^{\tilde{\tau}}=\alpha$ 对每 $\alpha\in\bar{A}$ 是成立的. 这说明 $\tilde{\tau}$ 为 $\bar{A}$ 之恒等自同构，故 $\tilde{I}_\sigma=\tilde{\sigma}$. 这就证明了 $\bar{A}$ 的任一个自同构 $\tilde{\sigma}$ 都是 $\bar{A}$ 的内自同构，即 $A(\bar{A})=I(\bar{A})$. 定理 6 证完.

这定理 6 解决了完全群的存在问题，即非交换单群的自同构群是完全群. 由于 $n\,(\geqslant 5)$ 次交代群 $\mathfrak{A}_n$ 都为非交换的单群，故当 $n\geqslant 5$ 时，$A(\mathfrak{A}_n)$ 都是完全群. 但 $A(\mathfrak{A}_n)$ 之构造怎样呢？下面将要证明 $A(\mathfrak{A}_n)\simeq\mathfrak{S}_n$ (n 次对称群)，当 $n\geqslant 4$ 及 $n\neq 6$ 时. 于是再据定理 6 可知当 $n\geqslant 5$ 且 $n\neq 6$ 时，$\mathfrak{S}_n$ 都是完全群，故完全群不仅存在而且有无限多个.

先来解决下面的

引理 2 设 σ 是 n 次交代群 $\mathfrak{A}_n$ ($n\geqslant 4$) 的一个这样的自同构，它使 $\mathfrak{A}_n$ 中任一个三项循环仍然变为一个三项循环，那末必有一置换 $\begin{pmatrix}1 & 2 & \cdots & n\\ t_1 & t_2 & \cdots & t_n\end{pmatrix}\in\mathfrak{S}_n$ 使 $(ijk)^\sigma=(t_it_jt_k)$. [简称 σ 得由 $\mathfrak{S}_n$ 之置换 $\begin{pmatrix}1 & 2 & \cdots & n\\ t_1 & t_2 & \cdots & t_n\end{pmatrix}$ 所确定].

证明 设 $(123)^\sigma=(ijk)$，$(124)^\sigma=(i'j'k')$. 因为 $(123)\cdot(124)=(14)(23)$ 的阶为 2，故 $(ijk)(i'j'k')$ 的阶也必等于 2，因而 (ijk) 与 $(i'j'k')$ 必仅有两个相邻的公共文字并在相同的顺

序[1]. 不妨令 $(124)^\sigma=(ijk')$, $k'\neq k$.

当 $r>4$ 时，又能断言 $(12r)^\sigma=(ijr')$: 为什么呢? 因为从 $(123)^\sigma=(ijk)$ 并利用 $[(123)(12r)]^\sigma=[(1r)(23)]^\sigma$ 之阶为 2，据上面一段的结论则知 $(123)^\sigma$ 与 $(12r)^\sigma$ 必仅有二个相邻的公共文字并在相同的顺序，故这时不得不有

$$(12r)^\sigma=(ijr'),\ \text{或}=(jkr'),\ \text{或}=(kir'). \qquad (3)$$

但再利用 $[(124)(12r)]^\sigma=[(1r)(24)]^\sigma$ 之阶为 2 又知 $(124)^\sigma=(ijk')$ 与 $(12r)^\sigma$ 也只有二文字公共且在相同的顺序，因而这时又有

$$(12r)^\sigma=(ijr'),\ \text{或}=(jk'r'),\ \text{或}=(k'ir'). \qquad (4)$$

然由 $k\neq k'$，故欲使 (3) 与 (4) 同时成立并同时还要 $(12r)^\sigma$ 与 $(123)^\sigma=(ijk)$ 和 $(124)^\sigma=(ijk')$ 都不同，就只能是 $(12r)^\sigma=(ijr')$. 这就证明了：当 $r=3,4,\cdots,n$ 时，可令 $(12r)^\sigma=(t_1t_2t_r)$，而 $t_1,t_2,t_3,\cdots,t_n$ 确为 $1,2,3,\cdots,n$ 的一个排列.

于是再因 (ijk) 是从 $(123),(124),\cdots,(12n)$ 中取若干(允许重复)相乘而得，故相应地可知 $(t_it_jt_k)$ 是从 $(123)^\sigma,(124)^\sigma,\cdots,(12n)^\sigma$ 中取类似的若干个相乘而得，即 $(ijk)^\sigma=(t_it_jt_k)$. 这就是说 σ 可由置换

$$\begin{pmatrix}1 & 2 & 3\cdots n\\ t_1 & t_2 & t_3\cdots t_n\end{pmatrix}$$

确定. 引理 2 证完.

现在可证明下面的重要结果，即

定理 7 若 $n>3$ 且 $n\neq 6$，则 n 次交代群 $\mathfrak{A}_n$ 的自同构群

---

1) 若 (ijk) 与 $(i'j'k')$ 无文字公共，则 $P=(ijk)(i'j'k')$ 之阶为 3；若只有一文字公共，易证 P 之阶为 5；若仅有二个公共文字，但不在相同的顺序，可不失一般性令 $i'=j$, $j'=i$，于是 $P=(ijk)(jik')=(jkk')$ 之阶为 3. 如果 (ijk) 与 $(i'j'k')$ 的文字全同，可不失一般性知这时只有两种可能：一为 $i'=i$, $j'=j$, $k'=k$；另一为 $i'=i$, $j'=k$, $k'=j$；前者表示了 $(123)^\sigma=(124)^\sigma$，后者表示了 $(123)^\sigma=(ijk)=(i'k'j')=(i'j'k')^2=[(124)^\sigma]^2=[(124)^2]^\sigma=(142)^\sigma$，这都和 $\sigma\in A(\mathfrak{A}_n)$ 之意义相矛盾. 反之，例如 $i'=i$, $j'=j$, $k'\neq k$ 时，又确有 $P=(ijk)(i'j'k')=(ijk)(ijk')=(ik')(jk)$ 之阶为 2.

$A(\mathfrak{A}_n)$ 为 n 次对称群：$A(\mathfrak{A}_n) \simeq \mathfrak{S}_n$.

证明 设 $\sigma \in A(\mathfrak{A}_n)$. 因 σ 使三项循环变为 $\mathfrak{A}_n$ 中阶 3 之元，而 $\mathfrak{A}_n$ 中阶 3 之元恒可写成无公共文字的一些三项循环的乘积，故在 $3<n<6$ 时，只有三项循环的阶才等于 3，于是这时 σ 使 $\mathfrak{A}_n$ 之三项循环仍变为三项循环，根据引理 2 得知 σ 由 $\mathfrak{S}_n$ 中一置换所确定，这置换当然与 σ 有关，因而就写为 $\begin{pmatrix} 1 & 2 & 3\cdots n \\ \sigma_1 & \sigma_2 & \sigma_3\cdots\sigma_n \end{pmatrix}$. 同样，再取 $\tau \in A(\mathfrak{A}_n)$ 时，又知有 $\mathfrak{S}_n$ 的一置换能确定 τ，这置换表写为 $\begin{pmatrix} 1 & 2 & 3\cdots n \\ \tau_1 & \tau_2 & \tau_3\cdots\tau_n \end{pmatrix}$. 总之，$A(\mathfrak{A}_n)$ 中的元统用希腊字母 σ, τ, λ, μ, $\cdots$等等来表示，将它们的右下角附以指标后所得的 σ_1, τ_1, $\cdots$, σ_n, τ_n 统统表示自然数；所以上面的 $\sigma_1, \sigma_2, \cdots, \sigma_n$ 是 $1, 2, \cdots, n$ 的排列；$\tau_1, \tau_2, \cdots, \tau_n$ 也是 $1, 2, \cdots, n$ 的排列；等等；今后不再另作申明.

今令 $A(\mathfrak{A}_n)$之元 $\sigma, \tau, \cdots$ 对应于 $\mathfrak{S}_n$ 中被它们所确定之置换，如：

$$\sigma \to \begin{pmatrix} 1 & 2\cdots n \\ \sigma_1 & \sigma_2\cdots\sigma_n \end{pmatrix} = P_\sigma, \quad \tau \to \begin{pmatrix} 1 & 2\cdots n \\ \tau_1 & \tau_2\cdots\tau_n \end{pmatrix} = P_\tau, \cdots.$$

于是因

$$(ijk)^{\sigma\tau} = [(ijk)^\sigma]^\tau = (\sigma_i\sigma_j\sigma_k)^\tau = (\tau_{\sigma_i}\tau_{\sigma_j}\tau_{\sigma_k}),$$

故

$$\begin{aligned} \sigma\tau \to & \begin{pmatrix} 1 & 2 & 3 & \cdots & n \\ \tau_{\sigma_1} & \tau_{\sigma_2} & \tau_{\sigma_3} & \cdots & \tau_{\sigma_n} \end{pmatrix} \\ & = \begin{pmatrix} 1 & 2 & 3\cdots n \\ \sigma_1 & \sigma_2 & \sigma_3\cdots\sigma_n \end{pmatrix} \begin{pmatrix} \sigma_1 & \sigma_2 & \sigma_3\cdots\sigma_n \\ \tau_{\sigma_1} & \tau_{\sigma_2} & \tau_{\sigma_3}\cdots\tau_{\sigma_n} \end{pmatrix} = P_\sigma P_\tau, \end{aligned}$$

说明了映射 $\sigma \to P_\sigma$, $\tau \to P_\tau$, $\cdots$ 为 $A(\mathfrak{A}_n)$ 到 $\mathfrak{S}_n$ 内的同态映射.

又 $P_\sigma = P_\tau \Rightarrow \sigma_t = \tau_t (t = 1, 2, \cdots, n) \Rightarrow (ijk)^\sigma = (\sigma_i\sigma_j\sigma_k) = (\tau_i\tau_j\tau_k) = (ijk)^\tau \Rightarrow (ijk)^{\sigma\tau^{-1}} = (ijk)$，即 $\sigma\tau^{-1}$ 使 $\mathfrak{A}_n$ 之每个生成元都不变，故 $\sigma\tau^{-1} = \mathbf{1}$，即 $\sigma = \tau$. 这说明了映射 $\sigma \to P_\sigma$ 为 1-1 的.

反之，对任一个 $P_t = \begin{pmatrix} 1 & 2 & 3 & \cdots & n \\ t_1 & t_2 & t_3 & \cdots & t_n \end{pmatrix} \in \mathfrak{S}_n$，我们作 $\mathfrak{A}_n$

之这样的映射 α:

$(123)^\alpha=(t_1t_2t_3)$, $(124)^\alpha=(t_1t_2t_4)$, $\cdots$, $(12n)^\alpha=(t_1t_2t_n)$,

以及对任 $P\in\mathfrak{A}_n$, 看 P 是由 (123), (124), $\cdots$, $(12n)$ 中怎样取积所形成, 就定义 P^α 是由 $(t_1t_2t_3)$, $(t_1t_2t_4)$, $\cdots$, $(t_1t_2t_n)$ 中取相应的积. 像这样定义的 $\mathfrak{A}_n$ 之映射 α 易证为 $\mathfrak{A}_n$ 之自同构映射, 即 $\alpha\in A(\mathfrak{A}_n)$, 且 α 是由置换 P_t 所确定. 这又说明了上述的同构 $\sigma\rightarrow P_\sigma$ 是 $A(\mathfrak{A}_n)$ 到 $\mathfrak{S}_n$ 上的.

故总括之, 就知道 $\sigma\rightarrow P_\sigma$ 为 $A(\mathfrak{A}_n)$ 到 $\mathfrak{S}_n$ 上的同构映射, 即 $A(\mathfrak{A}_n)\simeq\mathfrak{S}_n$. 这是说在 $3<n<6$ 时,定理 7 成立.

再考虑 $n>6$ 的场合. 这时,设 $\sigma\in A(\mathfrak{A}_n)$且 σ 使一个三项循环(123) 变为 k 个三项循环之积,如

$$(123)^\sigma=P_1P_2\cdots P_k=(t_1't_2't_3')(t_1''t_2''t_3'')\cdots(t_1^{(k)}t_2^{(k)}t_3^{(k)}),$$

式中 $P_i=(t_1^{(i)}t_2^{(i)}t_3^{(i)})$,当然此时有 $n\geqslant 3k$. 今令 $Z_1=Z_{\mathfrak{A}_n}((123))$, $Z_2=Z_{\mathfrak{A}_n}(P_1P_2\cdots P_k)$. 由于 $\sigma\in A(\mathfrak{A}_n)$,且$(123)^\sigma=P_1P_2\cdots P_k$, 故易知 (123) 与 $P_1P_2\cdots P_k$ 在 $\mathfrak{A}_n$ 内的中心化子必互为同构,即 $Z_1\simeq Z_2$, 实际上不难验证 $Z_2=Z_1^\sigma$. 但实际计算它们的阶,又可验证

$$o(Z_1)=3\cdot\frac{(n-3)!}{2!}\text{ 及 }o(Z_2)=\frac{k!\cdot 3^k\cdot(n-3k)!}{2}.$$

事实上, $P\in Z_1$ 的充要条件是 $P^{-1}(123)P=(123)$, 即 $(1P, 2P, 3P)=(123)$, 故只有三种可能, 即 $1P$, $2P$, $3P$ 分别或等于 1, 2, 3, 或等于 2, 3, 1, 或等于 3, 1, 2. 因而 $4P$, $5P$, $\cdots$, nP 也只能是 4, 5, $\cdots$, n 之排列, 故 $P=\begin{pmatrix}1 & 2 & 3\\ 1P & 2P & 3P\end{pmatrix}\begin{pmatrix}4 & 5 & \cdots & n\\ 4P & 5P & \cdots & nP\end{pmatrix}$. 但 $\begin{pmatrix}1 & 2 & 3\\ 1P & 2P & 3P\end{pmatrix}=(123)^a$, $a=0, 1, 2$ 只这三种可能性, 而不论若何, 恒有 $\begin{pmatrix}1 & 2 & 3\\ 1P & 2P & 3P\end{pmatrix}\in\mathfrak{A}_n$, 故 $\begin{pmatrix}4 & 5 & \cdots & n\\ 4P & 5P & \cdots & nP\end{pmatrix}\in\mathfrak{A}_n$; 然 4, 5, $\cdots$, n 共有 $n-3$ 个文字, 因而在其上能施行偶置换之个数等于 $\frac{1}{2}\cdot(n-$

3)!，即说明了 $P\in Z_1$ 之 P 的个数为 $3\cdot\dfrac{(n-3)!}{2}$，即 $o(Z_1)=3\cdot\dfrac{(n-3)!}{2}$. 又 $Q\in Z_2$ 的充要条件是 $Q^{-1}P_1P_2\cdots P_kQ=P_1P_2\cdots P_k$，即 k 个三项循环 $Q^{-1}P_1Q, Q^{-1}P_2Q,\cdots, Q^{-1}P_kQ$ 是 $P_1, P_2,\cdots, P_k$ 这 k 个三项循环的某排列［因 $Q^{-1}P_iQ=(t_1^{(i)}Q,\ t_2^{(i)}Q,\ t_3^{(i)}Q)$］，故若令 $Q=\begin{pmatrix}1 & 2 & \cdots & n\\ 1Q & 2Q & \cdots & nQ\end{pmatrix}$，则

$$Q=\begin{pmatrix}t_1' & t_2' & t_3'\cdots t_1^{(k)} & t_2^{(k)} & t_3^{(k)}\\ t_1'Q & t_2'Q & t_3'Q\cdots t_1^{(k)}Q & t_2^{(k)}Q & t_3^{(k)}Q\end{pmatrix}\begin{pmatrix}x_1 & x_2 & \cdots & x_{n-3k}\\ x_1Q & x_2Q & \cdots & x_{n-3k}Q\end{pmatrix},$$

但 $x_1, x_2,\cdots, x_{n-3k}$ 是从 $1, 2, \cdots, n$ 中去掉 $t_1', t_2', t_3',\cdots, t_1^{(k)}, t_2^{(k)}, t_3^{(k)}$ 后剩下的 $n-3k$ 个文字，且 $x_1Q, x_2Q,\cdots, x_{n-3k}Q$ 必为 $x_1, x_2,\cdots, x_{n-3k}$ 的一个排列. 由于 Q 之偶性可知

$$\begin{pmatrix}t_1' & t_2' & t_3' & \cdots & t_1^{(k)} & t_2^{(k)} & t_3^{(k)}\\ t_1'Q & t_2'Q & t_3'Q & \cdots & t_1^{(k)}Q & t_2^{(k)}Q & t_3^{(k)}Q\end{pmatrix} \text{与} \begin{pmatrix}x_1 & x_2 & \cdots & x_{n-3k}\\ x_1Q & x_2Q & \cdots & x_{n-3k}Q\end{pmatrix}$$

或同为偶置换或同为奇置换；然不论怎样，前者的个数为 $k!3^k$，后者的个数为 $\dfrac{(n-3k)!}{2}$；因而 Q 之个数即

$$o(Z_2)=k!3^k\cdot\frac{(n-3k)!}{2}.$$

于是不得不有 $3\cdot(n-3)!=k!3^k\cdot(n-3k)!$，故

$$C_{n-3}^{n-3k}=\frac{(n-3)!}{(n-3k)![3(k-1)]!}=\frac{k!3^{k-1}}{[3(k-1)]!},\qquad(5)$$

式中符号 C_{n-3}^{n-3k} 表示从 $n-3$ 个文字中取 $n-3k$ 个的组合数.

假若 $k=2$，则从(5)得 $C_{n-3}^{n-6}=\dfrac{2\cdot3}{3!}=1$，但因 $n>6$，故 $n-3>n-6\geqslant1$，因而不可能是 $C_{n-3}^{n-6}=1$，这证明了 $k\neq2$. 假若 $k\geqslant3$，则(5)之右端为

$$\frac{3^{k-1}}{(k+1)(k+2)(k+3)\cdots\cdots[k+(2k-3)]},$$

分母为 $2k-3(>k-1)$ 个相邻自然数之乘积，其中最小的等于

$k+1(>3)$，故分母大于 3^{k-1}，随而 $C_{n-3}^{n-3k}<1$，显非所许． 故欲(5) 成立，只能是 $k=1$．这就是说：当 $n>6$ 时，$\mathfrak{A}_n$ 的任一自同构 σ 也是使三项循环仍变为三项循环．故这时的问题又变成了上面已讨论过了的情形，知 $A(\mathfrak{A}_n)\simeq\mathfrak{S}_n$． 定理 7 完全获证．

附注 1°．由上述证明过程，可知要决定 $A(\mathfrak{A}_6)$ 时，引理 2 的利用就失效了，因为这时 (5) 中的 $k=2$ 有可能性．这也说明了决定 $A(\mathfrak{A}_6)$ 之困难的原因．

2°．决定 $A(\mathfrak{A}_3)$ 时也不能利用引理 2，原因是没有 $(124)^\sigma=(ijk')$，即无文字 4，而只有 $(123)^\sigma=(ijk)$，因而引理 2 中 σ 由 $\mathfrak{S}_3$ 之一置换所确定之意义就很不明确，因这时 σ 对应于 $\mathfrak{S}_3$ 之置换不止一个，而有 $\begin{pmatrix}1&2&3\\i&j&k\end{pmatrix}$，$\begin{pmatrix}1&2&3\\j&k&i\end{pmatrix}$，$\begin{pmatrix}1&2&3\\k&i&j\end{pmatrix}$ 三个，说明了对应不是 1-1 的，这是问题症结之所在，所以引理 2 中要限制 $n\geqslant4$．可是 $A(\mathfrak{A}_3)$ 易求，因 $\mathfrak{A}_3$ 为 3 阶循环群，故 $A(\mathfrak{A}_3)$ 为 2 阶循环的．

3°．定理 7 解决了 $A(\mathfrak{A}_n)\simeq\mathfrak{S}_n$，当 $n\geqslant4$ 且 $n\neq6$ 时．再与定理 6 合并可知：当 $n\geqslant5$ 且 $n\neq6$ 时，$\mathfrak{S}_n$ 为完全群．于是问 $\mathfrak{S}_3$，$\mathfrak{S}_4$ 怎样呢？ 我们说 $\mathfrak{S}_3$，$\mathfrak{S}_4$ 也都是完全群． 参看下面的例．

例 $\mathfrak{S}_3$ 与 $\mathfrak{S}_4$ 都是完全群．

证明 因 $\mathfrak{S}_3$ 与 $\mathfrak{S}_4$ 都无中心（参看 §7 定理 8 后面的说明第四点），故只需证明 $\mathfrak{S}_3$ 与 $\mathfrak{S}_4$ 只有内自同构就行了．

今设 $\sigma\in A(\mathfrak{S}_n)$，$n=3$ 或 4． 因 σ 使 $\mathfrak{S}_n$ 中阶 2 之元仍变为阶 2 之元，而 $\mathfrak{S}_3$ 中阶 2 之元只有三个对换 (12)，(13)，(23)，故 σ 使对换只能变为对换． 可是 $\mathfrak{S}_4$ 中阶 2 之元除了六个对换之外还有三个属于克莱茵四元群 $\mathfrak{K}_4$ 的元，如 $(12)\cdot(34)$，$(13)\cdot(24)$，$(14)\cdot(23)$． 但另方面，因 $\mathfrak{S}_4$ 之自同构 σ 必使属于 $\mathfrak{S}_4$ 之一共轭元素类变为一共轭元素类，故二类所含元素之个数不得不相同；然 $\mathfrak{S}_4$ 中六个对换和克莱茵四元群 $\mathfrak{S}_4$ 中三个元素都分别为 $\mathfrak{S}_4$ 之两个共轭元素类，由于它们所含元素之个数不相等，故 σ 也必使 $\mathfrak{S}_4$ 之对换只能变为对换．

首先考虑$\mathfrak{S}_4$. 因$(12)^\sigma(13)^\sigma=[(12)(13)]^\sigma=(123)^\sigma$之阶为3，故对换$(12)^\sigma$与对换$(13)^\sigma$中必有且只有一文字公共，令为$(12)^\sigma=(1'2')$与$(13)^\sigma=(1'3')$，因之当然有$2'\neq 3'$. 今令$(14)^\sigma=(kl)$，则据同理可知$(12)^\sigma$与$(14)^\sigma$有且只有一文字公共，即$(1'2')$与$(kl)$只有一文字公共. 同理，$(1'3')$与$(kl)$也是这样. 假若$k$, l中无一为$1'$，则$(kl)=(2'3')$，即$(14)^\sigma=(2'3')$，因而就有

$$\begin{aligned}(123)^\sigma&=[(12)(13)]^\sigma=(12)^\sigma(13)^\sigma=(1'2')(1'3')\\&=(1'2'3')=(1'3')(2'3')=(13)^\sigma(14)^\sigma\\&=[(13)(14)]^\sigma=(134)^\sigma,\end{aligned}$$

这显与σ为$\mathfrak{S}_4$之自同构的意义相抵，不可. 故k, l中必有一个为$1'$，于是可设$(14)^\sigma=(1'4')$形. 然因$\mathfrak{S}_4=\{(12),(13),(14)\}$，故$\mathfrak{S}_4$之元经过$\sigma$所得的结果无异乎是说将该元素中凡遇有文字1, 2, 3, 4的都分别用$1'$, $2'$, $3'$, $4'$去代换就行了. 这也证明了$\mathfrak{S}_4$之任一自同构σ照刚才说的方法能相应地有$\mathfrak{S}_4$的一置换$\begin{pmatrix}1&2&3&4\\1'&2'&3'&4'\end{pmatrix}$相对应，为此，干脆写为

$$\sigma\to S_\sigma=\begin{pmatrix}1&2&3&4\\1S_\sigma&2S_\sigma&3S_\sigma&4S_\sigma\end{pmatrix},$$

这里的$1S_\sigma$, $2S_\sigma$, $3S_\sigma$, $4S_\sigma$就是上面的$1'$, $2'$, $3'$, $4'$，即指的是$\mathfrak{S}_4$之任一个对换(ij)具有$(ij)^\sigma=(iS_\sigma,\ jS_\sigma)$之性质，或$(ij)^\sigma=S_\sigma^{-1}\cdot(ij)\cdot S_\sigma$. 这就是说，$\mathfrak{S}_4$之任一自同构$\sigma$可由$\mathfrak{S}_4$之置换$S_\sigma$用来变形而得到，即$\sigma$为$\mathfrak{S}_4$的内自同构，证明了$\mathfrak{S}_4$为完全群.

再考虑$\mathfrak{S}_3$. 这时，同上一样可知$(12)^\sigma$与$(13)^\sigma$仅有一文字公共，令为$(12)^\sigma=(1'2')$与$(13)^\sigma=(1'3')$. 故与讨论$\mathfrak{S}_4$一样，由$\mathfrak{S}_3=\{(12),(13)\}$可知$\sigma$得决定$\mathfrak{S}_3$之一置换

$$S_\sigma=\begin{pmatrix}1&2&3\\1S_\sigma&2S_\sigma&3S_\sigma\end{pmatrix},$$

即$i'=iS_\sigma(i=1,2,3)$，使$(ij)^\sigma=(iS_\sigma,\ jS_\sigma)=S_\sigma^{-1}\cdot(ij)\cdot S_\sigma$，即$\sigma=I_{S_\sigma}$为由$S_\sigma$诱导的$\mathfrak{S}_3$之内自同构，故$\mathfrak{S}_3$为完全群.

附注 若只想证明 $\mathfrak{S}_n$ 为完全群 ($n\geqslant 5$, $n\neq 6$)，我们可用证这例子类似的方法去证明（文献 [8] 或文献 [9] 的 83 页），用不着由定理 6 与定理 7 的结论来判断．但定理 6 与定理 7 是为了说明更多的结果．待解决的是 $\mathfrak{S}_6$，但 $\mathfrak{S}_6$ 不为完全群(文献 [10]，[11] 或文献 [12] 的 210 页)：实际上，完全群的阶等于其自同构群的阶，但 $o(\mathfrak{S}_6)=6!=720$，而 $A(\mathfrak{S}_6)$ 之阶为 1440 (文献 [12] 的 210 页)．读者欲深入钻研，可参阅列举的有关文献，在此不多谈．又当 $\mathfrak{M}$ 为无限集合时，$\mathfrak{M}$ 上的对称群 $\mathfrak{S}_{\mathfrak{M}}$ 也是完全群(文献 [7])．

最后，谈一下完全群的一个很重要的性质来结束这一节．我们知道：群之直因子为正规子群，但正规子群不必为直因子．可是当正规子群为完全群时，这正规子群又确为直因子．这就是说正规子群为直因子的一个充分条件是它为完全群，而实际上有

定理 8 设 $N\lhd G$，且 N 为完全群，则 N 必为 G 的一直因子且直补因子是 N 之中心化子．

证明 令 $G=\sum_i Ng_i$ 为子群 N 在 G 内的陪集分解．从 $N\lhd G$ 得

$$g_i^{-1}Ng_i=N,$$

即 $x\rightleftarrows g_i^{-1}xg_i$ (每 $x\in N$) 为 N 之一个自同构映射 $\sigma_i: x^{\sigma_i}=g_i^{-1}xg_i$．由于 N 是完全群，故知有 $a_i\in N$ 使 $x^{\sigma_i}=g_i^{-1}xg_i=a_i^{-1}xa_i$，于是 $y_i=g_ia_i^{-1}\in Z_G(N)$，因之有 $Ny_i=y_iN=g_ia_i^{-1}N=g_iN=Ng_i$，故 $G=\sum_i Ny_i\subseteq N\cdot Z_G(N)$，不得不有 $G=N\cdot Z_G(N)$．其次，$N\lhd G\Longrightarrow Z_G(N)\lhd G$．最后，由 N 为完全群可知 $1=Z(N)=N\cap Z_G(N)$．于是据直积之意义就得知 $G=N\times Z_G(N)$．证完．

今问定理 8 之逆定理若何?定理 8 虽为熟知的(文献[13]的定理6.4.1)，但其逆尚未见于世，我们说对有限群言其逆定理也成立，即

定理 9 凡含有限群 G 为正规子群的群如果恒有 G 为其直因子，则 G 必为完全群．

证明 设 $\mathfrak{S}_G$ 为集合 G 上的置换群，并作群 G 之左、右正则表现 $L(G)$ 与 $R(G)$．因 $L(G)\simeq G\simeq R(G)$，故若能证明 $R(G)$ 或 $L(G)$ 为完全群，则 G 当然是完全群．故下面只需证明 $R(G)$ 为完全群．

作 G 之全形 $H(G)=N_{\mathfrak{S}_G}(R(G))=N_{\mathfrak{S}_G}(L(G))$．因 $L(G)\simeq G$，故视同构如同一时，则知 $L(G)$ 亦具定理 9 中假设的条件，于是从 $L(G)\lhd H(G)$ 即知如

$$H(G) = F \times L(G) \tag{6}$$

的 F 存在. 由全形的特性，可知对任 $\sigma \in A(L(G))$，必有 $H(G)$ 的一个相应的元 $f_\sigma l_\sigma [f_\sigma \in F,\ l_\sigma \in L(G)]$ 使得对每 $x \in L(G)$ 常有

$$x^\sigma = (f_\sigma l_\sigma)^{-1} x (f_\sigma l_\sigma) = l_\sigma^{-1} x l_\sigma.$$

这说明了 $L(G)$ 除内自同构外再无别的自同构. 由 (6) 又知 $Z_{H(G)}(L(G)) \supseteq F$，于是利用 §11 的定理 6 就知道

$$Z_{H(G)}(L(G)) = F \times (L(G) \cap Z_{H(G)}(L(G))) = F \times Z(L(G)). \tag{7}$$

但 $Z_{\mathfrak{S}_G}(L(G)) = R(G)$，$Z_{\mathfrak{S}_G}(R(G)) = L(G)$，故

$$Z_{H(G)}(L(G)) = Z_{\mathfrak{S}_G}(L(G)) \cap H(G) = R(G) \cap H(G) = R(G)$$

与

$$\begin{aligned} Z(L(G)) &= L(G) \cap Z_{\mathfrak{S}_G}(L(G)) = L(G) \cap R(G) \\ &= Z_{\mathfrak{S}_G}(R(G)) \cap R(G) = Z(R(G)), \end{aligned}$$

以之代入 (7) 中得

$$R(G) = F \times Z(R(G)). \tag{8}$$

由 (8) 又得 $Z(R(G)) = Z(F) \times Z(R(G))$ (§11 的定理 7)，故必有

$$Z(F) = 1. \tag{9}$$

由于 $L(G)$ 只有内自同构，可知 $R(G)$ 也只有内自同构，于是对 $Z(R(G))$ 之任一自同构 τ，据 (8) 而作 $R(G)$ 之映射 $\bar{\tau}$:

$$zf \longrightarrow (zf)^{\bar{\tau}} = z^\tau f \quad [z \in Z(R(G)),\ f \in F]$$

时，易证 $\bar{\tau}$ 为 $R(G)$ 之一个自同构(参看 §9 的问题 4). 因之有 $r \in R(G)$，使对任 $x \in R(G)$ 常有 $x^{\bar{\tau}} = r^{-1}xr$. 由是特取 $x \in Z(R(G))$ 时，便有

$$x^{\bar{\tau}} = x^\tau = r^{-1}xr = x,$$

说明了 $Z(R(G))$ 只有恒等自同构. 但当 $Z(R(G)) \neq 1$ 时，由 $Z(R(G))$ 之交换性，又知使其每元对应于它的逆元之映射必为它的自同构，因之也是恒等自同构，这是说 $Z(R(G))$ 之每元与其逆元相等，即每元之阶为 2，故 $Z(R(G))$ 为初等交换群而可写为 k 个 2 阶循环群之直积 (参阅第二章 §3)，因而 $A(Z(R(G)))$ 之阶等于

$2^{\frac{1}{2}k(k-1)}(2^k-1)(2^{k-1}-1)\cdots(2^2-1)(2-1)$(参看第五章§4 定理 2)，于是欲使它等于 1，就只有 $k = 1$ 这唯一个可能性，亦即 $Z(R(G))$ 为 2 阶循环群. 这说明了 $Z(R(G))$ 或为单位元群或为 2 阶循环群.

另方面，又敢说 $Z(R(G))$ 不为 2 阶循环群: 为什么呢? 因若 $Z(R(G))$ 为 2 阶的，它当然与 4 阶循环群 K 中的 2 阶子群 K_1 同构，于是作直积

$$T = K \times F \tag{10}$$

后，因容易看出 $K_1\times F\lhd T$，且由 (8) 式又有 $K_1\times F\simeq Z(R(G))\times F=R(G)$，故据 $G\simeq R(G)\simeq K_1\times F$ 的假设条件则知有 T 的子群 K_2 使

$$T=K_2\times(K_1\times F). \tag{11}$$

然由 (10) 式又知 $Z_T(F)=K\times Z(F)$，由 (11) 式知 $Z_T(F)=K_2\times K_1\times Z(F)$，而从 (9) 式已知 $Z(F)=1$，故结果得

$$Z_T(F)=K=K_2\times K_1,$$

于是 $o(K_2)=o(K)/o(K_1)=2$，即说明了 $K=K_1\times K_2$ 中每个非单位元的阶为 2，显与 K 为 4 阶循环群相矛盾. 故只能是 $Z(R(G))=1$.

总括上述，可知 $R(G)$ 只有内自同构且其中心 $Z(R(G))$ 又为 1，即 $R(G)$ 为完全群. 定理 9 证完.

问题 1　完全群的自同构群是什么？n 次对称群 $\mathfrak{S}_n(n>2, n\neq 6)$ 的自同构群是 $\mathfrak{S}_n$ 吗？

问题 2　n 阶完全群之全形的阶等于 n^2.

问题 3　有限群 G 之阶和全形 $H(G)$ 之阶与自同构群 $A(G)$ 之阶之间有什么关系？再决定 n 阶循环群之全形的阶.

问题 4　$G=A\times B$ 时，则叫 A 与 B 在 G 内互为**直补因子**(定理 8 中已有这概念). 若完全群 G 为群 T 的直因子，则 G 在 T 内的直补因子是唯一的.

问题 5　群 G 在全形 $H(G)$ 内的中心化子等于 G 自身 [即 $Z_{H(G)}(G)\simeq G$] 的充要条件是 G 为交换群.

提示：$Z_{H(G)}(R(G))=R(G)\Longleftrightarrow R(G)=Z_{\mathfrak{S}_G}(R(G))\cap H(G)=L(G)\cap H(G)=L(G)\Longleftrightarrow$ 任 $g\in G$，恒有 $g_1\in G$ 使 $\begin{pmatrix}x\\xg\end{pmatrix}=\begin{pmatrix}x\\g_1x\end{pmatrix}$，特取 $x=1$ 时得 $g_1=g$，$xg=gx$，G 交换. 反之，G 交换 $\Longrightarrow R(G)=L(G)\Longrightarrow Z_{H(G)}(R(G))=R(G)$.

问题 6　求克莱茵四元群 $\mathfrak{K}_4$ 的自同构群，再证明 $\mathfrak{K}_4$ 之全形为四次对称群.

问题 7　除恒等自同构外再无别的自同构的群必为每元之阶等于 2 的交换群.

问题 8　有限交换群之全形的阶必为偶数.

问题 9　试证奇阶循环群不可能为一群的自同构群.

提示：非交换群以其中心为模的商群不是循环的．又交换群中每元对应其逆之映射是阶 2 的自同构．

问题 10　n 次对称群 $\mathfrak{S}_n(n>2$ 且 $n\neq 6)$ 的全形 $H(\mathfrak{S}_n)\simeq\mathfrak{S}_n\times\mathfrak{S}_n$，证之．

§13. 合 成 群 列

已多次谈过：群论里面往往借助子群的性质来研究群．但子群中由一个包含一个的诸子群所组成的链并对链附加一些条件，不论是在群理论中或群应用中，这样链的研究占极重要的地位．本节的目的是研究一种常用的子群链，叫**合成群列**．

先从**次正规群列**谈起．若群 G 有使关系式

$$G=G_0\supseteq G_1\supseteq G_2\supseteq\cdots\supseteq G_{r-1}\supseteq G_r=1 \tag{1}$$

成立的 G 之这样一些 $r+1$ 个子群的递降链，即以 $G=G_0$ 为首项，以单位群 $G_r=1$ 为末项，且链中每 G_i 是紧前一个 G_{i-1} 的正规子群 $(i=1,2,\cdots,r)$，就叫链 (1) 为 G 中长等于 r 的一个**次正规群列**，而叫诸商群 G_{i-1}/G_i 为链(1)的**商因子**，同时又叫每 G_i 为 G 之**次正规子群**(一般，群 G 之子群 H 叫**次正规**的，其意义是说有使 $H\subseteq H_1\subseteq H_2\subseteq\cdots\subseteq H_s\subseteq G$ 成立的有限多个子群 $H_1,H_2,\cdots,H_s$ 得以存在使 $H_{i-1}\lhd H_i$，$(i=1,2,\cdots,s,s+1)$，但 $H_0=H$，$H_{s+1}=G$；因而正规子群当然是**次正规的**)．注意链 (1) 中 $G_j=G_{j+1}$ 的情形是允许的，即允许有重项．

若群之两个次正规群列的诸商因子间能建立 1-1 对应关系，使所对应的商因子互为同构，那末就叫这两个次正规群列是**等价**的．例如 $n=kl$ 阶循环群 $G=\{g\}$ 的两个次正规群列 $G\supset G_1=\{g^k\}\supset 1$ 与 $G\supset H_1=\{g^l\}\supset 1$ 是等价的，因为 $G/G_1\simeq H_1=H_1/1$ 与 $G_1=G_1/1\simeq G/H_1$．

除链 (1) 外，如果尚有 G 的另一个次正规群列之链

$$G=H_0\supseteq H_1\supseteq H_2\supseteq\cdots\supseteq H_{s-1}\supseteq H_s=1 \tag{2}$$

使 (1) 中每 G_i 出现在 (2) 中[这话的含义是每 G_i 在 (1) 中重复

的次数至少在(2)中也必重复那许多次，因之 $r \leqslant s$]，就叫链(2)为链(1)的**加细**. 关于加细，有一个重要的

定理 1 群之任二个次正规群列必有等价的加细.

先要证明下面的

引理 1 设 U 与 V 是群 G 之二个子群，而 $u \lhd U$, $v \lhd V$，则有:

(i) $u(U \cap v) \lhd u(U \cap V)$,

(ii) $v(V \cap u) \lhd v(U \cap V)$,

(iii) $\dfrac{u(U \cap V)}{u(U \cap v)} \simeq \dfrac{v(U \cap V)}{v(V \cap u)} \simeq \dfrac{U \cap V}{(U \cap v)(V \cap u)}$.

证明 $u \lhd U$ 及 $U \cap V \subseteq U \Rightarrow u(U \cap V)$ 为 U 之子群且 $u \lhd u(U \cap V)$，故有商群 $\dfrac{u(U \cap V)}{u}$，其元为形 $u\alpha(\alpha \in U \cap V)$. 易知由映射 $\alpha \to u\alpha$ 得 $U \cap V \sim \dfrac{u(U \cap V)}{u}$，而这同态的**核**为

$$u \cap (U \cap V) = u \cap V,$$

故 $u \cap V \lhd U \cap V$. 同理，$v \cap U \lhd U \cap V$. 于是 $(U \cap v)(V \cap u) \lhd U \cap V$，且又易知 $u(v \cap U) \lhd u(U \cap V)$，故 $\dfrac{u(v \cap U)}{u} \lhd \dfrac{u(U \cap V)}{u}$，于是从 $U \cap V \sim \dfrac{u(U \cap V)}{u}$ 而据 §6 定理 7 后面的附注 3 可知 $\dfrac{u(v \cap U)}{u}$ 在 $U \cap V$ 内的完全象原为 $(v \cap U) \cdot (u \cap V)$. 故

$$\frac{U \cap V}{(v \cap U) \cdot (u \cap V)} \simeq \frac{u(U \cap V)}{u} \Big/ \frac{u(v \cap U)}{u} \simeq \frac{u(U \cap V)}{u(v \cap V)}.$$

同理又有 $\dfrac{U \cap V}{(v \cap U)(u \cap V)} \simeq \dfrac{v(U \cap V)}{v(u \cap V)}$. 引理 1 证完.

再来证明定理 1: 设(1)与(2)，即

$$G = G_0 \supseteq G_1 \supseteq G_2 \supseteq \cdots \supseteq G_{r-1} \supseteq G_r = 1, \tag{1}$$

$$G = H_0 \supseteq H_1 \supseteq H_2 \supseteq \cdots \supseteq H_{s-1} \supseteq H_s = 1 \tag{2}$$

为群 G 之二个次正规群列. 在(1)的每相邻两项 G_{i-1} 与 $G_i(i =$

$1, 2, \cdots, r$) 中间插进 $s-1$ 个群

$$G_{i,k}=G_i(G_{i-1}\cap H_k)\quad (k=1, 2, \cdots, s-1),$$

再作链

$$G=G_0\supseteq\cdots\supseteq G_{i-1}\supseteq G_{i,1}\supseteq G_{i,2}\supseteq\cdots\supseteq G_{i,s-1}\supseteq G_i\supseteq\cdots\supseteq G_r$$
$$=1, \qquad (1)'$$

并为对称计就令

$$G_{i,0}=G_i(G_{i-1}\cap H_0)=G_{i-1},\ G_{i,s}=G_i(G_{i-1}\cap H_s)=G_i.$$

因 $H_k\lhd H_{k-1}(k=1, 2, \cdots, s)$，故 $G_{i-1}\cap H_k\lhd G_{i-1}\cap H_{k-1}\subseteq G_{i-1}$，于是再由 $G_i\lhd G_{i-1}$ 就得到

$$G_{i,k}=G_i(G_{i-1}\cap H_k)\lhd G_i(G_{i-1}\cap H_{k-1})=G_{i,k-1}$$
$$(k=1, 2, \cdots, s),$$

这证明了(1)′为G的次正规群列且为 (1) 之加细.

同理，在 (2) 之每相邻两项 H_{k-1} 与 $H_k(k=1, 2, \cdots, s)$ 中间插进 $r-1$ 个群

$$H_{i,k}=H_k(H_{k-1}\cap G_i)\quad (i=1, 2, \cdots, r-1),$$

并为对称计令

$$H_{0,k}=H_k(H_{k-1}\cap G_0)=H_{k-1},\quad H_{r,k}=H_k(H_{k-1}\cap G_r)=H_k,$$

且再作链

$$G=H_0\supseteq\cdots\supseteq H_{k-1}\supseteq H_{1,k}\supseteq H_{2,k}\supseteq\cdots\supseteq H_{r-1,k}$$
$$\supseteq H_k\supseteq\cdots\supseteq H_s=1, \qquad (2)'$$

则同上完全一样，可知 (2)′ 为G的次正规群列且为 (2) 的加细.

显然，链 (1)′ 与链 (2)′ 的长都是 rs，且由引理 1 又知道

$$G_{i,k-1}/G_{i,k}\simeq H_{i-1,k}/H_{i,k}\quad (i=1, 2, \cdots, r\quad k=1, 2, \cdots, s),$$

这就证明了两个次正规群列 (1)′ 与 (2)′ 是等价的，即 (1) 与 (2) 有等价的加细. 定理 1 获证.

下面来谈这节的主要问题——**合成群列.**

若次正规群列的链 (1) 为真正的降链，如

$$G=G_0\supset G_1\supset G_2\supset\cdots\supset G_{r-1}\supset G_r=1$$

(即相邻二项不等)，叫这链为**无重复项的次正规群列.** 若一个次正规群列的加细含有较这次正规群列至少多一项时，叫这加细为

真加细.

若一"无重复项的"次正规群列再没有"无重复项的"真加细时，叫这样的次正规群列为**合成群列**.

判定次正规群列为合成群列的条件，有下面的

定理 2 无重复项的次正规群列为合成群列的充要条件是链中诸商因子都是单群.

证明 设

$$G = G_0 \supset G_1 \supset G_2 \supset \cdots \supset G_{r-1} \supset G_r = 1 \tag{3}$$

为合成群列. 如若链 (3) 中有一商因子 G_{i-1}/G_i 不是单群，则像 $G_{i-1}^{(0)}/G_i \lhd G_{i-1}/G_i$ 及 $G_i < G_{i-1}^{(0)} < G_{i-1}$ 的 G_{i-1} 之正规子群 $G_{i-1}^{(0)}$ 必存在，因之

$$G = G_0 \supset G_1 \supset \cdots \supset G_{i-1} \supset G_{i-1}^{(0)} \supset G_i \supset \cdots \supset G_{r-1} \supset G_r = 1 \tag{4}$$

为 (3) 的真加细且无重复项，与 (3) 为合成群列之假设相抵，不可. 故每商因子 G_{i-1}/G_i 为单群.

反之，设无重复项的次正规群列 (3) 中每商因子 G_{i-1}/G_i 已为单群. 假若 (3) 非合成群列，则 (3) 必有无重复项的真加细，即 (3) 中至少有相邻二项如 G_{i-1} 和 G_i，使得像

$$G_i < G_{i-1}^{(0)} < G_{i-1} \text{ 与 } G_{i-1}^{(0)} \lhd G_{i-1}$$

的 $G_{i-1}^{(0)}$ 确实存在，即 (4) 为 (3) 之真加细. 于是，从 $1 < G_{i-1}^{(0)}/G_i < G_{i-1}/G_i$ 及 $G_{i-1}^{(0)}/G_i \lhd G_{i-1}/G_i$ 可知 G_{i-1}/G_i 非单群，与假设相抵，不可. 故 (3) 为合成群列.

定理 2 因而获证.

我们知道：商群 G/N 为单群的充要条件是 N 为 G 的极大正规子群. 于是由定理 2 即得

推论 1 无重复项的次正规群列为合成群列的充要条件是链中任一项为它紧前一项的极大正规子群.

特当 G 为有限群时，苟若 G 非单群，它至少有一个极大正规子群；同理，这极大正规子群 (苟非单群时) 自身也有它的极大正规子群；继续下去，由于 G 之有限性，可知必经过有限多回这样的

步骤能达到单群，因之它再没有极大正规子群(即单位群就是它的极大正规子群)．故又有

推论 2 有限群必有合成群列．

有限群据上推论2固然有合成群列，无限群一般不见得有合成群列，例如无限循环群就没有合成群列：因为在无限循环群的任何一个无重复项的次正规群列里面，位居于单位群的前一项也是无限循环群，故它必有异于1的真子群，这说明了无限循环群之任何无重复项的次正规群列一定还有无重复项的真加细，即无限循环群没有合成群列．于是下面自然会提出两个问题，一是有合成群列的群(当然包括有限群)究有怎样的特性？二是群具有合成群列的充要条件是什么？

先解决第一个问题．当群有合成群列时，合成群列往往不止一个，彼此的关系怎样？定理3回答了这个问题，即

定理 3 当群有合成群列时，则任二个合成群列必等价．

事实上，由定理1，已知二个合成群列有等价的加细；但据合成群列之定义又知它们都没有无重复项的真加细，故它们的等价的加细中如有一有重复项时，另一亦必有重复项，随而它们之中商因子为单位群之个数必定相等，因之去掉这些商因子为单位群的以外，商因子不为单位群之个数也必相等，且使之成1-1对应而令对应的商群互为同构者是可能的．这就是说其中无重复项的真加细亦为等价的，即二个合成群列是等价的．定理3获证．

定理3的意义实际上是说：当群G有合成群列时，那末它的长及诸商因子(除同构者外)都是由G本身唯一地被确定．说简单些，合成群列是唯一的(以等价的意义言)．正因为这样，所以今后将群之一切合成群列的公共长简单地叫做该群之**合成长**或**维数**，而叫任一合成群列的诸商因子为群之**合成商因子**．

仍设G有合成群列．今取G之任一个无重复项的次正规群列与G之一个合成群列．由定理1，则知这两个链有等价的加细．于是除去那些有相同个数的商因子为单位群的项外，就会得到等价的无重复项的真加细．然而合成群列的无重复项的真加细就是

这合成群列本身，因而与它等价的也必是合成群列．故又证得了

定理 4　当群 G 有合成群列时，那末它的任一个无重复项的次正规群列必可加细到一个合成群列，因之它的长决不超过群之维数．

定理 3 与 4 就是有合成群列的群之特征，即解决了前面提出的第一个问题．

再解决第二个问题，即求群 G 具有合成群列的充要条件（这时当然说的 G 为无限群）．从次正规群列的意义引进了合成群列的概念，而次正规群列的概念又是建立在次正规子群这一个名词之上，所以说次正规子群这概念在合成群列中担负着重要的角色．有限群有合成群列，有限群当然只有有限多个次正规子群，这就启发我们思考这样一个问题：无限群有合成群列的充要条件是它只有有限多个次正规子群吗？这是一个肯定的答案，详述于下．

首先，设（无限）群 G 只有有限多个次正规子群．任取 G 之一个真次正规子群 A_1，再取 A_1 的任一个真次正规子群 A_2，递推下去，一般取 A_i 之任一个真次正规子群 A_{i+1}．由次正规子群的定义，马上知道次正规子群的次正规子群也是原群 G 的次正规子群；于是每 A_i 都是 G 的次正规子群，而得到 G 的一个次正规子群递降链

$$G>A_1>A_2>A_3>\cdots>A_i>\cdots\cdots. \tag{5}$$

由于 G 只有有限多个次正规子群的假设，可知链（5）只有有限多个项，这是说必有一 A_k 使 1 只能是 A_k 的次正规子群，于是得到了由 G 之有限多个次正规子群组成的降链

$$A_0=G>A_1>A_2>\cdots>A_k>1=A_{k+1}. \tag{6}$$

据 A_i 为 A_{i-1} 之次正规子群的意义可知在每两个 A_{i-1} 与 A_i 之间能插进有限个群使后者为紧前一项的正规子群，这样就可使（6）加细成为一个次正规群列，不损普遍性就可令（6）为 G 之次正规群列．同时再使（6）尽可能地加细成无重复项的次正规群列，由于 G 只具有有限多个次正规子群，故最后一定可使（6）加细成一个无重复项的次正规群列后再也没有无重复项的真加细，这说明了（6）可加细成一个合成群列，也就证明了 G 确有合成群列．

反之，再证明凡具有合成群列的（无限）群也仅有有限多个次正规子群．证明的方法是关于合成群列的长用归纳法，今用反证法，即假定具有合成群列的（无限）群可能有无限多个次正规子群，而令 G 是其中有最小的合成长．这是说 G 有无限多个次正规子群，而凡合成长小于 G 的群都只有有限多个次正

规子群.

因 G 之每个真次正规子群必包含在一个真正规子群内，且 G 之真正规子群由于 G 有合成群列亦必有合成群列且合成长又必小于 G 之合成长(参看后面的问题 4)，故据归纳的假设则知 G 之每个真正规子群只有有限多个次正规子群. 于是因 G 自身有无限多个次正规子群，故知这时 G 也必有无限多个正规子群.

若 N 为 G 的一个真正规子群，则 N 与 G/N 都有较小的合成长（与 G 之合成长相比较）(参看后面的问题 4). 故 N 与 G/N 据归纳的假定都只有有限多个次正规子群，随而 G 之无限多个正规子群中只有有限多个含在 N 内，也只有有限多个含 N.

由是就敢断言 G 有无穷多个极大正规子群以及无穷多个极小正规子群：事实上，因 G 之每个极大正规子群 A 只包含 G 之有限多个正规子群（上段的结论），故由于 G 有无限多个正规子群，即知 G 必有无限多个极大正规子群. 同样，因又据上段的结论，G 之无限多个正规子群中只有有限多个包含 G 之每个极小正规子群 B，而 G 之每正规子群又必至少含 G 之一极小正规子群，故 G 亦必有无限多个极小正规子群.

又 G 中任意无限多个正规子群所生成的群 K 必与 G 一致：事实上，因 $K \lhd G$，且 K 含有 G 之无穷多个正规子群，故由于 G 之真正规子群只含有 G 的有限多个正规子群（上二段的结论），故 K 不能为 G 之真正规子群，不得不有 $K=G$.

令 A 为 G 之任一个极大正规子群，由于 G 有无穷多个极小正规子群，而 A 又只能含 G 之有限多个正规子群，故 G 必有无限多个极小正规子群都不在 A 内；若令 B 是这样的一个极小正规子群，则由 A 之极大性不得不有 $G=\{A, B\}=AB$，但 $A\cap B\lhd B$ 且 $A\cap B<B$，故由 B 之极小性又知 $A\cap B=1$，这说明了 $G=A\times B$，即 $A\subseteq Z_G(B)$ 与 $B\subseteq Z_G(A)$. 由于对特定的 A 言，有无穷多个这样的 B，它们又必生成 G，这说明了每个这样的 $B\subseteq Z_G(A)$ 必导致 $G\subseteq Z_G(A)$，即 $A\subseteq Z(G)$. 同样的道理，对每极小正规子群 B，G 又必有无穷多个极大正规子群不含 B，故若 A 为这样的一个，则从 $G=A\times B$ 知 $A\subseteq Z_G(B)$，而无穷多个这样的 A 又必生成 G，故 $G\subseteq Z_G(B)$，即 $B\subseteq Z(G)$. 于是 $G=A\times B$ 不得不为交换群.

但 G 已假定有合成群列，故令其一合成群列为

$$G=G_0>G_1>G_2>\cdots>G_{r-1}>G_r=1, \tag{7}$$

则 G_{i-1}/G_i 为单群 $(i=1,2,\cdots,r)$，于是 G 之交换性说明了 G_{i-1}/G_i 为交换

单群，因而 $o(G_{i-1}/G_i)=p_i$（质数），由是从 (7) 式得知

$$o(G)=o(G_0/G_1)\cdot o(G_1/G_2)\cdots o(G_{r-1}/G_r)=p_1p_2\cdots p_r,$$

即 G 为有限群，与假设矛盾．不可．

总括上述，我们就证得了

定理 5 无限群 G 有合成群列的充要条件是 G 只有有穷多个次正规子群．（文献 [14]）

下面列举一例来结束这一节．

例 求 n 次对称群 $\mathfrak{S}_n$ 的合成群列．

解 因 $\mathfrak{S}_2$ 是 2 阶循环群，故它仅有唯一个合成群列：$\mathfrak{S}_2\supset 1$．当 $n\geqslant 3$ 而 $n\neq 4$ 时，因 n 次交代群 $\mathfrak{A}_n$ 是单群，故若 $\mathfrak{S}_n\supset N\supset\cdots\supset 1$ 为 $\mathfrak{S}_n$ 之合成群列，则因 $\mathfrak{A}_n\cap N\lhd\mathfrak{A}_n$，不得不有：

$$或\ \mathfrak{A}_n\cap N=1,\quad 或\ \mathfrak{A}_n\cap N=\mathfrak{A}_n.$$

但 $\mathfrak{A}_n\cap N=1$ 说明 N 不含非恒等置换的偶置换，于是或 $N=1$，或 N 除含 1 外再只含唯一个 2 阶的元（即 $o(N)=2$）且为奇置换．由于 N 为 $\mathfrak{S}_n$ 之极大正规子群又知 $N\neq 1$，故 N 只含唯一个阶 2 的奇置换；于是这唯一个阶必等于 2 的奇置换只能是对换如 (12)，或在 $n\geqslant 6$ 时尚可为 3 个对换之积，如 $(ij)(kl)(pq)$，或为大于 3 之奇数个对换之积（注意各对换应无公共文字）．但不论怎样，由于 $N\lhd\mathfrak{S}_n$ 即知与 (12) 或 $(ij)(kl)(pq)$ 共轭的均在 N 内，与 $o(N)=2$ 相抵．不可．这说明了不可能是 $\mathfrak{A}_n\cap N=1$．故只能是 $\mathfrak{A}_n\cap N=\mathfrak{A}_n$，即 $\mathfrak{A}_n\subseteq N$．因之，$1<[\mathfrak{S}_n:N]\leqslant[\mathfrak{S}_n:\mathfrak{A}_n]=2$，不得不有 $[\mathfrak{S}_n:N]=2$，随而 $N=\mathfrak{A}_n$，说明 $\mathfrak{S}_n$ 只有唯一个合成群列，是 $\mathfrak{S}_n\supset\mathfrak{A}_n\supset 1$（因 $\mathfrak{A}_n$ 单纯）．

下面剩下要解决的是 $\mathfrak{S}_4$ 之合成群列．这时，若 $\mathfrak{S}_4\supset N\supset\cdots\supset 1$ 为 $\mathfrak{S}_4$ 之合成群列，则首先能断言 N 不含有奇置换．为什么呢？因 $\mathfrak{S}_4$ 共有 12 个奇置换，其中有 6 个对换与 6 个四项循环，故从 $N\lhd\mathfrak{S}_4$ 可知：当 N 含一个对换时，N 含所有的对换，应有 $N=\mathfrak{S}_4$；或者当 N 含一个四项循环时，N 亦含全部四项循环，随而含 $(1234)^2=(13)(24)$，因之知 $N\supseteq\mathfrak{K}_4$（克莱茵四元群），然由 N 所含的奇偶置换之个数相等又知 N 必含至少一个三项循环，由是 N

又含全部三项循环，故结果亦必应有 $N=\mathfrak{S}_4$. 总之，当N含任一奇置换时就有 $N=\mathfrak{S}_4$，产生了矛盾，故必 $N\subseteq\mathfrak{A}_4$. 再据N在 $\mathfrak{S}_4$ 内的极大正规性就有 $N=\mathfrak{A}_4$，证明了 $\mathfrak{S}_4$ 只有唯一个极大正规子群 $\mathfrak{A}_4$.

又 $\mathfrak{A}_4$ 也只有唯一个极大正规子群，为克莱茵四元群 $\mathfrak{K}_4$. 为什么呢？因由 $\mathfrak{K}_4\lhd\mathfrak{A}_4$ 及 $[\mathfrak{A}_4:\mathfrak{K}_4]=3$ 为素数，确知 $\mathfrak{K}_4$ 为 $\mathfrak{A}_4$ 的一个极大正规子群. 另方面，设H是 $\mathfrak{A}_4$ 的一个极大正规子群；若这时有一个三项循环 $(123)\in H$ 时，则据 §7 定理 14 可知 $\mathfrak{A}_4$ 之八个三项循环关于 $\mathfrak{A}_4$ 言得分成两个共轭类：

(I) (123)，(142)，(134)，(243)

及

(II) (132)，(124)，(143)，(234).

故从 $(123)\in H\lhd\mathfrak{A}_4$ 可知 (I) 中四个三项循环都在H内，又从 $(132)=(123)^2\in H$ 可知 (II) 中四个三项循环也都在H内，于是H包含了一切三项循环，不得不有 $H=\mathfrak{A}_n$，此非所许. 因之，H不含三项循环，故H必含 $\mathfrak{K}_4$ 之一元 π，由是再据 §7 定理 14 则知 π 关于 $\mathfrak{S}_4$ 之共轭类 ζ_π 亦为关于 $\mathfrak{A}_4$ 之共轭类，因而利用 $H\lhd\mathfrak{A}_4$ 知 ζ_π 中元全在H内，而得到了 $\mathfrak{K}_4\subseteq H$. 这证明了 $\mathfrak{A}_4$ 之极大正规子群只能是 $\mathfrak{K}_4$.

又 $\mathfrak{K}_4$ 为 4 阶非循环的交换群，故它有三个二阶正规子群，都是极大的，分别为

$$\{(12)(34)\},\{(13)(24)\},\{(14)(23)\}.$$

所以结果得知 $\mathfrak{S}_4$ 有三个合成群列：

$$\mathfrak{S}_4\supset\mathfrak{A}_4\supset\mathfrak{K}_4\begin{array}{c}\supset\{(12)(34)\}\\ \supset\{(13)(24)\}\\ \supset\{(14)(23)\}\end{array}\supset 1.$$

问题 1　求四元数群（参看 §7 定理 9 后面的定义）的合成群列.

问题 2　有限群之阶等于它的合成商因子之阶的乘积.

问题 3　有限循环群有唯一个合成群列的充要条件是它为

p-群(阶为素数 p 的幂).

问题 4　设 H 是有合成群列的群 G 之任一个正规子群. 试证 G 必有一合成群列含 H 为项, 并证 G 之合成商因子在同构意义下就是商群 G/H 和 H 本身二者的合成商因子之合并.

问题 5　设 $G\supset G_1\supset G_2\supset\cdots\supset G_{r-1}\supset G_r=1$ 为有限群 G 之合成群列. 若 $(o(G_i),[G:G_i])=1$, 即 G_i 之阶与其指数互素, 则 $G_i\lhd G$, 证之.

提示: 先证 $G_i\lhd\lhd\lhd G_{i-1}$, 再证 $G_i\lhd G_{i-2}$; 然后又证 $G_i\lhd\lhd\lhd G_{i-2}$, 而推知 $G_i\lhd G_{i-3}$; 即反复利用 §6 的问题 2.

§14. 带算子的群

我们知道: 群 G 之正规子群、特征子群、完全特征子群分别与 G 之内自同构、自同构、自同态有完全类似的关系. 今将这关系予以推广, 即设群 G 与某些符号 $\sigma,\tau,\alpha,\cdots$ 之集合 Ω 满足下列性质:

(i) 每 $a\in G$ 与每 $\sigma\in\Omega$ 可唯一地决定 G 之一元 a^σ (或写为 $a\sigma$), 换言之, $a\in G$ 与 $\sigma\in\Omega\Longrightarrow a^\sigma\in G$;

(ii) 由 (i) 所决定的元满足关系式 $a^\sigma b^\sigma=(ab)^\sigma$ [或 $a\sigma\cdot b\sigma=(ab)\sigma$].

叫满足 (i), (ii) 两性质的群 G 为**带算子的群**, 说详细些叫 **G 具有带算子域 Ω 的群**, 而叫 Ω 中符号 $\sigma,\tau,\cdots$ 为**群 G 的算子**. 简称 **G 为 Ω-群**.

由定义, 即知集合 Ω 的每符号 (算子) σ 可看做 G 的一个自同态, 这是算子的实际意义. 但要注意: Ω 中不同的算子符号可为 G 的同一个自同态, 即虽 $\sigma\neq\tau$, 但对每 $a\in G$ 得允许 $a\sigma=a\tau$.

若 Ω 只含 G 之恒等映射 $\mathbf{1}$, 或 Ω 的每算子符号都确定 G 之恒等映射(即对每 $a\in G$ 及每 $\sigma\in\Omega$ 恒有 $a\sigma=a$), 则 Ω-群就是通常的群(或说 G 是没有算子的群). Ω-群 G 之子群 H 也是 Ω-群时(即 H 对算子域 Ω 是不变的), 就叫 H 为 Ω-子群, 或叫**容许子群**. 于

是，当Ω只含G之恒等映射$\mathbf{1}$为符号元时，容许子群即通常子群．如果 $\Omega = I(G)$ 为G之内自同构群，则容许子群就是正规子群．若 $\Omega = A(G)$ 或 $= E(G)$，容许子群变为特征子群或完全特征子群．这就说明正规子群、特征子群、完全特征子群这许多名词在容许子群（Ω–子群）的概念下可统一起来，也是说可将各种不同的问题借带算子群的概念能在统一的形式下来处理．又如一域P上的向量空间V可看做是带算子域P的交换群，子空间就是容许子群．一般，若将非交换环R看做带右（或左）算子域R的交换加群，那末容许子群为右（或左）理想；若把这交换加群R同时看做具有左与右算子域R，那末容许子群就是双侧理想．又若将通常的交换群看做具有整数环C为算子域的群，这时它的子群都是容许子群．由是可知带算子域的群这个概念有广泛的应用．下面先对带算子域的群作一般的讨论，然后就算子域为具体的内容来看所讨论的结果有什么含义，这就是本节的任务．

设G与$\bar{G}$为具同一个算子域Ω的群．设 $G \simeq \bar{G}$，且在这同构关系中G与$\bar{G}$之对应元a与$\bar{a}$对于每 $\sigma \in \Omega$ 也产生了$a\sigma$与$\bar{a}\sigma$为对应的元时，就叫它们是**Ω–同构**的，记为 $G \overset{\Omega}{\simeq} \bar{G}$．类似地也可定义**$\Omega$–同态**，**$\Omega$–自同构**及**$\Omega$–自同态**的意义．$G$与$\bar{G}$为$\Omega$–同态时，记为 $G \overset{\Omega}{\sim} \bar{G}$．例如域$P$上两个$n$维向量空间以交换加群的意义言就是$\Omega$–同构的（这时 $\Omega = P$）．下面主要地是研究有关Ω–群的Ω–同构问题，为此，有些必要知识先以引理的形式写出．

引理 1 Ω–群G之任意多个（有限或无限）容许子群的交也是容许子群，容许正规子群的交也是容许正规子群．（正规子群同时为容许子群时就叫做容许正规子群）．

证明 设$H_1, H_2, \cdots$为G之容许子群（或容许正规子群），令 $D = \bigcap_i H_i$．于是，D为子群（或正规子群）是显然的．今令 $x \in D$，$\sigma \in \Omega$，则因 $x \in$ 每 H_i，而H_i又是容许的，故有 $x^\sigma \in$ 每 H_i，即 $x^\sigma \in D$，证明了D之容许性．证完．

再若M为Ω–群G的一个非空子集，则G中凡含M的一切容许子群之交当然也是一个含M的容许子群（引理 1），叫它是由子集M所生成的容许子群，表以$\{M\}_{\Omega}$. 显然，据这定义即知$\{M\}_{\Omega}$是G中含M的唯一的一个最小容许子群，且易验证$\{M\}_{\Omega}$是由G中形为 $a_0^{c_0}(a_1^{c_1}\sigma_1)b_0^{c_0'}(a_2^{c_2}\sigma_2)\cdots x_0^{c_0^{(t)}}(a_t^{c_t}\sigma_t)$ 之元所成之集（式中 c_0, c_0', $\cdots$, $c_0^{(t)}$, c_1, c_2, $\cdots$, c_t 为整数，每 a_i 及 $b_0, \cdots, x_0$ 都属于 M，每 $\sigma_i \in \Omega$). 并易知由M生成的容许子群$\{M\}_{\Omega}$与在 §4 里讲过的由M生成的子群$\{M\}$间的关系是$\{M\}\subseteq\{M\}_{\Omega}$.

特当M只含G之一个元a时，就叫$\{a\}_{\Omega}$是由元a生成的容许循环子群，它是由G中凡形状为

$$a^{c_1}(a^{c_2}\sigma)a^{c_3}(a^{c_4}\tau)\cdots(a^{c_k}\alpha)$$

之元而成的集(每c_i为整数；$\sigma, \tau, \cdots, \alpha \in \Omega$). 一般，有关系式$\{a\}\subseteq\{a\}_{\Omega}$，而不能说$\{a\}$与$\{a\}_{\Omega}$相同.

引理 2 由Ω-群G的一些容许子群之并集所生成的子群必为容许子群.

证明 设$H_1, H_2, \cdots$是Ω-群G之容许子群. 令 $K=\{H_1, H_2, \cdots\}$，即K是由H_i之并集所生成的G之子群. 于是，对每$k\in K$，必有一正整数$r=r(k)$使$k=h_{j_1}h_{j_2}\cdots h_{j_r}$ $(h_{j_t}\in H_{j_t})$. 故当$\sigma\in\Omega$时，有$k^{\sigma}=h_{j_1}^{\sigma}h_{j_2}^{\sigma}\cdots h_{j_r}^{\sigma}$；而据$H_i$之容许性又知$h_i'=h_i^{\sigma}\in H_i$，因之又有$k^{\sigma}\in\{H_1, H_2, \cdots\}=K$，证明了$K$为容许子群. 证完.

同样可证：将容许子群改为容许正规子群，引理 2 仍成立. 但因由正规子群所生成的群还等于这些正规子群的积，故又得

引理 3 由任意多个容许正规子群之并集生成的子群为容许正规的且等于它们的积.

有引理 1—3 后，就可讨论Ω-群中有关Ω-同构的问题. 因每算子为群之一个自同态，故Ω-群G恒有两个容许正规子群，即G自身与单位元群. 若Ω-群G除这两个当然的容许正规子群外，再无别的容许正规子群时，就叫G为**Ω-单群**.

必须注意的是：Ω-单群不见得为通常的单群.

例如$\Omega=A(G)-I(G)$为G之一切非内自同构之自同构的集时，则G

为 Ω-单群之意义指的是像 $N \lhd G$ 而 $N^\sigma \subseteq N$ 之 N 只能是 $N = 1$ 或 $N = G(\sigma \in A(G))$，也就是说这时的 Ω-单群以通常的意义言是特征单群. 我们已知特征单群不必为单群.

但反之，Ω-群 G 如为单群，则易证 G 必为 Ω-单群.

今设两个 Ω-群 G 与 $\bar{G}$ 是 Ω-同态的 $(G\overset{\Omega}{\sim}\bar{G})$. 容易证明这 Ω-同态的核 N 为 G 的容许正规子群.

这时要特别留心的是：$G\overset{\Omega}{\sim}\bar{G}$ 必先要求有 $G\sim\bar{G}$，而 $G\sim\bar{G}$ 却不必要求为 $G\overset{\Omega}{\sim}\bar{G}$，故 $G\overset{\Omega}{\sim}\bar{G}$ 较 $G\sim\bar{G}$ 之要求更多，于是 $G\overset{\Omega}{\sim}\bar{G}$ 之核 N 一般地说应为 $G\sim\bar{G}$ 之核 N_0 的子集.

反之，设有 Ω-群 G，且 $G \sim \bar{G}$，并假定核 N 为 G 的容许正规子群，我们可证明使 $\bar{G}$ 变为 Ω-群，且 $G\overset{\Omega}{\sim}\bar{G}$，而这 Ω-同态的核又恰为 N.

事实上，若 $\bar{a}\in\bar{G}$，借 $G\sim\bar{G}$ 而令 $\bar{a}$ 在 G 中原像之一为 a_1 时，因从 $\sigma\in\Omega$ 有 $a_1\sigma\in G$，故令 $a_1\sigma$ 在 $\bar{G}$ 中之像（借 $G\sim\bar{G}$）记为 $\bar{a}\sigma$，即对每 $\bar{a}\in\bar{G}$ 与每 $\sigma\in\Omega$ 用这样方法定义了 $\bar{G}$ 之元 $\bar{a}\sigma$. 但借 $G\sim\bar{G}$ 若取 $\bar{a}$ 在 G 中另一原像 a_2 时，因 $a_1a_2^{-1}\to\bar{1}$（$\bar{G}$ 之单位元），故 $a_1a_2^{-1}\in N$，由 N 之容许性得 $(a_1a_2^{-1})\sigma = (a_1\sigma)\cdot(a_2\sigma)^{-1}\in N$，即 $a_1\sigma$ 与 $a_2\sigma$ 在 $\bar{G}$ 内的像相等，因之 $a_2\sigma\to\bar{a}\sigma$. 这说明 $\bar{a}\sigma$ 与 $\bar{a}$ 在 G 中原像之选择无关，仅与 $\bar{a}$ 和 σ 有关，也是说由 $\bar{a}\in\bar{G}$ 及 $\sigma\in\Omega$ 得一意地确定 $\bar{a}\sigma\in\bar{G}$，故 $\bar{G}$ 得使之为 Ω-群. 其次，若 $\bar{b}\in\bar{G}$，并令 $\bar{a}$ 与 $\bar{b}$ 借 $G\sim\bar{G}$ 在 G 中的原像之一各令为 a 与 b，则据刚才所述有 $a\sigma\to\bar{a}\sigma$，$b\sigma\to\bar{b}\sigma$，且从 $ab\to\bar{a}\bar{b}$ 又有 $(ab)\sigma\to(\bar{a}\bar{b})\sigma$（指的都是 $G\sim\bar{G}$ 之意义）；但 $(ab)\sigma = a\sigma\cdot b\sigma\to\bar{a}\sigma\cdot\bar{b}\sigma$，故必有 $(\bar{a}\bar{b})\sigma = \bar{a}\sigma\cdot\bar{b}\sigma$. 这说明了像上述那样定义 $\bar{a}\sigma\in\bar{G}$ 之后不仅是可使 $\bar{G}$ 变为 Ω-群，而且还使原来之 $G\sim\bar{G}$ 保持为 $G\overset{\Omega}{\sim}\bar{G}$，且这 Ω-同态的核又恰为 N 者自明.

于是，特当 G 为 Ω-群，G 之正规子群 N 为容许子群时，由于自然同态 $G \sim G/N$ 的核已为 N，故可定义商群 G/N 为 Ω-群，且还知道自然同态 $G \sim G/N$ 是 Ω-同态的：$G\overset{\Omega}{\sim}G/N$.

附注 这里要特别留心一个容易误解的问题，述于下. 由自然同态 $G\sim G/N = \bar{G}$ 与 N 之容许性，由上述方法知从映射 $g\to\bar{g} = Ng = gN$ 能定义 $g^\sigma\to\bar{g}^\sigma = (Ng)^\sigma$ 而使 $(Ng)^\sigma$ 有确切的意义，但实

际上在自然同态 $G\sim\bar{G}=G/N$ 中又有 $g^\sigma\to Ng^\sigma=g^\sigma N$，故必有 $(Ng)^\sigma=Ng^\sigma$. 这是说，使 G/N 变为 Ω-群且使 $G\sim G/N$ 保持有 $G\overset{\Omega}{\sim}G/N$，只需定义 $(Ng)^\sigma=Ng^\sigma$ 即可. 这里的 $(Ng)^\sigma$ 以 $\bar{G}=G/N$ 之元言本无意义，而定义之为 Ng^σ 后才有意义，即纯粹把 $(Ng)^\sigma$ 当作一个符号看，定义之为商群 G/N 之元 Ng^σ. 但从集合论的角度言，$(Ng)^\sigma=N^\sigma g^\sigma\subset Ng^\sigma$ ($\because N^\sigma\subset N$)，即一般 $(Ng)^\sigma<Ng^\sigma$，不敢保证有 $N^\sigma=N$. 说透彻些，若 G 为 Ω-群而正规子群 N 是容许的，则从 G 之元素的观点言，一般有 $(Ng)^\sigma=N^\sigma g^\sigma\subset Ng^\sigma$；但从 G/N 为 Ω-群之意义应定义 $(Ng)^\sigma=Ng^\sigma$. 这些概念，应识别清楚，不可混淆。

由于自然同态概念非常重要，特归纳如下

定理 1 若 N 为 Ω-群 G 之容许正规子群，则当 $\sigma\in\Omega$ 而定义商群 G/N 之元 Ng 与 σ 之结合规则为 $(Ng)^\sigma=Ng^\sigma$ 后，就可使 G/N 变为 Ω-群，且自然同态 $G\sim G/N$ 也变成了 Ω-同态：$G\overset{\Omega}{\sim}G/N$，其核也恰为 N.

由是，§6 中诸定理关于 Ω-群也成立，述于下.

定理 2 G 与 G_1 是两个 Ω-群且 $G\overset{\Omega}{\sim}G_1$，则其核 N 为 G 的容许正规子群，且 $G_1\overset{\Omega}{\simeq}G/N$；反之，若 N 为 Ω-群 G 之容许正规子群，则必有一 Ω-群 G_1 存在使 $G\overset{\Omega}{\sim}G_1$ 并使核恰为 N.

定理 3 G 与 G_1 为 Ω-群且 $G\overset{\Omega}{\sim}G_1$，$A_1$ 是 G_1 的容许正规子群. 于是，由 $G\overset{\Omega}{\sim}G_1$ 凡与 A_1 之元相对应的 G 中全部元素而成之集 A 为 G 的容许正规子群，并有 $G/A\overset{\Omega}{\simeq}G_1/A_1$.

定理 4 若 $N\subseteq A\subseteq G$，且 N 与 A 都是 Ω-群 G 的容许正规子群，则

$$(G/N)/(A/N)\overset{\Omega}{\simeq}G/A.$$

定理 5 设 A, B 都是 Ω-群 G 的容许子群，且 $A\lhd\{A, B\}$，则有:

(i) $A\cap B$ 为 B 的容许正规子群，

(ii) $\{A, B\}/A \overset{\Omega}{\simeq} B/A\cap B$.

总之，定理 1—5 可根据引理 1—3 导出，说明 §6 中一些主要结论都可搬到这里来. 换句话说，将群及商群都改为 Ω-群，子群及正规子群都加上“容许”两个字，同态与同构分别改为 Ω-同态与 Ω-同构，这样改了以后，则 §6 中的结果仍能成立. 例如这里的定理 2, 3, 4, 5 分别为 §6 中定理 6, 7, 8, 9 的推广. 证明留给读者. 这是 Ω-群中有关 Ω-同构的问题.

我们已知 §6 中结果全都用在 §13 里，§13 解决群之合成群列这个重要问题，其中要解决的是两个次正规群列有等价的加细以及两个合成群列必等价，但证明时依赖的根据是 §13 的引理 1，而这引理 1 之证明所依赖的关键也是 §6. 于是利用本节的知识又得到类似于 §13 的有关 Ω-群的结论，即

引理 4 设 U 与 V 为 Ω-群 G 的二个容许子群，而 u 与 v 分别又是 U 与 V 的容许正规子群，则有:

(i) $u(U\cap v)$ 为 $u(U\cap V)$ 的容许正规子群,

(ii) $v(V\cap u)$ 为 $v(U\cap V)$ 的容许正规子群,

(iii) $\dfrac{u(U\cap V)}{u(U\cap v)} \overset{\Omega}{\simeq} \dfrac{v(U\cap V)}{v(V\cap u)} \overset{\Omega}{\simeq} \dfrac{U\cap V}{(U\cap v)(V\cap u)}$.

据之可证

定理 6 Ω-群 G 之任二个 Ω-次正规群列必有等价的加细.

Ω-次正规群列指的是次正规群列中各项都是容许子群. 这时加细的意义除了前节内说的意义以外，还要求加细的各项也是容许子群. 两个 Ω-次正规群列等价的意义除了前节的意义外还要求 1-1 对应的商因子为 Ω-同构的.

同样，无重复项的 Ω-次正规群列没有无重复项的真加细时，就叫它为 Ω-合成群列. 故又得

定理 7 无重复项的 Ω-次正规群列为 Ω-合成群列的充要条件是链中商因子都是 Ω-单群，或链中每项为紧前一项的极大容许正规子群.

由之又有下面的

推论　有限 Ω-群必有 Ω-合成群列.

据定理 7，又可证

定理 8　若 Ω-群有 Ω-合成群列，则其任二个 Ω-合成群列是等价的；且任一个无重复项的 Ω-次正规群列必可加细到一个 Ω-合成群列.

Ω-群的 Ω-合成群列的**长**叫做它的 **Ω-维数**.

上面是一般地论述带算子域的群，下面再对算子域 Ω 给以具体的内容，看看产生什么实质的意义. 若算子域 Ω 只含群 G 之恒等映射 $\mathbf{1}$，这时的 Ω-次正规群列与 Ω-合成群列分别是通常的（即 §13 中的意义）次正规群列与合成群列，故无必要探索. 于是下面就 Ω 为 $I(G)$，$A(G)$，$E(G)$ 来分别讨论.

（一）设 $\Omega = I(G)$——群 G 之内自同构群.

这时，容许子群即正规子群，因之 Ω-次正规群列的各项都是 G 的正规子群，这样的列叫做 G 的**正规群列**（或**不变群列**）. 换句话说，若降链

$$G = G_0 \supseteq G_1 \supseteq G_2 \supseteq \cdots \supseteq G_{r-1} \supseteq G_r = 1 \tag{1}$$

中每项 $G_i \lhd G$，就叫 (1) 为 G 的**不变群列**或**正规群列**，并叫其**长**为 r. 这时，定理 6 变成了

定理 9　群 G 之任二个不变群列必有等价的加细.（当然，加细的意义这时也应是不变群列）.

又这时，Ω-合成群列之各项 G_i 为 G 之这样的正规子群，即它是含在 G_{i-1} 内的 G 之最大正规子群，叫这样的列为 G 的**主群列**. 换言之，若无重复项的不变群列的各项是含在紧前一项内的 G 之最大正规子群，就叫这列为 G 的**主群列**. 于是定理 8 与定理 7 之推论则变为

定理 10　若 G 有主群列，则任二个主群列等价；且任一个无重复项的不变群列可加细到一个主群列. 有限群必有主群列，且主群列的长不大于合成群列的长.

附注　$\Omega = I(G)$ 时说明容许子群为正规子群，故“容许正规”中“正规”二字为多余的，正因为如此，有一个容易引起误解的地方

需先提醒注意，那就是 Ω-合成群列的商因子为 Ω-单群怎样理解的问题. 设 $G=G_0>G_1>\cdots>G_{i-1}>G_i>\cdots>G_r=1$ 为 Ω-合成群列，则 G_{i-1}/G_i 为 Ω-单群，即如 $G_i<H<G_{i-1}$ 且 H 为容许(即为 Ω-的) 因而 $H\lhd G$ 之 H 不存在，即 G_i 是含在 G_{i-1} 内的 G 之最大正规子群，故 G_{i-1}/G_i 应为 G/G_i 之最小正规子群，于是 G_{i-1}/G_i 为特征单群. 又知特征单群不必是单群；但由 Ω-单群这时的确切意义与通常单群的概念一致，故发生误解也在这里，即 G_{i-1}/G_i 为 Ω-单群指对 $\Omega=I(G)$ 而言的，亦即 G_{i-1}/G_i 无 G/G_i 的真正规子群，并非说 G_{i-1}/G_i 本身无正规子群. 也是说，单群的意义不是说 G_{i-1}/G_i 本身无正规子群，而是说 G_{i-1}/G_i 无 G/G_i 之真正规子群，这就与我们过去说的单群之概念容易混淆，为避免误解混淆计，就不说 Ω-单群为单群，而只说它实质性的意义.

故据附注所说，这时定理 7 的实质意义是

定理 11 群 G 之无重复项的不变群列

$$G=G_0\supset G_1\supset G_2\supset\cdots\supset G_{r-1}\supset G_r=1$$

为主群列的充要条件是每商因子 G_{i-1}/G_i 为 G/G_i 之最小正规子群，因之为特征单群. 有限群之主群列的商因子等于互相同构的单群之直积.

(二) 设 $\Omega=A(G)$——G 之自同构群.

这时，容许子群是通常说的特征子群 (因而"容许正规"中"正规"二字为多余的)，Ω-次正规群列变成了由群之特征子群而成的降链. 于是，由定理 6 可知群 G 之任二个由特征子群而成的降链必有等价的加细. 这时的 Ω-合成群列叫做**特征群列**，换言之，由群 G 之有限多个特征子群而成的无重复项的降链

$$G=G_0\supset G_1\supset G_2\supset\cdots\supset G_{r-1}\supset G_r=1 \tag{2}$$

中，若每 G_i 为含在 G_{i-1} 内的 G 之最大特征子群，就叫 (2) 为 G 的特征群列. 由是，当 G 有特征群列时，其任二个特征群列必等价；且任一无重复项的由特征子群所成的降链必可加细成一个特征群列. 有限群必有特征群列. 特征群列的长不大于主群列的长.

判断 (2) 能否为特征群列，需先解决

引理 5 G 之特征子群为其全形 $H(G)$ 的正规子群. 反之，

全形 $H(G)$ 的正规子群如为 G 之子群就一定是 G 的特征子群.

证明 若 $N \lhd\lhd G$, 则从 $G \lhd H(G)$ 即得 $N \lhd H(G)$. 反之, 若 $M \lhd H(G)$ 且 $M \subseteq G$, 则因对任 $\sigma \in A(G)$ 必有 $h \in H(G)$ 使 $I_h \in I(H(G))$ 且对每 $m \in M \subseteq G$ 恒有 $m^\sigma = m^{I_h} = h^{-1}mh \in M$, 证明了 $M^\sigma \subseteq M$, 即 $M \lhd\lhd G$. 证完.

现在可判定 (2) 为 G 之特征群列的一个重要结果, 即

定理 12 由群 G 之有限多个特征子群组成的无重复项的降链

$$G = G_0 \supset G_1 \supset G_2 \supset \cdots \supset G_{r-1} \supset G_r = 1$$

为 G 之特征群列的充要条件是 G_{i-1}/G_i 为 $H(G)/G_i$ 的最小正规子群, 但 $H(G)$ 为 G 之全形.

证明 设 $G = G_0 \supset G_1 \supset G_2 \supset \cdots \supset G_{r-1} \supset G_r = 1$ 为 G 的特征群列. 由 $G_i \lhd\lhd G$ 而据引理 5 得 $G_i \lhd H(G)$, 因而有商群 $H(G)/G_i$, 且同理有 $G_{i-1} \lhd H(G)$ 随而得 $G_{i-1}/G_i \lhd H(G)/G_i$. 如若 G_{i-1}/G_i 不是 $H(G)/G_i$ 的最小正规子群, 则如

$$G_i < K < G_{i-1} \text{ 及 } K \lhd H(G)$$

之 K 必存在, 故由引理 5 知 $K \lhd\lhd G$, 即含在 G_{i-1} 内的 G 之最大特征子群不是 G_i, 与假设矛盾, 不可.

反之, 再假定 G_{i-1}/G_i 为 $H(G)/G_i$ 之最小正规子群 $(i = 1, 2, \cdots, r)$. 苟若这时链 $G = G_0 \supset G_1 \supset G_2 \supset \cdots \supset G_{r-1} \supset G_r = 1$ 不为 G 之特征群列, 就至少有一个 i 使得像

$$G_i < K < G_{i-1} \text{ 及 } K \lhd\lhd G$$

之 K 是存在的, 因之据引理 5 知 $K \lhd H(G)$, 而有 $K/G_i \lhd H(G)/G_i$, 说明了 G_{i-1}/G_i 不是 $H(G)/G_i$ 的最小正规子群, 与假设相矛盾, 不可. 定理 12 证完.

附注 今又有一问题, 即链 (2) 为 G 之主群列的充要条件是每 G_{i-1}/G_i 为 G/G_i 之最小正规子群, 从这一事实出发, 读者可能会猜测 (2) 为 G 之特征群列的充要条件是 G_{i-1}/G_i 为 G/G_i 之最小特征子群. 下面列举一例说明这猜测是错误的.

例 考虑四阶循环群 $G = \{a\}$ 的全形 $H(G)$.

这时，因 $o(A(G))=2$，故 $o(H(G))=8$，且实际上如令 $A(G)=\{b\}$，$R(G)=G=\{a\}$，则

$$H(G)=A(G)\cdot R(G)=\{a, b\},$$

而具定义关系 $a^4=1=b^2$, $b^{-1}ab=a^{-1}$. 再由 $A(G)\cap R(G)=1$ 可知 $H(G)$ 之八个元是 $1, a, a^2, a^3, b, ab, a^2b, a^3b$；由计算易知 G 为 $H(G)$ 的唯一个四阶循环子群，故由于 $H(G)$ 之自同构必使它的四阶循环子群变为四阶循环子群，就不得不有 $G\lhd\lhd H(G)$. 再令 $Z(H)$ 是 $H(G)$ 的中心，则 $Z(H)=\{a^2\}$ 为 2 阶循环群；但因 $Z(H)\lhd\lhd H(G)$ 及 $Z(H)\subseteq G$，故若令 $H_0=H(G)$, $H_1=G$, $H_2=Z(H)$, $H_3=1$，由于每 H_i 在 H_0 内的特征性以及 $o(H_i/H_{i+1})=2$ $(i=0, 1, 2)$，故知 $H(G)=H_0\supset H_1\supset H_2\supset H_3=1$ 为 H_0 的特征群列. 但 $H_0=H(G)$ 之非交换性说明 $H_0/H_2=H(G)/Z(H)$ 不能是循环的，故由 $o(H(G)/Z(H))=4$ 即知 H_0/H_2 为**克莱茵**四元群，因之 H_0/H_2 为特征单群，于是 H_1/H_2 不为 H_0/H_2 之特征子群，故当然也就谈不上 H_1/H_2 为 H_0/H_2 的最小特征子群.

上例也说明了这样一个问题，即当 $A\subseteq B$, $A\lhd\lhd G$ 及 $B\lhd\lhd G$ 时，则 B/A 不必为 G/A 的特征子群（即只能是 $B/A\lhd G/A$ 而不能保证 $B/A\lhd\lhd G/A$). 但有下面的

定理 13 若 $A\lhd\lhd G$ 且 $B/A\lhd\lhd G/A$，则必 $B\lhd\lhd G$.

证明 令 $\bar{G}=G/A$, $\bar{B}=B/A$. 设 $\sigma\in A(G)$，则由 $A^\sigma=A$ 可知陪集 Ag 中的元经映射 σ 变为 $(Ag)^\sigma=A^\sigma g^\sigma=Ag^\sigma$；既有 $(Ag)^\sigma=Ag^\sigma$，就定义 $\bar{G}=G/A$ 在 $\bar{G}$ 内的一个映射 $\bar{\sigma}$ 为

$$\bar{\sigma}:\ Ag\to(Ag)^{\bar{\sigma}}=Ag^\sigma(=(Ag)^\sigma).$$

因对每 $g\in G$，必有 $x_g\in G$ 使 $x_g^\sigma=g$，故 $(Ax_g)^\sigma=Ax_g^\sigma=Ag$，即 $(Ax_g)^{\bar{\sigma}}=Ag$，表明了 $\bar{G}$ 之每元 Ag 能为映射 $\bar{\sigma}$ 之像，故映射 $\bar{\sigma}$ 是 $\bar{G}$ 到 $\bar{G}$ 上的.

又 $Ag_1=Ag_2\Longleftrightarrow g_1g_2^{-1}\in A(=A^\sigma)\Longleftrightarrow(g_1g_2^{-1})^\sigma=g_1^\sigma(g_2^\sigma)^{-1}\in A^\sigma(=A)\Longleftrightarrow Ag_1^\sigma=Ag_2^\sigma\Longleftrightarrow(Ag_1)^{\bar{\sigma}}=(Ag_2)^{\bar{\sigma}}$，即 $\bar{\sigma}$ 为 1-1 映射.

最后，由于 $(Ag_1\cdot Ag_2)^{\bar{\sigma}}=(Ag_1g_2)^{\bar{\sigma}}=A(g_1g_2)^\sigma=Ag_1^\sigma g_2^\sigma=Ag_1^\sigma\cdot Ag_2^\sigma=(Ag_1)^{\bar{\sigma}}(Ag_2)^{\bar{\sigma}}$，则知与上面两段合并可知 $\bar{\sigma}$ 为 $\bar{G}$ 的

一个自同构．于是再从 $\bar{B}\lhd\lhd\bar{G}$ 得 $\bar{B}^{\bar{\sigma}}=\bar{B}$．这说明了：当 $b\in B$ 时，$(Ab)^{\bar{\sigma}}=Ab^{\sigma}\in\bar{B}=B/A$，不得不有 $b^{\sigma}\in B$，即 $B^{\sigma}\subseteq B$，故由 σ 在 $A(G)$ 内的任意性得 $B\lhd\lhd G$．证完．

再来谈特征群列与主群列间关系问题，有

定理 14 若群 G 之全形 $H(G)$ 有主群列时，则 G 之特征群列可为全形 $H(G)$ 之主群列的一部分．（这定理当然包括了 G 有特征群列．）

证明 因 $H(G)$ 有主群列，而 $G\lhd H(G)$，故易知商群 $H(G)/G$ 有主群列（利用定理 10 易证），而令 $H(G)/G$ 的一个主群列为

$$H(G)/G\supset K_1/G\supset K_2/G\supset\cdots\supset K_s/G\supset 1,$$

于是 K_i/G 是含在 K_{i-1}/G 内的 $H(G)/G$ 之最大正规子群（$i=1,2,\cdots,s,s+1$；$K_0=H(G)$，$K_{s+1}=G$），故 K_i 为含在 K_{i-1} 内的 $H(G)$ 之最大正规子群．因由定理 10 又知 $H(G)\supset K_1\supset\cdots\supset K_s\supset G\supset 1$ 可加细到 $H(G)$ 的一个主群列，为

$$\begin{aligned}&H(G)\supset K_1\supset\cdots\supset K_s\supset G(=K_{s+1}=G_0)\\&\supset G_1\supset G_2\supset\cdots\supset G_{r-1}\supset G_r=1,\end{aligned}\tag{3}$$

故据引理 5 知每 $G_i\lhd\lhd G$，这说明

$$G=G_0\supset G_1\supset G_2\supset\cdots\supset G_{r-1}\supset G_r=1\tag{4}$$

为由 G 之特征子群组成的无重复项的降链．我们的目的是要证明 (4) 为 G 之特征群列．

用反证法，若 (4) 非 G 之特征群列，则必有一 i 使 G_i 不是含在 G_{i-1} 内的 G 之最大特征子群，即有如 $G_{i-1}>N>G_i$ 且又 $N\lhd\lhd G$ 之 N 是存在的，故据引理 5 得 $N\lhd H(G)$，这说明 (3) 不是 $H(G)$ 之主群列，不可．至此，定理14完全获证．

（三）设 $\Omega=E(G)$——G 之一切自同态的集合．

这时，容许子群是完全特征子群，叫这时的 Ω-合成群列为 G 之**完全特征群列**．换言之，由 G 之有限多个完全特征子群组成的无重复项降链

$$G=G_0\supset G_1\supset G_2\supset\cdots\supset G_{r-1}\supset G_r=1$$

中，若每 G_i 为含在 G_{i-1} 内的 G 之最大完全特征子群，就叫这降链

为 G 的**完全特征群列**．由定理 8，可知任二个完全特征群列等价，且任一无重复项的由完全特征子群而成的降链必能加细成一个完全特征群列．因以后不用它，故不深入讨论．

问题 1　若降链 $G=G_0\supset G_1\supset\cdots\supset G_{r-1}\supset G_r=1$ 为 G 之主群列或特征群列，试证 G_{i-1}/G_i 为特征单群．

问题 2　设上题中降链为 G 之特征群列，试利用定理 13 证明 G_{i-1}/G_i 不含 G/G_i 之特征子群为真子群．

问题 3　若 $A\lhd\lhd\lhd G$，且 $B/A\lhd\lhd\lhd G/A$，试证 $B\lhd\lhd\lhd G$．

第二章　有限幂零与可解群

这章目的主要解决有限可解群能分解为 p-群之积，从而说明 p-群之研究在有限群内的重要性. 有限可解群能分解为 p-群之积是 P. 霍尔(P. Hall)的工作，见文献[15, 16, 17]. 这三篇文章虽不长，但对有限群的影响很大，到目前为止凡属有限群的某些重要工作或多或少要牵涉到这几篇文献. 谈可解群之分解不能不牵连到幂零群，因有限幂零群可分解为 p-群之直积这结果也是促使 P. 霍尔工作的一个原因. 由于交换群是幂零群的特例，而循环群又是交换群的特例，所以下面就循环、交换、幂零、可解群的分解循序渐进逐一地论述，从而使得 p-群的研究在有限群内的重要性显得突出.

§1. 西洛 (Sylow) 定理

我们知道：有限群 G 之子群 H 的阶 $o(H)$ 必为 G 之阶 $o(G)$ 的因数. 但反之，若 m 为 $o(G)$ 之一因数，却不见得 G 恒有阶 m 的子群，例如四次交代群 $\mathfrak{A}_4$ (阶等于 12) 就没有阶 6 的子群. 可是当 $o(G)$ 之因数 m 等于一素数或一素数之幂时，G 确有阶为 m 的子群，由之可得到有限群中的西洛定理；西洛定理是有限群的一个很重要的性质，关于有限可解群的 P. 霍尔的三篇文献 (引言中述及的) 也是由于西洛定理之启示而获得的.

在第一章§12 的引理 1 中介绍了可迁群(对置换群言)的概念. 但不见得每个置换群都是可迁的，例如由置换 $\pi=(1234)(5678)$ 生成的四阶循环群 $\{\pi\}$ 易知不是可迁的. 不为可迁的置换群叫做**非迁 (置换) 群**. 这里 $\{\pi\}$ 可使被置换的文字 1, 2, 3, 4, 5, 6, 7, 8 分成两组： $\{1, 2, 3, 4\}$ 与 $\{5, 6, 7, 8\}$；而 $\{\pi\}$ 中确有置换使

{1, 2, 3, 4} 中的文字 1 变为 1, 2, 3, 4 的任一个，同理 $\{\pi\}$ 中又有使 5 变为 5, 6, 7, 8 的任一个的置换，故如果只着眼于文字 1, 2, 3, 4 而不管文字 5, 6, 7, 8, 就知道 $\{\pi\}$ 为 1, 2, 3, 4 上的可迁群. 当然，根据同样的道理也知道 $\{\pi\}$ 为 5, 6, 7, 8 上的可迁群. 像这样的两组文字 {1, 2, 3, 4} 与 {5, 6, 7, 8} 叫做非迁群 $\{\pi\}$ 的**可迁系**. 一般, n 个文字 $1,2,3,\cdots,n$ 上的非迁置换群 G 恒可使 n 个文字 $1,2,3,\cdots,n$ 之集合 Ω 分成若干个两两互不相交的子集合之并集（如 $\Omega=\mathfrak{T}_1+\mathfrak{T}_2+\cdots+\mathfrak{T}_k=\bigcup\limits_{i=1}^{k}\mathfrak{T}_i$ 或写为 $\sum\limits_{i=1}^{k}\mathfrak{T}_i$, 但 $i\neq j$ 时, $\mathfrak{T}_i\cap\mathfrak{T}_j$ 为空集），能使同一个子集 $\mathfrak{T}_i$ 内的任二文字可由 G 之一置换得变化之，而 G 中没有置换使 $\mathfrak{T}_i$ 中的文字变为 $\mathfrak{T}_j$ 中的文字 ($i\neq j$). 像这样的 $\mathfrak{T}_1, \mathfrak{T}_2, \cdots, \mathfrak{T}_k$ 叫做非迁置换群 G 的**可迁系**. 因而易知 n 个文字 $1, 2, 3, \cdots, n$ 之集合 Ω 上的置换群 G 为可迁的充要条件是 Ω 只能分成一个可迁系（即 Ω 自身为可迁系，或 $\Omega=\mathfrak{T}_1$, 或 $k=1$). 若今后恒用符号 $|A|$ 表示集合 A 所含元素之个数，则显然可知：当 A 为群时，就是 $|A|=o(A)$. 于是，当 $\Omega=\sum\limits_{i=1}^{k}\mathfrak{T}_i$, $\mathfrak{T}_i\cap\mathfrak{T}_j$ 为空集时，即得 $|\Omega|=\sum\limits_{i=1}^{k}|\mathfrak{T}_i|$. 这些都是关于非迁置换群的基本知识. 现在可以证明下面的

定理 1 设 $o(G)=g=p^a n$ (p 为素数)，则 G 必有阶 p^a 的子群，且 G 中阶 p^a 之子群的个数 $N(p^a)$ 又有关系式 $N(p^a)\equiv 1\pmod{p}$.

证明 （下面的证明方法是 H. 维兰德 (H. Wielandt) 给出的.）

设 $\mathfrak{M}$ 是从群 G 中取 p^a 个元而成的集合，将一切这样的 $\mathfrak{M}$ 组成的集记以 Ω, 即 $\Omega=\{\mathfrak{M}\mid\mathfrak{M}\subset G, |\mathfrak{M}|=p^a\}$, 显然有 $|\Omega|=\binom{g}{p^a}$. 又当 $\mathfrak{M}\in\Omega$ 时，对任元 $x\in G$ 显然也有 $\mathfrak{M}x\in\Omega$, 且由 G 成群之理又知若 $\mathfrak{M}\neq\mathfrak{N}$ ($\mathfrak{M}, \mathfrak{N}\in\Omega$) 就必有 $\mathfrak{M}x\neq\mathfrak{N}x$ (对任元

$x\in G$). 这说明了每 $x\in G$ 对应于集合Ω上的一个置换$\begin{pmatrix}\mathfrak{M}\\ \mathfrak{M}x\end{pmatrix}=T(x)$，$\mathfrak{M}$ 跑遍 Ω；由于显然有关系式 $xy\to T(xy)=T(x)\cdot T(y)$，得知 $T(x)$ 成群（x 跑遍 G）G_Ω 而实际上有 $G\simeq G_\Omega$. 因 G_Ω 为 Ω 上的置换群，故可将 Ω 分成为置换群 G_Ω 的若干个可迁系 $\mathfrak{T}_i(i=1,2,\cdots,k)$，因之 $|\Omega|=\sum\limits_i|\mathfrak{T}_i|$；但由于 G_Ω 为 $\mathfrak{T}_i$ 上（$i=1,2,\cdots,k$）的可迁群，故取任一 $\mathfrak{M}\in\mathfrak{T}_i$ 后（$\mathfrak{M}$ 是取 G 之某 p^a 个元所成之集），则据前章 §12 引理 1 得知 $|\mathfrak{T}_i|=[G:A_i]$，但 $A_i=\{x\,|\,\mathfrak{M}x=\mathfrak{M},\ x\in G\}$. 然由 $\mathfrak{M}A_i=\mathfrak{M}$ 又知 $\mathfrak{M}=\bigcup\limits_{j=1}^{k_i}x_{ij}A_i(x_{ij}\in\mathfrak{M})$，由是可知 $p^a=|\mathfrak{M}|=k_io(A_i)$，不得不有 $o(A_i)=p^{b_i}\leqslant p^a$.

显然 $o(A_i)<p^a$ 等价于 $|\mathfrak{T}_i|=[G:A_i]\equiv 0\ (\mathrm{mod}\,pn)$，故等式 $o(A_i)=p^a$ 与 $|\mathfrak{T}_i|=n$ 等价，于是

$$|\Omega|=\binom{g}{p^a}\equiv\sum_{|\mathfrak{T}_i|=n}|\mathfrak{T}_i|\quad(\mathrm{mod}\,pn).$$

但在 $|\mathfrak{T}_i|=n$ 时，有 $o(A_i)=p^a$ 及 $\mathfrak{M}=m_iA_i(m_i\in\mathfrak{M})$，故 $\mathfrak{M}\cdot m_i^{-1}=m_iA_im_i^{-1}=B_i$ 为阶等于 p^a 的子群且 B_i 显然是属于可迁系 $\mathfrak{T}_i$ 的，因之陪集 B_ix 得跑遍 $\mathfrak{T}_i$（当 x 跑遍G时）. 反之，每个阶为 p^a 的子群 A（即 $o(A)=p^a$）也很显然是属于长等于 n 的一个可迁系 $\mathfrak{T}=\{Ax\,|\,x\in G\}$ 内. 又可证明阶等于 p^a 的二个子群也必属于相异的可迁系内：事实上，设 $o(A_i)=p^a=o(A_j)$ 而有 $A_i=A_jx(x\in G)$，则 $1=a_jx(a_j\in A_j)$，因而 $x=a_j^{-1}\in A_j$，故 $A_i=A_ja_j^{-1}=A_j$. 故长为 n 之可迁系之个数等于 $N(p^a)$，于是有

$$\binom{np^a}{p^a}\equiv\sum_{|\mathfrak{T}_i|=n}|\mathfrak{T}_i|=n\cdot N(p^a)\quad(\mathrm{mod}\,pn).\tag{1}$$

再选取G为 p^an 阶的循环群，则因这时有 $N(p^a)=1$，故代入 (1) 中得

$$\binom{np^a}{p^a}\equiv n\quad(\mathrm{mod}\,pn),$$

因而对凡阶为 p^an 的群 G，据 (1) 式就有

$$n \equiv n \cdot N(p^a) \qquad (\mathrm{mod}\, pn),$$

即 $N(p^a) \equiv 1(\mathrm{mod}\, p)$. 定理 1 获证.

特当定理 1 中的 $(n, p) = 1$，即 p^a 是整除 $o(G) = g$ 的 p 之最高幂 $(p^a \| o(G))$ 时，则叫 G 中 p^a 阶子群为 G 的**西洛** (Sylow) **p-子群**. 于是由定理 1 即得

定理 2 (第一西洛定理) 若素数 $p | o(G)$，则 G 必有西洛 p-子群，且西洛 p-子群之个数 $N_p \equiv 1(\mathrm{mod}\, p)$.

由定理 1 当然也得知下面的

定理 3 (歌西 (Cauchy) 定理) 若素数 $p | o(G)$，则 G 必有阶 p 之元，且 G 中阶 p 之元的个数 $n_p \equiv -1(\mathrm{mod}\, p)$.

事实上，由定理 1 知 G 有 p 阶子群，而阶 p 的子群中每个非单位元的阶均为 p，故 G 有阶 p 的元. 又由定理 1 知 G 有 $N(p)$ 个 p 阶子群且 $N(p) \equiv 1(\mathrm{mod}\, p)$，然每个 p 阶子群又恰有 $p-1$ 个 p 阶元，而不同的 p 阶子群又无元公共(除单位元外)，故 G 中 p 阶元之个数 $= (p-1) \cdot N(p) \equiv -1(\mathrm{mod}\, p)$. 证完.

为了深入探索西洛子群的性质，先引进群关于其二个子群的两侧分解的概念.

设 A, B 为群 G 之二子群，考虑 $AxB = \left\{ axb \;\middle|\; \begin{matrix} a \in A \\ b \in B \end{matrix} \right\}$ (但 $x \in G$). 今能断言：当 $x, y \in G$ 时，或 $AxB = AyB$，或 $AxB \cap AyB$ 为空集.

事实上，若 $a_1xb_1 = a_2yb_2$，则 $x = a_1^{-1}a_2yb_2b_1^{-1} = \bar{a}y\bar{b}$ ($\bar{a} = a_1^{-1}a_2 \in A$, $\bar{b} = b_2b_1^{-1} \in B$)，因而 $AxB = (A\bar{a})y(\bar{b}B) = AyB$.

于是 G 可分解为一些形状像 $AxB(x \in G)$ 之子集的并集. 故当 G 为有限群时就有

$$G = \bigcup_{i=1}^{n} Ax_iB,$$

且当 $i \neq j$ 时 $Ax_iB \cap Ax_jB$ 为空集；并且由于群 G 满足消去律，故 $|AxB| = |x^{-1}AxB|$；但 $x^{-1}Ax$ 与 B 为 G 的子群，于是得 $|AxB| =$

$|x^{-1}AxB| = \dfrac{o(A)o(B)}{o(x^{-1}Ax \cap B)}$. 故证得了

引理 1　设 A 与 B 为群 G 的二个子群. 叫集合 $AxB = \{axb \mid a \in A, b \in B\}$ 为 G 关于子群 A, B 的两侧陪集 $(x \in G)$. 特当 G 为有限群时，则有

$G = \bigcup_{i=1}^{n} Ax_iB$ (每 $x_i \in G$), 且 $Ax_iB \cap Ax_jB$ 为空集 ($i \neq j$ 时)，并有

$$|G| = o(G) = \sum_{i=1}^{n} \frac{o(A) \cdot o(B)}{o(x_i^{-1}Ax_i \cap B)}.$$

据这引理 1，不难证明下面的

定理 4 (第二西洛定理)　设 G 为有限群，则有：i) 令 S_p 为 G 的一个西洛 p-子群，而 P 为 G 之一个 p-子群(即 $o(P)$ 为 p 的幂). 那末必有一元 $x \in G$ 使 $P \subseteq x^{-1}S_px$;

ii) G 中所有西洛 p-子群在 G 内都互为共轭的，因而其个数 $N_p = [G:N_G(S_p)] \equiv 1 (\bmod p)$.

证明　由引理 1 有 $G = \bigcup_{i=1}^{n} S_px_iP (x_i \in G)$, 因而有 $o(G) = \sum_{i=1}^{n} \dfrac{o(S_p) \cdot o(P)}{o(x_i^{-1}S_px_i \cap P)}$, 故 $\dfrac{o(G)}{o(S_p)} = \sum_{i=1}^{n} \dfrac{o(P)}{o(x_i^{-1}S_px_i \cap P)}$; 于是苟若对每 i 常有 $x_i^{-1}S_px_i \cap P < P$, 则 $\dfrac{o(P)}{o(x_i^{-1}S_px_i \cap P)}$ 必为 p 之倍数，因而

$\dfrac{o(G)}{o(S_p)} = \sum_{i=1}^{n} \dfrac{o(P)}{o(x_i^{-1}S_px_i \cap P)}$ 亦为 p 所整除，这显与 S_p 为 G 之西洛 p-子群的意义相矛盾，不可. 故必有一 i 使 $x_i^{-1}S_px_i \cap P = P$, 即 $P \subseteq x_i^{-1}S_px_i$, 证明了 i).

如取 P 为 G 之西洛 p-子群时，则由 $P \subseteq x_i^{-1}S_px_i$ 得 $P = x_i^{-1}S_px_i$, 证明了西洛子群的共轭性，即 ii) 中的第一个结论获证.　至于 $[G:N_G(S_p)] \equiv 1 (\bmod p)$ 由定理 2 即得.

既然 G 中西洛 p-子群互相共轭，故由定理 4 的 ii) 即得

推论 1 有限群G只有唯一个西洛 p-子群 S_p 的充要条件是 $S_p \lhd G$，即 $N_G(S_p)=G$.（这时也必有 $S_p \lhd \lhd \lhd G$).

由定理 4 可知G之任一个 p-子群 P 必为G之某个西洛 p-子群 S_p 的子群. 然 $P\subseteq S_p$ 当然也有 $P\subseteq N_G(S_p)$. 但反之，若 $P\subseteq N_G(S_p)$，则因 $S_p \lhd N_G(S_p)$，故知 PS_p 为 $N_G(S_p)$ 之子群，因而有 $o(PS_p)=o(S_p)\cdot\dfrac{o(P)}{o(S_p\cap P)}=p$ 之幂且 $\geqq o(S_p)$，故只能是 $o(PS_p)=o(S_p)$，不得不有 $PS_p=S_p$，即 $P\subseteq S_p$. 这又证得了

定理 5 有限群G的 p-子群 P 包含在G之西洛 p-子群 S_p 内的充要条件是 P 包含在 S_p 的正规化子里面. 即 $P\subseteq S_p \Longleftrightarrow P\subseteq N_G(S_p)$.

定理 4 是说有限群G至少有一个西洛 p-子群 S_p 包含所与的 p-子群 P，今问：G 中包含 P 的西洛 p-子群究竟有多少?

由定理 4 可知：若 S_p 是G的一个西洛 p-子群，而令 $G=\sum\limits_{i=1}^{n} N_G(S_p)\cdot g_i$ 时，就知道

$$S_p^{(1)}=g_1^{-1}S_pg_1, S_p^{(2)}=g_2^{-1}S_pg_2, \cdots, S_p^{(n)}=g_n^{-1}S_pg_n \tag{2}$$

是G的全部西洛 p-子群因而 $n\equiv 1(\bmod p)$.

我们现在证明 (2) 中不含 P 之 $S_p^{(i)}$ 的个数（即G中不含 P 的西洛 p-子群之个数）必为 p 之倍数.

事实上，若 $P\not\subset S_p^{(j)}$，则由定理 5 知 $P\not\subset N_G(S_p^{(j)})$，故 $D=P\cap N_G(S_p^{(j)})<P$，$[P:D]=p^\lambda>1$（即 $\lambda>0$). 于是令 P 关于D之陪集分解为 $P=\sum\limits_{i=1}^{p^\lambda} Dx_i$ 时，因对 P 之任一元 $dx_i(d\in D)$ 有

$$(dx_i)^{-1}S_p^{(j)}(dx_i)=x_i^{-1}S_p^{(j)}x_i,$$

且由于 $x_k^{-1}S_p^{(j)}x_k=x_l^{-1}S_p^{(j)}x_l$ 之充要条件为 $x_kx_l^{-1}\in N_G(S_p^{(j)})$，因而为 $x_kx_l^{-1}\in D$，即不得不为 $k=l$，故知仅用 P 之元变 $S_p^{(j)}$ 之形所得与 $S_p^{(j)}$ 共轭之个数恰等于 p^λ. 并且还知道这样一些与 $S_p^{(j)}$ 共轭的 $x_1^{-1}S_p^{(j)}x_1, x_2^{-1}S_p^{(j)}x_2, \cdots, x_{p^\lambda}^{-1}S_p^{(j)}x_{p^\lambda}$ 都不包含

$$P(P>D\Longrightarrow P>x_i^{-1}Dx_i=x_i^{-1}Px_i\cap x_i^{-1}N_G(S_p^{(j)})x_i$$

$$= P\cap N_G(x_i^{-1}S_p^{(j)}x_i) \Longrightarrow P \not\subset N_G(x_i^{-1}S_p^{(j)}x_i)$$
$$\Longrightarrow P \not\subset x_i^{-1}S_p^{(j)}x_i \text{（定理 5））}.$$

这就证明了 G 之全部（共 n 个）西洛 p-子群中（如（2））若有一个 $S_p^{(j)}$ 不包含 P，那末（2）中就有像刚才说的仅用 P 之元去变形 $S_p^{(j)}$ 所得到与 $S_p^{(j)}$ 共轭的 $p^\lambda(>1)$ 个都不包含 P.

如果把上述这些 $x_1^{-1}S_p^{(j)}x_1, x_2^{-1}S_p^{(j)}x_2, \cdots, x_{p^\lambda}^{-1}S_p^{(j)}x_{p^\lambda}$［它们都不包含 P］从（2）中去掉后，剩下的还有不包含 P 的，例如说 $P\not\subset S_p^{(l)}$，那末又和上面一段的论证完全一样可知：仅限于用 P 之元变 $S_p^{(l)}$ 之形所得与 $S_p^{(l)}$ 共轭之个数也等于 p 之幂且都不包含 P.

因（2）中 n 个 $S_p^{(i)}$ 在 G 内虽互共轭，然若只限于用 P 之元变形却不必共轭（今后就简称对 P 言不必共轭），但由于用 P 之元去变形所得共轭之关系也满足自反对称传递三律，故对 P 言可将（2）中凡不包含 P 的 $S_p^{(i)}$ 分成共轭类，使每两类无公共元（因之上面两段所说的 $x_1^{-1}S_p^{(j)}x_1, x_2^{-1}S_p^{(j)}x_2, \cdots, x_{p^\lambda}^{-1}S_p^{(j)}x_{p^\lambda}$ 与由 $S_p^{(l)}$ 用 P 之元变形所得的 p^μ 个 $S_p^{(i)}$ 无相同的 $S_p^{(i)}$），且每类含西洛子群之个数均为 p 的幂．这足以说明 G 中不含 P 为子群的西洛 p-子群之个数等于 p 之倍数.

由是，因 G 中一切西洛 p-子群之个数 $\equiv 1 \pmod p$，故去掉不含 P 的以外（其个数为 p 之倍数），含 P 的个数也必 $\equiv 1 \pmod p$．故得到

定理 6 有限群 G 之每 p-子群 P 至少为 G 之一个西洛 p-子群的子群，一般应为 $\lambda p+1$ 个西洛 p-子群的子群．又 G 中不含 P 的西洛 p-子群若存在，其个数必为 p 之倍数.

定理 4 说明了有限群 G 中西洛 p-子群之个数为 $[G:N_G(S_p)]$——S_p 为 G 之任一个西洛 p-子群，即与它的正规化子 $N_G(S_p)$ 紧密相关，然而西洛子群的正规化子有它的特征，即有

定理 7 若有限群 G 之子群 H 含有 G 之西洛 p-子群 S_p 的正规化子为子群时，那末 H 的正规化子就是 H 自身（即 $N_G(S_p)\subseteq H\subseteq G \Longrightarrow N_G(H)=H$）.

证明 从 $S_p\subseteq N_G(S_p)\subseteq H\subseteq G$ 得知 S_p 也是 H 的西洛 p-子群，

故若 $x\in N_G(H)$，即 $x^{-1}Hx=H$，则知 $x^{-1}S_px$ 是 $x^{-1}Hx=H$ 的西洛 p–子群，因而由西洛 p–子群的共轭性知必有 $h\in H$ 使 $x^{-1}S_px=h^{-1}S_ph$，即 $xh^{-1}\in N_G(S_p)\subseteq H$，故 $x\in Hh=H$，证明了 $N_G(H)\subseteq H$，故必 $N_G(H)=H$. 证完.

群 G 之西洛 p–子群与 G 之正规子群和商群间的关系表现在下面的

定理 8 设 S_p 为 G 的西洛 p–子群. 若 $N\lhd G$，则:

(i) $N\cap S_p$ 为 N 的西洛 p–子群，

(ii) NS_p/N 为 G/N 的西洛 p–子群.

证明 G 之子群 A 为西洛 p–子群的充要条件是 $o(A)$ 为 p 的幂及 $([G:A],p)=1$. 下面就利用这性质来证明 (i) 与 (ii).

因 $N\lhd G$，故 $S_pN=NS_p$ 为 G 之子群，于是 $o(NS_p)=o(N)\cdot o(S_p)/o(N\cap S_p)$，而有 $[S_pN:S_p]=[N:S_p\cap N]$，故 $([N:S_p\cap N],p)=1$，因而再由 $o(S_p\cap N)$ 为 p 的幂则知 $S_p\cap N$ 为 N 之西洛 p–子群，(i) 获证.

又 $[G/N:S_pN/N]=[G:S_pN]\mid[G:S_p]$ 已保证了有 $([G/N:S_pN/N],p)=1$；而 $S_pN/N\simeq S_p/S_p\cap N$ 保证了 $o(S_pN/N)$ 为 p 的幂. 故 S_pN/N 为 G/N 的西洛 p–子群，(ii) 获证.

定理 8 之证明的关键之处在 S_p 与 N 可交换，从而保证 S_pN 为 G 之子群. 故条件 $N\lhd G$ 也不过是为了要保证 $S_pN=NS_p$ 而使之为子群，因而 $N\lhd G$ 之限制能放宽，只要假定 G 的子群 N 与 G 的西洛 p–子群 S_p 可交换就仍可得到定理 8 的结论 (i). 故又有

推论 设 S_p 是 G 的西洛 p–子群. 如果 G 的子群 N 具 $NS_p=S_pN$ 之性质，则 $S_p\cap N$ 为 N 之西洛 p–子群. 因而又有:

(i) $S_p\cap Z_G(S_p)$ 为 $Z_G(S_p)$ 的西洛 p–子群；

(ii) 当 $S_p\lhd G$ 时，不论 N 为 G 之任何子群，$S_p\cap N$ 恒为 N 之唯一的一个西洛 p–子群.

关于西洛子群与正规化子之关系，还有下面的

定理 9 设 $A\lhd G$ (有限群)，则有:

(i) 当 S_p 为 G 之西洛 p–子群时，有

$$N_G(S_p)A/A = N_{G/A}(S_pA/A);$$

(ii) 当 P 为 A 之西洛 p-子群时，有 $G = A \cdot N_G(P)$.

证明 $x \in N_G(S_p) \Longrightarrow (x^{-1}A)(S_pA/A)(xA) = (x^{-1}S_px)A/A = S_pA/A \Longrightarrow N_G(S_p)A/A \subseteq N_{G/A}(S_pA/A)$. 反之，$yA \in N_{G/A}(S_pA/A) \Longrightarrow y^{-1}S_py \cdot A = S_pA \Longrightarrow y^{-1}S_py$ 为 S_pA 之西洛 p-子群，故由定理 4 之 (ii)，可知有元 $sa(s \in S_p,\ a \in A)$ 使 $y^{-1}S_py = (sa)^{-1}S_p(sa) = a^{-1}(s^{-1}S_ps)a = a^{-1}S_pa \Longrightarrow ya^{-1} \in N_G(S_p) \Longrightarrow y \in N_G(S_p)A \Longrightarrow yA \in N_G(S_p) \cdot A/A$，证明了 $N_{G/A}(S_pA/A) \subseteq N_G(S_p) \cdot A/A$. 于是就有 $N_G(S_p) \cdot A/A = N_{G/A}(S_pA/A)$. (i) 获证.

又 $g \in G \Longrightarrow g^{-1}Pg$ 为 $g^{-1}Ag = A$ 之西洛 p-子群，故据定理 4 之 (ii) 知有元 $a \in A$ 使 $g^{-1}Pg = a^{-1}Pa$，因而 $ga^{-1} \in N_G(P)$，即 $g \in N_G(P) \cdot A = A \cdot N_G(P)$，故 $G = A \cdot N_G(P)$，即 (ii) 成立.

定理 4 曾说过有限群 G 之西洛 p-子群的个数 $N_p \equiv 1(\bmod p)$，但还有较深刻的结果，即

***定理10** 设 $P_1, P_2, \cdots, P_N$ 为有限群 G 之所有的西洛 p-子群. 如果对任何的 $i, j(i \neq j)$，都常有 $[P_i:P_i \cap P_j] \geq p^d$，则必有 $N \equiv 1(\bmod p^d)$.

证明 取 G 之任一个西洛 p-子群 P，作 P 之正规化子 $N_G(P)$，再作 G 关于 $P, N_G(P)$ 的两侧分解(引理 1)，如令 $G = \bigcup\limits_{i=1}^{s} P \cdot x_i \cdot N_G(P)$ $(x_1 = 1)$，当然就有(引理 1)：

$$o(G) = \sum_{i=1}^{s} \frac{o(P) \cdot o(N_G(P))}{o(x_i^{-1}Px_i \cap N_G(P))} \tag{3}$$

因 P 是 $N_G(P)$ 的唯一的一个西洛 p-子群，故据定理 4 之 (i) 可知 $N_G(P)$ 的 p-子群都包含在 P 内，随而 $x_i^{-1}Px_i \cap N_G(P) \subseteq P$——这结果也可直接利用定理 5 得到. 于是，$x_i^{-1}Px_i \cap N_G(P) = x_i^{-1}Px_i \cap P$. 故代入 (3) 中得

$$[G:N_G(P)] = N = \sum_{i=1}^{s} [P:x_i^{-1}Px_i \cap P],$$

但 $i>1$ 时必有 $x_i \notin N_G(P)$，因而 $x_i^{-1}Px_i \neq P$，于是据题设应有 $[P:x_i^{-1}Px_i \cap P] \geq p^d$，故得 $N \equiv 1(\mathrm{mod}\,p^d)$. 定理 10 证完.

在这里提请读者注意一点，即当 S_p 为有限群 G 之西洛 p-子群时，对 G 之正规子群 N 或对 G 中具有性质 $NS_p = S_pN$ 之子群 N，固可保证 $S_p \cap N$ 为 N 的西洛 p-子群(定理 8 或其推论)，但若对 N 不加任何其他的条件，而只说 N 为 G 之子群，能否保证 $S_p \cap N$ 为 N 之西洛 p-子群呢？这是一个否定的答案. 例如在四次对称群 $\mathfrak{S}_4$(阶为 24) 中，令 $\pi=(1234)$，$\sigma=(12)(34)$，则 $S_2=\{\pi,\sigma\}$ 是 $\mathfrak{S}_4$ 的一个西洛 2-子群(阶为 8)；显然，$N=\{(12)\}$ 是 $\mathfrak{S}_4$ 的一个 2 阶子群. 容易知道 $S_2 \cap N = 1$，故 $S_2 \cap N$ 不是 N 的西洛 2-子群.

西洛定理的用处很广，将在下面的章节中看出. 今仅举初等数论中的威尔逊 (Wilson) 定理为例来说明西洛定理的一个应用，以结束这一节.

例 设 p 是素数，试证 $(p-1)!+1 \equiv 0(\mathrm{mod}\,p)$.

证明 考虑 p 次对称群 $\mathfrak{S}_p$. 易知 $\mathfrak{S}_p$ 中阶 p 之元仅为 p 项循环，且 $\mathfrak{S}_p$ 中 p 项循环之个数为 $(p-1)!$. 因每个 p 项循环，如 $\pi=(1,2,\cdots,p-1,p)$，可生成 $\mathfrak{S}_p$ 的一个 p 阶子群 (循环) $\{\pi\}$，而 $\{\pi\}$ 中除单位元外每元的阶又是 p，故 $\{\pi\}$ 中有 $p-1$ 个元全是 p 项循环. 然 $\mathfrak{S}_p$ 中两个相异的 p 阶子群又没有异于单位元之公共元，于是 $\mathfrak{S}_p$ 中 $(p-1)!$ 个 p 项循环得使之分别含在 $\mathfrak{S}_p$ 中 $(p-1)!/(p-1)=(p-2)!$ 个 p 阶子群内，即 $\mathfrak{S}_p$ 共有 $(p-2)!$ 个 p 阶子群. 但因 $o(\mathfrak{S}_p)=p!$，故 $p \| o(\mathfrak{S}_p)$，即 $\mathfrak{S}_p$ 中 p 阶子群全是西洛 p-子群，说明了 $\mathfrak{S}_p$ 共有 $(p-2)!$ 个西洛 p-子群，故由西洛定理就得 $(p-2)! \equiv 1(\mathrm{mod}\,p)$，两端乘以 $p-1$ 即得 $(p-1)! \equiv -1(\mathrm{mod}\,p)$. 证完.

问题 1 证明阶 45 的群为交换群. 一般，当 p, q 是两个相邻的奇素数且 $p<q$，证明阶 p^2q 的群为交换群 (假定数论中在 x 与 $2x$ 之间有一素数之结果为已知的).

问题 2 设 p, q 是互异之素数，且 $p \not\equiv 1(\mathrm{mod}\,q)$ 及 $q \not\equiv$

$1(\mathrm{mod}\,p)$. 证明阶为 pq 的群为循环群.

问题 3　设 $p^a \| o(G)$, p 是素数, 且 G 中阶为 p 幂的元恰有 p^a 个, 试证 G 不是单群.

问题 4　阶为 200 的群不是单群.

问题 5　设有限群 G 之 p–子群 P 是正规的, 试证 P 为 G 之每西洛 p–子群 S_p 的子群.

问题 6　证明阶为 168 的单群有 48 个阶为 7 的元?

问题 7　设 $H \lhd G$, 且 $([G:H], p) = 1$, 试证 G 的每西洛 p–子群也是 H 的西洛 p–子群.

问题 8　求四次对称群 $\mathfrak{S}_4$ 的一切西洛子群.

问题 9　设 p 是素数, 且 $p \leqslant n < 2p$, 试证 n 次对称群 $\mathfrak{S}_n$ 中凡阶为 p 之置换的个数与 p 互素. 又问这时 $\mathfrak{S}_n$ 有多少个西洛 p–子群.

问题 10　试作群之右正则表现证明阶为 $2m$ (m 为奇数) 的群不是单群.

问题 11　设 H 为有限群 G 之子群, 试证必有 G 之一西洛 p–子群 S_p 使 $H \cap S_p$ 为 H 的西洛 p–子群.

§2. 有限循环群的分解

有了西洛定理, 几种主要类型的有限群(循环、交换、幂零、可解)之构造问题就能够解决了.先从最简单的情况即循环群来谈起.

设 $G = \{a\}$ 为有限循环群, 其阶 $o(G) = o(a)$ 之素因数分解令为 $o(G) = p_1^{\lambda_1} p_2^{\lambda_2} \cdots p_n^{\lambda_n}$. G 之每子群的正规性保证了 G 只有唯一个西洛 p_i–子群 $S_{p_i}(i = 1, 2, \cdots, n)$, 且 $S_{p_i} = \{a_i\}$ 为 $p_i^{\lambda_i}$ 阶循环群. 因每 $S_{p_i} \lhd G$, 故从 $(p_1^{\lambda_1}, p_2^{\lambda_2}) = 1$ 得 $S_{p_1} \cap S_{p_2} = 1$ 后就应有 $\{S_{p_1}, S_{p_2}\} = S_{p_1} S_{p_2} = S_{p_1} \times S_{p_2}$, 其阶为 $p_1^{\lambda_1} p_2^{\lambda_2}$; 再由于 $(p_1^{\lambda_1} p_2^{\lambda_2}, p_3^{\lambda_3}) = 1$ 又有 $\{S_{p_1}, S_{p_2}, S_{p_3}\} = S_{p_1} \times S_{p_2} \times S_{p_3}$. 继续这方法, 终得直积 $S_{p_1} \times S_{p_2} \times \cdots \times S_{p_n}$, 其阶等于 $o(G) = p_1^{\lambda_1} p_2^{\lambda_2} \cdots p_n^{\lambda_n}$, 不得不有 $G = S_{p_1} \times S_{p_2} \times \cdots \times S_{p_n}$, 说明了 G 可分解为西洛 p_i–子群 $(i=1,$

$2, \cdots, n$) 之直积. 又这样分解之表示法也是唯一的,因为 G 只有唯一个西洛 p_i–子群 $S_{p_i}(i = 1, 2, \cdots, n)$.

于是得到了下面的

定理 1 有限循环群 G 可以分解为阶等于互异素数幂的循环群(即西洛子群)的直积,且这样分解的方法是唯一的.

定理 1 的实质意义是说有限循环群的研究可转化为 p–(循环)群的研究. 本来,有限循环群的性质在前章 §4 里已探索过,现在进一步地讨论循环 p–群的性质.

既然有限循环群可转化为循环 p–群来讨论,今问循环 p–群能再分解为真子群之直积吗? 我们说不能. 事实上,若 $G = \{a\}$ 是 p^m 阶的(p 为素数),则据前章 §4 定理 4 可知 G 中一切异于 1 的子群是可由各元素 $a, a^p, a^{p^2}, \cdots, a^{p^{m-1}}$ 所生成的循环(子)群,故知 G 中任二子群必有一个包含在另一个内, 这当然说明了 G 之任二个子群不能形成直积. 故得

定理 2 循环 p–群不能分解为二个真子群之直积.

这节的本质问题是定理 1, 它阐明了有限循环群的研究归根到底是只研究循环 p–群就够了, 而定理 2 只不过是补充定理 1 的, 它是说明循环 p–群的朴素性. 因而下面就着重讨论循环 p–群,我们来看看循环 p–群 G 的自同构群 $A(G)$ 是什么?

设 $G = \{a\}$ 是 p^m 阶的. G 中一个 1-1 映射 σ 为 G 的自同构之充要条件是 a^σ 仍为 G 的生成元, 于是当令 $a^\sigma = a^{k_\sigma}$ 时 (k_σ 为正整数), 其充要条件是 $(k_\sigma, p^m) = 1$, 因而这样的 k_σ 之个数等于 $\varphi(p^m) = p^{m-1}(p-1)$ [对模 p^m 而言], 这说明了 $A(G)$ 之阶为 $p^{m-1}(p-1)$. 同时由于

$$a^{k_{\sigma\tau}} = a^{\sigma\tau} = (a^\sigma)^\tau = (a^{k_\sigma})^\tau = (a^\tau)^{k_\sigma} = (a^{k_\tau})^{k_\sigma} = a^{k_\sigma k_\tau},$$

式中 $\sigma, \tau \in A(G)$, 就知道

$$k_\sigma k_\tau \equiv k_{\sigma\tau} \pmod{p^m},$$

这说明了映射 $\sigma \to k_\sigma$ 是 $A(G)$ 到模 p^m 之既约剩余类群**上**的同构映射. 然由数论知识已知: 当 p 为奇素数时, 模 p^m 有**原根**(primitive root), 即有一数 g 使 $g, g^2, g^3, \cdots, g^{\varphi(p^m)} \equiv 1$ 为模 p^m 之既约剩

余类的全体；当 $p=2$ 时，则模 2^m 有原根的充要条件是 $m\leqslant 2$，而在 $m\geqslant 3$ 时 2^m 之既约剩余类为两个循环群之直积，一个的阶为 2^{m-2}，另一个的阶为 2. 于是据前章 §11 定理 10，而由本节的定理 1，就证得了

定理 3 $g=p_1^{\lambda_1}p_2^{\lambda_2}\cdots p_n^{\lambda_n}$ 阶循环群 G 之自同构群 $A(G)$ 等于阶为 $p_1^{\lambda_1}, p_2^{\lambda_2}, \cdots, p_n^{\lambda_n}$ 的诸循环群之自同构群的直积，因而 $o(A(G))=\varphi(g)$. 然而 p^m 阶循环群（p 为素数）的自同构群在

(i) $p>2$ 或 $p=2$ 且又 $m\leqslant 2$ 时，为 $\varphi(p^m)$ 阶的循环群；

(ii) $p=2$ 且又 $m\geqslant 3$ 时，为阶 2^{m-2} 与阶 2 的两个循环群之直积.

至此，本节的主要问题就讨论完了. 但既已谈到有限循环群的实质问题就是循环 p-群，我们索性研究一下从 p-群的角度讨论有限群为循环群的条件.

本来，前章 §4 定理 6 已说过：如果对 $o(G)$ 之每因数 d，G 至多有 d 个元满足方程 $x^d=1$ 时，G 就是循环群. 所以如将 $o(G)$ 分解为素因数，如 $o(G)=p_1^{\lambda_1}p_2^{\lambda_2}\cdots p_n^{\lambda_n}$ 时，那末除了 $d=1$ 或 $d=o(G)$ 这两个因数用不着需要检验以外，我们需要检验 $o(G)$ 的 $(\lambda_1+1)(\lambda_2+1)\cdots(\lambda_n+1)-2$ 个因数，工作量太大了. 现在问能否削弱前章 §4 定理 6 的条件，使检验的工作量尽可能地少些呢？据西洛定理，文献〔18〕解决了这样一个问题，即设 $o(G)=p_1^{\lambda_1}p_2^{\lambda_2}\cdots p_n^{\lambda_n}$，如果 G 至多有 $p_i^{k+1}-1$ 个元满足方程 $x^{p_i^k}=1$，但 k 应取 $1, 2, \cdots, \lambda_i-1, \lambda_i\ (i=1, 2, \cdots, n)$，则 G 必为循环群. 这条件也太强了，实际上还有

定理 4 设 $o(G)=p_1^{\lambda_1}p_2^{\lambda_2}\cdots p_n^{\lambda_n}$ 为素因数分解. 如果 G 至多有 $p_i^{\lambda_i}$ 个元满足方程 $x^{p_i^{\lambda_i}}=1$，且至多有 $p_i^{\lambda_i-1}$ 个元满足方程 $x^{p_i^{\lambda_i-1}}=1\ (i=1, 2, \cdots, n)$，则 G 必为循环群.

证明 设 S_{p_i} 为 G 的一西洛 p_i-子群，于是 S_{p_i} 的 $p_i^{\lambda_i}$ 个元全部都满足方程 $x^{p_i^{\lambda_i}}=1$，故 G 再无别的元具此性质，说明了 G 只有唯一个西洛 p_i-子群，不得不有 $S_{p_i}\lhd G$. 然由 §1 又知 G 有阶 $p_i^{\lambda_i-1}$ 之子群 H，且 H 又必为 G 中一西洛 p_i-子群之子群，故必 $H\subset S_{p_i}$；因 H

之全部 $p_i^{\lambda_i-1}$ 个元都满足方程 $x^{p_i^{\lambda_i-1}}=1$，故由题设得知不属于 H 的元必不满足 $x^{p_i^{\lambda_i-1}}=1$，因而从 $H\subset S_{p_i}$ 又知有 $a_i\in S_{p_i}$ 而 $a_i\bar{\in}H$，故 $a_i^{p_i^{\lambda_i-1}}\neq 1$，而又必有 $a_i^{p_i^{\lambda_i}}=1$，这说明了 $o(a_i)=p_i^{\lambda_i}$，即 $S_{p_i}=\{a_i\}$ 为循环群．由是，$G=S_{p_1}\times S_{p_2}\times\cdots\times S_{p_n}$ 为西洛循环子群的直积，而易知元素 $a_1a_2\cdots a_n$ 的阶为 $\prod_{i=1}^{n}p_i^{\lambda_i}=o(G)$，即 $G=\{a_1a_2\cdots a_n\}$ 为循环群．证完．

> **附注** 据这定理 4，我们不需要像在前章 §4 定理 6 中说的那样必须检验 $o(G)=p_1^{\lambda_1}p_2^{\lambda_2}\cdots p_n^{\lambda_n}$ 之 $(\lambda_1+1)(\lambda_2+1)\cdots(\lambda_n+1)-2$ 个因数，而只需检验 $o(G)$ 之极少数个因数就行了，实际上应检验因数之个数为：
>
> (i) $2n$ 个，当 $n\geqslant 2$ 且每 $\lambda_i\geqslant 2$ 时；
>
> (ii) $2n-s$ 个，当 $n\geqslant 2$ 且有 s 个 $\lambda_i=1$ 时；
>
> (iii) 1 个，当 $n=1$ 且 $\lambda_1\geqslant 2$ 时．
>
> 第 (iii) 款是说当 $o(G)=p^{\lambda}(\lambda\geqslant 2)$ 时，只要能断定方程 $x^{p^{\lambda-1}}=1$ 之解至多为 $p^{\lambda-1}$ 个，就能肯定 G 是循环群(这时用不着要判定方程 $x^{p^{\lambda}}=1$)．

问题 1 问无限循环群能否分解为两个真子群的直积?

问题 2 设 $o(G)=p_1^{\lambda_1}p_2^{\lambda_2}\cdots p_n^{\lambda_n}$ 为素因数分解 $(n\geqslant 2)$．证明 G 为循环的充要条件是 G 有指数 $p_i^{\lambda_i}$ 的循环正规子群 $(i=1,2,\cdots,n)$．

问题 3 设 G 是一个非循环的 p-群．试证至少有一自然数 k 使 G 中阶 p^k 之元多于 $p^{k-1}(p-1)$ 个．

问题 4 设 G 为 p-群．试证 G 为循环的充要条件是满足方程 $x^{\frac{o(G)}{p}}=1$ 的 G 中元素之个数不超过 $\frac{o(G)}{p}$．

§3. 交换群的分解

循环群为交换群的特例，前节讨论了有限循环群之分解，本节的任务就对有限交换群的分解予以探讨．但因具有有限多个生成元的无限交换群之分解问题在后面要引用，故这一节里我们不仅讨论有限交换群，且对这样的无限交换群一并来研究．所以本节的标题叫做交换群的分解．

先讨论有限交换群．

设有限交换群 G 之阶 $o(G)$ 的素因数分解为 $o(G)=p_1^{\lambda_1}p_2^{\lambda_2}\cdots p_n^{\lambda_n}$．与前节讨论有限循环群完全类似，可知 G 有唯一个西洛 p_i-子群 $S_{p_i}(i=1,2,\cdots,n)$，并有 $G=S_{p_1}\times S_{p_2}\times\cdots\times S_{p_n}$，且这样的分解是唯一的．故得

定理 1 有限交换群能分解为阶等于互异素数幂的西洛子群之直积，且这样的分解方法只有一种．

由这定理 1，可证下面的三个推论．

推论 1 对于有限交换群 G 之阶 $o(G)$ 的每个因数 d，G 恒有阶 d 之子群．

附注 这里只说明了阶 d 之子群的存在性，并未保证其唯一性，这是与循环群有区别的，先提请注意一下．

事实上，若 $d=p_1^{\mu_1}p_2^{\mu_2}\cdots p_n^{\mu_n}$，$(0\leqslant\mu_i\leqslant\lambda_i)$，则据 §1 定理 1 知 G 有阶 $p_i^{\mu_i}$ 的子群 B_i，且由 §1 定理 4 又知 $B_i\subseteq S_{p_i}$．于是再由前章 §11 定理 5，则有 $C=\{B_1,B_2,\cdots,B_n\}=B_1\times B_2\times\cdots\times B_n$ 为 G 之一个阶 d 的子群．证完．

推论 2 若推论 1 中 $o(G)$ 之因数 d 适合 $\left(\dfrac{o(G)}{d},d\right)=1$，则 G 中阶 d 的子群只有一个，且这唯一个阶 d 的子群是 G 中具有性质 $x^d=1$ 之元素 x 的集合．

事实上，不失普遍性可令 $d=p_1^{\lambda_1}p_2^{\lambda_2}\cdots p_k^{\lambda_k}(k<n)$．$x^d=1$，$y^d=1$ 以及 G 之交换性保证了 $(xy)^d=1$，说明了 G 中其性质 $x^d=1$ 之元 x 的集 H 确为 G 之一子群．然当 $i=1,2,\cdots,k$ 时，又显见 S_{p_i} 之元 x 都具性质 $x^d=1$，故 $S_{p_i}\subseteq H(i=1,2,\cdots,k)$，因而 $S_{p_1}\times S_{p_2}\times\cdots\times S_{p_k}\subseteq H$，即 $d\,|\,o(H)=h$．

若还有 $p_j\,|\,o(H)=h(j=k+1,\cdots,n)$，则由 §1 定理 3 知有 $z\in H$ 使 $o(z)=p_j$，即 $z^{p_j}=1$，故由 $(p_j,d)=1$ 得 $z^d\neq 1$，

这又与H之形成的假定相矛盾，不可．故不得不有 $h=o(H)=d$，说明了G中具性质 $x^d=1$ 之元x的集H确是G中阶d的一个子群．

但因G中凡阶d之子群之元x又满足方程 $x^d=1$，故这样的元x也在H内，即证明了阶d之子群又只限于为H．推论2证完．

推论 3 设交换群G之阶 $o(G)$ 分解为r个两两互素的数之积，如 $o(G)=g_1g_2\cdots g_r$，$(g_i, g_j)=1$ 当 $i\neq j$ 时，则G得写为阶等于 $g_1, g_2, \cdots, g_r$ 之诸子群的直积，且这表示是唯一的．

事实上，据推论2已知G有唯一个阶 g_i 之子群 G_i，因每 $G_i \triangleleft G$，且当 $i\neq j$ 时有 $(g_i, g_j)=1$，故 $G_i\cap G_j=1$，于是首先有 $\{G_1, G_2\}=G_1G_2=G_1\times G_2$，其次有 $G_1G_2G_3=G_1\times G_2\times G_3$，等等，一直到直积 $G=G_1\times G_2\times\cdots\times G_r$．因阶 g_i 之子群 G_i 是唯一地存在，故这表示是唯一的．证完．

定理1的意义是说有限交换群的研究可转化为交换 p-群来讨论．故若对交换 p-群之性质弄清楚了，则有限交换群之性质也就阐明了．因而下面就着重研究交换 p-群．

前节说过循环 p-群不能再分解为两个真子群之直积，但交换 p-群怎样？事实上有

定理 2 交换 p-群确能再分解为循环 p-群之直积，且这样分解法是唯一的．

证明 设交换 p-群G之阶 $o(G)=p^n$．若G已为循环，勿需讨论．故假定G不是循环群，因而G中每元的阶都是 p^n 的真因数．今令a为G中阶最高的一个元素，$o(a)=p^m$，于是 $0<m<n$ 且G中每元的阶 p^μ 都有 $\mu\leqslant m$ 的关系．再作商群 $\bar{G}=G/\{a\}$，则 $o(\bar{G})=p^{n-m}<p^n$．

用归纳法，假定交换 p-群之阶的幂指数（p幂的）小于n时，定理2之分解法存在，于是有

$$\bar{G}=\{\bar{a}_1\}\times\{\bar{a}_2\}\times\cdots\times\{\bar{a}_t\}, \tag{1}$$

$\bar{a}_i$ 表示G中元 a_i 所属之陪集的简写，即 $\bar{a}_i=\{a\}a_i$．令 $\bar{a}_i$ 之阶为 p^{r_i}，即 $\bar{a}^{p^{r_i}}=1$，这意味着 $a_i^{p^{r_i}}$ 是属于子群 $\{a\}$ 内的 a_i 之最小的

正幂. 再考虑自然同态

$$G \sim \overline{G} = G/\{a\}.$$

由 $a_i^{p^{r_i}} \in \{a\}$ 令 $a_i^{p^{r_i}} = a^{s_i}$, 因而有

$$a^{s_i p^{m-r_i}} = (a_i^{p^{r_i}})^{p^{m-r_i}} = a_i^{p^m} = 1 \text{ (注意必有 } m \geqslant r_i\text{)},$$

不得不有 $p^m | s_i p^{m-r_i}$, $s_i = \lambda_i p^{r_i}$. 故再令 $b_i = a_i a^{-\lambda_i}$ 时, 有 $\overline{b}_i = \{a\}b_i = \{a\}a_i = \overline{a}_i$, $o(\overline{b}_i) = p^{r_i}$, 即 $b_i^{p^{r_i}}$ 为属于 $\{a\}$ 的 b_i 之最小正幂;但又因 $b_i^{p^{r_i}} = a^{s_i} a^{-\lambda_i p^{r_i}} = 1$, 故必有 $o(b_i) = p^{r_i}$. 既已知 $\overline{b}_i = \overline{a}_i$, 故由 (1) 式得

$$\overline{G} = \{\overline{b}_1\} \times \{\overline{b}_2\} \times \cdots \times \{\overline{b}_t\}. \tag{2}$$

下面我们将证明 $G = \{a\} \times \{b_1\} \times \{b_2\} \times \cdots \times \{b_t\}$.

事实上, 借自然同态 $G \sim G/\{a\} = \overline{G}$, 如令 G 中任元 x 在 $\overline{G}$ 内的像元为 $\overline{x}$, 则由 (2) 式可知

$$\overline{x} = \overline{b}_1^{k_1} \overline{b}_2^{k_2} \cdots \overline{b}_t^{k_t} = \overline{b_1^{k_1} b_2^{k_2} \cdots b_t^{k_t}},$$

不得不有

$$x = a^k b_1^{k_1} b_2^{k_2} \cdots b_t^{k_t}, \tag{3}$$

即证明了 $G = \{a\}\{b_1\}\{b_2\}\cdots\{b_t\}$. 其次, 若 $a^k b_1^{k_1} b_2^{k_2} \cdots b_t^{k_t} = 1$, 则从商群 $\overline{G} = G/\{a\}$ 而言,显见有 $\overline{b}_1^{k_1} \overline{b}_2^{k_2} \cdots \overline{b}_t^{k_t} = 1$, 故由 (2) 式知每 $\overline{b}_i^{k_i} = 1$, 即 $p^{r_i} | k_i$, 因而 $b_i^{k_i} = 1$, 故 $a^k = 1$, 说明了G之单位元 1 写为如 (3) 的表示法是唯一的,因而G中每元 x 写为如 (3) 之形也是唯一的. 这就证明了直积

$$G = \{a\} \times \{b_1\} \times \{b_2\} \times \cdots \times \{b_t\}.$$

再证分解的唯一性. 假定

$$G = \{x_1\} \times \{x_2\} \times \cdots \times \{x_r\} = \{y_1\} \times \{y_2\} \times \cdots \times \{y_s\},$$

$o(x_i) = p^{m_i}$, $o(y_i) = p^{n_i}$, 并不失普遍性可令

$$m_1 \geqslant m_2 \geqslant \cdots \geqslant m_r, \ n_1 \geqslant n_2 \geqslant \cdots \geqslant n_s.$$

我们的目的要证明 $r = s$ 及 $m_i = n_i (i = 1, 2, \cdots, r)$.

用反证法,苟若

$$m_1 = n_1, \cdots, m_{j-1} = n_{j-1}, m_j > n_j, \tag{4}$$

并令G中各元m 次幂所成之集为 ${}^{(m)}G$, 则 ${}^{(m)}G$ 为G的子群 (前章 §3 问题 1),故从 $G = \{y_1\} \times \{y_2\} \times \cdots \times \{y_s\}$ 得

$$ {}^{(p^{n_j})}G = \{y_1^{p^{n_j}}\} \times \{y_2^{p^{n_j}}\} \times \cdots \times \{p_{j-1}^{p^{n_j}}\}, $$

即 $o({}^{(p^{n_j})}G) = p^{n_1-n_j} \cdot p^{n_2-n_j} \cdot \cdots p^{n_{j-1}-n_j} = p^{(n_1+n_2+\cdots+n_{j-1})-(j-1)n_j}$;

但从 $G = \{x_1\} \times \{x_2\} \times \cdots \times \{x_r\}$ 又知

$$ {}^{(p^{n_j})}G = \{x_1^{p^{n_j}}\} \times \{x_2^{p^{n_j}}\} \times \cdots \times \{x_{j-1}^{p^{n_j}}\} \times \{x_j^{p^{n_j}}\} \times \cdots, $$

即 $o({}^{(p^{n_j})}G) = p^{m_1-n_j} \cdot p^{m_2-n_j} \cdot \cdots p^{m_{j-1}-n_j} \cdot p^{m_j-n_j} \cdot \cdots$

$$ = p^{(m_1+m_2+\cdots+m_{j-1})-(j-1)n_j+(m_j-n_j)+\cdots}. $$

于是不得不有

$$ \sum_{i=1}^{j-1} n_i - (j-1)n_j = \sum_{i=1}^{j-1} m_i - (j-1)n_j + (m_j - n_j) + \cdots, $$

故利用 (4) 式就有

$$ 0 = (m_j - n_j) + \cdots, $$

这又显与 (4) 矛盾，不可. 同理，$m_j < n_j$ 也会导致矛盾. 因而不得不有 $m_j = n_j (j = 1, 2, \cdots,)$，而最后也必有 $r = s$. 定理 2 完全获证.

有了定理 1 与定理 2，可证

定理 3 (有限交换群的基本定理) 有限交换群 G 可分解为一些阶等于素数幂的诸循环群的直积，且这样的分解方法是唯一的.

证明 设 $o(G) = p_1^{\lambda_1} p_2^{\lambda_2} \cdots p_n^{\lambda_n}$ 为素因数分解. 由定理 1 已知

$$ G = S_{p_1} \times S_{p_2} \times \cdots \times S_{p_n}, \tag{5} $$

S_{p_i} 是 G 之唯一个西洛 p_i-子群. 又由定理 2 知

$$ S_{p_i} = \{x_{i1}\} \times \{x_{i2}\} \times \cdots \times \{x_{ik_i}\} \tag{6} $$

$(i = 1, 2, \cdots, n)$，式中

$$ o(x_{i1}) = p_i^{\lambda_{i1}},\ o(x_{i2}) = p_i^{\lambda_{i2}}, \cdots,\ o(x_{ik_i}) = p_i^{\lambda_{ik_i}}, $$

故 $\lambda_i = \lambda_{i1} + \lambda_{i2} + \cdots + \lambda_{ik_i}$. 由 (5) 与 (6) 得

$$ G = \{x_{11}\} \times \cdots \times \{x_{1k_1}\} \times \{x_{21}\} \times \cdots \times \{x_{2k_2}\} \times \cdots \times \{x_{n1}\} \times \cdots \times \{x_{nk_n}\}, \tag{7} $$

证明了分解的可能性.

再证明分解 (7) 之唯一性. 为今后叙述的简单且又不损普遍性，假定

$$\lambda_{i1} \geqslant \lambda_{i2} \geqslant \cdots \geqslant \lambda_{ik_i} > 0 \ (i = 1, 2, \cdots, n).$$

如果除 (7) 外，还有

$$G = \{y_{11}\} \times \cdots \times \{y_{1h_1}\} \times \{y_{21}\} \times \cdots \times \{y_{2h_2}\} \times \cdots \times \{y_{n1}\} \times \cdots \times \{y_{nh_n}\}, \tag{8}$$

式中 $o(y_{i1}) = p_i^{\mu_{i1}}$, $o(y_{i2}) = p_i^{\mu_{i2}}, \cdots, o(y_{ik_i}) = p_i^{\mu_{ih_i}}$，于是又有 $\lambda_i = \mu_{i1} + \mu_{i2} + \cdots + \mu_{ih_i}$，并不损一般性可令 $\mu_{i1} \geqslant \mu_{i2} \geqslant \cdots \geqslant \mu_{ih_i} > 0 \ (i = 1, 2, \cdots, n)$.

因 $\{y_{i1}\} \times \{y_{i2}\} \times \cdots \times \{y_{ih_i}\}$ 的阶等于 $p_i^{\mu_{i1}+\cdots+\mu_{ih_i}} = p_i^{\lambda_i}$，故它不得不为 G 之唯一个西洛 p_i–子群，即

$$S_{p_i} = \{y_{i1}\} \times \{y_{i2}\} \times \cdots \times \{y_{ih_i}\}. \tag{9}$$

因而据 (6), (9) 两式而由定理 2，应得

$$h_i = k_i, \text{ 且 } \{y_{ij}\} \simeq \{x_{ij}\} \text{ 即 } \mu_{ij} = \lambda_{ij},$$

这说明了 (7) 与 (8) 的一致性(以同构意义而言).

定理 3 完全获证.

由定理 3，可知有限交换群的研究完全可以转化为循环 p–群来讨论. 不过这时任二个循环直因子之阶不一定互素，即可为同一个素数之幂. 于是决定循环群之自同构群所根据的前章 §11 定理 10 就不能直接引用来决定有限交换群的自同构群，最多只能引用到本节的定理 1 上面去. 换言之，决定有限交换群的自同构群之关键就在于决定交换 p–群之自同构群. 至于交换 p–群之自同构群究竟怎样? 这个问题留在讲 p–群时再研究. 我们现在仍对交换群之分解问题作深入的探索.

由于交换 p–群分解为循环 p–群之直积的方法只有一种，故当 p^n 阶交换群分解为阶等于 $p^{n_1}, p^{n_2}, \cdots, p^{n_k}$ 的 k 个循环群之直积时，为叙述简单计，就叫这交换 p–群的型是 $[n_1, n_2, \cdots, n_k]$，或叫它是 $[n_1, n_2, \cdots, n_k]$ 型的，但

$$n_1 \geqslant n_2 \geqslant \cdots \geqslant n_k > 0, \ n_1 + n_2 + \cdots + n_k = n. \tag{10}$$

于是，除同构外，可知 p^n 阶交换群中总个数 (即互不同构的 p^n 阶交换群之个数) 恰好等于自然数 n 分解为 (10) 式的方法的多少. 例如有三个 $8(=2^3)$ 阶的交换群，分别为型 [3], [2,1], [1,1,

1]；而有五个 $81(=3^4)$ 阶的交换群，其型分别为 [4]，[3, 1]，[2,2]，[2,1,1]，[1,1,1,1]．如果交换 p-群的型为 [1, 1, …, 1] 时，就叫它为**初等交换群**；且推广这概念，即当有限交换群 G 分解为直因子之阶全为素数的循环群之直积时，也叫 G 为**初等交换群.**

再设一般的交换群 G 之阶 $o(G)$ 的素因数分解为 $o(G)=p_1^{\lambda_1}p_2^{\lambda_2}\cdots p_n^{\lambda_n}$，$G$ 中唯一个西洛 p_i-子群令为 $S_{p_i}(i=1, 2, \cdots, n)$，于是

$$G=S_{p_1}\times S_{p_2}\times\cdots\times S_{p_n}.$$

设 S_{p_i} 是 $[\lambda_{i1}, \lambda_{i2}, \cdots, \lambda_{ik_i}]$ 型的，即

$$S_{p_i}=\{x_{i1}\}\times\{x_{i2}\}\times\cdots\times\{x_{ik_i}\},$$

$$o(x_{ij})=p_i^{\lambda_{ij}},\ \lambda_{i1}\geqslant\lambda_{i2}\geqslant\cdots\geqslant\lambda_{ik_i}>0,$$

$$\lambda_{i1}+\lambda_{i2}+\cdots+\lambda_{ik_i}=\lambda_i.$$

于是可将这些 $p_i^{\lambda_{ij}}$ 排成下面的样子，如

$$\left.\begin{array}{llll}p_1^{\lambda_{11}}, & p_1^{\lambda_{12}}, & \cdots\cdots\cdots\cdots, & p_1^{\lambda_{1k_1}}\\ p_2^{\lambda_{21}}, & p_2^{\lambda_{22}}, & \cdots, & p_2^{\lambda_{2k_2}}\\ \cdots\cdots & \cdots\cdots & \cdots\cdots\cdots\cdots & \cdots\cdots\\ p_n^{\lambda_{n1}}, & p_n^{\lambda_{n2}}, & \cdots\cdots\cdots\cdots\cdots, & p_n^{\lambda_{nk_n}}\end{array}\right\}\qquad(11)$$

使每行为由同一个素数的幂排成的.

再将 (11) 式中各行的第一个数相乘，得

$$n_1=p_1^{\lambda_{11}}p_2^{\lambda_{21}}\cdots p_n^{\lambda_{n1}},$$

相应地有循环群之直积 $G_{n_1}=\{x_{11}\}\times\{x_{21}\}\times\cdots\times\{x_{n1}\}$，由于各循环因子之阶两两互素，故这直积 G_{n_1} 仍为循环群，得由 $x_{11}x_{21}\cdots x_{n1}=x_1$ 生成之，即

$$G_{n_1}=\{x_1\},\ o(x_1)=n_1.$$

同理，再将 (11) 式中各行的第二个数相乘，得

$$n_2=p_1^{\lambda_{12}}p_2^{\lambda_{22}}\cdots p_n^{\lambda_{n2}},$$

相应地又有一个 n_2 阶的循环群 $G_{n_2}=\{x_2\}$，$o(x_2)=n_2$，式中 $x_2=x_{12}x_{22}\cdots x_{n2}$（注意：当 $\lambda_{12}, \lambda_{22}, \cdots, \lambda_{n2}$ 中有为零时，就从 x_2 中去掉相应的 x_{i2}，例如 $\lambda_{12}=0$，$\lambda_{22}\cdots\lambda_{n2}\neq 0$ 时，则 $x_2=x_{22}\cdots x_{n2}$）．继续这样干下去，一直到 (11) 式中的数用完为止.

因为 $\lambda_{11} \geqslant \lambda_{12}, \lambda_{21} \geqslant \lambda_{22}, \cdots, \lambda_{n1} \geqslant \lambda_{n2}$，故 $n_2 | n_1$（注意：含在 n_1 中不同素因数之个数不少于含在 n_2 中之个数）；一般有 $n_i | n_{i-1}$，但 $n_i = p_1^{\lambda_{1i}} p_2^{\lambda_{2i}} \cdots p_n^{\lambda_{ni}}$. 至于 $G = G_{n_1} \times G_{n_2} \times \cdots$ 是很显然的. 因而，除定理 3 外，又有

定理 4 有限交换群 G 恒可写为阶等于 $n_1, n_2, \cdots, n_k$ 的循环群 $G_{n_1}, G_{n_2}, \cdots, G_{n_k}$ 之直积：$G = G_{n_1} \times G_{n_2} \times \cdots \times G_{n_k}$，使诸 n_i 间有关系 $n_i | n_{i-1} (i = 2, \cdots, k)$. 且这样的分解方法是唯一的.

我们只需证定理 4 的后半部（唯一性），因为前半部已在上面谈过了.

事实上，若除了 $G = G_{n_1} \times G_{n_2} \times \cdots \times G_{n_k}$ 外，还有 $G = G_{m_1} \times G_{m_2} \times \cdots \times G_{m_h}$，式中 $G_{m_i} = \{y_i\}$ 为 m_i 阶循环群，且 $m_i | m_{i-1}$，我们敢断言 $h = k$ 且 $m_i = n_i$.

为什么呢？用反证法，若 $m_1 = n_1, \cdots, m_{j-1} = n_{j-1}, m_j > n_j$，则从直积分解 $G = G_{n_1} \times G_{n_2} \times \cdots \times G_{n_k}$，得

$$G^{n_j} = G_{n_1}^{n_j} \times G_{n_2}^{n_j} \times \cdots \times G_{n_k}^{n_j},$$

式中 G^{n_j} 表示 G 之各元之 n_j 次幂而成的子群，余类似，故

$$o(G^{n_j}) = \frac{n_1}{n_j} \cdot \frac{n_2}{n_j} \cdots \frac{n_{j-1}}{n_j} = \left(\prod_{i=1}^{j-1} n_i\right) \Big/ n_j^{j-1};$$

但从直积分解 $G = G_{m_1} \times G_{m_2} \times \cdots \times G_{m_h}$ 又得

$$G^{n_j} = G_{m_1}^{n_j} \times G_{m_2}^{n_j} \times \cdots \times G_{m_{j-1}}^{n_j} \times G_{m_j}^{n_j} \times \cdots,$$

故又有

$$o(G^{n_j}) = \frac{m_1}{n_j} \cdot \frac{m_2}{n_j} \cdots \frac{m_{j-1}}{n_j} \cdot \frac{m_j}{(n_j, m_j)} \cdots$$

$$= \left(\prod_{i=1}^{j-1} n_i\right) \Big/ n^{j-1} \cdot \frac{m_j}{(n_j, m_j)} \cdots,$$

因而由于 $\frac{m_j}{(n_j, m_j)} > 1$ 可知

$$o(G^{n_j}) > \left(\prod_{i=1}^{j-1} n_i\right) \Big/ n_j^{j-1},$$

而与上面的 $o(G^{n_j})=\left(\prod_{i=1}^{j-1} n_i\right)\Big/ n_j^{j-1}$ 显相矛盾．这说明了不可能出现 $m_1=n_1,\cdots,m_{j-1}=n_{j-1},m_j>n_j$ 的情况．同样，也不可能出现 $m_1=n_1,\cdots,m_{j-1}=n_{j-1},m_j<n_j$ 的情形．　故结果不得不有对每 i 言为 $m_i=n_i$，因而 $h=k$．这就证明了定理 4 所说的唯一性．

从定理 4，易知 G 中元之阶最大者是 n_1，且 G 中每元的阶又为 n_1 的因数，故又得

推论　有限交换群可分解为它的一个最大阶之元生成的循环群与另一个子群的直积，且群中每元之阶都是这最大阶的因数．

有限交换群之分解讨论已完，再来讨论具有有限多个生成元的无限交换群．无限群中有**纯**无限群与**混**无限群两类．每元的阶为无限的无限群叫**纯**无限群，至少有一非单位元之阶为有限的无限群叫**混**无限群．

关于纯无限交换群有下面的结论，即

定理 5　具有有限多个生成元的纯无限交换群 G 可分解为有限多个无限循环群之直积．换言之，G 中必有 r 个元 $c_1,c_2,\cdots,c_r$ 使得 G 之每元 x 得用唯一的方法表写成 $x=c_1^{\lambda_1}c_2^{\lambda_2}\cdots c_r^{\lambda_r}$，即

$$G=\{c_1\}\times\{c_2\}\times\cdots\times\{c_r\}.$$

且自然数 r 由 G 而定(叫 r 为 G 的秩)．

附注　这里需先说明一个问题，即当 G 具有有限多个生成元时，如 $G=\{a_1,a_2,\cdots,a_n\}$，则生成元可能不止 $a_1,a_2,\cdots,a_n$ 这一组元素，例如还可能有 $G=\{b_1,b_2,\cdots,b_m\}$．于是 G 之生成元组中必有一组所含元素之个数是最少的，像这样的一组生成元叫**最小生成组**．于是，若 $a_1,a_2,\cdots,a_n$ 是 G 之一个最小生成组，那末不论 $b_1,b_2,\cdots,b_m$ 为 G 之任何一组生成元，恒有 $m\geqslant n$．当然，G 可能有多组最小生成组；如有的话，则据定义即知任二组最小生成组必含相等个数之元素，亦即任二组最小生成组是由相同个数的元素所组成．我们这定理 5 的目的是要证明 G 必有一最小生成组能充当定理中的 $c_1,c_2,\cdots,c_r$．

证明　假定任何一个最小生成组都不能充当 $c_1,c_2,\cdots,c_r$ 之

用，即对任一个最小生成组 $a_1, a_2, \cdots, a_n$ 言，恒可在 G 中找出一元 x 能有两种方法表写为 $a_1, a_2, \cdots, a_n$ 之幂积，如

$$x = a_1^{\lambda_1}a_2^{\lambda_2}\cdots a_n^{\lambda_n} = a_1^{\nu_1}a_2^{\nu_2}\cdots a_n^{\nu_n},$$

使有 $\lambda_i \neq \nu_i$ 之 i 存在，因而 G 之单位元 1 有非当然的表示式

$$1 = a_1^{\mu_1}a_2^{\mu_2}\cdots a_n^{\mu_n} \tag{12}$$

(即 $\mu_1, \mu_2, \cdots, \mu_n$ 不全为零)，由是有一自然数

$$h = |\mu_1| + |\mu_2| + \cdots + |\mu_n|. \tag{13}$$

为今后叙述简单，叫 h 为关系式 (12) 的**高度**.

既假定了任一个最小生成组都有非当然的表示式 (12)，随而有相应于 (12) 之**高度** (13)，于是在所有这样的**高度**之集中当然有一个最小的正整数. 这就是说：在 G 中必有一最小生成组(干脆就令 $a_1, a_2, \cdots, a_n$ 是这样的最小生成组)，它有一个非当然的关系式 (12)，使所产生 (13) 式之**高度** h 是最小的，即由 $a_1, a_2, \cdots, a_n$ 组成别的非当然表示式所产生之高度必不小于 h，或者由 G 之另一最小生成组 $b_1, b_2, \cdots, b_n$ 组成的任何非当然表示式所产生之高度也必不小于 h.

再据 G 之纯无限性，可知 (12) 式中至少有两个 μ 不为零，不损普遍性能令 $|\mu_1| \geqslant |\mu_2| > 0$. 再将 μ_1 写成

$$\mu_1 = q\mu_2 + \mu_1' \tag{14}$$

使 $|\mu_1'| < |\mu_2| \leqslant |\mu_1|$；并将 (14) 代入 (12) 中得

$$a_1^{\mu_1'}(a_1^q a_2)^{\mu_2}a_3^{\mu_3}\cdots a_n^{\mu_n} = 1,$$

即

$$b_1^{\mu_1'}b_2^{\mu_2}b_3^{\mu_3}\cdots b_n^{\mu_n} = 1, \tag{15}$$

式中 $b_1 = a_1, b_2 = a_1^q a_2, b_3 = a_3, \cdots, b_n = a_n$.

显然，由于 $G=\{a_1, a_2, \cdots, a_n\}$ 中每个 $a_i \in \{b_1, b_2, \cdots, b_n\}$，故有 $G = \{b_1, b_2, \cdots, b_n\}$，即 $b_1, b_2, \cdots, b_n$ 为 G 之一个最小生成组. 但 (15) 式中的 $\mu_2 \neq 0$ 即说明 (15) 是一个非当然的表示式，其相应之高度为

$$k = |\mu_1'| + |\mu_2| + \cdots + |\mu_n|,$$

再与 (13) 比较由于 $|\mu_1'| < |\mu_1|$ 即知有 $0 < k < h$. 这又显然和

我们的假设“G 之任何一个最小生成组所成的每个非当然表示式产生的高度不小于 h”相矛盾．细察矛盾的由来是假定没有最小生成组满足定理 5 之要求使然的，于是像定理 5 中所要求的 r 个元素 $c_1, c_2, \cdots, c_r$ 确实存在．

再证明定理 5 中分解的唯一性．

假设还有 $G = \{d_1\} \times \{d_2\} \times \cdots \times \{d_s\}$．如若 $s > r$，则因 $d_i \in G = \{c_1\} \times \{c_2\} \times \cdots \times \{c_r\}$，故

$$d_i = c_1^{\lambda_{1i}} c_2^{\lambda_{2i}} \cdots c_r^{\lambda_{ri}} \quad (i = 1, 2, \cdots, s),$$

于是，

$$1 = d_1^{x_1} d_2^{x_2} \cdots d_s^{x_s} = \prod_{i=1}^{s} d_i^{x_i} = \prod_{i=1}^{s} (c_1^{\lambda_{1i}} c_2^{\lambda_{2i}} \cdots c_r^{\lambda_{ri}})^{x_i}$$

$$= c_1^{\sum\limits_{i=1}^{s} \lambda_{1i} x_i} c_2^{\sum\limits_{i=1}^{s} \lambda_{2i} x_i} \cdots c_r^{\sum\limits_{i=1}^{s} \lambda_{ri} x_i};$$

从线方程组理论，由于

$$\sum_{i=1}^{s} \lambda_{ji} x_i = 0 \quad (j = 1, 2, \cdots, r)$$

是含 s 个未知量 $x_1, x_2, \cdots, x_s$ 的 r 个整系数方程的线性齐次方程组 $(s > r)$，故知这方程组必有一组不全为零的整数解 $x_1, x_2, \cdots, x_s$，即有一组不全是零的整数 $x_1, x_2, \cdots, x_s$，使

$$d_1^{x_1} d_2^{x_2} \cdots d_s^{x_s} = 1,$$

这显与 $G = \{d_1\} \times \{d_2\} \times \cdots \times \{d_s\}$ 之意义相矛盾．同理，$s < r$ 亦不可．故必 $s = r$．定理 5 证完．

具有有限多个生成元的纯无限交换群能像定理 5 所说的那样可分解，那末具有有限多个生成元的混无限交换群怎样呢？又这样一些无限交换群之子群又怎样呢？这些问题的解决都有赖于

引理 若无限交换群(混、纯均可)具有有限多个生成元，则其每子群也必具有有限多个生成元．

证明 设 H 为无限交换群 $G = \{a_1, a_2, \cdots, a_n\}$ 的一子群．当然，H 的每元也能写为 $a_1, a_2, \cdots, a_n$ 之幂积．今固定一自然数 $k\,(1 \leqslant k \leqslant n)$，并考虑 H 中凡能表写为

$$b = a_k^{z_k} a_{k+1}^{z_{k+1}} \cdots a_n^{z_n}$$

形的元 b 所对应的整数 z_k 而成的集合 C_k:——因为又若 $b' = a_k^{z_k'} a_{k+1}^{z_{k+1}'} \cdots a_n^{z_n'} \in H$, 则必有 $bb'^{-1} = a_k^{z_k - z_k'} \cdots a_n^{z_n - z_n'} \in H$, 说明了 $z_k, z_k' \in C_k \Rightarrow z_k - z_k' \in C_k$, 故 C_k 为整数加群 C 之一子群. 但 C 是无限循环, 故 C_k 亦无限循环, 因而必有一最小正整数 r_k 使 $C_k = \{r_k\}$, 随之有 $b_k \in H$ 使 $b_k = a_k^{r_k} a_{k+1}^{x_{k+1}} \cdots a_n^{x_n}$; 或者 $C_k = 0$ 的情况也有可能, 这表明当 H 之元 b 表写为 $a_k, a_{k+1}, \cdots, a_n$ 之幂积时, a_k 的幂指数恒为 0, 这时就令 $b_k = 1$ 为 G 的单位元.

依照上面的办法, 令 k 从 1 开始一直到 n 为止, 就得到了 H 的 n 个元:

$$\begin{cases} b_1 = a_1^{r_1} a_2^{\lambda_{12}} a_3^{\lambda_{13}} \cdots a_n^{\lambda_{1n}}, \\ b_2 = \quad a_2^{r_2} a_3^{\lambda_{23}} \cdots a_n^{\lambda_{2n}}, \\ \cdots\cdots\cdots\cdots\cdots\cdots\cdots\cdots \\ b_{n-1} = \qquad a_{n-1}^{r_{n-1}} a_n^{\lambda_{n-1,n}}, \\ b_n = \qquad\qquad a_n^{r_n}. \end{cases}$$

当然可能有 $b_i = 1$ 的 b_i, 这时 $r_i = 0$, 否则 $r_i > 0$.

今能断言 $b_1, b_2, \cdots, b_n$ 确为 H 的一组生成元. 为什么呢? 因若 $x \in H$, 可写 $x = a_1^{z_1} a_2^{z_2} \cdots a_n^{z_n}$; 由于 $z_1 \in C_1 = \{r_1\}$, 知有整烊 v_1 使 $z_1 = r_1 v_1$ (注意 $r_1 = 0$ 时必有 $z_1 = 0$, 这时就令 $v_1 = 0$; 而 $r_1 \neq 0$ 时也可能是 $z_1 = 0$, 这时当然有 $v_1 = 0$; 但当 $z_1 \neq 0$ 时必有 $r_1 > 0$, 这时有 $r_1 | z_1$); 于是易知 H 的元

$$x b_1^{-v_1} = a_2^{u_2} a_3^{u_3} \cdots a_n^{u_n} \tag{16}$$

仅为 $a_2, a_3, \cdots, a_n$ 的幂积. 从 $u_2 \in C_2 = \{r_2\}$ 又知有整数 v_2 使 $u_2 = r_2 v_2$ (当然在 $r_2 = 0$ 时因必有 $u_2 = 0$, 这时就令 $v_2 = 0$; 在 $r_2 \neq 0$ 时也可能是 $u_2 = 0$, 这时仍令 $v_2 = 0$; 至于当 $u_2 \neq 0$ 时因必有 $r_2 > 0$, 这时有 $r_2 | u_2$), 由是从 (16) 式知 H 之元

$$x b_1^{-v_1} b_2^{-v_2} = a_3^{t_3} \cdots a_n^{t_n}$$

仅为 $a_3, a_4, \cdots, a_n$ 之幂积.

用这种方法继续做下去，最后达到H的元

$$xb_1^{-\nu_1}b_2^{-\nu_2}\cdots b_n^{-\nu_n}=1,$$

即 $x=b_1^{\nu_1}b_2^{\nu_2}\cdots b_n^{\nu_n}$，证明了 $H=\{b_1, b_2,\cdots, b_n\}$. 证完

从引理的证明方法还知道下面的

推论 具有有限多个生成元的无限交换群(不论混或纯)的每子群不仅亦有有限多个生成元，且其最小生成组所包含元素之个数必不超过这无限交换群之最小生成组所含元素之个数.

据这引理可知有有限多个生成元的混无限交换群的分解问题，即

定理6 具有有限多个生成元的混无限交换群等于一有限交换群与一纯无限交换群的直积.

证明 设 $G=\{a_1, a_2,\cdots, a_n\}$ 为混无限交换群. 将G中凡阶为有限的元所成之集记为 F，于是若 $f_1, f_2\in F$，则有自然数 r_1 与 r_2 使 $f_1^{r_1}=1=f_2^{r_2}$，故 $(f_1f_2^{-1})^{r_1r_2}=1$，即 $f_1f_2^{-1}\in F$，说明了 F 是 G 的子群. 故据上引理，知 F 亦具有有限多个生成元，即得写为 $F=\{b_1, b_2,\cdots, b_k\}$——当然还可限制为 $k\leqslant n$. 再由 F 的交换性以及每 b_i 之阶的有限性，可知 F 是一个有限(交换)群.

据自然同态 $G\sim\overline{G}=G/F$，知G的一组生成元在 $\overline{G}$ 内的像元也显然是 $\overline{G}$ 之一组生成元，故 $\overline{G}$ 具有有限多个生成元. 又 $\overline{G}=G/F$ 还是纯无限交换群：事实上，从 $x\in G$ 及 $x\bar{\in}F$，若 $(xF)^m=F$，则 $x^m\in F$，故 $o(x^m)$ 有限，因而 $o(x)$ 亦必有限，与 $x\bar{\in}F$ 相矛盾. 这就证明了 $\overline{G}$ 之纯无限性. 故由定理 5，得知

$$\overline{G}=\{\overline{b}_1\}\times\{\overline{b}_2\}\times\cdots\times\{\overline{b}_m\}, \tag{17}$$

而 $o(\overline{b}_i)=\infty$. ——当然也可限制 $m\leqslant n$.

再利用 $G\sim\overline{G}=G/F$ 而取 $\overline{b}_i$ 在G内的一原像 b_i，于是 $\overline{b}_i=b_iF$，$o(b_i)=\infty$. 今作 $K=\{b_1, b_2,\cdots, b_m\}$，则$K$是纯无限交换群：因从 $x\in K$，$x^t=1(t\neq 0)$，则当令 $x=b_1^{\lambda_1}b_2^{\lambda_2}\cdots b_m^{\lambda_m}$ 时，就有 $1=x^t=b_1^{\lambda_1t}b_2^{\lambda_2t}\cdots b_m^{\lambda_mt}$，故据 $G\sim\overline{G}=G/F$ 确有 $\overline{b}_1^{\lambda_1t}\overline{b}_2^{\lambda_2t}\cdots b_m^{\lambda_mt}=1$，再由 (17) 式得 $\lambda_1t=\lambda_2t=\cdots=\lambda_mt=0$，不得不 $\lambda_1=\lambda_2=\cdots=\lambda_m=0$，因而 $x=1$，即说明了K之纯无限性.

又 $x \in G \Rightarrow xF \in \bar{G} \Rightarrow xF = \bar{b}_1^{\mu_1}\bar{b}_2^{\mu_2}\cdots\bar{b}_m^{\mu_m} = b_1^{\mu_1}b_2^{\mu_2}\cdots b_m^{\mu_m}F \Rightarrow x = b_1^{\mu_1}b_2^{\mu_2}\cdots b_m^{\mu_m}f$, $f \in F$，故 $G = KF$. 然 K 之纯无限性及 F 之有限性当然又保证了 $K \cap F = 1$，因而必有 $G = K \times F$，定理 6 获证.

由定理 3，4，5，6 即得

定理 7 具有有限多个生成元的混无限交换群 G 恒可分解为有限多个循环群的直积，如

$$G = \{a_1\} \times \{a_2\} \times \cdots \times \{a_r\} \times \{b_1\} \times \{b_2\} \times \cdots \times \{b_s\}, \tag{18}$$

其中 $\{a_1\}$，$\cdots$，$\{a_r\}$ 是无限的，而 $\{b_1\}$，$\cdots$，$\{b_s\}$ 是阶分别为素数幂 $p_1^{\lambda_1}, \cdots, p_s^{\lambda_s}$ 的；且自然数 r 与诸素数幂 $p_1^{\lambda_1}, \cdots, p_s^{\lambda_s}$ 都是由 G 而定.

或 G 得分解如 (18) 形，其中 $\{a_1\}$，$\cdots$，$\{a_r\}$ 是无限的，而 $\{b_1\}$，$\cdots$，$\{b_s\}$ 是阶分别为 m_1，$\cdots$，m_s 但具有 $m_i | m_{i-1}$ 的关系 $(i = 2, \cdots, s)$ 的；且自然数 r 与 $m_1, \cdots, m_s$ 均由 G 唯一地被确定.

利用交换群的分解得知一些有意义的结果，今举二例来说明，以结束这一节.

例 1 当有限交换群 G 分解为素数幂阶循环群之直积时，若阶为同一素数 p 之幂的循环群之个数为 k，则 G 中凡具性质 $x^p = 1$ 之元 x 的个数为 p^k，且它们又组成 G 之一子群.

由假设知

$$G = \{a_1\} \times \{a_2\} \times \cdots \times \{a_k\} \times H, \tag{19}$$

式中 $o(a_i) = p^{\lambda_i} (i = 1, 2, \cdots, k)$，$(o(H), p) = 1$. 若 $x \in G$ 且 $x^p = 1$，则令 $x = a_1^{t_1}a_2^{t_2}\cdots a_k^{t_k}h$ $(h \in H)$ 时就有

$$1 = x^p = a_1^{t_1p}a_2^{t_2p}\cdots a_k^{t_kp}h^p,$$

故从 (19) 式有 $t_i \equiv 0 (\mathrm{mod}\, p^{\lambda_i - 1})$ 及 $h^p = 1$，因之必有 $h = 1$，故

$$x = a_1^{t_1}a_2^{t_2}\cdots a_k^{t_k}, \quad t_i \equiv 0 (\mathrm{mod}\, p^{\lambda_i - 1}). \tag{20}$$

反之，适合 (20) 式之元 x 也确有 $x^p = 1$ 之性质.

这就说明了 G 中具性质 $x^p = 1$ 之元 x 为且仅为 (20) 之形. 但这样的元 x 据 (19) 式知其个数恰为 p^k (因每 t_i 有 p 个可能性:

$p^{\lambda_i-1}, 2p^{\lambda_i-1}, 3p^{\lambda_i-1}, \cdots, p\cdot p^{\lambda_i-1})$. 又 $x^p=1=y^p\Rightarrow(xy^{-1})^p=1$ 说明这些元恰组成G之子群. 证完.

例 2 设G为具有限多个生成元的纯无限交换群，因而据定理 5 得写 $G=\{c_1\}\times\{c_2\}\times\cdots\times\{c_n\}$. 今取$G$之$n$个元

$$d_i=c_1^{\lambda_{i1}}c_2^{\lambda_{i2}}\cdots c_n^{\lambda_{in}}=\prod_{j=1}^{n}c_j^{\lambda_{ij}}\ (i=1,2,\cdots,n).$$

试证: $G=\{d_1\}\times\{d_2\}\times\cdots\times\{d_n\}$ 的充要条件是矩阵

$$\Lambda=\begin{pmatrix}\lambda_{11} & \lambda_{12} & \cdots & \lambda_{1n}\\ \lambda_{21} & \lambda_{22} & \cdots & \lambda_{2n}\\ \cdots & \cdots & \cdots & \cdots\\ \lambda_{n1} & \lambda_{n2} & \cdots & \lambda_{nn}\end{pmatrix}=(\lambda_{ij})$$

的行列式 $\det\Lambda=\pm1$.

事实上,若 $G=\{d_1\}\times\{d_2\}\times\cdots\times\{d_n\}$, 则

$$c_i=d_1^{\mu_{i1}}d_2^{\mu_{i2}}\cdots d_n^{\mu_{in}}\ (i=1,2,\cdots,n).$$

于是有

$$c_i=\left(\prod_{j=1}^{n}c_j^{\lambda_{1j}}\right)^{\mu_{i1}}\left(\prod_{j=1}^{n}c_j^{\lambda_{2j}}\right)^{\mu_{i2}}\cdots\left(\prod_{j=1}^{n}c_j^{\lambda_{nj}}\right)^{\mu_{in}}$$

$$=\prod_{j=1}^{n}c_j^{\sum\limits_{s=1}^{n}\mu_{is}\lambda_{sj}},$$

故从 $G=\{c_1\}\times\{c_2\}\times\cdots\times\{c_n\}$ 的直积分解的意义,就有

$$\sum_{s=1}^{n}\mu_{is}\lambda_{sj}=\begin{cases}1 & (当\ j=i\ 时),\\ 0 & (当\ j\neq i\ 时).\end{cases}$$

因之,若令矩阵 $\nabla=(\mu_{ij})$, 则上述这些关系式即表示

$$\nabla\Lambda=E$$

为n级单位矩阵,故 $\det\Lambda=\pm1$.

反之, $\det\Lambda=\pm1$ 确保有 $\nabla=(\mu_{ij})$ 使 $\nabla\Lambda=E$, 且 μ_{ij} 都是整数,因而也有

$$c_i=d_1^{\mu_{i1}}d_2^{\mu_{i2}}\cdots d_n^{\mu_{in}}\ (i=1,2,\cdots,n),$$

说明了 $G=\{d_1, d_2, \cdots, d_n\}$. 今若 $1=d_1^{x_1}d_2^{x_2}\cdots d_n^{x_n}$, 则以 $d_i=\prod_{j=1}^{n} c_j^{\lambda_{ij}}$ 代入即得

$$1=\left(\prod_{j=1}^{n} c_j^{\lambda_{1j}}\right)^{x_1}\left(\prod_{j=1}^{n} c_j^{\lambda_{2j}}\right)^{x_2}\cdots\left(\prod_{j=1}^{n} c_j^{\lambda_{nj}}\right)^{x_n}$$

$$=\prod_{j=1}^{n} c_j^{(\lambda_{1j}x_1+\lambda_{2j}x_2+\cdots+\lambda_{nj}x_n)},$$

故由直积 $G=\{c_1\}\times\{c_2\}\times\cdots\times\{c_n\}$ 之意义,不得不有

$$\lambda_{1j}x_1+\lambda_{2j}x_2+\cdots+\lambda_{nj}x_n=0\ (j=1, 2, \cdots, n). \quad (21)$$

但 (21) 式是具 n 个未知量 $x_1, x_2, \cdots, x_n$ 的 n 个线性齐次方程, 而其系数之行列式 $\det(\lambda_{ij})=\pm 1\neq 0$, 故方程组 (21) 只有零解: $x_1=x_2=\cdots=x_n=0$, 这证明了 G 之单位元 1 写成 $d_1, d_2, \cdots, d_n$ 之幂积表示只有一种,即没有非当然的表示式,因而有直积

$$G=\{d_1\}\times\{d_2\}\times\cdots\times\{d_n\}.$$

证完.

问题 1　有限交换群 G 为循环群的充要条件是对 $o(G)$ 之每个素因数 p, G 中阶 p 之元恰有 $p-1$ 个.

问题 2　设有限交换群 G 之西洛 p-子群的型为 $[m_1, m_2, \cdots, m_t]$. 试证 G 恰有 p^t-1 个阶 p 的元.

问题 3　设交换群 G 有阶 m, n 的元, 则 G 也必有阶 $[m, n]$ 的元 ($[m, n]$ 表 m 与 n 之最小公倍).

问题 4　有限交换群 G 为循环的充要条件是群阶 $o(G)$ 为群 G 中一切元素之阶的最小公倍.

问题 5　设 $o(G)=p_1^{\lambda_1}p_2^{\lambda_2}\cdots p_n^{\lambda_n}$ 为素因数分解. 证明 G 为交换群的充要条件是 G 有指数等于 $p_i^{\lambda_i}$ $(i=1, 2, \cdots, n)$ 的交换正规子群.

问题 6　设有限群 G 中恰有一半元素其阶都是 2, 而另一半元素又组成 G 的一个子群 H, 试证 H 必为奇阶交换群.

§4. 幂零群

我们知道：G 为交换群的充要条件是其换位子群 $G'=[G, G]$ 为单位元群，即 $G'=[G, G]=1$. 今从换位子群的概念出发来考虑更广一类的幂零群.

先从定义开始.

定义 1 设 H, K 为群 G 之任二个子集，用符号 $[H, K]$ 表示由形状凡为 $h^{-1}k^{-1}hk=[h, k]$ 之元所生成的 G 之子群 ($h\in H$, $k\in K$)，即 $[H, K]=\{[h, k] \mid h\in H, k\in K\}$. 于是，显有 $[H, K]=[K, H]$. 又对群 G 之元 $x_1, x_2, \cdots, x_n$，递归地定义 $[x_1, x_2, \cdots, x_n]=[[x_1, \cdots, x_{n-1}], x_n]$；同样，对群 G 之子集 $H_1, H_2, \cdots, H_n$，亦递归地定义 $[H_1, \cdots, H_{n-1}, H_n]=[[H_1, \cdots, H_{n-1}], H_n]$. 且当在 $x_i\in G$ 时，定义 $K_n(G)=\{[x_1, x_2, \cdots, x_n]\}$，于是 $K_1(G)=G$, $K_2(G)=G'=[G, G]$. 若有一非负整数 n 使 $K_{n+1}(G)=\{[x_1, x_2, \cdots, x_{n+1}] \mid x_i\in G\}=1$，就叫 G 为 n 类幂零群. 于是类为 1 的幂零群才是交换群（即交换群为幂零群的特例）. 并约定零类幂零群为单位元群.

很显然，由于 $[x_1, x_2, \cdots, x_{k+1}]=[[x_1, x_2], x_3, \cdots, x_{k+1}]$，即知对一切的 k 常有 $K_{k+1}(G)\subseteq K_k(G)$. 且易证 $K_k(G)\lhd\lhd G$.

关于 $K_n(G)$，有下面的性质，即

定理 1 $K_{n+1}(G)=[K_n(G), G]$.

证明 因 $[x_1, \cdots, x_n, x_{n+1}]=[[x_1, \cdots, x_n], x_{n+1}]$，故显有 $K_{n+1}(G)\subseteq[K_n(G), G]$. 另方面，若令前章 §10 的 (2) 式中的 $a=[x_1, x_2, \cdots, x_n]$, $b=[x_1, x_2, \cdots, x_n]^{-1}$, $c=x_{n+1}$，则得 $1=[1, x_{n+1}]=[ab, c]=b^{-1}\cdot[x_1, \cdots, x_n, x_{n+1}]\cdot b\cdot[[x_1, \cdots, x_n]^{-1}, x_{n+1}]$，故 $[[x_1, \cdots, x_n]^{-1}, x_{n+1}]\in K_{n+1}(G)$；但 $[K_n(G), G]=\{[u_1u_2\cdots u_k, g] \mid g\in G$, 每 $u_i=[x_1, \cdots, x_n]$ 形或 $[x_1, \cdots, x_n]^{-1}$ 形$\}$，且因已证 $[u_i, g]\in K_{n+1}(G)$，故关于 k 用归纳法不难证

明 $[u_1u_2\cdots u_k,\ g]\in K_{n+1}(G)$. 于是又有 $[K(G),\ G]\subseteq K_{n+1}(G)$. 证完.

注意 $K_n(G)/K_{n+1}(G)\subseteq Z(G/K_{n+1}(G))$ 与 $[K_n(G),\ G]\subseteq K_{n+1}(G)$ 是等价的,故由定理 1 即得下面的

推论 $K_n(G)/K_{n+1}(G)$ 包含在 $G/K_{n+1}(G)$ 的中心里面.

再注意 $K_{n+1}(G)\subseteq K_n(G)$ 这一事实并不排斥 $K_{n+1}(G)=K_n(G)$ 的可能性, 如果有这样的自然数 k 使 $K_{k+1}(G)=K_k(G)$ 时,即 $K_k(G)=[K_k(G),\ G]$ (定理 1), 则 $K_{k+2}(G)=[K_{k+1}(G),\ G]=[K_k(G),\ G]=K_k(G)$, 且归纳地得知当 $m>k$ 时恒有 $K_m(G)=K_k(G)$. 故幂零群的实际意义是说: 当群 G 有一个如

$$G=K_1(G)>K_2(G)>K_3(G)>\cdots>K_n(G)>K_{n+1}(G)=1 \tag{1}$$

的真正的递降子群列能经有限多次可达到单位元群的, 就叫 G 是 (n 类) 幂零群. 由于上述推论的缘故, 列 (1) 叫做群 G **的下中心列**; 即群 G 有下中心列时, 叫 G 为幂零群. 这与李代数中讲幂零李代数的概念是一致的,也是说幂零群概念产生的由来.

从换位子群的角度出发, 固能像上面说的那样引进使交换群为特例的幂零群. 但交换群 G 的另一个特征是其中心 $Z(G)=G$; 至于 $1<Z(G)<G$ 时, 可作商群 $G/Z(G)$, 而再考虑这商群的中心, 可能会碰上这商群的中心即为这商群自身, 例如四元数群即是这样的群,其阶为8(前章 §7 定理 9 后面的例子);如若不然(即当这商群之中心不等于这商群自身而又非单位元群时), 再作这商群关于其中心为模的商群;继续这样做下去,可能经过有限多回告结束,即最后所达到的商群或为交换群或再无中心了,只这两种可能性. 说具体些, 令 $Z_0(G)=1$, $Z_1(G)=Z(G)$, 而一般当 $Z_k(G)$ 定义了后再递归地定义 $Z_{k+1}(G)/Z_k(G)=Z(G/Z_k(G))$, 则可能有两种情况: 一为虽然有

$1<Z_k(G)/Z_{k-1}(G)<G/Z_{k-1}(G)$, 但 $Z_{k+1}(G)/Z_k(G)=1$;
另一为有一自然数 k 使 $G/Z_k(G)$ 是交换群(即 $Z_{k+1}(G)=G$).

当第一种情况出现时,即 $1<Z_k(G)/Z_{k-1}(G)<G/Z_{k-1}(G)$

以及 $Z_{k+1}(G)/Z_k(G)=1$，就有

$$Z_{k+1}(G)=Z_k(G)>Z_{k-1}(G)>Z_{k-2}(G)>\cdots$$
$$>Z_1(G)>Z_0(G)=1,$$

这时能证明 $m>k$ 时也恒有 $Z_m(G)=Z_k(G)$，而叫这 $Z_k(G)$ 为群 G 之**超中心**，用符号 $S(G)$ 表示.

如果有某 k 使 $Z_k(G)=G$，即 $G/Z_{k-1}(G)$ 为交换群，那末这样的群 G 当然也是交换群的一种推广（因为 $k=1$ 时 G 就是交换群）；若我们不去理睬定义 1 而叫这样的群为 k 类幂零群，即有

定义 2 当群 G 有如

$$1=Z_0(G)<Z_1(G)=Z(G)<Z_2(G)<\cdots$$
$$<Z_{m-1}(G)<Z_m(G)=G, \tag{2}$$

而 $Z_{k+1}(G)/Z_k(G)$ 为 $G/Z_k(G)$ 之中心（$k=0,1,\cdots,m-1$）的递升子群列能经过有限多次（这时是 m 次）可达到原群 G 时，就叫 G 为 m 类幂零群.

由定义 2，显然可知 G 为 1 类幂零群（即 (2) 中 $m=1$）的充要条件是 G 为交换的，故定义 2 中的幂零群实际上也是交换群的一个推广.

现在需要解决的问题是定义 1 与定义 2 的一致性． 换言之，当 (1) 式成立时，需要证 (2) 式成立；反之，由 (2) 也必有 (1)；而且 $n=m$.

先设 (1) 式成立.

因 $1=K_{n+1}(G)=Z_0(G)$，以及 $1=K_{n+1}(G)=[K_n(G),G]$ 又说明了 $K_n(G)\subseteq Z_1(G)$，故归纳地假定已证得了

$$K_{n+1-i}(G)\subseteq Z_i(G)\ (i<n),$$

则有 $[K_{n-i}(G),\ G]=K_{n+1-i}(G)\subseteq Z_i(G)$，即对每 $g\in G$，每 $x_{n-i}\in K_{n-i}(G)$，恒有 $[x_{n-i},g]\in Z_i(G)$，亦即

$$gZ_i(G)\cdot x_{n-i}Z_i(G)=x_{n-i}Z_i(G)\cdot gZ_i(G),$$

故 $x_{n-i}Z_i(G)\in Z(G/Z_i(G))=Z_{i+1}(G)/Z_i(G)$，即 $K_{n-i}(G)\cdot Z_i\cdot(G)/Z_i(G)\subseteq Z_{i+1}(G)/Z_i(G)$，不得不有 $K_{n-i}(G)\subseteq Z_{i+1}(G)$. 这说明了由归纳法已证得了： 对任何的 $i=0,1,2,\cdots,n$ 恒有

$K_{n+1-i}(G)\subseteq Z_i(G)$，故特取 $i=n$ 时有 $K_1(G)\subseteq Z_n(G)$，即 $G\subseteq Z_n(G)$，不得不有 $G=Z_n(G)$，这证明了（2）式成立且实际上应有 $m\leqslant n$.

再设（2）式成立.

这时，因 $Z_{k+1}(G)/Z_k(G)=Z(G/Z_k(G))$，即 $[Z_{k+1}(G),G]\subseteq Z_k(G)$ $(k=0,1,2,\cdots,m-1)$，故令 $k=m-1$ 时得

$$K_2(G)=[G,G]=[G,Z_m(G)]\subseteq Z_{m-1}(G),$$

又 $K_1(G)=G=Z_m(G)$，于是归纳地假定已证明了 $K_j(G)\subseteq Z_{m-j+1}(G)$ $(1\leqslant j\leqslant m)$，就有

$$K_{j+1}(G)=[K_j(G),G]\subseteq[Z_{m-j+1}(G),G]\subseteq Z_{m-j}(G).$$

这说明用归纳法完全证明了 $K_j(G)\subseteq Z_{m-j+1}(G)$ $(j\leqslant m+1)$，故特取 $j=m+1$ 时有 $K_{m+1}(G)\subseteq Z_0(G)=1$，不得不有 $K_{m+1}(G)=1$，即证明了（1）式必成立且实际上还应有 $n\leqslant m$.

合并上述的论证，可知：若 G 是依定义 1 而言的 n 类幂零群，则依定义 2 言 G 也是幂零的且其类不超过定义 1 的类；反之，如 G 是依定义 2 言的 m 类幂零群，则依定义 1 言 G 也是幂零的且其类不超过定义 2 的类．于是，当 G 为定义 1 言的 n 类幂零群时，那末 G 必为定义 2 之 m 类幂零群且有 $m\leqslant n$，因而 G 又是定义 1 中 n 类幂零群而有 $n\leqslant m$，不得不有 $m=n$，即 G 为定义 2 之 n 类幂零群．反之，定义 2 之 m 类幂零群亦必是定义 1 之 m 类的幂零群．这就证明了定义 1 与定义 2 的一致性．

再注意列（2）中 $Z_{k+1}(G)/Z_k(G)=Z(G/Z_k(G))$ 的关系，就叫列（2）为 G 之**上中心列**．于是，当群 G 有上中心列时，叫 G 为幂零群.

于是又有

定理 2 幂零群的上中心列与下中心列有相等的长，而这长就是幂零群的类.

下面我们将对幂零群作一般性地论述，但先要解决一个重要问题，即非交换的幂零群是否存在．若不存在这样的群，那末一切论述全是废话.

四元数群就是有限非交换的幂零群的一个实例，引进定义 2 时已说过，且它为 2 类幂零群. 至于无限非交换的幂零群的存在，可参看下例.

例 1 主对角线上的数全是 1 的复数域 P 上的一切 n 级上(或下)三角矩阵之集 G 是一个类不超过 $n-1$ 的幂零群.（文献 [19]）

证明 设 G 之元全为上三角矩阵. 令

$$\alpha=\begin{pmatrix}1 & a_1 & & & * \\ & 1 & a_2 & & \\ & & 1 & \ddots & \\ & & & \ddots & a_{n-1} \\ 0 & & & & 1\end{pmatrix},\quad \beta=\begin{pmatrix}1 & b_1 & & & * \\ & 1 & b_2 & & \\ & & 1 & \ddots & \\ & & & \ddots & b_{n-1} \\ 0 & & & & 1\end{pmatrix}$$

为 G 中任二元，于是

$$\alpha^{-1}=\begin{pmatrix}1 & -a_1 & & & *_1 \\ & 1 & -a_2 & & \\ & & 1 & \ddots & \\ & & & \ddots & -a_{n-1} \\ 0 & & & & 1\end{pmatrix},\quad \beta^{-1}=\begin{pmatrix}1 & -b_1 & & & *_1 \\ & 1 & -b_2 & & \\ & & 1 & \ddots & \\ & & & \ddots & -b_{n-1} \\ 0 & & & & 1\end{pmatrix},$$

故 $[\alpha,\beta]=\alpha^{-1}\beta^{-1}\alpha\beta=\begin{pmatrix}1 & 0 & & & * \\ & 1 & 0 & & \\ & & 1 & \ddots & \\ & & & \ddots & 0 \\ 0 & & & & 1\end{pmatrix}$，说明了 $K_2(G)=[G,G]$ 之元为 G 中这样一些矩阵，即在主对角线上方的第一个附对角线中之数全是零. 再归纳地假定 $K_{t+1}(G)$ 之元是 G 之这样一些矩阵，即在主对角线上方的第一，第二，…，第 t 个附对角线中的数全是零，也就是说当

$$\alpha=\sum_{i,j=1}^{n}a_{ij}C_{ij}\in K_{t+1}(G)$$

时（C_{ij} 表示在第 i 行第 j 列处的数为 1 而别处的数全是零的 n 级矩阵），则每个 $a_{ii}=1$，$a_{ij}=0(i>j)$，$a_{i,i+1}=a_{i,i+2}=\cdots=a_{i,i+t}=0$. 因之，$\alpha^{-1}=\sum\limits_{i,j=1}^{n}\bar{a}_{ij}C_{ij}$ 中每个 $\bar{a}_{ii}=1$，$\bar{a}_{ij}=0\ (i>j)$，而 $\bar{a}_{i,i+1}=\bar{a}_{i,i+2}=\cdots=\bar{a}_{i,i+t}=0$，$\bar{a}_{i,i+t+1}=-a_{i,i+t+1}$. 故再取 $\beta=\sum\limits_{i,j=1}^{n}b_{ij}C_{ij}\in G$（即每 $b_{ii}=1$，

$b_{ij}=0(i>j)$)，则知 $\beta^{-1}=\sum_{i,j=1}^{n}\bar{b}_{ij}C_{ij}$ 中每 $\bar{b}_{ii}=1$, $\bar{b}_{ij}=0(i>j)$, $\bar{b}_{i,i+1}=-b_{i,i+1}$；于是，$K_{t+2}(G)=[K_{t+1}(G), G]$ 的每个生成元可写为

$$\alpha^{-1}\beta^{-1}\alpha\beta=\sum_{i,j=1}^{n}\sum_{s,u,v=1}^{n}\bar{a}_{is}\bar{b}_{su}a_{uv}b_{vj}C_{ij}=\sum_{i,j=1}^{n}g_{ij}C_{ij},$$

式中 $g_{ij}=\sum_{s,u,v=1}^{n}\bar{a}_{is}\bar{b}_{su}a_{uv}b_{vj}$。再利用 $a_{ij}=b_{ij}=\bar{a}_{ij}=\bar{b}_{ij}=0\ (i>j)$，可简化 g_{ij} 之表示式而有

$$g_{ij}=\sum_{i\leqslant s\leqslant u\leqslant v\leqslant j}\bar{a}_{is}\bar{b}_{su}a_{uv}b_{vj},\tag{3}$$

故不得不有 $g_{ij}=0(i>j)$ 以及 $g_{ii}=\bar{a}_{ii}\bar{b}_{ii}a_{ii}b_{ii}=1$. 若再利用关于 a_{ij}, b_{ij}, $\bar{a}_{ij}$, $\bar{b}_{ij}$ 间的上述另外一些关系，很容易从 (3) 式获知：

$$g_{i,i+1}=g_{i,i+2}=\cdots=g_{i,i+t}=g_{i,i+t+1}=0.$$

事实上，当 $\lambda=1, 2,\cdots, t$ 时，$a_{i,i+\lambda}=\bar{a}_{i,i+\lambda}=0$, 故由 (3) 得

$$g_{i,i+\lambda}=\sum_{i\leqslant u\leqslant i+\lambda}\bar{b}_{iu}b_{u,i+\lambda}\ (\lambda=1, 2,\cdots,t)$$

但令 $\delta_{ij}=\begin{cases}1 & (i=j)\\ 0 & (i\neq j)\end{cases}$ 时，又有

$$\sum_{i,j=1}^{n}\delta_{ij}C_{ij}=\beta^{-1}\beta=\sum_{i,s,j=1}^{n}\bar{b}_{is}b_{sj}C_{ij}\Longrightarrow\sum_{s=1}^{n}\bar{b}_{is}b_{sj}=\delta_{ij},$$

于是得 $g_{i,i+\lambda}=0\ (\lambda=1, 2,\cdots, t)$;

又据 (3) 有

$$\begin{aligned}g_{i,i+t+1}&=\bar{a}_{i,i+t+1}+\sum_{i\leqslant u\leqslant v\leqslant i+t+1}\bar{a}_{ii}\bar{b}_{iu}a_{uv}b_{v,i+t+1}\\&=\bar{a}_{i,i+t+1}+\bar{a}_{ii}\bar{b}_{ii}a_{i,i+t+1}b_{i+t+1,i+t+1}\\&=\bar{a}_{i,i+t+1}+a_{i,i+t+1}=0.\end{aligned}$$

这就证明了 $K_{t+2}(G)$ 中的元素是 G 之这样一些矩阵，即在主对角线上方的第一，第二，…，第 t, 第 $t+1$ 个附对角线中的数全为零. 因而由归纳法证明了 $K_n(G)=[K_{n-1}(G), G]=1$, 即 G 是不超过 $n-1$ 类的幂零群.

下面论述幂零群的一般性质，未讨论以前，先要对定义 1 及定义 2 中所引进的 $K_i(G)$ 与 $Z_i(G)$ 间的关系弄清楚. 为此，先谈

引理 1 若 X, Y, Z 为群 G 之子群，而 $K\lhd G$ 且 $[Y, Z, X]\subseteq K$ 及 $[Z, X, Y]\subseteq K$, 则必有 $[X, Y, Z]\subseteq K$.

证明 由维特恒等式(前章 §10 定理 5)，有

$$y^{-1}[x, y^{-1}, z]y \cdot z^{-1}[y, z^{-1}, x]z \cdot x^{-1}[z, x^{-1}, y]x = 1,$$

故令 y^{-1} 置换为 y，就有

$$y[x, y, z]y^{-1} \cdot z^{-1}[y^{-1}, z^{-1}, x]z \cdot x^{-1}[z, x^{-1}, y^{-1}]x = 1,$$

于是由 $[Y, Z, X]\subseteq K$，$[Z, X, Y]\subseteq K$ 及 $K\lhd G$ 可知

$$z^{-1}[y^{-1}, z^{-1}, x]z \in K \text{ 及 } x^{-1}[z, x^{-1}, y^{-1}]x \in K,$$

故必 $y[x, y, z]y^{-1} \in K$，$[x, y, z] \in y^{-1}Ky = K$，即

$[X, Y, Z]\subseteq K$，证完.

引理 2 若递降串 $H = H_1\supseteq H_2\supseteq H_3\supseteq\cdots$ 中每 $H_i\lhd G$ 且对任何的 i 恒有 $[H_i, L]\subseteq H_{i+1}$，$L$ 为 G 之子群，那末对任 i 与 j 恒有 $[H_i, K_j(L)]\subseteq H_{i+j}$.

证明 当 $j = 1$ 时，$K_1(L) = L$，而 $[H_i, K_1(L)] = [H_i, L]\subseteq H_{i+1}$ 是题设. 这说明引理 2 在 $j = 1$ 时成立. 今归纳地假定 $[H_i, K_{j-1}(L)]\subseteq H_{i+j-1}$ 对任何 i 都成立，于是由于 $[L, H_i, K_{j-1}(L)] = [[L, H_i], K_{j-1}(L)] = [[H_i, L], K_{j-1}(L)]\subseteq[H_{i+1}, K_{j-1}(L)]\subseteq H_{i+j}$ 及 $[H_i, K_{j-1}(L), L] = [[H_i, K_{j-1}(L)], L]\subseteq[H_{i+j-1}, L]\subseteq H_{i+j}$，而利用引理 1 就有 $[K_{j-1}(L), L, H_i]\subseteq H_{i+j}$，但 $[K_{j-1}(L), L] = K_j(L)$ (定理 1)，故 $[H_i, K_j(L)] = [K_j(L), H_i] = [K_{j-1}(L), L, H_i]\subseteq H_{i+j}$，即用归纳法完全证明了引理 2.

由是除定义 1，2 及定理 1 中所说的 $K_i(G)$ 与 $Z_i(G)$ 间关系以外，还可以证明下面的重要关系，即

定理 3 i) $[K_i(G), K_j(G)]\subseteq K_{i+j}(G)$；因之当 G 为 n 类幂零群时，则 $K_i(G)$ 为交换的当 $2i > n$ 时.

ii) $[K_i(G), Z_j(G)]\subseteq Z_{j-i}(G)$，但在 $j \leqslant i$ 时令 $Z_{j-i}(G) = 1$. 因而特有 $[K_i(G), Z_i(G)] = 1$，即 $K_i(G)$ 之每元与 $Z_i(G)$ 之每元两两可交换.

证明 令引理 2 中的 $H_i = K_i(G)$，$L = G$，利用定理 1 即得 i) 之证明.

再令引理 2 中的 $H_1 \geqslant H_2 \geqslant \cdots \geqslant H_l = 1$ 每 $H_i = Z_{l-i}(G)$，$L = G$，于是 $[H_i, L] = [Z_{l-i}(G), G]\subseteq Z_{l-i-1}(G) = H_{i+1}$，故据引理 2 知对任何的 t，i 恒有 $[H_t, K_i(G)]\subseteq H_{t+i}$，特令 $t = l-j$

时就有 $H_t=H_{l-j}=Z_j(G)$ 及 $H_{t+i}=H_{l-j+i}=Z_{j-i}(G)$，故 $[Z_j(G), K_i(G)]\subseteq Z_{j-i}(G)$，即得 ii) 之证明.

当群 G 有有限多个生成元时，还有

定理 4 设群 $G=\{x_1, x_2, \cdots, x_r\}$ 时，则对任 k 知 $K_k(G)/K_{k+1}(G)$ 为由形如 $[y_1, y_2, \cdots, y_k]\bmod K_{k+1}(G)$ 之元所生成，但每 y_i 都是从 $x_1, x_2, \cdots, x_r$ 中选出的即每 $y_i=$ 某 x_j，且虽 $i\neq j$ 而 $y_i=y_j$ 有可能.

证明 在 $k=1$ 时，$K_1(G)/K_2(G)=G/[G, G]$ 为由形如 $x_i\bmod[G, G]$ 之元所生成是显然的，说明定理 4 在 $k=1$ 时确成立. 今归纳地假定定理 4 在 $k-1$ 时成立. 因 $K_k(G)$ 为由形如 $C=[a_1, \cdots, a_{k-1}, a_k]$ 之元所生成 ($a_i\in G$)，这里的每 $C=[[a_1,\cdots, a_{k-1}], a_k]$ 中之 $[a_1,\cdots, a_{k-1}]\in K_{k-1}(G)$，故据归纳法的假定得知 $[a_1,\cdots, a_{k-1}]=u_1^{\varepsilon_1}u_2^{\varepsilon_2}\cdots u_n^{\varepsilon_n}w$，而每 $\varepsilon_i=\pm1$，每 u_i 为形如 $[y_1,\cdots, y_{k-1}]$ 之元(每 $y_i=$ 某 x_j)，$w\in K_k(G)$. 于是，每 $C=[u_1^{\varepsilon_1}u_2^{\varepsilon_2}\cdots u_n^{\varepsilon_n}w, a_k]$. 再利用前章 §10 的 (2) 式得知每 $C=[u_1^{\varepsilon_1}u_2^{\varepsilon_2}\cdots u_n^{\varepsilon_n}, a_k][u_1^{\varepsilon_1}u_2^{\varepsilon_2}\cdots u_n^{\varepsilon_n}, a_k, w][w, a_k]\equiv[u_1^{\varepsilon_1}u_2^{\varepsilon_2}\cdots u_n^{\varepsilon_n}, a_k]$ $(\bmod K_{k+1}(G))$. 然 $a_k=x_{i_1}^{\eta_1}x_{i_2}^{\eta_2}\cdots x_{i_m}^{\eta_m}$，$\eta_j=\pm1$，且因每 $u_i\in K_{k-1}(G)$，故反复利用第一章 §10 的 (2) 与 (3) 式，得知关于模 $K_{k+1}(G)$ 言，每 C 等于诸换位元 $[u_j^{\varepsilon_j}, x_{i_s}^{\eta_s}]$ 之积.

但 $[u^{-1}, x^{-1}]=(ux)\cdot[u, x]\cdot(ux)^{-1}=(ux)[u, x](ux)^{-1}[u, x]^{-1}\cdot[u, x]=[(ux)^{-1}, [u, x]^{-1}]\cdot[u, x]\equiv[u, x](\bmod K_{k+1}(G))$，$[u^{-1}, x]=ux^{-1}u^{-1}x=u[x, u]\cdot u^{-1}=[x, u]u[u, [x, u]]\cdot u^{-1}\equiv[x, u]=[u, x]^{-1}(\bmod K_{k+1}(G))$，同理有 $[u, x^{-1}]\equiv[u, x]^{-1}(\bmod K_{k+1}(G))$，总之有 $[u^{\varepsilon}, x^{\eta}]\equiv[u, x]^{\varepsilon\eta}(\bmod K_{k+1}(G))$. 因而得知 $K_k(G)$ 为凡形如 $[u, x]$ 及 $[u, x]^{-1}(\bmod K_{k+1}(G))$ 之元所生成，即 $K_k(G)/K_{k+1}(G)$ 是由凡形为 $[y_1,\cdots, y_{k-1}, y_k]$ $(\bmod K_{k+1}(G))$ 之元所生成. 证完.

注意定理 4 中的 r (即 G 之生成元之个数) 不必一定为有限数，即当 r 为无限时，定理 4 仍成立 (证明方法完全一样)，故据定理 4 又得

推论 i) 若群 $G=\{M\}$，则 $K_i(G)=\{[y_1,\cdots,y_i],K_{i+1}(G)\mid y_i\in M\}$

ii) 若 $G=\{a,b\}$，则 $K_2(G)=[G,G]=\{[a,b],K_3(G)\}$；因而 $K_2(G)/K_3(G)$ 是循环群.

下面再讨论幂零群的一些基本性质. 我们知道换位子群 $K_2(G)=[G,G]$ 为 G 之完全特征子群，而中心 $Z_1(G)=Z(G)$ 只能为 G 之特征子群，不必是完全特征的. 一般地讲，$K_n(G)\lhd\lhd\lhd G$（上面已说过），今又可断言恒有 $Z_k(G)\lhd\lhd G$.

事实上，若归纳地假定 $Z_k(G)\lhd\lhd G$ 后，当 $\sigma\in A(G)$ 时，由 $[Z_{k+1}(G),G]\subseteq Z_k(G)$ 即得 $[Z_{k+1}(G)^\sigma,G^\sigma]\subseteq Z_k(G)^\sigma=Z_k(G)$，即 $[Z_{k+1}(G)^\sigma,G]\subseteq Z_k(G)$，这无异乎是说 $Z_{k+1}(G)^\sigma\cdot Z_k(G)/Z_k(G)\subseteq Z(G/Z_k(G))=Z_{k+1}(G)/Z_k(G)$，不得不有 $Z_{k+1}(G)^\sigma\subseteq Z_{k+1}(G)$，即 $Z_{k+1}(G)\lhd\lhd G$，故由归纳法证明了每 $Z_k(G)\lhd\lhd G$.

由是，可知 G 之超中心 $S(G)\lhd\lhd G$.

幂零群 G 是指 G 有上、下中心列，且这二个列有相等的长. 再引进中心列这个概念于下.

定义 3 设群 G 有一个正规群列

$$1=A_0<A_1<A_2<\cdots<A_t=G,\tag{4}$$

使每 $A_{i+1}/A_i\subseteq Z(G/A_i)$（即与之等价的是 $[A_{i+1},G]\subseteq A_i$），就叫列 (4) 为 G 的一个中心列，而叫 t 为列 (4) 的长.

当 G 有中心列 (4) 时，则因 $K_1(G)=G=A_t$，$K_2(G)=[G,G]=[A_t,G]\subseteq A_{t-1}$，故归纳地假定 $K_i(G)(=[K_{i-1}(G),G])\subseteq A_{t+1-i}$ 后，就得 $K_{i+1}(G)=[K_i(G),G]\subseteq[A_{t+1-i},G]\subseteq A_{t-i}$，因而用归纳法完全证明了：对任何的 j 恒有 $K_j(G)\subseteq A_{t+1-j}$. 于是，取 $j=t+1$ 时，就有 $K_{t+1}(G)=1$，这说明了 G 为类不超过 t 的幂零群. 反之，当 G 是幂零群时，其上(下)中心列自然都可以充当 G 的中心列. 故证得了

定理 5 群 G 为幂零的充要条件是它至少有一个中心列. 又幂零群的类不大于它的任何中心列的长.

循环群之子群及商群都是循环的，交换群之子群及商群都是

交换的．幂零群怎样呢？实际上，也有下面的

定理 6 幂零群的子群与商群也都是幂零的，而且它们的类都不超过原群的类．

证明 设 G 为 n 类幂零群，因而有下中心列

$$G = K_1(G) > K_2(G) > \cdots > K_n(G) > K_{n+1}(G) = 1.$$

（一）**设 H 为 G 之子群．** 由 $K_i(H)$ 之定义，显见对任何 i 恒有 $K_i(H) \subseteq K_i(G)$，故必有 $K_{n+1}(H) = 1$，即据定义 1 知 H 为类不超过 n 的幂零群．

（二）**设 $N \lhd G$ 而作商群 $\bar{G} = G/N$．** 显有 $K_1(\bar{G}) = K_1(G)/N$，$K_2(\bar{G}) = [G/N,\ G/N] = K_2(G) \cdot N/N$，故归纳地假定 $K_i(\bar{G}) = K_i(G) \cdot N/N$ 后，又得 $K_{i+1}(\bar{G}) = [K_i(\bar{G}), \bar{G}] = [K_i(G), G] \cdot N/N = K_{i+1}(G) \cdot N/N$；于是也必有 $K_{n+1}(\bar{G}) = 1$，说明 $\bar{G}$ 是类不过 n 的幂零群．证完

交换群之子群恒为正规的，可是幂零群之子群不必再是正规的了．例如 G 是由主对角线上的数全为 1 的复数域 P 上的一切三级上三角矩阵所成的 2 类幂零群（参看例 1），考虑由

$$\alpha = \begin{pmatrix} 1 & 1 & 1 \\ 0 & 1 & 1 \\ 0 & 0 & 1 \end{pmatrix}$$

生成的循环子群 $H = \{\alpha\}$，于是 H 的元为且仅为

$$\alpha^k = \begin{pmatrix} 1 & k & \frac{k(k+1)}{2} \\ 0 & 1 & k \\ 0 & 0 & 1 \end{pmatrix}$$

形 $(k \gtreqless 0)$；用 G 之元 $\beta = \begin{pmatrix} 1 & 1 & 0 \\ 0 & 1 & 2 \\ 0 & 0 & 1 \end{pmatrix}$ 变 α^k 的形，就有

$$\beta^{-1}\alpha^k\beta = \begin{pmatrix} 1 & -1 & 2 \\ 0 & 1 & -2 \\ 0 & 0 & 1 \end{pmatrix} \begin{pmatrix} 1 & k & \frac{k(k+1)}{2} \\ 0 & 1 & k \\ 0 & 0 & 1 \end{pmatrix} \begin{pmatrix} 1 & 1 & 0 \\ 0 & 1 & 2 \\ 0 & 0 & 1 \end{pmatrix}$$

$$=\begin{pmatrix} 1 & k & \frac{k(k+3)}{2} \\ 0 & 1 & k \\ 0 & 0 & 1 \end{pmatrix},$$

显然不为H的元，即H不是G的正规子群.

虽然幂零群G之子群H不见得为G之正规子群，但其正规化子确比H大，即有

定理 7 幂零群的真子群恒小于其正规化子.

事实上，设$H < G$，G为幂零群，作G之下中心列

$$G = K_1(G) > K_2(G) > \cdots > K_n(G) > K_{n+1}(G) = 1,$$

于是由$K_1(G) = G \nsubseteq H$及$H \geqslant K_{n+1}(G) = 1$得知必有一自然数$t$ $(1 \leqslant t \leqslant n)$使

$$H \geqslant K_{t+1}(G) \text{ 及 } H \not\supseteq K_t(G),$$

因而$[K_t(G), H] \subseteq [K_t(G), G] = K_{t+1}(G) \subseteq H$，

由是不难证明$K_t(G) \subseteq N_G(H)$，因而$N_G(H) > H$. 证完.

由定理 7 又得下面的二个推论.

推论 1 幂零群的每个极大子群是正规的；故其指数为素数并含有换位子群为子群.

事实上，若H为幂零群G之极大子群. 则由定理 7 得$H < N_G(H) \subseteq G$，故据H之极大性不得不有$N_G(H) = G$，即$H \lhd G$. 据H之极大性又知商群G/H除单位群外再无真子群，故G/H为素数阶的循环群因而$K_2(G) = [G, G] \subseteq H$.

推论 2 幂零群的每子群是次正规的，即为某一次正规群列中的一项.

事实上，设H为幂零群G之子群，作G之下中心列$G = K_1(G) > K_2(G) > \cdots > K_n(G) > K_{n+1}(G) = 1$. 当$H = G$或$H = 1$时，结论显然，故只需考虑$1 < H < G$. 由于必有一自然数$t$ $(1 \leqslant t \leqslant n)$使

$$H \geqslant K_{t+1}(G) \text{ 及 } H \not\supseteq K_t(G),$$

据定理 7 之证明知 $K_t(G) \subseteq N_G(H) = H_1$，因而同理又得 $[K_{t-1}$

$(G), H_1]\subseteq[K_{t-1}(G), G]=K_t(G)\subseteq H_1$，即 $K_{t-1}(G)\subseteq N_G(H_1)=H_2$，继续做下去，最后可得

$$G=K_1(G)\subseteq H_t=N_G(H_{t-1}),$$

式中 $H=H_0<H_1\leqslant H_2\leqslant\cdots\leqslant H_{t-1}\leqslant H_t$ 而 $H_i=N_G(H_{i-1})$，由是不得不有 $H_t=G$，或早已有某 $H_j=N_G(H_{j-1})=G\ (j<t)$，这说明了有数 i 使

$$1<H=H_0<H_1<\cdots<H_{j-1}<H_j=G$$

中每 $H_i=N_G(H_{i-1})$，即上列为 G 之一次正规群列．证完．

附注 对有限群言，定理 7 及其推论 1 与推论 2 的逆也成立．下节再讨论．

幂零群的子群既必为次正规的，那末幂零群的正规子群又怎样呢？我们说幂零群的正规子群必含有中心元，即

定理 8 幂零群 G 中任一个非单位的正规子群 N 与群 G 之中心的交也大于 1，即 $1<N\lhd G$ 时，就有 $N\cap Z(G)\neq 1$．

比这定理 8 更深刻的结果是下面的

定理 9 设 $1=Z_0(G)<Z_1(G)=Z(G)<Z_2(G)<\cdots<Z_{n-1}(G)<Z_n(G)=G$ 为幂零群 G 的上中心列．若 $1<N\lhd G$，随而必有一非负整数 i 使 $N\not\subseteq Z_j(G)$ 及 $N\subseteq Z_{j+1}(G)$，则 N 有如

$$N=N\cap Z_{j+1}(G)>N\cap Z_j(G)>N\cap Z_{j-1}(G)>\cdots$$
$$>N\cap Z_1(G)>N\cap Z_0(G)=1$$

的一个无重复项的正规群列．

证明 $N\lhd G\Rightarrow[G,N]\subseteq N$，又 $N\subseteq Z_{j+1}(G)\Rightarrow[G,N]\subseteq[G,Z_{j+1}(G)]\subseteq Z_j(G)$，故 $[G,N]\subseteq N\cap Z_j(G)$．

但 $N\not\subseteq Z_j(G)\Rightarrow N\cdot Z_{j-1}(G)\not\subseteq Z_j(G)\Rightarrow N\cdot Z_{j-1}(G)/Z_{j-1}(G)\not\subseteq Z(G/Z_{j-1}(G))=Z_j(G)/Z_{j-1}(G)$，这说明了 $[G,N]\not\subseteq Z_{j-1}(G)$，故 $[G,N]\not\subseteq N\cap Z_{j-1}(G)$，因而再与上面一段的结果合并就得到

$$N\cap Z_j(G)>N\cap Z_{j-1}(G);$$

再利用 $N\not\subseteq Z_j(G)$ 就有

$$N>N\cap Z_j(G)>N\cap Z_{j-1}(G).\tag{5}$$

故证得了这样一个结果：当 G 之正规子群 N 具有 $N\not\subseteq Z_j(G)$ 及

$N \subseteq Z_{j+1}(G)$ 之性质时，就有 (5) 式.

然 $N \cap Z_j(G) \lhd G$，且 $N \cap Z_j(G) \subseteq Z_j(G)$，而 (5) 式恰又说明 $N \cap Z_j(G) \not\subseteq Z_{j-1}(G)$，故把 $N \cap Z_j(G)$ 看作上面的 N，就又能得到与 (5) 式相对应的式子

$$N \cap Z_j(G) > (N \cap Z_j(G)) \cap Z_{j-1}(G)$$
$$> (N \cap Z_j(G)) \cap Z_{j-2}(G),$$

即
$$N \cap Z_j(G) > N \cap Z_{j-1}(G) > N \cap Z_{j-2}(G).$$

再考虑 $N \cap Z_{j-1}(G)(\lhd G)$，仿上述论证，又可得

$$N \cap Z_{j-1}(G) > N \cap Z_{j-2}(G) > N \cap Z_{j-3}(G).$$

用类似的方法一直继续到 $N \cap Z_0(G) = 1$ 为止，故得定理 9. 证完.

以上所谈，都是从一个已知的幂零群出发来考虑它的子群、商群的性质. 现在反过来，设有一群 G（不管 G 是否为幂零的，也不管 G 是有限或无限），我们来讨论 G 中幂零子群间的关系.

首先应注意的是：设 $N \lhd G$，即令 N 与 G/N 都是幂零的，我们也不能保证 G 是幂零的. 例如 $G = \mathfrak{S}_3$ 为三次对称群时，$\mathfrak{A}_3$（三次交代群）$\lhd \mathfrak{S}_3$，这时 $\mathfrak{A}_3$ 与 $\mathfrak{S}_3/\mathfrak{A}_3$ 不仅都是幂零的而且还都是循环的，但 $\mathfrak{S}_3$ 确非幂零群（因 $Z(\mathfrak{S}_3) = 1$）.

今设 G 是群. 若 $A \lhd G$, $B \lhd G$，则 $D = A \cap B \lhd G$ 及 $C = AB \lhd G$. 又知：当 A, B 中有一个是循环，或交换，或幂零时，那末 D 显然分别也是循环，或交换，或幂零的. 然而 C 怎样呢？显然，即令 A 与 B 都是循环的，C 也不见得为循环的，p^2 阶初等交换群就是这样的例子；不仅不见得为循环的，而且 C 还不见得是交换的，四元数群 $K = \{x, y\}$ 就是这样的例子（定义关系为 $x^4 = 1$, $x^2 = y^2$, $yx = x^3y$），因为 $\{x\} \lhd K$, $\{y\} \lhd K$；可是恒能断言 C 是幂零的，且条件可放宽些，即只要 A, B 都是幂零的就行了. 即有

定理 10 任何群 G 的两个幂零正规子群之积也是 G 的幂零正规子群.（文献 [20]）

证明 设 $A \lhd G$, $B \lhd G$，且 A 与 B 都是幂零的. 令 $C = AB$. 显有 $C \lhd G$，今只需证 C 之幂零性.

由定义，可知 $K_n(C)=K_n(AB)=\{[c_1, c_2,\cdots, c_n]|c_i\in AB\}$，故 $c_i=a_ib_i$, $a_i\in A$, $b_i\in B$. 下面我们要证明 $[c_1, c_2,\cdots, c_n]$ 等于形状像 $w=[v_1, v_2,\cdots, v_n]$ 的一些换位元的乘积(每 v_i 或为一 $a\in A$ 或为一 $b\in B$).

当 $n=1$ 时，结论显然正确. 今归纳地假定在 $n-1$ 时结论是正确的. 于是利用 A, B 之正规性得

$$
\begin{aligned}
[c_1,\cdots, c_{n-1},c_n] &= [[c_1,\cdots, c_{n-1}], a_nb_n]\\
&= [w_1w_2\cdots w_t, a_nb_n]\\
&= [w_1w_2\cdots w_t, b_n][w_1w_2\cdots w_t, a_n]^{I_{b_n}}\\
&\quad \text{（前章 §10 的 (3) 式）}\\
&= [w_1w_2\cdots w_t, b_n][w_1^{I_{b_n}}w_2^{I_{b_n}}\cdots w_t^{I_{b_n}}, a_n^{I_{b_n}}]\\
&= [w_1w_2\cdots w_t, b_n][w_1'w_2'\cdots w_t', a_n']
\end{aligned}
$$

（式中 I_{b_n} 为由元 b_n 所诱导的 AB 之内自同构：$I_{b_n}\in I(AB)$).

再利用前章 §10 的 (2) 式，又知

$$
\begin{aligned}
[w_1w_2\cdots w_t, b_n] &= [w_1, b_n]^{I_{w_2\cdots w_t}}[w_2\cdots w_t, b_n]\\
&= [w_1'',b_n''][w_2\cdots w_t, b_n].
\end{aligned}
$$

继续做下去，最后可将 $[c_1,\cdots, c_{n-1}, c_n]$ 表写为形状像 $[w, a_n^{(i)}]$ 及 $[w, b_n^{(i)}]$ 的一些换位元的乘积，而每个 $[w, a_n^{(i)}]$ 或每个 $[w, b_n^{(i)}]$ 这时都是 $[v_1, v_2,\cdots, v_{n-1}, v_n]$ 形的而有 $v_i=$ 某 $a\in A$ 或某 $b\in B$. 故据归纳法完全证明了我们的论断.

于是若令 A, B 的类各为 s, t，则上述的论断就证明了这样一个事实，即 $K_n(AB)=\{[v_1,\cdots, v_{n-1}, v_n]|, v_i\in A \text{ 或 } B\}$. 但因 $[v_1,\cdots, v_{n-1}, v_n]=[v_1,\cdots, v_{n-1}]^{-1}v_n^{-1}[v_1,\cdots, v_{n-1}]v_n$；而 $v_1,\cdots, v_{n-1}$ 中若有 k 个 $v\in A$，则易知 $[v_1,\cdots, v_{n-1}]\in K_k(A)$，同理若 $v_1,\cdots, v_{n-1}$ 中有 k 个 $v\in B$，易知 $[v_1,\cdots, v_{n-1}]\in K_k(B)$；然由于 $K_k(A)\lhd\lhd\lhd A$ 及 $A\lhd G$ 又得 $K_k(A)\lhd G$，同理 $K_k(B)\lhd G$；故当 $[v_1,\cdots, v_{n-1}]\in K_k(A)$ 时，若 $v_n\in B$，则 $[v_1,\cdots, v_{n-1}, v_n]\in K_k(A)$，而若 $v_n\in A$，就有 $[v_1,\cdots, v_{n-1}, v_n]\in K_{k+1}(A)$；同理当 $[v_1,\cdots, v_{n-1}]\in K_k(B)$ 时，也知 $[v_1,\cdots, v_{n-1}, v_n]\in K_k(B)$ 或 $K_{k+1}(B)$. 总之，当 $v_1,\cdots, v_{n-1}$ 中有 k 个属于 A（或 B）时，则

$[v_1, \cdots, v_{n-1}, v_n] \in K_k(A)$ 或 $K_{k+1}(A)$（或 $K_k(B)$ 或 $K_{k+1}(B)$）. 因而特取 $n = s + t + 1$ 后，则因这时 $v_1, \cdots, v_{n-1}, v_n$ 中至少有 $s + 1$ 个属于 A 或至少有 $t + 1$ 个属于 B，故 $[v_1, \cdots, v_{n-1}, v_n] \in K_{s+1}(A)$ 或 $K_{t+1}(B)$，至少必有一出现；但不论为何，由于 $K_{s+1}(A) = 1 = K_{t+1}(B)$，故恒有 $[v_1, \cdots, v_{n-1}, v_n] = 1$. 这说明了恒有 $K_{s+t+1}(AB) = 1$，即 AB 为幂零的. 证完.

从证明的过程还知道 $C = AB$ 的类不超过 A 之类与 B 之类的和. 故由归纳法又得

推论 1 群 G 中有限多个幂零正规子群之积仍为 G 的幂零正规子群，且其类不超过各因子之类的和.

因之又有

推论 2 有限多个幂零群的直积是幂零的.

我们知道：当 G/M 与 G/N 均为幂零时，易证 G/MN 为幂零的，这是由于 $G/MN \simeq (G/M)/(MN/M)$ 的缘故. 但 $G/M \cap N$ 怎样呢？据前章 §11 的定理 9 因有 $G/M \cap N \subseteq G/M \times G/N$，故知 $G/M \cap N$ 也是幂零的，即又得

推论 3 G/M 与 G/N 之幂零性保证了 $G/M \cap N$ 也是幂零的，同时 G/MN 亦为幂零的.

附注 推论 3 也可直接证明于下. G/M 之幂零性说明了有 $K_{r+1}(G) \subseteq M$，同理由 G/N 之幂零性又有 $K_{s+1}(G) \subseteq N$（即设 G/M 与 G/N 的类各为 r 与 s），于是令 $n = \max(r, s)$ 时就有 $K_{n+1}(G) \subseteq M \cap N$，即 $G/M \cap N$ 是幂零的，同时还证明了 $G/M \cap N$ 的类不超过 G/M 与 G/N 的类的最大的.

关于群 G 之商群，又有

定理 11 设 $A \lhd G$，则 G/A 为幂零的充要条件是有一自然数 n 使 $K_n(G) \subseteq A$.

事实上，$K_n(G) \subseteq A$ 与 $K_n(G/A) = K_n(G)A/A = 1$ 等价，故云.

我们在定义 2 中由上中心列引进幂零群之意义时，曾经介绍过超中心这个概念. 就是说，当 G 为幂零时，作其中心 $Z_1(G) =$

$Z(G)$，再作商群 $G/Z_1(G)$ 之中心 $Z(G/Z_1(G))=Z_2(G)/Z_1(G)$，复作 $G/Z_2(G)$ 之中心 $Z(G/Z_2(G))=Z_3(G)/Z_2(G)$，继续这方法，必只能经有限回达到商群 $G/Z_c(G)$ 为交换的，即有一自然数 c 使 $Z_{c+1}(G)=G$. 于是，当 G 非幂零时，则上述逐步作商群之中心的手续就有两种可能性：一为可能延至无限而无止境，一为可能有一自然数 c 使 $G/Z_c(G)$ 之中心 $Z_{c+1}(G)/Z_c(G)$ 为单位元群，即 $Z_{c+1}(G)=Z_c(G)$，因而当 $k\geqslant c$ 时恒有 $Z_k(G)=Z_c(G)$. 在后者的情况时，叫 $Z_c(G)$ 为 G 之超中心，表为 $S(G)$，这在介绍定义 2 以前就已谈过. 今为避免前者的情况发生，我们只讨论满足极大条件(对子群言)的群，而引进下面的

定义 4 设 G 是(对子群言)满足极大条件的群. 于是作它的上中心串链

$$1=Z_0(G)<Z_1(G)=Z(G)<\cdots<Z_i(G)<\cdots \quad (6)$$

时(即 $Z_{i+1}(G)/Z_i(G)=Z(G/Z_i(G))$)，则链 (6) 决不能无限地延长，即必有一自然数 c，使链 (6) 中 $Z_c(G)=Z_k(G)$ 在 $k\geqslant c$ 时(即链 (6) 必有一个最后项 $Z_c(G)$). 我们叫这 $Z_c(G)$ 为群 G 的超中心，表为 $S(G)$.

显然，超中心 $S(G)=G$ 的充要条件是 G 为幂零的，故当 G 非幂零时，超中心 $S(G)<G$. 超中心 $S(G)\lhd\lhd G$ 早已讲过. 又超中心 $S(G)=1$ 的充要条件是 G 无中心.

易证超中心 $S(G)$ 恒为幂零的：事实上，设有 $Z_c(G)=S(G)$，即 $Z_{c-1}(G)<Z_c(G)=Z_{c+1}(G)=\cdots$，于是 $K_2(S(G))=[S(G), S(G)]\subseteq[G, Z_c(G)]\subseteq Z_{c-1}(G)$，而一般常有 $K_{i+1}(S(G))=[K_i(S(G)), S(G)]\subseteq[Z_{c-i+1}(G), G]\subseteq Z_{c-i}(G)$，故结果有 $K_{c+1}(S(G))\subseteq Z_0(G)=1$，不得不有 $K_{c+1}(S(G))=1$，即 $S(G)$ 是幂零的.

又由超中心之意义，易知 $Z(G/S(G))=1$. 反之，若 $N\lhd G$ 且 $Z(G/N)=1$，则从 $[G, Z_1(G)]=1$ 因已知 $Z_1(G)\cdot N/N\subseteq Z(G/N)=1$，故 $Z_1(G)\cdot N=N$，即 $Z_1(G)\subseteq N$；于是再归纳地假定 $Z_{i-1}(G)\subseteq N$ 后，又从 $[G, Z_i(G)]\subseteq Z_{i-1}(G)\subseteq N$ 得

$Z_i(G)\cdot N/N\subseteq Z(G/N)=1$，即说明了 $Z_i(G)\subseteq N$；故用归纳法证明了 $S(G)=Z_c(G)\subseteq N$。这就说明了超中心 $S(G)$是G之这样的正规子群，即以之为模的G的商群无中心的最小正规子群.

但在 $Z(G/N)=1=Z(G/M)$ 时，若令 $D=M\cap N$，则 $D\lhd G$ 而又有商群 G/D，于是若 $gD\in Z(G/D)$，那末对任 $x\in G$ 应有 $[g,x]\in D=M\cap N\subseteq M$ 及 $\subseteq N$，故 $gM\cdot xM=xM\cdot gM$，即有 $gM\in Z(G/M)=1$，不得不 $g\in M$，同理有 $g\in N$，因而最后可知 $g\in M\cap N=D$, $gD=D$，即 $Z(G/D)=1$. 这说明了凡能使商群无中心的一切正规子群之交而以之为模再作的商群也仍然没有中心.

总括上述，证得了下面的

定理 12 满足极大条件的群 G（特别有限群 G）之超中心 $S(G)$为幂零的且是使G之商群无中心的G之最小正规子群，并等于凡使G之商群无中心的一切正规子群的交.（文献 [21]）

关于有限群的超中心及幂零正规子群间的进一步的探索留在下册内再谈. 本节到此结束.

问题 1　设 $1=A_0<A_1<A_2<\cdots<A_{c-1}<A_c=G$ 为幂零群G的任一个中心列. 若G之子群 $H\supseteq A_i$，则H之正规化子 $N_G(H)\supseteq A_{i+1}$，证之.

问题 2　非交换群G为 2 类幂零群的充要条件是 $G'=[G,G]\subseteq Z(G)$.

问题 3　设 G/A 为幂零群，且 $A\subseteq Z(G)$，试证G为幂零群，且其类或等于 G/A 的类或较之多 1.

问题 4　非交换幂零群的中心决不能为这群的直因子.

问题 5　令 $I^{(1)}=I(G)$ 表G之内自同构群，再递归地定义 $I^{(n)}$ 为 $I^{(n-1)}$ 的内自同构群. 试证：G为幂零的充要条件是串链

$$I^{(0)}=G,\ I^{(1)},\ I^{(2)},\cdots,\ I^{(n)},\cdots$$

经有限多项以后可达到单位群.

问题 6　试取 $G=\mathfrak{S}_3$, $A=\mathfrak{A}_3$, $B=\{(12)\}$ 为例来说明群G之二个幂零子群 A, B 中只有一为正规时，积 AB 不一定是幂

零的.

问题 7 设G对子群言满足极大条件. 试证G为幂零的充要条件是由 $G\sim H(\neq 1)$ 恒有 $Z(H)\neq 1$(即G之任何非单位的同态像恒有中心).

问题 8 设G为幂零群，那末当 $G\sim H$, 而M为H之极小正规子群时,就恒有 $M\subseteq Z(H)$; 又若 $1<N\triangleleft G$,也恒有 $[N, G]<N$.

问题 9 直接利用下中心列的意义证明定理 10 的推论 2(有限个幂零群之直积为幂零的),并证它的类等于直因子中类之最大者.

§5. 有限幂零群的分解

前节泛论了幂零数的一些基本性质. 这节的任务是解决有限幂零群的构造，即证明有限幂零群可分解为 p-群之直积，从而说明 p-群在有限群研究中的重要性.同时也应对有限幂零群的特性给以阐明.

首先问: 怎样一些非交换的有限群是幂零的呢? 前节已说过四元数群 $K=\{a, b\}$ 是阶 $8=2^3$ 的非交换幂零群 ($a^4=1$, $a^2=b^2$, $ba=a^3b$). 实际上,有下面一般的

定理 1 p-群必为幂零群.

证明 设$o(G)=p^n$.于是 $Z(G)>1$(第一章 §7 定理 9),因而商群 $G/Z(G)$ 之阶 p^k 中的 $k<n$; 然 $n=1, 2$ 时确保证了G之幂零性(因这时G已为交换的)，故归纳地假定阶为 p 之幂的幂指数小于 n 的 p-群为幂零的，于是 $G/Z(G)$ 是幂零的,故G也必为幂零的(前节问题 3)，因而由归纳法证明了定理 1.

因 p^2 阶的群为交换的,故作 p^n 阶群之上中心列时，其长最多为 $n-1$，而得

推论 p^n 阶幂零群的类至多为 $n-1$.

p-群既为幂零的,于是像这样一些群的直积当然也是幂零的,

今问其逆成立否？也就是问有限幂零群能写为 p-群之直积吗？这是一个肯定的答案，即

定理 2（基本定理） 有限幂零群总可写为它的西洛子群的直积，因而这样的分解是唯一的.

证明 设 S_p 是有限幂零群 G 的一个西洛 p-子群. 若 $S_p=G$，则 G 已是 p-群了. 故需讨论的是 $S_p<G$，于是 G 之幂零性保证了 $S_p<N_G(S_p)=H$（前一节定理 7）. 但由 §1 的定理 7 又知 $N_G(H)=H$，于是再利用前节定理 7 就得 $H=G$，即 $S_p\lhd N_G(S_p)=G$. 这就是说，对 $o(G)$ 之每个素因数 p，G 只有唯一个西洛 p-子群 S_p（当然是正规的），故 G 可写为它的西洛子群之直积，且这样的表写法自然是唯一的.

据这定理 2，可知有限幂零群的研究的本质问题还是要研究 p-群，这又显示了 p-群之重要性. 定理 2 是这节的主要问题，利用它可解决有限群为幂零的许多充要条件，例如前节的定理 7 及它的推论 1 与推论 2 之逆对有限群言也都是成立的. 即有

定理 3 有限群为幂零的充要条件有下面三个等价的：

(i) 每真子群小于其正规化子；

(ii) 每个极大子群是正规的；

(iii) 每个子群为次正规的.

证明 当 G 是幂零时，前一节的定理7及其推论 1 与推论 2 已说明了条件 (i)，(ii)，(iii) 的必要性（这时还用不上 G 之有限性）. 故只需证条件 (i)，(ii)，(iii) 的充分性. 当然，下面只考虑 $o(G)$ 为非素数幂的情况.

设条件 (i) 成立. 这时取 G 之某西洛 p-子群 S_p，由于 $S_p<G$ 而据条件 (i) 得 $S_p<N_G(S_p)$；再由 §1 的定理 7 又知

$$N_G(N_G(S_p))=N_G(S_p),$$

故据条件 (i) 不得不有 $N_G(S_p)=G$，即 $S_p\lhd G$. 这说明了对 $o(G)$ 之每素因数 p，G 恒有唯一个西洛 p-子群，即 G 为幂零的.

设条件 (ii) 成立. 这时，苟若 $N_G(S_p)<G$，则令 H 为含 $N_G(S_p)$ 的 G 之一个极大子群，即 $N_G(S_p)\subseteq H<G$，且 H 在 G 内为

极大的，则由条件(ii)得 $H \lhd G$，即 $N_G(H) = G$；但另方面由 §1 的定理 7 又应有 $N_G(H) = H < G$；这二个结论显相矛盾．故不得不有 $N_G(S_p) = G$，即 $S_p \lhd G$，仍说明了 G 之幂零性．

设条件(iii)成立．这时，苟若 $N_G(S_p) < G$，则据假设条件(iii)得知如

$$1 < N_G(S_p) < A_1 \leqslant \cdots \leqslant G$$

的 G 之次正规群列必存在，故由 $N_G(S_p) \lhd A_1$ 以及 $N_G(S_p) < A_1$ 确知 $N_G(N_G(S_p)) > N_G(S_p)$，但由 §1 的定理 7 又保证了

$$N_G(N_G(S_p)) = N_G(S_p),$$

这二个结论显相矛盾，不可．故不得不有 $N_G(S_p) = G$，即 $S_p \lhd G$，也说明了 G 之幂零性．

我们知道交换群中任二元是可交换的，但幂零群显然无这性质，但有

定理 4 有限群为幂零的充要条件是其中凡阶为互素的任二元可交换．

实际上，还可将条件削弱而有

定理 4° 有限群为幂零的充要条件是其中凡阶等于不同素数幂的任二元可交换．

证明 令 $o(G) = p_1^{\alpha_1} p_2^{\alpha_2} \cdots p_n^{\alpha_n}$ 为素因数分解．

(一) 设 G 是幂零的．令 $x, y \in G$，$o(x) = p_i^{\lambda_i} (\lambda_i \leqslant \alpha_i)$，$o(y) = p_j^{\mu_j} (\mu_j \leqslant \alpha_j)$，$i \neq j$，于是必有 $x \in S_{p_i}$，$y \in S_{p_j}$，但 S_{p_i} 与 S_{p_j} 分别为 G 的唯一个西洛 p_i-子群与西洛 p_j-子群，故从直积 $S_{p_i} \times S_{p_j}$ 之关系确保证了 $xy = yx$．

(二) 设 G 中凡阶等于不同素数幂之二元可交换．

这时，取 G 的某西洛 p-子群 S_p 后，则因 G 之西洛 q-子群 S_q 在 $q \neq p$ 时必有 $S_q \subseteq Z_G(S_p)$，因而当然有 $S_q \subseteq N_G(S_p)$，这是说对任 $q \neq p$ 时都有这样的关系；至于 $S_p \subseteq N_G(S_p)$ 自明．故不得不有 $o(G) \mid o(G_G(S_p))$，即 $G = N_G(S_p)$，或 $S_p \lhd G$，因而 G 为幂零的．

定理 4° 获证．

据第一章 §4 的问题 7 已知有限群的任何元素可写为阶等于

互异素数幂的一些元素的乘积，故从阶等于互异素数幂的二元为可交换之假定能很容易地推知阶互素的二元必可交换．因而证明了定理 4° 后，定理 4 也易明．

前一节定理 7 的推论 1 还解决了这样一个问题，即任何幂零群 G 的换位子群 $G'=[G,G]$ 一定为 G 之任一个极大子群的子群，因之当然是 G 之所有极大子群之**交**的子群．弗拉梯尼（Frattini）首先对这个**交**给予重视，因此习惯上叫这样的**交**为 G 之弗拉梯尼子群．注意一个无限群可能没有极大子群，故一般界说下面的

定义 群 G 与它的所有极大子群的交叫做 G 的弗拉梯尼子群，恒表为 $\Phi(G)$．

于是，当无限群 G 没有极大子群时，才能产生 $\Phi(G)=G$ 的现象；对于有限群 G，恒有 $\Phi(G)<G$．

由于前节定理 7 的推论 1 中两个附带的结果很重要，特地写为

定理 5 设群 G 为幂零的，那末：

(i) G 之极大子群(如存在)的指数必为素数；

(ii) G 之换位子群 G' 为弗拉梯尼子群 $\Phi(G)$ 的子群，即 $G'=[G,G]\subseteq\Phi(G)$．

今问定理 5 的逆定理怎样？ 关于性质(i)的逆已不是幂零群了，而是超可解群，这留在下册里去讨论． 现在只谈性质(ii)的逆，即设群 G 有 $G'=[G,G]\subseteq\Phi(G)$，问 G 怎样？ 这时设 M 是 G 的任一个极大子群(如存在)，则从 $\Phi(G)\subseteq M$ 及假设 $G'\subseteq\Phi(G)$ 得 $G'\subseteq M$，因而 $M\lhd G$，于是当 G 为有限阶时，根据定理 3 的(ii)能保证 G 是幂零的．故得

定理 6 有限群 G 为幂零的充要条件是 G 之换位子群 $G'=[G,G]$ 为 G 之弗拉梯尼子群 $\Phi(G)$ 的子群，即 $G'=[G,G]\subseteq\Phi(G)$．

弗拉梯尼子群的概念对于幂零群的研究既已显示了如定理 6 所述的这样的重要性，故不得不引起重视． 在下册里专门再讨论它，现在只列举群 G 之弗拉梯尼子群 $\Phi(G)$ 的几个主要性质，以备引用．$\Phi(G)$ 之主要性质是下面的

定理 7 (i) 对任何群 G，恒有 $\Phi(G) \lhd \lhd G$.

(ii) 不论 A 为群 G 之任何子集，只要 G 满足极大条件(对子群言)，则 $x \in \Phi(G)$ 之充要条件是由 $G=\{x, A\}$ 恒得 $G=\{A\}$. 因之当 $\Phi(G)$ 有有限多个生成元时，设 H 为 G 之子群而具关系 $G=\Phi(G)\cdot H$，则必有 $G=H$.

(iii) 当 $\Phi(G)$ 为有限群时，$\Phi(G)$ 必是幂零的.

证明 (i) 若 G 无极大子群，则 $\Phi(G)=G$. 如 G 有极大子群，则任 $\sigma \in A(G)$ 必使 G 之极大子群 M 仍变为 G 之极大子群 M^{σ}，故从 $\Phi(G)=\bigcap\limits_{一切M} M$ 得 $\Phi(G)^{\sigma}=\cap M^{\sigma} \subseteq \Phi(G)$.

(ii) 设 $G=\{x, A\}$, $x \in \Phi(G)$; 苟若 $G \neq \{A\}$，则 $x \bar{\in} \{A\}$，且 G 中必有包含 A 之极大子群 $H(\{A\} \subseteq H < G)$，这 H 当然是 G 之极大子群，故 $x \in \Phi(G) \subseteq H$，因之 $G=\{x, A\} \subseteq H$，显与 $H<G$ 相抵，于是只能是 $G=\{A\}$. 反之，设从 $G=\{x, A\}$ 恒得 $G=\{A\}$; 苟若 $x \bar{\in} \Phi(G)$，则 G 至少有一极大子群 M 使 $x \bar{\in} M$，因之必有 $M<\{x, M\}=G$，故把这 M 充当 A 时，虽有 $G=\{x, M\}=\{x, A\}$，但确无 $G=\{A\}=M$，与题设矛盾，不可，故不得不有 $x \in \Phi(G)$.

(iii) 设 S_p 为 $\Phi(G)$ 之任一个西洛 p-子群，因 $\Phi(G) \lhd \lhd G$ ((i) 已证)，故任 $x \in G$ 恒致 $x^{-1}S_p x \subseteq x^{-1}\Phi(G)x=\Phi(G)$，说明 $x^{-1}S_p x$ 为 $\Phi(G)$ 之西洛 p-子群，于是有 $a \in \Phi(G)$ 使

$$S_p=a^{-1}(x^{-1}S_p x)a=(xa)^{-1}S_p(xa),$$

即 $xa \in N_G(S_p)$, $x \in N_G(S_p)\cdot\Phi(G)$，不得不有 $G=N_G(S_p)\cdot\Phi(G)$，故据 (ii) 得 $G=N_G(S_p)$，即 $S_p \lhd G$，故当然有 $S_p \lhd \Phi(G)$，因而 $\Phi(G)$ 为幂零的(定理 2). 证完.

以后再专门来讨论弗拉梯尼子群，本节到此结束.

问题 1 设 $o(G)=p_1^{a_1}p_2^{a_2}\cdots p_n^{a_n}$ 为素因数分解. 试证 G 为幂零的充要条件是 G 有指数为 $p_i^{a_i}(i=1, 2, \cdots, n)$ 的正规子群.

问题 2 有限群 G 为幂零的充要条件是：当 $o(G)=mn$ 且 $(m, n)=1$ 时，G 必有阶 m 的正规子群.

问题 3　对于有限幂零群 G 之阶 $o(G)$ 的每个因数 h，G 恒有阶 h 的子群．再以三次对称群 $\mathfrak{S}_3$ 为例，说明其逆定理不成立．

问题 4　有限群 G 为幂零的充要条件是：只要 $c|o(G)$ 且 $\left(\frac{o(G)}{c}, c\right)=1$ 时，那末 G 中具性质 $x^c=1$ 之元 x 的集合是阶 c 的子群；因而也是唯一的．

问题 5　阶不含素因数之平方的幂零群是循环群．

问题 6　假定对 $o(G)$ 之每个素因数 p，G 恒有一合成群列其中有一项为西洛 p-子群，试证 G 为幂零群．

问题 7　有限群 G 为幂零的充要条件是：只要 $p|o(H)$ 及 $G\sim H$ 时（p 为素数），H 就有一个异于 1 的正规 p-子群．

问题 8　有限群 G 为幂零的充要条件是：当 G 中元 x 与 y 的阶为 p 之幂时（p 为素数），则 $\{x, y\}$ 为幂零的．由是有限群 G 为幂零的充要条件是由任二元 x, y 生成的 $\{x, y\}$ 是幂零的．

§6.　可　解　群

我们知道幂零群的概念是交换群的推广．所谓 G 为幂零的是说有一自然数 n 使得

$$G=K_1(G)>K_2(G)>\cdots>K_n(G)>K_{n+1}(G)=1.$$

显然，换位子群 $G'=[G, G]=K_2(G)$；如令 $G''=[G', G']$，又有 $G''\subseteq[K_2(G), G]=K_3(G)$；故若递归地定义 $G^{(i+1)}=[G^{(i)}, G^{(i)}]$ 为 $G^{(i)}$ 之换位子群，并归纳地假定已证明了 $G^{(i)}\subseteq K_{i+1}(G)$，则有 $G^{(i+1)}=[G^{(i)}, G^{(i)}]\subseteq[K_{i+1}(G), G]=K_{i+2}(G)$，故完全证明了：对任自然数 k 恒有 $G^{(k)}\subseteq K_{k+1}(G)$，因而 $G^{(n)}\subseteq K_{n+1}(G)=1$，不得不有 $G^{(n)}=1$ 或许早已有 $G^{(k)}=1(k<n)$．这是说，若 G 为 n 类幂群，则有一自然数 $k(\leqslant n)$ 使

$$G=G^{(0)}>G'>G''>\cdots>G^{(k-1)}>G^{(k)}=1, \qquad (1)$$

式中 $G^{(i+1)}=[G^{(i)}, G^{(i)}]$．因列 (1) 中每项为它紧前一项的换位子群，故叫列 (1) 为 G 之**换位群列**，并将 $G^{(i)}$ 称为 G 之**第 i 次换**

位子群，于是 G 之第 1 次换位子群就是 G 的换位子群 $G' = [G, G]$.

总之，幂零群必有换位群列. 反之，有换位群列的群不一定为幂零群：例如 $G=\mathfrak{S}_3$ 为三次对称群时，易证 $G'=\mathfrak{A}_3$ 为三次交代群，因而是交换的，故有 $G''=1$，说明了 $G=\mathfrak{S}_3$ 为有换位群列的群；可是 $G=\mathfrak{S}_3$ 又的确不是幂零的，因它的中心为 1. 于是，有换位群列的群之范围较幂零群之范围广得多，叫这类的群为**可解群**.

可解群的概念来源于方程之根号可解性，这在伽罗瓦 (Galois) 方程论中是很重要的，故特地写为下面的

定义 1 若群 G 有如 (1) 式的换位群列，就叫 G 为 k 步可解群(或 k 步亚交换群).

于是，可解群的步为 1 的充要条件是它为交换群. 又幂零群是可解的，但反之则不尽然. 在这里应提请注意的一点是，当我们从群 G 开始，逐次地作第 1 次、第 2 次、…、第 i 次换位子群时，可能会出现某 j 使 $G^{(j-1)} > G^{(j)} = G^{(j+1)}$ 的现象，这时容易验证：当 $i > j$ 时，恒有 $G^{(i)} = G^{(j)}$.

我们知道幂零群不仅是可解的，而且其类 n 与其步 k 间的关系是 $k \leqslant n$，然 k 与 n 之关系尚有更精细的结果，即

定理 1 n 类幂零群 G 为 k 步可解群时的 n 与 k 之关系是：k 不超过不等式 $2^x - 1 \geqslant n$ 的最小正整数解.

证明 首先解决 $G^{(i)} \subseteq K_{2^i}(G)$：事实上，$i=1$ 时成立，因 $G' = [G, G] = K_2(G)$. 今假定已证得了 $G^{(j)} \subseteq K_{2^j}(G)$，于是就有

$$\begin{aligned}G^{(j+1)} &= [G^{(j)}, G^{(j)}] \subseteq [K_{2^j}(G), K_{2^j}(G)] \subseteq K_{2^j+2^j}(G)\\ &= K_{2^{j+1}}(G),\end{aligned}$$

故由归纳法可知 $G^{(i)} \subseteq K_{2^i}(G)$ 对任 i 都成立.

今设 c 为不等式 $2^x \geqslant n+1$ 的最小正整数解，即 $2^c \geqslant n+1 > 2^{c-1}$，则因 $G^{(c)} \subseteq K_{2^c}(G) \subseteq K_{n+1}(G) = 1$，故不得不有 $G^{(c)} = 1$，因而 $c \geqslant k$ (G 之步). 证完.

再回忆换位群列 (1). 因 $G^{(i+1)} \lhd \lhd \lhd G^{(i)}$，故由传递律知每

$G^{(i)} \lhd \lhd \lhd G$，于是（1）当然是G之次正规群列，也是G的正规群列，且每商因子 $G^{(i)}/G^{(i+1)}$ 为交换群．这说明了可解群必有一次正规群列（或必有一正规群列）使列中每商因子为交换群（换位群列已充当了这样的列）．今反问：凡具有使每商因子为交换群的次正规群列或正规群列的群一定是可解群吗？答案是肯定的，实际上有

定理 2 群G的下述三个性质是等价的：

(i) G有换位群列；

(ii) G有使每商因子为交换群的正规群列；

(iii) G有使每商因子为交换群的次正规群列.

证明 (i)⇒(ii) 自明，因换位群列即可充当 (ii) 中的正规群列．又 (ii)⇒(iii) 也显然，因为 (ii) 中的正规群列可充当 (iii) 中的次正规群列．故需证的是 (iii)⇒(i)：事实上，设

$$G = G_0 > G_1 > G_2 > \cdots > G_{n-1} > G_n = 1$$

为G的次正规群列且每商因子 G_i/G_{i+1} 是交换的．于是，从 G/G_1 之交换性可知 $G' = [G, G] \subseteq G_1$，再归纳地假定 $G^{(i)} \subseteq G_i$ 后再利用 G_i/G_{i+1} 之交换性，得

$$G^{(i+1)} = [G^{(i)}, G^{(i)}] \subseteq [G_i, G_i] = G_i' \subseteq G_{i+1}.$$

故由归纳法证明了 $G^{(k)} \subseteq G_k$ 对任何自然数 k 常成立，不得不有 $G^{(n)} = 1$ 或许早已有了 $G^{(m)} = 1 (m < n)$，即说明了G有换位群列，故 (iii)⇒(i)．证完.

这定理 2 也说明了G为可解的充要条件是定理 2 中的 (ii) 或 (iii) 成立，故干脆叫这样的次正规群列或正规群列为可解次正规群列或可解正规群列，即下面的

定义 2 凡适合定理 2 中条件 (ii) 与 (iii) 的列分别叫做群G的可解正规群列与可解次正规群列.

因之据定理 2 及其证明方法，得知下列的

定理 3 群G为可解群的充要条件是它有一个可解正规群列（或有一个可解次正规群列），并且可解群的步不大于任何可解正规（或可解次正规）群列的长.

关于可解群之子群与商群，又有

定理 4 可解群之子群与商群都是可解的，且它们的步都不超过原群的步.

证明 设H是n步可解群G的一个子群. 于是从 $H\subseteq G$ 得 $H'=[H,H]\subseteq[G,G]=G'$，再归纳地假定 $H^{(i)}\subseteq G^{(i)}$ 后又可知

$$H^{(i+1)}=[H^{(i)},H^{(i)}]\subseteq[G^{(i)},G^{(i)}]=G^{(i+1)},$$

故由归纳法证明了 $H^{(k)}\subseteq G^{(k)}$ 对任何自然数 k 成立，于是$H^{(n)}\subseteq G^{(n)}=1$，而不得不有 $H^{(n)}=1$，说明了H是可解群，且其步至高为 n.

再令 $N\lhd G$，考虑商群 $\bar{G}=G/N$. 因为 $\bar{G}'=G'\cdot N/N$，且据归纳法易证 $\bar{G}^{(r)}=G^{(r)}N/N$，故 $\bar{G}^{(n)}=G^{(n)}N/N=1$，即证明了 G/N 至多是 n 步可解的. 证完.

定理 4 是说当G可解时，若 $N\lhd G$，则N与 G/N 皆为可解的. 反之，其逆也成立，即有

定理 5 设 $N\lhd G$. 若N与 G/N 都是可解群，则G也是可解的，且其步不大于N之步及 G/N 之步的和.

证明 令 $\bar{G}=G/N$，$\bar{G}$ 与N之步各为 r 与 s. 于是，$1=\bar{G}^{(r)}=G^{(r)}N/N$ 说明了 $G^{(r)}\subseteq N$，故 $G^{(r+s)}\subseteq N^{(s)}=1$，即 $G^{(r+s)}=1$. 证完.

由这定理 5 又得

推论 1 设群G之两个可解子群A与B中有一个是正规的，则 $C=\{A,B\}=AB=BA$ 也是G之可解子群.

事实上，如 $A\lhd G$，则因 $C/A\simeq B/A\cap B$，故 $B/A\cap B$ 之可解性(定理 4) 保证了 C/A 可解，因而由定理 5 知C可解. 证完.

于是又有

推论 2 有限多个可解群之直积是可解群.

附注 这里有几点要说明一下.（一）定理 5 中G之步有可能等于N与 G/N 之步的和，例如三次对称群 $\mathfrak{S}_3$ 是 2 步可解群，三次交代群 $\mathfrak{A}_3$ 与 $\mathfrak{S}_3/\mathfrak{A}_3$ 都是一步的(即皆为交换群).（二）推论 1 与 §4 的问题 6 一比较，也说明了可解群与幂零群之差异.（三）推论 2

固可由推论 1 诱得，但我们可用前章 §11 的定理 7 直接证明这推论 2，并还知道直积的步等于直因子步中最高者.

关于幂零性有 §4 的定理 10 之推论 3，对于可解性也有类似的结果，即

定理 6 若 G/M 与 G/N 都是可解群时，那末 G/MN 与 $G/M\cap N$ 也都是可解的.

证明 由 $G/MN \simeq (G/N)/(MN/N)$ 而据定理 4 可知 G/MN 是可解的. 又 $MN/M \simeq N/M\cap N$ 与 $MN/M\subseteq G/M$ 保证了 $N/M\cap N$ 的可解性(因 G/M 可解)，故从

$$G/N \simeq (G/M\cap N)/(N/M\cap N)$$

而据定理 5 又知 $G/M\cap N$ 是可解群. 证完.

已知幂零群有中心，而可解群不一定有中心，例如三次对称群就没有中心。当然，中心是交换正规子群，可解群一般虽无中心，但有

定理 7 可解群必有异于 1 的交换正规子群.

例如 G 为 n 步可解群时，则 $G^{(n-1)}$ 就是 G 中异于 1 的交换正规子群。

幂零群的每真子群必小于其正规化子，因而极大子群是正规的. 可解群则无这性质，例如三次对称群 $\mathfrak{S}_3$ 为可解的，但其二阶子群 $\{(12)\}$ 的正规化子仍为 $\{(12)\}$. 虽不敢说可解群之极大子群是正规的，但有限可解群之极大子群具有几乎正规之特性. 先从定义开始.

定义 3 设 A 是群 G 之一子群. 如果 G 有两个正规子群 N 与 N_1 使

(i) $G = AN$ 及 (ii) $A\cap N = N_1$

成立，就叫 A 在 G 内是几乎正规的(或叫 A 为 G 之几乎正规子群).

显然，正规子群一定是几乎正规的，例如当 $A\lhd G$ 时，在定义 3 中取 $N = G$, $N_1 = A$ 就行了. 但反之，几乎正规不一定是正规的，例如 $G = \mathfrak{S}_3$ 时二阶子群 $\{(12)\}$ 确是 G 之几乎正规子群，因为取 $N = \mathfrak{A}_3$ 及 $N_1 = 1$，显见定义 3 中 (i), (ii) 两条成立，可是 $\{(12)\}$ 不为 $G = \mathfrak{S}_3$ 之正规子群.

又定义 3 中 $N = N_1$ 的充要条件是 $A = G$. 事实上，从 $N = N_1$ 得 $N = N_1 = A\cap N$, $N\subseteq A$, 故 $A = AN = G$; 反之，从 $A = G$ 又知 $A = G = AN$, $N\subseteq A$, 故 $A\cap N = N$, 即 $N_1 = N$.

我们知道有限群G为幂零的充要条件是：当A与B是G中任二个相邻的子群（即如$A<C<B$的子群C不存在），则A在B内是正规的. 事实上，由于A为B之极大子群，故从B之幂零性（G为幂零时）得$A\lhd B$；反之，若所云条件成立，则G之每极大子群N应有$N\lhd G$，即G为幂零的. 对有限群为可解的，只需将正规改为几乎正规，也有类似的结论，即有

定理 8 有限群G为可解的充要条件是：当A与B是G中任二个相邻的子群时，则A在B内是几乎正规的.

证明 先设G是可解的. 因为$1\lhd B$及$1\subseteq A$说明了A含有B的一个正规子群（例如单位元群），故由B之有限性得知A含有B的一个极大正规子群N_1，即如$N_1\subseteq A$及$1\subseteq N_1\lhd B$的B之极大正规子群N_1至少有一个（$N_1<B$）. 但$\bar{B}=B/N_1$为可解的，故$\bar{B}=B/N_1$有异于1之交换正规子群$\bar{N}=N/N_1$（定理7），于是$N_1<N\lhd B$；再由N_1在B内的极大正规性就不得不有$N\not\subseteq A$，故B之子群$AN>A$，于是从A，B之相邻性得$B=AN$. 另方面，$N\not\subseteq A\Longrightarrow N>A\cap N\supseteq N_1$；但$\bar{N}=N/N_1$之交换性保证了$[N,N]\subseteq N_1$，故$A\cap N\lhd N$（前章§10定理2），因之由$A\cap N\lhd A$得知$A\cap N\lhd AN=B$，说明了$A$包含$B$之一个正规子群$A\cap N$，且$A\cap N\supseteq N_1$，所以再据$N_1$是这样的一些正规子群（$B$的）中之极大的假设就不得不有$A\cap N=N_1$.这已经证明了$A$在$B$内的几乎正规性. 必要条件获证.

再假定定理8中的条件成立，来证明G是可解群. 事实上，G之有限性说明G有合成群列

$$G=G_0>G_1>\cdots>G_{i-1}>G_i>\cdots>G_{n-1}>G_n=1,$$

即G_{i-1}/G_i是单群. 苟若G_{i-1}/G_i非交换，则G_{i-1}/G_i不为素数阶的循环群，故如$1<G_{i0}/G_i<G_{i-1}/G_i$之子群G_{i0}/G_i必存在，于是从G_{i-1}/G_i之有限性可令G_{i0}/G_i为G_{i-1}/G_i之极大子群，即G_{i0}与G_{i-1}为G中二个相邻的子群，因而由题设知G_{i0}在G_{i-1}内是几乎正规的，即有$N\lhd G_{i-1}$与$N_1\lhd G_{i-1}$使得

$$G_{i-1}=G_{i0}\cdot N \text{ 及 } G_{i0}\cap N=N_1,$$

由是就有

$$G_{i-1}/G_i=G_{i0}/G_i\cdot NG_i/G_i \text{ 及 } G_{i0}/G_i\cap NG_i/G_i=N_1G_i/G_i;$$

从这二个等式再利用$G_{i0}/G_i<G_{i-1}/G_i$，马上又得知$N_1G_i/G_i<NG_i/G_i$，但N_1G_i/G_i与NG_i/G_i都是G_{i-1}/G_i的正规子群，故由G_{i-1}/G_i之单纯性就应有

$$NG_i/G_i=G_{i-1}/G_i \text{ 及 } N_1G_i/G_i=1,$$

因而$1=N_1G_i/G_i=G_{i0}/G_i\cap NG_i/G_i=G_{i0}/G_i\cap G_{i-1}/G_i=G_{i0}/G_i$，这显然

与 $G_{i_0}/G_i>1$ 矛盾.

故 G_{i-1}/G_i 必为交换的,即

$$G=G_0>G_1>\cdots>G_{n-1}>G_n=1$$

为 G 之可解次正规群列,故 G 可解.

定理 8 完全获证.

由这定理 8,即得下面的

推论 有限可解群之极大子群是几乎正规子群.

既然可解群之真子群的正规化子有为该真子群自身的可能,所以不能说可解群的每子群必出现在原群的一次正规群列内,但可解群的正规子群又怎样呢?我们说可解群的正规子群不仅当然要出现在一正规群列内,而且实际上尚有下面更精细的结果,即

定理 9 可解群之每正规子群必为一个可解正规群列的一项.

证明 设 G 是可解群且 $N\lhd G$. 于是列

$$G>N>1 \tag{2}$$

显为 G 之正规群列. G 之可解性又保证 G 至少有一个可解正规群列,如

$$G=G_0>G_1>G_2>\cdots>G_{k-1}>G_k=1, \tag{3}$$

即每 $G_i\lhd G=G_0$ 且 G_i/G_{i+1} 是交换的.

据前章 §14 的定理 9, 则知 (2) 与 (3) 有等价的加细,分别令为

$$G>\cdots>N>\cdots>1 \tag{4}$$

与

$$\begin{aligned}G=G_0>\cdots>G_1>\cdots>G_i>G_{i1}>G_{i2}>\cdots\\ >G_{it_i}>G_{i+1}>\cdots>G_k=1.\end{aligned} \tag{5}$$

因为 $G_{i\lambda}/G_{i+1}(\lambda=1,2,\cdots,t_i)$ 为交换群 G_i/G_{i+1} 之子群,故也必交换,于是再从

$$G_{i\lambda}/G_{i,\lambda+1}\simeq(G_{i\lambda}/G_{i+1})/(G_{i,\lambda+1}/G_{i+1})$$

又得知 $G_{i\lambda}/G_{i,\lambda+1}$ 为交换的,即 (5) 是 G 之一个可解正规群列. 因之由 (4),(5) 之等价性则知 (4) 为 G 的可解正规群列. 证完.

据定理 9 的证明方法又得知下面的

推论 可解群的次正规群列(或正规群列)一定可以加细使成为一个可解列,且当原来的列为可解列时,其任何加细亦为可解列.

可解群对其弗拉梯尼子群的关系有下面的

定理 10 有限群 G 为可解群的充要条件是 $G/\Phi(G)$ 为可解群.

事实上,G 之可解性保证了 $G/\Phi(G)$ 之可解性. 反之,由 $G/\Phi(G)$ 之可解性以及 $\Phi(G)$ 之幂零性,据定理 5 又得 G 之可解性. 证完.

本节泛论了一下可解群的很基本的一些性质,目的为下节讨论有限可解群之分解时的引用. 至于可解群之性质的更深入的探索,留在下册内再谈. 本节到此结束.

问题 1 计算四次对称群 $\mathfrak{S}_4$ 的换位群列,而直接证明 $\mathfrak{S}_4$ 之可解性.

问题 2 域 P 上 n 级满秩上三角矩阵之集合是一个不超过 n 步的可解群.

问题 3 非交换可解群 G 的换位子群 G' 不能为 G 的直因子.

问题 4 设群 G 满足极大条件. 试证 G 为可解的充要条件是 G 之任何非单位的同态像恒有异于 1 的交换正规子群.

§7. 有限可解群的分解

这节的任务是研究有限可解群的构造,即讨论它可表写为怎样形状的 p-群的积以及这样表示的唯一性之意义,从而再一次说明 p-群在有限群中的重要性. 这节也是本章的主要问题.

当然,为解决有限可解群得分解为 p-群之积以及分解的唯一性,还必须讨论有限可解群的进一步的性质,以便于讨论分解时有所依据.

设 G 是一个有限可解群. 于是 G 之可解性保证了 G 有如

$$G = G_0 > G_1 > G_2 > \cdots > G_{n-1} > G_n = 1$$

之可解次正规群列,因而 G_{i-1}/G_i 是交换的 $(i = 1, 2, \cdots, n)$. 又 G_{i-1}/G_i 之有限性保证了它有合成群列

$$G_{i-1}/G_i = G_{i-1,0}/G_i > G_{i-1,1}/G_i > G_{i-1,2}/G_i > \cdots$$
$$> G_{i-1,k_i}/G_i = 1,$$
当然 $G_{i-1,j}/G_i$ 也是交换群．由是，则知下面的列
$$G = G_0 > G_{01} > \cdots > G_{0k_1}(=G_1) > \cdots$$
$$> G_{n-1}(=G_{n-1,0}) > G_{n-1,1} > \cdots$$
$$> G_{n-1,k_n}(=G_n) = 1$$
为 G 的一个合成群列，且列中每商因子
$$G_{i-1,j}/G_{i-1,j+1}(\simeq(G_{i-1,j}/G_i)/(G_{i-1,j+1}/G_i))$$
是交换群(有限阶的)，因而为交换单群，故不得不为素数阶的循环群．

反之，凡有使合成商因子为交换单群（因而为素数阶的循环群)的合成群列之群据前节定理 3 一定为有限阶的可解群．

故总括起来，就有

定理 1 有限群 G 为可解的充要条件是它的合成商因子皆为素数阶的循环群．

推论 1 凡有合成群列的可解群必为有限群．

推论 2 有限可解群的任一个可解次正规群列一定能加细成一个可解合成群列．

上面是从合成群列的角度来考虑的，若从主群列来考虑，又有下面的

定理 2 有限群为可解的充要条件是它的主群列之商因子为初等交换 p-群(或将条件削弱改为商因子的阶都为素数之幂)．

证明 先设有限群 G 是可解群．于是，G 有可解正规群列
$$G = G_0 > G_1 > G_2 > \cdots > G_{n-1} > G_n = 1, \qquad (1)$$
即每 $G_i \lhd G$ 且 G_{i-1}/G_i 是交换群．G 之有限性保证了 G 有主群列，故据第一章 §14 的定理10知 (1) 可加细到 G 之主群列，如
$$G = G_0 > \cdots > G_1 > \cdots > G_{j-1} \geqslant \cdots \geqslant H > K \geqslant \cdots$$
$$\geqslant G_j > \cdots > G_n = 1.$$
因而 H/K 是交换群(前节定理 9 的推论)．但 H/K 又必为互相同构的若干个单群之直积(前章 §14 的定理 11)，于是由其交换性得

知 H/K 应为若干个同一素数阶的循环群之直积，即 H/K 为初等交换 p-群，随而 $o(H/K)$ 为素数的幂. 证明了条件的必要性.

反之，再假定有限群 G 之主群列

$$G = B_0 > B_1 > \cdots > B_{m-1} > B_m = 1 \qquad (2)$$

的每商因子 B_{i-1}/B_i 之阶为素数幂. 于是由于 B_{i-1}/B_i 为互相同构的单群之直积，就知道每单群之阶只能是素数幂，这种可能性只有在阶为素数时，即每单直因子为素数阶的循环群，因之 B_{i-1}/B_i 为交换的（实为初等交换的），说明了列 (2) 是 G 的一个可解正规群列，故 G 是可解群，证明了条件的充分性.

定理 2 完全获证.

如注意证明定理 2 之条件充分性的过程，会发现只利用了群 G 之主群列的存在性，故实际上有

推论 1 凡有主群列且主群列之每商因子为素数幂阶的群一定是有限可解群.

我们知道群 G 之主群列中倒数第二项是 G 之一个极小正规子群，且反之当 G 有主群列时，则其任一个极小正规子群又必为 G 之某主群列的倒数第二项，故由定理 2 又得

推论 2 有限可解群的极小正规子群为初等交换 p-群，因而它的阶等于一素数的幂.

除推论 2 外，还有

推论 3 有限群之极小正规子群为可解群与为初等交换群这二者是等价的.

事实上，若有限群 G 之极小正规子群 M 为可解群，则因这时 M 必为特征单群（第一章 §11 的定理 13）故据 M 之可解性应有 $M' = [M, M] < M$ 而再从 $M' \lhd \lhd M$ 就不得不有 $M' = 1$，这说明了 M 是交换的，于是据前章 §11 定理 12 之推论 2 即知 M 为初等交换的. 反之，M 之初等交换性当然说明了 M 的可解性. 证完.

由这推论 3 又可证

推论 4 设 M 是有限群 G 的一个极小正规子群. 若 M 是可解的，那末当 G 之一个极大子群 S 不含 M 时，则 S 为 M 的补子群:

$G=MS, M\cap S=1$.

证明 $M\lhd G \Longrightarrow MS$ 为G之子群，故从 $M\not\subset S$ 而得 $S<MS$ 后，再据S在G内的极大性就有 $G=MS$. 于是再从 $D=M\cap S\lhd S$ 以及M的交换性（上推论 3）又知 $D=M\cap S\lhd M$，不得不有 $D=M\cap S\lhd MS=G$；故再由M在G内的极小正规性以及 $D<M$（$\because M\not\subset S$）就知道 $D=1$，即 $M\cap S=1$. 证完.

上面是从有限群之合成群列与主群列的存在来讨论它为可解群之充要条件. 下面再从子群存在的角度来研究有限群为可解的充要条件.

我们确知有限群G的每子群H的阶 $o(H)$ 必为G之阶 $o(G)$ 的因数. 但不敢保证对于 $o(G)$ 之每个因数d，G常有阶d之子群. 本章 §1 的西洛定理解决了这样一个问题，即不论G是任何有限群，只要 $o(G)$ 之因数m适合

$$\text{(i)}\ \left(m, \frac{o(G)}{m}\right)=1,\quad \text{(ii)}\ m\text{ 为素数的幂}$$

这两个条件时，那末G确有阶m的子群，且这样的子群必互相共轭，且它们的个数 $\equiv 1(\bmod m)$. 又即令丢掉条件 (i) 而只保留 (ii) 时，也敢保证G有阶m的子群. 今问：不管 (i), (ii) 两条件是否成立，只要 $m|o(G)$，而对G自身加上某些限制后就能保证G有阶m的子群，这办得到吗？我们知道当G为幂零群对，的确是这样的，即只要 $m|o(G)$，G就常有阶m的子群（§5 的问题 3）. 可是，当G一般为可解时，这答案又是否定的，例如四次交代群 $\mathfrak{A}_4$ 是可解群，阶为 12，但它的确没有阶 6 的子群. 于是会问：对有限可解群G之阶 $o(G)$ 的因数m应附加怎样的限制时，才能保证G有阶m的子群呢？我们说只要$\left(m, \frac{o(G)}{m}\right)=1$ 就行了. 这也就是说，将 $o(G)$ 之因数m保留适合 (i) 的条件，而只将条件 (ii)（定量的）改为G是可解的这个定性的条件，那末G也必有阶m的子群. 不仅如此，而且还知道其逆定理也正确. 说具体些，有下面重要的

定理 3 设 G 是有限群，则 G 为可解群的充要条件是：只要分解 $o(G)=mn$ 使 $(m,n)=1$ 时，G 就有阶 m 的子群．又当 G 为可解群时，凡阶 m 的子群必皆互相共轭．（文献 [15]，[16]，[22]，[23]）．

先证条件的必要性．

设 G 是可解群．由 G 之有限可解性，得知 G 有合成群列使列中商因子都是素数阶的循环群，故有 $H\lhd G$ 使 $[G:H]=p$（素数），因之

$$mn=o(G)=p\cdot o(H), \tag{3}$$

故从 $(m,n)=1$ 可知或 $p|m$ 或 $p|n$，二者必有一且仅一，下分两款讨论．

（一）$\boldsymbol{p|n}$．这时，$(m,p)=1$，而由 (3) 得知 $m|o(H)$，因之 $o(H)=mn'$，$n'|n$，$(m,n')=1$，于是若用归纳法假定凡阶小于 $o(G)$ 的可解群确有定理 3 所说的性质，则由 $o(H)<o(G)$ 及 H 的可解性，就知道 H 有阶 m 的子群，即说明了 G 中阶 m 之子群的存在性．再若 M 为 G 中阶 m 的任一子群，$o(M)=m$，则由 $H\lhd G$ 得知 HM 为 G 之子群，且有

$$o(HM)=\frac{o(H)\cdot o(M)}{o(H\cap M)}=\frac{mn'm}{o(H\cap M)}\bigg|o(G)=mn,$$

即 $n'\cdot\dfrac{m}{o(H\cap M)}\bigg|n$，故从 $(m,n)=1$ 知应有 $m=o(H\cap M)$，由是必有 $H\cap M=M$，$M\subseteq H$．说明了 G 中阶 m 之子群也必是 H 的子群，故据归纳法的假定得知 G 中凡阶 m 的子群在 H 内都互为共轭，于是在 G 内当然也互为共轭．故在 $p|n$ 时，条件的必要性确获证．

（二）$\boldsymbol{p|m}$．这时，$o(H)=\dfrac{m}{p}\cdot n$，$\left(\dfrac{m}{p},n\right)=1$，于是由归纳法的假定可知 H 有阶 $\dfrac{m}{p}$ 的子群，且 H 中凡阶 $\dfrac{m}{p}$ 的子群都互相共轭．今设 M 是 H 中阶 $\dfrac{m}{p}$ 的一个子群 $\left(M\subseteq H,\ o(M)=\dfrac{m}{p}\right)$，并令 $[H:N_H(M)]=k$，于是 H 中阶 $\dfrac{m}{p}$ 之子群之个数等于 k 且

它们组成H之一个共轭子群类．因对任$x\in G$有

$$x^{-1}Mx\subseteq x^{-1}Hx=H,$$

故$x^{-1}Mx$亦必为上述的k个之一，即上述的k个子群也必组成G中一个共轭子群类，因而就有$[G:N_G(M)]=k$，$o(N_G(M))=\frac{mn}{k}$．但从$[H:N_H(M)]=k$又知$o(H)=k\cdot o(N_H(M))=k\cdot\lambda\times\frac{m}{p}$，故有$\frac{m}{p}\cdot n=k\cdot\lambda\frac{m}{p}$，$n=k\lambda$，$k|n$，因而$o(N_G(M))=m\cdot\frac{n}{k}$中$\left(m,\frac{n}{k}\right)=1$，于是又利用归纳法的假定得知在$k>1$时，$N_G(M)$有阶$m$的子群，因而$G$有阶$m$的子群．至于在$k=1$时，有$N_G(M)=G$，即$M\lhd G$，$o(G/M)=mn\cdot\frac{p}{m}=pn$，且因$(p,n)=1$，故据西洛定理可知$G/M$有阶$p$之子群$P/M$，不得不有$o(P)=m$，仍说明了$G$有阶$m$之子群．总之，在$p|m$时，由归纳法证得了$G$恒有阶$m$的子群．

再若Q与Q_1是G中阶m的任二个子群，作$D=Q\cap H$，$D_1=Q_1\cap H$，并令$d=o(D)$，$d_1=o(D_1)$，则因$H\lhd G$，故$QH=HQ$是G之子群；但$o(Q)=m\nmid\frac{m}{p}\cdot n=o(H)$当然说明了$Q\not\subset H$，于是$H<HQ$，因之由于$p$是素数以及$p=[G:H]=[G:HQ]\times[HQ:H]$，则知必有$[G:HQ]=1$，即$G=HQ$．同理又有$G=HQ_1$．再比较阶又得知$mn=\frac{(m/p)n\cdot m}{d}=\frac{(m/p)n\cdot m}{d_1}$，即$d=\frac{m}{p}=d_1$，于是再一次利用归纳法的假定可知$D$与$D_1$在$H$内共轭，即有$x\in H$使$x^{-1}D_1x=D$．故从$D_1\lhd Q_1$得$D\lhd x^{-1}Q_1x$，因之$x^{-1}Q_1x\subseteq N_G(D)$．又$D\lhd Q\Longrightarrow Q\subseteq N_G(D)$．下面再细分二小款．

(i) $\boldsymbol{N_G(D)<G}$．这时，据归纳法的假设，得知Q与$x^{-1}Q_1x$在$N_G(D)$内共轭，因而当然说明了Q与Q_1在G内共轭．

(ii) $\boldsymbol{N_G(D)=G}$．这时，$D\lhd G$，但$o(G/D)=\frac{mn}{(m/p)}=$

pn 而有 $(p, n)=1$，故据西洛定理由于 $o(Q/D)=p=o(x^{-1}Q_1x/D)$ 可知 Q/D 与 $x^{-1}Q_1x/D$ 在 G/D 内共轭，即有 $y\in G$ 使

$$(yD)^{-1}\cdot(Q/D)\cdot(yD)=x^{-1}Q_1x/D,$$

因而对任 $s\in Q$ 时恒有

$$(y^{-1}D)\cdot(sD)\cdot(yD)=x^{-1}s_1xD$$

之 $s_1\in Q_1$（s_1 是随 s 而变的），即 $y^{-1}sy\in x^{-1}s_1xD$，故 $y^{-1}Qy\subseteq x^{-1}Q_1x\cdot D=x^{-1}Q_1x$，由是从它们的阶相等就可知 $y^{-1}Qy=x^{-1}Q_1x$，也说明了 Q 与 Q_1 在 G 内共轭.

总之，条件的必要性完全获证．因而只需再解决条件的充分性．为此，先叙述几个引理.

引理 1 设有限群 G 之二个子群的指数互素(如 $[G:H_1]=i_1$，$[G:H_2]=i_2$，且 $(i_1, i_2)=1$)．那末就有：

(i) G 等于这二个子群的积 $(G=H_1H_2)$，

(ii) 这二个子群之交的指数等于二子群之指数的乘积 $([G:D]=i_1i_2$，但 $D=H_1\cap H_2)$，

(iii) 这二子群之交的阶等于二子群之阶的最大公约 $(o(D)=\alpha=(h_1, h_2)$，但 $h_1=o(H_1)$，$h_2=o(H_2))$.

证明 设 $o(G)=g$．从 $g=h_1i_1=h_2i_2$ 及 $(i_1, i_2)=1$ 得知 $g=[h_1, h_2]$——h_1 与 h_2 之最小公倍．子集 H_1H_2 含 G 中 $\frac{h_1h_2}{\alpha}$ 个元，故 $\frac{h_1h_2}{\alpha}\leqslant g$，$h_1h_2\leqslant\alpha g=\alpha\cdot[h_1, h_2]$，不得不有 $(h_1, h_2)\leqslant\alpha$（$\because h_1h_2=(h_1, h_2)\cdot[h_1, h_2]$）；另方面，从 $\alpha|h_1$ 及 $\alpha|h_2$ 又得 $\alpha|(h_1, h_2)$，故 $\alpha\leqslant(h_1, h_2)$；于是得 $\alpha=(h_1, h_2)$，证明了(iii)．因而子集 H_1H_2 含元素之个数为 $\frac{h_1h_2}{\alpha}=\frac{\alpha\cdot[h_1, h_2]}{\alpha}=[h_1, h_2]=g$，不得不有 $G=H_1H_2$，证明了(i)．(ii)之正确性可参看前章§3问题5，也可直接证明于下：$[G:D]=[G:H_1][H_1:D]=i_1h_1'$ $\left(h_1'=\frac{h_1}{\alpha}=\frac{h_1}{(h_1, h_2)}\right)$，同理 $[G:D]=i_2h_2'\left(h_2'=\frac{h_2}{\alpha}=\frac{h_2}{(h_1, h_2)}\right)$，故 $i_1h_1'=i_2h_2'$，故由 $(i_1, i_2)=1$ 及 $(h_1', h_2')=1$ 即得 $i_1=h_2'$ 与 $i_2=h_1'$，这

就是说 $[G:D]=i_1i_2$，即 (ii).

从这引理 1 可知它的几个逆定理，即在有限群 G 之二个子群 H_1，H_2 中令 $o(H_j)=h_j$，$[G:H_j]=i_j\ (j=1,2)$，$D=H_1\cap H_2$，$o(D)=\alpha$，则有：

推论 1 若 $o(D)=\alpha=(h_1,h_2)$ 且 $G=H_1H_2$，则 $(i_1,i_2)=1$ 且 $[G:D]=i_1i_2$.

推论 2 若 $o(D)=\alpha=(h_1,h_2)$ 且 $[G:D]=i_1i_2$，则 $(i_1,i_2)=1$ 且 $G=H_1H_2$.

这都容易证明，从略.

附注 读者可能问：若 $G=H_1H_2$ 且 $[G:D]=i_1i_2$ 时，能保证 $(i_1,i_2)=1$ 吗？随而有 $o(D)=\alpha=(h_1,h_2)$ 吗？答案是否定的，叙述于下. 首先注意 $G=H_1H_2$ 与 $[G:D]=i_1i_2$ 这二条不是独立的. 因从 $G=H_1H_2$ 得 $[G:H_1]=[H_1H_2:H_1]=[H_2:D]$，同理也有 $[G:H_2]=[H_1:D]$，故 $[H_1:D]=i_2$，$[H_2:D]=i_1$，于是可知 $[G:D]=[G:H_1][H_1:D]=i_1i_2$. 反之，从 $[G:D]=i_1i_2$ 得 $i_1i_2=[G:D]=[G:H_1][H_1:D]=i_1\cdot[H_1:D]$，故 $[H_1:D]=i_2$，同理 $[H_2:D]=i_1$，因之 H_1H_2 含 G 中元素之个数为 $\frac{h_1h_2}{\alpha}=\frac{h_1i_1\alpha}{\alpha}=h_1i_1=o(G)$，不得不有 $G=H_1H_2$. 所以 $G=H_1H_2$ 与 $[G:D]=i_1i_2$ 若有一则必有另一，这是问题的关键. 正因为是这样，容易列举一例说明 $G=H_1H_2$ 而 $(i_1,i_2)\neq 1$，例如 $G=\mathfrak{S}_4$，$H_1=\mathfrak{S}_3$，$H_2=\mathfrak{K}_4$ 为克莱茵四元群时就是这样的例子. 所以说上面的问题有一个否定的答案.

推广引理 1，又有

引理 2 设 $H_1,H_2,\cdots,H_k$ 是有限群 G 之 k 个子群，它们的指数 $i_1,i_2,\cdots,i_k$ 是两两互素的，则有：

(i) $G=H_1H_2\cdots H_k$；

(ii) $[G:D]=i_1i_2\cdots i_k$，但 $D=\bigcap\limits_{j=1}^{k}H_j$；

(iii) $o(D)=\alpha=(h_1,h_2,\cdots,h_k)$ 为 $h_1,h_2,\cdots,h_k$ 之最大公约，但 $h_j=o(H_j)$.

不难用归纳法(关于子群之个数 k) 去证明，今从略.

引理 3 设 $o(G)=p^\alpha q^\beta k$ (p 与 q 是互异的素数且都与 k 互素，$k>1$). 若 G 有阶为 $p^\alpha q^\beta$ 的子群 H，且有指数分别为 p 的幂与 q 的幂之二个真子群，则 G 不是单群.

证明 因 $o(H)=p^\alpha q^\beta$，故 H 是可解群(证明见第三章 §7)，于是有 $A\lhd H$ 且 $o(A)$ 为素数幂(定理 2)，可不失一般性令 $o(A)=p^\lambda(0<\lambda\leqslant\alpha)$. 据题设，有 $Q<G$ 且 $[G:Q]=q^\mu(\mu\leqslant\beta)$，故 $o(Q)=p^\alpha q^{\beta-\mu}k$，于是 Q 的西洛 p-子群 $S_p(S_p\subseteq Q)$ 也是 G 的西洛 p-子群；又因如 $A\subseteq S_p^{(0)}$ 的 G 之西洛 p-子群 $S_p^{(0)}$ 必存在，故由 S_p 与 $S_p^{(0)}$ 在 G 内的共轭性知有 $x\in G$ 使 $x^{-1}S_px=S_p^{(0)}$，因之得 $A\subseteq S_p^{(0)}=x^{-1}S_px\subseteq x^{-1}Qx=Q_1$. 但 $[G:Q]=[G:Q_1]=q^\mu$ 与 $[G:H]=k$ 互素，故有 $G=HQ_1$ (引理 1)，因而 Q_1 在 G 内的共轭得用 H 之元去变 Q_1 的形得到；然而 $A\subseteq Q_1$ 及 $A\lhd H$ 又产生了对每 $h\in H$ 有 $A=h^{-1}Ah\subseteq h^{-1}Q_1h$，故 A 包含在与 Q_1 共轭的任何子群内，因而 $A\subseteq D$，但 D 为与 Q_1 共轭的一切子群之交，不得不有 $D\lhd G$. 由是再从 $1<A\subseteq D\subseteq Q_1<G$ 及 $D\lhd G$ 可知 G 不为单群. 引理 3 证完.

现在来证明定理 3 中条件的充分性. 也就是说，只要能分解 $o(G)=g=mn$ 使 $(m,n)=1$ 时，G 必有阶 m 的子群，据此来证明 G 是可解群. 关于群阶用归纳法，即假定这性质对于阶小于 $o(G)$ 的群是成立的，再将 $g=o(G)$ 分解为素因数，如

$$g=o(G)=p_1^{\alpha_1}p_2^{\alpha_2}\cdots p_r^{\alpha_r}.$$

可令 $r>2$ (因 $r\leqslant 2$ 时 G 确是可解的——见第三章 §7). 由题设，知 G 有指数为 $p_i^{\alpha_i}$ 的子群 $B_i(i=1,2,\cdots,r)$，即 $o(B_i)=g/p_i^{\alpha_i}$，故由引理 2 当令 $D=B_3\cap B_4\cap\cdots\cap B_r$ 时得知 $o(D)=p_1^{\alpha_1}p_2^{\alpha_2}$. 又 B_1 与 B_2 之指数分别为 $p_1^{\alpha_1}$ 与 $p_2^{\alpha_2}$. 于是据引理 3 知 G 有正规子群 M 使 $1<M<G(M\lhd G)$.

今能断言 M 是可解群. 因从 $M\lhd G$ 得知 MB_i 为 G 之子群，故 $[MB_i:B_i]=[M:M\cap B_i]$，于是从

$$p_i^{\alpha_i}=[G:B_i]=[G:MB_i][MB_i:B_i]$$

$$= [G:MB_i][M:M\cap B_i]$$

得 $[M:M\cap B_i]=p_i^{\lambda_i}$ $(\lambda_i\leqslant\alpha_i)$；但从 $M\cap B_i\subseteq B_i$ 得 $(o(M\cap B_i),\ p_i)=1$，故结果必有 $p_i^{\lambda_i}\| o(M)$，因而 $o(M)=p_1^{\lambda_1}p_2^{\lambda_2}\cdots p_r^{\lambda_r}$；再分解 $o(M)=m'n'$ 使 $(m',\ n')=1$，可不失一般性能令 $m'=p_1^{\lambda_1}p_2^{\lambda_2}\cdots p_j^{\lambda_j}$ $(j\leqslant r)$，再令 $M\cap B_i=C_i$，则 $[M:C_i]=p_i^{\lambda_i}$，故据引理 2 可知 $o(C_{j+1}\cap\cdots\cap C_r)=p_1^{\lambda_1}p_2^{\lambda_2}\cdots p_j^{\lambda_j}=m'$，证明了$M$有阶 m' 的子群．然 $o(M)<g=o(G)$，故据归纳法的假设知M为可解群．

又可**断言 G/M 是可解群**．为什么呢？因从

$$o(M)=p_1^{\lambda_1}p_2^{\lambda_2}\cdots p_r^{\lambda_r}$$

知 $o(G/M)=p_1^{\alpha_1-\lambda_1}p_2^{\alpha_2-\lambda_2}\cdots p_r^{\alpha_r-\lambda_r}$，故由

$$MB_i/M\simeq B_i/M\cap B_i=B_i/C_i$$

知

$$o(MB_i/M)=o(B_i)/o(C_i)=(g/p_i^{\alpha_i})/(o(M)/p_i^{\lambda_i})$$
$$=o(G/M)/p_i^{\alpha_i-\lambda_i},$$

就说明了 G/M 有指数为 $p_i^{\alpha_i-\lambda_i}$ 的子群 MB_i/M；于是若分解 $o(G/M)=m_1n_1$ 使 $(m_1,\ n_1)=1$ 时、可不损普遍性得令 $m_1=p_1^{\alpha_1-\lambda_1}p_2^{\alpha_2-\lambda_2}\cdots p_t^{\alpha_t-\lambda_t}$，由引理 2 则知 G/M 之子群 $MB_{t+1}/M\cap\cdots\cap MB_r/M$ 的阶等于 m_1，即说明了 G/M 有阶 m_1 的子群，即 G/M 满足定理 3 中的条件，然由 $o(G/M)<o(G)$ 而据归纳法的假设知道 G/M 为可解群．

M与 G/M 之可解性当然保证了G是可解的．定理 3 完全获证．

从定理 3 可以推出条件能削弱一些的

推论 设 $o(G)=p_1^{\alpha_1}p_2^{\alpha_2}\cdots p_r^{\alpha_r}$ 为群G之阶的素因数分解，则G为可解的充要条件是G有指数 $p_i^{\alpha_i}$ $(i=1,\ 2,\cdots,\ r)$ 的子群．

事实上，若G为可解群时，则由定理 3 中条件的必要性确知G有阶 $\dfrac{o(G)}{p_i^{\alpha_i}}$ 的子群 H_i，即 $[G:H_i]=p_i^{\alpha_i}(i=1,2,\cdots,r)$．反之，若$G$有子群 $M_i(i=1,2,\cdots,r)$ 使 $[G:M_i]=p_i^{\alpha_i}$，则当令

$o(G)=mn$，$(m,n)=1$ 时，可不损普遍性能假定 $m=p_1^{\alpha_1}p_2^{\alpha_2}\cdots p_t^{\alpha_t}$，由引理 2 确知 $D=M_{t+1}\cap\cdots\cap M_r$ 之阶等于 $p_1^{\alpha_1}p_2^{\alpha_2}\cdots p_t^{\alpha_t}=m$，故据定理 3 中条件的充分性得知 G 是可解群．证完．

现在可解决本节的中心问题，即有限可解群得分解为 p-群之积的可能性与唯一性(文献 [17])．先谈

定理 4 (有限可解群之分解的存在性定理)　设 G 是有限可解群，其阶之素因数分解令为 $o(G)=p_1^{\alpha_1}p_2^{\alpha_2}\cdots p_n^{\alpha_n}$．于是，$G$ 至少有一组西洛 p_i-子群 S_{p_i} $(i=1,2,\cdots,n)$ 具下述性质：

(i) $S_{p_1},S_{p_2},\cdots,S_{p_n}$ 中任二个可交换 $(S_{p_i}S_{p_j}=S_{p_j}S_{p_i})$；

(ii) $G=S_{p_1}S_{p_2}\cdots S_{p_n}$．

证明　由 G 之有限可解性，知 G 有指数等于 $p_i^{\alpha_i}$ 的子群 H_i $(i=1,2,\cdots,n)$ (定理 3 的推论)．再令

$$P_i=\bigcap_{j\neq i}H_j=H_1\cap\cdots\cap H_{i-1}\cap H_{i+1}\cap\cdots\cap H_n$$

$$(i=1,2,\cdots,n),$$

据引理 2 得知 $[G:P_i]=o(G)/p_i^{\alpha_i}$，即 $o(P_i)=p_i^{\alpha_i}$，说明了 P_1，P_2，P_3，$\cdots$，P_n 分别是 G 之西洛 p_1-，p_2-，$\cdots$，p_n-子群．能断言 $P_1,P_2,\cdots,P_n$ 满足条件 (i) 与 (ii)．

例如考虑 P_1 与 P_2 时，据引理 2 确知 $M=H_3\cap\cdots\cap H_n$ 的阶 $o(M)=p_1^{\alpha_1}p_2^{\alpha_2}$，然而 $P_1\subset M$ 与 $P_2\subset M$ 以及 $P_1\cap P_2=1$ 说明了子集 P_1P_2 已包含了 M 的全部 $p_1^{\alpha_1}p_2^{\alpha_2}$ 个元素，不得不有 $M=P_1P_2$，即 P_1P_2 为 G 中阶 $p_1^{\alpha_1}p_2^{\alpha_2}$ 之子群，故必得 $P_1P_2=P_2P_1$．同理，$P_iP_j=P_jP_i$．即性质 (i) 获证．

又条件 (ii) 实际上是条件 (i) 的必然结果：因为 $P_1P_2=P_2P_1$ 说明了 P_1P_2 为子群且阶 $o(P_1P_2)=p_1^{\alpha_1}p_2^{\alpha_2}$，故再利用 $P_1P_3=P_3P_1$ 及 $P_2P_3=P_3P_2$ 又知 $(P_1P_2)P_3=P_3(P_1P_2)$，即 $P_1P_2P_3$ 为子群而有阶 $o(P_1P_2P_3)=\dfrac{o(P_1P_2)\cdot o(P_3)}{o(P_1P_2\cap P_3)}=p_1^{\alpha_1}p_2^{\alpha_2}p_3^{\alpha_3}$，继续下去，最后可知 $P_1P_2\cdots P_n$ 为子群而有阶 $o(P_1P_2\cdots P_n)=p_1^{\alpha_1}p_2^{\alpha_2}\cdots p_n^{\alpha_n}=o(G)$，不得不有 $G=P_1P_2\cdots P_n$．证完．

从定理 4 的证明过程已看出 (ii) 不过是 (i) 的附产物. 然 (i) 又的确是有限群为可解群的一个特征,即下面的

定理 5 设有限群 G 之阶 $o(G)=p_1^{\alpha_1}p_2^{\alpha_2}\cdots p_n^{\alpha_n}$(素因数分解), 则 G 为可解群的充要条件是 G 至少有一组西洛 p_1-, p_2-, $\cdots$, p_n-子群 P_1, P_2, $\cdots$, P_n 使其中两两可交换 $(P_iP_j = P_jP_i)$.

事实上,当 G 为可解群时,由定理 4 已知这样的一组两两可交换的西洛子群确实存在. 故需要证明的是条件的充分性,即设 P_1, P_2, $\cdots$, P_n 为 G 中一组西洛 p_1-, p_2-, $\cdots$, p_n-子群, 两两可交换, 即 $P_iP_j = P_jP_i$, 而来证明 G 之可解性. 这也不难,因为根据 $P_iP_j = P_jP_i$ 而像证明定理 4 之 (ii) 那样得知 $M_i = P_1\cdots P_{i-1}P_{i+1}\cdots P_n$ 为子群且其阶 $= \prod\limits_{j\neq i} p_j^{\alpha_j}$, 即 $[G:M_i] = p_i^{\alpha_i}$, 故据定理 3 的推论得知 G 是可解群. 证完.

附注 像定理 4 或 5 中的一组西洛 p_1-, p_2-, $\cdots$, p_n-子群 P_1, P_2, $\cdots$, P_n 叫做 G 的西洛基底, 于是 G 为可解群的充要条件是 G 有一组西洛基底. 又若 G 之子群 H 的指数等于西洛 p-子群 S_p 的阶, 即 $[G:H] = o(S_p)$, 则 $(o(H), o(S_p)) = 1$, 因而有 $G = HS_p$ 及 $H\cap S_p = 1$, 说明了 H 为 S_p 的补子群, 通常叫 H 为 G 之**西洛 p-补**. 如果对有限群 G 之阶的每个素因数 p, G 都有西洛 p-补, 我们就说 G 有**西洛补系**,因而据定理 3 之推论可知 G 有西洛补系的充要条件是 G 为可解的. 于是有限群 G 有西洛基底与有西洛补系是等价的, 即有一则必有另一,而这二者都是 G 为可解群的充要条件. 故要解决的问题是: 由有限可解群 G 的一组西洛基底怎样形成 G 的一组西洛补系, 以及由 G 之一组西洛补系又怎样形成 G 的一组西洛基底. 这可由下面的定理得知.

定理 6 设有限可解群 G 之阶的素因数分解为

$$o(G) = p_1^{\alpha_1}p_2^{\alpha_2}\cdots p_n^{\alpha_n}.$$

若 S_{p_1}, S_{p_2}, $\cdots$, S_{p_n} 为 G 之一组西洛基底, 则 $\prod\limits_{\substack{i=1\\ i\neq j}}^{n} S_{p_i} = M_j$ $(j = 1, 2, \cdots, n)$ 为 G 之一组西洛补系. 反之, 若 M_1, M_2, $\cdots$, M_n

为G之一组西洛补系，则$\bigcap\limits_{\substack{i=1\\i\neq j}}^{n} M_i = P_j\ (j=1, 2, \cdots, n)$必为$G$的一组西洛基底.

事实上，从证明定理5中条件之充分性的过程已证明了$\prod\limits_{\substack{i=1\\i\neq j}}^{n} S_{p_i} = M_j$为阶等于$\prod\limits_{\substack{i=1\\i\neq j}}^{n} p_i^{\alpha_i}$之子群，即$[G:M_j]=p_j^{\alpha_j}$，故$M_1$，$M_2, \cdots, M_n$为$G$之西洛补系．反之，从证明定理3之推论中条件之充分性的过程已看出$\bigcap\limits_{\substack{i=1\\i\neq j}}^{n} M_i = P_j$之阶等于$p_j^{\alpha_j}$，即$P_j$为西洛$p_j$-子群（这也可以从引理2得知）．今能断言$P_1, P_2, \cdots, P_n$为$G$之西洛基底，即它们是两两可交换的：例如以$P_1$与$P_2$言，因为$P_1 = M_2 \cap M_3 \cap \cdots \cap M_n \subseteq M_3 \cap \cdots \cap M_n = H$，又$P_2 = M_1 \cap M_3 \cap \cdots \cap M_n \subseteq M_3 \cap \cdots \cap M_n = H$，故子集$P_1P_2 \subseteq H$；但据引理2已知$o(H) = p_1^{\alpha_1}p_2^{\alpha_2}$，而$P_1P_2$含有$\dfrac{o(P_1)\cdot o(P_2)}{o(P_1 \cap P_2)} = p_1^{\alpha_1}p_2^{\alpha_2}$个元，这说明了群$H$之子集$P_1P_2$确包含了$H$的全部元素，不得不有$H = P_1P_2$，因而有$P_1P_2 = P_2P_1$．定理6证完.

有限可解群既有西洛基底，但西洛基底可能不止一组．今问：有限可解群G之两组西洛基底间的关系怎样呢？我们说以等价的意义而言是唯一的，即有

定理7（有限可解群之分解的唯一性定理） 有限可解群G之任二组西洛基底是等价的．说具体些，若$P_1, P_2, \cdots, P_n$与$Q_1, Q_2, \cdots, Q_n$是G的两组西洛基底，则必有元$x \in G$使$x^{-1}P_ix = Q_i$ $(i=1, 2, \cdots, n)$.

证明 用归纳法假定定理7对于阶小于$o(G)$的可解群是成立的．由G之可解性知G有指数为素数的正规子群H，不损普遍性可令$[G:H]=p_1$，于是$o(H) = p_1^{\alpha_1-1}p_2^{\alpha_2}\cdots p_n^{\alpha_n}$且$H \lhd G$．因$P_i \cap H$是$H$的西洛$p_i$-子群，故$o(P_i \cap H) = p_i^{\alpha_i}(i \neq 1$时$)$及$o(P_1 \cap H) = p_1^{\alpha_1-1}$，于是当$i \neq 1$时有$P_i \cap H = P_i$，即$P_i \subseteq H$．同理，$Q_i \subseteq H\ (i \neq 1)$及$o(Q_1 \cap H) = p_1^{\alpha_1-1}$．今令$\bar{P}_1 = P_1 \cap H$，$\bar{Q}_1 =$

$Q_1\cap H$，则因 $i\neq 1$ 时有 $P_i\subseteq H$，故据**狄氏律**[1]得知 $P_i\bar{P}_1=P_i(P_1\cap H)=H\cap P_iP_1$，即 $P_i\bar{P}_1$ 为子群（$\because P_iP_1=P_1P_i$），因之有 $P_i\bar{P}_1=\bar{P}_1P_i$. 这说明了 $\bar{P}_1, P_2, \cdots, P_n$ 为可解群 H 的一组西洛基底. 同理，$\bar{Q}_1, Q_2, \cdots, Q_n$ 也是 H 的一组西洛基底. 于是，由于 $o(H)<o(G)$，据归纳的假定，有 $h\in H$ 使 $h^{-1}Q_ih=P_i\ (i\neq 1)$ 及

$$h^{-1}\bar{Q}_1h=\bar{P}_1.$$

若令 $h^{-1}Q_1h=R_1$，则由 $Q_1, Q_2, \cdots, Q_n$ 为 G 之一组西洛基底，得知 $h^{-1}Q_1h, h^{-1}Q_2h, \cdots, h^{-1}Q_nh$ 当然也是 G 的一组西洛基底，即

$$R_1, P_2, \cdots, P_n \tag{4}$$

为 G 之一组西洛基底. 于是若能证明基底 (4) 与基底

$$P_1, P_2, \cdots, P_n \tag{5}$$

等价，则定理 7 就获证.

为此计，就令

$$A_i=P_1P_2\cdots P_{i-1}P_{i+1}\cdots P_n \text{ 与 } B_i=R_1P_2\cdots P_{i-1}P_{i+1}\cdots P_n$$

在 $i\neq 1$ 时. 由于 $P_jP_k=P_kP_j\ (k, j>1)$ 及 $R_1P_j=P_jR_1 (j>1)$，易知 A_i 与 B_i 都是 G 的子群，阶都等于 $o(G)/p_i^{a_i}$，而与其指数 $p_i^{a_i}$ 互素，故据定理 3 可知 A_i 与 B_i 共轭. 但因 $G=B_iP_i$，故 A_i 与 B_i 的共轭性可以用 P_i 的元去变 B_i 的形来完成，换言之，有 $x_i\in P$ $(i\neq 1)$ 使

$$x_i^{-1}B_ix_i=A_i\ (i=2, 3, \cdots, n). \tag{6}$$

然从 $x_i\in P_i$，可知在 $i, j\neq 1$ 时有 $x_i^{-1}P_jx_i\subseteq\{P_i, P_j\}=P_iP_j$；又由 (6) 式知 $x_i^{-1}P_jx_i\subseteq x_i^{-1}B_ix_i=A_i$ 在 $i, j\neq 1$ 且 $i\neq j$ 时；故当 $i, j\neq 1$ 且 $i\neq j$ 时确有(利用**狄氏律**)

$$x_i^{-1}P_jx_i\subseteq P_iP_j\cap A_i=P_j(A_i\cap P_i)=P_j,$$

不得不有 $x_i^{-1}P_jx_i=P_j$ 当 $i\neq j$ 时 $(i, j=2, 3, \cdots, n)$. 但显然又有 $x_i^{-1}P_ix_i=P_i$，故不论 i, j 是否相等，恒有

$$x_i^{-1}P_jx_i=P_j\ (i, j=2, 3, \cdots, n). \tag{7}$$

---

1) 狄氏律 (Dedekind's law) 指的是：设 A, B, C 均为群 G 之子群，且 $A\subseteq B$，则 $AC\cap B=A(C\cap B)$. 证明不难，留给读者.

再令 $x = x_2x_3\cdots x_n$，由 (7) 式容易验证

$$x^{-1}P_jx = P_j \ (j = 2, 3, \cdots, n); \tag{8}$$

但由 (6) 式又有

$$\begin{aligned} x^{-1}R_1x &= (x_{i+1}\cdots x_n)^{-1}x_i^{-1}(x_2\cdots x_{i-1})^{-1}R_1(x_2\cdots x_{i-1})x_i \\ &\quad \cdot (x_{i+1}\cdots x_n) \subseteq (x_{i+1}\cdots x_n)^{-1}x_i^{-1}B_ix_i(x_{i+1}\cdots x_n) \\ &= (x_{i+1}\cdots x_n)^{-1}A_i(x_{i+1}\cdots x_n) = A_i \\ &\qquad (i = 2, 3, \cdots, n), \end{aligned}$$

于是有 $x^{-1}R_1x \subseteq A_2 \cap A_3 \cap \cdots \cap A_n$，而据引理 2 又知 $o(A_2 \cap A_3 \cap \cdots \cap A_n) = p_1^{a_1}$，故从 $o(x^{-1}R_1x) = p_1^{a_1}$ 就得 $x^{-1}R_1x = A_2 \cap A_3 \cap \cdots \cap A_n$. 至于 $P_1 \subseteq A_2 \cap A_3 \cap \cdots \cap A_n$ 显明，故得 $P_1 = A_2 \cap A_3 \cap \cdots \cap A_n$，因之

$$x^{-1}R_1x = P_1. \tag{9}$$

(8) 与 (9) 合并说明了 (4) 和 (5) 等价. 定理 7 获证.

由这定理 7 很容易得知下面的

推论 有限可解群 G 之任二组西洛补系也必是等价的.

证明 设 $M_1, M_2, \cdots, M_n$ 与 $L_1, L_2, \cdots, L_n$ 为 G 之二组西洛补系：$[G:M_i] = p_i^{a_i} = [G:L_i]$，$o(G) = p_1^{a_1}p_2^{a_2}\cdots p_n^{a_n}$.

据定理 6，确知 $\bigcap\limits_{\substack{i=1\\ i\neq j}}^{n} M_i = P_j \ (j = 1, 2, \cdots, n)$ 为 G 之西洛基底；然每 $P_i = M_1 \cap \cdots \cap M_{i-1} \cap M_{i+1} \cap \cdots \cap M_n \subseteq M_k \ (k \neq i)$，故 $\prod\limits_{\substack{i=1\\ i\neq j}}^{n} P_i \subseteq M_j$，于是从 $\left[G:\prod\limits_{\substack{i=1\\ i\neq j}}^{n} P_i\right] = p_j^{a_j} = [G:M_j]$ 不得不有 $\prod\limits_{\substack{i=1\\ i\neq j}}^{n} P_i = M_j$.

同理，$\bigcap\limits_{\substack{i=1\\ i\neq j}}^{n} L_i = Q_j \ (j = 1, 2, \cdots, n)$ 为 G 之西洛基底，且又有 $\prod\limits_{\substack{i=1\\ i\neq j}}^{n} Q_i = L_j$.

于是由定理 7 因有 $x \in G$ 使 $x^{-1}P_ix = Q_i\ (i=1, 2, \cdots n)$，故对每 i 就有

$$x^{-1}M_jx = x^{-1}\cdot\prod_{\substack{i=1\\ i\neq j}}^{n} P_i\cdot x = \prod_{\substack{i=1\\ i\neq j}}^{n}(x^{-1}P_ix)$$

$$=\prod_{\substack{i=1\\ i\neq j}}^{n} Q_i = L_j.$$ 证完.

我们在本章 §2，§ 3，§5 里已分别说过(有限)循环群、交换群、幂零群的研究都可以转化为 p–群来讨论，因为它们都可以表写为 p–群的直积.有限可解群虽不能表写为 p–群的直积,但定理 4 说明了它可写为 p–群的积，即一组西洛基底之积，所以说本质问题还是可使有限可解群的研究能建立在 p–群的基础之上. 这又一次地说明了 p–群在有限群内的重要性.

结束这节以前,附带地还谈一个与定理 3 有密切联系的问题，即

定理 8 当有限可解群 G 之阶分解为因数如 $o(G)=mn$ 使 $(m,n)=1$ 时，那末若 $m_1|m$，则 G 中凡阶 m_1 的子群必为 G 中至少一个阶 m 之子群的子群.

证明 归纳地假定这定理 8 对于阶小于 $o(G)$ 的可解群是成立的. 今令 M_1 是 G 中阶 m_1 的一子群，我们的目的是要证明 M_1 一定包含在 G 的一个阶 m 的子群内.

如果 $m_1=1$ 或 $m_1=m$，或 $m=o(G)$，则定理 8 之正确性显然. 故可不损一般性能假定 $1<m_1<m<o(G)$. 由 G 之可解性得知 G 有一个极小正规子群 K 使 $o(K)=k=p^\alpha$（p 为素数），且实际上 K 为初等交换 p–群. 今分二款讨论于下.

(一) $\boldsymbol{p|m}$. 这时，$(p, n)=1$，故 $k=p^\alpha|m$. 若 $\frac{m}{k}=1$ 即 $m=k=p^\alpha$，则显有 $p^\alpha\|o(G)$，于是这时 K 为 G 之西洛 p–子群，故由 $K\lhd G$ 知 K 是 G 中唯一的一个西洛 p–子群；$m_1|m=p^\alpha$ 说明了 M_1 是 G 之一个 p–子群，因而必有 $M_1\subseteq K$，而 $o(K)=k=m$，

这说明了我们的问题已获解决．若 $\frac{m}{k}>1$，就考虑可解群 G/K．因 $o(KM_1/K)=\frac{km_1}{o(K\cap M_1)\cdot k}=\frac{m_1}{o(K\cap M_1)}$，而

$$o(G/K)=o(G)/k=\frac{m}{k}\cdot n$$

且 $\left(\frac{m}{k}, n\right)=1$，故必有 $\frac{m_1}{o(K\cap M_1)}\Big|\frac{m}{k}$，于是据归纳的假设得知如 $KM_1/K\subseteq M/K\subseteq G/K$ 且 $o(M/K)=\frac{m}{k}$ 的 G 之子群 M 必存在，故 $o(M)=m$ 且 $M_1\subseteq KM_1\subseteq M$，也说明了在这时问题亦获解决．

（二）$\boldsymbol{p|n}$．这时，$k=p^a|n$，$(k, m)=1$，因而 $(k, m_1)=1$，应有 $K\cap M_1=1$，$KM_1/K\simeq M_1$，$o(KM_1/K)=m_1$．因 $o(G)>o(G/K)=m\cdot\frac{n}{k}$ 及 $\left(m, \frac{n}{k}\right)=1$，故据归纳法的假设知 G/K 有阶 m 的子群 M^*/K 使 $KM_1/K\subseteq M^*/K$，于是 $M_1\subseteq KM_1\subseteq M^*$ 且有 $o(M^*)=mk$．今有二个可能：$mk<o(G)$ 或 $mk=o(G)$．

(i) $\boldsymbol{mk<o(G)}$．这时，从 $o(M^*)=mk$，$(m, k)=1$ 及 $M_1\subseteq M^*$，而据归纳法的假设得知 M^* 有阶 m 之子群 M 使 $M_1\subseteq M$，问题获解决．

(ii) $\boldsymbol{mk=o(G)}$．由定理 3 知 G 有阶 m 的子群 M，故从 $o(KM_1)=m_1k$ 得知子集 $M(KM_1)$ 含 G 中 $\rho=\frac{m\cdot m_1k}{d}$ 个元，但 $d=o(M\cap KM_1)$．但既已 $o(G)=mk$，就应有 $\rho\leqslant mk$，$\frac{m_1}{d}\leqslant 1$，$m_1\leqslant d$．另方面，$d|m$ 与 $(k, m)=1$ 又产生 $(d, k)=1$，于是从 $d|o(KM_1)=km_1$ 得 $d|m_1$，$d\leqslant m_1$．故结果有 $d=m_1$，$o(M\cap KM_1)=m_1$，说明了 $M_0=M\cap KM_1$ 与 M_1 都是可解群 KM_1 之两个阶 m_1 的子群，故由定理 3 知有 $x\in KM_1(\subseteq G)$ 使 $M_1=x^{-1}M_0x$，因而再从 $M_0\subseteq M$ 可知

$$M_1=x^{-1}M_0x\subseteq x^{-1}Mx,$$

而 $o(x^{-1}Mx)=m$，也证明了 M_1 包含在 G 的一个阶 m 的子群里面.

至此，定理 8 完全获证.

最后，将定理 3 与定理 8 合并后，再谈它们与西洛定理的内在连系. 我们知道西洛定理的实质意义可表述为：设有限群 G 之阶 $o(G)$ 分解如 (i) $o(G)=mn$，(ii) $(m,n)=1$，(iii) m 为素数幂，那末 G 有阶 m 的子群，且凡阶 m 之子群都互相共轭，而阶为 m 之因数的子群又必为某个阶 m 之子群的子群. 今将 (i)，(ii) 两条件不改，而将 (iii) 改为：

(iii)′ G 是可解群，

那末上述的几个结论仍然成立，即定理 3 与定理 8 的内容.

当然，使 (i)，(ii) 两条件不改，而只将 (iii) 改为其他的条件(例如上面的 (iii)′ 就是一例)时，我们可得到一些类似于西洛定理的结论，这是有限群近来发展的趋势之一，我们在下册内再讨论，这里只提醒一下. 本节到此结束.

问题 1　有限幂零群是否有西洛基底？有多少组呢？

问题 2　有限群 G 为可解的充要条件是 G 之任何非单位的同态像恒有素数幂阶的正规子群.

问题 3　设 $o(G)=p^2q$，p 与 q 是两个互异的奇素数. 试直接利用 §1 的西洛定理证明 G 有一个西洛子群是正规的，再证 G 是可解群.

问题 4　阶 30 的群恒为可解群.

问题 5　设 G 是可解群，$o(G)=mn$，$(m,n)=1$，且 $m_1|m$. 如果 G 有一个阶 m_1 的子群 M_1 是 G 之正规子群，那末 M_1 一定是 G 中凡阶为 m 之子群的子群.

问题 6　有限可解群 G 具有类似于 §1 定理 7 的结果，即分解 $o(G)=mn$ 使 $(m,n)=1$ 时，那末含阶 m 之子群 M 的正规化子 $N_G(M)$ 为子群的子群 H(即 $H\supseteq N_G(M)$) 也必然是其自身的正规化子，即 $N_G(H)=H$.

问题 7　有限可解群 G 具有类似于 §1 定理 8 的结果，即分解

$o(G)=mn$ 使 $(m, n)=1$ 时，若 $H \lhd G$ 且令 $o(H)=m'n'$，$m'|m$，$n'|n$，那末当M为G中阶m的一子群时，就有：

$$(\text{i})\ o(M \cap H)=m' \text{ 及 } (\text{ii})\ o(MH/H)=\frac{m}{m'}.$$

第三章 有限群的表现

有限群表现的理论非常深刻，应用也很广，不论从理论方面或应用方面去叙述，内容都很丰富，但都不是本书的任务．我们的目的只是想借表现论的知识来证明阶 $p^a q^b$ 的群是可解群（p，q 是两个不同的素数）．近来，这个问题已用纯群论的方法作了回答（文献[24,25]），证明虽精致，而仍嫌冗长，且牵涉的知识也不少，且群表现理论不只是解决阶 $p^a q^b$ 的群为可解群（当然，这章的目的是只解决这个问题（以本书的任务而言）），它还是一个很重要的工具，所以我们仍然沿用表现论的方法来证明这个问题．为此，我们只将所需要的表现论方面的一些必要知识加以阐述，间或也附带讲一点有关问题，如 §8 及 §9．

§1. 矩阵群的基本概念

所谓群表现指的是把一个抽象群转化为与它同态的矩阵群来讨论——矩阵群总是指一些矩阵的集合关于矩阵之乘法成群．先有

定义 设 Γ 是由一些矩阵（n 级的）所成之集．若 Γ 关于矩阵之乘法运算成群，就叫 Γ 是一个 n 级矩阵群；特当 Γ 只包含有限多个矩阵时，就叫 Γ 是有限阶的 n 级矩阵群，否则就叫 Γ 为无限阶的．

附注 我们研究的矩阵总是指的是复数域上的矩阵，即矩阵之元全是复数，即复矩阵，今后如无必要就不再申明了．

若矩阵群 Γ 中有一个元素（即矩阵）A 的行列式不等于零（$\det A \neq 0$），则因对每 $X \in \Gamma$ 必有一相应的 $Y \in \Gamma$ 使 $A = XY$，故 $0 \neq \det A = \det X \cdot \det Y$，因而 $\det X \neq 0$，说明了 Γ 中每个矩阵的

行列式都不等于零. 反之，若有某 $B \in \Gamma$ 具性质 $\det B = 0$，则因对每 $X \in \Gamma$ 有相应的 $Z \in \Gamma$ 使 $X = BZ$，故 $\det X = \det B \cdot \det Z = 0$，说明了 Γ 中每矩阵之行列式都为零. 故有

定理 1 一矩阵群 Γ 中所有的矩阵或全为满秩的，或全为降秩的.

完全仿照证定理 1 的方法又知道：若矩阵群 Γ 含一 B 为零矩阵（$B = 0$），那末 Γ 中每矩阵 X 也是零矩阵，因而这时 Γ 仅由零矩阵这个元素而成，故有

推论 若矩阵群 Γ 含零矩阵，则 Γ 也只含零矩阵.

今设矩阵群 Γ 中所有的矩阵全是降秩的，这时若令 I 表示 Γ 的单位元(注意这时 I 不是单位矩阵)，则当群 Γ 之阶不为 1 时，则必有 $I \neq 0$（零矩阵）. 因为 $I^2 = I$，故 I 之最小多项式无重根，且因 I 之特征根中只有 0 和 1 这两个数，所以有一（n 级）满秩矩阵 P 使

$$I_0 = P^{-1}IP = \begin{pmatrix} E_r & 0 \\ 0 & 0 \end{pmatrix},$$

E_r 为 r 级单位矩阵（$1 \leqslant r < n$）. 再对每 $X \in \Gamma$，作它的相似矩阵

$$X_0 = P^{-1}XP = \begin{pmatrix} X_1 & X_2 \\ X_3 & X_4 \end{pmatrix},$$

X_1 与 X_4 分别为 r 级的与 $n-r$ 级的矩阵，于是由这样一些 X_0 所成的矩阵群 Γ_0 不仅与 Γ 同构，且实际上这两个同构的群 Γ 和 Γ_0 中对应元素（X 与 X_0 对应）都是相似的，并可用同一个满秩矩阵去变 Γ 中矩阵之形就得到 Γ_0 中相对应的矩阵. 像这样同构的两个矩阵群叫做**等价**的. 所以 Γ_0 与 Γ 等价.

因为 I_0 是群 Γ_0 之单位元，故 $X_0I_0 = X_0 = I_0X_0$，即 $\begin{pmatrix} X_1 & 0 \\ X_3 & 0 \end{pmatrix} = \begin{pmatrix} X_1 & X_2 \\ X_3 & X_4 \end{pmatrix} = \begin{pmatrix} X_1 & X_2 \\ 0 & 0 \end{pmatrix}$，不得不有 $X_2 = X_3 = X_4 = 0$（零矩阵），

即群 Γ_0 中每元都是 $X_0=\begin{pmatrix}X_1 & 0\\ 0 & 0\end{pmatrix}$ 形的矩阵. 由于

$$I_0=\begin{pmatrix}I_1 & 0\\ 0 & 0\end{pmatrix}=\begin{pmatrix}E_r & 0\\ 0 & 0\end{pmatrix},$$

则知 $I_1=E_r$ 为 r 级单位矩阵. 又因易证映射 $X_0\to X_1$ 为群 Γ_0 到由这些 r 级矩阵 X_1 而成之集 Γ_1 上的同构映射, 故 Γ_1 为一个 r 级的矩阵群, 其单位元就是 r 级单位矩阵 E_r, 因而据定理 1 得知 Γ_1 中每矩阵 X_1 都是 r 级满秩矩阵. 于是有

定理 2 n 级矩阵群 Γ 或全由满秩矩阵所组成, 或与一个由 r 级满秩矩阵所组成的矩阵群 Γ_1 同构, 且这时将 Γ_1 之每矩阵添加完全由数零而成的行和列 ($n-r$ 个行与列) 后的矩阵群 Γ_0 是与 Γ 等价的.

正是由于定理 2 的缘故, 所以今后可不损一般性能假定矩阵群中每矩阵全是满秩的, 因之其单位元为单位矩阵, 每元的逆元即为该元(矩阵)之逆矩阵. 今后不再一一申明了.

将矩阵群 Γ 中每矩阵 X 代换为它的复共轭矩阵 $\bar{X}$ 所成之集 $\bar{\Gamma}$ 也易知为矩阵群, 且借映射 $X\to\bar{X}$ 可知 $\Gamma\simeq\bar{\Gamma}$. 又将 Γ 中每矩阵 X 代换为它的转置矩阵 X' 所成之集 Γ' 借映射 $X\to(X^{-1})'=(X')^{-1}$ 也易知是与 Γ 同构的矩阵群. 至于将 Γ 中每矩阵 X 代换为它的复共轭转置矩阵 $\bar{X}'$ 所成的集 $\bar{\Gamma}'$ 也是一个与 Γ 成同构的矩阵群, 是借映射 $X\to\overline{(X^{-1})'}=(\bar{X}')^{-1}$ 来完成这同构关系的. 我们分别叫 $\bar{\Gamma}$, Γ', $\bar{\Gamma}'$ 为群 Γ 的**复共轭群**, **转置群**, **伴随群**.

上面说过两个矩阵群等价的意义. 由定理 2 之证明过程, 又知两个同构的矩阵群之级数可以不相等, 所以两个同构的矩阵群不必是等价的. 又同构的两个等级的矩阵群也可以不为等价的, 例如下面两个 2 阶三级矩阵群

$$\Gamma^{(1)}=\left\{\begin{pmatrix}1 & 0 & 0\\ 0 & 1 & 0\\ 0 & 0 & 1\end{pmatrix},\begin{pmatrix}-1 & 0 & 0\\ 0 & -1 & 0\\ 0 & 0 & 1\end{pmatrix}\right\}$$

与

$$\Gamma^{(2)} = \left\{\begin{pmatrix} 1 & 0 & 0 \\ 0 & 1 & 0 \\ 0 & 0 & 1 \end{pmatrix}, \begin{pmatrix} 1 & 0 & 0 \\ 0 & 1 & 0 \\ 0 & 0 & -1 \end{pmatrix}\right\}$$

是同构的，但不是等价的，这是因为两个非单位矩阵没有相等的**迹**. 当然，等价的矩阵群一定是同构的并有相等的级.

特当 Γ 是有限阶的矩阵群时，则 Γ 中每矩阵 D 之行列式皆为 1 的幂根，这是因为必有一自然数 δ 使 $D^\delta = E$ 为单位矩阵的缘故. 同时，$D^\delta = E$ 还说明了 D 之最小多项式无重根，故 D 相似于一对角矩阵，且这对角矩阵显为酉矩阵，因为 D 之特征根全为 1 之幂根. 这说明了有限阶矩阵群 Γ 中每矩阵 D 与一酉矩阵相似. 但使 D 变为酉矩阵 $S^{-1}D\,S$ 的变换矩阵 S 是随 D 而变的，于是自然会提出这样一个问题，即能否找着一个与 D 无关的变换矩阵呢？这由下面的定理作了肯定的回答.

定理 3 有限阶矩阵群必与酉矩阵群（即群中每矩阵为酉矩阵）等价.

证明 设 $\Gamma = \{D_1, D_2, \cdots, D_\gamma\}$ 为一个 γ 阶的 n 级矩阵群. 作 n 级矩阵 $A = \sum_{i=1}^{\gamma} D_i\overline{D}'_i$，则因对每固定的 $D_j(\in \Gamma)$，由于 D_jD_1, $D_jD_2, \cdots, D_jD_\gamma$ 也跑遍了 Γ，故

$$A = \sum_{i=1}^{\gamma} D_i\overline{D}'_i = \sum_{i=1}^{\gamma} (D_jD_i)(\overline{D_jD_i})'$$

$$= \sum_{i=1}^{\gamma} D_jD_i\overline{D}'_i\overline{D}'_j = D_jA\overline{D}'_j.$$

又 D_i 之满秩性保证了 $D_i\overline{D}'_i$ 之正定厄米特性，于是 A 也是正定厄米特矩阵，故有一酉矩阵 U 使

$$U^{-1}AU = C = \mathrm{diag}\ (a_1, a_2, \cdots, a_n)，每\ a_i > 0.$$

再令 $\Delta = \mathrm{diag}(\sqrt{a_1}, \sqrt{a_2}, \cdots, \sqrt{a_n})$ 及 $S = U\Delta$，则由 S 之满秩性得知

$$S^{-1}\Gamma S = \{S^{-1}D_1S, S^{-1}D_2S, \cdots, S^{-1}D_\gamma S\}$$

为一个与 Γ 成等价的矩阵群. 但

$$
\begin{aligned}
(S^{-1}D_iS)\overline{(S^{-1}D_iS)}' &= S^{-1}D_iS\bar{S}'\bar{D}_i'(\bar{S}')^{-1} = S^{-1}D_iU\Delta\Delta\bar{U}'\bar{D}_i'(\bar{S}')^{-1} \\
&= S^{-1}D_iUCU^{-1}\bar{D}_i'(\bar{S}')^{-1} = S^{-1}D_iA\bar{D}_i'(\bar{S}')^{-1} \\
&= S^{-1}A(\bar{S}')^{-1} = \Delta^{-1}U^{-1}AU\Delta^{-1} \\
&= \Delta^{-1}C\Delta^{-1} = E_n,
\end{aligned}
$$

说明了每个 $S^{-1}D_iS$ 为酉矩阵，故 $S^{-1}\Gamma S$ 是酉矩阵群．证完．

特若 Γ 之每矩阵 D_i 为实矩阵时，则定理 3 中的 A 是正定实对称矩阵，因之这时可选令 U 为实直交矩阵，于是 S 是实满秩的，而 $S^{-1}\Gamma S$ 全由实直交矩阵所组成(叫做实直交矩阵群)，于是又有

推论 有限阶实矩阵群必与一实直交矩阵群等价．

问题 1 试决定二阶二级矩阵群．

问题 2 有限阶矩阵群 Γ 中凡行列式为 1 的矩阵之集 $\mathfrak{A}$ 是 Γ 的正规子群，又商群 $\Gamma/\mathfrak{A}$ 是循环的．

§2. 有限阶矩阵群的完全可约

矩阵群的级越小，当然也越容易研究．于是当 Γ 是一个 n 级矩阵群时，去寻找与 Γ 成同构的或退而言之与 Γ 成同态的另一个级较小的矩阵群应是值得探索的问题．现在看怎样寻找这样的群．

如果群 Γ 中每矩阵 X 都是形状为

$$
X = \begin{pmatrix} X_1 & * \\ 0 & X_2 \end{pmatrix} \tag{1}
$$

的矩阵，其中 X_1 与 X_2 的级分别为 r_1 与 r_2，$r_1 + r_2 = n$，且自然数 r_1 与 r_2 与 X 之选取无关，那末容易验证：在群 Γ 中再取一矩阵

$$
Y = \begin{pmatrix} Y_1 & * \\ 0 & Y_2 \end{pmatrix}
$$

时，就有

$$
XY = \begin{pmatrix} X_1Y_1 & * \\ 0 & X_2Y_2 \end{pmatrix}.
$$

于是映射 $X \to X_1$ 和 $X \to X_2$ 都是同态映射(因为 $X \neq Y$ 时，可能

出现有 $X_i = Y_i$ 的现象)，且从 $r_i < n$ 可知凡 X_1 之集合与凡 X_2 之集合都是级小于 n 的矩阵群. 这就显露出了如 (1) 形之矩阵群的重要性. 于是先界说下面的

定义 若 n 级矩阵群 Γ 与形状是 (1) 的矩阵群等价，就叫 Γ 为可约的，否则叫 Γ 是不可约的. 特当 Γ 与形状是

$$\begin{pmatrix} A_1 & 0 & \cdots & 0 \\ 0 & A_2 & \cdots & 0 \\ \vdots & \vdots & & \vdots \\ 0 & 0 & \cdots & A_s \end{pmatrix} \tag{2}$$

的矩阵($s \geqslant 2$)组成的矩阵群等价时，就叫 Γ 是完全可约的，但 A_i 为 n_i 级矩阵 ($n_i \geqslant 1$)，$\Sigma n_i = n$，且 n_i 仅与 Γ 有关而与 Γ 中个别矩阵之选取无关，并且相应于每 i 之诸 A_i 而成的 n_i 级矩阵群 $\Gamma_i (i = 1, \cdots, s)$ 是不可约的 (叫做 Γ 之不可约成份). 这时一般简写为 $\Gamma = \Gamma_1 \oplus \Gamma_2 \oplus \cdots \oplus \Gamma_s$.

关于有限阶的矩阵群，有下面的重要结果，即

定理 1 有限阶的矩阵群或为不可约的或为完全可约的.

附注 这定理的实质意义是：有限阶的矩阵群如为可约，则必为完全可约. 因之，有限阶的矩阵群可约与完全可约是一回事，即为同等的.

证明 设 γ 阶 n 级矩阵群 $\Gamma = \{D_1, D_2, \cdots, D_\gamma\}$ 为可约的，即不妨令

$$D_i = \begin{pmatrix} P_i & R_i \\ 0 & Q_i \end{pmatrix}$$

$(i = 1, 2, \cdots, \gamma)$，其中 P_i 与 Q_i 分别为 $n_1(\geqslant 1)$ 与 $n_2(\geqslant 1)$ 级的，$n_1 + n_2 = n$，且 n_1 与 n_2 均与 D_i 之选取无关而只与 Γ 有关. 如果能证明使

$$S^{-1} D_i S = \begin{pmatrix} P_i & 0 \\ 0 & Q_i \end{pmatrix}$$

成立的 n 级满秩矩阵 S 得与 i 无关地存在，那末问题就解决了. 这只要能找得与 i 无关且满足关系式

$$\begin{pmatrix} E_{n_1} & F \\ 0 & E_{n_2} \end{pmatrix}\begin{pmatrix} P_i & R_i \\ 0 & Q_i \end{pmatrix}\begin{pmatrix} E_{n_1} & -F \\ 0 & E_{n_2} \end{pmatrix} = \begin{pmatrix} P_i & 0 \\ 0 & Q_i \end{pmatrix} \qquad (3)$$

的 $n_1 \times n_2$-矩阵 F 就行了. 据矩阵的乘法运算,可知 (3) 与

$$FQ_i + R_i = P_iF \quad (i = 1, 2, \cdots, \gamma) \qquad (4)$$

同意义. 因 Γ 为矩阵群, 故当 i, j 已知时, 由于适合 $D_iD_j = D_k$ 之 k 必存在,即

$$\begin{pmatrix} P_i & R_i \\ 0 & Q_i \end{pmatrix}\begin{pmatrix} P_j & R_j \\ 0 & Q_j \end{pmatrix} = \begin{pmatrix} P_k & R_k \\ 0 & Q_k \end{pmatrix}, \qquad (5)$$

k 随 i, j 而变化,为明显起见记为 $k = ij$, 则从 (5) 式就有

$$P_iP_j = P_{ij},\ Q_iQ_j = Q_{ij},\ P_iR_j + R_iQ_j = R_{ij}.$$

将上式中最后一个的两端右乘以 Q_j^{-1}, 并利用第二个式子,可得

$$P_iR_jQ_j^{-1} + R_i = R_{ij}Q_j^{-1} = R_{ij}Q_{ij}^{-1}Q_i,$$

故当 j 跑遍 $1, 2, \cdots, \gamma$ 而求和即得

$$P_i \cdot \sum_{j=1}^{\gamma} R_jQ_j^{-1} + \gamma R_i = \left(\sum_{j=1}^{\gamma} R_{ij}Q_{ij}^{-1}\right) \cdot Q_i.$$

因 Γ 是群, 故固定 i 后当 j 跑遍 $1, 2, \cdots, \gamma$ 时, ij 也必跑遍 $1, 2, \cdots, \gamma$, 故

$$\sum_{j=1}^{\gamma} R_jQ_j^{-1} = \sum_{j=1}^{\gamma} R_{ij}Q_{ij}^{-1} = M$$

是一个与 Γ 有关而与 Γ 中个别元 D_i 之选取无关的 $n_1 \times n_2$-矩阵. 于是 $F = -\dfrac{1}{\gamma}M$ 确能满足 (4) 式. 定理 1 获证.

由这定理 1, 可知研究有限阶的矩阵群,其实质问题就是要研究不可约的矩阵群. 关于不可约的矩阵群,易证下面的

定理 2 若 Γ 是一个有限阶的不可约矩阵群, 则其复共轭群 $\bar{\Gamma}$, 转置群 Γ' 与伴随群 $\bar{\Gamma}'$ 也都是不可约的.

定理 1 既说明了有限阶矩阵群的根本问题是不可约矩阵群, 于是紧接着应问一个有限阶矩阵群为不可约的充要条件是什么? 这个问题的解决有赖于下面的

引理 设 $\Gamma = \{D_1, D_2, \cdots, D_\gamma\}$ 与 $\Gamma_0 = \{F_1, F_2, \cdots, F_\gamma\}$

是两个 γ 阶的不可约矩阵群，分别为 n 级与 m 级的．如有一矩阵 S 使 $D_iS=SF_i\ (i=1,2,\cdots,\gamma)$，则下列二性质必有一为真：

(i) S 为零矩阵 $(S=0)$，

或

(ii) S 为满秩的因而这时 $m=n$ 且 Γ 与 Γ_0 等价；故当 $m\neq n$ 时必有 $S=0$.

证明 令 S 的 m 个 n 元列向量顺次记为 $\sigma_1,\sigma_2,\cdots,\sigma_m$，即 $S=(\sigma_1,\sigma_2,\cdots,\sigma_m)$，则 D_iS 的第 j 个列向量为 $D_i\sigma_j$，即

$$D_iS=(D_i\sigma_1,D_i\sigma_2,\cdots,D_i\sigma_m),$$

而 SF_i 的每个列向量为 $\sigma_1,\sigma_2,\cdots,\sigma_m$ 的线性组合，即

$$SF_i=\left(\sum_{k=1}^{m}c_{k_1}^{(i)}\sigma_k,\ \sum_{k=1}^{m}c_{k_2}^{(i)}\sigma_k,\cdots,\ \sum_{k=1}^{m}c_{k_m}^{(i)}\sigma_k\right),$$

但 $F_i=(c_{kl}^{(i)})$.

假定 $S\neq 0$，令其秩为 r，则 $0<r\leqslant\min(m,n)$．可不失一般性设 $\sigma_1,\sigma_2,\cdots,\sigma_r$ 线性无关，因而 $\sigma_{r+1},\cdots,\sigma_m$ 都是 $\sigma_1,\sigma_2,\cdots,\sigma_r$ 的线性组合，故再从 $D_iS=SF_i\left(\text{即 } D_i\sigma_j=\sum\limits_{k=1}^{m}c_{k_j}^{(i)}\sigma_k\right)$，可知

$$D_i\sigma_j=\sum_{k=1}^{r}t_{k_j}^{(i)}\sigma_k\ (j=1,2,\cdots,m). \tag{6}$$

今作一个 n 级满秩矩阵 P，使其前 r 个列向量为 $\sigma_1,\sigma_2,\cdots,\sigma_r$，并以 $\tau_1,\tau_2,\cdots,\tau_{n-r}$ 表示其后 $n-r$ 个列向量，即 $P=(\sigma_1,\cdots,\sigma_r,\tau_1,\cdots,\tau_{n-r})$，则从 (6) 式得

$$P^{-1}D_iP=\begin{pmatrix} t_{11}^{(i)}\cdots t_{1r}^{(i)} & \\ \vdots\qquad\ \vdots & * \\ t_{r1}^{(i)}\cdots t_{rr}^{(i)} & \\ 0 & * \end{pmatrix},$$

故当 $r<n$ 时，Γ 为可约的，不可．不得不有 $r=n\leqslant m$.

但从等式 $D_iS=SF_i\ (i=1,2,\cdots,\gamma)$ 的两边取转置又有 $F_i'S'=S'D_i'$，而 $\Gamma_0'=\{F_1',F_2',\cdots,F_r'\}$ 为不可约的(定理 2)，且 S' 的秩 $=S$ 的秩 $r>0$，故从刚才证明过了的情况又得 $r=m\leqslant$

n.

由是，有 $r = n = m$，即 S 是满秩的. 引理完全获证.

从这引理，可得判断不可约性的

定理 3 有限阶矩阵群 $\Gamma = \{D_1, D_2, \cdots, D_r\}$ 为不可约的充要条件是：凡与 Γ 中每矩阵可交换的矩阵只能是纯量矩阵.

证明 先设 Γ 不可约. 若 $D_iS = SD_i\ (i = 1, 2, \cdots, r)$，则不论 λ 为任何数恒有 $D_i(S - \lambda E) = (S - \lambda E)D_i$，$E$ 为单位矩阵. 于是，由引理得知或 $S - \lambda E = 0$ 或 $S - \lambda E$ 为满秩的. 由于 λ 的任意性，可知当 $\lambda = a$ 为 S 的一个特征根时，$S - aE$ 决不是满秩的，故 $S = aE$ 为纯量矩阵，证明了条件的必要性.

反之，假定从关系式 $D_iS = SD_i\ (i = 1, 2, \cdots, r)$ 恒得 S 为纯量矩阵. 这时，苟若 Γ 为可约，则由定理 1 知 Γ 为完全可约，故有满秩矩阵 P 使 $P^{-1}\Gamma P$ 中每矩阵具

$$P^{-1}D_iP = \begin{pmatrix} A_1^{(i)} & & 0 \\ & A_2^{(i)} & \\ 0 & & \ddots \\ & & & A_s^{(i)} \end{pmatrix}, \quad s \geqslant 2$$

的形状，其中 $A_j^{(i)}$ 之级 $n_j\ (j = 1, 2, \cdots, s)$ 与 i 无关. 故若这时令

$$V = \begin{pmatrix} \alpha_1 E_{n_1} & & 0 \\ & \alpha_2 E_{n_2} & \\ 0 & & \ddots \\ & & & \alpha_s E_{n_s} \end{pmatrix},$$

$\alpha_1, \alpha_2, \cdots, \alpha_s$ 为任意数，则因显然有

$$V \cdot P^{-1}D_iP = \begin{pmatrix} \alpha_1 A_1^{(i)} & & 0 \\ & \alpha_2 A_2^{(i)} & \\ 0 & & \ddots \\ & & & \alpha_s A_s^{(i)} \end{pmatrix} = P^{-1}D_iP \cdot V,$$

故 $PVP^{-1} \cdot D_i = D_i \cdot PVP^{-1}$，而据题设知 PVP^{-1} 为纯量矩阵，因而 V 自身也是纯量矩阵，非所许，故说明了 Γ 必为不可约的. 证完.

由这定理 3 不难获知下面的

推论 1 设 $\Gamma = \{D_1, D_2, \cdots, D_r\}$ 与 $\Gamma_0 = \{F_1, F_2, \cdots, F_r\}$

是两个 γ 阶的不可约矩阵群. 若有二个矩阵 S, T 使 $D_iS = SF_i$, $D_iT = TF_i\ (i = 1, 2, \cdots, \gamma)$, 则 S 与 T 之差异仅为一常数因子.

事实上,如 S 及 T 中有一为零矩阵,结论显然正确. 故需考虑的是 $S \neq 0$ 及 $T \neq 0$. 这时据引理可知 S 与 T 都是满秩的, 因而 Γ 与 Γ_0 同级,于是再由题设知

$$S^{-1}D_iS = F_i = T^{-1}D_iT, \text{ 或 } TS^{-1} \cdot D_i = D_i \cdot TS^{-1},$$

故由定理 3 得知 $TS^{-1} = \lambda E$ 为纯量矩阵,证完.

关于交换群,又有

推论 2 有限阶矩阵群 $\Gamma = \{D_1, D_2, \cdots, D_\gamma\}$ 如为交换群,则其不可约成份皆为一级的,换言之,Γ 与对角矩阵群等价.

证明 如 Γ 不可约, 则因对每 D_k 恒有关系式 $D_iD_k = D_kD_i$ $(i = 1, 2, \cdots, \gamma)$, 故据定理 3 知 $D_k = \alpha_kE$ 为纯量矩阵 $(k = 1, 2, \cdots, \gamma)$, 因而由 Γ 之不可约而据定义知每 D_k 为一级的, 即 D_k 为数.

如 Γ 可约,由定理 1 得知 Γ 应为完全可约,故有满秩矩阵 P 使

$$P^{-1}D_iP = \begin{pmatrix} A_1^{(i)} & & & 0 \\ & A_2^{(i)} & & \\ & & \ddots & \\ 0 & & & A_s^{(i)} \end{pmatrix}, \quad s \geqslant 2,$$

$A_j^{(i)}$ 为 n_j 级的, n_j 与 i 无关, 且对每 $j\ (j = 1, 2, \cdots, s)$ 相应的 $A_j^{(1)}, A_j^{(2)}, \cdots, A_j^{(\gamma)}$ 所组成的群 $\Gamma_j(\Gamma \sim \Gamma_j)$ 为 Γ 之不可约成份. Γ 之交换性当然保证了 Γ_j 是交换群,故 Γ_j 是不可约的交换群, 又回到刚才讨论过了的情形,即 Γ_j 为一级的. 证完.

附注 推论 2 的实际含意是说没有级大于 1 的有限阶不可约的交换矩阵群.

问题 1 γ 个 n 级厄米特矩阵 $D_1, D_2, \cdots, D_\gamma$ 之集合 Γ 如成群 (叫 Γ 为厄米特矩阵群), 试证 $\gamma \mid 2^n$. 换言之,有限阶的厄米特矩阵群之阶等于 2 之幂.

问题 2 除单位元群外, 没有奇阶的厄米特矩阵群. 又有限阶厄米特矩阵群 Γ 中每矩阵是正定时, Γ 也只能是单位元群.

§3. 代数整数

这一节只叙述为后面要引用的有关代数整数的一些基本概念.

定义 凡系数为有理整数且首项系数等于1的多项式 $f(x)=x^n+a_1x^{n-1}+\cdots+a_{n-1}x+a_n$ 之根 α (即 $f(\alpha)=0$) 统统叫做代数整数.

由这定义易知下面的

定理 1 有理数为代数整数的充要条件是它为有理整数.

事实上,任何有理整数 a 显然是首项系数等于1的一次整系数多项式 $x-a$ 的根,故 a 为代数整数. 反之,若有理数 $\frac{b}{a}$ 为代数整数,其中 $(a,b)=1$,则有多项式 $f(x)=x^n+c_1x^{n-1}+\cdots+c_{n-1}x+c_n$, c_i 都是整数,使 $f\left(\frac{b}{a}\right)=0$,于是就有

$$-b^n=a(c_1b^{n-1}+\cdots+c_{n-1}ba^{n-2}+c_na^{n-1}),$$

即 $a|b^n$,故由 $(a,b)=1$ 得 $a=\pm1$,即 $\frac{b}{a}$ 为有理整数,证完.

定理 2 代数整数的和、差、积仍为代数整数.

证明 设 α 与 β 是两个代数整数,分别为下列二方程

$$x^m+a_1x^{m-1}+\cdots+a_{m-1}x+a_m=0 \tag{1}$$

与

$$x^n+b_1x^{n-1}+\cdots+b_{n-1}x+b_n=0 \tag{2}$$

的根 (a_i 与 b_i 全是有理整数). 今将 α 与 β 的 mn 个幂积 $\alpha^u\beta^v$ $(0\leqslant u<m,\ 0\leqslant v<n)$ 任意地编号,记为 $\omega_1,\omega_2,\cdots,\omega_s$ $(s=mn)$.

现在来研究 $(\alpha+\beta)\omega_j=(\alpha+\beta)\alpha^u\beta^v=\alpha^{u+1}\beta^v+\alpha^u\beta^{v+1}$.

若 $u+1=m$ 或 $v+1=n$,就将 α^m 用 $-a_1\alpha^{m-1}-\cdots-a_{m-1}\alpha-a_m$ 或 β^n 用 $-b_1\beta^{n-1}-\cdots-b_{n-1}\beta-b_n$ 去代换,而得到

$$(\alpha+\beta)\omega_j=c_{j1}\omega_1+c_{j2}\omega_2+\cdots+c_{js}\omega_s \tag{3}$$

形 ($j=1,2,\cdots,s$)，其中 $c_{j1},c_{j2},\cdots,c_{js}$ 全是有理整数. 至于 $u+1<m$ 以及 $v+1<n$ 时，(3) 能成立自明.

由 (3) 式，得

$$\begin{vmatrix}(\alpha+\beta)-c_{11} & -c_{12} & \cdots & -c_{1s}\\ -c_{21} & (\alpha+\beta)-c_{22} & \cdots & -c_{2s}\\ \vdots & \vdots & & \vdots\\ -c_{s1} & -c_{s2} & \cdots & (\alpha+\beta)-c_{ss}\end{vmatrix}=0,$$

展开这行列式并按 $(\alpha+\beta)$ 的降幂来排列，就得到

$$(\alpha+\beta)^s+c_1(\alpha+\beta)^{s-1}+\cdots+c_{s-1}(\alpha+\beta)+c_s=0;$$

因每 c_{ij} 为有理整数，故每 c_k 也必是有理整数，于是据定义确知 $\alpha+\beta$ 为代数整数. 用同样的方法可证 $\alpha-\beta$，$\alpha\beta$ 也都是代数整数. 证完.

据定义，知代数整数 α 为有理数域上一个多项式的根，故易知 α 也必为有理数域中无限多个多项式的根，于是自然会提出这样一个问题，即在有理数域中为代数整数 α 所满足的最低次多项式究竟有些什么性质呢? 为回答这问题，先证明

引理 设 $f(x)$ 与 $g(x)$ 之系数都是有理整数且各多项式之系数的最大公因数等于 1，那末 $f(x)\cdot g(x)$ 之系数的最大公因数也等于 1.

证明 令 $f(x)=a_0x^n+a_1x^{n-1}+\cdots+a_{n-1}x+a_n$，$g(x)=b_0x^m+b_1x^{m-1}+\cdots+b_{m-1}x+b_m$，$(a_0,a_1,\cdots,a_n)=1=(b_0,b_1,\cdots,b_m)$. 苟若 $f(x)\cdot g(x)$ 之各项系数不互素，即都能被一素数 p 整除，则由 $(a_0,a_1,\cdots,a_n)=1=(b_0,b_1,\cdots,b_m)$ 可知必有一 a_t 与 b_s 使 $p\nmid a_t$ 与 $p\nmid b_s$，而当 $i<t$ 时恒有 $p|a_i$ 以及当 $j<s$ 时恒有 $p|b_j$，于是 $f(x)\cdot g(x)$ 之展开式中含幂 $x^{n+m-s-t}$ 为项的系数等于

$$a_0b_{t+s}+a_1b_{t+s-1}+\cdots+a_{t-1}b_{s+1}+\boldsymbol{a_tb_s}+a_{t+1}b_{s-1}+\cdots\\+a_{t+s-1}b_1+a_{t+s}b_0,$$

其中除 a_tb_s 外其余各项都能被 p 整除（注意上式的书写纯粹为了对称，可能有某些 a_λ 及 b_μ 不存在，例如当 $\lambda>n$ 或 $\mu>m$ 时就是

这样，这时就令 $a_\lambda = 0$，$b_\mu = 0$，并不有损证明的一般性)，故结果则知 $f(x)g(x)$ 中含 $x^{n+m-s-t}$ 项的系数不能为 p 整除，与上述之反证法的假定相矛盾．故引理成立．

现在可回答一代数整数 α 所满足最低次的有理系数多项式的性质这个问题，即

定理 3 设 $\varphi(x)$ 为代数整数 α 所满足的最低次有理系数多项式，则有下列的三性质：

(i) $\varphi(x)$ 在有理数域中既约．

(ii) 有理系数多项式 $f(x)$ 有 α 为根的充要条件是 $\varphi(x)$ 为 $f(x)$ 的因式，即 $\varphi(x) \mid f(x)$．

(iii) 如令 $\varphi(x)$ 的首项系数为 1，则其余各项之系数全为有理整数．

证明 假若 $\varphi(x)$ 在有理数域中不既约，如令 $\varphi(x) = g_1(x) \cdot g_2(x)$，$g_i(x)$ 之系数为有理数 $(i = 1, 2)$ 且次数都小于 $\varphi(x)$ 之次数，则从 $\varphi(\alpha) = 0$ 得 $g_1(\alpha) \cdot g_2(\alpha) = 0$，故或有 $g_1(\alpha) = 0$ 或 $g_2(\alpha) = 0$，二者必有一，这都和 $\varphi(x)$ 为最低次之假定相矛盾．于是 $\varphi(x)$ 必为既约的，(i) 获证．

由于对任一个有理系数之多项式 $f(x)$，必有使 $f(x) \equiv q(x) \cdot \varphi(x) + r(x)$ 成立的二个有理系数多项式 $q(x)$ 及 $r(x)$，且或有 $r(x) \equiv 0$，或 $r(x)$ 之次数小于 $\varphi(x)$ 之次数，故从 $\varphi(\alpha) = 0$ 得知 $f(\alpha) = r(\alpha)$，因而据 $\varphi(x)$ 为最低次之意义，确知当 $r(x) \not\equiv 0$ 时应有 $r(\alpha) \neq 0$，随而 $f(\alpha) \neq 0$．于是 $f(\alpha) = 0$ 的充要条件是 $r(x) \equiv 0$，即 $\varphi(x) \mid f(x)$，(ii) 获证．

α 是代数整数即说明了有一多项式

$$F(x) = x^m + a_1x^{m-1} + \cdots + a_{m-1}x + a_m$$

使 $F(\alpha) = 0$，式中 $a_1, \cdots, a_m$ 都是有理整数，于是据 (ii) 得知 $F(x) \equiv \varphi(x) \cdot g(x)$，$g(x)$ 具有理系数．今令

$$\varphi(x) = x^n + d_1x^{n-1} + \cdots + d_{n-1}x + d_n \ (d_i \text{ 为有理数}),$$

若能证明每 d_i 为有理整数，问题就解决了．

事实上，可写 $\varphi(x)=\frac{\lambda}{\mu}\cdot\varphi_1(x)$ 形，式中 $(\lambda,\mu)=1$ 且 $\varphi_1(x)=c_0x^n+c_1x^{n-1}+\cdots+c_{n-1}x+c_n$ 之系数 c_i 全为有理整数，又 $c_0>0$ 以及 $(c_0,c_1,\cdots,c_n)=1$. 同理，可写 $g(x)=\frac{\sigma}{\tau}\cdot g_1(x)$，式中 $g_1(x)=b_0x^k+b_1x^{k-1}+\cdots+b_{k-1}x+b_k$ 之 b_i 全为有理整数，$b_0>0$，且 $(b_0,b_1,\cdots,b_k)=1$，同时可设 $(\tau,\sigma)=1$. 于是从 $F(x)=\varphi(x)\cdot g(x)$ 得

$$\varphi_1(x)g_1(x)=\frac{\mu\tau}{\lambda\sigma}\cdot F(x). \tag{4}$$

但据引理已知 $\frac{\mu\tau}{\lambda\sigma}F(x)$ 之系数全为整数且它们的最大公因数又为 1，故 $\frac{\mu\tau}{\lambda\sigma}$ 为整数，$\mu\tau=\lambda\sigma$，即 $F(x)=\varphi_1(x)\cdot g_1(x)$，因而再比较最高次幂的系数则得 $c_0b_0=1$，不得不有 $b_0=c_0=1$；于是再利用关系式

$$\frac{\lambda}{\mu}c_i=d_i\ (i=1,2,\cdots,n)\ \text{及}\ \frac{\lambda}{\mu}c_0=1$$

马上又得到 $\lambda=\mu$，随而从 $(\lambda,\mu)=1$ 得 $\lambda=\mu=1$，故 $d_i=c_i$ $(i=1,2,\cdots,n)$ 为整数. (iii) 获证.

定理 3 证完.

从定理 3 知道：若 α 为代数整数，则在有理数域中必有这样一个既约多项式

$$\varphi(x)=x^n+c_1x^{n-1}+\cdots+c_{n-1}x+c_n,$$

其首项系数为 1 而其它各项之系数 c_i 全为有理整数，使有 α 为根. 由于 $\varphi(x)$ 之既约性，得知其 n 个根 $\alpha^{(1)}=\alpha,\alpha^{(2)},\cdots,\alpha^{(n)}$ 两两互异. 今后叫它们都是 α 的**共轭数**. 因之，代数整数 α 的共轭数也是代数整数.

关于代数整数之共轭数的问题，有下面的

定理 4 设 α 是代数整数，$g(x)$ 是具有理系数的多项式. 若 $g(\alpha)$ 为代数整数，则 $g(\alpha)$ 的共轭数(因之都是代数整数)必出现在 $g(\alpha^{(1)}),g(\alpha^{(2)}),\cdots,g(\alpha^{(n)})$ 中，但 $\alpha^{(1)},\alpha^{(2)},\cdots,\alpha^{(n)}$ 为 $\alpha^{(1)}=$

α 的共轭数.

证明 作一多项式 $F(x)=\sum_{i=1}^{n}[x-g(\alpha^{(i)})]$. 因 $F(x)$ 之系数是以有理数为系数的 $\alpha^{(1)}, \alpha^{(2)}, \cdots, \alpha^{(n)}$ 之对称多项式，故 $F(x)$ 之系数全都是有理数. 又因代数整数 $g(\alpha)$ 为 $F(x)$ 的根，故据定理 3 得知 $f(x)\mid F(x)$，式中 $f(x)=x^m+a_1x^{m-1}+\cdots+a_{m-1}x+a_m$ (a_i 为有理整数)在有理数域中既约且有 $f(g(\alpha))=0$. 由于 $f(x)$ 为 $F(x)$ 之因式，故 $f(x)$ 的全部根 (即 $g(\alpha)$ 的共轭数) 必为 $F(x)$ 之根，因之全都在 $g(\alpha^{(i)})$ 中出现 ($i=1,2,\cdots,n$). 证完.

§4. 群 特 征 标

我们知道：矩阵的迹(即其对角线上元素的和，或与之有同等意义的是矩阵之特征根的和) 在矩阵的研究中是很重要的一个概念，因之研究矩阵群时，自然会提出这样一个问题，即群中各个矩阵的迹对于矩阵群究竟有怎样的影响? 为此，先界说下面的

定义 矩阵群 Γ 中每矩阵 D 的迹 $\mathrm{tr}D$ 特用符号 $\chi_\Gamma(D)$ 来表示，即 $\chi_\Gamma(D)=\mathrm{tr}D$, $D\in\Gamma$；像这样定义在群 Γ 上的函数 χ_Γ 叫做群 Γ 的特征标.

例如在群

$$\Gamma=\left\{E=\begin{pmatrix}1&0&0\\0&1&0\\0&0&1\end{pmatrix},\ A=\begin{pmatrix}1&0&0\\0&1&0\\0&0&-1\end{pmatrix}\right\}$$

中有 $\chi_\Gamma(E)=3$, $\chi_\Gamma(A)=1$.

矩阵群 Γ 的特征标有一些简单性质，即

定理 1 设 Γ 为 n 级矩阵群，则有:

(i) $\chi_\Gamma(E)=n$ (E 为 Γ 之单位元，即单位矩阵)；

(ii) χ_Γ 是类函数，即凡属于群 Γ 之同一个共轭元类中矩阵的迹都相等；

特当 Γ 为有限阶时，又有：

(iii) $|\chi_\Gamma(D)| \leqslant n$，对每 $D \in \Gamma$；

(iv) $|\chi_\Gamma(D)| = n$ 的充要条件是 $D = e^{i\theta}E_n$；

(v) $\chi_\Gamma(D)$ 为代数整数.

证明 (i) 为真由定义自明. 再设 D_1, D_2 在群 Γ 的同一个共轭元类中，即有 $D \in \Gamma$ 使 $D_2 = D^{-1}D_1D$，于是据相似矩阵有相等的迹得知 $\chi_\Gamma(D_2) = \chi_\Gamma(D_1)$，故 (ii) 成立.

特当 Γ 为有限群时，令 $o(\Gamma) = \gamma$，则 Γ 中每矩阵 D 皆有 $D^\gamma = E_n$ 之关系，故 D 之最小多项式无重根，因而有满秩矩阵 $P = P(D)$ 使

$$P^{-1}DP = \mathrm{diag}(\alpha_1, \alpha_2, \cdots, \alpha_n),$$

于是 $E_n = P^{-1}D^\gamma P = (P^{-1}DP)^\gamma = \mathrm{diag}(\alpha_1^\gamma, \alpha_2^\gamma, \cdots, \alpha_n^\gamma)$，即 $\alpha_i^\gamma = 1$，α_i 为 1 的 γ 次幂根，故 $|\chi_\Gamma(D)| = |\Sigma\alpha_i| \leqslant \Sigma|\alpha_i| = n$，(iii) 获证.

又易看出 $|\chi_\Gamma(D)| = n$ 的充要条件是 $|\Sigma\alpha_i| = \Sigma|\alpha_i|$，而 $|\Sigma\alpha_i| = \Sigma|\alpha_i|$ 的充要条件是 n 个复数 α_i 在复平面上所表示的 n 个点与坐标原点同在一条直线上且都在坐标原点的同侧，因而从 $|\alpha_i| = 1$ 可知它们由于都在单位圆上就不得不重合，即 $\alpha_1 = \cdots = \alpha_n = e^{i\theta}$，故

$$D \sim \mathrm{diag}(\alpha_1, \alpha_2, \cdots, \alpha_n) = \mathrm{diag}(e^{i\theta}, \cdots, e^{i\theta}) = e^{i\theta}E_n,$$

不得不有 $D = e^{i\theta}E_n$，(iv) 获真.

α_i 既为 1 的幂根，所以 α_i 都是代数整数，于是由 §3 定理 2 得知 $\chi_\Gamma(D) = \Sigma\alpha_i$ 也是代数整数，即 (v) 为真.

定理 1 完全获证.

§2 里曾说过研究有限阶矩阵群的本质问题是只需研究不可约的矩阵群. 现在也就来讨论有限阶不可约矩阵群的特征标.

设 $\Gamma = \{D_1, D_2, \cdots, D_\gamma\}$ 为 γ 阶的不可约矩阵群. 对任一矩阵 C，作相应的矩阵

$$P_C = \sum_{i=1}^{\gamma} D_i C D_i^{-1},$$

则因对每 $D_s\in\Gamma$，D_sD_i 与 $D_i(i=1,2,\cdots,\gamma)$ 都跑遍 Γ，故

$$P_C=\sum_{i=1}^{\gamma}D_iCD_i^{-1}=\sum_{i=1}^{\gamma}(D_sD_i)C(D_sD_i)^{-1},$$

因而

$$\begin{aligned}D_sP_C&=\sum_{i=1}^{\gamma}D_sD_iCD_i^{-1}=\sum_{i=1}^{\gamma}(D_sD_i)C(D_sD_i)^{-1}D_s\\&=\left[\sum_{i=1}^{\gamma}(D_sD_i)C(D_sD_i)^{-1}\right]D_s=P_CD_s,\end{aligned}$$

故据 §2 的定理 3 得知 P_C 为纯量矩阵，记为

$$P_C=\lambda_C\cdot E.$$

再令 $D_s=(a_{ij}^{(D_s)})$. 若 $C=(c_{ij})$，则因 C 任意，故对于任一组自然数偶 (h,k) 取

$$c_{ij}=\begin{cases}1, & \text{当 } (i,j)=(h,k) \text{ 时},\\ 0, & \text{当 } (i,j)\neq(h,k) \text{ 时}\end{cases}$$

后，并令相应的 λ_C 以 λ_{hk} 表示，这时就有

$$\lambda_{hk}E=\lambda_C\cdot E=P_C=\sum_{t=1}^{\gamma}D_tCD_t^{-1},$$

而后者第 i 行第 j 列交点处的数为

$$\sum_{t=1}^{\gamma}\sum_{\sigma,\tau=1}^{n}a_{i\sigma}^{(D_t)}c_{\sigma\tau}a_{\tau j}^{(D_t^{-1})}=\sum_{t=1}^{\gamma}a_{ih}^{(D_t)}a_{kj}^{(D_t^{-1})}$$

(n 为 Γ 的级)，故不得不有

$$\sum_{t=1}^{\gamma}a_{ih}^{(D_t)}a_{kj}^{(D_t^{-1})}=\lambda_{hk}\delta_{ij},\tag{1}$$

式中 $\delta_{ij}=1$ ($i=j$ 时)或 $=0$ ($i\neq j$ 时).

今令 (1) 中的 $j=i$，然后使 i 由 1 逐步地变到 n，并再相加所得的结果，就有

$$\begin{aligned}n\lambda_{hk}&=\lambda_{hk}\cdot\sum_{i=1}^{n}\delta_{ii}=\sum_{i=1}^{n}\sum_{t=1}^{\gamma}a_{ih}^{(D_t)}a_{ki}^{(D_t^{-1})}\\&=\sum_{t=1}^{\gamma}\left(\sum_{i=1}^{n}a_{ki}^{(D_t^{-1})}a_{ih}^{(D_t)}\right)\end{aligned}$$

$$= \sum_{t=1}^{\gamma} D_t^{-1} D_t \text{ 之第 } k \text{ 行第 } h \text{ 列交点处的数}$$
$$= \gamma \delta_{kh},$$

于是，

$$\lambda_{hk} = \frac{\gamma}{n} \delta_{kh}. \tag{2}$$

再将 (2) 代入 (1) 中，得

$$\sum_{t=1}^{\gamma} a_{ih}^{(D_t)} a_{kj}^{(D_t^{-1})} = \frac{\gamma}{n} \delta_{kh} \delta_{ij}, \tag{3}$$

因之再令 $i = h$, $j = k$ 时，从 (3) 式即得

$$\sum_{t=1}^{\gamma} a_{hh}^{(D_t)} a_{kk}^{(D_t^{-1})} = \frac{\gamma}{n} \delta_{kh} \delta_{hk}, \tag{4}$$

于是再令 (4) 中的 h, k 都从 1 加到 n，则得

$$\sum_{t=1}^{\gamma} \sum_{h,k=1}^{n} a_{hh}^{(D_t)} a_{kk}^{(D_t^{-1})} = \frac{\gamma}{n} \sum_{h,k=1}^{n} \delta_{kh} \delta_{hk} = \frac{\gamma}{n} \cdot n = \gamma;$$

然上式左端显然又等于

$$\sum_{t=1}^{\gamma} \left(\sum_{h=1}^{n} a_{hh}^{(D_t)} \right) \left(\sum_{k=1}^{n} a_{kk}^{(D_t^{-1})} \right) = \sum_{t=1}^{\gamma} \chi_\Gamma(D_t) \cdot \chi_\Gamma(D_t^{-1}),$$

故有

$$\sum_{t=1}^{\gamma} \chi_\Gamma(D_t) \cdot \chi_\Gamma(D_t^{-1}) = \gamma. \tag{5}$$

另方面，若 $\lambda_1, \lambda_2, \cdots, \lambda_n$ 为某个 D_t 的 n 个特征根，则 $\bar{\lambda}_1, \bar{\lambda}_2, \cdots, \bar{\lambda}_n$ 为 $\overline{D}_t$ 之特征根．由 $\lambda_i^\gamma = 1$ 得 $\bar{\lambda}_i^\gamma = 1$, $(\lambda_i \bar{\lambda}_i)^\gamma = 1$，故从 $\lambda_i \bar{\lambda}_i > 0$ 必有 $\lambda_i \bar{\lambda}_i = 1$, $\bar{\lambda}_i = \lambda_i^{-1}$，证明了 $\bar{\lambda}_1, \bar{\lambda}_2, \cdots, \bar{\lambda}_n$ 为 D_t^{-1} 之 n 个特征根，因之 $\chi_{\bar{\Gamma}}(\overline{D}_t) = \chi_\Gamma(D_t^{-1})$，以之代入 (5) 中就有

$$\gamma = \sum_{t=1}^{\gamma} \chi_\Gamma(D_t) \cdot \chi_{\bar{\Gamma}}(\overline{D}_t) = \sum_{t=1}^{\gamma} \chi_\Gamma(D_t) \cdot \overline{\chi_\Gamma(D_t)}$$
$$= \sum_{t=1}^{\gamma} |\chi_\Gamma(D_t)|^2,$$

这就证明了下面的

定理 2　γ 阶不可约矩阵群 Γ 的特征标 χ_Γ 满足关系式

$$\sum_{D\in\Gamma}\chi_\Gamma(D)\cdot\chi_\Gamma(D^{-1})=\sum_{D\in\Gamma}|\chi_\Gamma(D)|^2=\gamma.$$

因特征标 χ_Γ 是一个类函数，故又可证

定理 3　设 $\Gamma=\{D_1, D_2, \cdots, D_\gamma\}$ 为一个 γ 阶不可约的 n 级矩阵群，它有 r 个共轭类，分别含有 $h_1(=1), h_2, \cdots, h_r$ 个矩阵．若令含 h_i 个矩阵之共轭类中矩阵之特征标记以 $\chi_\Gamma^{(i)}$，则有关系式

$$\frac{h_i\chi_\Gamma^{(i)}}{n}\cdot\frac{h_j\chi_\Gamma^{(j)}}{n}=\sum_{t=1}^{r}c_{ijt}\frac{h_t\chi_\Gamma^{(t)}}{n},$$

式中每 c_{ijt} 为非负的有理整数．

事实上，为叙述简洁计，含 h_i 个矩阵之共轭类叫做 Γ 的第 i 个共轭类，并令 M_i 为第 i 个共轭类中 h_i 个矩阵的和．因为用 Γ 之每矩阵 D_t 变第 i 个共轭类中所有矩阵之形，其结果仍为这第 i 个共轭类中的所有矩阵，故 $D_t^{-1}M_iD_t=M_i$，即 $M_iD_t=D_tM_i$，由 §2 的定理 3 得知

$$M_i=\lambda_iE_n, \tag{6}$$

于是，$n\lambda_i=\mathrm{tr}M_i=h_i\chi_\Gamma^{(i)}$，因而得到

$$\lambda_i=\frac{h_i\chi_\Gamma^{(i)}}{n}. \tag{7}$$

另方面，据第一章 §7 定理 17 易知 M_iM_j 等于群 Γ 中若干个共轭类的矩阵之和，

即　　$$M_iM_j=c_{ij1}M_1+c_{ij2}M_2+\cdots+c_{ijr}M_r,$$

每 c_{ijk} 为非负的有理整数，故由 (6) 式得

$$\lambda_i\lambda_j=c_{ij1}\lambda_1+c_{ij2}\lambda_2+\cdots+c_{ijr}\lambda_r,$$

再据 (7) 式得

$$\frac{h_i\chi_\Gamma^{(i)}}{n}\cdot\frac{h_j\chi_\Gamma^{(j)}}{n}=\sum_{t=1}^{r}c_{ijt}\frac{h_t\chi_\Gamma^{(t)}}{n}.$$ 证完．

由定理 3，可得下面二个推论．

推论 1 每个 $\frac{h_i\chi_\Gamma^{(i)}}{n}$ 为代数整数.

事实上，在证定理 3 时所得的等式

$$\lambda_i\lambda_j = c_{ij1}\lambda_1 + c_{ij2}\lambda_2 + \cdots + c_{ijr}\lambda_r$$

中，若让 i 固定，而让 j 从 1 变到 r，就得到 r 个等式，如

$$\left.\begin{array}{l}(c_{i11}-\lambda_i)\lambda_1 + c_{i12}\lambda_2 + \cdots + c_{i1r}\lambda_r = 0, \\ c_{i21}\lambda_1 + (c_{i22}-\lambda_i)\lambda_2 + \cdots + c_{i2r}\lambda_r = 0, \\ \cdots\cdots\cdots\cdots\cdots\cdots\cdots\cdots\cdots\cdots \\ c_{ir1}\lambda_1 + c_{ir2}\lambda_2 + \cdots + (c_{irr}-\lambda_i)\lambda_r = 0.\end{array}\right\} \tag{8}$$

若 $\lambda_i = 0$，$\lambda_i = \frac{h_i\chi_\Gamma^{(i)}}{n}$ 当然为代数整数. 若 $\lambda_i \neq 0$，由 (8) 知必有

$$\begin{vmatrix} c_{i11}-\lambda_i & c_{i12} & \cdots & c_{i1r} \\ c_{i21} & c_{i22}-\lambda_i & \cdots & c_{i2r} \\ \vdots & \vdots & & \vdots \\ c_{ir1} & c_{ir2} & \cdots & c_{irr}-\lambda_i \end{vmatrix} = 0,$$

展开这行列式后，则知 λ_i 为首项系数等于 1 而其它系数是有理整数的一个 r 次多项式的根，故据定义知

$$\lambda_i = \frac{h_i\chi_\Gamma^{(i)}}{n}$$

为代数整数. 证完.

推论 2 $n|\gamma$，即有限阶不可约矩阵群之级数为其阶的因数.

事实上，用定理 3 中的记号，据定理 2 得

$$\begin{aligned}\gamma &= \sum_{D\in\Gamma}\chi_\Gamma(D)\cdot\chi_\Gamma(D^{-1}) = \sum_{D\in\Gamma}\chi_\Gamma(D)\cdot\overline{\chi_\Gamma(D)} \\ &= h_1\chi_\Gamma^{(1)}\overline{\chi_\Gamma^{(1)}} + h_2\chi_\Gamma^{(2)}\overline{\chi_\Gamma^{(2)}} + \cdots + h_r\chi_\Gamma^{(r)}\overline{\chi_\Gamma^{(r)}},\end{aligned}$$

故

$$\begin{aligned}\frac{\gamma}{n} &= \frac{h_1\chi_\Gamma^{(1)}}{n}\cdot\overline{\chi_\Gamma^{(1)}} + \frac{h_2\chi_\Gamma^{(2)}}{n}\cdot\overline{\chi_\Gamma^{(2)}} + \cdots + \frac{h_r\chi_\Gamma^{(r)}}{n}\cdot\overline{\chi_\Gamma^{(r)}} \\ &= \sum_{i=1}^{r}\frac{h_i\chi_\Gamma^{(i)}}{n}\cdot\overline{\chi_\Gamma^{(i)}}.\end{aligned}$$

但 $\dfrac{h_i\chi_\Gamma^{(i)}}{n}$ 是代数整数（推论 1），$\overline{\chi_\Gamma^{(i)}}$ 也是代数整数（定理 1 之 (v)），故

$$\frac{\gamma}{n}=\sum_{i=1}^{r}\frac{h_i\chi_\Gamma^{(i)}}{n}\cdot\overline{\chi_\Gamma^{(i)}}$$

为代数整数（§3 的定理 2），即有理数 $\dfrac{\gamma}{n}$ 是有理整数（§3 的定理 1），证完.

问题 1　γ 阶的 n 级矩阵群 Γ 中 $\chi_\Gamma(D)=n\,(D\in\Gamma)$ 的充要条件是 D 为 Γ 之单位元(即单位矩阵).

问题 2　有限阶不可约矩阵群 Γ 里任一个共轭类中矩阵之和是一个纯量矩阵. 又群 Γ 中所有矩阵之和也是一个纯量矩阵.

§5. 表现论的基础知识

有了前几节的准备，容易讨论表现的理论. 先从定义开始.

定义 1　如果矩阵群 Γ 是一抽象群 G 的同态像 $(G\sim\Gamma)$，就叫 Γ 为 G 的表现. 当 Γ 为不可约矩阵群时，就叫 Γ 为 G 的不可约表现. 若 Γ 还是 G 的同构像 $(G\simeq\Gamma)$，就叫 Γ 是 G 的忠实表现或同构表现.

例如使抽象群 G 之每元都对应于自然数 1，显然可知这是一个同态对应，故它是 G 的一个一级表现(任何一级表现当然是不可约的)，今后叫这样特殊的一级表现(不可约的)为 G 的**恒同表现**.

如不特别申明，今后讨论的都是有限群，首先有

定义 2　设 g 阶抽象群 G 之全部元为 $x_0=1,\ x_1,\cdots,\ x_{g-1}$，今后常以 $G\{x_0,\ x_1,\cdots,\ x_{g-1}\}$ 表之，G 之表现 Γ 中的矩阵一般记为 $\Gamma_{x_0},\ \Gamma_{x_1},\cdots,\ \Gamma_{x_{g-1}}$[1]，即与群 G 之元 x_i 相对应的矩阵为 Γ_{x_i}.

---

1) 一般讲，g 个矩阵 $\Gamma_{x_0},\Gamma_{x_1},\cdots,\Gamma_{x_{g-1}}$ 不是互异的，实际上，若 Γ 是 γ 阶的，则由 $G\sim\Gamma$ 得 $\gamma\mid g$，而 g 个矩阵 $\Gamma_{x_i}\ (i=0,1,\cdots,g-1)$ 中每个都重复地出现 $\dfrac{g}{\gamma}$ 次.

又矩阵 Γ_{x_i} 之迹简记为 $\chi_\Gamma(x_i)$，即 $\chi_\Gamma(x_i)=\mathrm{tr}\Gamma_{x_i}$. 这时，叫

$$\chi_\Gamma(x_0),\ \chi_\Gamma(x_1),\cdots,\ \chi_\Gamma(x_{g-1})$$

为群 G 在表现 Γ 内的特征标系.

显然，$\chi_\Gamma(x_0)=n$ 为 Γ 的级. 易知 G 的恒同表现的特征标系为 1, 1, ⋯, 1（共 g 个），为简单计今后就用数 1 来表示.

因有限阶矩阵群之实质问题是不可约矩阵群，故今后着重研究有限群的不可约表现，其中一个很重要的问题是

定理 1 设 Γ 与 Λ 是 g 阶群 $G\{x_0, x_1,\cdots, x_{g-1}\}$ 之两个不可约且又不等价的表现，它们分别是 n 级与 m 级的，则对任何 $n\times m$-矩阵 A，恒有

$$\sum_{i=0}^{g-1}\Gamma_{x_i}A\Lambda_{x_i^{-1}}=0.$$

证明 设 $S=\sum\limits_{i=0}^{g-1}\Gamma_{x_i}A\Lambda_{x_i^{-1}}$，则对每 $x_k\in G$ 就有

$$\begin{aligned}\Gamma_{x_k}S&=\sum_{i=0}^{g-1}\Gamma_{x_k}\Gamma_{x_i}A\Lambda_{x_i^{-1}}=\sum_{i=0}^{g-1}\Gamma_{x_k}\Gamma_{x_i}A\Lambda_{x_i^{-1}}\Lambda_{x_k^{-1}}\Lambda_{x_k}\\&=\sum_{i=0}^{g-1}\Gamma_{x_kx_i}A\Lambda_{(x_kx_i)^{-1}}\Lambda_{x_k}=\left(\sum_{i=0}^{g-1}\Gamma_{x_kx_i}A\Lambda_{(x_kx_i)^{-1}}\right)\Lambda_{x_k}\\&=S\Lambda_{x_k},\end{aligned}$$

即 $\Gamma_{x_k}S=S\Lambda_{x_k}$ $(k=0, 1, 2,\cdots, g-1)$. 故据 §2 的引理，由于 Γ 与 Λ 之不等价即得 $S=0$. 证完.

附注 这里要说明一下：从表面上看好像用不上 §2 的引理，因为那里的两个不可约矩阵群有相等的阶，这里的两个不可约表现群 Γ 与 Λ 不一定有相等的阶，这是问题的表面现象，但与问题的实质无关，因为我们完全可以用证明 §2 的引理的同样的方法来证明 $S=0$. 也就是说，令 S 的 m 个 n 元列向量为 $\sigma_1, \sigma_2,\cdots,\sigma_m$，如 S 的秩 $r>0$，可证 $r=n\leqslant m$，又从 $\Lambda'_{x_k}S'=S'\Gamma'_{x_k}$ 可证 $r=m\leqslant n$，于是 S 满秩而有 $S^{-1}\Gamma_{x_k}S=\Lambda_{x_k}$，即 Γ 与 Λ 等价，不可.

由这定理 1 可得一连串推论.

推论 1 若 Γ 为 g 阶群 G 的恒同表现，则 $\sum\limits_{x\in G}\chi_\Gamma(x)=g$；若

Γ 为 G 的非恒同表现之不可约表现，则 $\sum\limits_{x\in G}\chi_\Gamma(x)=0$.

证明 前一个结论的正确性显然. 今设 Γ 是 G 之一个非恒同不可约表现. 这时令 Λ 为 G 之恒同表现，则 Λ 为一级的，故令 A 为任一个 n 元列向量（n 为 Γ 的级），据定理 1 就有

$$\sum_{x\in G}\Gamma_x A\Lambda_{x^{-1}}=\sum_{x\in G}\Gamma_x A=0. \tag{1}$$

于是若令

$$\Gamma_x=\begin{pmatrix} a_{11}^{(x)} & a_{12}^{(x)} & \cdots & a_{1n}^{(x)} \\ a_{21}^{(x)} & a_{22}^{(x)} & \cdots & a_{2n}^{(x)} \\ \vdots & \vdots & & \vdots \\ a_{n1}^{(x)} & a_{n2}^{(x)} & \cdots & a_{nn}^{(x)} \end{pmatrix},$$

并让 A 分别取

$$e_1=\begin{pmatrix}1\\0\\0\\\vdots\\0\end{pmatrix},\quad e_2=\begin{pmatrix}0\\1\\0\\\vdots\\0\end{pmatrix},\cdots,e_n=\begin{pmatrix}0\\\vdots\\0\\1\end{pmatrix}$$

后再代入 (1) 中，就得到

$$\sum_{x\in G}\begin{pmatrix}a_{11}^{(x)}\\a_{21}^{(x)}\\\vdots\\a_{n1}^{(x)}\end{pmatrix}=0,\quad \sum_{x\in G}\begin{pmatrix}a_{12}^{(x)}\\a_{22}^{(x)}\\\vdots\\a_{n2}^{(x)}\end{pmatrix}=0,\cdots,\sum_{x\in G}\begin{pmatrix}a_{1n}^{(x)}\\a_{2n}^{(x)}\\\vdots\\a_{nn}^{(x)}\end{pmatrix}=0,$$

因而对任何的 $i,j=1,2,\cdots,n$，恒有

$$\sum_{x\in G}a_{ij}^{(x)}=0, \tag{2}$$

利用 (2) 式又得知

$$\begin{aligned}\sum_{x\in G}\chi_\Gamma(x)&=\sum_{x\in G}(a_{11}^{(x)}+a_{22}^{(x)}+\cdots+a_{nn}^{(x)})\\&=\sum_{x\in G}\sum_{i=1}^{n}a_{ii}^{(x)}=\sum_{i=1}^{n}\Big(\sum_{x\in G}a_{ii}^{(x)}\Big)=0,\end{aligned}$$

证完.

从推论 1 的证明过程所得到的 (2) 式又证明了

推论 2 若 Γ 是有限群 G 的任一个非恒同不可约表现，则当 $\Gamma_x=(a_{ij}^{(x)})$，$x\in G$ 时，就恒有

$$\sum_{x\in G}a_{ij}^{(x)}=0.$$

附注 推论 1 的第二个结论用矩阵群的语言来描述是这样的：设 $\Gamma=\{D_1, D_2, \cdots, D_r\}$ 是 r 阶的不可约矩阵群，则当 $r>1$ 时，

$$\sum_{i=1}^{r}\chi_\Gamma(D_i)=0;$$

又用矩阵群的语言去描述推论 2，则为：设 $\Gamma=\{D_1, D_2,\cdots, D_r\}$ 是 r 阶的不可约矩阵群，那末当 $r>1$ 时，则有 $\sum\limits_{i=1}^{r}D_i=0$。

推论 3 设 Γ 与 Λ 是 g 阶群 G 之两个不可约表现，则有

$$\sum_{x\in G}\chi_\Gamma(x)\cdot\chi_\Lambda(x^{-1})=\begin{cases}g, & \text{当 }\Gamma\text{ 与 }\Lambda\text{ 等价时;}\\ 0, & \text{当 }\Gamma\text{ 与 }\Lambda\text{ 不等价时.}\end{cases}$$

证明 令 Γ 与 Λ 之级各为 n 与 m. 若令定理 1 中的 $n\times m$-矩阵 $A=C_{rs}$，C_{rs} 表示在第 r 行第 s 列交点处的数是 1 而其他处的数全是 0 的一个 $n\times m$-矩阵，则据定理 1 可知当 Γ 与 Λ 不等价时就有

$$\sum_{x\in G}\Gamma_x C_{rs}\Lambda_{x^{-1}}=0,\tag{3}$$

故若令

$$\Gamma_x=\begin{pmatrix}a_{11}^{(x)} & a_{12}^{(x)} & \cdots & a_{1n}^{(x)}\\ a_{21}^{(x)} & a_{22}^{(x)} & \cdots & a_{2n}^{(x)}\\ \vdots & \vdots & & \vdots\\ a_{n1}^{(x)} & a_{n2}^{(x)} & \cdots & a_{nn}^{(x)}\end{pmatrix},\quad \Lambda_x=\begin{pmatrix}b_{11}^{(x)} & b_{12}^{(x)} & \cdots & b_{1m}^{(x)}\\ b_{21}^{(x)} & b_{22}^{(x)} & \cdots & b_{2m}^{(x)}\\ \vdots & \vdots & & \vdots\\ b_{m1}^{(x)} & b_{m2}^{(x)} & \cdots & b_{mm}^{(x)}\end{pmatrix},$$

则 (3) 之意义为

$$\sum_{x\in G}a_{ir}^{(x)}b_{sj}^{(x^{-1})}=0\tag{4}$$

$(i, r=1, 2,\cdots, n;\ s, j=1, 2,\cdots, m)$. 由 (4) 式得

$$\sum_{x\in G}\chi_\Gamma(x)\cdot\chi_\Lambda(x^{-1})=\sum_{x\in G}\left(\sum_{i=1}^{n}a_{ii}^{(x)}\right)\left(\sum_{j=1}^{m}b_{jj}^{(x^{-1})}\right)$$

$$=\sum_{i=1}^{n}\sum_{j=1}^{m}\left(\sum_{x\in G}a_{ii}^{(x)}b_{jj}^{(x^{-1})}\right)=0,$$

证明了第二个论断.

第一个论断的正确性也易证：事实上，据 §4 定理 2 之证明过程，已知道 $\chi_\Lambda(x^{-1})=\overline{\chi_\Lambda(x)}$；又因相似矩阵有相等的迹，故当 Γ 与 Λ 等价时，必有 $\chi_\Gamma(x)=\chi_\Lambda(x)$；于是

$$\sum_{x\in G}\chi_\Gamma(x)\cdot\chi_\Lambda(x^{-1})=\sum_{x\in G}\chi_\Gamma(x)\cdot\overline{\chi_\Gamma(x)}=g\ (\text{§4 定理 2}).$$

证完.

定理 2 设 Γ 为 g 阶群 G 的一个 n 级不可约表现. 若 G 之一共轭元类 ζ_t 含 G 之 h_t 个元，且 $(h_t,n)=1$ 时，那末 (i) $\chi_\Gamma^{(t)}=0$ 或 (ii) $\chi_\Gamma^{(t)}=n\omega$（$\omega$ 为 1 的幂根），二者必有一. 当 (ii) 成立时，则凡属共轭类 ζ_t 之元所对应于 Γ 的矩阵必为 Γ 之中心元. 但 $\chi_\Gamma^{(t)}$ 表示类 ζ_t 中元所对应于 Γ 之矩阵的特征标.

证明 取一 $x\in\zeta_t$. 由于 $\Gamma_x^g=E_n$，得知 Γ_x 与对角矩阵相似，即有满秩矩阵 V 使

$$V^{-1}\Gamma_xV=\begin{pmatrix}\lambda_1 & & 0\\ & \lambda_2 & \\ 0 & & \ddots\ \lambda_n\end{pmatrix},\quad \lambda_i^g=1.$$

下分二款讨论.

(一) Γ_x 的 n 个特征根 $\lambda_1,\lambda_2,\cdots,\lambda_n$ 不完全相同.

因对每 i 有 $\lambda_i^g=1$，故如令 ω 为 g 次单位原根，则知 $\lambda_i=\omega^{e_i}$ $(i=1,2,\cdots,n)$ 之非负整数 e_i 必存在，因而

$$\chi_\Gamma^{(t)}=\chi_\Gamma(x)=\lambda_1+\lambda_2+\cdots+\lambda_n=\omega^{e_1}+\omega^{e_2}+\cdots+\omega^{e_n},$$

于是由 §4 定理 1 之 (iii) 与 (iv) 得知 $|\chi_\Gamma^{(t)}|<n$（$\because$ $\lambda_1,\lambda_2,\cdots,\lambda_n$ 不完全相同）. 又因由 §4 定理 3 之推论 1 可知 $\dfrac{h_t\chi_\Gamma^{(t)}}{n}$ 为代数

整数[1]，且因 $(h_t, n) = 1$ 又知有二个整数 u, v 使 $uh_t + nv = 1$，故

$$u \cdot \frac{h_t \chi_\Gamma^{(t)}}{n} + v \cdot \chi_\Gamma^{(t)} = \frac{\chi_\Gamma^{(t)}}{n}$$

为代数整数；于是令

$$\xi = \frac{\chi_\Gamma^{(t)}}{n} = \frac{\omega^{e_1} + \omega^{e_2} + \cdots + \omega^{e_n}}{n} = f(\omega)$$

时，由于 $f(\omega)$ 为代数整数，则知 $f(\omega)$ 之共轭亦为代数整数且必为 $f(\omega^{(i)})$ 形，但 $\omega^{(i)}$ 是 ω 的共轭（§3 定理 4）；然又因 $\omega^{(i)}$ 可写为 ω^{k_i} 形（k_i 为自然数），故 $\xi = f(\omega)$ 之共轭必在

$$\frac{\omega^{k_i e_1} + \omega^{k_i e_2} + \cdots + \omega^{k_i e_n}}{n}$$

中出现，因之对于 ξ 之每个共轭 $\xi^{(i)}$ 必有 $|\xi^{(i)}| \leqslant 1$；故再据 $|\xi| = |\xi^{(1)}| = \frac{1}{n}|\chi_\Gamma^{(t)}| < 1$ 得知一切共轭之积的模 $|\xi^{(1)}\xi^{(2)}\cdots\xi^{(s)}| < 1$；

---

1) 注意所谓由 §4 定理 3 之推论 1 这句话指的是引用那里的方法，并非直接引用该推论1，原因是类 ζ_t 之元在 Γ 内对应之矩阵固然在 Γ 内互相共轭，可是还可能有别类 ζ_s 的元在 Γ 内对应之矩阵与 ζ_t 之元对应之矩阵也共轭，因之 h_t 不见得是 Γ 中一共轭类所含元之个数，问题的复杂性就在此，不可忽视．现在与证 §4 定理 3 一样，将 Γ 之 r 个矩阵形式地写为 g 个矩阵$\left(\text{即 } \Gamma \text{ 中每矩阵重复 } \frac{g}{r} \text{ 次}\right)$，即 G 之每元 x 对应之矩阵写为 Γ_x，这样形式地共有 g 个矩阵．群 G 有 r 个共轭类，各含 $h_1, h_2, \cdots, h_r$ 个元，它们在 Γ 中对应之矩阵形式上也有 r 个共轭类，也各含 $h_1, h_2, \cdots, h_r$ 个矩阵；并叫含 h_i 个矩阵之形式类为 Γ 的第 i 个形式共轭类，而令 M_i 为第 i 个形式类中 h_i 个矩阵之和．因用 G 之元将类 ζ_i 中各元变形之结果仍为其 h_i 个元的一种排列，故用 Γ 之每矩阵变 M_i 之形仍为 M_i，即对每 $x \in G$ 恒有 $\Gamma_x M_i = M_i \Gamma_x$，于是由 §2 定理 3 知 $M_i = \lambda_i E_n$，因而 $n\lambda_i = trM_i = h_i \chi_\Gamma^{(i)}$，即 $\lambda_i = \dfrac{h_i \chi_\Gamma^{(i)}}{n}$．但因 $M_i M_j$ 为 Γ 中某些矩阵之和，且对每 $\Gamma_x \in \Gamma$ 恒有 $\Gamma_x^{-1} M_i M_j \Gamma_x = \Gamma_x^{-1} M_i \Gamma_x \cdot \Gamma_x^{-1} M_j \Gamma_x = M_i M_j$．即表示含在 $M_i M_j$ 中的 Γ 之矩阵的和亦为属于 Γ 之若干个形式共轭类中矩阵之和，故可写为 $M_i M_j = \sum_{t=1}^{r} c_{ijt} M_t$（$c_{ijt}$ 为非负有理整数）．由是利用 $M_i = \lambda_i E_n$ 则得

$$\lambda_i \lambda_j = \sum_{t=1}^{r} c_{ijt} \lambda_t．$$

从此以后，就可以与证明 §4 定理 3 之推论 1 完全一样，得知 $\lambda_i = \dfrac{h_i \chi_\Gamma^{(i)}}{n}$ 为代数整数，即为我们所需求的．

然 ξ 为代数整数又说明 ξ 之一切共轭之积必为有理整数，故有理整数 $\xi^{(1)}\xi^{(2)}\cdots\xi^{(s)}$ 由于其绝对值小于 1 就不得不等于零，即 $\xi^{(1)}\xi^{(2)}\cdots\xi^{(s)}=0$，随而其中至少有一个因子等于 0，但 0 之共轭是唯一的即零自身，故必有 $\xi=\xi^{(1)}=0$，亦即 $\chi_{\Gamma}^{(t)}=0$，证明了(i).

(二) Γ_x 的 n 个特征根完全相同，即 $\lambda_1=\lambda_2=\cdots=\lambda_n$.

这时，令 $\lambda_i=\omega(i=1,2,\cdots,n)$，于是 $\Gamma_x=\omega E_n$ 为纯量矩阵，故 $\Gamma_x\in Z(\Gamma)$ 且 $\chi_\Gamma(x)=\chi_\Gamma^{(t)}=n\omega$，$\omega$ 为 1 之幂根，证明了(ii).

因 χ_Γ 为类函数，故凡属于类 ζ_t 之元所对应于 Γ 内的矩阵之迹都等于 $\chi_\Gamma^{(t)}$，于是据上述的证明方法又得到这样一个结论，即当 $(h_t,n)=1$ 时，那末或者是 ζ_t 中任何元所对应于 Γ 之矩阵的每个的特征根都不完全相同，因之这时 $\chi_\Gamma^{(t)}=0$，或者是 ζ_t 之每元所对应于 Γ 之矩阵都是纯量矩阵（即各个的特征根全同），因而这时都是 Γ 的中心元.

定理 2 证完.

由定理 2 的证明方法过程，自然又得到下面的

推论 设 Γ 是 g 阶群 G 的一个 n 级不可约表现，且 G 之某共轭元类 ζ 所含 h 个元具性质 $(h,n)=1$. 如果类 ζ 中有一元在 Γ 内所对应的矩阵之特征根不完全相同时（即不为纯量矩阵），那末类 ζ 中任何元在 Γ 内所对应的矩阵也必不是纯量矩阵. 反之，如果类 ζ 中有一元在 Γ 内所对应之矩阵为纯量矩阵，那末类 ζ 中任何元在 Γ 内所对应之矩阵必为同一个纯量矩阵，因之同态关系 $G\sim\Gamma$ 表示了 $g\geqslant h\gamma$（γ 为 Γ 之阶）.

问题 1　不用表现论的知识，试直接用矩阵群之语言去证明：γ 阶不可约矩阵群 $\Gamma=\{D_1,D_2,\cdots,D_\gamma\}$ 必有关系式 $\sum_{i=1}^{\gamma}D_i=0$，当 $\gamma>1$ 时.

问题 2　试证第一章 §1 里所列举的六个初等矩阵而成的群是三次对称群 $\mathfrak{S}_3$ 的表现. 这表现是不可约的吗?

§6. 正则表现的矩阵形式

设 G 为群，令 G 的元 x_i 对应于置换 $\begin{pmatrix} x \\ x & x_i \end{pmatrix}$，但 x 跑遍 G，这样就产生了 G 的一个同构对应，叫它为 G 的（右）正则表现，记以 $R(G)$，这早在第一章里就说过。现在提这样一个问题，即群 $R(G)$ 之元是置换，不是矩阵，按 §5 的定义是只有当与 G 成同态或同构的群 Γ 中的元为矩阵时，才叫 Γ 为 G 的表现，然而既已叫 $R(G)$ 为 G 之（右）正则表现，那末 $R(G)$ 之置换是与一些特殊矩阵肯定有连系，也就是说 $R(G)$ 之置换一定可以表写为矩阵的形式，下面就来谈这个问题.

设 $G\{x_1, x_2, \cdots, x_n\}$ 是一个 n 阶群. 如令正则表现 $R(G)$ 的一个元(即置换)为

$$R(x_i)=\begin{pmatrix} x_1 & x_2 & \cdots & x_n \\ x_1x_i & x_2x_i & \cdots & x_nx_i \end{pmatrix}=\begin{pmatrix} x_1 & x_2 & \cdots & x_n \\ x_{i_1} & x_{i_2} & \cdots & x_{i_n} \end{pmatrix},$$

则 $i_1, i_2, \cdots, i_n$ 为 $1, 2, \cdots, n$ 的排列，且有 $x_sx_i=x_{i_s}$. 由是得作一个 n 级矩阵

$$\Gamma_{x_i}=(a_{st}^{(x_i)})$$

使其中 $a_{1i_1}^{(x_i)}=a_{2i_2}^{(x_i)}=\cdots=a_{ni_n}^{(x)_i}=1$，而其他的 $a_{st}^{(x_i)}=0$，因而显然有 $\det\Gamma_{x_i}=\pm1\neq0$，且实际上 Γ_{x_i} 是将 n 级单位矩阵 E_n 的第 $1, 2, \cdots, n$ 列顺次换为第 $i_1, i_2, \cdots, i_n$ 列而成的初等矩阵.

同理，由 $R(x_j)=\begin{pmatrix} x_1 & x_2 & \cdots & x_n \\ x_1x_j & x_2x_j & \cdots & x_nx_j \end{pmatrix}=\begin{pmatrix} x_1 & x_2 & \cdots & x_n \\ x_{j1} & x_{j2} & \cdots & x_{jn} \end{pmatrix}$，$x_sx_j=x_{j_s}$，又可作一个 n 级矩阵

$$\Gamma_{x_j}=(a_{st}^{(x_j)}),$$

它是将 n 级单位矩阵 E_n 的第 $1, 2, \cdots, n$ 列顺次换为第 $j_1, j_2, \cdots, j_n$ 列而成的初等矩阵，即 $a_{1j_1}^{(x_j)}=a_{2j_2}^{(x_j)}=\cdots=a_{nj_n}^{(x_n)}=1$，而其余的 $a_{st}^{(x_j)}=0$.

当 $i\neq j$ 时，$x_sx_i\neq x_sx_j$，故 $i_s\neq j_s$，$\Gamma_{x_i}\neq\Gamma_{x_j}$，说明了映射

$R(x_i)\to\Gamma_{x_i}$ 为一对一的. 又 $\Gamma_{x_i}\cdot\Gamma_{x_j}$ 中第 s 行第 t 列交点处的数为

$$\sum_{\lambda=1}^{n} a_{s\lambda}^{(x_i)}a_{\lambda t}^{(x_j)}=a_{si_s}^{(x_i)}a_{i_s t}^{(x_j)}=a_{i_s t}^{(x_j)},$$

即 $\Gamma_{x_i}\Gamma_{x_j}$ 之第 s 行第 t 列交点处的数 $=\begin{cases}1, & \text{当 } t=j_{i_s} \text{ 时};\\ 0, & \text{当 } t\neq j_{i_s} \text{ 时}.\end{cases}$ 另方面,令 $x_ix_j=x_k$,则从

$$R(x_k)=\begin{pmatrix} x & \\ x & x_k\end{pmatrix}=\begin{pmatrix} x_1 & x_2 & \cdots & x_n\\ x_{k_1} & x_{k_2} & \cdots & x_{k_n}\end{pmatrix}$$

再作 n 级矩阵 $\Gamma_{x_k}=(a_{st}^{(x_k)})$ 使 $a_{1k_1}^{(x_k)}=a_{2k_2}^{(x_k)}=\cdots=a_{nk_n}^{(x_k)}=1$ 以及其余的 $a_{st}^{(x_k)}=0$,就有 $x_{k_s}=x_sx_k=x_sx_ix_j=x_{i_s}x_j=x_{j_{i_s}}$,不得不有 $j_{i_s}=k_s$. 于是可知

$\Gamma_{x_i}\Gamma_{x_j}$ 之第 s 行第 t 列交点处的数 $=\begin{cases}1, & \text{当 } t=k_s \text{ 时};\\ 0, & \text{当 } t\neq k_s \text{ 时}.\end{cases}$

故结果得到 $\Gamma_{x_i}\cdot\Gamma_{x_j}=\Gamma_{x_k}=\Gamma_{x_ix_j}$. 这证明了映射 $R(x_i)\to\Gamma_{x_i}$ 为同构映射. 于是 $\Gamma=\{\Gamma_{x_1},\Gamma_{x_2},\cdots,\Gamma_{x_n}\}$ 为一个 n 级矩阵群且为 G 之同构表现,叫它为 n 阶群 $G\{x_1,x_2,\cdots,x_n\}$ 的右正则表现的矩阵形式. 这也就同时说明了叫 $R(G)$ 为表现的原因. 今后所谓 G 之正则表现总是指的这个意义,有时干脆就以过去用的符号 $R(G)$ 记之.

由正则表现的意义,易知下面的

定理 1 n 阶群 G 之正则表现 Γ 为 n 级的,且有

$$\chi_\Gamma(x)=\begin{cases} n, & \text{当 } x \text{ 为 } G \text{ 之单位元时},\\ 0, & \text{当 } x \text{ 不为 } G \text{ 之单位元时}.\end{cases}$$

据定理 1,可解决正则表现中的重要问题,即

定理 2 有限群 G 之正则表现 $R(G)$ 含有 G 之一切不可约表现,且含每个不可约表现之个数又恰等于它的级.

附注 等价的表现看做相同,又 G 之一切不可约表现以 Γ_1, $\Gamma_2,\cdots,\Gamma_s$ 记之,即 G 共有 s 个互异的不可约表现,它们的级分别令为 $n_1,n_2,\cdots,n_s$. 定理 2 的意义是正则表现 $R(G)$ 与这样的表现等

价，即其含 Γ_i 为不可约成份之个数恰为 n_i，也就是 $R(G)=n_1\Gamma_1\oplus n_2\Gamma_2\oplus\cdots\oplus n_s\Gamma_s$.

证明 设 G 共有 s 个互不等价的不可约表现，记为 $\Gamma_1, \Gamma_2, \cdots, \Gamma_s$，它们的级分别为 $n_1, n_2, \cdots, n_s$（注意这时 s 尚不敢肯定为有限数. 但从下面的证明结论中我们会知道 s 是一个有限数，也就是说有限群之互不等价的不可约表现的个数是有限的）.

因为 $R(G)$ 完全可约（§2 的定理 1），故它的不可约成份当然不外乎是 $\Gamma_1, \Gamma_2, \cdots, \Gamma_s$；今令 $R(G)$ 含 Γ_i 之个数为 c_i，故可写为

$$R(G)=c_1\Gamma_1\oplus c_2\Gamma_2\oplus\cdots\oplus c_s\Gamma_s, \tag{1}$$

这里的 Γ_1 为恒同表现（因之 $n_1=1$）. 我们的目的是要证明 $c_i=n_i(i=1, 2, \cdots, s)$.

事实上，从 (1) 式易知（将 $R(G)$ 简记为 Γ）：

$$\begin{aligned}\chi_\Gamma(x_\rho)&=c_1\chi_{\Gamma_1}(x_\rho)+c_2\chi_{\Gamma_2}(x_\rho)+\cdots+c_s\chi_{\Gamma_s}(x_\rho)\\&=\sum_{i=1}^{s}c_i\chi_{\Gamma_i}(x_\rho),\end{aligned}$$

但 $x_\rho\in G(\rho=1, 2, \cdots, n)$ 而 $n=o(G)$. 于是，

$$\begin{aligned}\sum_{\rho=1}^{n}\chi_\Gamma(x_\rho)\cdot\chi_{\Gamma_j}(x_\rho^{-1})&=\sum_{\rho=1}^{n}\sum_{i=1}^{s}c_i\chi_{\Gamma_i}(x_\rho)\chi_{\Gamma_j}(x_\rho^{-1})\\&=\sum_{i=1}^{s}c_i\sum_{\rho=1}^{n}\chi_{\Gamma_i}(x_\rho)\cdot\chi_{\Gamma_j}(x_\rho^{-1})\\&=c_jn\ \text{（利用了 §5 定理 1 之推论 3）.}\end{aligned}$$

然据定理 1 已知 $\chi_\Gamma(x_1)=n$，$\chi_\Gamma(x_\rho)=0\ (\rho\neq1)$，式中 x_1 为 G 之单位元，故又有

$$\sum_{\rho=1}^{n}\chi_\Gamma(x_\rho)\cdot\chi_{\Gamma_j}(x_\rho^{-1})=n\cdot\chi_{\Gamma_j}(x_1^{-1})=n\chi_{\Gamma_j}(x_1)=nn_j.$$

两相比较则有 $c_jn=nn_j$，不得不有 $c_j=n_j$，证完.

由定理 2 易知下列几个推论.

推论 1 有限群中互不等价的不可约表现之个数是有限的.

事实上，从表现的级而言，由定理 2 之结果 $R(G)=\sum\limits_{i=1}^{s}n_i\Gamma_i$

(直和)得
$$o(G)=n=n_1^2+n_2^2+\cdots+n_s^2,$$
故由每 n_i 为自然数且 n 又是有限的,知 s 必有限.

推论 2 设 n 阶群 G 共有 s 个互不等价的不可约表现,它们的级分别为 $n_1, n_2, \cdots, n_s$,则有 $n=n_1^2+n_2^2+\cdots+n_s^2$ 且 $n_i|n$.

事实上, $n=n_1^2+n_2^2+\cdots+n_s^2$ 已在推论 1 里说过. 又因正则表现 $\Gamma\sim\Gamma_i$,故 $o(\Gamma_i)|o(\Gamma)$; 但因为 $o(\Gamma)=n$,而据 §4 定理 3 之推论 2 有 $n_i|o(\Gamma_i)$,故不得不有 $n_i|n$.

上面已解决了有限群 G 中互不等价的不可约表现只有有限多个的问题,我们又知道任何群都有恒同表现,恒同表现当然是不可约的且还是一级的,于是据定理 2 可知任一个 n 阶群 G 之正则表现 $R(G)=\Gamma$ 中所含的恒同表现只有一个,即正则表现 Γ 只能分解出一个恒同表现(一级的)这个不可约的成份,故当 $n>1$ 时剩下的 $n-1\ (\geqslant 1)$ 级成份中决不再含有恒同表现,因而其中不可约成份必非恒同表现. 故又有

推论 3 非单位群之有限群必有异于恒同表现的不可约表现,并能在它的正则表现里出现.

例 1 求三阶循环群的不可约表现.

解 设 G 为三阶循环群, $o(G)=3$. 因 G 之任一个不可约表现 Γ_i 之级 n_i 为 $n=3$ 之因数,不得不有 $n_i=1$,因而再从 $3=\sum\limits_{i=1}^{s} n_i^2$,只能得到 $s=3$,即 G 共有三个互不等价的不可约表现,其中有一个为恒同表现,故需求的是另二个一级不可约表现(非恒同的).

设 $G=\{a\}$, $o(a)=3$,而 Γ_2 与 Γ_3 为 G 之另二个一级不可约表现. 由于 Γ_2 非恒同表现,知 $o(\Gamma_2)>1$,因而不得不有 $o(\Gamma_2)=3$,即 Γ_2 是三阶循环的,于是令 $a\to x$, $x\in\Gamma_2$,则必有 $\Gamma_2=\{x\}$,故由 $a^3=1$ 得 $x^3=1$,知 x 为 1 之三次根且 $x\neq 1$,因而 $x=\omega$ 或 $x=\omega^2$ $\left(\omega=\dfrac{-1+\sqrt{3}\,i}{2}\right)$. 如 $x=\omega$,则 $\Gamma_2=\{\omega\}$,即 G 之不可约表现 Γ_2 为 $\{1, \omega, \omega^2\}$,由之必有 $\Gamma_3=\{1, \omega^2,$

$\omega\}$. 故G之正则表现$R(G)$与矩阵群

$$\left\{\begin{pmatrix}1&0&0\\0&1&0\\0&0&1\end{pmatrix},\begin{pmatrix}1&0&0\\0&\omega&0\\0&0&\omega^2\end{pmatrix},\begin{pmatrix}1&0&0\\0&\omega^2&0\\0&0&\omega\end{pmatrix}\right\}$$

等价.

例 2 求克莱茵四元群之不可约表现.

解 克莱茵四元解G之四个元记以e, a, b, c, 其定义关系为$a^2=b^2=c^2=e$, $ab=ba$, $ac=ca$, $bc=cb$.

G之交换性保证了G之每个不可约表现都是一级的(§2 定理 3 之推论 2), 于是从关系式$4=n_1^2+n_2^2+\cdots+n_s^2$以及每个$n_i=1$, 就不得不有$s=4$, 即$G$只有四个不可约表现, 每个都是一级的, 当然其中有一个为恒同表现. 由于一阶一级表现只能是恒同表现,故G之另三个不可约表现的阶(虽级为1)大于1, 因之再据它们的阶为$o(G)=4$之因数, 故它们的阶为2或4. 然G之每元($\neq e$)之阶为2, 故在每个不可约表现(一级的)中G之元所对应的数的平方必为1, 于是这数只能是$+1$或-1, 这又说明了不可约表现中的数是由1与-1所组成, 因而G之另外三个不可约表现(非恒同的)的阶都是2, 即都含1与-1这两个数. 由于单位元e对应的数只能为1, 且1与-1在G之四个元e, a, b, c之对应关系中各重复出现之次数相等, 故G之另三个不可约(一级)表现为1, 1, -1, -1; 1, -1, 1, -1; 1, -1, -1, 1; 均各被对应于e, a, b, c; 因之G之四个不可约表现可见表 I 所示, 即恒同表现为表 I 之第一行, 另三个一级不可约表现(均为2阶的)为表 I 之第 2, 3, 4 行, 如

表 I

e	a	b	c
1	1	1	1
1	1	-1	-1
1	-1	1	-1
1	-1	-1	1

故 G 之正则表现 $R(G)$ 和矩阵群

$$\left\{\begin{pmatrix}1&&&\\&1&&\\&&1&\\&&&1\end{pmatrix},\begin{pmatrix}1&&&\\&1&&\\&&-1&\\&&&-1\end{pmatrix},\begin{pmatrix}1&&&\\&-1&&\\&&1&\\&&&-1\end{pmatrix},\begin{pmatrix}1&&&\\&-1&&\\&&-1&\\&&&1\end{pmatrix}\right\}$$

等价.

关于有限群的不可约表现在 §8 内还要深入地探索，本节到此结束.

问题 1　写出 p 阶群 (p 为素数)的一切不可约表现.

问题 2　写出型为 [1, 1] 的 p^2 阶 (p 是素数) 交换群的一切不可约表现.

问题 3　利用群表现理论，证明 p^2 阶的群是交换群，但 p 为素数.

§ 7. p^aq^b 阶群的可解性

有了上面几节的准备，就可以解决这章的主要问题，即阶 p^aq^b 的群必为可解群 (p, q 是两个互异的素数). 这一节实际上是前几节的应用. 先证明下面的

定理 1　若有限群 G 之一共轭元类 ζ_i 所含元素个数 h_i 等于素数 p 的幂 ($h_i = p^t$ 且 $t > 0$)，则 G 不是单群.

证明　$o(G) > 1$ 已保证了 G 有异于恒同表现的不可约表现，故若令 Γ_1 (恒同表现)，$\Gamma_2, \cdots, \Gamma_s$ 为 G 的一切不可约表现，则必有 $s \geq 2$；并设 Γ_i 的级为 n_i，则由前节定理 2 有

$$\Gamma = R(G) = n_1\Gamma_1 \oplus n_2\Gamma_2 \oplus \cdots \oplus n_s\Gamma_s.$$

因之，当 $x \in \zeta_i$ 时，就有

$$\chi_\Gamma(x) = \sum_{a=1}^{s} n_a \cdot \chi_{\Gamma_a}(x) = \sum_{a=1}^{s} n_a \cdot \chi_{\Gamma_a}^{(i)} = 1 + \sum_{a=2}^{s} n_a \cdot \chi_{\Gamma_a}^{(i)},$$

$\chi_{\Gamma_a}^{(i)}$ 表示凡属于 ζ_i 之元 x 在表现 Γ_a 内所对应之矩阵的迹 (特征

标）. 但由 §6 定理 1 又有 $\chi_\Gamma(x)=0$, 故

$$1+\sum_{a=2}^{s} n_a\cdot\chi_{\Gamma_a}^{(i)}=0. \tag{1}$$

因 p 是素数，故若 (1) 中诸 $n_a\,(a\geqslant 2)$ 皆能被 p 整除时，则由于 $\chi_{\Gamma_a}^{(i)}$ 为代数整数，从 (1) 式会知道 $1+p\alpha=0$, α 为代数整数，即 $\alpha=-\dfrac{1}{p}$ 为代数整数，显非所许，因 $\dfrac{1}{p}$ 非有理整数. 于是能断言 (1) 中至少有一个 n_a 与 p 互素，故 (1) 式又可写为

$$1+p\alpha+\sum_{p\nmid n_a} n_a\chi_{\Gamma_a}^{(i)}=0, \tag{2}$$

式中 α 为代数整数且 Σ 内确有项存在. 因 p 是素数，故当 $(p, n_a)=1$ 时有 $(h_i, n_a)=(p^t, n_a)=1$, 于是据 §5 定理 2 可知 (2) 中 $\sum\limits_{p\nmid n_a}$ 内每个 $\chi_{\Gamma_a}^{(i)}=0$ 或 $=n_a\omega_a$（ω_a 为 1 的幂根），因而再由 $1+p\alpha\neq 0$（否则就有 $\alpha=-\dfrac{1}{p}$ 为代数整数）即知 (2) 中至少有一个 $\chi_{\Gamma_a}^{(i)}\neq 0$, 这说明了 $p\nmid n_a$ 的 n_a 不仅存在，而且与这些 n_a 相应的不可约表现 Γ_a 中至少有一个 Γ_a 使 $\chi_{\Gamma_a}^{(i)}=n_a\omega_a\neq 0$, 故再据 §5 定理 2 得知 $\Gamma_a(x)$ 为 Γ_a 之中心元.

对这个 Γ_a 言，因 Γ_a 非恒同表现 ($\Gamma_a\neq 1$), 故苟若 G 为单群，则从 $G\sim\Gamma_a$ 就不得不有 $G\simeq\Gamma_a$; 然 $x\in\zeta_i$ 时既已知 $\Gamma_a(x)$ 为 Γ_a 之中心元，故必有 $x\in Z(G)$, 即 $Z(G)>1$, 于是由 G 之单纯性则得 $G=Z(G)$, 即 G 是交换的，这时 G 之每共轭类应只由一个元所组成，与题设 ζ_i 含 $p^t(t>0)$ 个元之假定相矛盾，不可. 故 G 决不是单群，证完.

由定理 1, 容易解决这章的中心问题，即

定理 2 p^aq^b 阶群 G 是可解的 (p, q 是互异的素数).

证明 设 G 有 r 个共轭元类 $\zeta_1, \zeta_2, \cdots, \zeta_r$, 各含 $h_1(=1)$, $h_2, \cdots, h_r$ 个元，于是

$$p^aq^b=1+h_2+\cdots+h_r.$$

由这等式则知至少有一个 $h_i(i\geqslant 2)$ 与 q 互素，不损普遍性可令

$(h_2, q) = 1$. 下分 $h_2 = 1$ 与 $h_2 \neq 1$ 两款讨论.

(一) $\boldsymbol{h_2 = 1}$. 这时,G 有中心,故 G 不是单群.

(二) $\boldsymbol{h_2 \neq 1}$. 这时, 由 $(h_2, q) = 1$ 及 $h_2 | p^a q^b$ 得 $h_2 = p^t$ $(0 < t \leqslant a)$, 说明 G 有一个共轭类 ζ_2 所含元之个数 $h_2 = p^t$ 为素数 p 的幂,故由定理 1 也知 G 不是单群.

总之, 不管怎样, 凡阶为 $p^a q^b$ 形的群不是单群, 因而 G 有如 $1 < H < G$ 之正规子群 H, 由是 H 与 G/H 的阶也不外乎是等于素数幂或为 $p^\lambda q^\mu$ 之形状且较 $p^a q^b$ 小; 然阶为素数幂的群显然是可解群, 而阶为 $p^\lambda q^\mu$ 形且较 $p^a q^b$ 小的群又归纳地假定了是可解的, 故结果得知 H 与 G/H 都是可解群,因而 G 亦必为可解的. 证完.

这章的主要问题(定理 2) 已解决了.下面再谈它的一个应用, 即解决第一章 §8 末提出的: 有限非交换单群的阶最小者等于 60.

事实上,凡小于 60 的自然数除了 30 及 42 以外都或者为素数幂或者等于两个不同素数的幂积, 故阶为这样一些自然数的群当然都是可解的,即都不是非交换单群. 又因 $30 = 2 \times 3 \times 5$, $42 = 2 \times 3 \times 7$, 故据第二章 §1 的问题 10 则知阶等于 30 或 42 的群也不是单群. 于是有限非交换单群中阶最小者确为 60.

下面再解决阶 60 的单群必与 $\mathfrak{A}_5$ 同构的问题, 即其型是唯一的[1]. 这要牵涉到可迁置换群的概念(第一章 §12 定理 2 的后面).

今设 G 是一个 n 阶群,其 n 个元记为 $g_0(=1)$, $g_1, \cdots, g_{n-1}$; 并令

$$H(=H_0), H_1, \cdots, H_{\nu-1} \tag{3}$$

为 G 中一共轭类 (H 或为子群或为元素),于是其正规化子

$$N_G(H), N_G(H_1), \cdots, N_G(H_{\nu-1})$$

必彼此共轭,且有

$$[G:N_G(H)] = [G:N_G(H_1)] = \cdots = [G:N_G(H_{\nu-1})] = \nu.$$

今用 G 之任一元 g_i 变 (3) 之每 H_j 的形,则知

---

1) 这问题可以放在第二章§1 的后面,作为西洛定理的一个直接运用. 今把它放在这里的用意是想与有限非交换单群的阶中最小数为 60 的结论一块来谈,避免把这两个问题分开.

$$g_i^{-1}Hg_i,\ g_i^{-1}H_1g_i,\cdots,\ g_i^{-1}H_{\nu-1}g_i$$

两两互异，且因都与H共轭，故它们为 (3) 中 ν 个 H, $H_1,\cdots,H_{\nu-1}$ 的一种排列. 于是对每 $g_i\in G$，就有 (3) 中 ν 个符号间的一个置换

$$\begin{pmatrix} H_x \\ g_i^{-1}H_xg_i \end{pmatrix}=\begin{pmatrix} H & H_1 & \cdots & H_{\nu-1} \\ g_i^{-1}Hg_i & g_i^{-1}H_1g_i & \cdots & g_i^{-1}H_{\nu-1}g_i \end{pmatrix}$$

相对应. 又因

$$\begin{aligned}\begin{pmatrix} H_x \\ g_i^{-1}H_xg_i \end{pmatrix}\begin{pmatrix} H_x \\ g_j^{-1}H_xg_j \end{pmatrix}&=\begin{pmatrix} H_x \\ g_i^{-1}H_xg_i \end{pmatrix}\begin{pmatrix} g_i^{-1}H_xg_i \\ g_j^{-1}g_i^{-1}H_xg_ig_j \end{pmatrix}\\ &=\begin{pmatrix} H_x \\ (g_ig_j)^{-1}H_x(g_ig_j) \end{pmatrix},\end{aligned}$$

故映射

$$g_i\rightarrow\begin{pmatrix} H_x \\ g_i^{-1}H_xg_i \end{pmatrix}$$

为G之同态映射，于是 n 个置换

$$\begin{pmatrix} H_x \\ g_0^{-1}H_xg_0 \end{pmatrix},\ \begin{pmatrix} H_x \\ g_1^{-1}H_xg_1 \end{pmatrix},\cdots,\ \begin{pmatrix} H_x \\ g_{n-1}^{-1}H_xg_{n-1} \end{pmatrix}$$

中相异者组成一群 G_H，而有 $G\sim G_H$. 置换群 G_H 显然是可迁的，因由于H与 H_i 在G内共轭得知使 $H_i=g^{-1}Hg$ 的 g 必存在 ($g\in G$). 同态 $G\sim G_H$ 的核是由G中具性质 $\begin{pmatrix} H_x \\ g^{-1}H_xg \end{pmatrix}=1$ (恒等置换)的一切元素 g 所组成，即 $g^{-1}H_xg=H_x$ 或 $g\in N_G(H_x)$，故同态 $G\sim G_H$ 之核为

$$D=\bigcap_{i=0}^{\nu-1}N_G(H_i),$$

于是证得了下面的

引理 1 若有限群G之一共轭类(子群的或元素的)含有 ν 个项时，则G可与一 ν 次可迁置换群同态.

为了下面的需要，还要证

引理 2 若偶阶群 G 之西洛 2-子群是循环群，则 G 不是单群.

证明 令 $o(G)=2^{\lambda}m$, $(2,m)=1$, $\lambda\geqslant 1$. 作G之右正则表现置换群 $R(G)$, 由 1-1 对应 $g\leftrightarrows R(g)=\begin{pmatrix}x\\xg\end{pmatrix}\in R(G)$ 产生了 $G\simeq R(G)$. 据题设, G中有元g使 $o(g)=2^{\lambda}$, 于是置换 $R(g)$ 可分解为m个互无公共文字且形状像 $(x, xg, xg^2, \cdots, xg^{2^{\lambda}-1})$ 的 2^{λ} 项循环的积; 但每个 2^{λ} 项循环为奇置换, 故m个这样的循环之积也是奇置换, 说明了 $R(G)$ 有奇置换 $R(g)$, 因而 $R(G)$ 中一切偶置换之集合是 $R(G)$ 中指数为 2 的正规子群, 即 $R(G)$ 不是单群, 故G也非单群. 证完.

现在可解决

定理 3 有限非交换单群之阶最小者为 60, 且阶为 60 的单群之型是唯一的(即只有 5 次交代群 $\mathfrak{A}_5$).

证明 前一结论已明, 需证的是后一结论. 设G为单群, 且 $o(G)=60=2^2\cdot 3\cdot 5$. 因 $o(G)$ 非素数, 故G非交换; 据西洛定理得知G之西洛 5-子群(阶为 5) 之个数这时必为 6. 由于任二个西洛 5-子群除单位元外再无公共元素 (因每个的阶为素数 5), 故G中阶 5 之元恰有$(5-1)\times 6=24$ 个. 今令G中 6 个 5 阶子群(循环的)为

$$A_1=\{a_1\},\ A_2=\{a_2\},\ A_3=\{a_3\},$$
$$A_4=\{a_4\},\ A_5=\{a_5\},\ A_6=\{a_6\},$$

它们的正规化子分别为

$$N_G(A_1),\ N_G(A_2),\ N_G(A_3),\ N_G(A_4),\ N_G(A_5),\ N_G(A_6),$$

因而 $[G:N_G(A_i)]=6$, 即 $o(N_G(A_i))=10$.

又G中 3 阶子群之个数据西洛定理在这时只能是 4 或 10 这二个可能性. 如若为 4, 则由引理 1 知 $G\sim G_1$, G_1 是一个四次可迁置换群, 于是 $4\leqslant o(G_1)\leqslant 4!=24$, 故从 $o(G)=60$ 及 $G\sim G_1$ 得知这同态的核为G的一个真正规子群且非单位群, 这与G之单纯性相矛盾, 不可. 因之, G中 3 阶子群恰有 10 个, 随而G中阶 3 之元有 $(3-1)\times 10=20$ 个. 今令G之 10 个 3 阶子群为

$$B_1=\{b_1\},\ B_2=\{b_2\},\cdots,\ B_{10}=\{b_{10}\},$$

它们的正规化子分别为

$$N_G(B_1),\ N_G(B_2),\cdots,\ N_G(B_{10}),$$

因而 $[G:N_G(B_i)]=10$，即 $o(N_G(B_i))=6$.

同理，又知 G 中西洛 2–子群(阶为 4)之个数 n_2 只能为 3，5，或 15. 苟若 $n_2=3$，由引理 1 有 $G\sim G_1$，G_1 为 3 次可迁置换群，于是 $3\leqslant o(G_1)\leqslant 3!=6$，因而 $G_1\neq 1$ 且 G 又不能与 G_1 同构，这与 G 之单纯性相抵. 故 $n_2\neq 3$.

又 G 之单纯性保证了西洛 2–子群非循环（引理 2），故 G 无阶 4 之元，即西洛 2–子群为初等交换的. 今能断言阶 2 之元与阶 5 之元决不可交换. 为什么呢？因若 $o(c)=2$ 且例如 $ca_1=a_1c$ 时，则 $c\in N_G(A_1)$，$ca_1=a_1c\in N_G(A_1)$；但这时 $o(ca_1)=10$，故由 $o(N_G(A_1))=10$ 即知 $N_G(A_1)=\{ca_1\}$ 为 10 阶循环群，因而 $N_G(A_1)$ 含有 $\varphi(10)=4$ 个阶 10 之元，且每个这样的元当然又是 $N_G(A_1)$ 的生成元，由是 $N_G(A_2),\cdots,N_G(A_6)$ 都是 10 阶循环群且各含 4 个阶 10 之元，故 G 中阶 10 之元至少共有 $4\times 6=24$ 个；再将这数目与 G 中阶 3、阶 5 之元及单位元合计，总数为 $24+20+24+1=69$，大于 $o(G)=60$，不可. 故 G 无阶 2 之元与阶 5 之元可交换. 同理，也知 G 中阶 2 之元与阶 3 之元亦不可交换.

于是知道了 G 中阶 2 之元 c 的 $o(N_G(c))$ 没有 3 与 5 为素因数，不得不有 $o(N_G(c))=2$ 或 $=4$. 但据西洛定理，$\{c\}$必为 G 之一个西洛 2–子群 P_c 的子群，而 $o(P_c)=4$，故由于 P_c 之交换性得 $\{c\}\lhd P_c$，$P_c\subseteq N_G(c)$，不得不有 $o(N_G(c))=4$，即 $P_c=N_G(c)$. 由是可知 G 中两个西洛 2–子群除单位元外再无公共元素（因若二个西洛 2–子群 S 与 S_0 有阶 2 之元 c 公共，则 $P_c=N_G(c)$ 包含了 S 与 S_0，故 $P_c=S=S_0$).

据此可知 $n_2\neq 15$. 因若 $n_2=15$，则知 G 中阶 2 之元的个数等于 $(4-1)\times 15=45$，于是 G 含单位元以及含阶 2，3，5 之元共有 $1+45+20+24=90$ 个，不可.

于是最后只能是 $n_2=5$. 由于 G 中 5 个西洛 2–子群组成一个共轭子群类，故据引理 1 得知 $G\sim\overline{G}$，$\overline{G}$ 是一个 5 次可迁置换群，再由 G 之单纯性即得 $G\simeq\bar{G}$，$o(\bar{G})=60$．苟若 $\bar{G}$ 含奇置换，则 $\bar{G}$ 中一切偶置换应组成 $\bar{G}$ 之真正规子群，与 G 之单纯性又矛盾了，不可．故 $\bar{G}$ 全由偶置换组成；但 5 次对称群 $\mathfrak{S}_5$ 中偶置换之个数等于 $60(=1/2\times5!)$，恰与 $o(\bar{G})$ 一致，因之只能是 $\bar{G}=\mathfrak{A}_5$（5 次交代群）．证完．

结束这一节以前，有必要再说几句．我们知道这章的中心问题是 p^aq^b 阶群的可解性（§7 的定理 2），但解决它所需的预备知识很多，主要关键是§7的定理 1，但证这定理 1 时又需 §6 的内容；然在 §6 里谈到了有限群中互不等价不可约表现之个数必为一有限数这样一个结论．当然，每有限群中互不等价不可约表现之个数与所给的群有关，换句话说，有限群中互不等价不可约表现之个数是群的函数；但究竟是怎样的函数关系呢？即有限群中互不等价不可约表现之个数究竟等于什么呢？我们说它等于群中共轭元素类之个数，这在群表现里是一个很重要的问题．为了解决这章的中心问题（p^aq^b 阶群之可解性），在上面几节里我们尽量地撇开了与这个中心问题无关的一些知识．现在既已解决了中心问题，我们就回过头来谈一谈表现论里的这个重要问题．下面另辟一节来阐述．

问题　利用群特征标的理论，证明素数幂 p^m 阶（$m>1$）的群 G 不是单群．

§ 8. 有限群的不可约表现

首先回答前节末提出的问题，即有限群之互不等价的不可约表现之个数等于群中共轭元素类的个数．

设 G 为 n 阶群，含有 r 个共轭元素类，记为 $\zeta_1,\zeta_2,\cdots,\zeta_r$，并令类 ζ_i 含有 h_i 个元（$i=1,2,\cdots,r$），于是 $n=h_1+h_2+\cdots+h_r$．再设 G 共有 s 个互不等价的不可约表现，记为 $\Gamma_1,\Gamma_2,\cdots,\Gamma_s$，并令凡属于类 ζ_i 之元在 Γ_a 内对应的矩阵之特征标为 $\chi^{(i)}_{\Gamma_a}$，即

$$\chi^{(i)}_{\Gamma_a}=\mathrm{tr}\Gamma_a(x)$$

当 $x\in\zeta_i$ 时，亦即 $\chi_{\Gamma_a}^{(i)}=\chi_{\Gamma_a}(x)$. 今将群 G 中相异的不可约表现之所有特征标系都明确地列成如表 (1) 所显示的那样：

表 (1)

	ζ_1	ζ_2	……	ζ_r
Γ_1	$\chi_{\Gamma_1}^{(1)}$	$\chi_{\Gamma_1}^{(2)}$	……	$\chi_{\Gamma_1}^{(r)}$
Γ_2	$\chi_{\Gamma_2}^{(1)}$	$\chi_{\Gamma_2}^{(2)}$	……	$\chi_{\Gamma_2}^{(r)}$
⋮	⋮	⋮	……	⋮
Γ_s	$\chi_{\Gamma_s}^{(1)}$	$\chi_{\Gamma_s}^{(2)}$	……	$\chi_{\Gamma_s}^{(r)}$

由表 (1) 可作一个 $s\times r$-矩阵

$$M_G=\begin{pmatrix}\chi_{\Gamma_1}^{(1)} & \chi_{\Gamma_1}^{(2)} & \cdots & \chi_{\Gamma_1}^{(r)}\\ \chi_{\Gamma_2}^{(1)} & \chi_{\Gamma_2}^{(2)} & \cdots & \chi_{\Gamma_2}^{(r)}\\ \vdots & \vdots & & \vdots\\ \chi_{\Gamma_s}^{(1)} & \chi_{\Gamma_s}^{(2)} & \cdots & \chi_{\Gamma_s}^{(r)}\end{pmatrix}=(\chi_{\Gamma_i}^{(j)}).$$

据 § 5 定理 1 的推论 3，已知

$$\sum_{x\in G}\chi_{\Gamma_a}(x)\cdot\chi_{\Gamma_b}(x^{-1})=\begin{cases}n, & \text{当 } a=b \text{ 时},\\ 0, & \text{当 } a\neq b \text{ 时},\end{cases}$$

但 $\chi_{\Gamma_b}(x^{-1})=\overline{\chi_{\Gamma_b}(x)}$，故

$$\sum_{x\in G}\chi_{\Gamma_a}(x)\cdot\overline{\chi_{\Gamma_b}(x)}=\begin{cases}n, & \text{当 } a=b \text{ 时},\\ 0, & \text{当 } a\neq b \text{ 时},\end{cases}$$

再以类函数的关系代入之，上式就变为

$$\sum_{j=1}^{r}h_j\chi_{\Gamma_a}^{(j)}\overline{\chi_{\Gamma_b}^{(j)}}=\begin{cases}n, & \text{当 } a=b \text{ 时},\\ 0, & \text{当 } a\neq b \text{ 时}.\end{cases}\tag{2}$$

由 (2) 式容易验证矩阵 $M_G=(\chi_{\Gamma_i}^{(j)})$ 的 s 个行线性无关. 事实上，从

$$c_1\chi_{\Gamma_1}^{(j)}+c_2\chi_{\Gamma_2}^{(j)}+\cdots+c_s\chi_{\Gamma_s}^{(j)}=0\ (j=1,2,\cdots,r),\tag{3}$$

得

$$c_1\chi_{\Gamma_1}^{(j)}\overline{\chi_{\Gamma_i}^{(j)}}h_j+\cdots+c_i\chi_{\Gamma_i}^{(j)}\overline{\chi_{\Gamma_i}^{(j)}}h_j+\cdots+c_s\chi_{\Gamma_s}^{(j)}\overline{\chi_{\Gamma_i}^{(j)}}h_j=0,$$

因之以 $j=1,2,\cdots,r$ 分别代入并相加，则得

$$c_1\sum_{j=1}^{r}\chi_{\Gamma_1}^{(j)}\overline{\chi_{\Gamma_i}^{(j)}}h_j+\cdots+c_i\sum_{j=1}^{r}\chi_{\Gamma_i}^{(j)}\overline{\chi_{\Gamma_i}^{(j)}}h_j+\cdots$$
$$+c_s\sum_{j=1}^{r}\chi_{\Gamma_s}^{(j)}\overline{\chi_{\Gamma_i}^{(j)}}h_j=0,$$

再利用(2)式得 $c_in=0$，故 $c_i=0$. 这说明了 $M_G=(\chi_{\Gamma_i}^{(j)})$ 的 s 个行线性无关，故 $s\leqslant r$.

再注意 G 的任一个共轭类 ζ_i 中一切元之逆元的集 $\zeta_i^{(-1)}$ 也组成 G 的一个共轭类，则知对每 i 必有一相应的 k 使 $\zeta_k=\zeta_i^{(-1)}$. 于是，当 $\zeta_i^{(-1)}=\zeta_k$ 时，也有 $\zeta_k^{(-1)}=\zeta_i$，像这样的两个类 ζ_i 与 ζ_k 叫做互逆(共轭)类. 显然，互逆共轭类 ζ_i 与 ζ_k 所含元素之个数相等，即 $h_i=h_k$. 再证一重要公式:

$$\sum_{a=1}^{s}\chi_{\Gamma_a}^{(i)}\chi_{\Gamma_a}^{(k)}=\begin{cases}\dfrac{n}{h_i},\ 当\ \zeta_k=\zeta_i^{(-1)}\ 时,\\ 0,\ 当\ \zeta_k\neq\zeta_i^{(-1)}\ 时,\end{cases}\tag{4}$$

事实上，在证明 §5 定理 2 的过程中(参看其脚注)，已证明了

$$\frac{h_i\chi_{\Gamma_a}^{(i)}}{n_a}\cdot\frac{h_j\chi_{\Gamma_a}^{(j)}}{n_a}=\sum_{t=1}^{r}c_{ijt}\frac{h_t\chi_{\Gamma_a}^{(t)}}{n_a},$$

式中 n_a 为 Γ_a 的级，c_{ijt} 为非负有理整数. 故

$$h_i\chi_{\Gamma_a}^{(i)}\cdot h_j\chi_{\Gamma_a}^{(j)}=n_a\cdot\sum_{t=1}^{r}c_{ijt}h_t\chi_{\Gamma_a}^{(t)},$$

再令上式中的 a 分别为 $1,2,\cdots,s$ 后，再相加，就得到

$$\sum_{a=1}^{s}h_i\chi_{\Gamma_a}^{(i)}\cdot h_j\chi_{\Gamma_a}^{(j)}=\sum_{a=1}^{s}n_a\cdot\sum_{t=1}^{r}c_{ijt}h_t\chi_{\Gamma_a}^{(t)}$$
$$=\sum_{t=1}^{r}c_{ijt}h_t\cdot\sum_{a=1}^{s}n_a\chi_{\Gamma_a}^{(t)}.\tag{5}$$

但在 $x\in\zeta_t$ 时，令 Γ 为 G 之正则表现，则因 $\Gamma=n_1\Gamma_1\oplus n_2\Gamma_2\oplus\cdots\oplus n_s\Gamma_s$，故有

$$\chi_\Gamma(x)=\sum_{a=1}^{s}n_a\cdot\chi_{\Gamma_a}(x)=\sum_{a=1}^{s}n_a\cdot\chi_{\Gamma_a}^{(t)};$$

由 §6 的定理 1 又有 $\chi_\Gamma(x)=n$ (在 $t=1$ 时) 或 $=0$ (在 $t\neq1$ 时)，

式中 ζ_1 为 G 之单位元而成的类(因而 $h_1=1$)；于是得知

$$\sum_{a=1}^{s} n_a\cdot\chi_{\Gamma_a}^{(t)}=\begin{cases}n, & \text{当 } t=1 \text{ 时},\\ 0, & \text{当 } t\neq 1 \text{ 时},\end{cases}$$

再以之代人 (5) 中就有

$$\sum_{a=1}^{s} h_i\cdot\chi_{\Gamma_a}^{(i)}\cdot h_j\chi_{\Gamma_a}^{(j)}=c_{ij1}h_1n=c_{ij1}n. \tag{6}$$

然而当 ζ_i 与 ζ_j 不互为逆类时，$\zeta_i\zeta_j$ 不含群 G 之单位元，因之 $\zeta_i\zeta_j=\sum_{t=1}^{r}c_{ijt}\zeta_t$ 中不含 ζ_1 的项，即 $c_{ij1}=0$. 当 ζ_i 与 ζ_j 互为逆类时，则 $h_i=h_j$，且 $\zeta_i\zeta_j$ 中含 G 之单位元的个数显为 $h_i(=h_j)$，故 $c_{ij1}=h_i=h_j$. 于是据 (6) 式得

$$\sum_{a=1}^{s} h_i\chi_{\Gamma_a}^{(i)}\cdot h_j\chi_{\Gamma_a}^{(j)}=\begin{cases}h_in, & \text{当 } \zeta_j=\zeta_i^{(-1)} \text{ 时},\\ 0, & \text{当 } \zeta_j\neq\zeta_i^{(-1)} \text{ 时}.\end{cases}$$

故若特着眼于 $\zeta_j=\zeta_i^{(-1)}$ 时，将上式两端均除以 $h_i^2=h_ih_j$，就得到

$$\sum_{a=1}^{s}\chi_{\Gamma_a}^{(i)}\chi_{\Gamma_a}^{(j)}=\frac{n}{h_i}=\frac{n}{h_j}\ (\text{在 } \zeta_j=\zeta_i^{(-1)} \text{ 时});$$

若着眼于 $\zeta_j\neq\zeta_i^{(-1)}$，将两端除以 h_ih_j，就有

$$\sum_{a=1}^{s}\chi_{\Gamma_a}^{(i)}\chi_{\Gamma_a}^{(j)}=0\ (\text{在 } \zeta_j\neq\zeta_i^{(-1)} \text{ 时}).$$

即 (4) 式完全获证.

再证明矩阵 $M_G=(\chi_{\Gamma_i}^{(j)})$ 的 r 个列线性无关：

事实上，将

$$c_1\chi_{\Gamma_a}^{(1)}+c_2\chi_{\Gamma_a}^{(2)}+\cdots+c_r\chi_{\Gamma_a}^{(r)}=0\ (a=1,2,\cdots,s)$$

之两端均乘以 $\chi_{\Gamma_a}^{(k)}$，然后让 $a=1,2,\cdots,s$，并相加，则得

$$c_1\sum_{a=1}^{s}\chi_{\Gamma_a}^{(1)}\chi_{\Gamma_a}^{(k)}+c_2\sum_{a=1}^{s}\chi_{\Gamma_a}^{(2)}\chi_{\Gamma_a}^{(k)}+\cdots+c_r\sum_{a=1}^{s}\chi_{\Gamma_a}^{(r)}\chi_{\Gamma_a}^{(k)}=0. \tag{7}$$

因 $\zeta_1,\zeta_2,\cdots,\zeta_r$ 中仅有一个为 ζ_k 的逆类，如令 $\zeta_j=\zeta_k^{(-1)}$，则据 (4) 式可知 (7) 中 $\sum_{a=1}^{s}\chi_{\Gamma_a}^{(j)}\chi_{\Gamma_a}^{(k)}=\frac{n}{h_j}$，$\sum_{a=1}^{s}\chi_{\Gamma_a}^{(i)}\chi_{\Gamma_a}^{(k)}=0\ (i\neq j)$，故 (7) 式简化为 $c_j\cdot\frac{n}{h_j}=0$，不得不有 $c_j=0$. 当 k 跑遍 $1,2,\cdots,$

r 时，i 也跑遍 $1,2,\cdots,r$，故 $c_1=c_2=\cdots=c_r=0$，即 $M_G=(\chi_{\Gamma_i}^{(j)})$ 之 r 个列线性无关．于是又有 $r\leqslant s$.

因之，$r=s$，即证明了下面的

定理 1　有限群 G 中互不等价的不可约表现之个数等于 G 中共轭元素类的个数 r.

于是上面的表 (1) 则为

表 (1)

	ζ_1	ζ_2	……	ζ_r
Γ_1	$\chi_{\Gamma_1}^{(1)}$	$\chi_{\Gamma_1}^{(2)}$	……	$\chi_{\Gamma_1}^{(r)}$
Γ_2	$\chi_{\Gamma_2}^{(1)}$	$\chi_{\Gamma_2}^{(2)}$	……	$\chi_{\Gamma_2}^{(r)}$
⋮	⋮	⋮		⋮
Γ_r	$\chi_{\Gamma_r}^{(1)}$	$\chi_{\Gamma_r}^{(2)}$	……	$\chi_{\Gamma_r}^{(r)}$

总结上述的特征标系之间的关系，则有：

（一）表 (1)′ 之行间有关系式（参看上面的 (2) 式）

$$\sum_{i=1}^{r} h_i\chi_{\Gamma_a}^{(i)}\overline{\chi_{\Gamma_b}^{(i)}}=\begin{cases} n\ (a=b\ \text{时}), \\ 0\ (a\neq b\ \text{时}), \end{cases} \tag{I}$$

（二）表 (1)′ 之列间有关系式（参看上面的 (4) 式）

$$\sum_{i=1}^{r} \chi_{\Gamma_i}^{(a)}\chi_{\Gamma_i}^{(b)}=\begin{cases} \dfrac{n}{h_a}\ (\zeta_b=\zeta_a^{(-1)}\ \text{时}), \\ 0\ \ (\zeta_b\neq\zeta_a^{(-1)}\ \text{时}). \end{cases} \tag{II}$$

因这些关系式经常用到，特摘录在一块，便于查考．利用它们可得到一些重要的结果，首先有

定理 2　有限群 G 之二个不可约表现 Γ 与 Λ 等价的充要条件是它们有相同的特征标系.

证明　因相似矩阵有相等的迹，故当 Γ 与 Λ 等价时，它们的特征标系显然相同.反之，设 Γ 与 Λ 有相同的特征标系，则对每 $x\in G$ 有 $\chi_\Gamma(x)=\chi_\Lambda(x)$，故令 $o(G)=n$ 时，利用公式 (I) 可得知

$$\sum_{x\in G}\chi_\Gamma(x)\chi_\Lambda(x^{-1})=\sum_{x\in G}\chi_\Gamma(x)\chi_\Gamma(x^{-1})$$

$$=\sum_{i=1}^{r}h_i\chi_\Gamma^{(i)}\overline{\chi_\Gamma^{(i)}}=n,$$

于是根据 §5 定理 1 的推论 3 确知 Γ 与 Λ 等价．证完．

尚有较定理 2 更广的结论，即下面的

定理 3 有限群 G 之两个表现 Γ 与 Λ 为等价的充要条件是它们有相同的特征标系．

事实上，因 Γ 与 Λ 得分解为

$$\Gamma=c_1\Gamma_1\oplus c_2\Gamma_2\oplus\cdots\oplus c_r\Gamma_r,\quad \Lambda=c_1'\Gamma_1\oplus c_2'\Gamma_2\oplus\cdots\oplus c_r'\Gamma_r,$$

式中 $\Gamma_1,\Gamma_2,\cdots,\Gamma_r$ 为 G 之一切不可约表现，r 为 G 之共轭元类的个数（利用了有限群之表现的完全可约性），故对表现 Γ 言则有 $\chi_\Gamma(x)=\sum_{i=1}^{r}c_i\chi_{\Gamma_i}(x)$，于是利用公式 (I) 得知

$$\sum_{x\in G}\chi_\Gamma(x)\cdot\chi_{\Gamma_a}(x^{-1})=\sum_{x\in G}\sum_{i=1}^{r}c_i\chi_{\Gamma_i}(x)\cdot\chi_{\Gamma_a}(x^{-1})$$

$$=\sum_{i=1}^{r}c_i\cdot\sum_{x\in G}\chi_{\Gamma_i}(x)\cdot\chi_{\Gamma_a}(x^{-1})$$

$$=\sum_{i=1}^{r}c_i\cdot\sum_{j=1}^{r}h_j\chi_{\Gamma_i}^{(j)}\overline{\chi_{\Gamma_a}^{(j)}}=c_an,$$

式中 $n=o(G)$．同理，有 $\sum_{x\in G}\chi_\Lambda(x)\cdot\chi_{\Gamma_a}(x^{-1})=c_a'n$． 于是，当 Γ 与 Λ 有相同的特征标系时，对每个 $x\in G$ 应有 $\chi_\Gamma(x)=\chi_\Lambda(x)$，故不得不有 $c_a=c_a'(a=1,\cdots,r)$，即 Γ 与 Λ 是等价的． 反之，若 Γ 与 Λ 等价，它们显有相同的特征标系．证完．

从定理 3 之证明方法，类似地可知：若 $\Gamma=c_1\Gamma_1\oplus\cdots\oplus c_r\Gamma_r=c_1'\Gamma_1\oplus\cdots\oplus c_r'\Gamma_r$，则必有 $c_i=c_i'$．故又得

推论 有限群之表现当分解为不可约成份时，各个不可约成份之个数为定数，即与分解的方法无关．

不可约表现的重要性早已说过，其中除恒同表现外最简单者是一级表现（当然，恒同表现也是一级的，而一级表现却不必为恒

同的，一级表现为恒同的充要条件是其阶为 1）．当有限群为交换群时，其不可约表现全是一级的（§2 定理 3 的推论 2）；今问其逆怎样？即当有限群 G 之不可约表现全是一级时，G 为交换群吗？这是一个肯定的答案．事实上，设 $o(G)=n$，考虑正则表现 $R(G)=\Gamma$，并令 Γ_1（恒同的），$\Gamma_2,\cdots,\Gamma_r$ 为 G 之全部不可约表现（r 为 G 中共轭类之个数）．据 §6 定理 2 已知

$$n=n_1^2+n_2^2+\cdots+n_r^2\ (n_i \text{ 为 } \Gamma_i \text{ 的级}),$$

故当每 $n_i=1$ 时，则 $r=n$，即 n 阶群 G 这时有 n 个共轭元类，也是说 G 之每共轭类只含一元，故 G 为交换群．于是又有下面的

定理 4 有限群为交换群的充要条件是它只有一级不可约表现，或与之有相同意义的是不可约表现之个数等于群之阶．

再来讨论 n 阶交换群 G 之 n 个（一级）不可约表现的实际求法．设 $G=\{x_1\}\times\{x_2\}\times\cdots\times\{x_t\}$，$o(x_i)=m_i=p_i^{k_i}$（$p_i$ 为素数），于是 G 之任一元 x 得唯一地写成

$$x=x_1^{k_1}x_2^{k_2}\cdots x_t^{k_t}$$

形（$0\leqslant k_i\leqslant m_i-1$）．令 Γ_1（恒同），$\Gamma_2,\cdots,\Gamma_n$ 为 G 之 n 个（一级）不可约表现，对任一 $\Gamma=\Gamma_a$ 言，由于 $[\Gamma(x_j)]^{m_j}=\Gamma(x_j^{m_j})=\Gamma(1)=1$（$j=1,2,\cdots,t$），知 $\Gamma(x_j)$ 为 m_j 次单位根．反之，如令 $\Gamma(x_j)=\theta_j$ 为一 m_j 次单位根（$j=1,2,\cdots,t$），即 $\theta_j=e^{\frac{2\pi i}{m_j}a_j}$（但 $0\leqslant a_j\leqslant m_j-1$），则从 $x=x_1^{k_1}x_2^{k_2}\cdots x_t^{k_t}$ 而定义

$$\Gamma(x)=\theta_1^{k_1}\theta_2^{k_2}\cdots\theta_t^{k_t} \tag{8}$$

后，又易验证映射 $x\to\Gamma(x)$ 确为 G 之同态映射，即为 G 的一个一级表现，因而不可约，故 Γ 必为 $\Gamma_1,\Gamma_2,\cdots,\Gamma_n$ 中之一．这正反两方面就说明了 G 的任何一级表现都可像（8）式那样去求得．由于 $\theta_j=e^{\frac{2\pi i}{m_j}a_j}$ 有 m_j 个不同的值，故（8）在形式上有 $n=m_1m_2\cdots m_t$ 个一级表现．但这些形式上的 $n=m_1m_2\cdots m_t$ 个一级表现又确为两两互异，因为它们之中任二个都至少对于某一个 x_i 取相异的值．

于是上面所说的内容不仅是找得了 n 阶交换群的 n 个互异的

一级表现，而且还提供了找它们的具体方法．因为一级表现由数组成，故与迹（矩阵的）一致，因之有的文献干脆叫有限交换群的一级表现为它的特征标，所以 n 阶交换群恰有 n 个互异的特征标．§6 末列举的两个例(例 1 与例 2) 用现在说的方法很容易解决，今只将§6的问题 2 作一个说明于下，即求 p^2 阶初等交换群 G 之一切不可约表现：由于 $G\simeq\{a\}\times\{b\}$，$a^p=b^p=1$，$ab=ba$，故G之 p^2 个不可约表现为

$$x=a^\lambda b^\mu\to e^{\frac{2\pi i}{p}\lambda k_a}\cdot e^{\frac{2\pi i}{p}\mu k_b}=e^{\frac{2\pi i}{p}(\lambda k_a+\mu k_b)}(0\leqslant k_a,k_b\leqslant p-1)$$

再讨论有限非交换群 G，$o(G)=n>1$．设 r 为 G 中共轭类个数，这时应有 $1<r<n$，且 G 除恒同表现 Γ_1 外尚有 $r-1$ 个不可约表现 $\Gamma_2,\Gamma_3,\cdots,\Gamma_r$，它们的级各记以 $n_2,n_3,\cdots,n_r$．当然，每 $n_i<n$ (因 $n=1+n_2^2+\cdots+n_r^2$ 且每 $n_i|n$)．今问 $n_2,\cdots,n_r$ 中有 $n_i=1$ 的条件是什么？

如果(例如) $n_2=1$，即 G 有非恒同的一级表现 Γ_2，则从 $G\sim\Gamma_2$ 知有 $N\lhd G$ 使 $\Gamma_2\simeq G/N$，故 Γ_2 之交换性（Γ_2 为一级的)保证了 G/N 为交换的，于是 G 之非交换性（假设）又保证了 $N>1$，而由 $o(\Gamma_2)>1$ ($\because\Gamma_2$ 非恒同表现)又说明了 $G>N$．这就说明 G 有一个非单位的真正规子群 N 使 G/N 成交换群．

反之，设有 $K\lhd G$，而 $1<K<G$ 且 G/K 是交换的，则从 $K<G$ 得 $o(G/K)>1$，故交换群 G/K 必有一个非恒同的一级表现 Γ．由于商群 G/K 的任何表现 Λ 得诱导成 G 之一表现，即 Λ 可看做是 G 的表现（这只要在同态关系 $\bar{G}=G/K\sim\Lambda$ 中从 $\bar{G}=G/K$ 之元 $\bar{g}=gK$ 所对应于 Λ 之矩阵 $\Lambda_{\bar{g}}$，而令凡属于陪集 gK 的 G 之元 gk 都对应于矩阵 $\Lambda_{\bar{g}}$ 后，就易得知 Λ 被扩展了为 G 的表现，叫做由 Λ 所诱导的 G 之表现)，故 G/K 之 Γ 亦诱导成 G 之一个非恒同的一级表现．

总括之，就证得了下面的

定理 5 有限非交换群 G 有非恒同的一级表现之充要条件是 G 有一个真正规子群 N 使 G/N 为交换群．

定理 5 不仅说明G有非恒同的一级表现，而且其证明方法还提供了怎样求这些一级表现的具体方法，因为事实上交换群 G/N 的一级表现都可诱导成G的一级表现．今举几个例子来说明．

例 1 讨论三次对称群 $\mathfrak{S}_3$ 的不可约表现．

解 $\mathfrak{S}_3$ 有三个共轭类 $\zeta_1=(1)$，$\zeta_2=((123),(132))$，$\zeta_3=((12),(13),(23))$，因而有三个不可约表现 Γ_1（恒同的），Γ_2，Γ_3．因 $\mathfrak{A}_3\lhd\mathfrak{S}_3$，且 $\mathfrak{S}_3/\mathfrak{A}_3$ 交换，故 Γ_2 与 Γ_3 中有一且只有一为 1 级的（$\because$ $\mathfrak{S}_3$ 非交换）．令 Γ_2 为一级的（$n_2=1$），利用 $o(\mathfrak{S}_3)=6=n_1^2+n_2^2+n_3^2=2+n_3^2$ 得 $n_3=2$，即 Γ_3 是二级的．

因二阶群 $\mathfrak{S}_3/\mathfrak{A}_3$ 之非恒同的一级表现为 $\chi(\mathfrak{A}_3)=1$，$\chi(\mathfrak{A}_3(12))=-1$，故由$\chi$诱导的$G$之非恒同一级表现 Γ_2 为：

$\Gamma_2(x)=1$ 或 $=-1$，全由 x 为偶或奇置换而定．于是有

$$\chi_{\Gamma_1}^{(1)}=\chi_{\Gamma_1}^{(2)}=\chi_{\Gamma_1}^{(3)}=1;\ \chi_{\Gamma_2}^{(1)}=\chi_{\Gamma_2}^{(2)}=1,\ \chi_{\Gamma_2}^{(3)}=-1.$$

至于 Γ_3 的特征标系可不难求得：由公式（II）知

$$\sum_{i=1}^{3}\chi_{\Gamma_i}^{(3)}\chi_{\Gamma_i}^{(3)}=\frac{6}{h_3}=\frac{6}{3}=2,$$

即 $1+1+(\chi_{\Gamma_3}^{(3)})^2=2$，故 $\chi_{\Gamma_3}^{(3)}=0$；又 $\chi_{\Gamma_3}^{(1)}=n_3=2$；于是再由公式（II）知 $\sum\limits_{i=1}^{3}\chi_{\Gamma_i}^{(1)}\chi_{\Gamma_i}^{(2)}=0$，即 $0=1+1+\chi_{\Gamma_3}^{(1)}\chi_{\Gamma_3}^{(2)}=2+2\chi_{\Gamma_3}^{(2)}$，故 $\chi_{\Gamma_3}^{(2)}=-1$．于是特征标系的表为：

	ζ_1	ζ_2	ζ_3
χ_{Γ_1}	1	1	1
χ_{Γ_2}	1	1	-1
χ_{Γ_3}	2	-1	0

注意这里只说了求一级表现的方法，没有阐述求高级不可约表现之实际求法，我们只求了特征标系．高级不可约表现之实际求法是较困难的．对 $\mathfrak{S}_3$ 之二级不可约表现 Γ_3 可如下求之．

因 $n_3=2\,|\,o(\Gamma_3)$，$o(\Gamma_3)\,|\,o(\mathfrak{S}_3)=6$，故 $o(\Gamma_3)=2$ 或 $=6$；但若 $o(\Gamma_3)=2$，则 Γ_3 由 $\begin{pmatrix}1&0\\0&1\end{pmatrix}$ 与 $\begin{pmatrix}x&y\\z&u\end{pmatrix}$ 而成，故 $y=z=0$，

$x=u=-1$（§5 定理 1 的推论 2），Γ_3 就由 $\begin{pmatrix}1 & 0\\ 0 & 1\end{pmatrix}$ 与 $\begin{pmatrix}-1 & 0\\ 0 & -1\end{pmatrix}$ 而成，即 Γ_3 非不可约，不可．故必有 $o(\Gamma_3)=6$，因而 $\mathfrak{S}_3\simeq\Gamma_3$，于是若令 $\mathfrak{S}_3\simeq\Gamma_3$ 是由 $\mathfrak{S}_3=\{(123),(12)\}$ 之生成元 (123) 与 (12) 映射为 $\begin{pmatrix}a & b\\ c & d\end{pmatrix}$ 与 $\begin{pmatrix}x & y\\ z & u\end{pmatrix}$ 而成，即 $(123)\to\begin{pmatrix}a & b\\ c & d\end{pmatrix}$，$(12)\to\begin{pmatrix}x & y\\ z & u\end{pmatrix}$，则 $\Gamma_3=\left\{\begin{pmatrix}a & b\\ c & d\end{pmatrix},\begin{pmatrix}x & y\\ z & u\end{pmatrix}\right\}$，且当然有 $a+d=-1$ 及 $u=-x$（因为 $\chi^{(2)}_{\Gamma_3}=-1$ 及 $\chi^{(3)}_{\Gamma_3}=0$）． 又 $(132)=(123)^2\to\begin{pmatrix}a & b\\ c & d\end{pmatrix}^2=\begin{pmatrix}a^2+bc & -b\\ -c & d^2+bc\end{pmatrix}$，故据 $\chi^{(2)}_{\Gamma_3}=-1$ 得 $a^2+d^2+2bc=-1$，因而再与 $a+d=-1$ 合起来得 $ad-bc=1$，于是 $\begin{vmatrix}\lambda-a & -b\\ -c & \lambda-d\end{vmatrix}=\lambda^2+\lambda+1=0$ 之二根为 ω，ω^2（ω 为 1 之虚立方根），故 $\begin{pmatrix}a & b\\ c & d\end{pmatrix}$ 有互异特征根 ω 及 ω^2，因而有满秩矩阵 P 使 $P^{-1}\begin{pmatrix}a & b\\ c & d\end{pmatrix}P=\begin{pmatrix}\omega & 0\\ 0 & \omega^2\end{pmatrix}$．由于等价表现视为同一，故可令 $\Gamma_3=\left\{\begin{pmatrix}\omega & 0\\ 0 & \omega^2\end{pmatrix},\begin{pmatrix}x & y\\ z & -x\end{pmatrix}\right\}$． 由于 $(23)=(123)(12)\to\begin{pmatrix}\omega & 0\\ 0 & \omega^2\end{pmatrix}\begin{pmatrix}x & y\\ z & -x\end{pmatrix}=\begin{pmatrix}\omega x & \omega y\\ \omega^2 z & -\omega^2 x\end{pmatrix}$，而利用 $\chi^{(3)}_{\Gamma_3}=0$ 又得 $0=\omega x-\omega^2 x$，故不得不有 $x=0$，于是再由 $\mathbf{1}=(12)^2\to\begin{pmatrix}0 & y\\ z & 0\end{pmatrix}^2=\begin{pmatrix}yz & 0\\ 0 & yz\end{pmatrix}=\begin{pmatrix}1 & 0\\ 0 & 1\end{pmatrix}$ 得 $yz=1$；故再令 $Q=\begin{pmatrix}1 & 0\\ 0 & z\end{pmatrix}$ 时，易知

$$Q^{-1}\begin{pmatrix}\omega & 0\\ 0 & \omega^2\end{pmatrix}Q=\begin{pmatrix}\omega & 0\\ 0 & \omega^2\end{pmatrix},\quad Q^{-1}\begin{pmatrix}0 & y\\ z & 0\end{pmatrix}Q=\begin{pmatrix}0 & 1\\ 1 & 0\end{pmatrix}.$$

由是 $\mathfrak{S}_3$ 之二级不可约表现 Γ_3（是 $\mathfrak{S}_3$ 的忠实表现）为：

$$\mathbf{1}\to\begin{pmatrix}1 & 0\\ 0 & 1\end{pmatrix},\quad (123)\to\begin{pmatrix}\omega & 0\\ 0 & \omega^2\end{pmatrix},\quad (132)\to\begin{pmatrix}\omega^2 & 0\\ 0 & \omega\end{pmatrix},$$

$$(12)\to\begin{pmatrix}0&1\\1&0\end{pmatrix},\ (13)\to\begin{pmatrix}0&\omega^2\\\omega&0\end{pmatrix},\ (23)\to\begin{pmatrix}0&\omega\\\omega^2&0\end{pmatrix}.$$

例 2 讨论四次交代群 $\mathfrak{A}_4$ 的不可约表现.

解 据第一章 §7 定理 14 得知 $\mathfrak{A}_4$ 有四个共轭类,即 $\zeta_1=(1)$, $\zeta_2=((12)(34),(13)(24),(14)(23))$, $\zeta_3=((123),(142),(134),(243)\}$, 与 $\zeta_4=((132),(124),(143),(234)\}$, 故 $h_1=1$, $h_2=3$, $h_3=h_4=4$, 且 ζ_3 与 ζ_4 互为逆类. 于是 $\mathfrak{A}_4$ 有四个不可约表现 Γ_1(恒同的), Γ_2, Γ_3, Γ_4, 其级为 $n_1=1$, n_2, n_3, n_4. 因克莱茵四元群 $\mathfrak{K}_4\lhd\mathfrak{A}_4$, 且 $\mathfrak{A}_4/\mathfrak{K}_4$ 为三阶循环, 故 $\mathfrak{A}_4/\mathfrak{K}_4$ 之三个表现均为一级的,即 $\mathfrak{A}_4/\mathfrak{K}_4$ 有两个非恒同的一级表现,因而 $\mathfrak{A}_4$ 亦必至少有两个非恒同的一级表现,令为 Γ_2 与 Γ_3, 故 $n_2=n_3=1$. 再由 $12=n_1^2+n_2^2+n_3^2+n_4^2=1+1+1+n_4^2$ 知 $n_4=3$, 即 $\mathfrak{A}_4$ 有三个一级表现与一个 3 级不可约表现. 但 $\mathfrak{A}_4/\mathfrak{K}_4$ 之两个非恒同的一级表现为

$$\Lambda_1(\mathfrak{K}_4)=1,\ \Lambda_1(\mathfrak{K}_4\cdot(123))=\omega,\ \Lambda_1(\mathfrak{K}_4\cdot(132))=\omega^2,$$

与

$$\Lambda_2(\mathfrak{K}_4)=1,\ \Lambda_2(\mathfrak{K}_4\cdot(123))=\omega^2,\ \Lambda_2(\mathfrak{K}_4\cdot(132))=\omega,$$

但 $\omega=e^{\frac{2\pi i}{3}}$. 从群 $\mathfrak{A}_4$ 而言,陪集 $\mathfrak{K}_4\cdot(123)=\zeta_3$, $\mathfrak{K}_4\cdot(132)=\zeta_4$, 于是 $\mathfrak{A}_4/\mathfrak{K}_4$ 之两个一级表现 Λ_1 与 Λ_2 在 $\mathfrak{A}_4$ 内诱导的两个一级表现 Γ_2 与 Γ_3 实际上是

$$\Gamma_2(\zeta_1)=1,\ \Gamma_2(\zeta_2)=1,\ \Gamma_2(\zeta_3)=\omega,\Gamma_2(\zeta_4)=\omega^2,$$

与

$$\Gamma_3(\zeta_1)=1,\ \Gamma_3(\zeta_2)=1,\ \Gamma_3(\zeta_3)=\omega^2,\ \Gamma_3(\zeta_4)=\omega.$$

故 $\chi_{\Gamma_1}^{(1)}=\chi_{\Gamma_1}^{(2)}=\chi_{\Gamma_1}^{(3)}=\chi_{\Gamma_1}^{(4)}=1$; $\chi_{\Gamma_2}^{(1)}=\chi_{\Gamma_2}^{(2)}=1$, $\chi_{\Gamma_2}^{(3)}=\omega$, $\chi_{\Gamma_2}^{(4)}=\omega^2$; $\chi_{\Gamma_3}^{(1)}=\chi_{\Gamma_3}^{(2)}=1$, $\chi_{\Gamma_3}^{(3)}=\omega^2$, $\chi_{\Gamma_3}^{(4)}=\omega$. 但 $\chi_{\Gamma_4}^{(1)}=n_4=3$, 故由 (II) 得:

$$0=\sum_{i=1}^{4}\chi_{\Gamma_i}^{(1)}\chi_{\Gamma_i}^{(4)}=1+\omega^2+\omega+3\chi_{\Gamma_4}^{(4)}\Longrightarrow\chi_{\Gamma_4}^{(4)}=0,$$

$$0=\sum_{i=1}^{4}\chi_{\Gamma_i}^{(1)}\chi_{\Gamma_i}^{(3)}=1+\omega+\omega^2+3\chi_{\Gamma_4}^{(3)}\Longrightarrow\chi_{\Gamma_4}^{(3)}=0,$$

$$0 = \sum_{i=1}^{4} \chi_{\Gamma_i}^{(1)} \chi_{\Gamma_i}^{(2)} = 1 + 1 + 1 + 3\chi_{\Gamma_4}^{(2)} \Longrightarrow \chi_{\Gamma_4}^{(2)} = -1.$$

特征标系的表为:

	ζ_1	ζ_2	ζ_3	ζ_4
χ_{Γ_1}	1	1	1	1
χ_{Γ_2}	1	1	ω	ω^2
χ_{Γ_3}	1	1	ω^2	ω
χ_{Γ_4}	3	-1	0	0

注意 Γ_4 之实际求法就麻烦且困难了: 事实上, $n_4 = 3 \mid o(\Gamma_4)$ 及 $o(\Gamma_4) \mid o(\mathfrak{A}_4) = 12$ 说明 $o(\Gamma_4) = 3$, 6, 或 12, 只这三个可能性;由于有 $N \lhd \mathfrak{A}_4$ 使 $\mathfrak{A}_4/N \simeq \Gamma_4$, 而 $\mathfrak{A}_4$ 又无 2 阶的正规子群,即知 $o(\Gamma_4) \neq 6$; 若 $o(\Gamma_4) = 3$, 则 $o(N) = 4$, $N = \mathfrak{K}_4$ 为克莱茵四元群, $\mathfrak{A}_4/N$ 为三阶循环, 因而其表现 Γ_4 (这时, Γ_4 是 $\mathfrak{A}_4/N$ 的忠实表现)得分解为一级的,即 Γ_4 为完全可约,非不可约,与假设矛盾,不可,故 $o(\Gamma_4) \neq 3$. 于是只能是 $o(\Gamma_4) = 12$. 说明了 $\mathfrak{A}_4$ 的 3 级不可约表现 Γ_4 必为忠实表现.

例 3 求四次对称群 $\mathfrak{S}_4$ 的特征标系.

解. $\mathfrak{S}_4$ 有 5 个共轭类: $\zeta_1 = (1)$ 只含恒等置换, $\zeta_2 = ((12)$, (13), (14), (23), (24), $(34))$ 含 6 个对换, $\zeta_3 = ((12)(34)$, $(13)(24)$, $(14)(23))$ 含 3 个两对换之积, ζ_4 含 8 个三项循环, ζ_5 含 6 个四项循环. 因之 $h_1 = 1$, $h_2 = 6$, $h_3 = 3$, $h_4 = 8$, $h_5 = 6$, 而 $\mathfrak{S}_4$ 有 5 个不可约表现 Γ_1 (恒同的), Γ_2, Γ_3, Γ_4, Γ_5, 其级分别为 $n_1 = 1$, n_2, n_3, n_4, n_5.

因 $\mathfrak{S}_4/\mathfrak{K}_4 \simeq \mathfrak{S}_3$, 而 $\mathfrak{S}_3$ 有两个一级与一个 2 级不可约表现 (例 1), 故 $\mathfrak{S}_4/\mathfrak{K}_4$ 随而 $\mathfrak{S}_4$ 也有两个 1 级与一个 2 阶的不可约表现, 就令 $n_2 = 1$, $n_3 = 2$. 于是据 $24 = n_1^2 + n_2^2 + n_3^2 + n_4^2 + n_5^2$ 知 $n_4^2 + n_5^2 = 18$, 不得不有 $n_4 = n_5 = 3$. 故 $\mathfrak{S}_4$ 有两个 1 级表现 (包含恒同的), 一个 2 级不可约与两个 3 级不可约表现.

又据例 1 确知 $\mathfrak{S}_4/\mathfrak{K}_4(\simeq \mathfrak{S}_3)$ 的非恒同一级表现与 2 级不可约表现的特征标系各为

$$\chi(\mathfrak{K}_4)=1,\ \chi(\mathfrak{K}_4(123))=1=\chi(\mathfrak{K}_4(132)),$$
$$\chi(\mathfrak{K}_4(12))=\chi(\mathfrak{K}_4(13))=\chi(\mathfrak{K}_4(23))=-1$$

与

$$\chi(\mathfrak{K}_4)=2,\ \chi(\mathfrak{K}_4(123))=\chi(\mathfrak{K}_4(132))=-1,$$
$$\chi(\mathfrak{K}_4(12))=\chi(\mathfrak{K}_4(13))=\chi(\mathfrak{K}_4(23))=0,$$

故除 $\chi_{\Gamma_1}^{(1)}=\chi_{\Gamma_1}^{(2)}=\chi_{\Gamma_1}^{(3)}=\chi_{\Gamma_1}^{(4)}=\chi_{\Gamma_1}^{(5)}=1$ 外，还知道

$$\chi_{\Gamma_2}^{(1)}=\chi_{\Gamma_2}^{(3)}=\chi_{\Gamma_2}^{(4)}=1,\ \chi_{\Gamma_2}^{(2)}=\chi_{\Gamma_2}^{(5)}=-1$$

与

$$\chi_{\Gamma_3}^{(1)}=\chi_{\Gamma_3}^{(3)}=2,\ \chi_{\Gamma_3}^{(4)}=-1,\ \chi_{\Gamma_3}^{(2)}=\chi_{\Gamma_3}^{(5)}=0.$$

再由 $\chi_{\Gamma_4}^{(1)}=\chi_{\Gamma_5}^{(1)}=3$，据 (II) 得 $\sum_{i=1}^{5}\chi_{\Gamma_i}^{(a)}\chi_{\Gamma_i}^{(b)}=0\ (a\neq b)$，可知让 $a=1$，而 $b=2,3,4,5$ 时就有 $\chi_{\Gamma_4}^{(i)}+\chi_{\Gamma_5}^{(i)}=0\,(i=2,4,5)$ 及 $\chi_{\Gamma_4}^{(3)}+\chi_{\Gamma_5}^{(3)}=-2$. 故若能求得 $\chi_{\Gamma_4}^{(i)}$，则 $\chi_{\Gamma_5}^{(i)}$ 亦知.

令 (II) 中 $a=b=3$，得 $\frac{24}{3}=6+(\chi_{\Gamma_4}^{(3)})^2+(\chi_{\Gamma_5}^{(3)})^2$，即 $2=(\chi_{\Gamma_4}^{(3)})^2+(-2-\chi_{\Gamma_4}^{(3)})^2$，故 $\chi_{\Gamma_4}^{(3)}=-1=\chi_{\Gamma_5}^{(3)}$. 又令 (II) 中 $a=b=2,4,5$ 时可算得 $(\chi_{\Gamma_4}^{(2)})^2=1=(\chi_{\Gamma_5}^{(2)})^2$，$\chi_{\Gamma_4}^{(4)}=0=\chi_{\Gamma_5}^{(4)}$，$(\chi_{\Gamma_4}^{(5)})^2=1=(\chi_{\Gamma_5}^{(5)})^2$.

再由 (I) 得 $0=\sum_{i=1}^{5}h_i\chi_{\Gamma_4}^{(i)}\overline{\chi_{\Gamma_1}^{(i)}}$，故 $\chi_{\Gamma_4}^{(2)}+\chi_{\Gamma_4}^{(5)}=0$，而与 $(\chi_{\Gamma_4}^{(2)})^2=1$ 合并则知有二个可能性：

$$\text{或 }\chi_{\Gamma_4}^{(2)}=1,\ \chi_{\Gamma_4}^{(5)}=-1;\ \text{或 }\chi_{\Gamma_4}^{(2)}=-1,\ \chi_{\Gamma_4}^{(5)}=1.$$

这二者没有实质的差异，因已证得了 $\chi_{\Gamma_4}^{(1)}=\chi_{\Gamma_5}^{(1)}(=3)$，$\chi_{\Gamma_4}^{(3)}=\chi_{\Gamma_5}^{(3)}(=-1)$，$\chi_{\Gamma_4}^{(4)}=\chi_{\Gamma_5}^{(4)}(=0)$. 由是，$\mathfrak{S}_4$ 之特征标系的表为：

	ζ_1	ζ_2	ζ_3	ζ_4	ζ_5
χ_{Γ_1}	1	1	1	1	1
χ_{Γ_2}	1	−1	1	1	−1
χ_{Γ_3}	2	0	2	−1	0
χ_{Γ_4}	3	1	−1	0	−1
χ_{Γ_5}	3	−1	−1	0	1

由列举的这些例子看，可知求 $\mathfrak{S}_n$ 之特征标系牵涉到 $\mathfrak{S}_{n-1}$ 及

$\mathfrak{A}_{n-1}$的特征标系，于是当 n 大时，实际求法还是一个艰巨的工作.

问题 1　有限可解群有非恒同的一级表现.

问题 2　求四元数群 $G = \{a, b\}$ 的特征标系，其中 $a^4 = 1$, $a^2 = b^2$, $ba = a^{-1}b$.

*§9. 正规子群及群阶与表现的关系

这节准备谈两个问题：一是正规子群与不可约表现的关系，另一是群阶与不可约表现的关系. 在前一节里说了有限非交换群 G 有非恒同的一级表现之充要条件是有 $N \lhd G$, $N < G$ 且 G/N 为交换群，这说明了正规子群 N 使 G/N 为交换群时与 G 之一级表现的联系，于是自然会问正规子群 H 使 G/H 不为交换群时也可能与 G 之某些不可约（当然非一级的）表现发生联系，现在就是要探索这样的联系，这正是要解决的第一个问题. 又群阶之变化对其不可约表现有影响，这是不言而喻的，这正是我们要解决的第二个问题.

关于正规子群与不可约表现的联系，首先来看以正规子群 N 为模的商群 G/N 是交换群时其与不可约表现之联系究竟若何？已知：$\bar{G} = G/N$ 为交换群时，$\bar{G}$ 之共轭类的个数等于 $o(G/N)$，且据前节定理 5 之证法又知 G/N 的每不可约（为 1 级的）表现得诱导 G 的一个一级表现，因之由于这时 G/N 有 $o(G/N)$ 个一级表现可知 G 已必有 $o(G/N)$ 个一级表现，且 N 之元在它们内面都对应于单位元. 反之，G 之每个不可约表现如使 N 之元都映射为单位元（矩阵）时，则这表现当然也是 G/N 的一个不可约表现，随而是一级的，故 G 中这样的表现不外乎是上面说的 $o(G/N)$ 个一级表现中的某一个. 这说明了这样一个事实，即以正规子群 N 为模的商群 G/N 是交换群时，则 G 恰有 $o(G/N)$ 个不可约表现使 N 之元在它们的每个内面都对应于单位元，随而为一级的. 然而当 $H \lhd G$ 而 G/H 非交换群时，也有类似的结论，换言之，刚才说的现象实际上可认为是下面定理 1 的一个特例.

定理1 设G为有限群而$H\lhd G$. 若G/H有r'个共轭类，则G恰有r'个不可约表现使H之每元在这些表现的每个内面都对应于单位元.

证明 G/H有r'个共轭类即示G/H有r'个不可约表现Γ_1, $\Gamma_2, \cdots, \Gamma_{r'}$; 每$\Gamma_i$可诱导$G$的一个不可约表现，仍以符号$\Gamma_i$记之. 因这些$\Gamma_i$在$G/H$内互异，故在$G$内也必然互异，且凡属于$H$的元都对应于$\Gamma_i$之单位元，这就证明了$G$中已有了$r'$个不可约表现$\Gamma_1, \Gamma_2, \cdots, \Gamma_{r'}$确实满足定理中所要求的性质.

反之，设Λ是G之一个不可约表现，而使H的元对应于Λ之单位元，即对每$h\in H$有$\Lambda(h)=E$(单位矩阵)，则对每$x\in G$常有$\Lambda(xh)=\Lambda(x)\Lambda(h)=\Lambda(x)$，说明了陪集$xH=\tilde{x}$的任何元$xh$在$\Lambda$内恒对应于$\Lambda(x)$，即$\Lambda(x)$不以陪集$xH$之代表元$x$的选取有关，今以这固定的$\Lambda(x)$定义为$G/H$之元$xH=\tilde{x}$在$\Lambda$内的像，即$\Lambda(\tilde{x})=\Lambda(x)$. 这样定义以后，易知$\Lambda(\tilde{x})$为$G/H$之不可约表现，仍记为$\Lambda$. 于是因$G/H$总共只有$r'$个不可约表现$\Gamma_1, \Gamma_2, \cdots, \Gamma_{r'}$, 故$\Lambda$不得不为$\Gamma_1, \Gamma_2, \cdots, \Gamma_{r'}$中的某一. 证完.

在§8里我们又说过：有限群G有非恒同的一级表现之充要条件是有$N\lhd G$, $N<G$, 且G/N为交换的. 然而G/N为交换的充要条件是$G'=[G, G]\subseteq N$, 故G有非恒同的一级表现之充要条件是$G'=[G, G]<G$, 今问这时G到底有多少个一级表现呢？据定理1,不难回答这个问题，即有

定理2 有限群G恰有k个互异的一级表现的充要条件是$[G:G']=k$, 但$G'=[G, G]$.

证明 先设$[G:G']=k$. 这时，G/G'是k阶交换群，故G/G'有k个一级表现$\Gamma_1, \Gamma_2, \cdots, \Gamma_k$(前节定理4)，因之它们也诱导$G$的$k$个一级表现，仍记以$\Gamma_1, \Gamma_2, \cdots, \Gamma_k$. 反之，若$\Lambda$为$G$之任一个一级表现，则从$G\sim\Lambda$知有$N\lhd G$使$G/N\simeq\Lambda$, 于是$\Lambda$之交换性保证了$G'=[G, G]\subseteq N$, 说明了$G'=[G, G]$之每元必映射为$\Lambda$之单位元，即数1; 但据定理1又知$G$仅仅只有$\Gamma_1$, $\Gamma_2, \cdots, \Gamma_k$这$k$个一级表现使$G'=[G, G]$之每元在每$\Gamma_i$内都

映射为数 1，故这 Λ 必为 $\Gamma_1, \Gamma_2, \cdots, \Gamma_k$ 中某一. 这就说明了 G 恰有 k 个互异的一级表现，证明了条件的充分性.

至于条件的必要性易明. 事实上，设 G 恰有 k 个互异的一级表现. 若 $[G:G'] = l$，则据上述知 G 恰有 l 个互异的一级表现，于是不得不有 $l = k$，即 $[G:G'] = k$. 证完.

再来对群阶与群之不可约表现的关系进行探索，即讨论我们要解决的第二个问题. 我们只着重讨论奇阶群，因奇数的因数仍为奇数，不像偶数的因数有奇、偶两种可能性那样复杂.

首先，以矩阵群言，有下面的

定理 3 奇阶实矩阵群如非单位元群一定是可约的，随而是完全可约的.

证明 设 $\Gamma = \{D_1, D_2, \cdots, D_\gamma\}$ 是 $\gamma(>1)$ 阶的（n 级）实矩阵群，且 γ 为奇数.

苟若 Γ 为不可约的，则必有 $n \mid \gamma$（§4 定理3的推论 2），故 n 是奇数. $o(\Gamma) = \gamma$ 为奇数还说明了除单位矩阵 D_1 外，任何矩阵 D_i 必与其逆互异（$D_i \neq D_i^{-1}$，当 $i \neq 1$ 时）；然而因 D_i 是实矩阵，故 $\chi_\Gamma(D_i^{-1}) = \overline{\chi_\Gamma(D_i)} = \chi_\Gamma(D_i)$，于是在 $\sum\limits_{i=1}^{\gamma} \chi_\Gamma(D_i) = 0$（§5 的问题 1）

即
$$0 = \chi_\Gamma(D_1) + \sum_{i=2}^{\gamma} \chi_\Gamma(D_i) \tag{1}$$

中，可将 $\sum\limits_{i=2}^{\gamma}$ 内偶数个（共有 $\gamma - 1$ 个）$\chi_\Gamma(D_i)$ 两两配对成 $\chi_\Gamma(D_i) + \chi_\Gamma(D_i^{-1}) = 2\chi_\Gamma(D_i)$，因而 (1) 式可改写为

$$0 = n + 2\sum \chi_\Gamma(D_i)$$

的形式，使和 $\sum$ 中只有 $\dfrac{\gamma - 1}{2}$ 个项. 但 $\chi_\Gamma(D_i)$ 是代数整数，故从上式得 $0 = n + 2\alpha$，α 为代数整数，于是，$\alpha = -\dfrac{n}{2}$ 不得不为有理整数，即 n 是偶数，与已得之 n 为奇数的结论矛盾了，不可. 故 Γ 可约，证完.

由定理 3 即得下面的

推论 奇阶不可约矩阵群必为复矩阵群，或奇阶实矩阵群的不可约成份必为复矩阵群．

用证定理 3 的方法，实际上可证下面的

定理 4 奇阶群的任何不可约表现(除恒同表现外)决不能与它的复共轭表现等价，也就是说奇阶群的任何不可约表现(非恒同的)不能为实的．

附注 实际上，定理 3 可看作是定理 4 的推论．

证明 设 Γ 为奇阶群 G 之非恒同的 (n 级)不可约表现．由于 $G\sim\Gamma$ 也知 $o(\Gamma)=r$ 是奇数，因而 $n|r$，n 为奇数．又由 §5 定理 1 之推论 1，知

$$\sum_{x\in G}\chi_\Gamma(x)=0. \tag{2}$$

再令 $o(G)=2m+1$，则当 $x\neq e$ (G 之单位元)时必有 $x\neq x^{-1}$，故 (2) 中除 $\chi_\Gamma(e)=n$ 外其余的 $2m$ 个 $\chi_\Gamma(x)$ 可分成 m 对，每对有两项，形状是 $\chi_\Gamma(x)$ 与 $\chi_\Gamma(x^{-1})$，于是可改写 (2) 式为

$$0=n+\sum_{i=1}^{m}[\chi_\Gamma(x_i)+\chi_\Gamma(x_i^{-1})], \tag{3}$$

式中 $x_1, x_2, \cdots, x_m$ 为 G 中 m 个互异的元且无一为另一之逆．

苟若 Γ 与 $\bar{\Gamma}$ 等价，则据本章 §8 的定理 2 就应有 $\chi_{\bar{\Gamma}}(x_i)=\chi_\Gamma(x_i)$，故从 $\chi_\Gamma(x_i^{-1})=\overline{\chi_\Gamma(x_i)}=\chi_{\bar{\Gamma}}(x_i)$ 得 $\chi_\Gamma(x_i^{-1})=\chi_\Gamma(x_i)$，于是从 (3) 式有

$$0=n+2\sum_{i=1}^{m}\chi_\Gamma(x_i)=n+2\alpha,$$

α 为代数整数，因而 $\alpha=-\dfrac{n}{2}$ 为有理整数，即 n 为偶数，与上已证得 n 为奇数之结论相矛盾．故 Γ 不能与 $\bar{\Gamma}$ 等价，定理 4 证完．

问题 1 有限群 G 之正则表现 $R(G)$ 如有非恒同的实不可约成份，试证 $o(G)$ 为偶数．

问题 2 奇阶群中非单位元的任何元不能与其逆元共轭．

问题 3 奇阶群 G 中任一个共轭元素类与它的逆类互异（单

位元类除外)。

问题 4 奇阶群 G 中共轭元素类之个数 $r=r(G)$ 也必为奇数.

问题 5 奇阶群 G 的阶 $o(G)$ 与共轭元素类之个数 $r(G)$ 有关系式 $o(G)\equiv r(G)\pmod{16}$.

问题 6 有限群 G 之共轭元素类的个数 $r(G)$ 等于 $\frac{1}{o(G)}\cdot\sum\limits_{x\in G} o(Z_G(x))$.

问题 7 设 H 是有限群 G 之真子群，试证 $r(H)<[G:H]\cdot r(G)$，但 $r(H)$ 与 $r(G)$ 分别表示 H，G 中共轭类之个数.（文献[26，27]）

提示：利用第 6 题，$r(H)=\frac{1}{o(H)}\cdot\sum\limits_{x\in H} o(Z_H(x))$；再利用 $Z_H(x)\subseteq Z_G(x)$。

问题 8 设 H 是有限群 G 之子群. 试证：不论 x 是 G 之任何元，恒有 $o(Z_G(x))\leqslant[G:H]\cdot o(Z_H(x))$. 又“等号”成立的充要条件是 $G=H\cdot Z_G(x)$.

提示：对 H 言与 x 共轭⇒对 G 言与 x 共轭，故 $[H:Z_H(x)]\leqslant[G:Z_G(x)]$，由之即得不等式. 又“等号”成立⟺任 $g\in G$ 必有相应之 $h\in H$ 使 $g^{-1}xg=h^{-1}xh$ 即 $gh^{-1}\in Z_G(x)$ 亦即 $G=Z_G(x)\cdot H$。

第四章 扩展理论

扩展理论首先是在文献 [28, 29] 中提出来的，在现行的群论书如文献 [13],[30],[9] 及 [3] 中都有较系统的记述．什么叫扩展问题？ 设 A, B 为两个已知的群，欲作另一群 G 使 $A \lhd G$ 及 $G/A \simeq B$ (或更确切地说，G 含有一个正规子群 A_1 使 $A_1 \simeq A$ 及 $G/A_1 \simeq B$)的这类问题统统叫做**扩展问题**，这时叫 **G 是 A 被 B 的扩张**(若无突出 B 的必要，我们就简称 **G 是 A 的扩张**)．研究有关扩张问题的理论统称扩展理论．

为什么要研究扩展理论？理由是这样的：设 G 是有限群，因而有合成群列

$$G = G_0 > G_1 > G_2 > \cdots > G_{n-1} > G_n = 1,$$

于是 G_{i-1}/G_i $(i = 1, 2, \cdots, n)$ 为单群，故若有限单群的构造问题能解决，则因 G_{n-2} 是单群 G_{n-1} 被单群 G_{n-2}/G_{n-1} 之扩张，所以借扩展理论得知 G_{n-2} 的构造；再因 G_{n-3} 为 G_{n-2} 被单群 G_{n-3}/G_{n-2} 之扩张，于是从 G_{n-2} 之构造又可借扩展理论得知 G_{n-3} 的构造；反复进行，最后得知 G 的构造．这说明了研究有限群的构造问题归根到底是研究有限单群与扩展理论这两个问题，这当然也说明了扩展理论的重要性，同时也说明为什么要研究扩展理论．简言之，扩展理论的实质意义是从已知的两个群怎样去作另一个新群的问题，因而它是研究群论的一个重要方法或工具．

§1. 因子团

当 A, B 两个群已知时，A 被 B 之扩张是否存在呢？ 这只要作 A, B 的直积 $A \times B$，显然看出 $A \times B$ 是 A 被 B 的一个扩张，故扩张的存在性勿庸置疑．问题在扩张的唯一性：例如三次对称

群 $\mathfrak{S}_3$ 以三次交代群 $\mathfrak{A}_3$ 为模的商群 $\mathfrak{S}_3/\mathfrak{A}_3$ 是二阶循环群，而 $\mathfrak{A}_3$ 为三阶循环群，故 $\mathfrak{S}_3$ 可认为是三阶循环群被二阶循环群的一个扩张；再者，六阶循环群 C_6 也显然是三阶循环群 C_3 被二阶循环群 C_2 的一个扩张；可是，三次对称群 $\mathfrak{S}_3$ 与六阶循环群 C_6 显然不同构．所以，一般地说，给了两个群 A 与 B，则 A 被 B 之扩张只能说存在，却不敢断定是唯一的．因此发生了一个问题，即 A 被 B 的许多扩张之间的关系怎样呢？要弄清这个问题，就要先弄清一个扩张究竟是由怎样的一些条件来决定的．为明确起见，将群 A 的元统统用小写拉丁字母 a，b，c，$\cdots$ 或在其右下角附以指数如 a_1，a_2，$\cdots$ 等等来表示，将群 B 之元用希腊字母 α，β，γ，$\cdots$ 或在其右下角附以指数如 α_1，α_2，$\cdots$ 等等来表示．

设 G 是 A 被 B 的一个扩张．于是，$G/A \simeq B$ 就说明了 G 关于子群 A 之左陪集分解可写为

$$G = \sum_{\alpha \in B} A \cdot g_\alpha$$

形，使 B 与 G/A 之元间的 1-1 对应

$$\alpha \leftrightarrows Ag_\alpha$$

可产生同构关系

$$G/A \simeq B.$$

由是有 $Ag_\alpha g_\beta = Ag_\alpha \cdot Ag_\beta = Ag_{\alpha\beta}$，故

$$g_\alpha g_\beta = m_{\alpha,\beta} g_{\alpha\beta} \quad (m_{\alpha,\beta} \in A). \tag{1}$$

但从 $A \lhd G$ 又知 1-1 对应

$$a \leftrightarrows g_\alpha^{-1} a g_\alpha \quad (\text{任 } a \in A)$$

为 A 的一个自同构，表写为 $a \leftrightarrows a^{\varphi_\alpha}$，即

$$g_\alpha^{-1} a g_\alpha = a^{\varphi_\alpha}. \tag{2}$$

注意 φ_α 不仅与 B 之元 α 有关，且还与陪集 Ag_α 之代表 g_α 之选择有关．当 $b \in A$ 时，A 之自同构 $a \leftrightarrows b^{-1}ab$ 如在第一章 §9 里说的那样仍记为 $a \leftrightarrows a^{I_b}$，即

$$b^{-1}ab = a^{I_b}. \tag{3}$$

于是利用 (1)，(2)，(3)，容易验证

$$a^{\varphi_\alpha\varphi_\beta}=(a^{\varphi_\alpha})^{\varphi_\beta}=(a^{I_{m_{\alpha,\beta}}})^{\varphi_{\alpha\beta}}. \quad \cdots\cdots \tag{I}$$

又由

$$g_\alpha g_\beta g_\gamma=\begin{cases}(g_\alpha g_\beta)g_\gamma=m_{\alpha,\beta}g_{\alpha\beta}g_\gamma=m_{\alpha,\beta}m_{\alpha\beta,\gamma}g_{\alpha\beta\gamma},\\ g_\alpha(g_\beta g_\gamma)=g_\alpha m_{\beta,\gamma}g_{\beta\gamma}=g_\alpha m_{\beta,\gamma}g_\alpha^{-1}\cdot g_\alpha g_{\beta\gamma}\end{cases}$$
$$=m_{\beta,\gamma}^{\varphi_\alpha^{-1}}m_{\alpha,\beta\gamma}g_{\alpha\beta\gamma},$$

得知

$$m_{\alpha,\beta}m_{\alpha\beta,\gamma}=m_{\beta,\gamma}^{\varphi_\alpha^{-1}}m_{\alpha,\beta\gamma}. \quad \cdots\cdots \tag{II}$$

再考虑G中任二元ag_α与bg_β的积，容易验证

$$ag_\alpha\cdot bg_\beta=ab^{\varphi_\alpha^{-1}}m_{\alpha,\beta}g_{\alpha\beta}. \quad \cdots\cdots \tag{III}$$

总括上述，得知：从A被B的一个已知的扩张G出发，能产生A的一组元$m_{\alpha,\beta}(\alpha,\beta\in B)$和$A$的一组自同构$a\rightleftarrows a^{\varphi_\alpha}(\alpha\in B)$满足(I)与(II)之一切应有的关系式[当$B$是$n$阶群时，一组元$m_{\alpha,\beta}$之个数是$n^2$，一组自同构$\varphi_\alpha$之个数是$n$]．今后，叫适合(II)式的$A$之一组元$[m_{\alpha,\beta}]$为$A$的**因子团**．

这里应特别注意的是，A之因子团$[m_{\alpha,\beta}]$和自同构φ_α都与扩张G之左陪集的代表元系g_α之选择有关．虽属同一扩张G，但当陪集之代表元系的选择不同时，所产生的A之因子团和A之一组自同构$a\rightleftarrows a^{\varphi_\alpha}$也可能不同，今问：它们的关系怎样呢?

为区别计，让由代表元系$g_\alpha(\alpha\in B)$所决定的A之一组自同构及因子团各令$[\varphi_\alpha]$及$[m_{\alpha,\beta}]$来表示，而令$[\varphi'_\alpha]$及$[m'_{\alpha,\beta}]$分别表示由代表元系$g'_\alpha(\alpha\in B)$所决定的A之一组自同构及因子团，即

$$g'^{-1}_\alpha ag'_\alpha=a^{\varphi'_\alpha},\quad g'_\alpha g'_\beta=m'_{\alpha,\beta}g'_{\alpha\beta},$$

式中$G=\sum\limits_{\alpha\in B}Ag'_\alpha$，且$Ag'_\alpha=Ag_\alpha$，随而又有

$$a^{\varphi'_\alpha\varphi'_\beta}=(a^{I_{m'_{\alpha,\beta}}})^{\varphi'_{\alpha\beta}}\text{ 及 }m'_{\alpha,\beta}m'_{\alpha\beta,\gamma}=m'^{\varphi'^{-1}_\alpha}_{\beta,\gamma}m'_{\alpha,\beta\gamma}.$$

因为$g'_\alpha=c_\alpha g_\alpha(c_\alpha\in A)$，故有

$$a^{\varphi'_\alpha}=g_\alpha^{-1}c_\alpha^{-1}ac_\alpha g_\alpha=g_\alpha^{-1}a^{I_{c_\alpha}}g_\alpha=(a^{I_{c_\alpha}})^{\varphi_\alpha}=a^{I_{c_\alpha}\varphi_\alpha},$$

即

$$\varphi'_\alpha = I_{c_\alpha}\varphi_\alpha(\alpha \in B). \tag{4}$$

然据 (III) 式可知

$$g'_\alpha g'_\beta = c_\alpha g_\alpha c_\beta g_\beta = c_\alpha c_\beta^{\varphi_\alpha^{-1}} m_{\alpha,\beta} g_{\alpha\beta},$$

且同时又有

$$g'_\alpha g'_\beta = m'_{\alpha,\beta} g'_{\alpha\beta} = m'_{\alpha,\beta} c_{\alpha\beta} g_{\alpha\beta},$$

故得到

$$m'_{\alpha,\beta} = c_\alpha c_\beta^{\varphi_\alpha^{-1}} m_{\alpha,\beta} c_{\alpha\beta}^{-1}. \tag{5}$$

这说明了：当 A 被 B 之扩张 G 已与时，则由 G 关于 A 之左陪集的代表元系之选择不同所产生的 A 之因子团及自同构组虽然可能不同，但这两组因子团及自同构组是由 (4), (5) 两关系式而联系着的.

反之，设扩张 G 之一组代表元系 g_α 所决定的 A 之一组自同构 $[\varphi_\alpha]$ 及因子团 $[m_{\alpha,\beta}]$ 已知，再作 A 之另一组自同构 $[\varphi'_\alpha = I_{c_\alpha}\varphi_\alpha]$ $(c_\alpha \in A)$ 以及作满足 (5) 式的 A 之另一组元素 $m'_{\alpha,\beta}$. 于是，$g'_\alpha = c_\alpha g_\alpha$ 当然是 G 关于 A 之左陪集的另一组代表元系，且容易验证由代表系 g'_α 所决定的 A 之自同构组及因子团恰为 $[\varphi'_\alpha]$ 及 $[m'_{\alpha,\beta}]$.

故总括之，可知上面所问的关系问题得到了解决，即下面的

定理 1 当 A 被 B 之一扩张 G 已与时，则由 G 关于 A 之左陪集分解中一组代表元系就能决定满足 (I), (II) 两式的 A 之一组自同构及因子团；而不同的代表元系所决定的 A 之自同构组及因子团间的关系是用 (4), (5) 两式联系着的，且反之由 (4), (5) 两式所联系 (I), (II) 的 $[\varphi'_\alpha]$ 及 $[m'_{\alpha,\beta}]$ 又得决定 G 关于 A 之左陪集分解中的另一代表元系使其所确定的 A 之自同构组及因子团恰为 $[\varphi'_\alpha]$ 及 $[m'_{\alpha,\beta}]$.

上面所讨论的都是从一个已知的扩张出发，得到了满足 (I), (II) 两关系式的 A 之一组自同构及因子团. 现在反过来问：假定在群 A 中事先已经有了满足 (I), (II) 两关系式的一组自同构 φ_α 及一组元素 $m_{\alpha,\beta}$ (α, β 都跑遍 B)，那末是否存在一个 A 被 B 之扩张，使它关于 A 之左陪集分解中得有一代表系所决定的 A 之自同

构组及因子团恰好就是这已给的一组自同构 φ_α 及这组元素 $m_{\alpha,\beta}$ 呢？我们说这样的扩张确实存在.

为了解决所说扩张的存在，首先要弄清楚想寻找之扩张的元素究竟是怎样的形状？(III) 式对解决这问题是有启发性的，叙述于下.

对每个 $\alpha \in B$，都形式地作一个符号 $\tilde{g}_\alpha$，这样得到了一组符号的集合 $\mathfrak{M}_B = (\tilde{g}_\alpha, \tilde{g}_\beta, \cdots)$，集合 $\mathfrak{M}_B$ 的基数等于 B 的阶. 再形式地作符号 $a\tilde{g}_\alpha$（a 与 α 分别独立地跑遍 A 与 B），并令凡符号 $a\tilde{g}_\alpha$ 之集合用 $\bar{G}$ 表示，于是集 $\bar{G}$ 含有 $o(A)\cdot o(B)$ 个符号 $a\tilde{g}_\alpha$. 再定义 $\bar{G}$ 中任二元 $a\tilde{g}_\alpha$ 与 $b\tilde{g}_\beta$ 的结合关系（叫做乘法）为如 (III)′ 所述，即

$$a\tilde{g}_\alpha \cdot b\tilde{g}_\beta = ab^{\varphi_\alpha^{-1}} m_{\alpha,\beta}\tilde{g}_{\alpha\beta}. \quad \cdots\cdots \tag{III$'$}$$

附注 我们也可将形式符号 $a\tilde{g}_\alpha$ 改写为 $(a, \tilde{g}_\alpha)$，再定义 $(a, \tilde{g}_\alpha)$ 与 $(b, \tilde{g}_\beta)$ 之结合方法为 $(a, \tilde{g}_\alpha)\cdot(b, \tilde{g}_\beta) = (ab^{\varphi_\alpha^{-1}} m_{\alpha,\beta}, \tilde{g}_{\alpha\beta})$. 这都无本质上的差异.

今能断言集 $\bar{G}$ 关于结合方法 (III)′ 成群，且又恰为我们所要求的 A 被 B 之扩张.

在证明 $\bar{G}$ 成群以前，先将凡由 (I), (II) 两关系式可推导出的且为以后要引用的一些主要结果摘录于下.

设 ε 表示 B 之单位元，则有

$$\left.\begin{aligned} m_{\varepsilon,\varepsilon}^{\varphi_\varepsilon} &= m_{\varepsilon,\varepsilon}, \\ \varphi_\varepsilon &= I_{m_{\varepsilon,\varepsilon}}, \\ m_{\varepsilon,\alpha} &= m_{\varepsilon,\varepsilon}, \\ m_{\alpha,\varepsilon}^{\varphi_\alpha} &= m_{\varepsilon,\alpha}^{\varphi_\varepsilon} = m_{\varepsilon,\alpha}^{\varphi_\varepsilon^{-1}} = m_{\varepsilon,\varepsilon}. \end{aligned}\right\} \tag{6}$$

事实上，令 (I) 中 $\alpha=\beta=\varepsilon$，可知 $\varphi_\varepsilon^2 = I_{m_{\varepsilon,\varepsilon}}\varphi_\varepsilon$，故 $\varphi_\varepsilon = I_{m_{\varepsilon,\varepsilon}}$，即 (6) 之第二式；由是 $m_{\varepsilon,\varepsilon}^{\varphi_\varepsilon} = m_{\varepsilon,\varepsilon}^{I_{m_{\varepsilon,\varepsilon}}} = m_{\varepsilon,\varepsilon}$，证明了 (6) 之第一式. 其次，令 (II) 中 $\alpha=\beta=\varepsilon$，有 $m_{\varepsilon,\varepsilon}m_{\varepsilon,\gamma} = m_{\varepsilon,\gamma}^{\varphi_\varepsilon^{-1}} m_{\varepsilon,\gamma}$，$m_{\varepsilon,\varepsilon} = m_{\varepsilon,\gamma}^{\varphi_\varepsilon^{-1}} = m_{\varepsilon,\gamma}^{I_{m_{\varepsilon,\varepsilon}}^{-1}} = m_{\varepsilon,\varepsilon}m_{\varepsilon,\gamma}m_{\varepsilon,\varepsilon}^{-1}$，$m_{\varepsilon,\gamma} = m_{\varepsilon,\varepsilon}$，证明了 (6) 之

第三式. 最后,令 (II) 中 $\beta=\gamma=\varepsilon$, 有 $m_{\alpha,\varepsilon}^2=m_{\varepsilon,\varepsilon}^{\varphi_\alpha^{-1}}m_{\alpha,\varepsilon}$, $m_{\alpha,\varepsilon}=m_{\varepsilon,\varepsilon}^{\varphi_\alpha^{-1}}$, $m_{\alpha,\varepsilon}^{\varphi_\alpha}=m_{\varepsilon,\varepsilon}$; 再利用第二、三两式又易知 $m_{\varepsilon,\alpha}^{\varphi_\varepsilon}=m_{\varepsilon,\varepsilon}^{I_{m_{\varepsilon,\varepsilon}}}=m_{\varepsilon,\varepsilon}$ 及 $m_{\varepsilon,\alpha}^{\varphi_\varepsilon^{-1}}=m_{\varepsilon,\varepsilon}^{I^{-1}_{m_{\varepsilon,\varepsilon}}}=m_{\varepsilon,\varepsilon}$; 于是 (6) 之第四式亦真.

有了 (6) 式, 不难证明 $\bar{G}$ 成群. 事实上, 利用 (I), (II), (III)′, 可知

$$(a\tilde{g}_\alpha\cdot b\tilde{g}_\beta)\cdot c\tilde{g}_\gamma=ab^{\varphi_\alpha^{-1}}m_{\alpha,\beta}\tilde{g}_{\alpha\beta}\cdot c\tilde{g}_\gamma=ab^{\varphi_\alpha^{-1}}m_{\alpha,\beta}c^{\varphi_{\alpha\beta}^{-1}}m_{\alpha\beta,\gamma}\tilde{g}_{\alpha\beta\gamma},$$

及

$$\begin{aligned}a\tilde{g}_\alpha\cdot(b\tilde{g}_\beta\cdot c\tilde{g}_\gamma)&=a\tilde{g}_\alpha\cdot(bc^{\varphi_\beta^{-1}}m_{\beta,\gamma}\tilde{g}_{\beta\gamma})\\&=a(bc^{\varphi_\beta^{-1}}m_{\beta,\gamma})^{\varphi_\alpha^{-1}}m_{\alpha,\beta\gamma}\tilde{g}_{\alpha\beta\gamma}\\&=ab^{\varphi_\alpha^{-1}}c^{(\varphi_\alpha\varphi_\beta)^{-1}}m_{\beta,\gamma}^{\varphi_\alpha^{-1}}m_{\alpha,\beta\gamma}\tilde{g}_{\alpha\beta\gamma}\\&=ab^{\varphi_\alpha^{-1}}c^{(\varphi_\alpha\varphi_\beta)^{-1}}m_{\alpha,\beta}m_{\alpha\beta,\gamma}\tilde{g}_{\alpha\beta\gamma}\\&=ab^{\varphi_\alpha^{-1}}c^{\varphi_{\alpha\beta}^{-1}I_{m_{\alpha,\beta}}^{-1}}m_{\alpha,\beta}m_{\alpha\beta,\gamma}\tilde{g}_{\alpha\beta\gamma}\\&=ab^{\varphi_\alpha^{-1}}m_{\alpha,\beta}c^{\varphi_{\alpha\beta}^{-1}}m_{\alpha\beta,\gamma}\tilde{g}_{\alpha\beta\gamma},\end{aligned}$$

即证明了结合律在 $\bar{G}$ 内成立:

$$(a\tilde{g}_\alpha\cdot b\tilde{g}_\beta)\cdot c\tilde{g}_\gamma=a\tilde{g}_\alpha\cdot(b\tilde{g}_\beta\cdot c\tilde{g}_\gamma).$$

其次,利用 (6) 式的第二、三两式又知道

$m_{\varepsilon,\varepsilon}^{-1}\tilde{g}_\varepsilon\cdot a\tilde{g}_\alpha=m_{\varepsilon,\varepsilon}^{-1}a^{\varphi_\varepsilon^{-1}}m_{\varepsilon,\alpha}\tilde{g}_\alpha=m_{\varepsilon,\varepsilon}^{-1}a^{I^{-1}_{m_{\varepsilon,\varepsilon}}}m_{\varepsilon,\varepsilon}\tilde{g}_\alpha=a\tilde{g}_\alpha$, 即 $\bar{G}$ 有一个左单位元 $m_{\varepsilon,\varepsilon}^{-1}\tilde{g}_\varepsilon$.

附注 利用 (6) 之第四式 $m_{\alpha,\varepsilon}^{\varphi_\alpha}=m_{\varepsilon,\varepsilon}$ 可知 $a\tilde{g}_\alpha\cdot m_{\varepsilon,\varepsilon}^{-1}\tilde{g}_\varepsilon=a(m_{\varepsilon,\varepsilon}^{-1})^{\varphi_\alpha^{-1}}m_{\alpha,\varepsilon}\tilde{g}_\alpha=a(m_{\varepsilon,\varepsilon}^{-1})^{\varphi_\alpha^{-1}}(m_{\varepsilon,\varepsilon})^{\varphi_\alpha^{-1}}\tilde{g}_\alpha=a(m_{\varepsilon,\varepsilon}^{-1}m_{\varepsilon,\varepsilon})^{\varphi_\alpha^{-1}}\tilde{g}_\alpha=a\tilde{g}_\alpha$, 又说明 $m_{\varepsilon,\varepsilon}^{-1}\tilde{g}_\varepsilon$ 为 $\bar{G}$ 的右单位元.

最后,由于 $m_{\varepsilon,\varepsilon}^{-1}m_{\alpha^{-1},\alpha}^{-1}(a^{-1})^{\varphi_{\alpha^{-1}}^{-1}}\tilde{g}_{\alpha^{-1}}\cdot a\tilde{g}_\alpha=m_{\varepsilon,\varepsilon}^{-1}m_{\alpha^{-1},\alpha}^{-1}(a^{-1})^{\varphi_{\alpha^{-1}}^{-1}}a^{\varphi_{\alpha^{-1}}^{-1}}m_{\alpha^{-1},\alpha}\tilde{g}_\varepsilon=m_{\varepsilon,\varepsilon}^{-1}\tilde{g}_\varepsilon$,就知道对左单位元 $m_{\varepsilon,\varepsilon}^{-1}\tilde{g}_\varepsilon$ 言, $\bar{G}$ 之每元 $a\tilde{g}_\alpha$ 有一个左逆元为 $m_{\varepsilon,\varepsilon}^{-1}m_{\alpha^{-1},\alpha}^{-1}(a^{-1})^{\varphi_{\alpha^{-1}}^{-1}}\tilde{g}_{\alpha^{-1}}$.

附注 也不难直接证明 $m_{\varepsilon,\varepsilon}^{-1}m_{\alpha^{-1},\alpha}^{-1}(a^{-1})^{\varphi_{\alpha^{-1}}^{-1}}\tilde{g}_{\alpha^{-1}}$ 为 $a\tilde{g}_\alpha$ 之右逆元.事实上,由公式 $\varphi_\alpha\varphi_\beta=I_{m_{\alpha,\beta}}\varphi_{\alpha\beta}$ 中的 α 与 β 之任意性可知 $\varphi_\alpha\varphi_{\alpha^{-1}}=I_{m_{\alpha,\alpha^{-1}}}\varphi_\varepsilon=I_{m_{\alpha,\alpha^{-1}}}I_{m_{\varepsilon,\varepsilon}}=I_{m_{\alpha,\alpha^{-1}}m_{\varepsilon,\varepsilon}}$,又令(II)中 $\beta=\alpha^{-1}$,$\gamma=\alpha$ 得 $m_{\alpha,\alpha^{-1}}m_{\varepsilon,\alpha}=m_{\alpha^{-1},\alpha}^{\varphi_\alpha^{-1}}m_{\alpha,\varepsilon}=m_{\alpha^{-1},\alpha}^{\varphi_\alpha^{-1}}m_{\varepsilon,\varepsilon}^{\varphi_\alpha^{-1}}$ ((6) 之第四式), 即 $(m_{\alpha^{-1},\alpha}m_{\varepsilon,\varepsilon})^{\varphi_\alpha^{-1}}=m_{\alpha,\alpha^{-1}}m_{\varepsilon,\alpha}=m_{\alpha,\alpha^{-1}}m_{\varepsilon,\varepsilon}$;故利用这两个结果得知 $a\tilde{g}_\alpha\cdot m_{\varepsilon,\varepsilon}^{-1}m_{\alpha^{-1},\alpha}^{-1}(a^{-1})^{\varphi_{\alpha^{-1}}^{-1}}\tilde{g}_{\alpha^{-1}}=a[m_{\varepsilon,\varepsilon}^{-1}m_{\alpha^{-1},\alpha}^{-1}(a^{-1})^{\varphi_{\alpha^{-1}}^{-1}}]^{\varphi_\alpha^{-1}}m_{\alpha,\alpha^{-1}}\tilde{g}_\varepsilon=a[(m_{\alpha^{-1},\alpha}m_{\varepsilon,\varepsilon})^{\varphi_\alpha^{-1}}]^{-1}(a^{-1})^{(\varphi_\alpha\varphi_{\alpha^{-1}})^{-1}}m_{\alpha,\alpha^{-1}}\tilde{g}_\varepsilon=a(m_{\alpha,\alpha^{-1}}m_{\varepsilon,\varepsilon})^{-1}\cdot(a^{-1})^{I_{(m_{\alpha,\alpha^{-1}}m_{\varepsilon,\varepsilon})^{-1}}}\cdot m_{\alpha,\alpha^{-1}}\tilde{g}_\varepsilon=a(m_{\alpha,\alpha^{-1}}m_{\varepsilon,\varepsilon})^{-1}\cdot(m_{\alpha,\alpha^{-1}}m_{\varepsilon,\varepsilon})a^{-1}(m_{\alpha,\alpha^{-1}}m_{\varepsilon,\varepsilon})^{-1}m_{\alpha,\alpha^{-1}}\tilde{g}_\varepsilon=m_{\varepsilon,\varepsilon}^{-1}\tilde{g}_\varepsilon$, 即示 $m_{\varepsilon,\varepsilon}^{-1}m_{\alpha^{-1},\alpha}^{-1}(a^{-1})^{\varphi_{\alpha^{-1}}^{-1}}\tilde{g}_{\alpha^{-1}}$ 为 $a\tilde{g}_\alpha$ 之右逆元.

于是, $\bar{G}$ 确为群.

剩下要解决的是这样一个问题, 即群 $\bar{G}$ 是 A 被 B 的一个扩张, 且关于 A 之左陪集分解中有一组代表元系使它们所决定的 A 之自同构组及因子团恰好就是在 (I), (II) 两式中所表示的.

为了这个目的, 就令群 $\bar{G}$ 中凡形状是 $\bar{a}=am_{\varepsilon,\varepsilon}^{-1}\tilde{g}_\varepsilon$ ($a\in A$) 的元之集为 $\bar{A}$, 即 $\bar{A}=\{am_{\varepsilon,\varepsilon}^{-1}\tilde{g}_\varepsilon\,|\,a\in A\}$, 于是在 A 与 $\bar{A}$ 之元间显然有一个 1-1 对应: $a\rightleftarrows\bar{a}$; 利用 (6) 之第二式得

$$\begin{aligned}\bar{a}\cdot\bar{b}&=am_{\varepsilon,\varepsilon}^{-1}\tilde{g}_\varepsilon\cdot bm_{\varepsilon,\varepsilon}^{-1}\tilde{g}_\varepsilon=am_{\varepsilon,\varepsilon}^{-1}(bm_{\varepsilon,\varepsilon}^{-1})^{\varphi_\varepsilon^{-1}}m_{\varepsilon,\varepsilon}\tilde{g}_\varepsilon\\&=am_{\varepsilon,\varepsilon}^{-1}(bm_{\varepsilon,\varepsilon}^{-1})^{I_{m_{\varepsilon,\varepsilon}}^{-1}}m_{\varepsilon,\varepsilon}\tilde{g}_\varepsilon=a(bm_{\varepsilon,\varepsilon}^{-1})\tilde{g}_\varepsilon\\&=abm_{\varepsilon,\varepsilon}^{-1}\tilde{g}_\varepsilon=\overline{ab},\end{aligned}$$

说明了 1-1 对应 $a\rightleftarrows\bar{a}$ 是同构对应: $A\simeq\bar{A}$, 故 $\bar{G}$ 包含了一个与 A 成同构的子群 $\bar{A}$.

再令 $\bar{g}_\alpha=1\tilde{g}_\alpha$ (1 为 A 之单位元), 利用 (6) 之第三式可知 $\bar{a}\cdot\bar{g}_\alpha=am_{\varepsilon,\varepsilon}^{-1}\tilde{g}_\varepsilon\cdot1\tilde{g}_\alpha=am_{\varepsilon,\varepsilon}^{-1}1^{\varphi_\varepsilon^{-1}}m_{\varepsilon,\alpha}\tilde{g}_\alpha=am_{\varepsilon,\varepsilon}^{-1}m_{\varepsilon,\alpha}\tilde{g}_\alpha=a\tilde{g}_\alpha$, 即

$$\bar{a}\cdot\bar{g}_\alpha=a\tilde{g}_\alpha. \tag{7}$$

这说明了 $\bar{G}$ 之每元 $a\tilde{g}_\alpha$ 必在一个左陪集 $\bar{A}\cdot\bar{g}_\alpha$ 内.又由于 $\bar{A}\cdot\bar{g}_\alpha=\bar{A}\cdot\bar{g}_\beta$ 之充要条件是 $\bar{g}_\beta=\bar{a}\cdot\bar{g}_\alpha$(某 $\bar{a}\in\bar{A}$),即 $1\tilde{g}_\beta=a\tilde{g}_\alpha$, 故从形

成 $\overline{G}$ 之意义言可知这条件是与 $\beta=\alpha$，$a=1$ 等价的，这又说明了当 $\alpha\neq\beta$ 时，两陪集 $\overline{A}\cdot\bar{g}_\alpha$ 与 $\overline{A}\cdot\bar{g}_\beta$ 互异．故总括之得知：当 α 跑遍 B 时，$\overline{A}\cdot\bar{g}_\alpha$ 就跑遍了 $\overline{G}$，亦即

$$\overline{G}=\sum_{\alpha\in B}\overline{A}\cdot\bar{g}_\alpha,\ [\overline{G}:\overline{A}]=o(B).$$

我们现在敢断言 $\overline{A}\lhd\overline{G}$：事实上，对任 $\bar{a}=am_{\varepsilon,\varepsilon}^{-1}\tilde{g}_\varepsilon\in\overline{A}$，任 $x\tilde{g}_\alpha\in\overline{G}$，我们恒有(利用 (7) 式)：

$$\begin{aligned}(x\tilde{g}_\alpha)^{-1}\cdot\bar{a}\cdot(x\tilde{g}_\alpha)&=(\bar{x}\cdot\bar{g}_\alpha)^{-1}\cdot\bar{a}\cdot(\bar{x}\cdot\bar{g}_\alpha)\\&=\bar{g}_\alpha^{-1}\cdot\bar{x}^{-1}\bar{a}\bar{x}\cdot\bar{g}_\alpha=\bar{g}_\alpha^{-1}\cdot\overline{x^{-1}ax}\cdot\bar{g}_\alpha\ (\text{利用了 } A\simeq\overline{A})\\&=\bar{g}_\alpha^{-1}\cdot\bar{b}\cdot\bar{g}_\alpha(b=x^{-1}ax)=(1\tilde{g}_\alpha)^{-1}\cdot bm_{\varepsilon,\varepsilon}^{-1}\tilde{g}_\varepsilon\cdot(1\tilde{g}_\alpha)\\&=(1\tilde{g}_\alpha)^{-1}\cdot bm_{\varepsilon,\varepsilon}^{-1}1^{\varphi_\varepsilon^{-1}}m_{\varepsilon,\alpha}\tilde{g}_\alpha\\&=(1\tilde{g}_\alpha)^{-1}\cdot b\tilde{g}_\alpha\ (\text{利用了 (6) 之第三式})\\&=m_{\varepsilon,\varepsilon}^{-1}m_{\alpha^{-1},\alpha}^{-1}\tilde{g}_{\alpha^{-1}}\cdot b\tilde{g}_\alpha=m_{\varepsilon,\varepsilon}^{-1}m_{\alpha^{-1},\alpha}^{-1}b^{\varphi_{\alpha^{-1}}^{-1}}m_{\alpha^{-1},\alpha}\tilde{g}_\varepsilon\\&=m_{\varepsilon,\varepsilon}^{-1}b^{\varphi_{\alpha^{-1}}^{-1}I_{m_{\alpha^{-1},\alpha}}}\tilde{g}_\varepsilon=b^{\varphi_{\alpha^{-1}}^{-1}I_{m_{\alpha^{-1},\alpha}}m_{\varepsilon,\varepsilon}}m_{\varepsilon,\varepsilon}^{-1}\tilde{g}_\varepsilon\\&=\overline{b^{\varphi_{\alpha^{-1}}^{-1}I_{m_{\alpha^{-1},\alpha}}m_{\varepsilon,\varepsilon}}}\in\overline{A},\end{aligned}$$

这就表示了 $\overline{A}\lhd\overline{G}$．于是有商群 $\overline{G}/\overline{A}$，故从 $\overline{G}=\sum\limits_{\alpha\in B}\overline{A}\cdot\bar{g}_\alpha$ 得知 B 与商群 $\overline{G}/\overline{A}$ 之元间有一个 1-1 对应关系：$\alpha\leftrightarrows\overline{A}\cdot\bar{g}_\alpha$．但因 $\bar{g}_\alpha\cdot\bar{g}_\beta=1\tilde{g}_\alpha\cdot1\tilde{g}_\beta=m_{\alpha,\beta}\tilde{g}_{\alpha,\beta}=\overline{m}_{\alpha,\beta}\cdot\bar{g}_{\alpha\beta}$ (利用了 (7) 式)，即

$$\bar{g}_\alpha\cdot\bar{g}_\beta=\overline{m}_{\alpha,\beta}\cdot\bar{g}_{\alpha\beta},\tag{8}$$

故 $(\overline{A}\cdot\bar{g}_\alpha)(\overline{A}\cdot\bar{g}_\beta)=\overline{A}\bar{g}_\alpha\bar{g}_\beta=\overline{A}\bar{g}_{\alpha\beta}$，即说明了 1-1 对应 $\alpha\leftrightarrows\overline{A}\cdot\bar{g}_\alpha$ 为同构对应，也就是 $B\simeq\overline{G}/\overline{A}$．于是再与 $\overline{A}\simeq A$ 合并可知 $\overline{G}$ 是 A 被 B 的一个扩张．

再要解决的是自同构组及因子团的问题．不过这时应特别注意的是，所谓自同构组及因子团指的是 $\overline{A}$ 的自同构与 $\overline{A}$ 的元素组，并非指的是 A 的，但满足 (I)，(II) 两关系式之 $[\varphi_\alpha]$ 及 $[m_{\alpha,\beta}]$ 都是 A 的，于是首先就要将满足 (I)，(II) 两式中关于 A 的元转化为 $\overline{A}$ 的元来考虑．怎样转化呢？当然，由于 1-1 对应 $a\leftrightarrows\bar{a}$ $(=am_{\varepsilon,\varepsilon}^{-1}\tilde{g}_\varepsilon)$ 能产生 $A\simeq\overline{A}$，所以应将 A 之元 $m_{\alpha,\beta}$ 换为 $\overline{m}_{\alpha,\beta}(=$

$m_{\alpha,\beta}m_{\varepsilon,\varepsilon}^{-1}\tilde{g}_{\varepsilon}$) 来考虑是很自然的 (因而 $\overline{m}_{\varepsilon,\varepsilon}=1\tilde{g}_{\varepsilon}=\bar{g}_{\varepsilon}$); 同时由于 $a\leftrightarrows a^{\varphi_\alpha}$ 为 A 之自同构,而 $a\leftrightarrows\bar{a}(=am_{\varepsilon,\varepsilon}^{-1}\tilde{g}_{\varepsilon})$ 又产生了 $A\simeq\bar{A}$, 故 $\bar{a}\leftrightarrows\bar{a}^{\varphi_\alpha}(=a^{\varphi_\alpha}m_{\varepsilon,\varepsilon}^{-1}\tilde{g}_{\varepsilon})$ 当然是 $\bar{A}$ 的自同构, 将 $\bar{A}$ 的这个自同构也用相应的符号 $\bar{\varphi}_\alpha$ 来表示, 即 $\bar{a}^{\bar{\varphi}_\alpha}=\overline{a^{\varphi_\alpha}}$, 那末将 A 之自同构 φ_α 转化为 $\bar{A}$ 之相应的自同构 $\bar{\varphi}_\alpha$ 来考虑也是很自然的. A 之自同构组 φ_α 及一些元素 $m_{\alpha,\beta}$ 所满足的 (I), (II) 两式对 $\bar{A}$ 言也必有类似的两个式子

$$\bar{\varphi}_\alpha\cdot\bar{\varphi}_\beta=I_{\overline{m}_{\alpha,\beta}}\bar{\varphi}_{\alpha\beta}\cdots\cdots \tag{I$'$}$$

与

$$\overline{m}_{\alpha,\beta}\cdot\overline{m}_{\alpha\beta,\gamma}=\overline{m}_{\beta,\gamma}^{\bar{\varphi}_\alpha^{-1}}\cdot\overline{m}_{\alpha,\beta\gamma}.\quad\cdots\cdots \tag{II$'$}$$

现在想要在 $\bar{A}$ 被 B 之扩张 $\bar{G}$ 中找 $\bar{G}$ 关于 $\bar{A}$ 之左陪集分解的一组代表元系使其所决定的自同构组及因子团恰为在 (I)′, (II)′ 内所示的 [$\bar{\varphi}_\alpha$] 与 [$\overline{m}_{\alpha,\beta}$]. 我们现在据陪集分解 $\sum\limits_{\alpha\in B}\bar{A}\cdot\bar{g}_\alpha=\bar{G}$ 就取 $\bar{g}_\alpha$, $\bar{g}_\beta$, $\cdots$ 为一组代表元系来试看一下.

事实上, (1) 式在这时应变为 $\bar{g}_\alpha\cdot\bar{g}_\beta=\overline{m}_{\alpha,\beta}\bar{g}_{\alpha\beta}$, 其为正确者勿疑,因它就是上面的 (8) 式. 再计算 $\bar{g}_\alpha^{-1}\cdot\bar{a}\cdot\bar{g}_\alpha$, 由于

$$\begin{aligned}\bar{g}_\alpha^{-1}\cdot\bar{a}\cdot\bar{g}_\alpha&=(1\tilde{g}_\alpha)^{-1}\cdot(a\tilde{g}_\alpha)=m_{\varepsilon,\varepsilon}^{-1}m_{\alpha^{-1},\alpha}^{-1}\tilde{g}_{\alpha^{-1}}\cdot a\tilde{g}_\alpha\\&=m_{\varepsilon,\varepsilon}^{-1}m_{\alpha^{-1},\alpha}^{-1}a^{\varphi_{\alpha^{-1}}^{-1}}m_{\alpha^{-1},\alpha}m_{\varepsilon,\varepsilon}m_{\varepsilon,\varepsilon}^{-1}\tilde{g}_\varepsilon\\&=a^{\varphi_{\alpha^{-1}}^{-1}I_{m_{\alpha^{-1},\alpha}m_{\varepsilon,\varepsilon}}}m_{\varepsilon,\varepsilon}^{-1}\tilde{g}_\varepsilon=a^{\varphi_\alpha}m_{\varepsilon,\varepsilon}^{-1}\tilde{g}_\varepsilon{}^{1)}\\&=\overline{a^{\varphi_\alpha}}=\bar{a}^{\bar{\varphi}_\alpha},\end{aligned}$$

这是说 (2) 式也的确变为相应的

$$\bar{g}_\alpha^{-1}\cdot\bar{a}\cdot\bar{g}_\alpha=\bar{a}^{\bar{\varphi}_\alpha}. \tag{9}$$

至于 (3) 式 $b^{-1}ab=a^{I_b}$ 应换为 $\bar{b}^{-1}\bar{a}\bar{b}=\bar{a}^{I_{\bar{b}}}$ 者自明, 因为符号 $I_{\bar{b}}$ 的意义即是说用 $\bar{A}$ 之元 $\bar{b}$ 所诱导的 $\bar{A}$ 之内自同构. 但 (I), (II) 是据 (1), (2), (3) 推得的, 故由 (8), (9) 与 $\bar{b}^{-1}\bar{a}\bar{b}=\bar{a}^{I_{\bar{b}}}$ 也可推得 (I)′ 与 (II)′, 这就说明了由代表系 $\bar{g}_\alpha$, $\bar{g}_\beta$, $\cdots$ 所决定的 $\bar{A}$ 之自

---

1) 由 (I) 中 $\varphi_\alpha\varphi_\beta=I_{m_{\alpha,\beta}}\varphi_{\alpha\beta}$ 之 α, β 的任意性, 可得 $\varphi_{\alpha^{-1}}\cdot\varphi_\alpha=I_{m_{\alpha^{-1},\alpha}}\varphi_\varepsilon=I_{m_{\alpha^{-1},\alpha}}I_{m_{\varepsilon,\varepsilon}}=I_{m_{\alpha^{-1},\alpha}m_{\varepsilon,\varepsilon}}$, 故 $\varphi_\alpha=\varphi_{\alpha^{-1}}^{-1}I_{m_{\alpha^{-1},\alpha}m_{\varepsilon,\varepsilon}}$

同构组及因子团恰各为 $[\bar{\varphi}_\alpha]$ 与 $[\bar{m}_{\alpha,\beta}]$. 若注意 (I)′, (II)′ 和 (I), (II) 之差异仅在后者的各个文字的上方加了一条横线，故如果能干脆把 $\bar{\varphi}_\alpha$ 简记为 φ_α, $\bar{m}_{\alpha,\beta}$ 简记为 $m_{\alpha,\beta}$，并将同构的群视为同一群，那末 $\bar{G}$ 确为 A 被 B 的一个这样的扩张，即它关于 A 之左陪集分解中有一组代表元系使之所决定的 A 之自同构组及因子团恰好就是在 (I), (II) 两式内所给与的. 于是证明了

定理 2 当 A 被 B 之扩张 G 已给时，则由 G 关于 A 之左陪集分解的一组代表元系就可决定满足 (I), (II) 两式的 A 之一组自同构及因子团. 反之，凡适合 (I), (II) 两式的 A 之一组自同构及因子团若已给定了，那末也的确有 A 被 B 的一个相应的扩张(如上述之 $\bar{G}$).

定理 2 虽解决了这样一个问题，即当适合 (I), (II) 两式的 A 之一组自同构及因子团已给时，确存在 A 被 B 的一个相应的扩张. 但一般地说，扩张不见得是唯一的，因而要问：对于满足 (I), (II) 两式的 A 之同一组自同构及同一组因子团的两个相应扩张间之关系究竟怎样呢?

今假定

$$G_1 = \sum_{\alpha \in B} A g_\alpha \text{ 与 } G_2 = \sum_{\alpha \in B} A h_\alpha$$

是 A 被 B 的两个扩张，它们关于 A 之左陪集分解中各自的代表元系 $g_\alpha, g_\beta, \cdots$ 与 $h_\alpha, h_\beta, \cdots$ 所决定的 A 之自同构及因子团都体现在 (I), (II) 两式里，即

$$\begin{cases} g_\alpha g_\beta = m_{\alpha,\beta} g_{\alpha\beta}, \\ g_\alpha^{-1} a g_\alpha = a^{\varphi_\alpha}, \end{cases} \quad \begin{cases} h_\alpha h_\beta = m_{\alpha,\beta} h_{\alpha\beta}, \\ h_\alpha^{-1} a h_\alpha = a^{\varphi_\alpha}. \end{cases}$$

容易看出 G_1 与 G_2 之元间能有 1-1 对应关系 σ: $ag_\alpha \Longleftrightarrow ah_\alpha$ $(\alpha \in B, a \in A)$, 即 $(ag_\alpha)^\sigma = ah_\alpha$. 因为有 $g_\varepsilon g_\varepsilon = m_{\varepsilon,\varepsilon} g_\varepsilon$，故 $g_\varepsilon = m_{\varepsilon,\varepsilon}$；同理，$h_\varepsilon = m_{\varepsilon,\varepsilon}$. 于是当 $x = ag_\varepsilon = am_{\varepsilon,\varepsilon} = ah_\varepsilon$ 时，有 $x^\sigma = (ag_\varepsilon)^\sigma = ah_\varepsilon = x$，说明了 σ 使 A 之每元不变. 又因

$$\begin{aligned}[(ag_\alpha)(bg_\beta)]^\sigma &= (ab^{\varphi_\alpha^{-1}} m_{\alpha,\beta} g_{\alpha\beta})^\sigma = ab^{\varphi_\alpha^{-1}} m_{\alpha,\beta} h_{\alpha\beta} \\ &= (ah_\alpha)(bh_\beta),\end{aligned}$$

故映射 σ 为 G_1 与 G_2 之同构映射：$G_1 \simeq G_2 = G_1^\sigma$. 于是得知两扩张 G_1 与 G_2 间有这样的同构映射 σ，它使 A 之每元都不变. 像这样的两个扩张 G_1 与 G_2（即它们有刚才说的那样的同构映射）叫做等价扩张. 于是证得了

定理 3 凡适合 (I)，(II) 两关系式的 A 之一组自同构 $[\varphi_\alpha]$ 及一组因子团 $[m_{\alpha,\beta}]$ 的两个扩张除等价外是唯一地决定.

等价扩张是一个重要的概念，下面另辟一节详细地讨论. 本节到此结束.

问题 这一节是从左陪集分解的角度建立的扩展理论. 今试从右陪集分解的观点重新建立扩展理论.

§2. 等 价 扩 张

上一节末谈到了等价扩张这个概念，从而解决了这样一个题问，即由 A 之同一组自同构与因子团所决定的扩张一定是等价的. 可是反转来，当 A 被 B 的两个扩张是等价时，由于它们所决定的 A 之一组自同构及因子团是与扩张关于 A 之左陪集分解中代表元系之选择有关，故一般地说，知由它们所决定的 A 之自同构及因子团不见得是相同的，于是自然会问它们之间的关系究竟怎样？ 另一个问题是在两个等价的扩张中能否找得相应的代表元系（关于 A 之左陪集分解）使它们所决定的自同构组与因子团都恰好一致呢？今设

$$G = \sum_{\alpha \in B} A g_\alpha \text{ 与 } G' = \sum_{\alpha \in B} A g'_\alpha$$

为 A 被 B 的两个扩张，而令

$$\begin{cases} g_\alpha g_\beta = m_{\alpha,\beta} g_{\alpha\beta}, \\ g_\alpha^{-1} a g_\alpha = a^{\varphi_\alpha}, \end{cases} \quad \begin{cases} g'_\alpha g'_\beta = m'_{\alpha,\beta} g'_{\alpha\beta}, \\ g'^{-1}_\alpha a g'_\alpha = a^{\varphi'_\alpha}, \end{cases}$$

于是由 G 之代表元系 g_α 所决定的 A 之一组自同构及因子团为 $[\varphi_\alpha]$ 与 $[m_{\alpha,\beta}]$，而由 G' 之代表元系 g'_α 所决定的 A 之一组自同构及因子团为 $[\varphi'_\alpha]$ 与 $[m'_{\alpha,\beta}]$. 我们的目的是想问从 $[\varphi_\alpha]$，$[m_{\alpha,\beta}]$

与 $[\varphi'_\alpha]$, $[m'_{\alpha,\beta}]$ 间有怎样的联系才体现出 G 与 G' 的等价关系.

先设 G 与 G' 等价. 于是 G 到 G' 上有这样一个同构映射 σ, 即当 $x\in A$ 时恒有 $x^\sigma=x$, 随而就有 $(xg_\alpha)^\sigma=x^\sigma g_\alpha^\sigma=xg_\alpha^\sigma\in Ag'_\alpha=Ag_\alpha^\sigma$. 故当 α 跑遍 B 时, 使 $g_\alpha^\sigma=c_\alpha^{-1}g'_\alpha$ 成立的 A 之一组元 c_α 得以存在; 由是就有

$$\begin{aligned}a^{\varphi'_\alpha}&=g'^{-1}_\alpha ag'_\alpha=(c_\alpha g_\alpha^\sigma)^{-1}a(c_\alpha g_\alpha^\sigma)=(g_\alpha^\sigma)^{-1}c_\alpha^{-1}ac_\alpha g_\alpha^\sigma\\&=(g_\alpha^{-1})^\sigma(c_\alpha^{-1}ac_\alpha)^\sigma g_\alpha^\sigma=(g_\alpha^{-1}c_\alpha^{-1}ac_\alpha g_\alpha)^\sigma\\&=(a^{I_{c_\alpha}\varphi_\alpha})^\sigma=a^{I_{c_\alpha}\varphi_\alpha},\end{aligned}$$

及

$$\begin{aligned}m'_{\alpha,\beta}g'_{\alpha\beta}=g'_\alpha g'_\beta&=c_\alpha g_\alpha^\sigma c_\beta g_\beta^\sigma=(c_\alpha g_\alpha c_\beta g_\beta)^\sigma\\&=(c_\alpha c_\beta^{\varphi_\alpha^{-1}}m_{\alpha,\beta}g_{\alpha\beta})^\sigma=(c_\alpha c_\beta^{\varphi_\alpha^{-1}}m_{\alpha,\beta})^\sigma g_{\alpha\beta}^\sigma\\&=c_\alpha c_\beta^{\varphi_\alpha^{-1}}m_{\alpha,\beta}g_{\alpha\beta}^\sigma=c_\alpha c_\beta^{\varphi_\alpha^{-1}}m_{\alpha,\beta}c_{\alpha\beta}^{-1}g'_{\alpha\beta},\end{aligned}$$

不得不有

$$\begin{cases}\varphi'_\alpha=I_{c_\alpha}\varphi_\alpha, & (1)\\ m'_{\alpha,\beta}=c_\alpha c_\beta^{\varphi_\alpha^{-1}}m_{\alpha,\beta}c_{\alpha\beta}^{-1}. & (2)\end{cases}$$

而 (1) 与 (2) 正是我们所要求的两个等价扩张 G 与 G' 体现在 A 之自同构及因子团间的关系.

反之, 假定 A 被 B 之二个扩张 G 与 G' 各自的代表元系 g_α 与 g'_α 所决定的 A 之两组自同构 $[\varphi_\alpha]$ 与 $[\varphi'_\alpha]$ 和两组因子团 $[m_{\alpha,\beta}]$ 与 $[m'_{\alpha,\beta}]$ 间的关系确已为 (1), (2) 两式联系着的, 即使 (1), (2) 成立的诸 $c_\alpha(\in A)$ 存在, 则又能证明 G 与 G' 是等价的.

事实上, 这时如令 G 之元 ag_α 对应于 G' 之元 $ac_\alpha^{-1}g'_\alpha$ 的映射为 σ: $(ag_\alpha)^\sigma=ac_\alpha^{-1}g'_\alpha$, 则 σ 显为 1-1 对应, 故由于

$$(ag_\alpha\cdot bg_\beta)^\sigma=(ab^{\varphi_\alpha^{-1}}m_{\alpha,\beta}g_{\alpha\beta})^\sigma=ab^{\varphi_\alpha^{-1}}m_{\alpha,\beta}c_{\alpha\beta}^{-1}g'_{\alpha\beta}$$

及

$$\begin{aligned}ac_\alpha^{-1}g'_\alpha\cdot bc_\beta^{-1}g'_\beta&=ac_\alpha^{-1}(bc_\beta^{-1})^{\varphi'^{-1}_\alpha}m'_{\alpha,\beta}g'_{\alpha\beta}\\&=ac_\alpha^{-1}(bc_\beta^{-1})^{\varphi_\alpha^{-1}I_{c_\alpha}^{-1}}m'_{\alpha,\beta}g'_{\alpha\beta}\\&=a(bc_\beta^{-1})^{\varphi_\alpha^{-1}}c_\alpha^{-1}m'_{\alpha,\beta}g'_{\alpha\beta}\end{aligned}$$

$$= a(bc_\beta^{-1})^{\varphi_\alpha^{-1}} c_\beta^{\varphi_\alpha^{-1}} m_{\alpha,\beta} c_{\alpha\beta}^{-1} g'_{\alpha\beta} = ab^{\varphi_\alpha^{-1}} m_{\alpha,\beta} c_{\alpha\beta}^{-1} g'_{\alpha\beta},$$

就得到

$$(ag_\alpha \cdot bg_\beta)^\sigma = (ag_\alpha)^\sigma \cdot (bg_\beta)^\sigma,$$

即说明了 σ 为 G 与 G' 间的同构映射. 但这个同构映射 σ 又确使 A 之元不变，这是由于 $g_\varepsilon = m_{\varepsilon,\varepsilon}$ 及 $g'_\varepsilon = m'_{\varepsilon,\varepsilon}$ 而有 $(ag_\varepsilon)^\sigma = ac_\varepsilon^{-1}g'_\varepsilon = ac_\varepsilon^{-1}m'_{\varepsilon,\varepsilon} = ac_\varepsilon^{-1}c_\varepsilon c_\varepsilon^{\varphi_\varepsilon^{-1}} m_{\varepsilon,\varepsilon}c_\varepsilon^{-1} = ac_\varepsilon^{\varphi_\varepsilon^{-1}} m_{\varepsilon,\varepsilon}c_\varepsilon^{-1} = a(g_\varepsilon c_\varepsilon g_\varepsilon^{-1}) m_{\varepsilon,\varepsilon}c_\varepsilon^{-1} = a(m_{\varepsilon,\varepsilon}c_\varepsilon m_{\varepsilon,\varepsilon}^{-1})m_{\varepsilon,\varepsilon}c_\varepsilon^{-1} = am_{\varepsilon,\varepsilon} = ag_\varepsilon$ 的缘故. 这就说明了 σ 是等价同构映射，即 G 与 G' 等价.

总括上述，证得了下面的

定理 1 设 $G = \sum_{\alpha \in B} Ag_\alpha$ 与 $G' = \sum_{\alpha \in B} Ag'_\alpha$ 是 A 被 B 的两个扩张，相应于代表元系 g_α 与 g'_α 所属 A 之自同构组及因子团各为 $[\varphi_\alpha]$, $[m_{\alpha,\beta}]$ 与 $[\varphi'_\alpha]$, $[m'_{\alpha,\beta}]$. 那末 G 与 G' 为等价的充要条件是：

(i) 每 $\alpha \in B$ 得决定一元 $c_\alpha \in A$ 使 $\varphi'_\alpha = I_{c_\alpha}\varphi_\alpha$

及

(ii) 一切 c_α 与因子团间的关系是 $m'_{\alpha,\beta} = c_\alpha c_\beta^{\varphi_\alpha^{-1}} m_{\alpha,\beta} c_{\alpha\beta}^{-1}$. 而等价映射可由 1-1 对应 $ag_\alpha \leftrightarrows ac_\alpha^{-1}g'_\alpha$ 来完成.

这定理 1 也回答了本节开头提出的第一个问题，即等价扩张所决定的 A 之自同构组及因子团间的关系.

特当定理 1 中 $G = G'$ 时，两组代表元系 g_α 与 g'_α 就变成了 G 关于 A 之左陪集分解中两个不同的代表元系，而定理 1 中的 (i) 及 (ii) 分别为前节的 (4) 及 (5) 式. 这说明了前节定理 1 的后半部分可以认为是本定理 1 的一个特例. 同时也说明了这样一个问题，即 A 被 B 之同一个扩张除了恒等自同构以外还可能有别的自同构是等价的.

现在能容易地解决本节开端提出的第二个问题，即在两个等价的扩张中一定能找得相应的代表元系使所决定的自同构组与因子团恰好一致.

事实上，从 $G = \sum_{\alpha \in B} Ag_\alpha$ 与 $G' = \sum_{\alpha \in B} Ag'_\alpha$ 之等价性，有定理

1 的(i)与 (ii)，故令 $\bar{g}_\alpha = c_\alpha g_\alpha$，则 $\bar{g}_\alpha \in G$，且据前节定理 1 又知道由代表系 $\bar{g}_\alpha$ 所决定的A之自同构组及因子团恰为 $[\varphi'_\alpha]$ 与 $[m'_{\alpha,\beta}]$，而和 G' 中由代表系 g'_α 所决定的A之自同构组及因子团恰好一致.

至此，本节开头提出的两个问题完全都解决了. 为了今后叙述简单，我们用符号$(\varphi_\alpha, m_{\alpha,\beta})$表示在一个扩张中由一组代表元系所决定的$A$之自同构组及因子团. 并用记号

$$(\varphi_\alpha, m_{\alpha,\beta}) \sim (\varphi'_\alpha, m'_{\alpha,\beta})$$

表示等价，它的意义可以表示为同一个扩张由两组代表元系所决定的A之自同构组及因子团，也可以表示相对应的两个不同扩张为等价的. 于是定理 1 以及前节定理 1 的后半部分都可以表写为简单的形式，即下面的

定理 1° $(\varphi_\alpha, m_{\alpha,\beta}) \sim (\varphi'_\alpha, m'_{\alpha,\beta})$的充要条件是有一些 $c_\alpha \in A$ 使

$$\varphi'_\alpha = I_{c_\alpha}\varphi_\alpha \text{ 及 } m'_{\alpha,\beta} = c_\alpha c_\beta^{\varphi_\alpha^{-1}} m_{\alpha,\beta} c_{\alpha\beta}^{-1}.$$

不难验证等价关系"～"满足等价律，即

定理 2 自反律：$(\varphi_\alpha, m_{\alpha,\beta}) \sim (\varphi_\alpha, m_{\alpha,\beta})$；

对称律：$(\varphi_\alpha, m_{\alpha,\beta}) \sim (\varphi'_\alpha, m'_{\alpha,\beta}) \Rightarrow (\varphi'_\alpha, m'_{\alpha,\beta}) \sim (\varphi_\alpha, m_{\alpha,\beta})$；

传递律：$(\varphi_\alpha, m_{\alpha,\beta}) \sim (\varphi'_\alpha, m'_{\alpha,\beta})$，$(\varphi'_\alpha, m'_{\alpha,\beta}) \sim (\varphi''_\alpha, m''_{\alpha,\beta}) \Rightarrow (\varphi_\alpha, m_{\alpha,\beta}) \sim (\varphi''_\alpha, m''_{\alpha,\beta})$，

事实上，令所有的 $c_\alpha = 1$ 即得自反律. 再从 $(\varphi_\alpha, m_{\alpha,\beta}) \sim (\varphi'_\alpha, m'_{\alpha,\beta})$ 知有 $c_\alpha \in A$ 使 $\varphi'_\alpha = I_{c_\alpha}\varphi_\alpha$，$m'_{\alpha,\beta} = c_\alpha c_\beta^{\varphi_\alpha^{-1}} m_{\alpha,\beta} c_{\alpha\beta}^{-1}$；于是若令 $c_\alpha^{-1} = d_\alpha \in A$，易证 $\varphi_\alpha = I_{d_\alpha}\varphi'_\alpha$，$m_{\alpha,\beta} = d_\beta^{\varphi_\alpha^{-1}} d_\alpha m'_{\alpha,\beta} d_{\alpha\beta}^{-1} = d_\alpha (d_\beta^{\varphi_\alpha^{-1}})^{I_{d_\alpha}} m'_{\alpha,\beta} d_{\alpha\beta}^{-1} = d_\alpha d_\beta^{\varphi'^{-1}_\alpha} m'_{\alpha,\beta} d_{\alpha\beta}^{-1}$，即 $(\varphi'_\alpha, m'_{\alpha,\beta}) \sim (\varphi_\alpha, m_{\alpha,\beta})$. 最后，从$(\varphi_\alpha, m_{\alpha,\beta}) \sim (\varphi'_\alpha, m'_{\alpha,\beta})$及$(\varphi'_\alpha, m'_{\alpha,\beta}) \sim (\varphi''_\alpha, m''_{\alpha,\beta})$得知有 c_α 与 c'_α 使

$$\varphi'_\alpha = I_{c_\alpha}\varphi_\alpha \text{ 及 } m'_{\alpha,\beta} = c_\alpha c_\beta^{\varphi_\alpha^{-1}} m_{\alpha,\beta} c_{\alpha\beta}^{-1}$$

与

$$\varphi''_\alpha = I_{c'_\alpha}\varphi'_\alpha \text{ 及 } m''_{\alpha,\beta} = c'_\alpha c'^{\varphi'^{-1}_\alpha}_\beta m'_{\alpha,\beta} c'^{-1}_{\alpha\beta},$$

因之就有

$$\varphi''_\alpha = I_{c'_\alpha} I_{c_\alpha}\varphi_\alpha = I_{r_\alpha}\varphi_\alpha \quad (r_\alpha = c'_\alpha c_\alpha \in A)$$

与

$$\begin{aligned} m''_{\alpha,\beta} &= c'_\alpha c'^{\varphi'^{-1}_\alpha}_\beta m'_{\alpha,\beta} c'^{-1}_{\alpha\beta} = c'_\alpha c'^{\varphi^{-1}_\alpha I_{c_\alpha}^{-1}}_\beta c_\alpha c^{\varphi^{-1}_\alpha}_\beta m_{\alpha,\beta} c^{-1}_{\alpha\beta} c'^{-1}_{\alpha\beta} \\ &= c'_\alpha c_\alpha c'^{\varphi^{-1}_\alpha}_\beta c^{\varphi^{-1}_\alpha}_\beta m_{\alpha,\beta}(c'_{\alpha\beta}c_{\alpha\beta})^{-1} = r_\alpha r^{\varphi^{-1}_\alpha}_\beta m_{\alpha,\beta} r^{-1}_{\alpha\beta}, \end{aligned}$$

即表明了 $(\varphi_\alpha, m_{\alpha,\beta}) \sim (\varphi''_\alpha, m''_{\alpha,\beta})$，传递律成立． 证完．

据定理 2，就可将 A 被 B 的一切扩张给以分类，使互为等价的扩张归属于同一类，不互为等价的扩张归属于不同的类．这当然也可以说解决了§1开头所提出的问题，即当 A 与 B 已知时，那末 A 被 B 的许多扩张之间的关系问题可简单地概括为等价与否的问题．

如果叫 A 被 B 的一切等价扩张所属的类为**等价扩张类**（简称**等价类**），那末自然又产生了两个新问题．第一个问题是：当 A，B 已知时，则 A 被 B 的互不等价扩张究有多少呢？也就是问等价类的基数等于什么？第二个问题是：如果对某扩张 $(\varphi_\alpha, m_{\alpha,\beta})$ 中的一切 φ_α 或 $m_{\alpha,\beta}$ 有可能取特殊值（例如所有的 φ_α 都是恒等自同构 1 或所有的 $m_{\alpha,\beta}$ 都等于单位元 1）时，那末扩张是什么东西呢？

先研究第一个问题．设$(\varphi_\alpha, m_{\alpha,\beta})$与$(\varphi'_\alpha, m'_{\alpha,\beta})$分别对应于两个等价的扩张

$$G = \sum_{\alpha\in B} Ag_\alpha \quad \text{与} \quad G' = \sum_{\alpha\in B} Ag'_\alpha,$$

即

$$(\varphi_\alpha,\ m_{\alpha,\beta}) \sim (\varphi'_\alpha,\ m'_{\alpha,\beta}),$$

$$\begin{cases} g^{-1}_\alpha a g_\alpha = a^{\varphi_\alpha}, \\ g_\alpha g_\beta = m_{\alpha,\beta} g_{\alpha\beta}, \end{cases} \quad \begin{cases} g'^{-1}_\alpha a g'_\alpha = a^{\varphi'_\alpha}, \\ g'_\alpha g'_\beta = m'_{\alpha,\beta} g'_{\alpha\beta}, \end{cases} \qquad (\text{任 } a \in A)$$

这里并不排斥 $G = G'$ 的可能性（这时令 $Ag_\alpha = Ag'_\alpha$）．

从 $(\varphi_\alpha, m_{\alpha,\beta}) \sim (\varphi'_\alpha, m'_{\alpha,\beta})$，应有 $\varphi'_\alpha = I_{c_\alpha}\cdot\varphi_\alpha(c_\alpha \in A)$，故若令 $\mathcal{A}(A)$ 与 $I(A)$ 分别表示 A 的自同构群与内自同构群，那末

φ'_α 与 φ_α 都可表示为商群 $\mathfrak{A}=A(A)/I(A)$ 的同一个(代表)元，即 $I(A)\cdot\varphi'_\alpha=I(A)\cdot\varphi_\alpha$. 若叫商群 $\mathfrak{A}$ 的元为 A 的**自同构类**，而用符号 $\mathfrak{A}$ 或附以右下脚标记之，记为

$$I(A)\cdot\varphi'_\alpha=I(A)\cdot\varphi_\alpha=\mathfrak{A}_\alpha,$$

于是借两个等价的扩张则知 B 的每元 α 可对应于 $\mathfrak{A}$ 的一元 $\mathfrak{A}_\alpha$. 可是反转来，$\mathfrak{A}$ 之任一元并不见得常有 B 之某元在上述意义下可使之被对应，这是因为扩张的内自同构固然能诱导出 A 之一个自同构，但 A 之自同构不必恒可由扩张的内自同构能诱导之(其恒为可能的充要条件是扩张为 A 的全形，参照第一章的 §12)，而所谓有 B 之元 α 被对应的 A 之自同构 φ_α 者是指有扩张之元 g_α 存在使 $g_\alpha^{-1}ag_\alpha=a^{\varphi_\alpha}$ (任 $a\in A$)，即 φ_α 得由扩张之内自同构能诱导出. 换句话说，就是 $\mathfrak{A}$ 的元有的可以写为 $\mathfrak{A}_\alpha(\alpha\in B)$ 之形状，有的则不可能. 因之，给了等价的扩张之后，则映射 $\alpha\to\mathfrak{A}_\alpha$ 为 B 在 $\mathfrak{A}=A(A)/I(A)$ 内的一个确定的映射. 又从 G 或从等价的 G' 言，因为

$$\begin{aligned}\mathfrak{A}_\alpha\mathfrak{A}_\beta&=I(A)\varphi_\alpha\cdot I(A)\varphi_\beta=I(A)\varphi_\alpha\varphi_\beta\\&=I(A)I_{m_{\alpha,\beta}}\varphi_{\alpha\beta}=I(A)\varphi_{\alpha\beta}=\mathfrak{A}_{\alpha\beta},\end{aligned}$$

故映射 $\alpha\to\mathfrak{A}_\alpha$ 是 B 在 $\mathfrak{A}=A(A)/I(A)$ 内的一个同态映射. 然在 $\alpha\neq\varepsilon$ 时，因由 g_α 诱导的 A 之自同构 φ_α 可能为 A 的一个内自同构，即使

$$g_\alpha^{-1}ag_\alpha=a^{\varphi_\alpha}=x_\alpha^{-1}ax_\alpha=a^{I_{x_\alpha}}\ (\text{任 } a\in A)$$

成立的 A 之元 x_α 可能存在，或 $\varphi_\alpha=I_{x_\alpha}$ 可能发生. 这也就是说，虽然 $\alpha\neq\varepsilon$，但 $\alpha\to\mathfrak{A}_\alpha=I(A)$ 为 $\mathfrak{A}$ 之单位元的情形可能有之. 于是一般地说，映射 $\alpha\to\mathfrak{A}_\alpha$ 只是同态的，不敢保证为同构的. 概括上述，得到这样一个结论:

A 被 B 的等价扩张总是决定 B 在 $\mathfrak{A}=A(A)/I(A)$ 内的相同的同态.

反之，当给定了 B 在 $\mathfrak{A}=A(A)/I(A)$ 内的一个同态映射 $\alpha\to\mathfrak{A}_\alpha$ 之后，如果有 A 被 B 的两个扩张

$$G=\sum_{\alpha\in B}Ag_\alpha \quad 与 \quad G'=\sum_{\alpha\in B}Ag'_\alpha$$

同时都决定这个所给的同态映射 $\alpha\to\mathfrak{A}_\alpha$，那末由 $g_\alpha^{-1}ag_\alpha=a^{\varphi_\alpha}$ 与 $g_\alpha'^{-1}ag_\alpha'=a^{\varphi_\alpha'}$，当然有 $\varphi_\alpha\in\mathfrak{A}_\alpha$，$\varphi'_\alpha\in\mathfrak{A}_\alpha$，因而使

$$\varphi'_\alpha=I_{c_\alpha}\varphi_\alpha\ (\alpha\text{ 跑遍 }B)\tag{3}$$

成立的 A 之一组元素 c_α 必定存在．注意的是：当 α 固定了，c_α 的选择可能很多，这是因为 $Z(A)\cdot c_\alpha$ 内的元与 c_α 都诱导 A 之同一个内自同构 I_{c_α}；于是当且仅当 $Z(A)=1$（即 A 无中心时）时，c_α 才由 α 一意地而定．又从

$$g'_\alpha g'_\beta=m'_{\alpha,\beta}g'_{\alpha\beta}\ \text{与}\ g_\alpha g_\beta=m_{\alpha,\beta}g_{\alpha\beta}$$

得 $\varphi'_\alpha\varphi'_\beta=I_{m'_{\alpha,\beta}}\varphi'_{\alpha\beta}$ 与 $\varphi_\alpha\varphi_\beta=I_{m_{\alpha,\beta}}\varphi_{\alpha\beta}$，因之利用 (3) 式得知

$$\varphi'_\alpha\varphi'_\beta=\begin{cases}I_{m'_{\alpha,\beta}}\varphi'_{\alpha\beta}=I_{m'_{\alpha,\beta}}I_{c_{\alpha\beta}}\varphi_{\alpha\beta}=I_{m'_{\alpha,\beta}c_{\alpha\beta}}\varphi_{\alpha\beta},\\ I_{c_\alpha}\varphi_\alpha I_{c_\beta}\varphi_\beta=I_{c_\alpha}\cdot\varphi_\alpha I_{c_\beta}\varphi_\alpha^{-1}\cdot\varphi_\alpha\varphi_\beta=I_{c_\alpha}I_{c_\beta^{\varphi_\alpha^{-1}}}\cdot\varphi_\alpha\varphi_\beta\\ \qquad=I_{c_\alpha c_\beta^{\varphi_\alpha^{-1}}m_{\alpha,\beta}}\varphi_{\alpha\beta},\end{cases}$$

不得不有 $I_{m'_{\alpha,\beta}c_{\alpha\beta}}=I_{c_\alpha c_\beta^{\varphi_\alpha^{-1}}m_{\alpha,\beta}}$，故

$$m'_{\alpha,\beta}=z(c_\alpha c_\beta^{\varphi_\alpha^{-1}}m_{\alpha,\beta}c_{\alpha\beta}^{-1}),\quad z\in Z(A),$$

于是当 $Z(A)=1$ 时就有

$$m'_{\alpha,\beta}=c_\alpha c_\beta^{\varphi_\alpha^{-1}}m_{\alpha,\beta}c_{\alpha\beta}^{-1}.\tag{4}$$

而 (3) 式与 (4) 式之合并即说明了 G 与 G' 是等价的．这就证明了这样一个结论：

给定了 B 在 $\mathfrak{A}=A(A)/I(A)$ 内的一个同态映射 $\alpha\to\mathfrak{A}_\alpha$ 之后，如果有 A 被 B 的扩张存在使这扩张能决定（即对应着）这个已给的同态，那末当 A 无中心时凡这样的扩张一定是等价的．

总括上述正反两面，我们证得了

定理 3 当群 A 与 B 已知，且 A 无中心时，那末 A 被 B 之互不等价扩张之个数（即等价类的基数）不超过 B 在 $\mathfrak{A}=A(A)/I(A)$ 内同态的总数．

定理 3 只解决了等价类之基数不超过 B 在 $\mathfrak{A}$ 内的同态之个数，但不敢说这二个基数相等，原因是在上面的证明过程中光假定

了“有 A 被 B 之扩张存在使之能对应 B 在 $\mathfrak{A}$ 内的一个所与的同态”这句话，然后才得知这样的扩张都等价．所以给了 B 在 $\mathfrak{A}$ 内的一个所与的同态后，究竟有没有相应的扩张呢？我们还无从回答．又给了 B 在 $\mathfrak{A}$ 内的同态之后，即令有相应的扩张，但当 $Z(A) \neq 1$ 时，则相应的两个扩张也无法肯定能否等价，原因是这时 (4) 式不见得恒成立．

所以给了 A 与 B 以后，则 A 被 B 之互不等价扩张之个数究竟怎样，是一个值得注意的问题，定理 3 只不过是解决了它的上界，而且还是在 $Z(A)=1$ 的假定下．所以要彻底解决这个问题，首先需要解决的似乎有这样一些问题，即：

(i)对于 B 在 $\mathfrak{A}=A(A)/I(A)$ 内的一个所给的同态 θ，即 $\alpha^\theta=\mathfrak{A}_\alpha$ 且有 $(\alpha\beta)^\theta=\alpha^\theta\beta^\theta=\mathfrak{A}_\alpha\mathfrak{A}_\beta$，$A$ 被 B 之相应的扩张（按上述的方法）存在吗？换言之，就是要问 θ 之条件怎样才可保证这样扩张的存在性．

(ii)又当相应于 θ 之扩张存在时，其中互不等价的又有多少呢？

像这样一些问题，今后究竟怎样联系，怎样发展，在扩展理论中应值得注意．

再来研究前面提出的第二个问题，即对扩张 $(\varphi_\alpha, m_{\alpha,\beta})$ 中的一切 φ_α 或一切 $m_{\alpha,\beta}$ 取特殊值时，看看扩张是什么？

今以 $(\varphi_\alpha, m_{\alpha,\beta})$ 表示 $G=\sum\limits_{\alpha\in B}Ag_\alpha$，即令

$$g_\alpha^{-1}ag_\alpha=a^{\varphi_\alpha} \text{ 与 } g_\alpha g_\beta=m_{\alpha,\beta}g_{\alpha\beta}.$$

首先考虑每个 $m_{\alpha,\beta}=1$（A 之单位元）的特殊情况．这样的因子团特用符号 [1] 记之，这时将扩张简记为 $(\varphi_\alpha, 1)$．于是这时有 $g_\alpha g_\beta=g_{\alpha\beta}$，说明了映射

$$\alpha\to g_\alpha$$

为同构的，即 G 含有一个与 B 成同构的子群 $H(B\simeq H)$，H 的元是由所有的代表元系 g_α 组成的，或 H 的元能组成 G 关于 A 之左陪集分解中的一组代表元系（这时当然必有 $g_\varepsilon=1$），因之不得不有 $A\cap H=1$ 及 $G=AH$，即说明了 A 在 G 内有补子群 H．

反之，设 A 在 G 内有补子群 H，即 $G = AH$ 且 $A \cap H = 1$. 于是显有 $G/A \simeq H$，但因 $G/A \simeq B$，故 $B \simeq H$，因而 H 的元可表写为 $h_\varepsilon = 1, h_\alpha, h_\beta, \cdots$ 之形，式中 $\varepsilon = 1, \alpha, \beta, \cdots$ 为 B 的全部元素，使得对应 $\alpha \to h_\alpha$ 为同构对应. 这时，由于 $Ah_\alpha = Ah_\beta$ 的充要条件是 $h_\alpha h_\beta^{-1} \in A$，故从 $A \cap H = 1$ 不得不有 $h_\alpha = h_\beta$, $\alpha = \beta$，即说明了当 $\alpha \neq \beta$ 时，Ah_α 与 Ah_β 表示 G 关于 A 之两个不同的左陪集，而 $G = AH$ 又说明了 $G = \sum\limits_{\alpha \in B} Ah_\alpha$，这就是说 H 之元可组成 G 关于 A 之左陪集分解中的一组代表元系. 然而对这样的代表元系 $h_\varepsilon, h_\alpha, h_\beta, \cdots$ 相应的 A 之因子团又的确是[1]：事实上，假定相应的因子团为 $[m'_{\alpha,\beta}]$，则 $h_\alpha h_\beta = m'_{\alpha,\beta} h_{\alpha\beta}$，故从 $h_\alpha h_\beta = h_{\alpha\beta}$ 不得不有 $m'_{\alpha,\beta} = 1$. 于是得 $(\varphi_\alpha, m_{\alpha,\beta}) \sim (\varphi_\alpha, 1)$. 故证明了下面的

定理 4 $(\varphi_\alpha, m_{\alpha,\beta}) \sim (\varphi_\alpha, 1)$ 的充要条件是在扩张 G 内 A 有补子群 H，即 $G = AH$ 且 $A \cap H = 1$，故 $H \simeq B$.

如果 A 在 A 被 B 的扩张 G 内有补子群，通常又叫 G 为 A 之**分离扩张** (splitting extension)，或 A 在扩张 G 内**可分离**. 于是定理 4 又可表述为

定理 4° $(\varphi_\alpha, m_{\alpha,\beta}) \sim (\varphi_\alpha, 1)$ 的充要条件是 G 为 A 之分离扩张.

再来考虑每 $\varphi_\alpha = \mathbf{1}$ (A 的恒等自同构) 的特殊情况. 像这样的一组自同构也简记为 $[\mathbf{1}]$，这时将扩张简记为 $(\mathbf{1}, m_{\alpha,\beta})$. 于是，这时对每 α 言因为 $g_\alpha^{-1} a g_\alpha = a$ (任 $a \in A$)，故 $g_\alpha \in Z_G(A)$. 反之亦然. 故又证得了下面的

定理 5 $(\varphi_\alpha, m_{\alpha,\beta}) \sim (\mathbf{1}, m_{\alpha,\beta})$ 的充要条件是扩张 G 关于 A 之左陪集分解中有一组代表元系 g_α 全在 A 之中心化子 $Z_G(A)$ 里面.

有了定理 4 与定理 5 就容易解决 $(\varphi_\alpha, m_{\alpha,\beta}) \sim (\mathbf{1}, 1)$ 的问题. 事实上，若 $(\varphi_\alpha, m_{\alpha,\beta}) \sim (\mathbf{1}, 1)$，则说明有一组代表元系 $g_\varepsilon, g_\alpha, g_\beta, \cdots$ 适合定理 4 与定理 5 的要求，即 A 在 G 内有补子群 H 且又 $H \subseteq Z_G(A)$，故 $H \lhd G$，因而不得不有 $G = A \times H$；由于 $B \simeq H$，

故以同构的意义言就有 $G = A \times B$. 反之，若 $G = A \times B$，则 B 当然是 A 在 G 内的一个补子群，故据定理 4 得知由 B 之元形成的代表元系而得到的因子团为 [1]；又因 B 之每元与 A 之各元可交换，即 $B \subseteq Z_G(A)$，故据定理 5 又知由 B 之元形成的代表元系所诱导的 A 之自同构全为恒等自同构；于是这时当然有 $(\varphi_\alpha, m_{\alpha,\beta}) \sim (\mathbf{1}, 1)$. 故证得了

定理 6 A 被 B 之扩张 G 为 A, B 之直积 $(G = A \times B)$ 的充要条件是 $G \sim (\mathbf{1}, 1)$. 或 $(\varphi_\alpha, m_{\alpha,\beta}) \sim (\mathbf{1}, 1)$ 的充要条件是 $(\varphi_\alpha, m_{\alpha,\beta})$ 为 A 与 B 的直积.

问题 1 设 A 是完全群. 不利用第一章 §12 的定理 8，而直接利用扩展理论证明 A 被 B 之扩张除直积外再无其他.

问题 2 直接用扩展理论，试求二阶（循环）群被二阶群的一切扩张.

§ 3. 被循环群的扩张

前两节泛论了 A 被 B 的扩张问题. 在上一节里我们还曾说过：当 A 与 B 已给定了，决定 A 被 B 之互不等价扩张的问题要牵涉到 B 在 $\mathfrak{A} = A(A)/I(A)$ 内的同态；一般地说，对 A 或 B 不加任何限制，这是一个较困难的问题，故对一些特殊情况的探索就显露了其必要性和重要性. 本节的任务是专门探索 B 为循环群时扩张的性质及其应用.

先设 $B = \{\alpha\}$ 是 m 阶的循环群，B 之全部元素因而是 $\varepsilon(= \alpha^m), \alpha, \alpha^2, \cdots, \alpha^{m-1}$. 若 G 为 A 被 B 的一个扩张，则由 $G/A \simeq B$ 可知：如令 α 所对应的 A 之陪集内所选取的代表元为 g_α，即同构关系 $G/A \simeq B$ 由 $\alpha \longleftrightarrow Ag_\alpha$ 来完成的，则异于 A 之其他陪集的代表元 $g_{\alpha^2}, g_{\alpha^3}, \cdots, g_{\alpha^{m-1}}$ 分别能令为 $g_\alpha^2, g_\alpha^3, \cdots, g_\alpha^{m-1}$，并令陪集 A 之代表元 $g_\varepsilon = 1$，于是就有

$$g_\alpha^m = u(\in A), \tag{1}$$

及

$$G = A + Ag_\alpha + Ag_\alpha^2 + \cdots + Ag_\alpha^{m-1}. \tag{2}$$

因为在陪集分解 (2) 中已选取了代表元 $g_{\alpha^i} = g_\alpha^i (1 \leqslant i \leqslant m-1)$ 与 $g_\varepsilon = 1$，故欲求扩张 G 对这样一组代表元系所决定的 A 之因子团，就只需计算

$$m_{\alpha^i,\alpha^j} g_{\alpha^{i+j}} = g_{\alpha^i} g_{\alpha^j} = g_\alpha^i g_\alpha^j = g_\alpha^{i+j} \quad (0 \leqslant i, j \leqslant m-1).$$

于是当 $i + j \leqslant m - 1$ 时有 $m_{\alpha^i,\alpha^j} g_\alpha^{i+j} = g_\alpha^{i+j}$，故

$$m_{\alpha^i,\alpha^j} = 1 \quad (i + j \leqslant m - 1);$$

当 $i + j \geqslant m$ 时可令 $i + j = m + r\ (0 \leqslant r < m)$，就有

$$m_{\alpha^i,\alpha^j} g_{\alpha^{m+r}} = g_\alpha^{m+r} = u g_\alpha^r,$$

即 $m_{\alpha^i,\alpha^j} g_{\alpha^r} = u g_\alpha^r$，$m_{\alpha^i,\alpha^j} g_\alpha^r = u g_\alpha^r$，故

$$m_{\alpha^i,\alpha^j} = u \quad (i + j \geqslant m).$$

总括之，所求的因子团中的元素为

$$m_{\alpha^i,\alpha^j} = \begin{cases} 1, \text{当 } i + j \leqslant m - 1 \text{ 时}, \\ u, \text{当 } i + j \geqslant m \text{ 时}, \end{cases} \tag{3}$$

但 $0 \leqslant i, j \leqslant m - 1$.

至于这时所决定的 A 之一组自同构是：$a^{\varphi_\alpha} = g_\alpha^{-1} a g_\alpha$，$g_\alpha^{-i} a g_\alpha^i = a^{\varphi_\alpha^i}$，因而 $a^{\varphi_\alpha^m} = u^{-1} a u = a^{I_u}$，即

$$\varphi_\alpha^m = I_u. \tag{4}$$

又对 A 的这个自同构 φ_α 来谈，因

$$u^{\varphi_\alpha} = g_\alpha^{-1} u g_\alpha = g_\alpha^{-1} g_\alpha^m g_\alpha = g_\alpha^m = u,$$

故

$$u^{\varphi_\alpha} = u. \tag{5}$$

这说明了这样一个结论：设 $B = \{\alpha\}$ 是 m 阶的有限循环群，当 A 被 B 的扩张 G 已给时，一定能找得 A 之一个自同构 $\sigma: a \longleftrightarrow a^\sigma$（如上述的 φ_α），以及 A 的某元素 u，具备下面二个性质：

(i) 自同构 σ 的 m 次幂 σ^m 等于由元素 u 所诱导的 A 之内自同构 ($\sigma^m = I_u$)，即 (4) 式成立.

(ii) 元素 u 不受 σ 变化的影响 ($u^\sigma = u$)，即 (5) 式成立.

现在反过来问：如果 A 中确有一自同构 σ 与一元 u 满足 (4)，(5) 两式，即 $\sigma^m = I_u$ 与 $u^\sigma = u$，那末能找出如 (2) 式的 A 被 B 的

一个扩张 G 使所决定的 A 之自同构 φ_α 恰为 σ 吗?

我们说这的确可能：事实上，这时若对应于 B 之每元 α^i $(0 \leqslant i \leqslant m-1)$，定义 A 之一组自同构为 $\varphi_{\alpha^i}=\sigma^i$；并定义 A 之一组元素(共 m^2 个)为

$$m_{\alpha^i,\alpha^j}=\begin{cases}1, \text{当 } i+j \leqslant m-1 \text{ 时}, \\ u, \text{当 } i+j \geqslant m \text{ 时}.\end{cases} \quad (0 \leqslant i, j \leqslant m-1)$$

先证明这样一些 φ_{α^i} 与 m_{α^i,α^j} 满足 §1 中的 (I), (II) 两式. 但注意 §1 中 (I) 式这时应为

$$a^{\varphi_{\alpha^i}\varphi_{\alpha^j}}=a^{I_{m_{\alpha^i,\alpha^j}}\varphi_{\alpha^{i+j}}}, \cdots\cdots \tag{I}$$

因为当 $i+j \leqslant m-1$ 时有 $m_{\alpha^i,\alpha^j}=1$，故 (I) 之右端为 $a^{\varphi_{\alpha^{i+j}}}=a^{\sigma^{i+j}}$，左端等于 $a^{\varphi_{\alpha^i}\varphi_{\alpha^j}}=a^{\sigma^i\sigma^j}=a^{\sigma^{i+j}}$，说明了这时 (I) 的正确性. 如果 $i+j \geqslant m$，则因 $i \leqslant m-1$，$j \leqslant m-1$，故 $i+j=m+k$ $(k \leqslant m-2)$，因之 $\varphi_{\alpha^{i+j}}=\varphi_{\alpha^k}$，故再利用 $m_{\alpha^i,\alpha^j}=u$ 可知这时 (I) 的右端为

$$(u^{-1}au)^{\varphi_{\alpha^k}}=(u^{-1}au)^{\sigma^k}=u^{-1}a^{\sigma^k}u \text{（利用了 } u^\sigma=u\text{）},$$

而 (I) 之左端在利用了 $\sigma^m=I_u$ 及 $u^\sigma=u$ 之后就变为

$$\begin{aligned}(a^{\varphi_{\alpha^i}})^{\varphi_{\alpha^j}}&=(a^{\sigma^i})^{\sigma^j}=a^{\sigma^{i+j}}=a^{\sigma^{m+k}}=(a^{\sigma^m})^{\sigma^k}\\&=(a^{I_u})^{\sigma^k}=(u^{-1}au)^{\sigma^k}=u^{-1}a^{\sigma^k}u,\end{aligned}$$

仍说明了 (I) 的正确性.

总之，不论 $i+j$ 若何，§1 中的 (I) 式恒成立.

再注意 §1 的 (II) 式这时应为 $(0 \leqslant i, j, k \leqslant m-1)$

$$m_{\alpha^i,\alpha^j}m_{\alpha^{i+j},\alpha^k}=m_{\alpha^j,\alpha^k}^{\varphi_{\alpha^i}^{-1}}m_{\alpha^i,\alpha^{j+k}}, \cdots\cdots \tag{II}$$

下分四款讨论.

(i) $\boldsymbol{i+j<m,\ j+k<m}$.

这时，(II) 之右端为

$$1^{\varphi_{\alpha^i}^{-1}}\cdot m_{\alpha^i,\alpha^{j+k}}=m_{\alpha^i,\alpha^{j+k}}=\begin{cases}1, \text{当 } i+j+k<m \text{ 时}, \\ u, \text{当 } i+j+k \geqslant m \text{ 时};\end{cases}$$

而左端为

$$1\cdot m_{\alpha^{i+j},\alpha^k}=m_{\alpha^{i+j},\alpha^k}=\begin{cases}1, \text{当 } i+j+k<m \text{ 时}, \\ u, \text{当 } i+j+k \geqslant m \text{ 时}.\end{cases}$$

即左、右两端一致，说明了(II)之正确性.

(ii) $\boldsymbol{i+j<m,\ j+k\geqslant m}$.

这时，令 $j+k=m+r\ (r<m)$，则 $i+r=i+j+k-m=(i+j)+(k-m)<i+j<m$，于是(II)之右端为 $u^{\varphi_{\alpha^i}^{-1}}m_{\alpha^i,\alpha^r}=u^{(\sigma^i)^{-1}}m_{\alpha^i,\alpha^r}=u$，其左端等于 $1\cdot m_{\alpha^{i+j},\alpha^k}=m_{\alpha^{i+j},\alpha^k}=u$，仍说明了(II)之正确性.

(iii) $\boldsymbol{i+j\geqslant m,\ j+k<m}$.

这时，令 $i+j=m+t\ (t<m)$，则 $k+t=(j+k)+(i-m)<j+k<m$，于是(II)之右端等于 $1^{\varphi_{\alpha^i}^{-1}}m_{\alpha^i,\alpha^{j+k}}=m_{\alpha^i,\alpha^{j+k}}=u$，其左端等于 $u\cdot m_{\alpha^{i+j},\alpha^k}=um_{\alpha^t,\alpha^k}=u\cdot 1=u$，也说明了(II)是成立的.

(iv) $\boldsymbol{i+j\geqslant m,\ j+k\geqslant m}$.

这时，从 $i+j=m+t,\ j+k=m+r,\ t<m,\ r<m$，得知 $t+k=i+r$，于是(II)之右端为 $u^{\varphi_{\alpha^i}^{-1}}m_{\alpha^i,\alpha^r}=um_{\alpha^i,\alpha^r}$，而左端为 $um_{\alpha^{i+j},\alpha^k}=um_{\alpha^t,\alpha^k}=um_{\alpha^i,\alpha^r}$，还是说明了(II)的正确性.

总之，不管怎样，(II)式恒为真.

于是据 §1 的定理 2，确知有 A 被 B 的一个相应的扩张，即这扩张有一组代表元系（关于 A 之陪集分解的）$g_\alpha, g_{\alpha^2}, \cdots, g_{\alpha^{m-1}}, g_\varepsilon$，其所决定的 A 之自同构组恰为 $\varphi_{\alpha^i}=\sigma^i\ (0\leqslant i\leqslant m-1)$，而所决定的因子团恰为 $m_{\alpha^i,\alpha^j}=1\ (i+j\leqslant m-1)$ 或 $=u(i+j\geqslant m)$. 故知 $g_\alpha^{-1}ag_\alpha=a^{\varphi_\alpha}=a^\sigma$（任 $a\in A$），因而 $(g_\alpha^i)^{-1}ag_\alpha^i=a^{\varphi_\alpha^i}=a^{\sigma^i}=a^{\varphi_{\alpha^i}}=g_{\alpha^i}^{-1}ag_{\alpha^i}$，即可取 g_α^i 去充当 g_{α^i}，因之 $g_\varepsilon=1$. 由是再利用因子团又知 $g_\alpha^ig_\alpha^j=g_{\alpha^i}g_{\alpha^j}=m_{\alpha^i,\alpha^j}g_{\alpha^{i+j}}$，故在 $i+j<m$ 时得 $g_\alpha^{i+j}=g_{\alpha^{i+j}}$，与取 g_α^i 去充当 g_{α^i} 是吻合的，但在 $i+j\geqslant m$ 时若令 $i+j=m+r\ (r<m)$，就有 $g_\alpha^{i+j}=ug_{\alpha^r}$，$g_\alpha^mg_\alpha^r=ug_\alpha^r$，不得不有 $g_\alpha^m=u$. 于是证得了下面的

定理 1 设 $B=\{\alpha\}$ 是 m 阶的有限循环群. 当 A 被 B 之扩张 G 已给时，则 G 关于 A 之（左）陪集分解之代表元系得令为 1,

$g_\alpha, g_\alpha^2, \cdots, g_\alpha^{m-1}$，使 A 有一个自同构 $\sigma(a \rightleftarrows a^\sigma = g_\alpha^{-1} a g_\alpha)$ 及一元 $u(g_\alpha^m = u)$ 具下面二性质：

(i) $\sigma^m = I_u$ 与 (ii) $u^\sigma = u$.

反之，若 A 已有一自同构 σ 与一元 u 具有 $\sigma^m = I_u$ 及 $u^\sigma = u$ 这二个性质时，那末确有 A 被 B 的一个这样的扩张 G 使在 G 中可有一组代表元系 $1, g_\alpha, g_\alpha^2, \cdots, g_\alpha^{m-1}$ 而具

$$a \rightleftarrows a^\sigma = g_\alpha^{-1} a g_\alpha \text{ 及 } g_\alpha^m = u$$

之关系.

作为这定理 1 的一个直接的应用，下面我们特来研究 A 为有限循环群的情况.

设 $A = \{a\}$ 为 n 阶循环群，$a^n = 1$. 于是，若 G 为 A 被 $B = \{\alpha\}$ 的一个扩张 $(\alpha^m = \varepsilon)$，则据定理 1 可写

$$G = A + Ab + Ab^2 + \cdots + Ab^{m-1},$$

即 $G = \{a, b\}$，其中 $a^n = 1$，$b^m = a^t$. 又因这时决定 A 的一个自同构是 $a \rightleftarrows a^\sigma = b^{-1}ab$，且 a^σ 与 a 应有同阶，故不得不有 $b^{-1}ab = a^r, (r, n) = 1$. 同时，由于元 $a^t = b^m$ 不受自同构 σ 的影响(定理 1)，即

$$a^t = (a^t)^\sigma = (a^\sigma)^t = (b^{-1}ab)^t = (a^r)^t = a^{rt},$$

故必有 $t(r-1) \equiv 0 \pmod{n}$. 又因 $\sigma^m = I_{a^t} = 1$ (定理 1)，故 $a = a^{\sigma^m} = b^{-m}ab^m = a^{r^m}$，即 $r^m \equiv 1 \pmod{n}$. 这就证明了这样一个事实，即若 mn 阶群 G 含有 n 阶循环正规子群 $\{a\}$ 且商群 $G/\{a\}$ 为 m 阶循环群时，那末 G 有两个生成元 a, b，即 $G = \{a, b\}$，其定义关系为

$$a^n = 1, \quad b^m = a^t, \quad b^{-1}ab = a^r \tag{6}$$

而整数 m, n, r, t 满足

$$r^m \equiv 1 \pmod{n} \text{ 与 } t(r-1) \equiv 0 \pmod{n}. \tag{7}$$

反之，当 (6), (7) 两式成立时，则从 $a^n = 1$ 即说明了 $A = \{a\}$ 为 n 阶循环群，故由 $r^m \equiv 1 \pmod{n}$ 知 $(r, n) = 1$，因而

$$a \rightleftarrows a^r = b^{-1}ab$$

为 A 之自同构，表为 $a \rightleftarrows a^\sigma = a^r = b^{-1}ab$，于是利用 $t(r-1) \equiv$

$0(\bmod n)$ 可知对 A 之元 $a^t = b^m$ 确有

$$(a^t)^\sigma = (a^\sigma)^t = (a^r)^t = a^{rt} = a^t,$$

即 σ 不使 a^t 变化. 再一次地利用 $r^m \equiv 1(\bmod n)$ 又有

$$a^{\sigma^m} = a^{r^m} = a = a^{I_{a^t}}.$$

于是据定理 1 则知 $G = \{a, b\}$ 为 $A = \{a\}$ 被 m 阶循环群 $\{Ab\}$ 的一个扩张,故 $o(G) = mn$.

由是证明了定理 1 的一个重要的应用,即

定理 2(霍尔特 (Hölder) 定理) mn 阶群 G 包含一个 n 阶循环正规子群且其商群又是 m 阶循环群的充要条件是 $G = \{a, b\}$ 而具定义关系 $a^n = 1$, $b^m = a^t$, $b^{-1}ab = a^r$, 式中整数 r, t 满足 $r^m \equiv 1(\bmod n)$ 与 $t(r-1) \equiv 0(\bmod n)$.

定理 2 的同义语是

定理 2° n 阶循环群被 m 阶循环群的扩张是且只能是 $G = \{a, b\}$ 具定义关系 $a^n = 1$, $b^m = a^t$, $b^{-1}ab = a^r$ 且整数 r, t 满足 $r^m \equiv 1(\bmod n)$ 与 $t(r-1) \equiv 0(\bmod n)$.

有了霍尔特定理, 很容易判断由两个元素生成的集合是否成群. 例如由定义关系 $x^3 = 1 = y^7$ 及 $x^{-1}yx = y^2$ 所决定的集合 $G = \{x, y\}$ 据定理 2 确为一个阶 21 的群(以 7, 3, 2, 7 分别代 n, m, r, t 去验证即可). 但由定义关系 $x^3 = 1 = y^7$ 及 $x^{-1}yx = y^3$ 所决定之集合 $H = \{x, y\}$ 马上可以断定不为群,因这时相当于霍尔特定理中的 $n = 7$, $m = 3$, $r = 3$, $t = 7$ 不满足 $r^m \equiv 1(\bmod n)$ 这个条件. 由这两个示范性的例子, 已看出霍尔特定理在有限群内的重要性,所以说霍尔特定理是定理 1 的一个重要的应用,其原因就在此. 再列举数例于下,来说明本节的应用.

例 1 设 p, q 是两个素数且 $q<p$. 试证 pq 阶群在 $q\nmid(p-1)$ 时只能是循环群, 而在 $q\mid(p-1)$ 时除循环群外还有一个, 其构造是 $G = \{a, b\}$, $a^p = 1 = b^q$, $b^{-1}ab = a^r$, 式中 r 为 $x^q \equiv 1(\bmod p)$ 的根且 $r \not\equiv 1(\bmod p)$. 总之, pq 阶群之个数(指互不同构的)最多为 2.

证明 设 $o(G) = pq$. 由于 $q<p$, 据西洛定理知道 G 中西洛 p 子群只有一个,叫 A,故 $A \lhd G$. 于是 G 可看作是 p 阶循环群 $A = \{a\}$ 被 q 阶循环群 $G/A = \{Ab\}$ 的一个扩张. 但取 G 之任一西洛 q-子群 B 时, 显有 $G = AB$,

$A\cap B=1$，即 B 为 A 之补子群，故 q 阶循环群 $B=\{b\}$ 之 q 个元 $1(=b^q)$，b，$b^2,\cdots,b^{q-1}$ 得为 A 在 G 内之陪集分解的代表元系，于是 $G=\{a,b\}$ 而有 $a^p=1$，$b^q=1$，$b^{-1}ab=a^r$；据霍尔特定理知应有

$$r^q\equiv1(\bmod p).\tag{8}$$

但在 $q\nmid(p-1)$ 时，(8) 式仅在 $r\equiv1(\bmod p)$ 时才成立，故 $ab=ba$，G 因之必为循环的。

然在 $q|(p-1)$ 时，由于模 p 之既约剩余系为 $p-1$ 阶循环群，知其 q 阶子群只有唯一个，故当 r_1 与 r_2 均 $\not\equiv1(\bmod p)$ 且 $r_1^q\equiv r_2^q\equiv1(\bmod p)$ 时，就知道必有使 $r_2\equiv r_1^k(\bmod p)$ 之 k 存在（$\because$ r_1 与 r_2 同为同一 q 阶循环群之生成元）。于是若 $b^{-1}ab=a^{r_1}$，则 $b^{-k}ab^k=a^{r_1^k}=a^{r_2}$，且因 $(k,q)=1$，故 $G=\{a,b\}=\{a,b^k\}$。这说明了当 $r\not\equiv1$ 及 $r^q\equiv1(\bmod p)$ 时 G 之构造与 r 之选择无关。例 1 获证。

由这例 1 即得

推论 设 p 为奇素数，则 $2p$ 阶群恒有两个，一为循环的，一为 $G=\{a,b\}$，$a^p=1=b^2$，$b^{-1}ab=a^{-1}$。

由这推论可知六阶循环群以外，就只有三次对称群 $\mathfrak{S}_3$ 的阶才等于 6，因之三次对称群 $\mathfrak{S}_3$ 是与有定义关系 $a^3=b^2=1$ 及 $b^{-1}ab=a^{-1}$ 的抽象群 $G=\{a,b\}$ 成同构的。

再将上述的结论列表于下。

表 I

	种类	构造（定义关系）	附注
pq 阶群 G $(q<p)$ p，q 均为素数	I	$G=\{a\}$，$a^{pq}=1$ （循环）	
	II	$G=\{a,b\}$，$a^p=1=b^q$，$b^{-1}ab=a^r$，$r^q\equiv1(\bmod p)$ 且 $r\not\equiv1(\bmod p)$	只有在 $q\|(p-1)$ 时才出现这个可能性

表 II

	种类	构造（定义关系）	附注
$2p$ 阶群 G （p 为奇素数）	I	$G=\{a\}$，$a^{2p}=1$（循环）	注意表 II 是表 I 的特例。
	II	$G=\{a,b\}$，$a^p=b^2=1$，$b^{-1}ab=a^{-1}$	

例 2 试证 $4p$ 阶群（p 为奇素数）中互不同构的个数在 $p\equiv3(\bmod4)$ 而 $p\neq3$ 时等于 4，但在 $p=3$ 或 $p\equiv1(\bmod4)$ 时就等于 5。并决定它们的

构造.

证明 因$o(G)=2^2p$，故G是可解群，因而有$A\lhd G$使$[G:A]=2$或$=p$.

（一）**先讨论$[G:A]=p$.**

这时，$o(A)=4$，于是A或为(i) 4阶循环群$A=\{a\}$，或为(ii)克莱茵四元群$A=\{a\}\times\{b\}$ $(a^2=b^2=1, ab=ba)$.

(i) $A=\{a\}$为4阶循环群.

这时，G为4阶循环群$A=\{a\}$被p阶循环群之扩张. 如例1一样，由于任一个p阶子群(G的)为A之补子群，故有$G=\{a, b\}$，$a^4=1=b^p$，$b^{-1}ab=a^r$，据霍尔特定理得$r^p\equiv 1(\mathrm{mod}4)$；但$p$为奇素数说明$r\not\equiv -1(\mathrm{mod}4)$，故只能是$r\equiv 1\ (\mathrm{mod}4)$，即$ab=ba$，$G$交换，因而$G$为$4p$阶循环的.

(ii) $A=\{a\}\times\{b\}$，$a^2=b^2=1$，$ab=ba$.

这时取p阶子群$P=\{g\}$，$g^p=1$，为A之补子群，于是据定理1知$G=A+Ag+\cdots+Ag^{p-1}$而有$g^{-1}ag=a^\sigma$，$g^{-1}bg=b^\sigma$，$\sigma\in A(A)$［注意这时$g^p=1=u$，确有$\sigma^p=1$与$u^\sigma=u$］. 因$A(A)\simeq\mathfrak{S}_3$（第一章§12的问题6）故若$\sigma\neq 1$，则必有$o(\sigma)=2$或$=3$，于是当$p\neq 3$时，由于$(2, p)=1=(3, p)$得知从$\sigma^p=1$不得不有$\sigma=1$，这说明$p\neq 3$时只能是$\sigma=1$，故$g^{-1}ag=a$，$g^{-1}bg=b$，G交换，故G为初等交换，即$G=\{a, b, g\}$，$a^2=b^2=g^p=1=[a, b]=[a, g]=[b, g]$.

当$p=3$时，或$\sigma=1$，或$\sigma^3=1$但$\sigma\neq 1$；在$\sigma=1$时，G如上述为初等交换. 然而在$\sigma\neq 1$，$\sigma^3=1$时，应为置换$\sigma=(abc)$或$=(acb)$［注意这里$c=ab$］. 但注意克莱茵四元群$A=\{a\}\times\{b\}=\{a\}\times\{c\}=\{b\}\times\{c\}$，可知讨论$\sigma=(abc)$与讨论$\sigma=(acb)$是一回事，故仅就$\sigma=(abc)$论述即可，这时$G=\{a, b, g\}$，$a^2=b^2=g^3=1$，$g^{-1}ag=b$，$g^{-1}bg=ab=ba$，即$G\simeq\mathfrak{A}_4$（易于验证）.

（二）**再论讨$[G:A]=2$.**

这时，$o(A)=2p$，于是据例1则知或(i) A为$2p$阶循环群，或(ii) $A=\{a, b\}$，$a^p=1=b^2$，$b^{-1}ab=a^{-1}$.

(i) $A=\{a\}$为$2p$阶循环群$(a^{2p}=1)$.

这时，G为$2p$阶循环群$A=\{a\}$被2阶群之扩张，于是$G=\{a, b\}$，$a^{2p}=1$，$b^2=a^t$，$b^{-1}ab=a^r$而有$r^2\equiv 1(\mathrm{mod}2p)$及$t(r-1)\equiv 0(\mathrm{mod}2p)$. 但$r^2\equiv 1(\mathrm{mod}2p)$仅有二解，为$r\equiv 1\ (\mathrm{mod}2p)$，与$r\equiv -1\ (\mathrm{mod}2p)$.

如 $r \equiv 1 \pmod{2p}$，则 $b^{-1}ab = a$，G 交换，故 G 或循环或初等交换. 当 $r \equiv -1$ 时 $(\mathrm{mod}\,2p)$，有 $b^{-1}ab = a^{-1}$，这时必有 $t \equiv 0 \pmod{p}$，因而 $b^2 = 1$ 或 $= a^p$，而有下面二种类型:

(I) $G = \{a, b\}$，$a^{2p} = 1$，$b^2 = 1$，$b^{-1}ab = a^{-1}$；

(II) $G = \{a, b\}$，$a^{2p} = 1$，$b^2 = a^p$，$b^{-1}ab = a^{-1}$.

再要解决的是 (I)，(II) 两型互不同构：事实上，在 (I) 型的群 $G = \{a\} + \{a\}b$ 中凡属于陪集 $\{a\}b$ 之元 $a^\lambda b$ 的阶为 2 ($\because (a^\lambda b)^2 = a^\lambda b a^\lambda b = a^\lambda a^{-\lambda} = 1$)，因而 G 中阶 2 之元共有 $2p + 1$ 个；但在 (II) 型的群 $G = \{a\} + \{a\}b$ 中属于陪集 $\{a\}b$ 之元 $a^\lambda b$ 确有 $(a^\lambda b)^2 = a^\lambda b a^\lambda b = a^\lambda b b a^{-\lambda} = a^p \neq 1$，即 G 只有一个阶 2 之元；故 (I)，(II) 两型的群确互不同构.

(ii) $\boldsymbol{A = \{a, b\}}$，$\boldsymbol{a^p = 1 = b^2}$，$\boldsymbol{b^{-1}ab = a^{-1}}$.

这时，因 G 是 A 被 2 阶群的扩张，故据定理 1 可写 $G = A + Ag$，$g^2 = u \in A$，$g^{-1}xg = x^\sigma$ (任 $x \in A$)，且 $\sigma^2 = I_u$ 及 $u^\sigma = u$，$\sigma \in A(A)$.

因 $A = \{a, b\} = \{a\} + \{a\}b$ 中凡属陪集 $\{a\}b$ 之元 $a^\lambda b$ 的阶都等于 2，而 $\{a\}$ 中又无阶 2 的元，故 A 之自同构 σ 只能使陪集 $\{a\}$ 与 $\{a\}b$ 的元各在其自身内互相变换，因而必有

$$a^\sigma = a^k,\ (k, p) = 1 \text{ 与 } b^\sigma = a^m b.$$

今令 $u = a^t b^\delta$ ($\delta = 0$ 或 $= 1$). 于是从计算 $a^{\sigma^2} = a^{I_u}$，$b^{\sigma^2} = b^{I_u}$ 与 $u^\sigma = u$，分别可得到

$$a^{k^2} = a^{(-1)^\delta},\quad a^{(k+1)m} \cdot b = a^{(-1)^{\delta+1}2t} \cdot b,\quad a^{kt+\delta m} b^\delta = a^t b^\delta,$$

即

$$\left.\begin{aligned} &k^2 \equiv (-1)^\delta \\ &(k+1)m \equiv (-1)^{\delta+1}2t \\ &(k-1)t + \delta m \equiv 0 \end{aligned}\right\} \pmod{p}. \tag{9}$$

下面分 $p \equiv 3 \pmod 4$ 与 $p \equiv 1 \pmod 4$ 两款来讨论.

(甲) $\boldsymbol{p \equiv 3 \pmod 4}$.

这时，因 $\left(\dfrac{-1}{p}\right) = -1$，故 $k^2 \not\equiv -1 \pmod{p}$，于是由 (9) 之第一式必有 $\delta = 0$，$u = a^t$，$k^2 \equiv 1 \pmod{p}$. 但 $k^2 \equiv 1 \pmod{p}$ 仅有二个解：$k \equiv 1 \pmod{p}$ 与 $k \equiv -1 \pmod{p}$.

当 $k \equiv 1 \pmod{p}$ 时，$a^\sigma = a$，$ga = ag$，于是取 $g' = a^s g$ 使 $2s - m \equiv 0 \pmod{p}$ 时，则由 $ga = ag$ 得 $g'a = ag'$，且又有 $g'^2 = a^{2s}g^2 = a^m u = a^{m+t}$；但从 (9) 之第二式有 $2(m + t) \equiv 0 \pmod{p}$，$m + t \equiv 0 \pmod{p}$；于是有 $g'^2 = 1$.

这说明 G 中有阶 2 的元 g' 与阶 p 的 a 可交换，故 G 就有阶为 $2p$ 的元 $ag' = g'a$。

当 $k \equiv -1 \pmod{p}$ 时，$a^{\sigma} = a^{-1} = g^{-1}ag = b^{-1}ab$，且由 (9) 之第三式得知 $t \equiv 0 \pmod{p}$，因而 $u = 1$，$g^2 = 1$，这时取 $g' = a^s bg$ 使 $2s - m \equiv 0 \pmod{p}$ 时，则有 $g'^2 = a^s bga^s bg = a^s b^{-1}g^{-1}a^s bg = a^s b^{-1}a^{-s}g^{-1}bg = a^s b^{-1}a^{-s}b^{\sigma} = a^s b^{-1}a^{-s}a^m b = a^s a^{s-m} = 1$，且 $g'^{-1}ag' = (g^{-1}ag)^{-1} = a$，即 $ag' = g'a$，也说明了 G 有阶 2 之元 g' 与阶 p 之元 a 可交换，故 G 有阶 $2p$ 的元 $ag' = g'a$。

总之，在 $p \equiv 3 \pmod{4}$ 时，G 有阶 $2p$ 的元 c，故 $[G:\{c\}] = 2$，即 $\{c\} \lhd G$，说明了 G 可视为 $2p$ 阶循环群被 2 阶群的扩张．又回到了（二）中的 (i) 款．这同时也证明了：当 $p \neq 3$ 而 $p \equiv 3 \pmod{4}$ 时，$4p$ 阶群有四个；而在 $p = 3$ 时，$4p(=12)$ 阶群有五个．

（乙）$p \equiv 1 \pmod{4}$．

这时，因 $\left(\frac{1}{p}\right) = \left(\frac{-1}{p}\right) = 1$，故从 (9) 之第一式知 δ 可为 0 也可为 1．

先讨论 $\delta = 0$．这时，$k^2 \equiv 1 \pmod{p}$ 中 $k \equiv 1$ 或 $k \equiv -1 \pmod{p}$．若 $k \equiv 1 \pmod{p}$，则如（甲）款内讨论过了的一样，作 $g' = a^s g$ 使 $2s - m \equiv 0 \pmod{p}$，可知 $g'a = ag'$，故 $o(ag') = 2p$．若 $k \equiv -1 \pmod{p}$，也如（甲）款内论述过的一样可知 $g'a = ag'$，但 $g' = a^s bg$，$2s - m \equiv 0 \pmod{p}$，且 $g'^2 = 1$，故 $o(ag') = 2p$．总之，这时 G 可视为 $2p$ 阶循环群被 2 阶群之扩张，前已讨论过的．

故需考虑的是 $\delta = 1$．这时，$u = a^t b$，而 (9) 式则变为

$$\left.\begin{array}{l} k^2 \equiv -1 \\ (k+1)m \equiv 2t \\ (k-1)t + m \equiv 0 \end{array}\right\} \pmod{p}. \tag{10}$$

从 $k^2 \equiv -1 \pmod{p}$ 得 $(k+1)(k-1) \equiv -2 \pmod{p}$，故 $(k+1, p) = 1 = (k-1, p)$．今选 $b' = a^s b \in A$ 使 $(k-1)s + m \equiv 0 \pmod{p}$，则 $b'^2 = a^s ba^s b = a^s a^{-s} = 1$ 且 $b'^{-1}ab' = a^{-1}$，并有

$$g^{-1}b'g = \begin{cases} g^{-1}a^s bg = (a^{\sigma})^s b^{\sigma} = a^{ks+m}b = a^s b = b', \\ b'^{\sigma}, \end{cases}$$

这说明了可以 b' 代换 b，即能令 $A = \{a, b\}$，$a^p = 1 = b^2$，$b^{-1}ab = a^{-1}$，且 A 之自同构 σ 为：

$$g^{-1}ag = a^{\sigma} = a^k \text{ 及 } g^{-1}bg = b^{\sigma} = b.$$

这也是说可不损普遍性能令 $m = 0$，于是从 (10) 式则有 $t \equiv 0 \pmod{p}$，因

而 $g^2=u=a^tb=b$. 说明了这时有 $G=\{a, b, g\}$, 定义关系是:

$$a^p=1=b^2,\ g^2=b,\ b^{-1}ab=a^{-1},\ g^{-1}bg=b,\ g^{-1}ag=a^k,$$

但 $k^2\equiv-1(\mathrm{mod}\,p)$.

因为 $k^2\equiv-1(\mathrm{mod}\,p)$ 有二解 $k_1, k_2(\mathrm{mod}\,p)$, 故从形式上乍看起来, 知这样的群有二个(一为 $g^{-1}ag=a^{k_1}$, 一为 $g^{-1}ag=a^{k_2}$). 但实质上它们是一致的. 为什么呢? 因为有 $k_1+k_2\equiv0(\mathrm{mod}\,p)$, 故若 $G=\{a, b, g\}$ 中定义关系是 $a^p=1=b^2$, $g^2=b$, $b^{-1}ab=a^{-1}$, $g^{-1}bg=b$, $g^{-1}ag=a^{k_1}$, 则当令 $y=bg$ 时又有 $G=\{a, b, y\}$, 其中 $a^p=1=b^2$, $b^{-1}ab=a^{-1}$, $y^2=b$, $y^{-1}by=b$, $y^{-1}ay=a^{-k_1}=a^{k_2}$.

总之,在 $p\equiv1\ (\mathrm{mod}\,4)$ 时, $4p$ 阶群除上述的循环、初等交换、(I) 与 (II) 型外,尚有下面的 (III) 型:

(III) $G=\{a, b, g\}$, $a^p=1=b^2$, $g^2=b$, $b^{-1}ab=a^{-1}$, $g^{-1}bg=b$, $g^{-1}ag=a^k$, 但 $k^2\equiv-1(\mathrm{mod}\,p)$.

再证明 (III) 型的群(非交换的)确与上述的 (I), (II) 型两个非交换群都不同构: 事实上, (III) 型群的 $G=A+Ag$, 而 $A=\{a,b\}=\{a\}+\{a\}b$, 我们又知 $\{a\}$ 无阶 2 之元, 而 $\{a\}b$ 中每元的阶皆为 2, 故 A 中阶 2 之元共有 p 个. 然而 Ag 中的元或为 $a^\lambda g$ 形或为 $a^\lambda bg$ 形, 而 $(a^\lambda g)^2=a^\lambda ga^\lambda g=a^\lambda g^2a^{k\lambda}=a^\lambda ba^{k\lambda}=a^\lambda b^{-1}a^{k\lambda}b^2=a^\lambda a^{-k\lambda}b=a^{\lambda(1-k)}b\neq1$, 且 $(a^\lambda bg)^2=a^\lambda bga^\lambda bg=a^\lambda bg^2\cdot g^{-1}a^\lambda bg=a^\lambda bba^{k\lambda}b=a^{\lambda(1+k)}b\neq1$, 说明了陪集 Ag 中无阶 2 的元. 故 G 中阶 2 之元为且仅为 $a^\lambda b$ 形, 共 p 个. 可是 (I), (II) 型群中阶 2 之元各有 $2p+1$ 个与 1 个. 因之 (I), (II), (III) 型的群两两互异. 这就证明了在 $p\equiv1\ (\mathrm{mod}\,4)$ 时, $4p$ 阶群有 5 个.

于是, 例 2 完全获证, 且各个群的构造已在上述的证明过程中列举了, 今列表于下页(表 III).

例 3 设 p, q 是两个互异的奇素数且 $q<p$. 试证 $2pq$ 阶群 G 在 $q\nmid(p-1)$ 时有 4 个, 而在 $q\mid(p-1)$ 时则有 6 个. 并决定它们的构造.

证明 $o(G)=2pq$ 已说明了 G 不是单群且有一个阶为 pq 的正规子群 A, 即 $A\lhd G$ 且 $o(A)=pq$ (参看第二章 §1 的问题 10). 于是在 (i) $q\nmid(p-1)$ 时, A 只能是循环群 $A=\{a\}$, $a^{pq}=1$; 而在 (ii) $q\mid(p-1)$ 时, 还有可能是 $A=\{a, b\}$, $a^p=1=b^q$, 及 $b^{-1}ab=a^r$, 但 $r^q\equiv1(\mathrm{mod}\,p)$ 且 $r\not\equiv1\ (\mathrm{mod}\,p)$ (参看例 1 的表 I). 今分别讨论于下.

(i) $A=\{a\}$, $a^{pq}=1$.

这时, G 为循环群 $A=\{a\}$ 被 2 阶循环群的扩张. 取 G 中阶为 2 的一元

表 III

	种 类	构造(定义关系)	附 注
$4p$ 阶群 G (p 为奇素数)	I	$G=\{a\}$, $a^{4p}=1$ (循环)	
	II	$G=\{a\}\times\{b\}\times\{c\}$, $a^2=b^2=c^p=1=[a,b]=[a,c]=[b,c]$ (初等交换)	
	III	$G=\{a,b\}$, $a^{2p}=1$, $b^2=1$, $b^{-1}ab=a^{-1}$	
	IV	$G=\{a,b\}$, $a^{2p}=1$, $b^2=a^p$, $b^{-1}ab=a^{-1}$	
	V	$G=\{a,b,c\}$, $a^p=1=b^2$, $b^{-1}ab=a^{-1}$, $c^2=b$, $cb=bc$, $c^{-1}ac=a^k$, $k^2\equiv-1(\mathrm{mod}\,p)$	仅在 $p\equiv1(\mathrm{mod}\,4)$ 时,才出现这类型.
		$G=\{a,b,c\}$, $a^2=b^2=c^3=1$, $c^{-1}ac=b$, $c^{-1}bc=ab=ba$.	只是在 $p=3$ 时,才出现这类型,这时 $G\simeq\mathfrak{A}_4$.

y, 于是 $G=A+Ay=\{a,y\}$, 具定义关系 $a^{pq}=1$, $y^2=1$, $y^{-1}ay=a^r$, 式中 $r^2\equiv1(\mathrm{mod}\,pq)$ (霍尔特定理). 据数论知识, $r^2\equiv1(\mathrm{mod}\,pq)$ 有 4 个解: 1, -1, $\pm(pp'-qq')(\mathrm{mod}\,pq)$, 但 p' 与 q' 分别满足 $pp'\equiv1(\mathrm{mod}\,q)$ 与 $qq'\equiv1(\mathrm{mod}\,p)$. 显然, 当 $r\equiv1(\mathrm{mod}\,pq)$ 时, $ay=ya$, $o(ay)=2pq$, G 为循环群. 当 $r\equiv-1$, $\pm(pp'-qq')(\mathrm{mod}\,pq)$ 时,得到了三个非交换群:

$$G_2=\{a,y\},\ a^{pq}=1=y^2,\ y^{-1}ay=a^{-1};$$

$$G_3=\{a,y\},\ a^{pq}=1=y^2,\ y^{-1}ay=a^{r};$$

$$G_4=\{a,y\},\ a^{pq}=1=y^2,\ y^{-1}ay=a^{-r};$$

式中 $r\equiv pp'-qq'(\mathrm{mod}\,pq)$.

现在来证明 G_2, G_3, G_4 两两互不同构:事实上, A 与 G_i/A 之可解性说明了 G_i 可解 ($i=2,3,4$), 故 G_i 中阶 pq 之元在 $\{a\}$ 内(第二章 §7 定理 3),因而仅为 $a_1=a^s$ 形, $(s,pq)=1$; 又 G_i 中阶 2 之元只能是 $y_1=a^\lambda y$ 形. 于是若 $G_i=\{a,y\}$, $a^{pq}=1=y^2$, $y^{-1}ay=a^t$ ($t=-1,r$, 或 $-r$), 则用 G_i 中阶 2 之元 $y_1=a^\lambda y$ 变阶 pq 之元 $a_1=a^s$ 的形,结果为 $y_1^{-1}a_1y_1=(y^{-1}ay)^s=a^{ts}=a_1^t$, 即 t 不变化,这证明了 G_2, G_3, G_4 确两两互异. 因而在 $q\nmid(p-1)$ 时,由于 $2pq$ 阶群 G 所含之 pq 阶子群只能是循环的,故这时 G 有 4 个,一为循环的 G_1, 另三个为上述的 G_2, G_3, G_4.

(ii) 在 $q|(p-1)$ 时, pq 阶子群还有另一个可能性是 $A=\{a,b\}$, $a^p=1=b^q$, $b^{-1}ab=a^r$, 但 $r^q\equiv1(\mathrm{mod}\,p)$ 而 $r\not\equiv1(\mathrm{mod}\,p)$.

这时,取G中阶 2 之一元y, 则 $G = A + Ay = \{a, b, y\}$, 定义关系是 $a^p = 1 = b^q$, $b^{-1}ab = a^r$, 但 $r^q \equiv 1 \pmod{p}$ 且 $r \not\equiv 1 \pmod{p}$, 以及 $y^2 = 1$, $y^{-1}ay = a^\sigma$, $y^{-1}by = b^\sigma$, 式中 $\sigma \in A(A)$, $\sigma^2 = 1$ (参看定理 1). 由于G中阶p之元必在A内(第二章 §7 定理 8), 而A中阶p之元又在 $\{a\}$ 内, 故不得不有 $y^{-1}ay = a^\sigma = a^s$, $(s, p) = 1$, 因而从 $\sigma^2 = 1$ 得 $a = a^{\sigma^2} = a^{s^2}$, $s^2 \equiv 1 \pmod{p}$, 即 $s \equiv 1$ 或 $s \equiv -1 \pmod{p}$, 故 $y^{-1}ay = a$ 或 a^{-1}. 又 $b^\sigma = a^u b^v$, $(v, q) = 1$, 由是利用

$$(a^u b^v)^n = a^{u(1 + r'^v + \cdots + r'^{(n-1)v})} b^{nv} \tag{11}$$

(由归纳法可证),但 $r'r \equiv 1 \pmod{p}$,
可知

$$b = b^{\sigma^2} = (a^u b^v)^\sigma = (a^\sigma)^u (b^\sigma)^v = a^{su}(a^u b^v)^v$$

$$= a^{su} a^{u(1 + r'^v + \cdots + r'^{(v-1)v})} b^{v^2},$$

不得不有 $v^2 \equiv 1 \pmod{q}$, 故 $v \equiv \pm 1 \pmod{q}$. 由是有四种可能性的组合:

(I) $a^\sigma = a$, $b^\sigma = a^u b$; (II) $a^\sigma = a^{-1}$, $b^\sigma = a^u b$;

(III) $a^\sigma = a$, $b^\sigma = a^u b^{-1}$; (IV) $a^\sigma = a^{-1}$, $b^\sigma = a^u b^{-1}$.

首先敢断言的是 (III), (IV) 两款决不可能发生. 为什么呢? 因若 $a^\sigma = a$, $b^\sigma = a^u b^{-1}$, 则从 $(b^\sigma)^{-1} \cdot a^\sigma \cdot b^\sigma = (a^\sigma)^r$ 即 $bab^{-1} = a^r$, 不得不有 $b^{-1}ab = bab^{-1}$, $a = b^{-2}ab^2 = b^{-1}a^r b = a^{r^2}$, $r^2 \equiv 1 \pmod{p}$; 再与 $r^q \equiv 1 \pmod{p}$ 合并 (q 为奇数)得 $r \equiv 1 \pmod{p}$, 非所许. 同理, 若 $a^\sigma = a^{-1}$, $b^\sigma = a^u b^{-1}$, 则从 $b^{-1}ab = a^r$ 应有 $(b^\sigma)^{-1} a^\sigma b^\sigma = (a^\sigma)^r$, 即$ba^{-1}b^{-1} = a^{-r}$, 故取 $r'(r'r \equiv 1 \pmod{p})$ 后就有从 $b^{-1}ab = a^r$ 得 $b^{-1}a^{r'}b = a$ 而有 $a^{r'} = bab^{-1}$, 即 $a^{-r'} = ba^{-1}b^{-1}$, 由是不得不有 $a^{-r} = a^{-r'}$, $r \equiv r' \pmod{p}$, $r^2 \equiv rr' \equiv 1 \pmod{p}$, 故再利用 $r^q \equiv 1 \pmod{p}$ 中的 q 为奇数又得 $r \equiv 1 \pmod{p}$, 非所许.

于是只能是 (I) 或 (II) 款.

在 (I) 款时 ($a^\sigma = a$, $b^\sigma = a^u b$), 由 $b = b^{\sigma^2} = (a^u b)^\sigma = (a^\sigma)^u b^\sigma = a^{2u} b$, 得 $a^{2u} = 1$, $u \equiv 0 \pmod{p}$, 即 $b^\sigma = b$, $a^\sigma = a$, 或 $\sigma = 1$ 故得:

(I) $G = \{a, b, y\}$, $a^p = 1 = b^q$, $b^{-1}ab = a^r$, $y^2 = 1$, $ya = ay$, $yb = by$, 但 $r^q \equiv 1 \pmod{p}$ 而 $r \not\equiv 1 \pmod{p}$.

在 (II) 款时 ($a^\sigma = a^{-1}$, $b^\sigma = a^u b$), 易证G中阶 2 的元为且仅为 $y_1 = a^\lambda y$ 形 (任 λ), 而 $G = \{a^\sigma, b^\sigma, y_1\}$, 定义关系是 $(a^\sigma)^p = (b^\sigma)^q = y_1^2 = 1$, $(b^\sigma)^{-1} a^\sigma b^\sigma = (a^\sigma)^r$, $y_1^{-1} a^\sigma y_1 = (a^\sigma)^{-1}$, $y_1^{-1} b^\sigma y_1 = y^{-1} a^{u-\lambda} b a^\lambda y = y^{-1} a^{u-\lambda} y \cdot y^{-1} b y \cdot y^{-1} a^\lambda y = a^{\lambda - u} a^u b a^{-\lambda} = a^\lambda b a^{-\lambda} = a^{\lambda(1-r')} b$, 故适当地选令$\lambda$使 $\lambda(1 -$

$r')\equiv u(\bmod p)$，就有 $y_1^{-1}b^{\sigma}y_1=b^{\sigma}$. 这说明了能适当地选取 G 之生成元 a，b，y，使除 a，b 间已有上述的关系外尚有 $y^2=1$，$y^{-1}ay=a^{-1}$ 及 $y^{-1}by=b$，即：

(II) $G=\{a, b, y\}$，$a^p=1=b^q$，$b^{-1}ab=a^r$，$y^2=1$，$yb=by$，$y^{-1}ay=a^{-1}$，但 $r^q\equiv 1(\bmod p)$ 而 $r\not\equiv 1\ (\bmod p)$.

(I)，(II) 两型的群又互不同构. 这很容易理解，因为 (I) 型的群 $G=A\times\{y\}$，故其中阶 2 的元只有 y，然 (II) 型的群 G 中阶 2 的元为 $a^{\lambda}y$ 形（λ 任意），共有 p 个.

于是完全证明了例 3，即 $2pq$ 阶群（p，q 均为奇素数，$q<p$）在 $q\nmid(p-1)$ 时共有四个，而在 $q\mid(p-1)$ 时共有六个. 其构造见下表.

表 IV

	种　类	构造（定义关系）	附　　注
$2pq$ 阶群 G（p，q 为奇素数且 $q<p$）	I	$G=\{a\}$，$a^{2pq}=1$（循环群）	
	II III IV	$G=\{a, b\}$，$a^{pq}=1$，$b^2=1$ $b^{-1}ab=a^r$，$r^2\equiv 1(\bmod pq)$ 但 $r\not\equiv 1\ (\bmod pq)$	取 $r^2\equiv 1(\bmod pq)$ 的三个非当然的解（即 $r\not\equiv 1\ (\bmod pq)$）可分别得到 II，III，IV 三个互不同构的群 G.
	V	$G=\{a, b, c\}$，$a^p=b^q=c^2=1$， $b^{-1}ab=a^r$，$c^{-1}ac=a$，$c^{-1}bc=b$， 但 $r^q\equiv 1$ 而 $r\not\equiv 1\ (\bmod p)$	只有在 $q\mid(p-1)$ 时才出现这 V，VI 两型.
	VI	$G=\{a, b, c\}$，$a^p=b^q=c^2=1$， $b^{-1}ab=a^r$，$c^{-1}ac=a^{-1}$，$c^{-1}bc=b$ 但 $r^q\equiv 1$ 而 $r\not\equiv 1\ (\bmod p)$	

例 4　设 p 是奇素数. 证明 $2p^2$ 阶群共有 5 个互不同构的.

证明　设 $o(G)=2p^2$. 这时 G 只有唯一个西洛 p-子群 A. 因 $o(A)=p^2$，故 A 只有二种可能：(一) $A=\{a\}$ 为 p^2 阶循环群 ($a^{p^2}=1$)；(二) A 为初等交换群，即 $A=\{a\}\times\{b\}$，$a^p=1=b^p$，$ab=ba$.

(一) $A=\{a\}$，$a^{p^2}=1$.

这时，G 为 p^2 阶循环群 $A=\{a\}$ 被 2 阶群的扩张；因 G 中阶 2 之元 b 不在 A 内，故 $G=A+Ab=\{a, b\}$，$a^{p^2}=1=b^2$，$b^{-1}ab=a^r$ 而有 $r^2\equiv 1(\bmod p^2)$. 然而 $r^2\equiv 1(\bmod p^2)$ 据数论知识仅有二个解 $r\equiv\pm 1\ (\bmod p^2)$. 当 $r\equiv 1\ (\bmod p^2)$ 时，有 $ab=ba$，G 交换，因而这时 G 是循环群. 当 $r\equiv$

$-1 \pmod{p^2}$ 时，$G=\{a,b\}$，$a^{p^2}=1=b^2$，$b^{-1}ab=a^{-1}$. 说明了在(一)款时，G 有二型.

（二）$A=\{a\}\times\{b\}$，$a^p=b^p=1$，$ab=ba$.

这时，如（一）款，G 中阶 2 之元 c 不在 A 内，故 $G=A+Ac=\{a,b,c\}$，$a^p=b^p=c^2=1$，$ab=ba$，$c^{-1}ac=a^\sigma$，$c^{-1}bc=b^\sigma$，但 $\sigma\in A(A)$，$\sigma^2=1$（定理 1）.

若令 $a^\sigma=a^sb^t$，$b^\sigma=a^ub^v$，则从 $\sigma^2=1$ 得 $a=a^{\sigma^2}=(a^sb^t)^\sigma=(a^\sigma)^s(b^\sigma)^t=a^{s^2+ut}b^{t(s+v)}$，同理 $b=b^{\sigma^2}=a^{u(s+v)}b^{v^2+ut}$，故

$$\left.\begin{aligned}&s^2+ut\equiv 1\\&v^2+ut\equiv 1\\&(s+v)t\equiv 0\\&(s+v)u\equiv 0\end{aligned}\right\}\pmod{p}.\tag{12}$$

再分二小款：$s+v\not\equiv 0 \pmod{p}$，与 $s+v\equiv 0 \pmod{p}$.

(I) $s+v\not\equiv 0 \pmod{p}$. 从 (12) 中第一、二两式相减，得 $(s+v)(s-v)\equiv 0 \pmod{p}$，故这时应有 $s\equiv v \pmod{p}$，且由 (12) 中第三、四两式又有 $t\equiv u\equiv 0 \pmod{p}$，于是再利用 (12) 中第一、二两式得 $s^2\equiv 1\equiv v^2 \pmod{p}$，因之或 $s\equiv v\equiv 1 \pmod{p}$，或 $s\equiv v\equiv -1 \pmod{p}$，随而有：

$$\text{或}\begin{cases}a^\sigma=a,\\b^\sigma=b,\end{cases}\quad\text{或}\begin{cases}a^\sigma=a^{-1},\\b^\sigma=b^{-1}.\end{cases}$$

显然，在 $a^\sigma=a$ 与 $b^\sigma=b$ 时，$\sigma=1$，因之 G 为初等交换群. 在 $a^\sigma=a^{-1}$ 与 $b^\sigma=b^{-1}$ 时，$G=\{a,b,c\}$，$a^p=b^p=c^2=1$，$ab=ba$，$c^{-1}ac=a^{-1}$，$c^{-1}bc=b^{-1}$.

(II) $s+v\equiv 0 \pmod{p}$. 注意满足 (12) 式及 $s+v\equiv 0 \pmod{p}$ 的一组值 s,t,u,v 的选择方法很多，但从群构造而言是唯一的. 为此，特取 $s=1$，$v=-1$，$u=0=t$，而得一群 H：

$H=\{a,b,c\}$，$a^p=b^p=c^2=1$，$ab=ba$，$c^{-1}ac=a$，$c^{-1}bc=b^{-1}$.

如果能证明具定义关系 $a^p=b^p=c^2=1$，$ab=ba$，$c^{-1}ac=a^\sigma=a^sb^t$，$c^{-1}bc=b^\sigma=a^ub^v$ 的群 $G=\{a,b,c\}$ 和 H 成同构，就解决了问题，但 s,t,u,v 满足 (12) 式且有 $s+v\equiv 0 \pmod{p}$，而 $\sigma\in A(A)$，$A=\{a\}\times\{b\}$.

欲证 $G\simeq H$，就只须证明在 G 中可在它的子群 $A=\{a\}\times\{b\}$ 内能选取二元 $a_1=a^ib^j$ 与 $b_1=a^xb^y$ 使 $A=\{a_1\}\times\{b_1\}$，$a_1^\sigma=c^{-1}a_1c=a_1$，$b_1^\sigma=c^{-1}b_1c=b_1^{-1}$ 就行了.

假定已找得 $a_1=a^ib^j$，$b_1=a^xb^y$，使 $a_1^\sigma=c^{-1}a_1c=a_1$，$b_1^\sigma=c^{-1}b_1c=b_1^{-1}$，

且 $A=\{a_1\}\times\{b_1\}$. 于是从

$$a^ib^j=a_1=c^{-1}a_1c=c^{-1}a^ib^jc=(a^sb^t)^i(a^ub^v)^j=a^{si+uj}b^{ti+vj},$$

$$a^xb^y=b_1=(c^{-1}b_1c)^{-1}=(c^{-1}a^xb^yc)^{-1}=[(a^sb^t)^x(a^ub^v)^y]^{-1}$$
$$=a^{-sx-uy}b^{-tx-vy},$$

得

$$\left.\begin{aligned}(s-1)i+uj\equiv 0\\ ti+(v-1)j\equiv 0\\ (s+1)x+uy\equiv 0\\ tx+(v+1)y\equiv 0\end{aligned}\right\}(\bmod p). \tag{13}$$

因行列式 $\begin{vmatrix}s-1 & u\\ t & v-1\end{vmatrix}=sv-(s+v)-ut+1\equiv sv-ut+1\equiv -s^2-ut+1\equiv 0(\bmod p)$ [利用了 $s+v\equiv 0$ 及 $s^2+ut\equiv 1(\bmod p)$], 同理有行列式 $\begin{vmatrix}s+1 & u\\ t & v+1\end{vmatrix}\equiv 0\ (\bmod p)$, 故 (13) 之前两式与后两式在伽罗瓦 (Galois) 域 $GF(p)$ 中都有非零解, 即有满足 (13) 的值 i, j, x, y 存在, 且 x 与 y 中至少有一个 $\not\equiv 0\ (\bmod p)$, 而 i 与 j 中也至少有一个 $\not\equiv 0\ (\bmod p)$; 因之对这样一组值 i, j, x, y 而言当然有 $a_1\neq 1$, $b_1\neq 1$, 于是 $o(a_1)=p=o(b_1)$.

我们还可断言 $\{a_1\}\cap\{b_1\}=1$: 事实上, 若 $a_1^\lambda=b_1^\gamma$, 则 $a^{\lambda i}b^{\lambda j}=a^{\gamma x}b^{\gamma y}$, $\lambda i\equiv\gamma x$ 与 $\lambda j\equiv\gamma y(\bmod p)$, 故 γx, γy 应为(13)之第一、三两式的解, 即有

$$(s-1)\gamma x+u\gamma y\equiv 0(\bmod p) \text{ 与 } (s+1)\gamma x+u\gamma y\equiv 0(\bmod p),$$

两者相减得 $2\gamma x\equiv 0(\bmod p)$, 故 $\gamma x\equiv 0(\bmod p)$; 同理, γx, γy 又应为 (13) 之第二、四两式的解, 由之可得 $\gamma y\equiv 0\ (\bmod p)$. 于是由 x 与 y 中至少有一个 $\not\equiv 0\ (\bmod p)$, 不得不有 $\gamma\equiv 0\ (\bmod q)$, 证明了 $\{a_1\}\cap\{b_1\}=1$, 因之有 $A=\{a\}\times\{b\}=\{a_1\}\times\{b_1\}$, 故 $G=\{a_1, b_1, c\}$ 而具定义关系 $a_1^p=b_1^p=c^2=1$, $a_1b_1=b_1a_1$, $c^{-1}a_1c=a_1$, $c^{-1}b_1c=b_1^{-1}$, 恰好与上述之 H 有同样的定义关系, 即 $G\simeq H$. 这也就是说在 $s+v\equiv 0\ (\bmod p)$ 时, 可选取 a, b 使 $G=\{a, b, c\}$ 而具定义关系 $a^p=b^p=c^2=1$, $ab=ba$, $c^{-1}ac=a$, $c^{-1}bc=b^{-1}$, 即 G 为上述的 H; 也就是说在 $s+v\equiv 0\ (\bmod p)$ 时, 尚有群 H.

最后再解决在 $s+v\equiv 0\ (\bmod p)$ 时的群 H 与 $s+v\not\equiv 0\ (\bmod p)$ 时的群 $G=\{a, b, c\}$, $a^p=b^p=c^2=1$, $ab=ba$, $c^{-1}ac=a^{-1}$, $c^{-1}bc=b^{-1}$ 确互不同构: 事实上, 不论 m, n 若何, 在群 G 中恒有 $(a^mb^nc)^2=a^mb^nc^{-1}a^mb^nc=a^mb^na^{-m}b^{-n}=1$, 即 G 中阶 2 之元共有 p^2 个; 但对 H 言, 有 $(a^mb^nc)^2=a^mb^nc^{-1}a^mb^nc=a^mb^na^mb^{-n}=a^{2m}$, 其为单位元之充要条件是 $m\equiv 0\ (\bmod p)$,

故H中阶 2 之元只有 p 个;故G与H不同构. 总之,$2p^2$ 阶群有五个,其构造见下表.

表 V

<table>
<tr><th></th><th>种 类</th><th>构 造(定 义 关 系)</th></tr>
<tr><td rowspan="5">$2p^2$ 阶群 G
(p 为奇素数)</td><td>I</td><td>$G=\{a\}$, $a^{2p^2}=1$ (循环群)</td></tr>
<tr><td>II</td><td>$G=\{a\}\times\{b\}\times\{c\}$, $a^p=b^p=c^2=1$,
$[a, b]=[b, c]=[c, a]=1$ (初等交换群)</td></tr>
<tr><td>III</td><td>$G=\{a, b\}$, $a^{p^2}=1=b^2$, $b^{-1}ab=a^{-1}$</td></tr>
<tr><td>IV</td><td>$G=\{a, b, c\}$, $a^p=b^p=c^2=[a, b]=1$,
$c^{-1}ac=a^{-1}$, $c^{-1}bc=b^{-1}$</td></tr>
<tr><td>V</td><td>$G=\{a, b, c\}$, $a^p=b^p=c^2=[a, b]=1$,
$c^{-1}ac=a$, $c^{-1}bc=b^{-1}$</td></tr>
</table>

结束本节以前,再谈一下被无限循环群的扩张问题.

下面恒假定 $B=\{\alpha\}$ 为无限循环群. B之全部元素因而是 $\varepsilon(=\alpha^0)$, $d^{\pm 1}$, $d^{\pm 2}$, $\cdots$. 若G是A被B的一个扩张,$G/A\simeq B$,则当令B之生成元α对应于陪集 Ag_α 时,就可知道G关于A之陪集分解为 $G=\sum\limits_{i=-\infty}^{\infty}Ag_\alpha^i$,即可令代表元素系为

$$g_{\alpha^0}=g_\varepsilon=1,\ g_\alpha^{\pm 1},\ g_\alpha^{\pm 2},\ g_\alpha^{\pm 3},\ \cdots,$$

即 $g_{\alpha^i}=g_\alpha^i(i=0, \pm 1, \pm 2, \cdots)$. 令对应于这组代表元素系的$A$之因子团为 $[m_{\alpha^i,\alpha^j}]$,则因 $g_{\alpha^i}g_{\alpha^j}=m_{\alpha^i,\alpha^j}g_{\alpha^{i+j}}$,即 $g_\alpha^ig_\alpha^j=m_{\alpha^i,\alpha^j}g_\alpha^{i+j}$,故 $m_{\alpha^i,\alpha^j}=1$. 这时如令 $a^\sigma=g_\alpha^{-1}ag_\alpha$,则因 $g_\alpha^{-i}ag_\alpha^i=a^{\sigma^i}$,故由代表元素系所决定的一组自同构为$\sigma$之幂. 这说明了这时只有$A$的一个自同构 $a\rightleftarrows a^\alpha$ 在起决定作用.

反之,给了A的任一个自同构 $\sigma(a\rightleftarrows a^\sigma)$,如令所有的 $m_{\alpha^i,\alpha^j}=1$,并定义A之一组自同构为 $\varphi_{\alpha^i}=\sigma^i$. 我们说这样一些 φ_{α^i} 与 $m_{\alpha^i,\alpha^j}=1$ 确实满足 §1 中的(I),(II)两式. 事实上,§1 中的(I)式这时为

$$a^{\varphi_{\alpha^i}\varphi_{\alpha^j}}=a^{I_{m_{\alpha^i,\alpha^j}}\varphi_{\alpha^{i+j}}}. \tag{I)'}$$

然(I)′之左端为 $a^{\sigma^i\sigma^j}=a^{\sigma^{i+j}}$,右端为 $a^{I_1\varphi_{\alpha^{i+j}}}=a^{\varphi_{\alpha^{i+j}}}=a^{\sigma^{i+j}}$,故

左、右相等．而 §1 中的（II）式这时又为

$$m_{\alpha^i,\alpha^j}m_{\alpha^{i+j},\alpha^k}=m_{\alpha^j,\alpha^k}^{\varphi_{\alpha^i}^{-1}}m_{\alpha^i,\alpha^{j+k}},$$

这显然是正确的，因每个 $m_{\alpha^i,\alpha^j}=1$．

于是据 §1 的定理 2，确知有 A 被 B 的一个相应的扩张，即这扩张有一组代表元素系 $g_{\alpha^{\pm1}}$，$g_{\alpha^{\pm2}}$，$\cdots$，g_ε，其所决定 A 之自同构组恰为 $\varphi_{\alpha^i}=\sigma^i(i=0,\pm1,\pm2,\cdots)$，因子团又恰为 1．故知 $g_\alpha^{-1}ag_\alpha=a^{\varphi_\alpha}=a^\sigma$（任 $a\in A$），因而 $(g_\alpha^i)^{-1}ag_\alpha^i=a^{\varphi_\alpha^i}=a^{\sigma^i}=a^{\varphi_{\alpha^i}}=g_{\alpha^i}^{-1}ag_{\alpha^i}$，说明可取 g_α^i 充当 g_{α^i}，因之 $g_\varepsilon=1$．由是再利用因子团为 1 又知道 $g_\alpha^ig_\alpha^j=g_{\alpha^i}g_{\alpha^j}=m_{\alpha^i,\alpha^j}g_{\alpha^{i+j}}=g_{\alpha^{i+j}}=g_\alpha^{i+j}$，确为吻合．故有下面的

定理 3 设 $B=\{\alpha\}$ 是无限循环群．当 A 被 B 之扩张 G 已知时，则当取 G 关于 A 之陪集分解的代表元素系为 g_α^i 时（$i=0$，±1，±2，$\cdots$），就只有 A 的一个自同构 $a\longleftrightarrow a^\sigma=g_\alpha^{-1}ag_\alpha$ 在起作用．反之，给了 A 的任一个自同构 σ 后，也确有 A 被 B 的一个扩张 G 得写为 $G=\sum\limits_i Ag_\alpha^i(i=0,\pm1,\pm2,\cdots)$ 形且有关系 $g_\alpha^{-1}ag_\alpha=a^\sigma$．

问题　9 阶循环群被 p 阶群的扩张（p 为异于 3 之素数）当 $p>2$ 时只能是循环群，而在 $p=2$ 时除循环群外还有一个．证之．

§4. 交换群的扩张

A 被 B 之扩张问题在前节讨论了 B 为循环群的特款．本节将讨论 A 为交换群的情况．

设 $G=\sum\limits_{\alpha\in B}Ag_\alpha$ 为交换群 A 被 B 的一个扩张，由代表元素系 g_α，g_β，$\cdots$ 所决定的 A 之一组自同构及因子团各表为 $[\varphi_\alpha]$ 与 $[m_{\alpha,\beta}]$，即

$$g_\alpha^{-1}ag_\alpha=a^{\varphi_\alpha}\ 与\ g_\alpha g_\beta=m_{\alpha,\beta}g_{\alpha\beta}.$$

A之交换性说明了 $I_{m_{\alpha,\beta}}=1$，$\varphi_\alpha\varphi_\beta=\varphi_{\alpha\beta}$，这就是说诸自同构 $[\varphi_\alpha]$ 组成 $A(A)$ 的子群，而为 B 之同态像.

再取另一组代表元素系 $g'_\alpha, g'_\beta, \cdots$，即 $g'_\alpha=c_\alpha g_\alpha$ ($c_\alpha\in A$，α 跑遍 B)，于是 $G=\sum\limits_{\alpha\in B}Ag'_\alpha$，并令由 $g'_\alpha, g'_\beta, \cdots$ 所决定的A之自同构及因子团各为 $[\varphi'_\alpha]$ 及 $[m'_{\alpha,\beta}]$，即

$$g'^{-1}_\alpha a g'_\alpha=a^{\varphi'_\alpha} \quad 与 \quad g'_\alpha g'_\beta=m'_{\alpha,\beta}g'_{\alpha\beta}.$$

于是从A之交换性又得 $I_{C_\alpha}=1$，随而由 $\varphi'_\alpha=I_{C_\alpha}\varphi_\alpha$ 有 $\varphi'_\alpha=\varphi_\alpha$. 这说明由交换群$A$被$B$之扩张$G$所决定的$A$之一组自同构 φ_α 与陪集 Ag_α 之代表元 g_α 的选择无关，而仅由扩张G唯一地决定. 所以干脆就用符号 a^α 代替 a^{φ_α}.

又因与G等价之扩张 G' 所决定的A之自同构 φ'_α 与 φ_α 的关系也是 $\varphi'_\alpha=I_{C_\alpha}\varphi_\alpha=\varphi_\alpha$，故证得了

引理1 交换群A被B的两个等价扩张（当然包括同一扩张的两组代表元素系）所决定的A之自同构组是唯一的. 即扩张(等价的)已知时，可由B之每元α得决定A之唯一的自同构 $a\longleftrightarrow a^\alpha$（即只与$B$之元$\alpha$有关），且 $(a^\alpha)^\beta=a^{\alpha\beta}$（即由扩张决定的一组自同构成群且为$B$之同态像）.

当然，应注意的是：符号 a^α 不仅表示与B之元α有关，而且还与扩张为什么样的扩张这一点也密切相关. 故对于两个非等价的扩张来谈，同一个符号 a^α 可能表示A之不同的元素，这是不可疏忽的一点. 可是，当扩张G（或与G等价的扩张）有了之后，则由B之元α所决定的A之唯一的自同构 $a\longleftrightarrow a^\alpha$ 又具有

$$\text{(i) } (ab)^\alpha=a^\alpha b^\alpha, \quad \text{(ii) } (a^\alpha)^\beta=a^{\alpha\beta}, \quad \text{(iii) } a^\varepsilon=a$$

三个性质（ε 为B之单位元），这无异乎是说B为交换群A的一个"运算子"群（即A为带算子的群），而算子域为群B，同时条件(iii)还说明B之单位元ε具有单位运算子的功用. 不过在这里我们不能像在第一章 §14 里面所说运算子之意义那样去处理问题，那里的符号 a^α 是一个早已明确了的东西，这里的符号 a^α 是随等价扩张类有关的. 于是为避免混淆，今后总假定B之元α真正地起到

运算子的作用，即指定一个特定的方法 χ，使得 B 之每元 α 得唯一地决定 A 之一自同构 $a \rightleftarrows a^{\alpha}$，且这样一些自同构组成一个群而为 B 之同态像．故决定这些扩张中等价的条件只由因子团就够了．下面就专门来研究因子团．

今设 $[m_{\alpha,\beta}]$ 与 $[n_{\alpha,\beta}]$ 是两组因子团，于是从

$$m_{\alpha,\beta}m_{\alpha\beta,\gamma} = m_{\beta,\gamma}^{\alpha^{-1}}m_{\alpha,\beta\gamma} \text{ 与 } n_{\alpha,\beta}n_{\alpha\beta,\gamma} = n_{\beta,\gamma}^{\alpha^{-1}}n_{\alpha,\beta\gamma}$$

而利用 A 之交换性，得

$$(m_{\alpha,\beta}n_{\alpha,\beta})(m_{\alpha\beta,\gamma}n_{\alpha\beta,\gamma}) = (m_{\beta,\gamma}n_{\beta,\gamma})^{\alpha^{-1}}\cdot(m_{\alpha,\beta\gamma}n_{\alpha,\beta\gamma}),$$

故若令 $p_{\alpha,\beta} = m_{\alpha,\beta}n_{\alpha,\beta}$，等等，即令 $[p_{\alpha,\beta}] = [m_{\alpha,\beta}][n_{\alpha,\beta}]$（叫做因子团的积），则得 $p_{\alpha,\beta}p_{\alpha\beta,\gamma} = p_{\beta,\gamma}^{\alpha^{-1}}p_{\alpha,\beta\gamma}$，这说明了因子团之积仍为一组因子团．至于因子团之积能满足结合律自明，又 A 之交换性保证了因子团之积也满足交换律．故若令符号 $F(A, B)$ 表示所有因子团的集合，即视每一组因子团为集合 $F(A, B)$ 的一个元素，就知道集合 $F(A, B)$ 关于乘法是封闭的，且满足结合律与交换律．

如令对一切 α，β 都取 $m_{\alpha,\beta} = 1$ 时的因子团记为 $[1]$，显见这个特殊的因子团是 $F(A, B)$ 的单位元素．最后，若 $[m_{\alpha,\beta}]$ 为因子团，易证 $[m_{\alpha,\beta}^{-1}]$ 亦为因子团，并有 $m_{\alpha,\beta}m_{\alpha,\beta}^{-1} = 1$，这说明了 $F(A, B)$ 的每元有逆元存在．故 $F(A, B)$ 是一个交换群．

再对每 $\alpha \in B$，任取 A 之一元 c_α 相应（允许 $\alpha \neq \beta$ 时有 $c_\alpha = c_\beta$ 的可能），并作

$$m_{\alpha,\beta} = c_\alpha c_\beta^{\alpha^{-1}} c_{\alpha\beta}^{-1}, \tag{1}$$

于是利用 A 之交换性易证由适合 (1) 式的一组元 $m_{\alpha,\beta}$ 是 A 的一个因子团 $[m_{\alpha,\beta}]$．既然凡适合 (1) 式的一组元素 $m_{\alpha,\beta}$ 为因子团，故若取另一组元素 $m'_{\alpha,\beta}$ 使 $m'_{\alpha,\beta} = c'_\alpha c'^{\alpha^{-1}}_\beta c'^{-1}_{\alpha\beta}$（每 $c'_\alpha \in A$）时，则 $[m'_{\alpha,\beta}]$ 也是一组因子团，因而 $[m'^{-1}_{\alpha,\beta}]$ 亦为因子团且 $m'^{-1}_{\alpha,\beta}$ 仍具有如 (1) 的关系，因事实上有 $m'^{-1}_{\alpha,\beta} = c''_\alpha c''^{\alpha^{-1}}_\beta c''^{-1}_{\alpha\beta}(c''_\alpha = c'^{-1}_\alpha)$．由是，$[m_{\alpha,\beta}m'^{-1}_{\alpha,\beta}]$ 也是因子团，且

$$m_{\alpha,\beta}m'^{-1}_{\alpha,\beta} = d_\alpha d_\beta^{\alpha^{-1}} d_{\alpha\beta}^{-1}(d_\alpha = c_\alpha c''_\alpha \in A),$$

即适合 (1) 式．这证明了凡适合 (1) 式的因子团之集合 $T(A, B)$

是交换群 $F(A, B)$ 的一个子群，故有商群 $F(A, B)/T(A, B)$.
今设

$$G=\sum_{\alpha\in B} Ag_\alpha \text{ 与 } G'=\sum_{\alpha\in B} Ag'_\alpha$$

是两个扩张（对指定方法 χ 所决定的自同构），它们的因子团各表为 $[m_{\alpha,\beta}]$ 与 $[m'_{\alpha,\beta}]$，当然分别是由代表元素系 g_α 与 g'_α 所决定的.
于是，

$$g_\alpha g_\beta = m_{\alpha,\beta}g_{\alpha\beta},\quad g'_\alpha g'_\beta = m'_{\alpha,\beta}g'_{\alpha\beta}.$$

若 G 与 G' 等价，则由 §2 定理 1 可知在 A 内有这样一些元素 c_α 使 $m'_{\alpha,\beta}=c_\alpha c_\beta^{\alpha^{-1}}m_{\alpha,\beta}c_{\alpha\beta}^{-1}$，故从 A 之交换性就有

$$m'_{\alpha,\beta}=c_\alpha c_\beta^{\alpha^{-1}}c_{\alpha\beta}^{-1}m_{\alpha,\beta}.$$

这说明了 $F(A, B)$ 中的元素 $[m'_{\alpha,\beta}]$ 与 $[m_{\alpha,\beta}]$ 之关系是只相差一个属于 $T(A, B)$ 的因子，即 $T(A, B)\cdot[m'_{\alpha,\beta}]$ 与 $T(A, B)\cdot[m_{\alpha,\beta}]$ 表示商群 $F(A, B)/T(A, B)$ 的同一元. 故等价扩张（依上述方法 χ）得对应于商群 $F(A, B)/T(A, B)$ 的同一元.

反之，若 G 与 G' 都对应于 $F(A, B)/T(A, B)$ 之同一元，即

$$[m'_{\alpha,\beta}]\in T(A, B)\cdot[m_{\alpha,\beta}],$$

则必有一组元素 $c_\alpha\in A$ 使

$$m'_{\alpha,\beta}=c_\alpha c_\beta^{\alpha^{-1}}c_{\alpha\beta}^{-1}m_{\alpha,\beta}=c_\alpha c_\beta^{\alpha^{-1}}m_{\alpha,\beta}c_{\alpha\beta}^{-1},$$

说明了 G 与 G' 的等价性.

故证得了

定理 1 对指定方法 χ 所决定的 A 之一组自同构来谈，交换群 A 被 B 的一切非等价扩张的集合与商群 $F(A, B)/T(A, B)$ 之元间有一个 1-1 对应关系.

在文献 [31] 里，特叫这样的扩张为 B-χ 扩张. 这定理 1 只是解决了交换群 A 被 B 的一切非等价的 B-χ 扩张之集合的基数问题，即这基数等于商群 $F(A, B)/T(A, B)$ 的阶；但要注意的是，这并没有解决交换群 A 被 B 的一切非等价的扩张之集合的基数问题. 我们必须留心这个区别，不可混淆.

上述一切都是对指定方法 χ 所决定的 A 之自同构而言的（要

求是：每 $\alpha\in B$ 决定 A 之一个自同构 $a\longleftrightarrow a^{\alpha}$，且 $(a^{\alpha})^{\beta}=a^{\alpha\beta}$)．因而一组因子团能决定一类等价的扩张．可是如果指定方法 χ 变了，情况就大不相同；例如尽管 $[m_{\alpha,\beta}]$ 对两种指定方法都是因子团，即 $[\varphi_{\alpha}]\neq[\varphi'_{\alpha}]$ 且仍有

$$m_{\alpha,\beta}m_{\alpha\beta,\gamma}=m_{\beta,\gamma}^{\varphi_{\alpha}^{-1}}m_{\alpha,\beta\gamma}\text{ 与 }m_{\alpha,\beta}m_{\alpha\beta,\gamma}=m_{\beta,\gamma}^{\varphi_{\alpha}'^{-1}}m_{\alpha,\beta\gamma},$$

虽然是这样，但所决定的扩张却不必为等价的；又如对不同的指定方法之因子团的积还不见得再为因子团了，这时更谈不上扩张的存在问题．这些东西都应给予注意，不可疏忽．

再设 B 是有限阶的，令 $o(B)=n$．若 $[m_{\alpha,\beta}]$ 为 A 之一个因子团（A 是交换群，且因子团是对指定方法 χ 言），这时如令

$$c_{\alpha}=\prod_{\lambda\in B}m_{\alpha,\lambda},$$

则因

$$m_{\alpha,\beta}m_{\alpha\beta,\gamma}=m_{\beta,\gamma}^{\alpha^{-1}}m_{\alpha,\beta\gamma},$$

故

$$\prod_{\gamma\in B}(m_{\alpha,\beta}m_{\alpha\beta,\gamma})=\prod_{\gamma\in B}(m_{\beta,\gamma}^{\alpha^{-1}}m_{\alpha,\beta\gamma}),$$

于是利用 A 之交换性以及 B 之元具有运算子的作用，就得到

$$m_{\alpha,\beta}^{n}\cdot\prod_{\gamma\in B}m_{\alpha\beta,\gamma}=\Big(\prod_{\gamma\in B}m_{\beta,\gamma}\Big)^{\alpha^{-1}}\cdot\Big(\prod_{\gamma\in B}m_{\alpha,\beta\gamma}\Big),$$

即
$$m_{\alpha,\beta}^{n}c_{\alpha\beta}=c_{\beta}^{\alpha^{-1}}\cdot c_{\alpha},\quad m_{\alpha,\beta}^{n}=c_{\alpha}c_{\beta}^{\alpha^{-1}}c_{\alpha\beta}^{-1}.$$

于是当令 $m'_{\alpha,\beta}=m_{\alpha,\beta}^{n}$ 及 $d_{\alpha}=c_{\alpha}^{-1}$ 时，则

$$m'_{\alpha,\beta}=c_{\alpha}c_{\beta}^{\alpha^{-1}}c_{\alpha\beta}^{-1}(=d_{\alpha}^{-1}(d_{\beta}^{-1})^{\alpha^{-1}}d_{\alpha\beta}),$$

这说明 $[m'_{\alpha,\beta}]$ 不仅是 A 之因子团，而还属于 $T(A,B)$，即 $1=d_{\alpha}d_{\beta}^{\alpha^{-1}}m'_{\alpha,\beta}d_{\alpha\beta}^{-1}$，即示在由 $[m'_{\alpha,\beta}]$ 决定的扩张内正规子群 A 必有补子群，即 A 在扩张内能分离（§2 的定理 4）．又 $[m'_{\alpha,\beta}]\in T(A,B)$ 即表示 $[m_{\alpha,\beta}^{n}]\in T(A,B)$，即 $F(A,B)$ 中每元 $[m_{\alpha,\beta}]$ 的 n 次幂恒在子群 $T(A,B)$ 内，也就是说商群 $F(A,B)/T(A,B)$ 中每元的阶为 $o(B)=n$ 之因数．

若交换群 A 也是有限群，令 $o(A)=k$，则 $m_{\alpha,\beta}^{k}=1$，因而

$[m_{\alpha,\beta}]^k=[1]$，即商群 $F(A,B)/T(A,B)$ 中每元的阶又是 $o(A)=k$ 之因数.

故总括上述，证得了

定理 2 在定理 1 的假设条件下，若交换群 A 及群 B 都是有限群，那末商群 $F(A,B)/T(A,B)$ 中每元的阶为 $o(A)$ 与 $o(B)$ 的公因数.

由定理 2，可得到它的一个重要的应用，即

定理 3 在定理 2 的假设条件下，如又有 $(o(A),o(B))=1$，那末交换群 A 被群 B 的这样的扩张除等价外是唯一的，并且 A 在扩张内可分离.

事实上，据定理 2 已知 $F(A,B)/T(A,B)$ 中每元的阶在这时必等于 1，即 $F(A,B)/T(A,B)$ 为单位元群，故由定理 1 可知除等价的以外扩张是唯一的. 既然 $F(A,B)/T(A,B)$ 为单位元群，故每因子团 $[m_{\alpha,\beta}]\in T(A,B)$，即 $[m_{\alpha,\beta}]$ 与因子团 $[1]$ 等价，因而再据 §2 定理 4 得知 A 在扩张内可分离. 证完.

上面这个定理 3 有这样的一个含义，可不用扩张的术语而用通俗的语言表述为

定理 3° 当有限群 G 有一个交换正规子群 A，且 A 之阶与其指数互质，即 $(o(A),[G:A])=1$，那末 A 在 G 内有补子群.

定理 3° 中 A 之交换性这个假设条件还可以不要，即当有限群 G 之正规子群 A 的阶与其指数互素时，则 A 在 G 内有补子群. 这是有限群论中的一个重要问题，通常叫做舒尔 (Schur) 定理，拟另辟一节来讨论.

问题 1 设有限群 G 之中心 $Z(G)$ 的阶 $o(Z(G))$ 与它的指数 $[G:Z(G)]$ 互素，试证中心 $Z(G)$ 为 G 之直因子；由是再说明为什么有限非交换幂零群之中心的阶不能与它的指数互素.

问题 2 设 G 是交换群 A 被群 B 的扩张. 若 B 又为交换群，则不仅 B 之任二元 α,β 有 $\alpha\beta=\beta\alpha$ 之关系，而且它们所决定 A 之自同构也有这关系，即对每 $a\in A$ 常有 $a^{\alpha\beta}=a^{\beta\alpha}$，试借助扩张关系而证明之.

问题 3　设 $G=\sum\limits_{\alpha\in B}Ag_\alpha$ 与 $G'=\sum\limits_{\alpha\in B}Ag'_\alpha$ 是交换群 A 被群 B 的两个扩张，由它们所决定的 A 之自同构是相同的（即 G 与 G' 系对指定方法 χ 的二个扩张）．如果相应的因子团各为 $[m_{\alpha,\beta}]$ 与 $[m'_{\alpha,\beta}]$，即 $g_\alpha g_\beta=m_{\alpha,\beta}g_{\alpha\beta}$，$g'_\alpha g'_\beta=m'_{\alpha,\beta}g'_{\alpha\beta}$，并对每 $\alpha\in B$ 作符号 $g_\alpha g'_\alpha$，又对每 $a\in A$ 及每符号 $g_\alpha g'_\alpha$ 再作形式符号 $(a,g_\alpha g'_\alpha)$，且定义结合方法为

$$(a,g_\alpha g'_\alpha)\cdot(b,g_\beta g'_\beta)=(ab^{\alpha^{-1}}m_{\alpha,\beta}m'_{\alpha,\beta},g_{\alpha\beta}g'_{\alpha\beta}).$$

试证凡一切符号 $(a,g_\alpha g'_\alpha)$ 之集关于上述的结合方法成群，也是对 χ 言的 A 被 B 之一个扩张，其所决定的 A 之因子团恰为 $[m_{\alpha,\beta}]$ 与 $[m'_{\alpha,\beta}]$ 的积 $[m_{\alpha,\beta}m'_{\alpha,\beta}]$．

问题 4　在问题 3 的假设条件下，令对每 $\alpha\in B$ 作符号 $\tilde{g}_\alpha$，且对每 $a\in A$ 及每符号 $\tilde{g}_\alpha$ 又作符号 $(a,\tilde{g}_\alpha)$，并定义结合方法为

$$(a,\tilde{g}_\alpha)\cdot(b,\tilde{g}_\beta)=(ab^{\alpha^{-1}}m^{-1}_{\alpha,\beta},\tilde{g}_{\alpha\beta}).$$

试证凡符号 $(a,\tilde{g}_\alpha)$ 之集合关于这个结合方法是成群的，且为对 χ 言的 A 被 B 之扩张，其因子团恰为 $[m_{\alpha,\beta}]$ 之逆 $[m_{\alpha,\beta}]^{-1}$．但 $[m_{\alpha,\beta}]$ 是对 χ 言的一扩张之因子团．

§5. 被交换群的扩张

在 §3 内我们讨论了被循环群的扩张，已知决定这样扩张的条件是较简单的．今推广来研究被交换群的扩张问题，即讨论当 B 为交换群时 A 被 B 之扩张问题．今后只研究 B 是有限交换群的情况．设 $o(B)=m$，且 $B=\{\alpha_1\}\times\{\alpha_2\}\times\cdots\times\{\alpha_s\}$，式中 $o(\alpha_i)=m_i$．

若 G 是 A 被 B 的一个扩张（$G/A\simeq B$），则 G/A 可分解为 s 个循环群的直积，如

$$G/A=\{Ag_{\alpha_1}\}\times\{Ag_{\alpha_2}\}\times\cdots\times\{Ag_{\alpha_s}\},$$

而 $\{Ag_{\alpha_i}\}$ 的阶为 m_i，即 $g_{\alpha_i}^{m_i}=u_i\in A$．又对每 $a\in A$，有 $g_{\alpha_i}^{-1}ag_{\alpha_i}=a^{\varphi_{\alpha_i}}$，即 φ_{α_i} 为 A 之自同构．同时由于 G/A 之交换性又知必有

$$g_{\alpha_i}^{-1}g_{\alpha_j}^{-1}g_{\alpha_i}g_{\alpha_j}=a_{ij}\in G'=[G,G]\subseteq A.$$

这说明了当A被B的一个扩张G已给时，能在G内找得对应于B之生成元$\alpha_1,\alpha_2,\cdots,\alpha_s$的$s$个元$g_{\alpha_1},g_{\alpha_2},\cdots,g_{\alpha_s}$，使具有

(1) $\Phi=(\varphi_{\alpha_1},\varphi_{\alpha_2},\cdots,\varphi_{\alpha_s})$为$A$之一组自同构(共$s$个)使

$$a^{\varphi_{\alpha_i}}=g_{\alpha_i}^{-1}ag_{\alpha_i}\ (\text{每 } a\in A);$$

(2) $H=(u_1,u_2,\cdots,u_s)$为A之一组元(s个)使

$$g_{\alpha_i}^{m_i}=u_i(\in A);$$

(3) $M=(a_{ij}\mid 1\leqslant i,j\leqslant s)$为$A$之一组元($s^2$个)使

$$g_{\alpha_i}^{-1}g_{\alpha_j}^{-1}g_{\alpha_i}g_{\alpha_j}=a_{ij}\in G'=[G,G]\subseteq A;$$

且三个集合Φ,H,M还满足下列诸关系式:

(4) $\varphi_{\alpha_i}^{m_i}=I_{u_i}$(即$A$之自同构$\varphi_{\alpha_i}^{m_i}$等于由$A$之元$u_i$所诱导的$A$之内自同构);

(5) $\varphi_{\alpha_i}\varphi_{\alpha_j}=\varphi_{\alpha_j}\varphi_{\alpha_i}I_{a_{ij}}$;

(6) $a_{ii}=1=a_{ij}a_{ji}$;

(7)
$$\begin{aligned}u_i^{\varphi_{\alpha_k}}&=g_{\alpha_k}^{-1}g_{\alpha_i}^{m_i}g_{\alpha_k}=(g_{\alpha_k}^{-1}g_{\alpha_i}g_{\alpha_k})^{m_i}=(g_{\alpha_i}a_{ik})^{m_i}\\&=(g_{\alpha_i}a_{ik}g_{\alpha_i}^{-1})(g_{\alpha_i}^2a_{ik}g_{\alpha_i}^{-2})\cdots(g_{\alpha_i}^{m_i-1}a_{ik}g_{\alpha_i}^{-m_i+1})g_{\alpha_i}^{m_i}a_{ik}\\&=a_{ik}^{\varphi_{\alpha_i}^{-1}}a_{ik}^{\varphi_{\alpha_i}^{-2}}\cdots a_{ik}^{\varphi_{\alpha_i}^{-m_i+1}}u_ia_{ik},\end{aligned}$$

及
$$\begin{aligned}u_i^{\varphi_{\alpha_k}}&=(g_{\alpha_i}a_{ik})^{m_i}=g_{\alpha_i}^{m_i}(g_{\alpha_i}^{-m_i+1}a_{ik}g_{\alpha_i}^{m_i-1})(g_{\alpha_i}^{-m_i+2}a_{ik}g_{\alpha_i}^{m_i-2})\cdots\\&\quad(g_{\alpha_i}^{-1}a_{ik}g_{\alpha_i})a_{ik}=u_ia_{ik}^{\varphi_{\alpha_i}^{m_i-1}}a_{ik}^{\varphi_{\alpha_i}^{m_i-2}}\cdots a_{ik}^{\varphi_{\alpha_i}^2}a_{ik}^{\varphi_{\alpha_i}}a_{ik};\end{aligned}$$

(上两个结果,任取一个均可,今后以采用第二个为准.)

(8)
$$\begin{aligned}a_{ij}^{\varphi_{\alpha_k}}&=g_{\alpha_k}^{-1}g_{\alpha_i}^{-1}g_{\alpha_j}^{-1}g_{\alpha_i}g_{\alpha_j}g_{\alpha_k}=(g_{\alpha_k}^{-1}g_{\alpha_i}g_{\alpha_k})^{-1}(g_{\alpha_k}^{-1}g_{\alpha_j}g_{\alpha_k})^{-1}\\&\quad\cdot(g_{\alpha_k}^{-1}g_{\alpha_i}g_{\alpha_k})(g_{\alpha_k}^{-1}g_{\alpha_j}g_{\alpha_k})\\&=(g_{\alpha_i}a_{ik})^{-1}(g_{\alpha_j}a_{jk})^{-1}(g_{\alpha_i}a_{ik})(g_{\alpha_j}a_{jk})\\&=a_{ik}^{-1}(g_{\alpha_i}^{-1}a_{jk}^{-1}g_{\alpha_i})(g_{\alpha_i}^{-1}g_{\alpha_j}^{-1}g_{\alpha_i}g_{\alpha_j})(g_{\alpha_j}^{-1}a_{ik}g_{\alpha_j})a_{jk}\\&=a_{ik}^{-1}(a_{jk}^{-1})^{\varphi_{\alpha_i}}a_{ij}a_{ik}^{\varphi_{\alpha_j}}a_{jk}=a_{ki}a_{kj}^{\varphi_{\alpha_i}}a_{ij}a_{ik}^{\varphi_{\alpha_j}}a_{jk},\end{aligned}$$

即 $a_{ij}^{\varphi_{\alpha_k}}a_{kj}a_{ki}^{\varphi_{\alpha_j}}a_{ji}a_{jk}^{\varphi_{\alpha_i}}a_{ik}=1.$

这就证明了：当A被有限交换群$B=\{\alpha_1\}\times\cdots\times\{\alpha_s\}$的

扩张G已给时，则对应于B之直因子$\{\alpha_i\}$的陪集$\{Ag_{\alpha_i}\}$ $(i=1, 2, \cdots, s)$ 能产生三个集合Φ, H, M 适合(1), (2), (3)，并满足(4)—(8)诸关系式.

反之，设在A内已有s个自同构$\varphi_{\alpha_1}, \varphi_{\alpha_2}, \cdots, \varphi_{\alpha_s}$的集$\Phi=(\varphi_{\alpha_1}, \varphi_{\alpha_2}, \cdots, \varphi_{\alpha_s})$，还有$s$个元$u_1, u_2, \cdots, u_s$的集$H=(u_1, u_2, \cdots, u_s)$以及$s^2$个元$a_{ij}(1\leqslant i, j\leqslant s)$的集$M=(a_{ij}|1\leqslant i, j\leqslant s)$. 且这三个集合$\Phi, H, M$又满足如(4)—(8)的关系,即

(4)′ $\varphi_{\alpha_i}^{m_i}=I_{u_i}$,

(5)′ $\varphi_{\alpha_i}\varphi_{\alpha_j}=\varphi_{\alpha_j}\varphi_{\alpha_i}\cdot I_{a_{ij}}$,

(6)′ $a_{ii}=1$, $a_{ij}a_{ji}=1$,

(7)′ $u_i^{\varphi_{\alpha_k}}=u_i a_{ik}^{\varphi_{\alpha_i}^{m_i-1}} a_{ik}^{\varphi_{\alpha_i}^{m_i-2}}\cdots a_{ik}^{\varphi_{\alpha_i}^2} a_{ik}^{\varphi_{\alpha_i}} a_{ik}$,

(8)′ $a_{ij}^{\varphi_{\alpha_k}} a_{kj} a_{ki}^{\varphi_{\alpha_i}} a_{ji} a_{jk}^{\varphi_{\alpha_i}} a_{ik}=1$.

我们将证明： 确有A被B的一个这样的扩张，即相应于B之直因子$\{\alpha_i\}$有扩张之陪集$\{Ag_{\alpha_i}\}$相对应,使得$a^{\varphi_{\alpha_i}}=g_{\alpha_i}^{-1}ag_{\alpha_i}$(每$a\in A$; $i=1, \cdots, s$), $g_{\alpha_i}^{m_i}=u_i(i=1, \cdots, s)$以及$g_{\alpha_i}^{-1}g_{\alpha_j}^{-1}g_{\alpha_i}g_{\alpha_j}=a_{ij}$ $(1\leqslant i, j\leqslant s)$.

当$s=1$时，$B=\{\alpha_1\}$为m_1阶循环群,而Φ只含A之一个自同构φ_{α_1}, H只含唯一个元u_1, M仅含A之单位元$a_{11}=1$（根据(6)′）. 又(4)′式表示$\varphi_{\alpha_1}^{m_1}=I_{u_1}$这唯一个关系，(7)′式仅表示$u_1^{\varphi_{\alpha_1}}=u_1$之意义（即$u_1$不受自同构$\varphi_{\alpha_1}$之影响），(5)′与(8)′在$s=1$时都没有什么价值，因为(5)′只表示$\varphi_{\alpha_1}^2=\varphi_{\alpha_1}^2$，而(8)′表示$1=1$，这都是当然的. 故根据§3的定理1，则知确有$A$被$B=\{\alpha_1\}$的扩张$G$:

$$G/A=\{Ag_\alpha\}\simeq B=\{\alpha_1\},$$

或
$$G=A+Ag_{\alpha_1}+Ag_{\alpha_1}^2+\cdots+Ag_{\alpha_1}^{m_1-1},$$

使得$a^{\varphi_{\alpha_1}}=g_{\alpha_1}^{-1}ag_{\alpha_1}$(每$a\in A$)及$g_{\alpha_1}^{m_1}=u_1$. 这说明了在$s=1$时，我们的论断是正确的.

再设$s>1$，并假定我们的论断在$s-1$时正确. 于是若仅

考虑三个集合 Φ, H, M 的子集 $\Phi'=(\varphi_{\alpha_1}, \varphi_{\alpha_2}, \cdots, \varphi_{\alpha_{s-1}})$, $H'=(u_1, u_2, \cdots, u_{s-1})$ 及 $M'=(a_{ij}|1\leqslant i, j\leqslant s-1)$ 时,由于对 Φ', H', M' 言仍有 (4)′—(8)′ 诸关系式,故令 $B_1=\{\alpha_1\}\times\cdots\times\{\alpha_{s-1}\}$ 时,据归纳法的假定则知确有 A 被 B_1 的一个扩张 G_1,使在 G_1 内能选取 $g_{\alpha_1}, g_{\alpha_2}, \cdots, g_{\alpha_{s-1}}$ 使得 $\{Ag_{\alpha_i}\}$ 与 $\{\alpha_i\}$ 相对应就可产生 $G_1/A\simeq B_1$,即

$$G_1/A=\{Ag_{\alpha_1}\}\times\{Ag_{\alpha_2}\}\times\cdots\times\{Ag_{\alpha_{s-1}}\},$$

且还有 $a^{\varphi_{\alpha_i}}=g_{\alpha_i}^{-1}ag_{\alpha_i}$ (每 $a\in A$), $g_{\alpha_i}^{m_i}=u_i$ 及 $g_{\alpha_i}^{-1}g_{\alpha_j}^{-1}g_{\alpha_i}g_{\alpha_j}=a_{ij}$,但 $1\leqslant i, j\leqslant s-1$.

然 $\varphi_{\alpha_s}\in A(A)$,且与 $\varphi_{\alpha_1}, \varphi_{\alpha_2}, \cdots, \varphi_{\alpha_{s-1}}$ 合并得满足 (4)′—(8)′ 诸关系. 下面的任务首先是想把 A 之自同构 φ_{α_s} 扩充为 G_1 的自同构,当然要求扩充以后的 φ_{α_s} 应该对于 A 之元的作用不改变,并且希望将来能找出一个符号 g_{α_s} 使 $g_{\alpha_i}^{-1}g_{\alpha_s}^{-1}g_{\alpha_i}g_{\alpha_s}=a_{is}$, 这自然要求我们对 $G_1=\{A, g_{\alpha_1}, g_{\alpha_2}, \cdots, g_{\alpha_{s-1}}\}$ 中不属于 A 之生成元 g_{α_i} 具有关系式 $g_{\alpha_i}^{\varphi_{\alpha_s}}=g_{\alpha_i}a_{is}$. 我们现在干脆就定义

(9) $g_{\alpha_i}^{\varphi_{\alpha_s}}=g_{\alpha_i}a_{is}\ (i=1, 2, \cdots, s-1)$.

当然当 $x\in A$ 时, $x^{\varphi_{\alpha_s}}$ 之意义仍旧,即 $\varphi_{\alpha_s}\in A(A)$. 这样定义之后,欲证明 φ_{α_s} 是 G_1 的自同构,就得先解决 φ_{α_s} 确是 G_1 的一个运算子(其意义参看第一章 §14),即对于 G_1 之任一元 X,要求 $X^{\varphi_{\alpha_s}}$ 之意义明确,即当 $X=Y$ 时应有 $X^{\varphi_{\alpha_s}}=Y^{\varphi_{\alpha_s}}$, 并还希望 $(XY)^{\varphi_{\alpha_s}}=X^{\varphi_{\alpha_s}}Y^{\varphi_{\alpha_s}}$. 这只需对 G_1 之非属于 A 之生成元 $g_{\alpha_1}, g_{\alpha_2}, \cdots, g_{\alpha_{s-1}}$ 来检验就行了.

事实上,在 $1\leqslant i, j\leqslant s-1$ 时,有 $g_{\alpha_i}^{m_i}=u_i$, $g_{\alpha_i}g_{\alpha_j}=g_{\alpha_j}g_{\alpha_i}a_{ij}$, $a^{\varphi_{\alpha_i}}=g_{\alpha_i}^{-1}ag_{\alpha_i}$, 故欲使 φ_α 为 G_1 之算子 (定义 (9)), 必要求有 $(g_{\alpha_i}^{m_i})^{\varphi_{\alpha_s}}=u_i^{\varphi_{\alpha_s}}$, $(g_{\alpha_i}g_{\alpha_j})^{\varphi_{\alpha_s}}=(g_{\alpha_j}g_{\alpha_i}a_{ij})^{\varphi_{\alpha_s}}$, $a^{\varphi_{\alpha_i}\varphi_{\alpha_s}}=(g_{\alpha_i}^{-1}ag_{\alpha_i})^{\varphi_{\alpha_s}}$ 以及 $X^{\varphi_{\alpha_s}}Y^{\varphi_{\alpha_s}}=(XY)^{\varphi_{\alpha_s}}$. 现在假定关系 $(XY)^{\varphi_{\alpha_s}}=X^{\varphi_{\alpha_s}}Y^{\varphi_{\alpha_s}}$ 成

立. 于是$(g_{\alpha_i}^{m_i})^{\varphi_{\alpha_s}}=(g_{\alpha_i}^{\varphi_{\alpha_s}})^{m_i}=(g_{\alpha_i}a_{is})^{m_i}=g_{\alpha_i}^{m_i}a_{is}^{\varphi_{\alpha_i}^{m_i-1}}\cdots a_{is}^{\varphi_{\alpha_i}^2}a_{is}^{\varphi_{\alpha_i}}a_{is}$（利用归纳法证）$=u_ia_{is}^{\varphi_{\alpha_i}^{m_i-1}}\cdots a_{is}^{\varphi_{\alpha_i}^2}a_{is}^{\varphi_{\alpha_i}}a_{is}=u_i^{\varphi_{\alpha_s}}$（利用了(7)′式）；$(g_{\alpha_i}g_{\alpha_j})^{\varphi_{\alpha_s}}=g_{\alpha_i}^{\varphi_{\alpha_s}}g_j^{\varphi_{\alpha_s}}=g_{\alpha_i}a_{is}g_{\alpha_j}a_{js}=g_{\alpha_i}g_{\alpha_j}a_{is}^{\varphi_{\alpha_j}}a_{js}=g_{\alpha_i}g_{\alpha_j}(a_{js}a_{ji}^{\varphi_{\alpha_s}}\cdot a_{si}a_{sj}^{\varphi_{\alpha_i}}a_{ij})^{-1}\cdot a_{js}$（利用了(8)′式）$=g_{\alpha_i}g_{\alpha_j}a_{ji}a_{js}^{\varphi_{\alpha_i}}a_{is}a_{ij}^{\varphi_{\alpha_s}}$（利用了(6)′式）$=g_{\alpha_j}g_{\alpha_i}a_{js}^{\varphi_{\alpha_i}}a_{is}a_{ij}^{\varphi_{\alpha_s}}=g_{\alpha_j}g_{\alpha_i}(g_{\alpha_i}^{-1}a_{js}g_{\alpha_i})a_{is}a_{ij}^{\varphi_{\alpha_s}}=(g_{\alpha_j}a_{js})(g_{\alpha_i}a_{is})\cdot a_{ij}^{\varphi_{\alpha_s}}=g_{\alpha_j}^{\varphi_{\alpha_s}}g_{\alpha_i}^{\varphi_{\alpha_s}}a_{ij}^{\varphi_{\alpha_s}}=(g_{\alpha_j}g_{\alpha_i}a_{ij})^{\varphi_{\alpha}}$；$a^{\varphi_{\alpha_i}\varphi_{\alpha_s}}=a^{\varphi_{\alpha_s}\varphi_{\alpha_i}\cdot I_{a_{is}}}$（利用了(5)′式）$=a_{is}^{-1}(a^{\varphi_{\alpha_s}\varphi_{\alpha_i}})a_{is}=a_{is}^{-1}(g_{\alpha_i}^{-1}\cdot a^{\varphi_{\alpha_s}}\cdot g_{\alpha_i})a_{is}=(g_{\alpha_i}a_{is})^{-1}\cdot a^{\varphi_{\alpha_s}}\cdot(g_{\alpha_i}a_{is})=(g_{\alpha_i}^{\varphi_{\alpha_s}})^{-1}a^{\varphi_{\alpha_s}}g_{\alpha_i}^{\varphi_{\alpha_s}}=(g_{\alpha_i}^{-1})^{\varphi_{\alpha_s}}a^{\varphi_{\alpha_s}}g_{\alpha_i}^{\varphi_{\alpha_s}}$ $[\because (XY)^{\varphi_{\alpha_s}}=X^{\varphi_{\alpha_s}}\cdot Y^{\varphi_{\alpha_s}}\Longrightarrow(X^{-1})^{\varphi_{\alpha_s}}=(X^{\varphi_{\alpha_s}})^{-1}]=(g_{\alpha_i}^{-1}ag_{\alpha_i})^{\varphi_{\alpha_s}}$. 这说明了由(9)所定义后再假定$X^{\varphi_{\alpha_s}}Y^{\varphi_{\alpha_s}}=(XY)^{\varphi_{\alpha_s}}$对$G_1$之元$X$，$Y$成立，则$\varphi_{\alpha_s}$确为$G_1$之一算子.

再证如（9）所定义的G_1之映射φ_{α_s}使G_1映到G_1上：事实上，$G_1=\{A, g_{\alpha_1}, g_{\alpha_2},\cdots, g_{\alpha_{s-1}}\}$，故只要能证明$A$之元以及$g_{\alpha_1}$，$g_{\alpha_2},\cdots, g_{\alpha_{s-1}}$关于映射$\varphi_{\alpha_s}$都有原像就行了. $\varphi_{\alpha_s}\in A(A)$当然说明$A$之元有原像；又因$[a_{si}^{(\varphi_{\alpha_s}\varphi_{\alpha_i})^{-1}}g_{\alpha_i}]^{\varphi_{\alpha_s}}=a_{is}^{(\varphi_{\alpha_s}\varphi_{\alpha_i})^{-1}\varphi_{\alpha_s}}g_{\alpha_i}^{\varphi_{\alpha_s}}=a_{si}^{\varphi_{\alpha_i}^{-1}}\cdot g_{\alpha_i}a_{is}=(g_{\alpha_i}a_{si}g_{\alpha_i}^{-1})g_{\alpha_i}a_{is}=g_{\alpha_i}$，故$g_{\alpha_i}$也有原像$a_{si}^{(\varphi_{\alpha_s}\varphi_{\alpha_i})^{-1}}g_{\alpha_i}$. 故由(9)所定义之映射$\varphi_{\alpha_s}$确使$G_1$映射到$G_1$上.

再证如(9)所定义的G_1之映射为1-1的：事实上，G_1/A之交换性保证了G_1/A之元可唯一地表写$Ag_{\alpha_1}^{t_1}g_{\alpha_2}^{t_2}\cdots g_{\alpha_{s-1}}^{t_{s-1}}$形（$0\leqslant t_i\leqslant m_i-1$；$i=1, 2,\cdots, s-1$），故$G_1$之每元亦得唯一地表写为

$$X=xg_{\alpha_1}^{t_1}g_{\alpha_2}^{t_2}\cdots g_{\alpha_{s-1}}^{t_{s-1}}$$

形（$x\in A$；$0\leqslant t_i\leqslant m_i-1$；$i=1, 2,\cdots, s-1$）. 于是，若$X^{\varphi_{\alpha_s}}=1$，即$1=X^{\varphi_{\alpha_s}}=(xg_{\alpha_1}^{t_1}g_{\alpha_2}^{t_2}\cdots g_{\alpha_{s-1}}^{t_{s-1}})^{\varphi_{\alpha_s}}=x^{\varphi_{\alpha_s}}(g_{\alpha_1}a_{1s})^{t_1}(g_{\alpha_2}a_{2s})^{t_2}\cdots(g_{\alpha_{s-1}}a_{s-1,s})^{t_{s-1}}$，则因$(g_{\alpha_i}a_{is})^{t_i}=g_{\alpha_i}^{t_i}a_{is}^{\varphi_{\alpha_i}^{t_i-1}}a_{is}^{\varphi_{\alpha_i}^{t_i-2}}\cdots a_{is}^{\varphi_{\alpha_i}^2}a_{is}^{\varphi_{\alpha_i}}a_{is}=$

$g_{\alpha_i}^{t_i}x_i(x_i \in A)$，故 $1 = X^{\varphi_{\alpha_s}} = x^{\varphi_{\alpha_s}} g_{\alpha_1}^{t_1} x_1 g_{\alpha_2}^{t_2} x_2 \cdots g_{\alpha_{s-1}}^{t_{s-1}} x_{s-1} = x^{\varphi_{\alpha_s}} g_{\alpha_1}^{t_1} \cdot g_{\alpha_2}^{t_2} \cdots g_{\alpha_{s-1}}^{t_{s-1}} y$，但 $y = x_1^{\varphi_{\alpha_2}^{t_2} \varphi_{\alpha_3}^{t_3} \cdots \varphi_{\alpha_{s-1}}^{t_{s-1}}} x_2^{\varphi_{\alpha_3}^{t_3} \cdots \varphi_{\alpha_{s-1}}^{t_{s-1}}} \cdots x_{s-2}^{\varphi_{\alpha_{s-1}}^{t_{s-1}}} x_{s-1} \in A$，因而得知 $1 = x^{\varphi_{\alpha_s}} y^{\varphi_{\alpha_{s-1}}^{-t_{s-1}} \cdots \varphi_{\alpha_2}^{-t_2} \varphi_{\alpha_1}^{-t_1}} g_{\alpha_1}^{t_1} g_{\alpha_2}^{t_2} \cdots g_{\alpha_{s-1}}^{t_{s-1}}$，$g_{\alpha_1}^{t_1} g_{\alpha_2}^{t_2} \cdots g_{\alpha_{s-1}}^{t_{s-1}} \in A$，故据直积 $G_1/A = \{Ag_{\alpha_1}\} \times \cdots \times \{Ag_{\alpha_{s-1}}\}$ 之意义不得不有每 $t_i = 0(i = 1, \cdots, s-1)$，因之 $X = x$，$1 = X^{\varphi_{\alpha_s}} = x^{\varphi_{\alpha_s}}$，即 $x = 1$，故结果可知 $X = 1$. 这就说明了从 $X^{\varphi_{\alpha_s}} = 1$ 必得 $X = 1$，即 G_1 中只有单位元经过 (9) 之映射 φ_{α_s} 后才能变为单位元，即由 (9) 所定义的 G_1 之算子 φ_{α_s} 使 G_1 之单位元的原像也只能为 G_1 之单位元，于是若 $X^{\varphi_{\alpha_s}} = Y^{\varphi_{\alpha_s}}$，则 $(XY^{-1})^{\varphi_{\alpha_s}} = 1$，不得不有 $XY^{-1} = 1$，或 $X = Y$，即证明了映射 φ_α 在 G_1 中是 1-1 映射.

于是，完全解决了如 (9) 式定义的 φ_{α_s} 确为 G_1 的一个自同构，即 A 之自同构 φ_{α_s} 可按 (9) 之意义扩充为 G_1 的一个自同构.

又 G_1 的这个自同构 φ_{α_s} 还满足下面两个性质:

(I) $\boldsymbol{u_s^{\varphi_{\alpha_s}} = u_s \,(u_s \in H \subseteq A \subseteq G_1)}$.

这只要令 (7)′ 中的 i 与 k 都等于 s，并利用 (6)′ 中 $a_{ss} = 1$，即得.

(II) $\boldsymbol{G_1}$ 之自同构 $\boldsymbol{\varphi_{\alpha_s}^{m_s} = I_{u_s} \in I(G_1)}$.

事实上，$G_1 = \{A, g_{\alpha_1}, g_{\alpha_2}, \cdots, g_{\alpha_{s-1}}\}$，且对每 $a \in A$ 由 (4)′ 确知 $a^{\varphi_{\alpha_s}^{m_s}} = u_s^{-1} a u_s$，故只需证明对每 $g_{\alpha_i}(i = 1, \cdots, s-1)$ 也有 $g_{\alpha_i}^{\varphi_{\alpha_s}^{m_s}} = u_s^{-1} g_{\alpha_i} u_s$ 就行了. 这较容易，因为归纳地可证

$$g_{\alpha_i}^{\varphi_{\alpha_s}^t} = (g_{\alpha_i}^{\varphi_{\alpha_s}})^{\varphi_{\alpha_s}^{t-1}} = (g_{\alpha_i} a_{is})^{\varphi_{\alpha_s}^{t-1}} = g_{\alpha_i}^{\varphi_{\alpha_s}^{t-1}} a_{is}^{\varphi_{\alpha_s}^{t-1}} = \cdots$$
$$= g_{\alpha_i} a_{is} a_{is}^{\varphi_{\alpha_s}} a_{is}^{\varphi_{\alpha_s}^2} \cdots a_{is}^{\varphi_{\alpha_s}^{t-1}},$$

故有 $g_{\alpha_i}^{\varphi_{\alpha_s}^{m_s}} = g_{\alpha_i} a_{is} a_{is}^{\varphi_{\alpha_s}} a_{is}^{\varphi_{\alpha_s}^2} \cdots a_{is}^{\varphi_{\alpha_s}^{m_s - 1}}$；而另方面又有 $u_s^{-1} g_{\alpha_i} u_s = g_{\alpha_i} (g_{\alpha_i}^{-1} u_s^{-1} g_{\alpha_i}) u_s = g_{\alpha_i} (u_s^{-1})^{\varphi_{\alpha_i}} u_s = g_{\alpha_i} (u_s^{\varphi_{\alpha_i}})^{-1} (u_s)$，且于 (7)′ 中令 s 与 i 分别去替换 i 与 k 又有 $u_s^{\varphi_{\alpha_i}} = u_s a_{si}^{\varphi_{\alpha_s}^{m_s-1}} a_{si}^{\varphi_{\alpha_s}^{m_s-2}} \cdots a_{si}^{\varphi_{\alpha_s}^2} a_{si}^{\varphi_{\alpha_s}} a_{si}$，故

$u_s^{-1}g_{\alpha_i}u_s = g_{\alpha_i}(u_s a_{si}^{\varphi_{\alpha_s}^{m_s-1}} a_{si}^{\varphi_{\alpha_s}^{m_s-2}} \cdots a_{si}^{\varphi_{\alpha_s}^2} a_{si}^{\varphi_{\alpha_s}} a_{si})^{-1} u_s = g_{\alpha_i} a_{is} a_{is}^{\varphi_{\alpha_s}} a_{is}^{\varphi_{\alpha_s}^2} \cdots a_{is}^{\varphi_{\alpha_s}^{m_s-1}}$；两相比较即得 $g_{\alpha_i}^{\varphi_{\alpha_s}^{m_s}} = u_s^{-1}g_{\alpha_i}u_s$. 故(II)获证.

于是根据§3的定理1可知有 G_1 被 $\{\alpha_s\}$ 的一个扩张 G，即 $G/G_1 \simeq \{\alpha_s\}$，使 $G/G_1 = \{G_1 g_{\alpha_s}\}$，$g_{\alpha_s}^{-1}Xg_{\alpha_s} = X^{\varphi_{\alpha_s}}(X \in G_1)$ 与 $g_{\alpha_s}^{m_s} = u_s$（因之对每 $a \in A$ 有 $g_{\alpha_s}^{-1}ag_{\alpha_s} = a^{\varphi_{\alpha_s}}$）. 由是，有 $G = \{A, g_{\alpha_1}, g_{\alpha_2}, \cdots, g_{\alpha_{s-1}}, g_{\alpha_s}\}$，且有关系 $g_{\alpha_s}^{-1}g_{\alpha_i}g_{\alpha_s} = g_{\alpha_i}^{\varphi_{\alpha_s}} = g_{\alpha_i}a_{is}$，即 $g_{\alpha_i}^{-1}g_{\alpha_s}^{-1}g_{\alpha_i}g_{\alpha_s} = a_{is}(1 \leqslant i \leqslant s-1)$，故再与 $G_1 = \{Ag_{\alpha_1}\} \times \cdots \times \{Ag_{\alpha_{s-1}}\}$ 所满足的诸关系式合并即得 $G = \{A, g_{\alpha_1}, g_{\alpha_2}, \cdots, g_{\alpha_{s-1}}, g_{\alpha_s}\}$ 中 $a^{\varphi_{\alpha_i}} = g_{\alpha_i}^{-1}ag_{\alpha_i}$（每 $a \in A$），$g_{\alpha_i}^{m_i} = u_i$ 以及 $g_{\alpha_i}^{-1}g_{\alpha_j}^{-1}g_{\alpha_i}g_{\alpha_j} = a_{ij}$ $(1 \leqslant i, j \leqslant s)$. 因而若能证明 $A \lhd G$ 与 $G/A = \{Ag_{\alpha_1}\} \times \cdots \times \{Ag_{\alpha_{s-1}}\} \times \{Ag_{\alpha_s}\}$，则 $G/A \simeq B = \{\alpha_1\} \times \cdots \times \{\alpha_{s-1}\} \times \{\alpha_s\}$，而 G 即为所求之扩张，问题就全部解决了.

由于 G 中凡不属于 A 的 G 之生成元 g_{α_i} 去变 A 之元 a 的形等于 $g_{\alpha_i}^{-1}ag_{\alpha_i} = a^{\varphi_{\alpha_i}} \in A$，这就足以说明了 $A \lhd G$，故有商群 G/A，因而 G/A 得由 $Ag_{\alpha_1}, Ag_{\alpha_2}, \cdots, Ag_{\alpha_s}$ 所生成，即

$$G/A = \{Ag_{\alpha_1}, Ag_{\alpha_2}, \cdots, Ag_{\alpha_{s-1}}, Ag_{\alpha_s}\};$$

再据 $g_{\alpha_i}^{-1}g_{\alpha_j}^{-1}g_{\alpha_i}g_{\alpha_j} = a_{ij} \in A$ $(1 \leqslant i, j \leqslant s)$，得知 $Ag_{\alpha_i} \cdot Ag_{\alpha_j} = Ag_{\alpha_j} \cdot Ag_{\alpha_i}$，即 G/A 为交换群；又若 $(Ag_{\alpha_1})^{\nu_1}(Ag_{\alpha_2})^{\nu_2}\cdots(Ag_{\alpha_s})^{\nu_s} = 1$（$G/A$ 的单位元），则 $g_{\alpha_1}^{\nu_1}g_{\alpha_2}^{\nu_2}\cdots g_{\alpha_{s-1}}^{\nu_{s-1}}g_{\alpha_s}^{\nu_s} \in A \subseteq G_1$，$g_{\alpha_s}^{\nu_s} \in G_1$，故据循环群 $G/G_1 = \{G_1 g_{\alpha_s}\}$ 之阶为 m_s 可知有 $\nu_s \equiv 0(\mathrm{mod}\, m_s)$，因而 $g_{\alpha_1}^{\nu_1}g_{\alpha_2}^{\nu_2}\cdots g_{\alpha_{s-1}}^{\nu_{s-1}} \in A$，于是再据归纳的假设（对群 G_1 言）就应有 $\nu_i \equiv 0(\mathrm{mod}\, m_i)$，$1 \leqslant i \leqslant s-1$，故结果可知 G/A 之单位元随而 G/A 之任何元只能唯一地表写为

$$(Ag_{\alpha_1})^{\lambda_1}(Ag_{\alpha_2})^{\lambda_2}\cdots(Ag_{\alpha_s})^{\lambda_s}$$

的形状 $(0 \leqslant \lambda_i \leqslant m_i - 1)$，这也是说

$$G/A = \{Ag_{\alpha_1}\} \times \{Ag_{\alpha_2}\} \times \cdots \times \{Ag_{\alpha_{s-1}}\} \times \{Ag_{\alpha_s}\},$$

即 G 为 A 被 B 之扩张，且满足所要求的诸性质. 至此，问题就彻底

地解决了.

总括上述,证明了

定理1 设 $B=\{\alpha_1\}\times\{\alpha_2\}\times\cdots\times\{\alpha_s\}$ 为 m 阶交换群,而分解为 $m_1, m_2, \cdots, m_s$ 阶循环群之直积 $(m=m_1m_2\cdots m_s)$, A 是一个已给的群. 如果 G 是 A 被 B 的一个扩张,那末 G 中必有 s 个元 $g_{\alpha_1}, g_{\alpha_2}, \cdots, g_{\alpha_s}$ 使

$$G/A=\{Ag_{\alpha_1}\}\times\{Ag_{\alpha_2}\}\times\cdots\times\{Ag_{\alpha_s}\},$$

由之产生了 A 之 s 个自同构之集 $\Phi=(\varphi_{\alpha_1}, \varphi_{\alpha_2}, \cdots, \varphi_{\alpha_s})$, A 之 s 个元之集 $H=(u_1, u_2, \cdots, u_s)$ 以及 s^2 个元之集 $M=(a_{ij}|1\leqslant i, j\leqslant s)$, 使得

(1) $a^{\varphi_{\alpha_i}}=g_{\alpha_i}^{-1}ag_{\alpha_i}$ (每 $a\in A$),

(2) $g_{\alpha_i}^{m_i}=u_i$,

(3) $g_{\alpha_i}^{-1}g_{\alpha_j}^{-1}g_{\alpha_i}g_{\alpha_j}=a_{ij}$,

且三个集合 Φ, H, M 还满足

(4) $\varphi_{\alpha_i}^{m_i}=I_{u_i}\in I(A)$,

(5) $\varphi_{\alpha_i}\varphi_{\alpha_j}=\varphi_{\alpha_j}\varphi_{\alpha_i}\cdot I_{a_{ij}}$,

(6) $a_{ii}=1=a_{ij}a_{ji}$,

(7) $u_i^{\varphi_{\alpha_k}}=u_ia_{ik}^{\varphi_{\alpha_i}^{m_i-1}}a_{ik}^{\varphi_{\alpha_i}^{m_i-2}}\cdots a_{ik}^{\varphi_{\alpha_i}^2}a_{ik}^{\varphi_{\alpha_i}}a_{ik}$,

(8) $a_{ij}^{\varphi_{\alpha_k}}a_{kj}a_{ki}^{\varphi_{\alpha_j}}a_{ji}a_{jk}^{\varphi_{\alpha_i}}a_{ik}=1$.

反之,若先给了三个集合 $\Phi=(\varphi_{\alpha_1}, \varphi_{\alpha_2}, \cdots, \varphi_{\alpha_s})$, $H=(u_1, u_2, \cdots, u_s)$ 及 $M=(a_{ij}|1\leqslant i, j\leqslant s)$, 其中每 $\varphi_{\alpha_i}\in A(A)$, 每 $u_i\in A$, 每 $a_{ij}\in A$, 使它们满足 (4)—(8) 诸条件,那末就一定有 A 被 B 的一个扩张 G 使得

$$G/A=\{Ag_{\alpha_1}\}\times\{Ag_{\alpha_2}\}\times\cdots\times\{Ag_{\alpha_s}\}$$

及 $a^{\varphi_{\alpha_i}}=g_{\alpha_i}^{-1}ag_{\alpha_i}$ (每 $a\in A$), $g_{\alpha_i}^{m_i}=u_i$, $g_{\alpha_i}^{-1}g_{\alpha_j}^{-1}g_{\alpha_i}g_{\alpha_j}=a_{ij}$ 能成立 (即 $\{Ag_{\alpha_i}\}$ 是在同构关系 $G/A\simeq B$ 中对应于 $\{\alpha_i\}$ 的一个陪集).

定理1的意义是: 有了扩张 G 后, 则 G 关于 A 的任何一组代表元系 $R=(g_{\alpha_1}, g_{\alpha_2}, \cdots, g_{\alpha_s})$ 能决定三个集合 $\Phi=(\varphi_{\alpha_1}, \varphi_{\alpha_2}, \cdots,$

$\varphi_{\alpha_s})$，$H=(u_1, u_2, \cdots, u_s)$，$M=(a_{ij} \mid 1 \leqslant i, j \leqslant s)$，与$R$的关系体现在(1)，(2)，(3)内，且满足(4)—(8)诸条件．反之，若事先已有三个集合Φ, H, M满足(4)—(8)诸条件，那末必有A被B的一个扩张G存在，使在G内能找得一组代表元系$R=(g_{\alpha_1}, g_{\alpha_2}, \cdots, g_{\alpha_s})$与$\Phi, H, M$之关系为(1)，(2)，(3)所体现．

为了今后叙述的简洁，就说G, R决定Φ, H, M，用符号$(G, R) \rightarrow (\Phi, H, M)$来表示，或反之说$\Phi, H, M$能决定$G, R$，简记为$(\Phi, H, M) \rightarrow (G, R)$．故$(G, R) \rightleftarrows (\Phi, H, M)$表示了定理1的正反两方面的意义，今后不再申明．

用符号$(G, R) \sim (G, R')$表示同一扩张G中有两组不同的代表元系$R=(g_{\alpha_1}, g_{\alpha_2}, \cdots, g_{\alpha_s})$与$R'=(g'_{\alpha_1}, g'_{\alpha_2}, \cdots, g'_{\alpha_s})$，因之有$c_i \in A$使$g'_{\alpha_i}=c_i g_{\alpha_i}$．今令$(G, R) \rightarrow (\Phi, H, M)$及$(G, R') \rightarrow (\Phi', H', M')$，式中$\Phi=(\varphi_{\alpha_1}, \cdots, \varphi_{\alpha_s})$，$\Phi'=(\varphi'_{\alpha_1}, \cdots, \varphi'_{\alpha_s})$，$H=(u_1, \cdots, u_s)$，$H'=(u'_1, \cdots, u'_s)$，$M=(a_{ij} \mid 1 \leqslant i, j \leqslant s)$，$M'=(a'_{ij} \mid 1 \leqslant i, j \leqslant s)$．于是，

$$
\begin{aligned}
a^{\varphi'_{\alpha_i}} &= g'^{-1}_{\alpha_i} a g'_{\alpha_i} = g^{-1}_{\alpha_i} c_i^{-1} a c_i g_{\alpha_i} = a^{I_{c_i} \varphi_{\alpha_i}} = a^{\varphi_{\alpha_i}(\varphi^{-1}_{\alpha_i} I_{c_i} \varphi_{\alpha_i})} \\
&= a^{\varphi_{\alpha_i} I_{d_i}} \left(d_i = c_i^{\varphi_{\alpha_i}}\right),
\end{aligned}
$$

$$
\begin{aligned}
u'_i &= g'^{m_i}_{\alpha_i} = (c_i g_{\alpha_i})^{m_i} = g^{m_i}_{\alpha_i} c_i^{\varphi^{m_i}_{\alpha_i}} c_i^{\varphi^{m_i-1}_{\alpha_i}} \cdots c_i^{\varphi^2_{\alpha_i}} c_i^{\varphi_{\alpha_i}} \\
&= u_i d_i^{\varphi^{m_i-1}_{\alpha_i}} d_i^{\varphi^{m_i-2}_{\alpha_i}} \cdots d_i^{\varphi_{\alpha_i}} d_i,
\end{aligned}
$$

$$
\begin{aligned}
a'_{ij} &= g'^{-1}_{\alpha_i} g'^{-1}_{\alpha_j} g'_{\alpha_i} g'_{\alpha_j} = (c_i g_{\alpha_i})^{-1} (c_j g_{\alpha_j})^{-1} (c_i g_{\alpha_i})(c_j g_{\alpha_j}) \\
&= (g_{\alpha_i} d_i)^{-1} (g_{\alpha_j} d_j)^{-1} (g_{\alpha_i} d_i)(g_{\alpha_j} d_j) \\
&= d_i^{-1} g^{-1}_{\alpha_i} d_j^{-1} g^{-1}_{\alpha_j} g_{\alpha_i} d_i g_{\alpha_j} d_j \\
&= d_i^{-1} (g^{-1}_{\alpha_i} d_j^{-1} g_{\alpha_i}) (g^{-1}_{\alpha_i} g^{-1}_{\alpha_j} g_{\alpha_i} g_{\alpha_j}) (g^{-1}_{\alpha_j} d_i g_{\alpha_j}) d_j \\
&= d_i^{-1} (d_j^{-1})^{\varphi_{\alpha_i}} a_{ij} d_i^{\varphi_{\alpha_j}} d_j.
\end{aligned}
$$

这说明了(Φ, H, M)与(Φ', H', M')之关系是使

(10) $\varphi'_{\alpha_i} = \varphi_{\alpha_i} I_{d_i}$，

(11) $u'_i = u_i d_i^{\varphi^{m_i-1}_{\alpha_i}} d_i^{\varphi^{m_i-2}_{\alpha_i}} \cdots d_i^{\varphi_{\alpha_i}} d_i$，

(12) $a'_{ij} = d_i^{-1} (d_j^{-1})^{\varphi_{\alpha_i}} a_{ij} d_i^{\varphi_{\alpha_j}} d_j$

成立的 A 中一组 s 个元素 $d_1, d_2, \cdots, d_s$ 得以存在.

反之,设 $(G, R) \to (\Phi, H, M)$, 且 (4)—(8) 都成立的另三个集合 (Φ', H', M') 与原来的 (Φ, H, M) 可用 (10), (11), (12) 得连系的 A 中 s 个元 $d_1, d_2, \cdots, d_s$ 是存在的, 那末 G 中必有一组代表元系 R' 使 $(G, R') \to (\Phi', H', M')$, 因而 $(G, R) \sim (G, R')$: 事实上,令 $d_i^{\varphi_{\alpha_i}^{-1}} = c_i$ 以及 $c_i g_{\alpha_i} = g'_{\alpha_i}$, 则所求的代表元系 R' 即为 $(g'_{\alpha_1}, g'_{\alpha_2}, \cdots, g'_{\alpha_s})$, 这只需将上面得到 (10)—(12) 诸公式的手续逆推即可证明.

注意: 可能有这样的现象,即 (G, R) 与 $(\bar{G}, \bar{R})$ 同时决定了 (Φ, H, M), 也就是 $(G, R) \to (\Phi, H, M)$ 与 $(\bar{G}, \bar{R}) \to (\Phi, H, M)$, 那末 G 与 $\bar{G}$ 之关系怎样?

这时, $G/A = \{Ag_{\alpha_1}\} \times \cdots \times \{Ag_{\alpha_s}\}$, $\bar{G}/A = \{A\bar{g}_{\alpha_1}\} \times \cdots \times \{A\bar{g}_{\alpha_s}\}$; 且有 $a^{\varphi_{\alpha_i}} = g_{\alpha_i}^{-1} a g_{\alpha_i} = \bar{g}_{\alpha_i}^{-1} a \bar{g}_{\alpha_i}$, $g_{\alpha_i}^{m_i} = u_i = \bar{g}_{\alpha_i}^{m_i}$, $g_{\alpha_i}^{-1} g_{\alpha_j}^{-1} \cdot g_{\alpha_i} g_{\alpha_j} = a_{ij} = \bar{g}_{\alpha_i}^{-1} \bar{g}_{\alpha_j}^{-1} \bar{g}_{\alpha_i} \bar{g}_{\alpha_j}$; 当然还有 (4)—(8) 诸关系式. 于是易知映射 σ:

$$x g_{\alpha_1}^{t_1} g_{\alpha_2}^{t_2} \cdots g_{\alpha_s}^{t_s} \to (x g_{\alpha_1}^{t_1} g_{\alpha_2}^{t_2} \cdots g_{\alpha_s}^{t_s})^\sigma = x \bar{g}_{\alpha_1}^{t_1} \bar{g}_{\alpha_2}^{t_2} \cdots \bar{g}_{\alpha_s}^{t_s}$$

为使 $G \simeq \bar{G}$, 且 σ 使 A 之元不变, 并使陪集 Ag_{α_i} 之元映为陪集 $A\bar{g}_{\alpha_i}$ 之元. 故 G 与 $\bar{G}$ 为等价的扩张. 这证明了同一个组 (Φ, H, M) 所决定之扩张为等价扩张.

反之, 设 G 与 G' 是 A 被 B 的两个等价扩张. 在 G 中取一组代表元系 $R = (g_{\alpha_1}, g_{\alpha_2}, \cdots, g_{\alpha_s})$, 即有直积 $G/A = \{Ag_{\alpha_1}\} \times \{Ag_{\alpha_2}\} \times \cdots \times \{Ag_{\alpha_s}\}$, 令 $(G, R) \to (\Phi, H, M)$, $\Phi = (\varphi_{\alpha_1}, \varphi_{\alpha_2}, \cdots, \varphi_{\alpha_s})$, $H = (u_1, u_2, \cdots, u_s)$, $M = (a_{ij} | 1 \leqslant i, j \leqslant s)$, 因而 $a^{\varphi_{\alpha_i}} = g_{\alpha_i}^{-1} a g_{\alpha_i}$, $g_{\alpha_i}^{m_i} = u_i$, $g_{\alpha_i}^{-1} g_{\alpha_j}^{-1} g_{\alpha_i} g_{\alpha_j} = a_{ij}$. 再设 σ 是 G 与 G' 间的等价映射,即 $G \simeq G' = G^\sigma$, 故对每 $x \in A$ 有 $x^\sigma = x$, 并令 $g_{\alpha_i}^\sigma = g'_{\alpha_i} \in G'$. 于是,

$$G/A = \{Ag_{\alpha_1}\} \times \{Ag_{\alpha_2}\} \times \cdots \times \{Ag_{\alpha_s}\},$$
$$G'/A = \{Ag'_{\alpha_1}\} \times \{Ag'_{\alpha_2}\} \times \cdots \times \{Ag'_{\alpha_s}\}.$$

再令 $(G', R') \to (\Phi', H', M')$, 但 $R' = (g'_{\alpha_1}, g'_{\alpha_2}, \cdots, g'_{\alpha_s})$, 因

而

$$\Phi' = (\varphi'_{\alpha_1}, \varphi'_{\alpha_2}, \cdots, \varphi'_{\alpha_s}),\ H' = (u'_1, u'_2, \cdots, u'_s),$$
$$M' = (a'_{ij} \mid 1 \leqslant i, j \leqslant s),$$

且有

$$g'^{-1}_{\alpha_i} a g'_{\alpha_i} = a^{\varphi'_{\alpha_i}},\ g'^{m_i}_{\alpha_i} = u'_i,\ g'^{-1}_{\alpha_i} g'^{-1}_{\alpha_j} g'_{\alpha_i} g'_{\alpha_j} = a'_{ij}.$$

于是，据σ的意义，应有

$$\begin{cases} a^{\varphi_{\alpha_i}} = (a^{\varphi_{\alpha_i}})^\sigma = (g^{-1}_{\alpha_i} a g_{\alpha_i})^\sigma = g'^{-1}_{\alpha_i} a g'_{\alpha_i} = a^{\varphi'_{\alpha_i}}, & 即\ \varphi_{\alpha_i} = \varphi'_{\alpha_i}, \\ u_i = u_i^\sigma = (g^{m_i}_{\alpha_i})^\sigma = (g^\sigma_{\alpha_i})^{m_i} = g'^{m_i}_{\alpha_i} = u'_i, & 即\ u_i = u'_i, \\ a_{ij} = a^\sigma_{ij} = (g^{-1}_{\alpha_i} g^{-1}_{\alpha_j} g_{\alpha_i} g_{\alpha_j})^\sigma = g'^{-1}_{\alpha_i} g'^{-1}_{\alpha_j} g'_{\alpha_i} g'_{\alpha_j} = a'_{ij}, & 即\ a_{ij} = a'_{ij}. \end{cases}$$

这说明了 $\Phi' = \Phi, H' = H, M' = M$，即等价扩张可决定同一组$(\Phi, H, M)$.

虽然上面证明了两扩张为等价的充要条件是它们得能决定同一组(Φ, H, M)，但这是说在两扩张中可适当地选取代表元系R与R'而促使的；至于代表元系的选择不同，尽管两扩张等价，但它们所决定的组(Φ, H, M)亦应不同，其中的联系是由(10)，(11)，(12)三式给与的，这是在上面已讨论过了的.

概括之，就证得了下面的

定理 2 群A被有限交换群B的两个扩张为等价的充要条件是它们所决定的二组(Φ, H, M)与(Φ', H', M')间的关系可用(10)，(11)，(12)三个式子联系.

附注 1 定理 2 中等价的意义指的是两个扩张可以相异，也可以为同一扩张而具有不同的代表元系.

附注 2 凡能用(10)，(11)，(12)三个式子联系的两组(Φ, H, M)与(Φ', H', M')就叫做等价，用符号$(\Phi, H, M)\sim(\Phi', H', M')$来表示. 易证自反律$(\Phi, H, M)\sim(\Phi, H, M)$成立，这只要令(10)—(12)中的所有$d_i = 1$就可验证. 又若$(\Phi, H, M)\sim(\Phi', H', M')$，则有(10)—(12)三式，再令$b_i = d_i^{-1}$，就得$\varphi_{\alpha_i} = \varphi'_{\alpha_i} \cdot l_{b_i}$；$u_i = u'_i d_i^{-1} d_i^{-\varphi_{\alpha_i}} d_i^{-\varphi^2_{\alpha_i}} \cdots d_i^{-\varphi^{m_i-2}_{\alpha_i}} d_i^{-\varphi^{m_i-1}_{\alpha_i}} = u'_i b_i b_i^{\varphi_{\alpha_i}} b_i^{\varphi^2_{\alpha_i}} \cdots b_i^{\varphi^{m_i-1}_{\alpha_i}} = u'_i b_i b_i^{\varphi'_{\alpha_i} l_{b_i}} b_i^{(\varphi'_{\alpha_i} l_{b_i})^2} \cdots b_i^{(\varphi'_{\alpha_i} l_{b_i})^{m_i-1}} = u'_i b_i b_i^{\varphi'_{\alpha_i} l_{b_i}} \cdot b_i^{\varphi'^2_{\alpha_i} l_{b_i} \varphi'_{\alpha_i} l_{b_i}} \cdots\cdots$

$b_i^{\varphi'^{m_i-1}_{\alpha_i} I_{b_i^{\varphi'^{m_i-2}_{\alpha_i}}}\cdots I_{b_i^{\varphi'^{2}_{\alpha_i}}} I_{b_i^{\varphi'_{\alpha_i}}} I_{b_i}} = u'_i b_i^{\varphi'_{\alpha_i}} b_i^{\varphi'^2_{\alpha_i} I_{b_i^{\varphi'_{\alpha_i}}}} \cdots\cdots b_i^{\varphi'^{m_i-1}_{\alpha_i} I_{b_i^{\varphi'^{m_i-2}_{\alpha_i}}}\cdots I_{b_i^{\varphi'^{2}_{\alpha_i}}} I_{b_i^{\varphi'_{\alpha_i}}}} \cdot b_i = u'_i b_i^{\varphi'^2_{\alpha_i}} b_i^{\varphi'^3_{\alpha_i} I_{b_i^{\varphi'^2_{\alpha_i}}}} \cdots\cdots b_i^{\varphi'^{m_i-1}_{\alpha_i} I_{b_i^{\varphi'^{m_i-2}_{\alpha_i}}}\cdots I_{b_i^{\varphi'^{2}_{\alpha_i}}}} b_i^{\varphi'_{\alpha_i}} b_i = \cdots\cdots = u'_i b_i^{\varphi'^{m_i-1}_{\alpha_i}} b_i^{\varphi'^{m_i-2}_{\alpha_i}} \cdots\cdots b_i^{\varphi'^2_{\alpha_i}} b_i^{\varphi'_{\alpha_i}} b_i$；同时又有 $a_{ij} = d_j^{\varphi_{\alpha_i}} d_i a'_{ij} d_j^{-1} d_i^{-\varphi_{\alpha_j}} = b_j^{-\varphi'_{\alpha_i} I_{b_i}} b_i^{-1} a'_{ij} b_j b_i^{\varphi'_{\alpha_j} I_{b_j}} = b_i^{-1} b_j^{-\varphi'_{\alpha_i}} a'_{ij} b_i^{\varphi'_{\alpha_j}} b_j$；这证明了 $(\Phi', H', M') \sim (\Phi, H, M)$，即对称律成立．最后，设 $(\Phi, H, M) \sim (\Phi', H', M')$，$(\Phi', H', M') \sim (\Phi'', H'', M'')$，于是 $\varphi''_{\alpha_i} = \varphi'_{\alpha_i} I_{d'_i}$，$\varphi'_{\alpha_i} = \varphi_{\alpha_i} I_{d_i}$，故 $\varphi''_{\alpha_i} = \varphi_{\alpha_i} I_{v_i} (v_i = d_i d'_i)$；又 $u''_i = u'_i d_i'^{\varphi'^{m_i-1}_{\alpha_i}} d_i'^{\varphi'^{m_i-2}_{\alpha_i}} \cdots\cdots d_i'^{\varphi'_{\alpha_i}} \cdot d'_i$，$u'_i = u_i d_i^{\varphi^{m_i-1}_{\alpha_i}} d_i^{\varphi^{m_i-2}_{\alpha_i}} \cdots\cdots d_i^{\varphi_{\alpha_i}} d_i$，故 $u''_i = u_i d_i^{\varphi^{m_i-1}_{\alpha_i}} \cdots\cdots d_i^{\varphi_{\alpha_i}} d_i \cdot d_i'^{\varphi'^{m_i-1}_{\alpha_i}} \cdots\cdots d_i'^{\varphi'_{\alpha_i}} d'_i = u_i d_i^{\varphi^{m_i-1}_{\alpha_i}} d_i^{\varphi^{m_i-2}_{\alpha_i}} \cdots\cdots d_i^{\varphi^2_{\alpha_i}} d_i^{\varphi_{\alpha_i}} d_i d_i'^{(\varphi_{\alpha_i} I_{d_i})^{m_i-1}} \cdot d_i'^{(\varphi_{\alpha_i} I_{d_i})^{m_i-2}} \cdots\cdots d_i'^{(\varphi_{\alpha_i} I_{d_i})^2} d_i'^{\varphi_{\alpha_i} I_{d_i}} d'_i = u_i d_i^{\varphi^{m_i-1}_{\alpha_i}} \cdots\cdots d_i^{\varphi^2_{\alpha_i}} d_i^{\varphi_{\alpha_i}} d_i \cdot d_i'^{\varphi^{m_i-1}_{\alpha_i} I_{d_i^{\varphi^{m_i-2}_{\alpha_i}}}\cdots I_{d_i^{\varphi_{\alpha_i}}} I_{d_i}} \cdots\cdots d_i'^{\varphi^2_{\alpha_i} I_{d_i^{\varphi_{\alpha_i}}} I_{d_i}} d'^{\varphi_{\alpha_i} I_{d_i}} d'_i = u_i d_i^{\varphi^{m_i-1}_{\alpha_i}} \cdots\cdots d_i^{\varphi^2_{\alpha_i}} \cdot d_i^{\varphi_{\alpha_i}} d_i'^{\varphi^{m_i-1}_{\alpha_i} I_{d_i^{\varphi^{m_i-2}_{\alpha_i}}}\cdots I_{d_i^{\varphi_{\alpha_i}}}} \cdots\cdots d_i'^{\varphi^2_{\alpha_i} I_{d_i^{\varphi_{\alpha_i}}}} d_i'^{\varphi_{\alpha_i}} v_i = u_i d_i^{\varphi^{m_i-1}_{\alpha_i}} \cdots\cdots d_i^{\varphi^2_{\alpha_i}} \cdot d_i'^{\varphi^{m_i-1}_{\alpha_i} I_{d_i^{\varphi^{m_i-2}_{\alpha_i}}}\cdots I_{d_i^{\varphi^2_{\alpha_i}}}} \cdots\cdots d_i'^{\varphi^2_{\alpha_i}} v_i^{\varphi_{\alpha_i}} v_i = \cdots\cdots = u_i d_i^{\varphi^{m_i-1}_{\alpha_i}} d_i^{\varphi^{m_i-2}_{\alpha_i}} d_i'^{\varphi^{m_i-1}_{\alpha_i} I_{d_i^{\varphi^{m_i-2}_{\alpha_i}}}} d_i'^{\varphi^{m_i-2}_{\alpha_i}} \cdots\cdots v_i^{\varphi^2_{\alpha_i}} v_i^{\varphi_{\alpha_i}} v_i = u_i d_i^{\varphi^{m_i-1}_{\alpha_i}} d_i'^{\varphi^{m_i-1}_{\alpha_i}} v_i^{\varphi^{m_i-2}_{\alpha_i}} \cdots\cdots v_i^{\varphi^2_{\alpha_i}} v_i^{\varphi_{\alpha_i}} v_i = u_i v_i^{\varphi^{m_i-1}_{\alpha_i}} v_i^{\varphi^{m_i-2}_{\alpha_i}} \cdots\cdots v_i^{\varphi_{\alpha_i}} v_i$；且同时又有从 $a''_{ij} = d_i'^{-1} d_j'^{-\varphi'_{\alpha_i}} a'_{ij} d_i'^{\varphi'_{\alpha_j}} \cdot d'_j$，$a'_{ij} = d_i^{-1} d_j^{-\varphi_{\alpha_i}} a_{ij} d_i^{\varphi_{\alpha_j}} d_j$ 可得 $a''_{ij} = d_i'^{-1} d_j'^{-\varphi'_{\alpha_i}} d_i^{-1} d_j^{-\varphi_{\alpha_i}} a_{ij} d_i^{\varphi_{\alpha_j}} d_j \cdot d_i'^{\varphi'_{\alpha_j}} d'_j = d_i'^{-1} d_j'^{-\varphi_{\alpha_i} I_{d_i}} d_i^{-1} d_j^{-\varphi_{\alpha_i}} a_{ij} d_i^{\varphi_{\alpha_j}} d_j d_i'^{\varphi_{\alpha_j} I_{d_j}} d'_j = v_i^{-1} d_j'^{-\varphi_{\alpha_i}} d_j^{-\varphi_{\alpha_i}} \cdot a_{ij} d_i^{\varphi_{\alpha_j}} d_i'^{\varphi_{\alpha_j}} v_j = v_i^{-1} v_j^{-\varphi_{\alpha_i}} a_{ij} v_i^{\varphi_{\alpha_j}} v_j$；这证明了 $(\Phi, H, M) \sim (\Phi'', H'', M'')$，即传递律成立.

从上面的两个附注，可把定理 2 改写为

定理 2° 群 A 被有限交换群 B 的两个扩张为等价的充要条件是它们所决定的组 (Φ, H, M) 与 (Φ', H', M') 是等价的.

今以 $(G, R) \sim (G', R')$ 表示扩张 G 与 G' 等价（当 $G = G'$

时，就表示同一扩张的两组代表系 R 与 R'）. 故当 $(G, R) \Longleftrightarrow (\Phi, H, M)$ 与 $(G', R') \Longleftrightarrow (\Phi', H', M')$ 时，则 $(G, R) \sim (G', R')$ 的充要条件是 $(\Phi, H, M) \sim (\Phi', H', M')$. 于是，当 G 为 A 之分离扩张时，就有使 $G = AC$ 及 $A \cap C = 1$ 的群 C 存在，因之 $C \simeq G/A \simeq B = \{\alpha_1\} \times \{\alpha_2\} \times \cdots \times \{\alpha_s\}$，故可表写 $C = \{g_{\alpha_1}\} \times \{g_{\alpha_2}\} \times \cdots \times \{g_{\alpha_s}\}$ 使 $o(g_{\alpha_i}) = m_i$，即 $g_{\alpha_i}^{m_i} = 1$，因而 $G/A = \{Ag_{\alpha_1}\} \times \{Ag_{\alpha_2}\} \times \cdots \times \{Ag_{\alpha_s}\}$，故取 $R = (g_{\alpha_1}, g_{\alpha_2}, \cdots, g_{\alpha_s})$ 时，则 $(G, R) \Longleftrightarrow (\Phi, H, M)$ 中的 $H = (u_1, u_2, \cdots, u_s)$ 之每 $u_i = 1$，随而 $\Phi = (\varphi_{\alpha_1}, \varphi_{\alpha_2}, \cdots, \varphi_{\alpha_s})$ 中每 φ_{α_i} 具性质 $\varphi_{\alpha_i}^{m_i} = \mathbf{1}$，而 $M = (a_{ij} | 1 \leqslant i, j \leqslant s)$ 中每 $a_{ij} = g_{\alpha_i}^{-1} g_{\alpha_j}^{-1} g_{\alpha_i} g_{\alpha_j} = 1$，故 $\varphi_{\alpha_i}\varphi_{\alpha_j} = \varphi_{\alpha_j}\varphi_{\alpha_i}$.

反之，当 $(G, R) \Longleftrightarrow (\Phi, H, M)$ 中 $H = (u_1, u_2, \cdots, u_s)$ 的每 $u_i = 1$ 以及 $M = (a_{ij} | 1 \leqslant i, j \leqslant s)$ 的每 $a_{ij} = 1$ 时，则代表系 $R = (g_{\alpha_1}, g_{\alpha_2}, \cdots, g_{\alpha_s})$ 具性质 $g_{\alpha_i}^{m_i} = 1$ 及 $g_{\alpha_i} g_{\alpha_j} = g_{\alpha_j} g_{\alpha_i}$ $(i, j = 1, 2, \cdots, s)$，因而 G 有 m 阶的子群 $C = \{g_{\alpha_1}\} \times \{g_{\alpha_2}\} \times \cdots \times \{g_{\alpha_s}\} \simeq B$，说明了 G 关于 A 之 m 个陪集 $Ag_{\alpha_i}^{t_i}$ $(1 \leqslant i \leqslant s; 1 \leqslant t_i \leqslant m_i)$ 的代表元 $g_{\alpha_i}^{t_i}$ 得组成 G 之子群 C，因而 C 为 A 在 G 内的补子群，即 G 为 A 的分离扩张.

同理可证 $\Phi = (\varphi_{\alpha_1}, \varphi_{\alpha_2}, \cdots, \varphi_{\alpha_s})$ 中每 $\varphi_{\alpha_i} = \mathbf{1}$ 的充要条件是 $R = (g_{\alpha_1}, g_{\alpha_2}, \cdots, g_{\alpha_s})$ 中每 $g_{\alpha_i} \in Z_G(A)$，因而 A 为扩张 G 之直因子的充要条件是每 $\varphi_{\alpha_i} = \mathbf{1}$，每 $u_i = 1$ 以及每 $a_{ij} = 1$.

今后，当每 $u_i = 1$ 时，简记为 $H = 1$；每 $a_{ij} = 1$ 时简记为 $M = 1$；每 $\varphi_{\alpha_i} = \mathbf{1}$ 时简记为 $\Phi = \mathbf{1}$. 于是总括上述，证得了下面的

定理 3 设 $(G, R) \Longleftrightarrow (\Phi, H, M)$. 于是，$G$ 为 A 之分离扩张的充要条件是 $(\Phi, H, M) \sim (\Phi, 1, 1)$；扩张 G 有一组代表系 $R = (g_{\alpha_1}, g_{\alpha_2}, \cdots, g_{\alpha_s})$ 使每 $g_{\alpha_i} \in Z_G(A)$ 的充要条件是 $(\Phi, H, M) \sim (\mathbf{1}, H, M)$；扩张 G 为 A 与 B 之直积的充要条件是 $(\Phi, H, M) \sim (\mathbf{1}, 1, 1)$.

特当上面的 A 也是交换群时，那末 $I(A) = \mathbf{1}$，于是定理 1

中的 (4), (5) 二式就分别变为 $\varphi_{\alpha_i}^{m_i}=1$, $\varphi_{\alpha_i}\varphi_{\alpha_j}=\varphi_{\alpha_j}\varphi_{\alpha_i}$, 而 (7), (8) 二式分别变为 $u_i^{\varphi_{\alpha_k}}=a_{ik}^{1+\varphi_{\alpha_i}+\varphi_{\alpha_i}^2+\cdots+\varphi_{\alpha_i}^{m_i-1}}$ 与 $a_{ij}^{\varphi_{\alpha_k}}a_{ki}^{\varphi_{\alpha_j}}a_{jk}^{\varphi_{\alpha_i}}=a_{ij}a_{jk}a_{ki}$. $[1+\varphi_{\alpha_i}+\varphi_{\alpha_i}^2+\cdots+\varphi_{\alpha_i}^{m_i-1}$ 为交换群 A 之自同态环 $E(A)$ 中的元 (第一章 §9)]. 由是可知 $(\Phi, H, M)\sim(\Phi', H', M')$ 的充要条件是 $\Phi'=\Phi$ (即每 $\varphi'_{\alpha_i}=\varphi_{\alpha_i}$)——这一点早在 §4 里就阐述过, $u'_i=u_id_i^{1+\varphi_{\alpha_i}+\varphi_{\alpha_i}^2+\cdots+\varphi_{\alpha_i}^{m_i-1}}$ 及 $a'_{ij}=a_{ij}d_i^{\varphi_{\alpha_j}-1}d_j^{1-\varphi_{\alpha_i}}$. 于是又得下面的

定理 4 设 A 是交换群, B 是 m 阶的交换群且分解为 s 个阶分别为 $m_1, m_2, \cdots, m_s$ 的循环群之直积如 $B=\{\alpha_1\}\times\{\alpha_2\}\times\cdots\times\{\alpha_s\}$. 那末 A 被 B 的每扩张 G 随代表系 $R=(g_{\alpha_1}, g_{\alpha_2}, \cdots, g_{\alpha_s})$ 的选择 $[G/A=\{Ag_{\alpha_1}\}\times\cdots\times\{Ag_{\alpha_s}\}\simeq B]$ 得决定三个集合 $\Phi=(\varphi_{\alpha_1}, \varphi_{\alpha_2}, \cdots, \varphi_{\alpha_s})$, $H=(u_1, u_2, \cdots, u_s)$, $M=(a_{ij}\,|\,1\leqslant i, j\leqslant s)$, 具性质

(1) $a^{\varphi_{\alpha_i}}=g_{\alpha_i}^{-1}ag_{\alpha_i}$ (每 $a\in A$),

(2) $g_{\alpha_i}^{m_i}=u_i$,

(3) $g_{\alpha_i}^{-1}g_{\alpha_j}^{-1}g_{\alpha_i}g_{\alpha_j}=a_{ij}$,

且 (Φ, H, M) 还满足

(4) $\varphi_{\alpha_i}^{m_i}=1$,

(5) $\varphi_{\alpha_i}\varphi_{\alpha_j}=\varphi_{\alpha_j}\varphi_{\alpha_i}$,

(6) $a_{ii}=1=a_{ij}a_{ji}$,

(7) $u_i^{\varphi_{\alpha_k}}=u_ia_{ik}^{1+\varphi_{\alpha_i}+\varphi_{\alpha_i}^2+\cdots+\varphi_{\alpha_i}^{m_i-1}}$,

(8) $a_{ij}^{\varphi_{\alpha_k}}a_{jk}^{\varphi_{\alpha_i}}a_{ki}^{\varphi_{\alpha_j}}=a_{ij}a_{jk}a_{ki}$.

当代表系 R' 之选择不同时, 组 (Φ, H, M) 变为等价组 (Φ', H', M'), 其中 $\Phi'=\Phi$, 而 H, M 与 H', M' 之关系为

$$u'_i=u_id_i^{1+\varphi_{\alpha_i}+\varphi_{\alpha_i}^2+\cdots+\varphi_{\alpha_i}^{m_i-1}} \text{ 与 } a'_{ij}=a_{ij}d_i^{\varphi_{\alpha_j}-1}d_j^{1-\varphi_{\alpha_i}}.$$

对等价扩张言, 不论代表系 R 之选择怎样, 它们所决定的组 (Φ, H, M) 间之关系也同上.

反之亦然.

由上面的论证，可知被循环群的扩张，决定的条件是简单的(§3)；被有限交换群的扩张，决定的条件就复杂多了.

下面列举几个例子，作为这几节的应用.

例 1 pq^2 阶群 (p, q 为奇素数且 $q<p$) 在 $q\nmid(p-1)$ 时只有两个，在 $q|(p-1)$ 而 $q^2\nmid(p-1)$ 时有四个，但在 $q^2|(p-1)$ 时则有五个.

解 据西洛定理知阶 pq^2 的群 G 中西洛 p-子群之个数 $n_p=1, q$, 或 q^2；但 $q<p$ 说明了 $n_p\neq q$；苟若 $n_p=q^2$，则 $p|(q^2-1)=(q-1)(q+1)$，故 $p|(q+1)$，由于 p 与 q 均为奇数不得不有 $q+1=\lambda p\geqslant 2p>p$，与 $q<p$ 矛盾，不可. 故只能是 $n_p=1$. 这说明 G 只有唯一个西洛 p-子群 A，即 $A\lhd G$ 且 $o(A)=p$，因而 $A=\{a\}$ 是 p 阶循环群 ($a^p=1$). 取 G 之一西洛 q-子群 B，于是 B 或为 q^2 阶的循环群，或为 q^2 阶的初等交换群. 显然又有 $G=AB$, $A\cap B=1$，故 $G/A\simeq B$. 当 $q\nmid(p-1)$ 时，由西洛定理知 G 中西洛 q-子群也只有唯一个，因而这时 $B\lhd G$，而有 $G=A\times B$，故由 B 之循环性或初等交换性也知道 G 或为循环群或为初等交换群. 说明了 $q\nmid(p-1)$ 时 G 只有两个. 因之下面只讨论 $q|(p-1)$ 的情况.

这时虽不敢保证 $B\lhd G$，但 G 确为 $A=\{a\}$ ($a^p=1$) 被 q^2 阶群 B 的（分离）扩张.

(一) $B=\{b\}$ 为 q^2 阶循环群.

这时，$G=AB=\{a, b\}$, $a^p=1=b^{q^2}$, $b^{-1}ab=a^r$，而有 $r^{q^2}\equiv 1(\mathrm{mod}\, p)$. 因模 p 的既约剩余系是 $p-1$ 阶的循环群 $\{\alpha\}$，即 $\alpha, \alpha^2, \cdots, \alpha^{p-2}, \alpha^{p-1}\equiv 1$ 为模 p 之既约剩余系，故令 $(q^2, p-1)=d$ 时，$q^2=\lambda d$, $p-1=\mu d$，则有 $(\lambda, \mu)=1$，据题设 $q|(p-1)$ 得知 $d=q$ 或 $d=q^2$，于是，若 $r\equiv\alpha^t(\mathrm{mod}\, p)$，则 $r^{q^2}\equiv 1(\mathrm{mod}\, p)$ 的充要条件是 $\alpha^{tq^2}\equiv 1(\mathrm{mod}\, p)$，即 $tq^2\equiv 0(\mathrm{mod}\, p-1)$，亦即 $t\equiv 0\,(\mathrm{mod}\, \mu)$，故适合 $r^{q^2}\equiv 1(\mathrm{mod}\, p)$ 之 r 共有 d 个 $(\mathrm{mod}\, p)$，而为 $r_1, r_2, \cdots, r_{d-1}, r_d$，式中 $r_i\equiv\alpha^{i\mu}(\mathrm{mod}\, p)$.

如果 $r\equiv r_d\equiv\alpha^{\mu d}=\alpha^{p-1}\equiv 1(\mathrm{mod}\, p)$，则 $b^{-1}ab=a$，G 是交换的，因而是循环群.

如果 $r\equiv r_i\equiv\alpha^{i\mu}(\mathrm{mod}\, p)$, $(i<d)$，则 G 显非交换的；今选 $b_1=b^s$ 使 $(s, q^2)=1$，即 $o(b_1)=q^2$，并希望有 $b_1^{-1}ab_1=a^{r_j}(j<d)$，为此就应有 $a^{\alpha^{j\mu}}=a^{r_j}=b_1^{-1}ab_1=b^{-s}ab^s=a^{r_i^s}=a^{\alpha^{i\mu s}}$，即 $is\equiv j(\mathrm{mod}\, d)$. 于是当 $d=q$ 时，由于 i, j 都小于 $d=q$，当然都与 q 互素，因之确知适合 $is\equiv j(\mathrm{mod}\, d=q)$ 之 s 是存在的. 可是当 $d=q^2$ 时，则 $1, 2, \cdots, q^2-1$ 这 q^2-1 个数得分成两

组：(i) 与 q 互素的数为一组；(ii) q 之倍数之集合（如 $q, 2q, \cdots, (q-1)q$）为一组. 如果 i, j 为 (i) 组中任二数时，满足 $is \equiv j \ (\mathrm{mod}\, d = q^2)$ 之 s 确存在且有 $(s, q) = 1$；如果 i, j 均为 (ii) 组中之数时，也易知满足 $is \equiv j (\mathrm{mod}\, d = q^2)$ 之 s 是存在的并与 q 互素；但 i, j 分别在 (i),(ii) 组内各取一值时，则适合 $(s, q^2) = 1$ 之 s 就不再满足关系式 $is \equiv j\, (\mathrm{mod}\, d = q^2)$ 了. 这就证明了下面的重要结论：

(I) 当 $q \mid (p-1)$ 而 $q^2 \nmid (p-1)$ 时，则 p 阶循环群 A 被 q^2 阶循环群之非交换扩张只有一个，是：

$$G = \{a, b\},\ a^p = 1 = b^{q^2},\ b^{-1}ab = a^{\alpha^{\frac{p-1}{q}}}\ （\alpha 为模\ p\ 的一个原根）；$$

(II) 当 $q^2 \mid (p-1)$ 时，则 p 阶循环群 A 被 q^2 阶循环群的非交换扩张有两个，它们的构造是：

$$\langle 1\rangle\ G = \{a, b\},\ a^p = 1 = b^{q^2},\ b^{-1}ab = a^{\alpha^{\frac{p-1}{q^2}}},$$

与

$$\langle 2\rangle\ G = \{a, b\},\ a^p = 1 = b^{q^2},\ b^{-1}ab = a^{\alpha^{\frac{p-1}{q}}},$$

但 α 为模 p 的一个原根.

（二）$\boldsymbol{B = \{b\} \times \{c\}}$ **为 $\boldsymbol{q^2}$ 阶的初等交换群.**

这时，$G = AB = \{a, b, c\}$，$a^p = b^q = c^q = 1 = [b, c]$，$b^{-1}ab = a^\sigma$，$c^{-1}ac = a^\tau$，而 $\sigma, \tau \in A(A)$ 且有 $\sigma^q = 1 = \tau^q$. 由于 $A(A)$ 是 $p-1$ 阶循环群，而 $q \mid (p-1)$，故 σ 可能为 1，也可能为阶等于 q 的 A 之自同构. 今若令 α 为模 p 的一原根，则模 p 之既约剩余系得由 $\alpha, \alpha^2, \cdots, \alpha^{p-2}, \alpha^{p-1} \equiv 1(\mathrm{mod}\, p)$ 表示之，故若 $a^\sigma = a^{\alpha^t}$，则 $a = a^{\sigma^q} = a^{\alpha^{qt}}$，$\alpha^{qt} \equiv 1(\mathrm{mod}\, p)$，$qt \equiv 0(\mathrm{mod}\, p-1)$，$t \equiv 0\left(\mathrm{mod}\ \dfrac{p-1}{q} = s\right)$，不得不有 $t = s, 2s, \cdots, (q-1)s, qs (= p-1)$，即 σ 有 q 个可能性，如

$$a^\sigma = a,\ a^{\alpha^s},\ a^{\alpha^{2s}},\ \cdots,\ 或\ a^{\alpha^{(q-1)s}}.$$

同理，τ 也有 q 个可能性，即

$$a^\tau = a,\ a^{\alpha^s},\ a^{\alpha^{2s}},\ \cdots,\ 或\ a^{\alpha^{(q-1)s}}.$$

于是 σ, τ 之组合的可能性有 q^2 对. 然而在 $a^\sigma = a = a^\tau$ 时，有 $[a, b] = [a, c] = 1$，即 G 是交换群，故这时 G 是初等交换群.

于是再需研讨的是另 $q^2 - 1$ 种的组合. 但对于这 $q^2 - 1$ 种组合中的任一种 $a^\sigma = a^{\alpha^{\lambda s}}$，$a^\tau = a^{\alpha^{\mu s}}$（$1 \leqslant \lambda, \mu \leqslant q$；且 λ, μ 中至少有一个 $\neq q$）都说明了 G 不是交换群. 若 $(\lambda\mu, q) = 1$，则取 $b' = b^x c \in B$ 后，就有（$\sigma' \in A(A)$）：

$$a^{\sigma'} = b'^{-1}ab' = c^{-1}b^{-x}ab^{x}c = c^{-1}a^{\sigma^{x}}c = (a^{\alpha^{\lambda xs}})^{\tau} = a^{\alpha^{(\lambda x+\mu)s}},$$

故 $a^{\sigma'} = a$ 的充要条件是 $\alpha^{(\lambda x+\mu)s} \equiv 1(\bmod p)$，即 $(\lambda x + \mu)s \equiv 0(\bmod p - 1)$，或 $\lambda x + \mu \equiv 0(\bmod q)$，而这同余式显然有解 x 使 $(x, q) = 1$，因之 $o(b') = q$ 且 $B = \{b\} \times \{c\} = \{b'\} \times \{c\}$，这说明了可在 B 中选择适当的生成元 b, c 使 A 之自同构 σ, τ 中有一个为 **1**（例如 $a^{\sigma'} = a$ 之 $\sigma' = \mathbf{1}$）. 可不损普遍性令 $\sigma = \mathbf{1}$.

于是最后只需研究 $b^{-1}ab = a$, $c^{-1}ac = a^{\alpha^{\lambda s}}$ 与 $b^{-1}ab = a$, $c^{-1}ac = a^{\alpha^{\mu s}}$ 的异同[但 $(\lambda\mu, q) = 1$，且 $\lambda \not\equiv \mu(\bmod q)$]. 我们说这二者无本质的差异. 为什么呢? 因若 $b^{-1}ab = a$, $c^{-1}ac = a^{\alpha^{\lambda s}}$[$(\lambda, q) = 1$]，则有 x 使 $\lambda x \equiv 1(\bmod q)$，因之 $(x, q) = 1$, $c^{-x}ac^{x} = a^{\alpha^{\lambda xs}} = a^{\alpha^{s}}$，并有 $B = \{b\} \times \{c\} = \{b\} \times \{c^{x}\}$，这说明了凡 $(\lambda, q) = 1$ 的 $b^{-1}ab = a$, $c^{-1}ac = a^{\alpha^{\lambda s}}$ 这一种恒可转化为 $b^{-1}ab = a$, $c^{-1}ac = a^{\alpha^{s}} = a^{\alpha^{\frac{p-1}{q}}}$ 来考虑. 归根到底是说明了另 $q^2 - 1$ 种组合在本质上没有差异，也就是说非交换群 G 这时的构造为：

$$G = \{a, b, c\},\ a^{p} = b^{q} = c^{q} = 1 = [b, c],\ b^{-1}ab = a,\ c^{-1}ac = a^{\alpha^{\frac{p-1}{q}}},$$

但 α 为模 p 之一原根.

于是总括起来得知所求的 pq^2 阶群（p, q 都是奇素数且 $q<p$）在 $q \nmid (p-1)$ 时有两个，在 $q \mid (p-1)$ 而 $q^2 \nmid (p-1)$ 时有四个，但在 $q^2 \mid (p-1)$ 时有五个，其构造见下表.

表 VI

<table>
<tr><th></th><th>种 类</th><th>构造（定义关系）</th><th colspan="3">附 注</th></tr>
<tr><td rowspan="5">pq^2 阶群 G（$q<p$，且 p 与 q 都是奇素数.）</td><td>I</td><td>$G = \{a\}$, $a^{pq^2} = 1$（循环群）</td><td rowspan="2">当 $q \nmid (p-1)$ 时</td><td rowspan="4">当 $q \mid (p-1)$ 而 $q^2 \nmid (p-1)$ 时</td><td rowspan="5">当 $q^2 \mid (p-1)$ 时</td></tr>
<tr><td>II</td><td>$G = \{a, b, c\}$, $a^p = b^q = c^q = 1 = [a, b] = [b, c] = [c, a]$（初等交换群）</td></tr>
<tr><td>III</td><td>$G = \{a, b\}$, $a^p = 1 = b^{q^2}$, $b^{-1}ab = a^{r^{\frac{p-1}{q}}}$
（r 为模 p 之一个原根）</td><td></td></tr>
<tr><td>IV</td><td>$G = \{a, b, c\}$, $a^p = b^q = c^q = 1 = [b, c] = [a, b]$, $c^{-1}ac = a^{r^{\frac{p-1}{q}}}$
（r 为模 p 之一个原根）</td><td></td></tr>
<tr><td>V</td><td>$G = \{a, b\}$, $a^p = 1 = b^{q^2}$, $b^{-1}ab = a^{r^{\frac{p-1}{q^2}}}$
（r 为模 p 之一个原根）</td><td></td><td></td></tr>
</table>

例 2 试证阶为 $3p^2$ 的群（p 是大于 3 之素数）在 $3\nmid(p-1)$ 时有三个，而在 $3\mid(p-1)$ 时则有六个.

解 据西洛定理，知 G 只有一个西洛 p-子群 A，即 $A\lhd G$ 且 $o(A)=p^2$，于是 A 或为循环群或为初等交换群，而 G 为 A 被 3 阶循环群的扩张.

（一）$A=\{a\}$，$a^{p^2}=1$. 由于 $(o(A),3)=1$，据 §4 的定理 3° 知 $G=\{a,b\}$，$a^{p^2}=1=b^3$，$b^{-1}ab=a^r$，而有 $r^3\equiv1(\mathrm{mod}\,p^2)$. 因模 p^2 的既约剩余类群 $C_{(p^2)}$ 为阶 $\varphi(p^2)=p(p-1)$ 的循环群，故从 $r^3\equiv1(\mathrm{mod}\,p^2)$ 及 $r^{\varphi(p^2)}=r^{p(p-1)}\equiv1(\mathrm{mod}\,p^2)$ 得 $r^d\equiv1(\mathrm{mod}\,p^2)$；但 $d=(3,p(p-1))$，故 $d=1$（$3\nmid(p-1)$ 时）或 $d=3$（$3\mid(p-1)$ 时）；$d=1$ 时有 $b^{-1}ab=a$，G 是交换的，故 G 为循环群. 但在 $d=3$ 时，$r^3\equiv1(\mathrm{mod}\,p^2)$ 在剩余类群 $C_{(p^2)}$ 中有三个解，分别为 $r\equiv1$，或 $\equiv r_1=\alpha^{\frac{p(p-1)}{3}}$，或 $\equiv r_1^2=\alpha^{\frac{2p(p-1)}{3}}(\mathrm{mod}\,p^2)$，但 α 为模 p^2 之一原根. 在 $r\equiv1(\mathrm{mod}\,p^2)$ 时，如同讨论 $d=1$ 时一样可知 G 为循环群. 但在 $r\equiv r_1(\mathrm{mod}\,p^2)$ 时有 $b^{-1}ab=a^{r_1}$，因而有 $b^{-2}ab^2=a^{r_1^2}$；而在 $r\equiv r_1^2(\mathrm{mod}\,p^2)$ 时有 $b^{-1}ab=a^{r_1^2}$，因而有 $b^{-2}ab^2=a^{r_1}$；且 $G=\{a,b\}=\{a,b^2\}$，$o(b^2)=3$；这说明了 $r\equiv r_1(\mathrm{mod}\,p^2)$ 与 $r\equiv r_1^2(\mathrm{mod}\,p^2)$ 时，群 G 之构造一样，即 $3\mid(p-1)$ 时，G 除为循环群外，还可能为非交换的，其构造是：

$$G=\{a,b\},\ a^{p^2}=1=b^3,\ b^{-1}ab=a^r,\ 但\ r\not\equiv1\ 而\ r^3\equiv1(\mathrm{mod}\,p^2).$$

（二）$A=\{a\}\times\{b\}$，$a^p=b^p=1=[a,b]$. 仍据 §4 的定理 3° 知 $G=\{a,b,c\}$，$a^p=b^p=c^3=1=[a,b]$，$c^{-1}ac=a^\sigma$，$c^{-1}bc=b^\sigma$，而 $\sigma\in A(A)$ 且 $\sigma^3=1$. 于是令 $a^\sigma=a^lb^m$，$b^\sigma=a^sb^t$ 时，就有

$$a=a^{\sigma^3}=c^{-3}ac^3=a^{l^3+2lms+mst}b^{m(l^2+lt+ms+t^2)},$$

$$b=b^{\sigma^3}=c^{-3}bc^3=a^{s(l^2+lt+ms+t^2)}b^{t^3+2mst+lms},$$

故

$$\left.\begin{aligned} l^3+2lms+mst&\equiv1\\ t^3+2mst+lms&\equiv1\\ m(l^2+lt+ms+t^2)&\equiv0\\ s(l^2+lt+ms+t^2)&\equiv0 \end{aligned}\right\}(\mathrm{mod}\,p) \tag{13}$$

下分二款（$l^2+lt+ms+t^2\not\equiv0(\mathrm{mod}\,p)$，与 $\equiv0(\mathrm{mod}\,p)$）来讨论.

(i) $l^2+lt+ms+t^2\not\equiv0(\mathrm{mod}\,p)$.

这时应有 $m\equiv0\equiv s\ (\mathrm{mod}\,p)$，随而得 $l^3\equiv1\equiv t^3(\mathrm{mod}\,p)$. 于是在 $3\nmid(p-1)$ 时，只能是 $l\equiv1\equiv t\ (\mathrm{mod}\,p)$，说明了 $c^{-1}ac=a$，$c^{-1}bc=b$，故这时 G 为初等交换群. 但在 $3\mid(p-1)$ 时，从 $l^3\equiv1\equiv t^3(\mathrm{mod}\,p)$ 得 $0\equiv l^3-t^3=(l-t)(l^2+lt+t^2)\equiv(l-t)(l^2+lt+ms+t^2)(\mathrm{mod}\,p)$，故必有 $l\equiv t\ (\mathrm{mod}\,p)$，于

是或 $l\equiv t\equiv 1\pmod p$，或 $l\equiv t\equiv \alpha^{\frac{p-1}{3}}\pmod p$，或 $l\equiv t\equiv \alpha^{\frac{2(p-1)}{3}}\pmod p$，有这三种可能（但 α 为模 p 之一原根）；然而 $l\equiv t\equiv 1\pmod p$ 仍说明了 G 为初等交换的．若为 $l\equiv t\equiv \alpha^{\frac{p-1}{3}}\pmod p$，则 $c^{-1}ac=a^{r_1}$，$c^{-1}bc=b^{r_1}$（$r_1=\alpha^{\frac{p-1}{3}}$），由是令 $c'=c^2$ 时，有 $c'^{-1}ac'=a^{r_1^2}$，$c'^{-1}bc'=b^{r_1^2}$，且 $o(c')=o(c)=3$，$G=\{a,b,c\}=\{a,b,c'\}$．反之，从 $c^{-1}ac=a^{r_1^2}$，$c^{-1}bc=b^{r_1^2}$ 又得 $c'^{-1}ac'=a^{r_1}$，$c'^{-1}bc'=b^{r_1}$．故不管是 $l\equiv t\equiv \alpha^{\frac{p-1}{3}}\pmod p$ 或 $l\equiv t\equiv \alpha^{\frac{2(p-1)}{3}}\pmod p$，对 G 之构造无影响．说明在 $3\mid(p-1)$ 时，G 或为初等交换的，或为构造是 $G=\{a,b,c\}$，$a^p=b^p=c^3=1=[a,b]$，$c^{-1}ac=a^r$，$c^{-1}bc=b^r$，但 $r\neq 1$ 而 $r^3\equiv 1\pmod p$ 的非交换群．

(ii) $l^2+lt+ms+t^2\equiv 0\pmod p$.

首先注意条件 (ii) 与

$$(l+t)^2+(ms-lt)\equiv 0\pmod p \tag{14}$$

是等价的．由 (13) 中第一、二两式相加并利用 (14)，可得

$$(l+t)(ms-lt)\equiv 1\pmod p. \tag{15}$$

由 (14) 与 (15) 易知 $(l+t)^3\equiv -1\pmod p$.

因模 p 之既约剩余系为 $p-1$ 阶循环(乘)群，故 $3\nmid(p-1)$ 时，由 $(l+t)^3\equiv -1\pmod p$ 只能是 $l+t\equiv -1\pmod p$．但满足 (13)，(14) 的，随而满足 $(l+t)(ms-lt)\equiv 1\pmod p$ 与 $l+t\equiv -1\pmod p$ 的一组值 l,m,s,t 之选择法很多，但从群构造言是唯一的．为此，特取 $l=m=-1$，$s=1$，$t=0$ 而得一群 H：

$$H=\{a,b,c\},\ a^p=b^p=c^3=1=[a,b],\ c^{-1}ac=(ab)^{-1},\ c^{-1}bc=a;$$

如果能证明有定义关系 $a^p=b^p=c^3=1=[a,b]$，$c^{-1}ac=a^\sigma=a^lb^m$，$c^{-1}bc=b^\sigma=a^sb^t$ 的群 $G=\{a,b,c\}$ 与 H 成同构，但 l,m,s,t 满足 (13) 与 (14)（随而有 (15) 及 $l+t\equiv -1\pmod p$），那末问题就解决了。

这只要能在 G 之子群 $A=\{a\}\times\{b\}$ 内可选二元 $a_1=a^ib^j$ 与 $b_1=a^hb^k$ 使 $A=\{a_1\}\times\{b_1\}$，$a_1^\sigma=c^{-1}a_1c=(a_1b_1)^{-1}$，$b_1^\sigma=c^{-1}b_1c=a_1$ 就行了．所以问题转化为能否求得出这样一组值 i,j,h,k.

假定已求得 $a_1=a^ib^j$ 与 $b_1=a^hb^k$ 使 $a_1^\sigma=c^{-1}a_1c=(a_1b_1)^{-1}$，$b_1^\sigma=c^{-1}b_1c=a_1$ 且 $A=\{a_1\}\times\{b_1\}$．于是从 $(a_1b_1)^{-1}=a^{-i-h}b^{-j-k}$ 及 $a_1^\sigma=c^{-1}a_1c=c^{-1}a^ib^jc=a^{li+sj}b^{mi+tj}$，不得不有

$$\begin{cases}(l+1)i+sj+h\equiv 0 \pmod{p}, & (16)\\ mi+(t+1)j+k\equiv 0 \pmod{p}. & (17)\end{cases}$$

同理，从计算 $c^{-1}b_1c=a_1$ 又得

$$-i \quad +lh+sk\equiv 0 \pmod{p}, \tag{18}$$

$$-j+mh+tk\equiv 0 \pmod{p}. \tag{19}$$

利用关系 $l+t\equiv -1 \pmod{p}$ 及 $(l+t)(ms-lt)\equiv 1 \pmod{p}$，易证：$l\times$(16)式$+s\times$(17)式$=$(18)式，$m\times$(16)式$+t\times$(17)式$=$(19)式．这说明了只需考虑(16)与(17)，而(18)与(19)是(16)与(17)的必然结果．但 $A=\{a\}\times\{b\}=\{a_1\}\times\{b_1\}$ 的充要条件是

$$\begin{vmatrix} i & j \\ h & k \end{vmatrix}\equiv\begin{vmatrix} i & j \\ -(l+1)i-sj & -mi-(t+1)j \end{vmatrix}$$

$$=-mi^2+sj^2+(l-t)ij\not\equiv 0 \pmod{p},$$

它显然有解 i 与 j，随而 h 与 k 也存在 [因 $m\equiv s\equiv 0 \pmod{p}$ 及 $l\equiv t \pmod{p}$ 不可能同时成立，不然就会由 $l^2+t^2+lt+ms\equiv 0 \pmod{p}$ 产生了 $3l^2\equiv 0 \pmod{p}$，$l\equiv 0 \pmod{p}$，此不可．]．这就证明了在(ii)款时凡适合 $l+t\equiv -1 \pmod{p}$ 之群是唯一的，其构造可表为

$G=\{a,b,c\}$，$a^p=b^p=c^3=1=[a,b]$，$c^{-1}ac=(ab)^{-1}$，$c^{-1}bc=a$.

至于在 $3|(p-1)$ 时，确有 $l+t$ 的三个值（模 p）使 $(l+t)^3\equiv -1 \pmod{p}$ 成立，其中一为 $l+t\equiv -1 \pmod{p}$，另二个可写为 $l+t\equiv -r_1 \pmod{p}$ 与 $l+t\equiv -r_1^2 \pmod{p}$，但 $r_1\equiv \alpha^{\frac{p-1}{3}} \pmod{p}$，$\alpha$ 为模 p 的一原根．于是再利用(15)得到：

$$\left.\begin{aligned} l+t&\equiv -1\\ ms-lt&\equiv -1\end{aligned}\right\}\pmod{p}，或 \left.\begin{aligned} l+t&\equiv -r_1\\ ms-lt&\equiv -r_1^2\end{aligned}\right\}\pmod{p},$$

$$或 \left.\begin{aligned} l+t&\equiv -r_1^2\\ ms-lt&\equiv -r_1\end{aligned}\right\}\pmod{p},$$

这三个可能．

在 $l+t\equiv -1 \pmod{p}$ 时，完全如上所述一样可知 G 的构造得表写为 $G=\{a,b,c\}$，$a^p=b^p=c^3=1=[a,b]$，$c^{-1}ac=(ab)^{-1}$，$c^{-1}bc=a$．勿庸重复．故需讨论的是 $l+t\equiv -r_1 \pmod{p}$ 与 $l+t\equiv -r_1^2 \pmod{p}$ 这二款．

然而在 $l+t\equiv -r_1 \pmod{p}$ 时，即 $G=\{a,b,c\}$，$a^p=b^p=c^3=1=[a,b]$，$c^{-1}ac=a^\sigma=a^lb^m$，$c^{-1}bc=b^\sigma=a^sb^t$，$\sigma\in A(A)$，$A=\{a\}\times\{b\}$，$\sigma^3=1$ 中 $l^2+lt+ms+t^2\equiv 0 \pmod{p}$ 时的 $l+t\equiv -r_1 \pmod{p}$，由于令 $c_1=c^2$ 后，有 $o(c_1)=3$ 且 $G=\{a,b,c\}=\{a,b,c_1\}$，并有

$$\begin{cases} c_1^{-1}ac_1 = c^{-2}ac^2 = a^{l^2+ms}b^{m(l+t)} = a^{l_1}b^{m_1}, \\ c_1^{-1}bc_1 = c^{-2}bc^2 = a^{s(l+t)}b^{ms+t^2} = a^{s_1}b^{t_1}, \end{cases}$$

但 $l_1 \equiv l^2 + ms$, $m_1 \equiv m(l+t)$, $s_1 \equiv s(l+t)$, $t_1 \equiv ms + t^2 \pmod p$; 再经过计算得

$$\begin{aligned} l_1^2 + l_1t_1 + m_1s_1 + t_1^2 &\equiv l^4 + t^4 + l^2t^2 + 4l^2ms + 4t^2ms + 3m^2s^2 + 2ltms \\ &\equiv (l^2 + t^2 + lt)(l^2 + t^2 - lt) + ms(l^2 + t^2 - lt) + 3ms(l^2 + t^2 \\ &\quad + lt) + 3m^2s^2 \equiv (l^2 + t^2 + lt + ms)(l^2 + t^2 - lt + 3ms) \\ &\equiv 0 \pmod p, \end{aligned}$$

与

$$l_1 + t_1 \equiv l^2 + ms + ms + t^2 \equiv ms - lt \equiv -r_1^2 \pmod p;$$

且反之,当 $l + t \equiv -r_1^2 \pmod p$ 时,又有 $l_1 + t_1 \equiv -r_1 \pmod p$. 总之,这说明了在 $l^2 + lt + ms + t^2 \equiv 0 \pmod p$ 时, $l + t \equiv -r_1 \pmod p$ 与 $l + t \equiv -r_1^2 \pmod p$ 对群之构造无影响,也是说这二者可互相转化.因而下面只需讨论 $l + t \equiv -r_1 \pmod p$ 就行了(当然, $l^2 + lt + ms + t^2 \equiv 0 \pmod p$).

今后的任务是要证明适合 $l + t \equiv -r_1 \pmod p$ 与 $l^2 + lt + ms + t^2 \equiv 0 \pmod p$ 之群的构造是唯一的. 为此,特取适合 $l^2 + lt + ms + t^2 \equiv 0 \pmod p$ 及 $l + t \equiv -r_1 \pmod p$ 的一组特殊值 $l = -r_1$, $m = -r_1^2$, $s = 1$, $t = 0$ 之群 H_1, 即 $H_1 = \{a, b, c\}$, $a^p = b^p = c^3 = 1 = [a, b]$, $c^{-1}ac = a^{-r_1}b^{-r_1^2}$, $c^{-1}bc = a$. 并设 G 是这类型的一群,即

$G = \{a, b, c\}$, $a^p = b^p = c^3 = 1 = [a, b]$, $c^{-1}ac = a^lb^m$, $c^{-1}bc = a^sb^t$, 但 $l^2 + lt + ms + t^2 \equiv 0 \pmod p$ 及 $l + t \equiv -r_1 \pmod p$. 若在 G 内能找出二元 $a_1 = a^ib^j$, $b_1 = a^hb^k$ 使 $A = \{a\} \times \{b\} = \{a_1\} \times \{b_1\}$, $c^{-1}a_1c = a_1^{-r_1}b_1^{-r_1^2}$, $c^{-1}b_1c = a_1$, 那末 $G \simeq H_1$, 问题就解决了. 今设 a_1 与 b_1 已找到,就有

$$c^{-1}a_1c = \begin{cases} (c^{-1}ac)^i(c^{-1}bc)^j = a^{li+sj}b^{mi+tj}, \\ a_1^{-r_1}b_1^{-r_1^2} = a^{-ir_1-hr_1^2}b^{-jr_1-kr_1^2}, \end{cases}$$

$$c^{-1}b_1c = \begin{cases} (c^{-1}ac)^h(c^{-1}bc)^k = a^{lh+sk}b^{mh+tk}, \\ a_1 = a^ib^j, \end{cases}$$

由是得知

$$\begin{cases} (l + r_1)i + sj + r_1^2h \equiv 0 \pmod p, & (20) \\ mi + (t + r_1)j + r_1^2k \equiv 0 \pmod p, & (21) \\ i - lh - sk \equiv 0 \pmod p, & (22) \\ j - mh - tk \equiv 0 \pmod p. & (23) \end{cases}$$

利用 $l + t \equiv -r_1$ 及 $ms - lt \equiv -r_1^2 \pmod p$ 可知 (22) 与 (23) 的解 i, j, h, k

即为 (20) 与 (21) 的解，因为 $(l+r_1)\times(22)$ 式 $+s\times(23)$ 式 $=(20)$ 式，又 $m\times(22)$ 式 $+(t+r_1)\times(23)$ 式 $=(21)$ 式。故只需解 (22) 与 (23) 即可。但 $A=\{a\}\times\{b\}=\{a_1\}\times\{b_1\}$ 的充要条件是

$$\begin{vmatrix} i & j \\ h & k \end{vmatrix} \equiv \begin{vmatrix} lh+sk & mh+tk \\ h & k \end{vmatrix} \equiv sk^2-mh^2+(l-t)hk \not\equiv 0 \pmod{p},$$

它显然是有解的(理由是 $m\equiv s\equiv 0$ 及 $l\equiv t \pmod{p}$ 不可能同时成立，已如上述)。这说明了这种类型的群 G 都与 H_1 同构。故在 $3\mid(p-1)$ 时，除 H 外，尚有 H_1 之可能。于是最后若能证明 $H_1 \not\cong H$，则知 $3\mid(p-1)$ 时与 $3\nmid(p-1)$ 时的情况确属相异(前者这时群之型有二，H 与 H_1 为代表，而后者之型只一，即为 H)。

事实上，$H=A+Ac+Ac^2$，$A=\{a\}\times\{b\}$，$a^p=b^p=1=[a,b]$，$c^3=1$，$c^{-1}ac=(ab)^{-1}$，$c^{-1}bc=a$。容易验证陪集 Ac 与陪集 Ac^2 中的元 a^ib^jc 与 $a^ib^jc^2$ 之阶都等于 3，故 H 中阶 3 之元共有 $2p^2$ 个。但 $H_1=A+Ac+Ac^2$，$c^3=1$，$c^{-1}ac=a^{-r_1}b^{-r_1^2}$，$c^{-1}bc=a$，陪集 Ac 中元 a^ib^jc 具性质 $(a^ib^jc)^3=a^{(i+j)(1-r_1)}b^{(i+j)(1-r_1^2)}$，不必恒为单位元，即 Ac 中的元有阶为 $3p$ 的，也就是说 H_1 中阶 3 之元的个数少于 $2p^2$。因之 H 与 H_1 不同构。

总括上述，得知 $3p^2$ 阶群 (p 为大于 3 之素数)在 $3\nmid(p-1)$ 时有 3 个，而在 $3\mid(p-1)$ 时有 6 个。它们的构造见下表。

表 VII

	种　类	构 造 (定 义 关 系)	说　明
$3p^2$ 阶群 G $\left(\begin{matrix} p>3 \\ p\text{为素数} \end{matrix}\right)$	I	$G=\{a\}$，$a^{3p^2}=1$ (循环群)	
	II	$G=\{a\}\times\{b\}\times\{c\}$，$a^p=b^p=c^3=1=[a,b]=[a,c]=[b,c]$ (初等交换群)	
	III	$G=\{a,b,c\}$，$a^p=b^p=c^3=1=[a,b]$ $c^{-1}ac=(ab)^{-1}$，$c^{-1}bc=a$	
	IV	$G=\{a,b\}$，$a^{p^2}=1=b^3$，$b^{-1}ab=a^r$，但 $r\not\equiv 1$，而 $r^3\equiv 1 \pmod{p^2}$	只有在 $3\mid(p-1)$ 时，它们才出现。当然，也有 I，II，III。
	V	$G=\{a,b,c\}$，$a^p=b^p=c^3=1=[a,b]$，$c^{-1}ac=a^r$，$c^{-1}bc=b^r$，但 $r\not\equiv 1$ 而 $r^3\equiv 1 \pmod{p}$	
	VI	$G=\{a,b,c\}$，$a^p=b^p=c^3=1=[a,b]$，$c^{-1}ac=a^{-r}b^{-r^2}$，$c^{-1}bc=a$ 但 $r\not\equiv 1$ 而 $r^3\equiv 1 \pmod{p}$	

有了例 1 关于 pq^2 阶 (q, p 都是奇素数且 $q<p$) 群之构造，也不难决定 $2pq^2$ 阶 ($q<p$) 群之构造，也就是下面的

例 3 设 p, q 都是奇素数，且 $q<p$，则 $2pq^2$ 阶群在 $q\nmid(p-1)$ 时有十个，在 $q\mid(p-1)$ 而 $q^2\nmid(p-1)$ 时有十六个，但在 $q^2\mid(p-1)$ 时有十八个. 并决定它们的构造.

解 据第二章 §1 的问题 10，知 $2pq^2$ 阶群 G 有一个阶 pq^2 的正规子群 A，即 $A\lhd G$，且 $o(A)=pq^2$. 于是 A 之构造有二在 $q\nmid(p-1)$ 时，或有四在 $q\mid(p-1)$ 而 $q^2\nmid(p-1)$ 时，或有五在 $q^2\mid(p-1)$ 时. 详载于例 1 中的表 VI. 今分别讨论于下.

(I) $A=\{a\}$, $a^{pq^2}=1$.

这时，G 为 pq^2 阶循环群 A 被 2 阶循环群之扩张，故 $G=\{a,b\}$, $a^{pq^2}=1=b^2$, $b^{-1}ab=a^r$，而 $r^2\equiv1(\bmod pq^2)$. 因 $r^2\equiv1(\bmod p)$ 及 $r^2\equiv1(\bmod q^2)$ 各有二根 $r\equiv\pm1(\bmod p)$ 及 $r\equiv\pm1(\bmod q^2)$，故 $r^2\equiv1(\bmod pq^2)$ 有四个根，为 $r\equiv1,-1,\alpha,-\alpha(\bmod pq^2)$，但 $\alpha\equiv1\ (\bmod q^2)$ 及 $\alpha\equiv-1\ (\bmod p)$. 因而得到了 G 之四个不同的构造，分别是:

(I_1): $G=\{a,b\}$, $a^{pq^2}=1=b^2$, $b^{-1}ab=a$; 这时 G 为循环的，$G=\{ab\}$，干脆写为 $G=\{a\}$, $a^{2pq^2}=1$;

(I_2): $G=\{a,b\}$, $a^{pq^2}=1=b^2$, $b^{-1}ab=a^{-1}$;

(I_3): $G=\{a,b\}$, $a^{pq^2}=1=b^2$, $b^{-1}ab=a^r$;

(I_4): $G=\{a,b\}$, $a^{pq^2}=1=b^2$, $b^{-1}ab=a^{-r}$;

但 $r\equiv1\ (\bmod q^2)$, $r\equiv-1\ (\bmod p)$.

再计算各个群中元素的阶可知(I_1), (I_2), (I_3), (I_4)互不同构 (见表 VIII).

(II) $A=\{a,b,c\}$, $a^q=b^q=c^p=1=[a,b]=[a,c]=[b,c]$.

这时，$G=\{a,b,c,g\}$，除 a, b, c 间关系外尚有 $g^2=1$, $g^{-1}ag=a^\sigma$, $g^{-1}bg=b^\sigma$, $g^{-1}cg=c^\sigma$, $\sigma\in A(A)$，且 $\sigma^2=1$. 因 A 中阶 p 之元为且仅为 c^i 形，$(i,p)=1$，故必有 $c^\sigma=c^i$，因之 $c=c^{\sigma^2}=c^{i^2}$, $i^2\equiv1(\bmod p)$，不得不有 $i\equiv1\ (\bmod p)$ 或 $i\equiv-1\ (\bmod p)$. 又因 A 中阶 q 之元为 $a^\alpha b^\beta$ 形，故从 $\{a\}\times\{b\}=\{a^\sigma\}\times\{b^\sigma\}$ 得 $a^\sigma=a^\alpha b^\beta$, $b^\sigma=a^\zeta b^\eta$ 后应有

$$\begin{vmatrix}\alpha & \beta\\ \zeta & \eta\end{vmatrix}\not\equiv0\ (\bmod q).$$

于是，$a=a^{\sigma^2}=(a^\sigma)^\alpha(b^\sigma)^\beta=a^{\alpha^2+\zeta\beta}b^{\beta(\alpha+\eta)}$, $b=b^{\sigma^2}=(a^\sigma)^\zeta(b^\sigma)^\eta=a^{\zeta(\alpha+\eta)}b^{\eta^2+\zeta\beta}$，故

$$\left.\begin{array}{r}\alpha^2+\zeta\beta\equiv 1\\ \eta^2+\zeta\beta\equiv 1\\ \beta(\alpha+\eta)\equiv 0\\ \zeta(\alpha+\eta)\equiv 0\end{array}\right\}(\mathrm{mod}\, q),$$

从前二式又得 $(\alpha+\eta)(\alpha-\eta)\equiv 0(\mathrm{mod}\, q)$，故 $\alpha+\eta$ 与 $\alpha-\eta$ 中至少有一个被 q 整除.

(一) 先设 $\alpha+\eta\not\equiv 0(\mathrm{mod}\, q)$.

这时，应有 $\beta\equiv 0\equiv\zeta\,(\mathrm{mod}\, q)$ 及 $\alpha\equiv\eta\not\equiv 0\ (\mathrm{mod}\, q)$，且 $\alpha^2\equiv\eta^2\equiv 1(\mathrm{mod}\, q)$，故 $\eta\equiv\alpha\equiv\pm 1\ (\mathrm{mod}\, q)$；再与 $\iota\equiv\pm 1\ (\mathrm{mod}\, p)$ 合并，得下列四个类型：

(II_1)：$G=\{a, b, c, g\}$，$g^{-1}ag=a$，$g^{-1}bg=b$，$g^{-1}cg=c$；

(II_2)：$G=\{a, b, c, g\}$，$g^{-1}ag=a^{-1}$，$g^{-1}bg=b^{-1}$，$g^{-1}cg=c$；

(II_3)：$G=\{a, b, c, g\}$，$g^{-1}ag=a$，$g^{-1}bg=b$，$g^{-1}cg=c^{-1}$；

(II_4)：$G=\{a, b, c, g\}$，$g^{-1}ag=a^{-1}$，$g^{-1}bg=b^{-1}$，$g^{-1}cg=c^{-1}$；

但每类型中的 $a^q=b^q=c^p=1=g^2=[a, b]=[a, c]=[b, c]$.

再计算各群中元素的阶，可知它们互不同构，且均与 (I_1)，(I_2)，(I_3)，(I_4) 也互不同构，详见表 VIII.

(二) 再设 $d+\eta\equiv 0(\mathrm{mod}\, q)$.

这时特取 $\alpha\equiv 0\equiv\eta\,(\mathrm{mod}\, q)$ 来考查就可以了，因为凡满足 $\alpha+\eta\equiv 0\,(\mathrm{mod}\, q)$ 的情况恒可转化为 $\alpha\equiv 0\equiv\eta\,(\mathrm{mod}\, q)$，可证于下：

事实上，因 $g^{-1}ag=a^{\alpha}b^{\beta}$，$g^{-1}bg=a^{\zeta}b^{\eta}$，我们希望能找到 $a_1=a^x b^y$，$b_1=a^s b^t$ 使 $\begin{vmatrix} x & y\\ s & t\end{vmatrix}\not\equiv 0\,(\mathrm{mod}\, q)$，若然，就有 $G=\{a_1, b_1, c, g\}$，$a_1^q=b_1^q=c^p=g^2=[a_1, b_1]=[a_1, c]=[b_1, c]$，并希望 $g^{-1}a_1g=b_1$，$g^{-1}b_1g=a_1$.
如果这样的 x, y, s, t 能找着，应有

$$\begin{cases}a^s b^t=b_1=g^{-1}a_1g=g^{-1}a^x b^y g=a^{\alpha x+\zeta y}b^{\beta x+\eta y},\\ a^x b^y=a_1=g^{-1}b_1g=g^{-1}a^s b^t g=a^{\alpha s+\zeta t}b^{\beta s+\eta t},\end{cases}$$

故

$$\left.\begin{array}{r}\alpha x+\zeta y\equiv s\\ \beta x+\eta y\equiv t\end{array}\right\}(\mathrm{mod}\, q)\ \text{及}\ \left.\begin{array}{r}\alpha s+\zeta t\equiv x\\ \beta s+\eta t\equiv y\end{array}\right\}(\mathrm{mod}\, q).$$

但由前二式可推知：

$$\alpha s+\zeta t\equiv(\alpha^2+\zeta\beta)x+\zeta(\alpha+\eta)y\equiv x(\mathrm{mod}\, q),$$

$$\beta s+\eta t\equiv\beta(\alpha+\eta)x+(\eta^2+\zeta\beta)y\equiv y(\mathrm{mod}\, q),$$

即为后二式．因之只需解前二式

$$\alpha x+\zeta y\equiv s(\bmod q),$$

$$\beta x+\eta y\equiv t(\bmod q);$$

由是可知使

$$\begin{vmatrix} x & y \\ s & t \end{vmatrix} \equiv \begin{vmatrix} x & y \\ \alpha x+\zeta y & \beta x+\eta y \end{vmatrix} \equiv \beta x^2-2\alpha xy-\zeta y^2 \not\equiv 0(\bmod q)$$

成立的 x, y 确存在：事实上，由 $\begin{vmatrix} \alpha & \beta \\ \zeta & \eta \end{vmatrix} \not\equiv 0\ (\bmod q)$ 可知当 $\alpha\equiv 0\ (\bmod q)$ 时应有 $\beta\zeta\not\equiv 0(\bmod q)$，因而使 $\beta x^2-\zeta y^2\not\equiv 0(\bmod q)$的 x, y 之存在勿疑；至于当 $\alpha\not\equiv 0\ (\bmod q)$ 时应有：

i）或 $\beta\equiv\zeta\equiv 0\ (\bmod q)$，这时可取 $x=y=1$；

ii）或 $\beta\not\equiv 0$, $\zeta\equiv 0(\bmod q)$，这时取 $x=1$ 后再取 y 使 $\beta\not\equiv 2\alpha y(\bmod q)$；

iii）或$\beta\equiv 0$,$\zeta\not\equiv 0(\bmod q)$,这时取 $y=1$ 而再取 x 使 $2\alpha x\not\equiv -\zeta(\bmod q)$.

iv）或 $\beta\zeta\not\equiv 0(\bmod q)$，这时取 $y=0$ 而再取 x 使 $\beta x^2\not\equiv 0(\bmod q)$.

总之，在 $\alpha+\eta\equiv 0\ (\bmod q)$ 时，我们可适当地选取 a 与 b 二元，不仅能令 $\alpha\equiv 0\equiv\eta\ (\bmod q)$，而且还可令 $\beta\equiv 1\equiv\zeta\ (\bmod q)$．故再与 $i\equiv\pm 1\ (\bmod p)$ 合并，得知又有二型：

(II_5)：$G=\{a, b, c, g\}$，$g^{-1}ag=b$，$g^{-1}bg=a$，$g^{-1}cg=c$；

(II_6)：$G=\{a, b, c, g\}$，$g^{-1}ag=b$，$g^{-1}bg=a$，$g^{-1}cg=c^{-1}$；

其中每型内 $a^q=b^q=c^p=1=g^2=[a, b]=[a, c]=[b, c]$.

再计算每型中元的阶，可知 (II_5) 与 (II_6) 互异，且均与 (I_1)—(I_4) 及 (II_1)—(II_4) 都互异，详见书末表VIII.

当 $q\nmid(p-1)$ 时，由于 pq^2 阶群只能是上述的 (I) 与 (II) 中的 A，故知 $2pq^2$ 阶群 G 有十个，即上述的 (I_1)—(I_4) 与 (II_1)—(II_6).

下面再讨论 $q\mid(p-1)$ 的场合．这时，除了 G ($2pq^2$ 阶群) 为 (I_1)—(I_4) 与 (II_1)—(II_6) 这十种以外，由于 G 是 pq^2 群 A 被 2 阶群之扩张，而 A 还可能为表 VI 中的 (III)，(IV)，(V)，故尚需对表 VI 中的 (III)，(IV)，(V) 分别给以探索.

(III) $A=\{a, b\}$ $a^p=1=b^{q^2}$，$b^{-1}ab=a^{r^{\frac{p-1}{q}}}$（$r$ 为模 p 之一原根）.

这时，$G=\{a, b, g\}$，$g^2=1$，$g^{-1}ag=a^\sigma$，$g^{-1}bg=b^\sigma$，$\sigma^2=1$，$\sigma\in A(A)$.

我们先弄清楚 pq^2 阶群 A 的性质．由 $b^{-1}ab=a^{r^{\frac{p-1}{q}}}$ 易知 $bab^{-1}=$

$a^{r\frac{(q^2-1)(p-1)}{q}}$，于是归纳地可证

$$(a^x b^y)^n = a^{x\left[1+r\frac{y(q-1)(p-1)}{q}+\cdots+r\frac{(n-1)y(q-1)(p-1)}{q}\right]}\cdot b^{ny},$$

或

$$(b^y a^x)^n = b^{ny} a^{x\left[1+r\frac{y(p-1)}{q}+\cdots+r\frac{(n-1)y(p-1)}{q}\right]}.$$

因而 A 中阶 q^2 之元为且仅为 $b^y a^x$ 形，但 $(y, q) = 1$ 而 x 任意，其个数等于 $pq(q-1)$；又 A 中阶 p 之元为且只为 a^x 形，但 $(x, p) = 1$，因之其个数等于 $p-1$；A 中阶 q 之元为且仅为 b^y 形，但 $q \mid y$，$q^2 \nmid y$，即为 $b^{\lambda q}$ 形，其中 $(\lambda, q) = 1$，故其个数为 $q-1$；最后，A 中阶 pq 之元为且仅为 $b^{\lambda q}a^t$ 形，其中 $(\lambda, q) = 1$ 及 $(t, p) = 1$，故其个数等于 $(p-1)(q-1)$.

由是可令 $g^{-1}ag = a^{\alpha}$，$(\alpha, p) = 1$，及 $g^{-1}bg = b^t a^s$，$(t, q) = 1$，故从 $\sigma^2 = 1$ 得 $a = g^{-2}ag^2 = a^{\alpha^2}$，$b = (g^{-1}bg)^t(g^{-1}ag)^s = b^{t^2}a^l$，不得不有 $\alpha^2 \equiv 1 \pmod{p}$，$t^2 \equiv 1 \pmod{q^2}$，即 $\alpha \equiv \pm 1 \pmod{p}$，$t \equiv \pm 1 \pmod{q^2}$，故有：

$$\text{(i)}\ \begin{cases} g^{-1}ag = a \\ g^{-1}bg = ba^s, \end{cases} \quad \text{(ii)}\ \begin{cases} g^{-1}ag = a \\ g^{-1}bg = b^{-1}a^s, \end{cases} \quad \text{(iii)}\ \begin{cases} g^{-1}ag = a^{-1} \\ g^{-1}bg = ba^s, \end{cases}$$

$$\text{(iv)}\ \begin{cases} g^{-1}ag = a^{-1} \\ g^{-1}bg = b^{-1}a^s, \end{cases}$$

s 待定.

在 (i) 时，利用 $\sigma^2 = 1$，得 $b = g^{-1}(ba^s)g = ba^s \cdot a^s$，故 $s \equiv 0 \pmod{p}$；在 (ii) 时得 $b = g^{-1}(b^{-1}a^s)g = a^{-s}ba^s = ba^{s(1-r\frac{p-1}{q})}$，仍得 $s \equiv 0 \pmod{p}$；在 (iv) 时可同样得知 $b = (g^{-1}b^{-1}g)(g^{-1}ag)^s = a^{-s}ba^{-s} = ba^{-s(1+r\frac{p-1}{q})}$，也有 $s \equiv 0 \pmod{p}$；但在 (iii) 时，若取 $b_1 = ba^x$ 代替 b（即 $o(b_1) = q^2$，$b_1^{-1}ab_1 = a^{-x}(b^{-1}ab)a^x = a^{r\frac{p-1}{q}}$，$A = \{a, b_1\}$，$G = \{a, b_1, g\}$），可知 $g^{-1}b_1 g = (g^{-1}bg)\cdot(g^{-1}ag)^x = ba^s a^{-x} = b_1 = ba^x$ 的充要条件是 $2x \equiv s \pmod{p}$，这就说明了可选取适当的阶 q^2 之元 b 使仍有 $s \equiv 0 \pmod{p}$. 总之，我们只有四种类型的 G，如：

(III_1°)：$G = \{a, b, g\}$，$g^{-1}ag = a$，$g^{-1}bg = b$；

(III_2°)：$G = \{a, b, g\}$，$g^{-1}ag = a$，$g^{-1}bg = b^{-1}$；

(III_3°)：$G = \{a, b, g\}$，$g^{-1}ag = a^{-1}$，$g^{-1}bg = b$；

(III_4°)：$G = \{a, b, g\}$，$g^{-1}ag = a^{-1}$，$g^{-1}bg = b^{-1}$；

而每型中均有 $a^p = b^{q^2} = 1 = g^2$，$b^{-1}ab = a^{r\frac{p-1}{q}}$（$r$ 为模 p 的一原根）.

但应指出的是：由 $b^{-1}ab=a^{r^{\frac{p-1}{q}}}$ 也应有 $(b^{\sigma})^{-1}a^{\sigma}b^{\sigma}=(a^{\sigma})^{r^{\frac{p-1}{q}}}$. 然而在 ($\mathrm{III}_2^{\circ}$) 型时，$(b^{\sigma})^{-1}a^{\sigma}b^{\sigma}=(a^{\sigma})^{r^{\frac{p-1}{q}}}\Longrightarrow bab^{-1}=a^{r^{\frac{p-1}{q}}}$，故 $bab^{-1}=b^{-1}ab$，$b^{-2}ab^{2}=a$，即 $a^{r^{\frac{2(p-1)}{q}}}=a$，$r^{\frac{2(p-1)}{q}}\equiv 1(\mathrm{mod}\,p)$，$\dfrac{2(p-1)}{q}\equiv 0(\mathrm{mod}\,p-1)$，$q\mid 2$，非所许.同理，在 ($\mathrm{III}_4^{\circ}$) 型时，由 $(b^{\sigma})^{-1}a^{\sigma}b^{\sigma}=(a^{\sigma})^{r^{\frac{p-1}{q}}}$ 得 $ba^{-1}b^{-1}=a^{-r^{\frac{p-1}{q}}}$ 即 $bab^{-1}=a^{r^{\frac{p-1}{q}}}$，故也推出 $2\equiv 0(\mathrm{mod}\,q)$ 这个非所许的现象. 这说明了 (III_2°) 型与 (III_4°) 型不可能发生. 故只能是 (III_1°) 与 (III_3°)，也就是说这时 G 之构造仅二，为：

(III_1)：$G=\{a,b,g\}$，$a^{p}=b^{q^{2}}=g^{2}=1$，$b^{-1}ab=a^{r^{\frac{p-1}{q}}}$，$g^{-1}ag=a$，$g^{-1}bg=b$；

(III_2)：$G=\{a,b,g\}$，$a^{p}=b^{q^{2}}=g^{2}=1$，$b^{-1}ab=a^{r^{\frac{p-1}{q}}}$，$g^{-1}ag=a^{-1}$，$g^{-1}bg=b$；

但 r 为模 p 之一原根.

(IV) $A=\{a,b,c\}$，$a^{p}=b^{q}=c^{q}=1=[b,c]=[a,b]$，$c^{-1}ac=a^{r^{\frac{p-1}{q}}}$；**但 r 为模 p 之一原根.**

A 中每元得唯一地表写为 $a^{x}b^{y}c^{z}$ 形 ($0\leqslant x\leqslant p-1$，$0\leqslant y$，$z\leqslant q-1$)，且归纳地可证

$$(a^{x}b^{y}c^{z})^{n}=a^{x\left[1+r^{\frac{z(q-1)(p-1)}{q}}+\cdots+r^{\frac{(n-1)z(q-1)(p-1)}{q}}\right]}\cdot b^{ny}c^{nz};$$

因而其中阶 q 之元或为 $z\equiv 0\,(\mathrm{mod}\,q)$ 因之必有 $x\equiv 0\,(\mathrm{mod}\,p)$ 但 y 可任意，或为 $(z,q)=1$ 因之 x 与 y 可任意，故其个数等于 $pq(q-1)+(q-1)=(pq+1)(q-1)$. 又知阶 p 之元为 a^{λ} 形，$(\lambda,p)=1$，其个数等于 $p-1$. 但阶 pq 之元为 $a^{x}b^{y}$ 形，$(x,p)=1$ 与 $(y,q)=1$，故其个数等于 $(p-1)(q-1)$.

因 G 为 A 被 2 阶群之扩张，故 $G=\{a,b,c,g\}$，尚有关系式 $g^{2}=1$，$g^{-1}ag=a^{\sigma}=a^{i}$，$(i,p)=1$，$g^{-1}bg=b^{\sigma}=a^{x}b^{y}c^{z}$，$g^{-1}cg=c^{\sigma}=a^{x_1}b^{y_1}c^{z_1}$，$\sigma\in A(A)$，$\sigma^{2}=1$. 利用 $a^{\sigma}b^{\sigma}=b^{\sigma}a^{\sigma}$ 得知 $z\equiv 0\,(\mathrm{mod}\,q)$，故 $g^{-1}bg=b^{\sigma}=b^{y}$，$(y,q)=1$；于是再由 $(c^{\sigma})^{-1}a^{\sigma}c^{\sigma}=(a^{\sigma})^{r^{\frac{p-1}{q}}}$ 得 $c^{-z_1}a^{i}c^{z_1}=a^{ir^{\frac{p-1}{q}}}$，即 $a^{ir^{\frac{z_1(p-1)}{q}}}=a^{ir^{\frac{p-1}{q}}}$，不得不有 $z_1\equiv 1(\mathrm{mod}\,q)$，因之 $g^{-1}cg=c^{\sigma}=a^{x_1}b^{y_1}c$. 再利用 $\sigma^{2}=1$ 可推知 $i^{2}\equiv 1(\mathrm{mod}\,p)$ 及 $y^{2}\equiv 1(\mathrm{mod}\,q)$，故

$$c = c^{\sigma^2} = (a^\sigma)^{x_1}(b^\sigma)^{y_1}c^\sigma = a^{x_1(i+1)}b^{y_1(y+1)}c,$$

得 $x_1(i+1)\equiv 0(\bmod p)$，$y_1(y+1)\equiv 0(\bmod q)$。由于 $i\equiv\pm 1(\bmod p)$ 及 $y\equiv\pm 1(\bmod q)$，故组配之得下面四个可能:

$$\text{(i)}\begin{cases}g^{-1}ag = a,\\ g^{-1}bg = b,\\ g^{-1}cg = c;\end{cases}\qquad \text{(ii)}\begin{cases}g^{-1}ag = a,\\ g^{-1}bg = b^{-1},\\ g^{-1}cg = b^{y_1}c;\end{cases}$$

$$\text{(iii)}\begin{cases}g^{-1}ag = a^{-1},\\ g^{-1}bg = b,\\ g^{-1}cg = a^{x_1}c;\end{cases}\qquad \text{(iv)}\begin{cases}g^{-1}ag = a^{-1},\\ g^{-1}bg = b^{-1},\\ g^{-1}cg = a^{x_1}b^{y_1}c.\end{cases}$$

但在 (ii) 款时，取 $c_1 = b^tc$ 代替 c（但 t 为 $y_1\equiv 2t(\bmod q)$ 之解）；在 (iii) 款时，取 $c_1 = a^tc$ 代替 c（t 为 $x_1\equiv 2t(\bmod p)$ 之解）；在 (iv) 款时，取 $c_1=a^sb^tc$ 代替 c（s, t 为分别适合 $x_1\equiv 2s(\bmod p)$，$y_1\equiv 2t(\bmod q)$ 之解），都有 $g^{-1}c_1g = c_1$。这说明 (i)—(iv) 款中都可适当地选 c 使 $g^{-1}cg = c$。

于是，总括之，得 G 之构造有四:

(IV_1): $G = \{a, b, c, g\}$，$g^{-1}ag = a$，$g^{-1}bg = b$，$g^{-1}cg = c$;

(IV_2): $G = \{a, b, c, g\}$，$g^{-1}ag = a$，$g^{-1}bg = b^{-1}$，$g^{-1}cg = c$;

(IV_3): $G = \{a, b, c, g\}$，$g^{-1}ag = a^{-1}$，$g^{-1}bg = b$，$g^{-1}cg = c$;

(IV_4): $G = \{a, b, c, g\}$，$g^{-1}ag = a^{-1}$，$g^{-1}bg = b^{-1}$，$g^{-1}cg = c$;

但每型中 $a^p = b^q = c^q = g^2 = 1 = [a, b] = [b, c]$，$c^{-1}ac = a^{r^{\frac{p-1}{q}}}$，$r$ 为模 p 之一原根。

它们互不同构，且均与 (I_1)—(I_4)，(II_1)—(II_6)，(III_1)，(III_2) 也互不同构，可由计算每型中元之阶得知，详见表 VIII。

当 $q|(p-1)$ 而 $q^2\nmid(p-1)$ 时，由于 pq^2 阶群只能是上述的 (I)—(IV) 中的 A，故知这时 $2pq^2$ 阶群 G 有十六个，即表 VIII 中的 (I_1)—(I_4)，(II_1)—(II_6)，(III_1)，(III_2) 及 (IV_1)—(IV_4)。

最后，来讨论 $q^2|(p-1)$ 的情况。这时，$2pq^2$ 阶群 G 除了上述的十六个以外，还可能是表 VI 中 V 型之 pq^2 阶群被 2 阶群之扩张。

(V) $A = \{a, b\}$，$a^p = 1 = b^{q^2}$，$b^{-1}ab = a^{r^{\frac{p-1}{q^2}}}$（$r$ 为模 p 之一原根）。

G 是这个 A 被 2 阶群之扩张，故 $G = \{a, b, g\}$，其中除 a, b 间的关系外尚有 $g^2 = 1$，$g^{-1}ag = a^\sigma$，$g^{-1}bg = b^\sigma$，$\sigma\in A(A)$，而 $\sigma^2 = 1$。

A 之每元得唯一地表写为 a^xb^y 或 b^ya^x 形，$0\leqslant x\leqslant p-1$，$0\leqslant y\leqslant q^2-1$；且有 $a^xb^y=b^ya^{xr^{\frac{y(p-1)}{q^2}}}$，因而归纳地可证

$$(a^xb^y)^n=b^{ny}a^{xr^{\frac{y(p-1)}{q^2}}\left[1+r^{\frac{y(p-1)}{q^2}}+\cdots+r^{\frac{(n-1)y(p-1)}{q^2}}\right]}.$$

由是可知 A 中阶 p 之元为 a^x 形，但 $(x,p)=1$，因而 A 共有 $p-1$ 个阶 p 之元。又 A 中阶 q 之元为 a^xb^y 形，但 $(y,q^2)=q$，x 任意，故阶 q 之元共有 $p(q-1)$ 个。然 A 中阶 q^2 之元为 a^xb^y 形，$(y,q)=1$ 及 x 任意，故共有 $pq(q-1)$ 个。

于是，$g^{-1}ag=a^\sigma=a^i$，$(i,p)=1$，故 $a=a^{\sigma^2}=a^{i^2}$，$i^2\equiv1(\bmod p)$，$i\equiv\pm1(\bmod p)$。又因 $g^{-1}bg=b^\sigma=a^xb^y$，$(y,q)=1$，故从 $(b^\sigma)^{-1}a^\sigma b^\sigma=(a^\sigma)^{r^{\frac{p-1}{q^2}}}$ 得 $b^{-y}a^ib^y=a^{ir^{\frac{p-1}{q^2}}}$，即 $a^{ir^{\frac{y(p-1)}{q^2}}}=a^{ir^{\frac{p-1}{q^2}}}$，$ir^{\frac{y(p-1)}{q^2}}\equiv ir^{\frac{p-1}{q^2}}(\bmod p)$，$\frac{y(p-1)}{q^2}\equiv\frac{p-1}{q^2}(\bmod p-1)$，因之 $y\equiv1(\bmod q^2)$，即 $g^{-1}bg=b^\sigma=a^xb$。于是再由 $b=b^{\sigma^2}=(a^\sigma)^xb^\sigma=a^{ix}a^xb=a^{(i+1)x}b$ 得 $(i+1)x\equiv0(\bmod p)$；故 $i\equiv1(\bmod p)$ 时必有 $x\equiv0(\bmod p)$，即 $g^{-1}ag=a$，$g^{-1}bg=b$；但在 $i\equiv-1(\bmod p)$ 时知 x 可任意，虽是这样，然而若取 $b_1=a^tb$ 代替 b 时（t 满足 $2t\equiv x(\bmod p)$），则有 $g^{-1}b_1g=(g^{-1}ag)^t(g^{-1}bg)=a^{-t}a^xb=a^{x-t}b=a^tb=b_1$，说明了仍可限制为 $x\equiv0(\bmod p)$。故知这时 G 有二型：

(V_1)：$G=\{a,b,g\}$，$a^p=b^{q^2}=g^2=1$，$b^{-1}ab=a^{r^{\frac{p-1}{q^2}}}$，$g^{-1}ag=a$，$g^{-1}bg=b$；

(V_2)：$G=\{a,b,g\}$，$a^p=b^{q^2}=g^2=1$，$b^{-1}ab=a^{r^{\frac{p-1}{q^2}}}$，$g^{-1}ag=a^{-1}$，$g^{-1}bg=b$；

但 r 为模 p 的一原根。

再计算元素的阶（详见表 VIII）可知 (V_1) 型与 (V_2) 型互不同构，且都和 (I_1)—(I_4)，(II_1)—(II_6)，(III_1)，(III_2)，(IV_1)—(IV_4) 不同构。

总之，在 $q^2|(p-1)$ 时，$2pq^2$ 阶群就有十八个，即表 VIII 中的 (I_1)—(I_4) 型，(II_1)—(II_6) 型，(III_1)—(III_2) 型，(IV_1)—(IV_4) 型，及 (V_1)—(V_2) 型。

至此，例 3 完全获得解决。它们的构造见表 IX。

再由例2，可决定 $2\cdot3p^2=6p^2$ 阶群之构造。而有下面的

例 4 设 p 是异于 3 之奇素数，则当 $3\nmid(p-1)$ 时，$2\cdot3p^2=6p^2$ 阶群共有 13 个。

表 IX

群	种类	构造（定义关系）		附注
$2pq^2$ 阶群（p, q 皆为奇素数，且 $q<p$）	I_1	$G=\{a\}$, $a^{2pq^2}=1$（循环群）		当 $q\nmid(p-1)$时
	I_2	$G=\{a,b\}$, $a^{pq^2}=1=b^2$, $b^{-1}ab=a^{-1}$		当 $q\nmid(p-1)$时
	I_3	$G=\{a,b\}$, $a^{pq^2}=1=b^2$, $b^{-1}ab=a^{r}$	但 $r\equiv1\pmod{q^2}$, $r\equiv-1\pmod{p}$.	当 $q\nmid(p-1)$时
	I_4	$G=\{a,b\}$, $a^{pq^2}=1=b^2$, $b^{-1}ab=a^{-r}$		当 $q\nmid(p-1)$时
	II_1	$G=\{a,b,c,g\}$, $[a,g]=[b,g]=[c,g]=1$	$a^q=b^q=c^p=1$, $g^2=1$, $[a,b]=[a,c]=[b,c]=1$.	当 $q\nmid(p-1)$时；而 $q^2\nmid(p-1)$时
	II_2	$G=\{a,b,c,g\}$, $g^{-1}ag=a^{-1}$, $g^{-1}bg=b^{-1}$, $g^{-1}cg=c$		当 $q\nmid(p-1)$时；而 $q^2\nmid(p-1)$时
	II_3	$G=\{a,b,c,g\}$, $g^{-1}ag=a$, $g^{-1}bg=b$, $g^{-1}cg=c^{-1}$		当 $q\nmid(p-1)$时；而 $q^2\nmid(p-1)$时
	II_4	$G=\{a,b,c,g\}$, $g^{-1}ag=a^{-1}$, $g^{-1}bg=b^{-1}$, $g^{-1}cg=c^{-1}$		当 $q\nmid(p-1)$时；而 $q^2\nmid(p-1)$时
	II_5	$G=\{a,b,c,g\}$, $g^{-1}ag=b$, $g^{-1}bg=a$, $g^{-1}cg=c$		当 $q\nmid(p-1)$时；而 $q^2\nmid(p-1)$时

II_6	$G=\{a, b, c, g\}$, $g^{-1}ag=b$, $g^{-1}bg=a$, $g^{-1}cg=c^{-1}$			
III_1	$G=\{a, b, g\}$, $g^{-1}ag=a$, $g^{-1}bg=b$	$a^p=b^{q^2}=g^2=1$, $b^{-1}ab=a^{r^{\frac{p-1}{q}}}$, r 为模 p 之一原根	当 $q \mid (p-1)$	当 $q^2 \mid (p-1)$ 时
III_2	$G=\{a, b, g\}$, $g^{-1}ag=a^{-1}$, $g^{-1}bg=b$			
IV_1	$G=\{a, b, c, g\}$, $g^{-1}ag=a$, $g^{-1}bg=b$, $g^{-1}cg=c$	$a^p=b^q=c^q=g^2=1=[a, b]=[b, c]$, $c^{-1}ac=a^{r^{\frac{p-1}{q}}}$, r 为模 p 之一原根		
IV_2	$G=\{a, b, c, g\}$, $g^{-1}ag=a$, $g^{-1}bg=b^{-1}$, $g^{-1}cg=c$			
IV_3	$G=\{a, b, c, g\}$, $g^{-1}ag=a^{-1}$, $g^{-1}bg=b$, $g^{-1}cg=c$			
IV_4	$G=\{a, b, c, g\}$, $g^{-1}ag=a^{-1}$, $g^{-1}bg=b^{-1}$, $g^{-1}cg=c$			
V_1	$G=\{a, b, g\}$, $g^{-1}ag=a$, $g^{-1}bg=b$	$a^p=b^{q^2}=g^2=1$, $b^{-1}ab=a^{r^{\frac{p-1}{q^2}}}$, r 为模 p 之一原根		
V_2	$G=\{a, b, g\}$, $g^{-1}ag=a^{-1}$, $g^{-1}bg=b$			

解 设 $o(G)=2\cdot 3p^2=6p^2$. 据第二章§1问题10知G有阶为$3p^2$的正规子群A, 即$A\lhd G$且$o(A)=3p^2$, 因之$[G:A]=2$, 故从$3\nmid(p-1)$得知A只能是表VII中的型(I), (II), (III). 分别研究于下.

(I) $\boldsymbol{A}=\{\boldsymbol{a}\}$, $\boldsymbol{a}^{3p^2}=\boldsymbol{1}$.

因G为A被2阶群之扩张, G必有阶2之元b, 且显然$b\bar{\in}A$, 故$G=A+Ab=\{a, b\}$, $a^{3p^2}=1=b^2$, $b^{-1}ab=a^r$, $r^2\equiv 1(\mathrm{mod}\,3p^2)$. 但$r^2\equiv 1(\mathrm{mod}\,3)$与$r^2\equiv 1(\mathrm{mod}\,p^2)$各有二根 $r\equiv\pm 1\ (\mathrm{mod}\,3)$与$r\equiv\pm 1\ (\mathrm{mod}\,p^2)$, 故$r^2\equiv 1(\mathrm{mod}\,3p^2)$有四根, 为$r\equiv 1, -1, \alpha, -\alpha(\mathrm{mod}\,3p^2)$, 其中$\alpha\equiv 1\ (\mathrm{mod}\,3)$且$\alpha\equiv -1\ (\mathrm{mod}\,p^2)$.

当$r\equiv 1\ (\mathrm{mod}\,3p^2)$时, $b^{-1}ab=a$, G交换, 这时G必为循环的, 得表写为

(I_1): $G=\{a\}$, $a^{2\cdot 3p^2}=a^{6p^2}=1$.

除(I_1)型外, $r\equiv -1, \alpha, -\alpha(\mathrm{mod}\,3p^2)$又分别得到另三个型, 均为非交换的, 即

(I_2): $G=\{a, b\}$, $a^{3p^2}=1=b^2$, $b^{-1}ab=a^{-1}$;

(I_3): $G=\{a, b\}$, $a^{3p^2}=1=b^2$, $b^{-1}ab=a^{\alpha}$;

(I_4): $G=\{a, b\}$, $a^{3p^2}=1=b^2$, $b^{-1}ab=a^{-\alpha}$;

但$\alpha\equiv 1\ (\mathrm{mod}\,3)$且$\alpha\equiv -1\ (\mathrm{mod}\,p^2)$.

(II) $\boldsymbol{A}=\{\boldsymbol{a}, \boldsymbol{b}, \boldsymbol{c}\}$, $\boldsymbol{a}^p=\boldsymbol{b}^p=\boldsymbol{c}^3=\boldsymbol{1}=[\boldsymbol{a}, \boldsymbol{b}]=[\boldsymbol{a}, \boldsymbol{c}]=[\boldsymbol{b}, \boldsymbol{c}]$.

这时, 设g为G中阶2之元, 则$G=A+Ag=\{a, b, c, g\}$, 且除a, b, c间关系外尚有$g^2=1$, $g^{-1}ag=a^{\sigma}$, $g^{-1}bg=b^{\sigma}$, $g^{-1}cg=c^{\sigma}$, $\sigma\in A(A)$及$\sigma^2=1$. 因A中阶p之元为a^xb^y形, 阶3之元为c^i形, $(i, 3)=1$, 故$g^{-1}ag=a^{\sigma}=a^{\alpha}b^{\beta}$, $g^{-1}bg=b^{\sigma}=a^{\zeta}b^{\eta}$, $\begin{vmatrix}\alpha & \beta\\ \zeta & \eta\end{vmatrix}\not\equiv 0\ (\mathrm{mod}\,p)$, $g^{-1}cg=c^{\sigma}=c^i$.

利用$\sigma^2=1$可知$c=c^{\sigma^2}=c^{i^2}$, 故$i^2\equiv 1(\mathrm{mod}\,3)$, $i\equiv\pm 1\ (\mathrm{mod}\,3)$. 并从

$$a=a^{\sigma^2}=(a^{\alpha}b^{\beta})^{\sigma}=(a^{\alpha}b^{\beta})^{\alpha}(a^{\zeta}b^{\eta})^{\beta}=a^{\alpha^2+\beta\zeta}b^{\beta(\alpha+\eta)},$$

及

$$b=b^{\sigma^2}=(a^{\zeta}b^{\eta})^{\sigma}=(a^{\alpha}b^{\beta})^{\zeta}(a^{\zeta}b^{\eta})^{\eta}=a^{\zeta(\alpha+\eta)}b^{\eta^2+\beta\zeta},$$

得

$$\left.\begin{aligned}&\alpha^2+\beta\zeta\equiv 1\\&\eta^2+\beta\zeta\equiv 1\\&\beta(\alpha+\eta)\equiv 0\equiv\zeta(\alpha+\eta)\end{aligned}\right\}(\mathrm{mod}\,p),$$

因之 $0\equiv\alpha^2-\eta^2=(\alpha+\eta)(\alpha-\eta)(\mathrm{mod}\,p)$, 故或$\alpha+\eta\equiv 0\ (\mathrm{mod}\,p)$或$\alpha-\eta\equiv 0\ (\mathrm{mod}\,p)$, 二者必一.

一) $\alpha+\eta\not\equiv 0\ (\mathrm{mod}\,p)$. 这时必有$\beta\equiv 0\equiv\zeta\ (\mathrm{mod}\,p)$, 因而$\alpha\equiv\eta\not\equiv$

$0\pmod p$，故 $g^{-1}ag=a^{\sigma}=a^{\alpha}$，$g^{-1}bg=b^{\sigma}=b^{\alpha}$，再利用 $\sigma^2=1$ 知 $\alpha^2\equiv 1\pmod p$，即 $\alpha\equiv\pm1\pmod p$，于是再与 $i\equiv\pm1\pmod 3$ 合并，得知 G 有四个型，即

(II_1)：$G=\{a,b,c,g\}$，$g^{-1}ag=a$，$g^{-1}bg=b$，$g^{-1}cg=c$；

(II_2)：$G=\{a,b,c,g\}$，$g^{-1}ag=a^{-1}$，$g^{-1}bg=b^{-1}$，$g^{-1}cg=c$；

(II_3)：$G=\{a,b,c,g\}$，$g^{-1}ag=a$，$g^{-1}bg=b$，$g^{-1}cg=c^{-1}$；

(II_4)：$G=\{a,b,c,g\}$，$g^{-1}ag=a^{-1}$，$g^{-1}bg=b^{-1}$，$g^{-1}cg=c^{-1}$；

且每型中都有 $a^p=b^p=c^3=g^2=1=[a,b]=[b,c]=[c,a]$.

二）$\alpha+\eta\equiv0\pmod p$. 这时试令

$$\begin{cases}a_1=a^xb^y\\ b_1=a^sb^t\end{cases}\text{使}\begin{vmatrix}x & y\\ s & t\end{vmatrix}\not\equiv0\pmod p\ \text{并使}\ \begin{cases}g^{-1}a_1g=b_1,\\ g^{-1}b_1g=a_1.\end{cases}$$

若这样的元 a_1，b_1 存在，显有 $G=\{a_1,b_1,c,g\}$，$a_1^p=b_1^p=c^3=g^2=1=[a_1,b_1]=[a_1,c]=[b_1,c]$，$g^{-1}cg=c^{\pm1}$；且

$$\begin{cases}a^sb^t=b_1=g^{-1}a_1g=(g^{-1}ag)^x(g^{-1}bg)^y=(a^{\alpha}b^{\beta})^x(a^{\zeta}b^{\eta})^y=a^{\alpha x+\zeta y}b^{\beta x+\eta y},\\ a^xb^y=a_1=g^{-1}b_1g=(g^{-1}ag)^s(g^{-1}bg)^t=(a^{\alpha}b^{\beta})^s(a^{\zeta}b^{\eta})^t=a^{\alpha s+\zeta t}b^{\beta s+\eta t},\end{cases}$$

故必

$$\left.\begin{matrix}\alpha x+\zeta y\equiv s\\ \beta x+\eta y\equiv t\end{matrix}\right\}\pmod p\ \text{及}\ \left.\begin{matrix}\alpha s+\zeta t\equiv x\\ \beta s+\eta t\equiv y\end{matrix}\right\}\pmod p.$$

但由前二式能推知 $\alpha s+\zeta t\equiv\alpha(\alpha x+\zeta y)+\zeta(\beta x+\eta y)\equiv(\alpha^2+\beta\zeta)x\equiv x\pmod p$ 及 $\beta s+\eta t\equiv\beta(\alpha x+\zeta y)+\eta(\beta x+\eta y)\equiv(\beta\zeta+\eta^2)y\equiv y\pmod p$，即后二式为前二式的必然结果. 然由前二式确有

$$\begin{vmatrix}x & y\\ s & t\end{vmatrix}\equiv\begin{vmatrix}x & y\\ \alpha x+\zeta y & \beta x+\eta y\end{vmatrix}\equiv\beta x^2-2\alpha xy-\zeta y^2,$$

且显有使 $\begin{vmatrix}x & y\\ s & t\end{vmatrix}\not\equiv0\pmod p$ 之 x，y 的值 $\left[\text{因}\begin{vmatrix}\alpha & \beta\\ \zeta & \eta\end{vmatrix}\not\equiv0\pmod p\text{，故或}\right.$ $\beta\not\equiv0\pmod p$，这时就取 $y=0$，$x=1$；或 $\beta\equiv0\pmod p$，于是必有 $\alpha\not\equiv 0\pmod p$，这时就取 $y=1$ 后再取 x 使 $\left.-2\alpha x-\zeta\not\equiv0\pmod p\right]$.

这是说在 $\alpha+\eta\equiv0\pmod p$ 时，可不失普遍性能令 $\alpha\equiv0\equiv\eta\pmod p$ 及 $\beta\equiv\zeta\equiv1\pmod p$，即恒可适当地选取 a，b 使 $g^{-1}ag=b$，$g^{-1}bg=a$，因而又得另二型，为

(II_5)：$G=\{a,b,c,g\}$，$g^{-1}ag=b$，$g^{-1}bg=a$，$g^{-1}cg=c$；

(II_6)：$G=\{a,b,c,g\}$，$g^{-1}ag=b$，$g^{-1}bg=a$，$g^{-1}cg=c^{-1}$；

但 $a^p=b^p=c^3=g^2=1=[a,b]=[a,c]=[b,c]$.

(III) $A=\{a, b, c\}$, $a^p=b^p=c^3=1=[a, b]$, $c^{-1}ac=(ab)^{-1}$, $c^{-1}bc=a$.

这时，易证 A 中对任 x 与任 y 恒有 $(a^xb^yc)^3=1$ 及 $(a^xb^yc^2)^3=1$，说明了 A 中阶 3 之元有 $2p^2$ 个．又易知 A 中阶 p 之元有 p^2-1 个，故 A 无阶为 $3p$, p^2 及 $3p^2$ 之元．故 $G=\{a, b, c, g\}$ 中尚有 $g^2=1$, $g^{-1}ag=a^\sigma=a^\alpha b^\beta$, $g^{-1}bg=b^\sigma=a^\zeta b^\eta$, $g^{-1}cg=c^\sigma=a^lb^mc$ 或 $=a^lb^mc^2$, $\sigma\in A(A)$, $\sigma^2=1$，因而 $\begin{vmatrix}\alpha & \beta\\ \zeta & \eta\end{vmatrix}\not\equiv 0\ (\mathrm{mod}\,p)$.

利用 $\sigma^2=1$ 可得 $a=a^{\sigma^2}=(a^\sigma)^\alpha(b^\sigma)^\beta=a^{\alpha^2+\beta\zeta}b^{\beta(\alpha+\eta)}$，同理有 $b=b^{\sigma^2}=a^{\zeta(\alpha+\eta)}b^{\eta^2+\beta\zeta}$．于是，

$\alpha^2+\beta\zeta\equiv 1\equiv\eta^2+\beta\zeta(\mathrm{mod}\,p)$ 及 $\beta(\alpha+\eta)\equiv 0\equiv\zeta(\alpha+\eta)(\mathrm{mod}\,p)$，因而 $(\alpha+\eta)(\alpha-\eta)\equiv 0(\mathrm{mod}\,p)$，可分 $\alpha+\eta\not\equiv 0$ 与 $\alpha+\eta\equiv 0\ (\mathrm{mod}\,p)$ 二款来讨论．

一) $\alpha+\eta\not\equiv 0\ (\mathrm{mod}\,p)$.

这时必有 $\beta\equiv\zeta\equiv 0\ (\mathrm{mod}\,p)$，故 $\alpha\equiv\eta\not\equiv 0\ (\mathrm{mod}\,p)$，因而 $a^\sigma=g^{-1}ag=a^\alpha(b^\sigma=g^{-1}bg=b^\alpha)$，再利用 $\sigma^2=1$ 可知 $\alpha^2\equiv 1$，即 $\alpha\equiv\pm 1\ (\mathrm{mod}\,p)$. 假若这时是 $c^\sigma=g^{-1}cg=a^lb^mc^2$，则由 $(c^\sigma)^{-1}b^\sigma c^\sigma=a^\sigma$ 应有 $a^\alpha=c^{-2}b^\alpha c^2=c^{-1}a^\alpha c=a^{-\alpha}b^{-\alpha}$，不得不 $\alpha\equiv 0\ (\mathrm{mod}\,p)$，不可．故只能是 $c^\sigma=g^{-1}cg=a^lb^mc$ 形．由是再从 $c=c^{\sigma^2}=(a^\sigma)^l(b^\sigma)^mc^\sigma=a^{\alpha l}b^{\alpha m}a^lb^mc=a^{l(\alpha+1)}b^{m(\alpha+1)}c$，得 $l(\alpha+1)\equiv m(\alpha+1)\equiv 0(\mathrm{mod}\,p)$；因而 $\alpha\equiv 1\ (\mathrm{mod}\,p)$ 时必定有 $l\equiv m\equiv 0\ (\mathrm{mod}\,p)$，即 $g^{-1}ag=a$, $g^{-1}bg=b$, $g^{-1}cg=c$；但在 $\alpha\equiv-1\ (\mathrm{mod}\,p)$ 时虽有 $g^{-1}ag=a^{-1}$, $g^{-1}bg=b^{-1}$, $g^{-1}cg=a^lb^mc$，然选 x 与 y 使 $2x\equiv l$, $2y\equiv m(\mathrm{mod}\,p)$ 后再作 $c_1=a^xb^yc$，就易知 $g^{-1}c_1g=(g^{-1}ag)^x(g^{-1}bg)^y(g^{-1}cg)=a^{-x}b^{-y}a^lb^mc=a^xb^yc=c_1$，即说明了能适当地选 c 总可令 $l\equiv m\equiv 0\ (\mathrm{mod}\,p)$．这就证明了在 $\alpha+\eta\not\equiv 0\ (\mathrm{mod}\,p)$ 时，G 有二型，即

(III_1): $G=\{a, b, c, g\}$, $a^p=b^p=c^3=g^2=1=[a, b]$,
$c^{-1}ac=(ab)^{-1}$, $c^{-1}bc=a$, $g^{-1}ag=a$, $g^{-1}bg=b$, $g^{-1}cg=c$;

(III_2): $G=\{a, b, c, g\}$, $a^p=b^p=c^3=g^2=1=[a, b]$,
$c^{-1}ac=(ab)^{-1}$, $c^{-1}bc=a$, $g^{-1}ag=a^{-1}$, $g^{-1}bg=b^{-1}$,
$g^{-1}cg=c$.

二) $\alpha+\eta\equiv 0\ (\mathrm{mod}\,p)$.

假若 $c^\sigma=g^{-1}cg=a^lb^mc$ 形，则由 $(c^\sigma)^{-1}b^\sigma c^\sigma=a^\sigma$ 应有 $a^\alpha b^\beta=a^\sigma=(c^\sigma)^{-1}b^\sigma c^\sigma=c^{-1}a^\zeta b^\eta c=(c^{-1}ac)^\zeta(c^{-1}bc)^\eta=a^{-\zeta}b^{-\zeta}a^\eta=a^{\eta-\zeta}b^{-\zeta}=a^{-\alpha-\zeta}b^{-\zeta}$,

故 $2\alpha+\zeta\equiv 0$ 及 $\beta+\zeta\equiv 0\ (\bmod p)$，即 $\beta\equiv-\zeta\equiv 2\alpha(\bmod p)$，因而从 $\alpha^2+\beta\zeta\equiv 1(\bmod p)$ 可知 $\alpha^2-4\alpha^2\equiv 1(\bmod p)$，即 $-3\alpha^2\equiv 1(\bmod p)$，故 $1=\left(\frac{1}{p}\right)=\left(\frac{-3\alpha^2}{p}\right)=\left(\frac{-3}{p}\right)=\left(\frac{-1}{p}\right)\left(\frac{3}{p}\right)=(-1)^{\frac{p-1}{2}}\left(\frac{3}{p}\right)=(-1)^{\frac{p-1}{2}}\cdot(-1)^{\frac{p-1}{2}\cdot\frac{3-1}{2}}\left(\frac{p}{3}\right)=\left(\frac{p}{3}\right)$，即 p 为 3 的平方剩余，故 $3\mid(p-1)$，与假设 $3\nmid(p-1)$ 相抵，不可．故这时即 $\alpha+\eta\equiv 0\ (\bmod p)$ 时，只能是 $c^\sigma=g^{-1}cg=a^lb^mc^2$ 形。

再从 $(c^\sigma)^{-1}b^\sigma c^\sigma=a^\sigma$ 可知 $a^\alpha b^\beta=a^\sigma=c^{-2}a^\zeta b^\eta c^2=c^{-1}(c^{-1}a^\zeta b^\eta c)c=c^{-1}(a^{-\zeta}b^{-\zeta}a^\eta)c=c^{-1}(a^{\eta-\zeta}b^{-\zeta})c=a^{\zeta-\eta}b^{\zeta-\eta}a^{-\zeta}=a^\alpha b^{\zeta+\alpha}$，故必有 $\beta\equiv\alpha+\zeta\ (\bmod p)$，由是

$$\begin{cases}g^{-1}ag=a^\sigma=a^\alpha b^{\alpha+\zeta},\\ g^{-1}bg=b^\sigma=a^\zeta b^{-\alpha}.\end{cases}$$

今能断言：令 $\alpha=0$ 及 $\zeta=1$ 并不有损问题的普遍性，即可找得

$$\begin{cases}a_1=a^xb^y\\ b_1=a^sb^t\end{cases}\text{使}\begin{vmatrix}x&y\\ s&t\end{vmatrix}\not\equiv 0\ (\bmod p)\ \text{并有}\begin{cases}g^{-1}a_1g=b_1,\\ g^{-1}b_1g=a_1.\end{cases}$$

苟若如此，就应有

$$\begin{aligned}a^sb^t=b_1=g^{-1}a_1g&=(g^{-1}ag)^x(g^{-1}bg)^y=(a^\alpha b^{\alpha+\zeta})^x(a^\zeta b^{-\alpha})^y\\&=a^{\alpha x+\zeta y}b^{(\alpha+\zeta)x-\alpha y},\end{aligned}$$

不得不有 $\alpha x+\zeta y\equiv s$ 与 $(\alpha+\zeta)x-\alpha y\equiv t(\bmod p)$，于是

$$\begin{vmatrix}x&y\\ s&t\end{vmatrix}\equiv\begin{vmatrix}x&y\\ \alpha x+\zeta y&(\alpha+\zeta)x-\alpha y\end{vmatrix}=(\alpha+\zeta)x^2-2\alpha xy-\zeta y^2$$

$$\not\equiv 0(\bmod p)$$

显然可解[例如当 $\zeta\equiv 0\ (\bmod p)$ 时，由于 $\begin{vmatrix}\alpha&\beta\\ \zeta&\eta\end{vmatrix}\not\equiv 0\ (\bmod p)$，就有 $\alpha\not\equiv 0(\bmod p)$，这时取 $y=0$，$x=1$ 即可；而当 $\zeta\not\equiv 0\ (\bmod p)$ 时，就取 $y=1$，$x=0$]．这样选定的 x 及 y 又确有 $g^{-1}b_1g=g^{-1}a^sb^tg=(g^{-1}ag)^s(g^{-1}bg)^t=(a^\alpha b^\beta)^s(a^\zeta b^\eta)^t=a^{\alpha s+\zeta t}b^{\beta s+\eta t}=a^{\alpha(\alpha x+\zeta y)+\zeta((\alpha+\zeta)x-\alpha y)}b^{\beta(\alpha x+\zeta y)+\eta((\alpha+\zeta)x-\alpha y)}=a^{x(\alpha^2+\alpha\zeta+\zeta^2)}b^{(\alpha+\zeta)(\alpha x+\zeta y)-\alpha((\alpha+\zeta)x-\alpha y)}=a^{x(\alpha^2+\alpha\zeta+\zeta^2)}b^{y(\alpha^2+\alpha\zeta+\zeta^2)}=a^xb^y=a_1$（$\because 1\equiv\alpha^2+\beta\zeta\equiv\alpha^2+(\alpha+\zeta)\zeta=\alpha^2+\alpha\zeta+\zeta^2(\bmod p)$）.

这就说明了我们总可适当地选取 a,b 使 $g^{-1}ag=b$，$g^{-1}bg=a$，$g^{-1}cg=a^lb^mc^2$．再由 $c=c^{\sigma^2}=g^{-1}(c^\sigma)g=g^{-1}(a^lb^mc^2)g=b^la^m(a^lb^mc^2)^2=a^{m+l}b^{m+l}\cdot c^{-1}a^lb^mc\cdot c=a^{m+l}b^{m+l}(ab)^{-l}a^mc=a^{2m}b^mc$ 得 $m\equiv 0\ (\bmod p)$，即 $g^{-1}cg=$

表

元之阶 \ 元之个数 \ 群型	(I_1)（循环）	(I_2)	(I_3)	(I_4)	(II_1)（初等交换）	(II_2)
2	1	$3p^2$	p^2	3	1	p^2
3	2	2	2	2	2	2
p	$p-1$	$p-1$	$p-1$	$p-1$	p^2-1	p^2-1
$2\cdot 3=6$	2	0	$2p^2$	0	2	$2p^2$
$2p$	$p-1$	0	0	$3(p-1)$	p^2-1	0
$3p$	$2(p-1)$	$2(p-1)$	$2(p-1)$	$2(p-1)$	$2(p^2-1)$	$2(p^2-1)$
p^2	$p(p-1)$	$p(p-1)$	$p(p-1)$	$p(p-1)$	0	0
$2\cdot 3p=6p$	$2(p-1)$	0	0	0	$2(p^2-1)$	0
$2p^2$	$p(p-1)$	0	0	$3p(p-1)$	0	0
$3p^2$	$2p(p-1)$	$2p(p-1)$	$2p(p-1)$	$2p(p-1)$	0	0
$2\cdot 3p^2=6p^2$	$2p(p-1)$	0	0	0	0	0
合　计	$6p^2-1$	$6p^2-1$	$6p^2-1$	$6p^2-1$	$6p^2-1$	$6p^2-1$

a^lc^2；这时再令 $c_1=a^lc$，易证 $g^{-1}c_1g=c_1^2$，这说明又可适当地选 c 使 $g^{-1}cg=c^2$。故又得

$$(III_3):\ G=\{a,b,c,g\},\ a^p=b^p=c^3=g^2=1=[a,b],$$
$$c^{-1}ac=(ab)^{-1},\ c^{-1}bc=a,\ g^{-1}ag=b,\ g^{-1}bg=a,$$
$$g^{-1}cg=c^2.$$

再计算各型群中元的阶（详见表 X），即知 $6p^2$ 阶群共有十三个，即 (I_1)—(I_4)，(II_1)—(II_6)，(III_1)—(III_3) 互不同构，即例 4 获证．它们的构造见表 XI．

回顾证这个例 4 的过程，我们会发现只是在推导 III_3 型时，才明确地利用了 $3\nmid(p-1)$，也就是说在 (III) 款中如果 $\alpha+\eta\equiv 0\ (\mathrm{mod}\,p)$，不能允许 $c^\sigma=g^{-1}cg=a^lb^mc$．当然，在 $3\mid(p-1)$ 时，若 $\alpha+\eta\equiv 0\ (\mathrm{mod}\,p)$，是允许有 $c^\sigma=g^{-1}cg=a^lb^mc$ 的现象的．现在就要探索这种可能性的条件．

X

(II_3)	(II_4)	(II_5)	(II_6)	(III_1)	(III_2)	(III_3)
3	$3p^2$	p	$3p$	1	p^2	$3p$
2	2	2	2	$2p^2$	$2p^2$	$2p^2$
$p^2 - 1$	$p^2 - 1$	$p^2 - 1$	$p^2 - 1$	$p^2 - 1$	$p^2 - 1$	$p^2 - 1$
0	0	$2p$	0	$2p^2$	$2p^2$	0
$3(p^2 - 1)$	0	$p(p - 1)$	$3p(p - 1)$	$p^2 - 1$	0	$3p(p - 1)$
$2(p^2 - 1)$	$2(p^2 - 1)$	$2(p^2 - 1)$	$2(p^2 - 1)$	0	0	0
0	0	0	0	0	0	0
0	0	$2p(p - 1)$	0	0	0	0
0	0	0	0	0	0	0
0	0	0	0	0	0	0
0	0	0	0	0	0	0
$6p^2 - 1$	$6p^2 - 1$	$6p^2 - 1$	$6p^2 - 1$	$6p^2 - 1$	$6p^2 - 1$	$6p^2 - 1$

根据上面已推导的结果有：在 $\alpha + \eta \equiv 0 \pmod{p}$ 时，如果 $c^{\sigma} = g^{-1}cg = a^l b^m c$，则应有 $\beta \equiv -\xi \equiv 2\alpha \pmod{p}$，因之 $3\alpha^2 + 1 \equiv 0 \pmod{p}$，即 $g^{-1}ag = a^{\alpha}b^{2\alpha}$，$g^{-1}bg = a^{-2\alpha}b^{-\alpha}$. 然而 $3\alpha^2 + 1 \equiv 0 \pmod{p}$（在 $3|(p-1)$ 时）有二根 α 与 $\alpha'(\equiv -\alpha) \pmod{p}$，而当令 $a_1 = b$, $b_1 = a$, $c_1 = c^2$ 后又显有 $G = \{a, b, c, g\} = \{a_1, b_1, c_1, g\}$, $a_1^p = b_1^p = c_1^3 = g^2 = 1 = [a_1, b_1]$, $c_1^{-1}a_1c_1 = (a_1b_1)^{-1}$, $c_1^{-1}b_1c_1 = a_1$, $g^{-1}c_1g = a^{l-m}b^l c_1$, $g^{-1}a_1g = a_1^{\alpha'}b_1^{2\alpha'}$, $g^{-1}b_1g = a_1^{-2\alpha'}b_1^{-\alpha'}$；这说明了 $3\alpha^2 + 1 \equiv 0 \pmod{p}$ 的二根对群型的构造没有影响，即群型是唯一的. 故不失一般性就设为 α 来探索.

由 $a^l b^m c = c^{\alpha} = g^{-1}cg$，得

$$c = c^{\alpha^2} = (a^{\alpha})^l (b^{\alpha})^m c^{\alpha} = (a^{\alpha}b^{2\alpha})^l (a^{-2\alpha}b^{-\alpha})^m a^l b^m c = a^{l(\alpha+1)-2\alpha m} b^{2\alpha l - m(\alpha-1)} c,$$

故有 $\begin{cases} l(\alpha+1) - 2\alpha m \equiv 0 \\ 2\alpha l - m(\alpha - 1) \equiv 0 \end{cases} \pmod{p}$；注意这二个式子有其一则必有其二，这

表 XI

	种类	构造（定义关系）	
$2\cdot 3p^2$ 阶群 G （p 是奇素数，$p\neq 3$，且 $3\nmid(p-1)$）	I_1	$G=\{a\}$，$a^{6p^2}=1$（循环）	
	I_2	$G=\{a,b\}$，$a^{3p^2}=1=b^2$，$b^{-1}ab=a^{-1}$	
	I_3	$G=\{a,b\}$，$a^{3p^2}=1=b^2$，$b^{-1}ab=a^{r}$	但 $r\equiv 1\ (\mathrm{mod}\,3)$ 且 $r\equiv -1\ (\mathrm{mod}\,p^2)$
	I_4	$G=\{a,b\}$，$a^{3p^2}=1=b^2$，$b^{-1}ab=a^{-r}$	
	II_1	$G=\{a,b,c,g\}$，$g^{-1}ag=a$，$g^{-1}bg=b$，$g^{-1}cg=c$（初等交换）	但 $a^p=b^p=c^3=g^2=1$，且 $ab=ba$，$bc=cb$，$ac=ca$.
	II_2	$G=\{a,b,c,g\}$，$g^{-1}ag=a^{-1}$，$g^{-1}bg=b^{-1}$，$g^{-1}cg=c$	
	II_3	$G=\{a,b,c,g\}$，$g^{-1}ag=a$，$g^{-1}bg=b$，$g^{-1}cg=c^{-1}$	
	II_4	$G=\{a,b,c,g\}$，$g^{-1}ag=a^{-1}$，$g^{-1}bg=b^{-1}$，$g^{-1}cg=c^{-1}$	
	II_5	$G=\{a,b,c,g\}$，$g^{-1}ag=b$，$g^{-1}bg=a$，$g^{-1}cg=c$	
	II_6	$G=\{a,b,c,g\}$，$g^{-1}ag=b$，$g^{-1}bg=a$，$g^{-1}cg=c^{-1}$	
	III_1	$G=\{a,b,c,g\}$，$g^{-1}ag=a$，$g^{-1}bg=b$，$g^{-1}cg=c$	但 $a^p=b^p=c^3=g^2=1$，$ab=ba$，$c^{-1}ac=(ab)^{-1}$，$c^{-1}bc=a$
	III_2	$G=\{a,b,c,g\}$，$g^{-1}ag=a^{-1}$，$g^{-1}bg=b^{-1}$，$g^{-1}cg=c$	
	III_3	$G=\{a,b,c,g\}$，$g^{-1}ag=b$，$g^{-1}bg=a$，$g^{-1}cg=c^{-1}$	

是因为 $\begin{vmatrix} \alpha+1 & -2\alpha \\ 2\alpha & -(\alpha-1) \end{vmatrix} = 3\alpha^2+1 \equiv 0 \pmod p$ 的缘故. 于是就令为 $(\alpha+1)l \equiv 2\alpha m \pmod p$. 再选 x 使适合 $-2\alpha x \equiv m \pmod p$ 并令 $c_1 = a^x c$, 则 $g^{-1}c_1 g = (g^{-1}ag)^x(g^{-1}cg) = a^{\alpha x+l}b^{2\alpha x+m}c = a^{\alpha x+l}c$; 但由 $(\alpha+1)l - 2\alpha m \equiv 0 \pmod p$ 而以 $m \equiv -2\alpha x \pmod p$ 代入之并利用 $3\alpha^2+1 \equiv 0 \pmod p$, 就得到 $0 \equiv (\alpha+1)l - 2\alpha m \equiv (\alpha+1)l + 4\alpha^2 x \equiv (\alpha+1)l + (\alpha^2-1)x \equiv (\alpha+1)[l+(\alpha-1)x] \pmod p$, 于是从 $(\alpha+1, p)=1$ 得知 $\alpha + xl \equiv x \pmod p$, 因而 $g^{-1}c_1 g = a^{\alpha x+l}c = a^x c = c_1$. 这说明了可在 G 内适当地选 c 使 $g^{-1}cg = c$. 故又得 (III_4) 型, 即

(III_4): $G = \{a, b, c, g\}$, $a^p = b^p = c^3 = g^2 = 1 = [a, b]$, $c^{-1}ac = (ab)^{-1}$, $c^{-1}bc = a$, $g^{-1}ag = a^{\alpha}b^{2\alpha}$, $g^{-1}bg = a^{-2\alpha}b^{-\alpha}$, $g^{-1}cg = c$,

但 $3 \mid (p-1)$ 且 $3\alpha^2+1 \equiv 0 \pmod p$.

然而在 $3 \mid (p-1)$ 时, $3p^2$ 阶群 A 不仅有在例 4 中曾经分析过的 (I), (II), (III) 型, 而且还有表 VII (即例 2 的构造表) 中的 (IV), (V), (VI) 型, 再分别讨论于下.

(IV) $\boldsymbol{A} = \{a, b\}$, $a^{p^2} = 1 = b^3$, $b^{-1}ab = a^r$, $r \not\equiv 1$ 而 $r^3 \equiv 1 \pmod{p^2}$.

易证 A 中阶 3 之元共有 $2p^2$ 个, 均为 $a^x b$ 或 $a^x b^2$ 形 (x 任意), A 中阶 p^2 之元共有 $\varphi(p^2) = p(p-1)$ 个, 阶 p 之元有 $p-1$ 个 (为 $a^{\lambda p}$ 形, $(\lambda, p) = 1$).

因 G 是 A 被 2 阶群之扩张, 故可写 $G = \{a, b, g\}$, 除 a, b 间关系外还有 $g^2 = 1$, $a^{\sigma} = g^{-1}ag = a^i$, $(i, p) = 1$ 以及 $b^{\sigma} = g^{-1}bg = a^x b$ 或 $= a^x b^2$ 形, 但 $\sigma \in A(A)$ 而有 $\sigma^2 = 1$.

于是利用 $\sigma^2 = 1$ 可知 $a = a^{i^2}$, $i^2 \equiv 1 \pmod{p^2}$, 不得不有 $i \equiv \pm 1 \pmod{p^2}$. 又由于要保证 $(b^{\sigma})^{-1}a^{\sigma}b^{\sigma} = (a^{\sigma})^r$, 易知 b^{σ} 不可能为 $a^x b^2$ 形, 故 $b^{\sigma} = a^x b$, 于是 $b = b^{\sigma^2} = (a^{\sigma})^x b^{\sigma} = a^{(i+1)x}b$, $(i+1)x \equiv 0 \pmod{p^2}$, 因而 $i \equiv 1 \pmod{p^2}$ 时必有 $x \equiv 0 \pmod{p^2}$, 故:

或 $g^{-1}ag = a$, $g^{-1}bg = b$;

或 $g^{-1}ag = a^{-1}$, $g^{-1}bg = a^x b$;

但在 $g^{-1}ag = a^{-1}$, $g^{-1}bg = a^x b$ 时, 若选 l 满足 $x \equiv 2l \pmod{p^2}$ 后, 可知 $g^{-1}b_1 g = g^{-1}a^l bg = a^{x-l}b = a^l b = b_1$ (令 $b_1 = a^l b$), 且 $G = \{a, b, g\} = \{a, b_1, g\}$, $a^{p^2} = b_1^3 = g^2 = 1$, $b_1^{-1}ab_1 = a^r$, $g^{-1}ag = a^{-1}$, $g^{-1}b_1 g = b_1$, 仍说明了在 G 内可适当地选 b 使 $g^{-1}bg = b$.

由是又得G之下二型:

(IV_1): $G=\{a, b, g\}$, $a^{p^2}=1=b^3=g^2$, $b^{-1}ab=a^r$, $g^{-1}ag=a$,

$g^{-1}bg=b$, 但 $r\not\equiv 1$ 而 $r^3\equiv 1(\mathrm{mod}\,p^2)$.

(IV_2): $G=\{a, b, g\}$, $a^{p^2}=1=b^3=g^2$, $b^{-1}ab=a^r$, $g^{-1}ag=a^{-1}$,

$g^{-1}bg=b$, 但 $r\not\equiv 1$ 而 $r^3\equiv 1(\mathrm{mod}\,p^2)$.

(V) $\boldsymbol{A=\{a, b, c\}}$, $\boldsymbol{a^p=b^p=c^3=1=[a, b]}$, $\boldsymbol{c^{-1}ac=a^r}$, $\boldsymbol{c^{-1}bc=b^r}$, **但** $\boldsymbol{r\not\equiv 1}$ **而** $\boldsymbol{r^3\equiv 1(\mathrm{mod}\,p)}$.

易证A中阶p之元有p^2-1个,形为a^xb^y; A中阶3之元共有$2p^2$个,凡a^xb^yc及$a^xb^yc^2$形之元皆是.

于是$2\cdot 3p^2$阶群$G=\{a, b, c, g\}$中除上述a, b, c间关系外还可令$g^2=1$, $g^{-1}ag=a^{\alpha}b^{\beta}$, $g^{-1}bg=a^{\zeta}b^{\eta}$, $g^{-1}cg=a^xb^yc$或$=a^xb^yc^2$; 而由于$a^{\sigma}=g^{-1}ag$, $b^{\sigma}=g^{-1}bg$具$\{a^{\sigma}\}\times\{b^{\sigma}\}=\{a\}\times\{b\}$的性质故不得不有$\begin{vmatrix}\alpha & \beta\\ \zeta & \eta\end{vmatrix}\not\equiv 0\,(\mathrm{mod}\,p)$, 但$\sigma\in A(A)$, $\sigma^2=1$.

利用$\sigma^2=1$而计算$a=a^{\sigma^2}$与$b=b^{\sigma^2}$可得知下列等式: $\alpha^2+\beta\zeta\equiv 1\equiv\eta^2+\beta\zeta(\mathrm{mod}\,p)$与$\beta(\alpha+\eta)\equiv 0\equiv\zeta(\alpha+\eta)(\mathrm{mod}\,p)$. 于是$(\alpha+\eta)(\alpha-\eta)\equiv 0(\mathrm{mod}\,p)$, 故或$\alpha+\eta\equiv 0$或$\alpha-\eta\equiv 0\,(\mathrm{mod}\,p)$, 二者必有一.

一) 先讨论$\alpha+\eta\not\equiv 0\,(\mathrm{mod}\,p)$.

这时有$\beta\equiv 0\equiv\zeta\,(\mathrm{mod}\,p)$, 因而也有$\alpha\equiv\eta\not\equiv 0\,(\mathrm{mod}\,p)$, 故$\alpha^2\equiv 1$, 即$\alpha\equiv\pm 1\,(\mathrm{mod}\,p)$. 然而$c^{\sigma}=g^{-1}cg=a^xb^yc^2$不可能: 这由计算$(c^{\sigma})^{-1}a^{\sigma}c^{\sigma}=(a^{\sigma})^r$而从$c^{\sigma}=a^xb^yc^2$可推知$\alpha r(r-1)\equiv 0(\mathrm{mod}\,p)$, 此不可. 故只能是$c^{\sigma}=g^{-1}cg=a^xb^yc$形. 再由$c=c^{\sigma^2}=(a^{\sigma})^x(b^{\sigma})^yc^{\sigma}=a^{\alpha x}b^{\alpha y}a^xb^yc=a^{x(\alpha+1)}b^{y(\alpha+1)}c$得$x(\alpha+1)\equiv 0\equiv y(\alpha+1)(\mathrm{mod}\,p)$, 故在$\alpha\equiv 1\,(\mathrm{mod}\,p)$时必有$x\equiv 0\equiv y\,(\mathrm{mod}\,p)$, 故得

$$\begin{cases}g^{-1}ag=a,\\ g^{-1}bg=b,\\ g^{-1}cg=c,\end{cases}\quad\text{或有}\quad\begin{cases}g^{-1}ag=a^{-1},\\ g^{-1}bg=b^{-1},\\ g^{-1}cg=a^xb^yc.\end{cases}$$

但在后一场合时选l, m使$x\equiv 2l$, $y\equiv 2m(\mathrm{mod}\,p)$, 并令$c_1=a^lb^mc$后,就有$G=\{a, b, c, g\}=\{a, b, c_1, g\}$, 其中定义关系为$a^p=b^p=c_1^3=g^2=1=[a, b]$, $c_1^{-1}ac_1=a^r$, $c_1^{-1}bc_1=b^r$, $g^{-1}c_1g=(g^{-1}ag)^l(g^{-1}bg)^m(g^{-1}cg)=a^{-l}b^{-m}a^xb^yc=a^{x-l}b^{y-m}c=a^lb^mc=c_1$, $g^{-1}ag=a^{-1}$, $g^{-1}bg=b^{-1}$. 这无异乎是说在后一场合时我们可取适当的c使$g^{-1}cg=c$.

于是这时 G 仅有二型，为下面的 (V_1) 与 (V_2).

(V_1): $G=\{a,b,c,g\}$, $a^p=b^p=c^3=g^2=1=[a,b]$, $c^{-1}ac=a^r$,

$c^{-1}bc=b^r$, $g^{-1}ag=a$, $g^{-1}bg=b$, $g^{-1}cg=c$,

但 $r\not\equiv 1$ 而 $r^3\equiv 1(\mathrm{mod}\,p)$.

(V_2): $G=\{a,b,c,g\}$, $a^p=b^p=c^3=g^2=1=[a,b]$, $c^{-1}ac=a^r$,

$c^{-1}bc=b^r$, $g^{-1}ag=a^{-1}$, $g^{-1}bg=b^{-1}$, $g^{-1}cg=c$,

但 $r\not\equiv 1$ 而 $r^3\equiv 1(\mathrm{mod}\,p)$.

二）再讨论 $\alpha+\eta\equiv 0\ (\mathrm{mod}\,p)$.

注意 $c^\sigma=g^{-1}cg$ 仍必为 a^xb^yc 形，因若 $c^\sigma=a^xb^yc^2$，则从 $(c^\sigma)^{-1}(a^\sigma)c^\sigma=(a^\sigma)^r$ 可知 $a^{\alpha r^2}b^{\beta r^2}=a^{\alpha r}b^{\beta r}$，即 $\alpha r(r-1)\equiv 0\equiv\beta r(r-1)(\mathrm{mod}\,p)$，故必有 $\alpha\equiv 0\equiv\beta\ (\mathrm{mod}\,p)$，显非所许. 于是 $c^\sigma=g^{-1}cg=a^lb^mc$；故 $c=c^{\sigma^2}=(a^\alpha b^\beta)^l(a^\zeta b^\eta)^m a^lb^mc$，不得不有 $\begin{cases}l(\alpha+1)+m\zeta\equiv 0\\ l\beta+m(\eta+1)\equiv 0\end{cases}\ (\mathrm{mod}\,p)$. 由 $\begin{vmatrix}\alpha+1 & \zeta\\ \beta & \eta+1\end{vmatrix}\equiv 0\ (\mathrm{mod}\,p)$ 可知上二式中有一则必有其二，利用之即可推知矩阵 $\begin{pmatrix}\alpha-1 & \zeta & l\\ \beta & \eta-1 & m\end{pmatrix}$ 之秩为 $1(\mathrm{mod}\,p)$，即其中任二阶子式 $\equiv 0(\mathrm{mod}\,p)$，故有 x 与 y 满足

$$\begin{cases}(\alpha-1)x+\zeta y\equiv -l,\\ \beta x+(\eta-1)y\equiv -m.\end{cases}\quad(\mathrm{mod}\,p)$$

因而令 $c_1=a^xb^yc$，容易验证 $g^{-1}c_1g=c_1$，这说明可适当地选 c 使 $g^{-1}cg=c$. 于是得：$g^{-1}ag=a^\alpha b^\beta$, $g^{-1}bg=a^\zeta b^\eta$, $g^{-1}cg=c$，但 $\alpha+\eta\equiv 0$ 及 $\alpha^2+\beta\zeta\equiv 1(\mathrm{mod}\,p)$.

满足 $\alpha+\eta\equiv 0\ (\mathrm{mod}\,p)$ 及 $\alpha^2+\beta\zeta\equiv 1(\mathrm{mod}\,p)$ 的值组 α,β,ζ,η 虽多，但从群构造而言是唯一的，即得与 $\alpha\equiv 1$, $\eta\equiv -1$, $\beta\equiv 0\equiv\zeta(\mathrm{mod}\,p)$ 之 $g^{-1}ag=a$, $g^{-1}bg=b^{-1}$, $g^{-1}cg=c$ 的群成同构.

为此计，先解下列两组同余式

$$\left.\begin{array}{l}(\alpha-1)u+\zeta v\equiv 0\\ \beta u-(\alpha+1)v\equiv 0\end{array}\right\}(\mathrm{mod}\,p)\ 与\ \left.\begin{array}{l}(\alpha+1)s+\zeta t\equiv 0\\ \beta s-(\alpha-1)t\equiv 0\end{array}\right\}(\mathrm{mod}\,p);$$

由于 $\begin{vmatrix}\alpha-1 & \zeta\\ \beta & -(\alpha+1)\end{vmatrix}\equiv 0(\mathrm{mod}\,p)$ 及 $\begin{vmatrix}\alpha+1 & \zeta\\ \beta & -(\alpha-1)\end{vmatrix}\equiv 0(\mathrm{mod}\,p)$，得知上两组同余式都有非当然解 $(\mathrm{mod}\,p)$，即有一组 u,v 不全 $\equiv 0\ (\mathrm{mod}\,p)$，同时有一组 s,t 不全 $\equiv 0\ (\mathrm{mod}\,p)$，都分别满足上两组同余式. 现在还能断言

$\begin{vmatrix} u & v \\ s & t \end{vmatrix} \not\equiv 0 \pmod{p}$. 为什么呢？假若 $\begin{vmatrix} u & v \\ s & t \end{vmatrix} \equiv 0 \pmod{p}$，则

$$\zeta\begin{vmatrix} u & v \\ s & t \end{vmatrix} = \begin{vmatrix} u & \zeta v \\ s & \zeta t \end{vmatrix} \equiv \begin{vmatrix} u & -(\alpha-1)u \\ s & -(\alpha+1)s \end{vmatrix} \equiv -us\cdot 2 \equiv 0 \pmod{p},$$

$$\beta\begin{vmatrix} u & v \\ s & t \end{vmatrix} = \begin{vmatrix} \beta u & v \\ \beta s & t \end{vmatrix} \equiv \begin{vmatrix} (\alpha+1)v & v \\ (\alpha-1)t & t \end{vmatrix} \equiv 2vt \equiv 0 \pmod{p},$$

$$(\alpha+1)\begin{vmatrix} u & v \\ s & t \end{vmatrix} = \begin{vmatrix} (\alpha+1)u & v \\ (\alpha+1)s & t \end{vmatrix} \equiv \begin{vmatrix} (\alpha-1)u+2u & v \\ -\zeta t & t \end{vmatrix}$$

$$\equiv \begin{vmatrix} -\zeta v+2u & v \\ -\zeta t & t \end{vmatrix} \equiv 2ut \equiv 0 \pmod{p},$$

$$(\alpha-1)\begin{vmatrix} u & v \\ s & t \end{vmatrix} = \begin{vmatrix} (\alpha-1)u & v \\ (\alpha+1)s-2s & t \end{vmatrix} \equiv \begin{vmatrix} -\zeta v & v \\ -\zeta t-2t & t \end{vmatrix}$$

$$\equiv 2sv \equiv 0 \pmod{p},$$

因而从 $us \equiv 0 \equiv vs \pmod{p}$ 以及 u, v 中至少有一 $\not\equiv 0 \pmod{p}$，得 $s \equiv 0 \pmod{p}$；同理由 $ut \equiv 0 \equiv vt \pmod{p}$ 又有 $t \equiv 0 \pmod{p}$；这显然和 s, t 中至少一个 $\not\equiv 0 \pmod{p}$ 相矛盾. 所以说 $\begin{vmatrix} u & v \\ s & t \end{vmatrix} \not\equiv 0 \pmod{p}$，因而如令 $a_1 = a^u b^v$, $b_1 = a^s b^t$，则 $\{a\}\times\{b\} = \{a_1\}\times\{b_1\}$，随而 $G = \{a_1, b_1, c, g\}$，$g^{-1}a_1 g = (g^{-1}ag)^u (g^{-1}bg)^v = a^{\alpha u+\zeta v} b^{\beta u+\eta v} = a^u b^v = a_1$，$g^{-1}b_1 g = (g^{-1}ag)^s (g^{-1}bg)^t = a^{\alpha s+\zeta t} b^{\beta s+\eta t} = a^{-s} b^{-t} = b_1^{-1}$，这无异乎是说取 a_1, b_1 代 a, b 后就可令 $\alpha \equiv 1$, $\eta \equiv -1$, $\beta \equiv 0 \equiv \zeta \pmod{p}$. 故又得 G 之一型为

(V_3)：$G = \{a, b, c, g\}$，$a^p = b^p = c^3 = g^2 = 1 = [a, b]$，
$c^{-1}ac = a^r$，$c^{-1}bc = b^r$，$g^{-1}ag = a$，$g^{-1}bg = b^{-1}$，
$g^{-1}cg = c$，
但 $r \not\equiv 1$ 而 $r^3 \equiv 1 \pmod{p}$.

(VI) $A = \{a, b, c\}$，$a^p = b^p = c^3 = 1 = [a, b]$，$c^{-1}ac = a^{-r}b^{r^2}$，$c^{-1}bc = a$，但 $r \not\equiv 1$ 而 $r^3 \equiv 1 \pmod{p}$.

易证 A 中阶 3 之元为 $a^x b^y c$ 与 $a^x b^y c^2$ 形，但 $x + y \equiv 0 \pmod{p}$，因由计算可知 $(a^x b^y c^i)^3 = a^{(x+y)(1-r)} b^{(x+y)(1-r^2)}$ $(i = 1, 2)$. 故 A 中阶 3 之元有 $2p$ 个. A 中阶 p 之元有 $p^2 - 1$ 个，而 A 中其他的元（单位元除外）的阶都是 $3p$，共有 $2p(p-1)$ 个.

于是 A 被 2 阶群之扩张 $G = \{a, b, c, g\}$ 中除 a, b, c 间关系如上述外尚可令 $g^2 = 1$，$g^{-1}ag = a^\sigma = a^\alpha b^\beta$，$g^{-1}bg = b^\sigma = a^\zeta b^\eta$，$\begin{vmatrix} \alpha & \beta \\ \zeta & \eta \end{vmatrix} \not\equiv 0 \pmod{p}$，$g^{-1}cg = c^\sigma = a^l b^m c$ 或 $= a^l b^m c^2$ $(l + m \equiv 0 \pmod{p})$，但 $\sigma \in A(A)$ 且 $\sigma^2 = 1$，

于是利用 $(c^\sigma)^{-1}a^\sigma c^\sigma=(a^\sigma)^{-r}(b^\sigma)^{-r^2}$ 及 $(c^\sigma)^{-1}b^\sigma c^\sigma=a^\sigma$，假若 $c^\sigma=a^lb^mc^2$，则由计算可知从 $(c^\sigma)^{-1}b^\sigma c^\sigma=a^\sigma$ 有 $a^{-r\eta}b^{-r^2\eta+\zeta}=a^\alpha b^\beta$，从 $(c^\sigma)^{-1}a^\sigma c^\sigma=(a^\sigma)^{-r}(b^\sigma)^{-r^2}$ 又有 $a^{-r\beta}b^{\alpha-r^2\beta}=a^{-r\alpha-r^2\zeta}b^{-r\beta-r^2\eta}$，比较 a 及 b 之幂指数得 $\alpha\equiv-r\eta$，$\beta\equiv\alpha+r\zeta$，$\beta\equiv-r^2\eta+\zeta$，及 $\alpha-r^2\beta\equiv-r\beta-r^2\eta(\bmod p)$；由是易推出 $\beta\equiv\eta$，$\zeta\equiv(1+r^2)\eta(\bmod p)$，故

$$\begin{vmatrix}\alpha & \beta\\ \zeta & \eta\end{vmatrix}\equiv\begin{vmatrix}-r\eta & \eta\\ (1+r^2)\eta & \eta\end{vmatrix}=-\eta^2(1+r+r^2)\equiv 0(\bmod p),$$

非所许．因之只能是 $c^\sigma=g^{-1}cg=a^lb^mc$ 形，其中 $l+m\equiv0\ (\bmod p)$．

再利用 $\sigma^2=1$ 得 $c=c^{\sigma^2}=(a^\alpha b^\beta)^l(a^\zeta b^\eta)^m a^lb^mc$，故 $l(\alpha+1-\zeta)\equiv0\equiv l(\eta+1-\beta)(\bmod p)$． 又从 $a=a^{\sigma^2}$ 及 $b=b^{\sigma^2}$ 得 $\alpha^2+\beta\zeta\equiv1\equiv\eta^2+\beta\zeta$ 及 $\beta(\alpha+\eta)\equiv0\equiv\zeta(\alpha+\eta)(\bmod p)$．于是 $(\alpha+\eta)(\alpha-\eta)\equiv0(\bmod p)$．

一）先讨论 $\alpha+\eta\not\equiv0\ (\bmod p)$．

这时，必有 $\beta\equiv\zeta\equiv0$ 及 $\alpha\equiv\eta\not\equiv0\ (\bmod p)$，因而有 $l(\alpha+1)\equiv0(\bmod p)$ 与 $\alpha^2\equiv1(\bmod p)$，即 $\alpha\equiv\pm1\ (\bmod p)$．故

$$\text{或}\begin{cases}g^{-1}ag=a,\\ g^{-1}bg=b,\\ g^{-1}cg=c;\end{cases}\quad\text{或}\begin{cases}g^{-1}ag=a^{-1},\\ g^{-1}bg=b^{-1},\\ g^{-1}cg=a^lb^{-l}c.\end{cases}$$

但在 $g^{-1}ag=a^{-1}$，$g^{-1}bg=b^{-1}$，$g^{-1}cg=a^lb^{-l}c$ 时，选 x，y 使 $2x\equiv l$，$2y\equiv-l(\bmod p)$后再令 $c_1=a^xb^yc$，就有 $g^{-1}c_1g=c_1$，说明了可适当地选 c 使 $g^{-1}cg=c$．故仅有下列的二型：

(VI_1)：$G=\{a,b,c,g\}$，$a^p=b^p=c^3=g^2=1=[a,b]$，
$c^{-1}ac=a^{-r}b^{-r^2}$，$c^{-1}bc=a$，$g^{-1}ag=a$，$g^{-1}bg=b$，
$g^{-1}cg=c$，
但 $r\not\equiv1$ 而 $r^3\equiv1(\bmod p)$．

(VI_2)：$G=\{a,b,c,g\}$，$a^p=b^p=c^3=g^2=1=[a,b]$，
$c^{-1}ac=a^{-r}b^{-r^2}$，$c^{-1}bc=a$，$g^{-1}ag=a^{-1}$，$g^{-1}bg=b^{-1}$，
$g^{-1}cg=c$，
但 $r\not\equiv1$ 而 $r^3\equiv1(\bmod p)$．

二）再讨论 $\alpha+\eta\equiv0\ (\bmod p)$．

这时，再利用关系 $(c^\sigma)^{-1}b^\sigma c^\sigma=a^\sigma$ 及 $(c^\sigma)^{-1}a^\sigma c^\sigma=(a^\sigma)^{-r}(b^\sigma)^{-r^2}$ 可知 $\beta\equiv2r\alpha$ 与 $\zeta\equiv-2r^2\alpha(\bmod p)$．故

$$a^\sigma=g^{-1}ag=a^\alpha b^{2r\alpha},\quad b^\sigma=g^{-1}bg=a^{-2r^2\alpha}b^{-\alpha},\quad c^\sigma=g^{-1}cg=a^lb^{-l}c.$$

若 $l\equiv0\ (\bmod p)$，就已有 $g^{-1}cg=c$． 假若 $l\not\equiv0\ (\bmod p)$，则从 $l(\alpha+1-$

$\xi)\equiv 0\equiv l(\eta+1-\beta)(\mathrm{mod}\,p)$ 得 $\alpha+1-\xi\equiv 0\equiv\eta+1-\beta(\mathrm{mod}\,p)$，故有 $\alpha+1+2r^2\alpha\equiv 0\equiv -\alpha+1-2r\alpha(\mathrm{mod}\,p)$，于是 $\alpha+1+2r\alpha\not\equiv 0(\mathrm{mod}\,p)$，故有 x 使 $(1+\alpha+2r\alpha)x\equiv l(\mathrm{mod}\,p)$ 且 $(x,p)=1$. 再令 $c_1=a^xb^{-x}c$，易证 $g^{-1}c_1g=c_1$，且当然有 $o(c_1)=3$. 总之，在 $\alpha+\eta\equiv 0\ (\mathrm{mod}\,p)$ 时，恒可选 G 中阶 3 的元 c 使 $g^{-1}cg=c$. 于是又有

(VI_3): $G=\{a, b, c, g\}$, $a^p=b^p=c^3=g^2=1=[a, b]$,

$c^{-1}ac=a^{-r}b^{-r^2}$, $c^{-1}bc=a\ (r\not\equiv 1$ 但 $r^3\equiv 1(\mathrm{mod}\,p))$,

$g^{-1}cg=c$, $g^{-1}ag=a^{\alpha}b^{2r\alpha}$, $g^{-1}bg=a^{-2r^2\alpha}b^{-\alpha}$,

但注意 $3\alpha^2+1\equiv 0(\mathrm{mod}\,p)$. ——这是由 $1\equiv\alpha^2+\beta\xi(\mathrm{mod}\,p)$ 得 $1\equiv\alpha^2-4r^3\alpha^2\equiv -3\alpha^2(\mathrm{mod}\,p)$ 的缘故.

然而 $3\alpha^2+1\equiv 0(\mathrm{mod}\,p)$ 有二解 α 与 $\alpha'(\equiv -\alpha)(\mathrm{mod}\,p)$，故除 (VI_3) 型外，还有

(VI_4): $G=\{a, b, c, g\}$，其中 a, b, c 间关系如 (VI_3)，且有 $g^2=1$,

$g^{-1}cg=c$, $g^{-1}ag=a^{-\alpha}b^{-2r\alpha}$, $g^{-1}bg=a^{2r^2\alpha}b^{\alpha}$

注意 $3\alpha^2+1\equiv 0(\mathrm{mod}\,p)$.

于是剩下要解决的问题是 (VI_3) 型与 (VI_4) 型确互不同构，叙述于下：

先对 (VI_3) 型来谈. 这时，由于 $(a^xb^yg)^2=a^xb^y(g^{-1}ag)^x(g^{-1}bg)^y=a^{(1+\alpha)x-2r^2\alpha y}\cdot b^{2r\alpha x+(1-\alpha)y}$，其中因 $\begin{vmatrix}1+\alpha & -2r^2\alpha\\ 2r\alpha & 1-\alpha\end{vmatrix}\equiv 3\alpha^2+1\equiv 0(\mathrm{mod}\,p)$，故二个联立同余式

$$\left.\begin{array}{r}(1+\alpha)x-2r^2\alpha y\equiv 0\\ 2r\alpha x+(1-\alpha)y\equiv 0\end{array}\right\}(\mathrm{mod}\,p)$$

有解，且当 x 给定后，y 也随之唯一地被决定，这说明陪集 $\{a, b\}g$ 中阶 2 之元共有 p 个，其他元的阶都等于 $2p$，共有 $p(p-1)$ 个. 类似地也可知 (VI_4) 型中陪集 $\{a, b\}g$ 内阶 2 之元有 p 个，阶 $2p$ 之元有 $p(p-1)$ 个.

对 (VI_3) 型而言，$(a^xb^ycg)^2=a^{x(1-2r^2\alpha)+r\alpha y}b^{-\alpha x+(1-r^2\alpha)y}c^2$，其中 x 与 y 之幂指数的和 $=x(1-\alpha-2r^2\alpha)+y(1+r\alpha-r^2\alpha)\equiv(x+y)[1+(2r+1)\alpha](\mathrm{mod}\,p)$. 同理，对 (VI_4) 型而言则有

$$(a^xb^ycg)^2=a^{x(1-2r^2\alpha')+r\alpha'y}b^{-\alpha'x+(1-r^2\alpha')y}c^2,$$

其中 x 与 y 之幂指数的和 $\equiv(x+y)\,[1+(2r+1)\alpha']\ (\mathrm{mod}\,p)$. 然而由 $3\alpha^2+1\equiv 0$ 及 $1+r+r^2\equiv 0(\mathrm{mod}\,p)$ 可知

$$0\equiv(4r^2+4r+1)\alpha^2-1\equiv[(2r+1)\alpha+1][(2r+1)\alpha-1](\mathrm{mod}\,p),$$

故或 $(2r+1)\alpha+1\equiv 0$ 或 $(2r+1)\alpha-1\equiv 0(\mathrm{mod}\,p)$，二者必一且仅一，同

理，$(2r+1)\alpha'+1\equiv 0$ 或 $(2r+1)\alpha'-1\equiv 0(\bmod p)$，二者只一．不失一般性设 $(2r+1)\alpha\equiv 1(\bmod p)$，因而必有 $(2r+1)\alpha'\equiv -1(\bmod p)$．

由是可知对 (VI_3) 型言，$a^x b^y cg$ 之阶为 6 的充要条件是 $x+y\equiv 0(\bmod p)$，否则其阶为 $6p$，故在 (VI_3) 型群 G 中陪集 $\{a, b\}cg$ 内阶 6 的元有 p 个，而阶 $6p$ 的元有 $p(p-1)$ 个．这时对 (VI_4) 型群 G 言，陪集 $\{a, b\}cg$ 内每元的阶为 6，故共有 p^2 个．

同样又知在 (VI_3) 型群 G 内 $(a^x b^y c^2 g)^2 = a^{x(1+r\alpha)+\alpha y} b^{-r^2\alpha x+y(1+2r\alpha)} c$ 中 x 与 y 之幂指数的和 $=x(1+r\alpha-r^2\alpha)+y(1+\alpha+2r\alpha)\equiv(x+y)[1+(2r+1)\alpha]$，故由于 $(2r+1)\alpha\equiv 1(\bmod p)$ 得知 $a^x b^y c^2 g$ 之阶为 6 的充要条件是 $x+y\equiv 0(\bmod p)$，否则其阶为 $6p$，即陪集 $\{a, b\}c^2 g$ 内阶 6 之元有 p 个，剩下的 $p(p-1)$ 个元的阶均为 $6p$．而对 (VI_4) 型群 G 之陪集 $\{a, b\}c^2 g$ 内每元的阶均为 6，故共有 p^2 个．

这就说明了 (VI_3) 型群 G 中阶 2 之元有 p 个，阶 $2p$ 之元有 $p(p-1)$ 个，阶 6 之元有 $2p$ 个，阶 $6p$ 之元有 $2p(p-1)$ 个．但 (VI_4) 型群 G 中阶 2 之元有 p 个，阶 $2p$ 之元有 $p(p-1)$ 个，阶 6 之元共有 $2p^2$ 个而无阶 $6p$ 之元．这已说明了 (VI_3) 与 (VI_4) 互不同构．

再将表 XI 后面的叙述列成下面的二个表．

从表 XII 看，发现 (V_1)，(V_2)，(V_3) 型分别与 (III_1)，(III_2)，(III_4) 型一致．但假若 $(\mathrm{V}_1)\simeq(\mathrm{III}_1)$，或 $(\mathrm{V}_2)\simeq(\mathrm{III}_2)$，或 $(\mathrm{V}_3)\simeq(\mathrm{III}_4)$，则表 VII 中的 $(\mathrm{V})\simeq(\mathrm{III})$，这显非所许(试看下面问题 1)．

由是证得了

例 5 设 p 为异于 3 之奇素数，则当 $3\mid(p-1)$ 时，$2\cdot 3p^2=6p^2$ 阶群共有 23 个．其构造见 348 页表 XIII．

问题 1 详细说明表 VII 中的 (V) 型群与 (III) 型群为什么不同构．

问题 2 设 p, q 是两个不同的素数，$q<p$ 且 $q\nmid(p^2-1)$，证明这样的 p^2q^2 阶的群是交换的，共有四个．

问题 3 试证 A 被 B 之扩张 G 具有性质 $G'=[G, G]\subseteq A$ 的充要条件是 B 为交换群．

问题 4 特当问题 3 中的 $G'=[G, G]=A$ 时，就叫 G 为换位扩张．试证 G 为 A 被 B 之换位扩张的充要条件是 G/A' 为 A/A' 被 B 之换位扩张．

表

元之阶 \ 元之个数 \ 群型	表X中的 (I_1)—(III_3) 共十三个型	(III_4)	(IV_1)	(IV_2)
2		p	1	p^2
3		$2p^2$	$2p^2$	$2p^2$
p		p^2-1	$p-1$	$p-1$
$2\cdot 3=6$		$2p^2$	$2p^2$	$2p^2$
$2p$		$p(p-1)$	$p-1$	0
$3p$		0	0	0
p^2		0	$p(p-1)$	$p(p-1)$
$2\cdot 3p=6p$		0	0	0
$2p^2$		0	$p(p-1)$	0
$3p^2$		0	0	0
$2\cdot 3p^2=6p^2$		0	0	0
合　计		$6p^2-1$	$6p^2-1$	$6p^2-1$

附注　在文献[32]里讨论了有限群A被有限交换群B之换位扩张问题，其结论是说这个问题可以归结为A是初等交换 p-群来研究.

问题5　设奇素数$p>3$且$p\equiv 1 \pmod 4$. 试证$4p^2$阶群共有五个，当其西洛p-子群为循环群时. 并写出它们的构造.

问题6　设奇素数$p>3$，而$4p^2$阶群的西洛子群都不是循环的. 试证这样的$4p^2$阶群G共有四个. 并写出它们的构造.

问题7　设奇素数$p>3$且$p\equiv 1 \pmod 4$. 若$4p^2$阶群G的西洛p-子群为初等交换群，而西洛2-子群为循环群，试证这样的群G共有七个.

问题8　设奇素数$p>3$且$p\equiv 1 \pmod 4$. 试由问题5，6，7

XII

(V_1)	(V_2)	(V_3)	(VI_1)	(VI_2)	(VI_3)	(VI_4)
1	p^2	p	1	p^2	p	p
$2p^2$	$2p^2$	$2p^2$	$2p$	$2p$	$2p$	$2p$
p^2-1	p^2-1	p^2-1	p^2-1	p^2-1	p^2-1	p^2-1
$2p^2$	$2p^2$	$2p^2$	$2p$	$2p$	$2p$	$2p^2$
p^2-1	0	$p(p-1)$	p^2-1	0	$p(p-1)$	$p(p-1)$
0	0	0	$2p(p-1)$	$2p(p-1)$	$2p(p-1)$	$2p(p-1)$
0	0	0	0	0	0	0
0	0	0	$2p(p-1)$	$2p(p-1)$	$2p(p-1)$	0
0	0	0	0	0	0	0
0	0	0	0	0	0	0
0	0	0	0	0	0	0
$6p^2-1$	$6p^2-1$	$6p^2-1$	$6p^2-1$	$6p^2-1$	$6p^2-1$	$6p^2-1$

证明 $4p^2$ 阶群有十六个.

问题 9　设奇素数 $p>3$ 且 $p\equiv -1(\mathrm{mod}4)$. 试证 $4p^2$ 阶群有十二个.

§6. 分离扩张

在 §4 定理 3° 中说过：若 A 为 G 之交换正规子群，且其阶 $o(A)$ 与它的指数 $[G:A]$ 互素，那末 A 在 G 内有补子群. 从扩张之意义言，就是：当 $(o(A),o(B))=1$ 时，则交换群 A 被 B 之扩张为可分离的. 在 § 4 末又说了交换性这个条件可以省掉，即只要 $(o(A),o(B))=1$，则 A(不必为交换的)被 B 之扩张恒为分

表 XIII

	种类	构造（定义关系）		附注
$2\cdot 3p^2$ 阶群 G (p 奇素数，$p>3$ 且 $3\mid(p-1)$)	表 XI	表 XI 中的 (I_1), (I_2), (I_3), (I_4), (II_1), (II_2), (II_3), (II_4), (II_5), (II_6), (III_1), (III_2), (III_3) 共十三个型		
	III_4	$G=\{a,b,c,g\}$, $a^p=b^p=c^3=g^2=1=[a,b]=[g,c]$, $c^{-1}ac=(ab)^{-1}$, $c^{-1}bc=a$, $g^{-1}ag=a^{\alpha}b^{2\alpha}$, $g^{-1}bg=a^{-2\alpha}b^{-\alpha}$, 但 $3\alpha^2+1\equiv 0(\bmod p)$		
	IV_1	$G=\{a,b,g\}$, $a^{p^2}=1=b^3=g^2$, $b^{-1}ab=a^r$, $g^{-1}ag=a$, $g^{-1}bg=b$	但 $r\not\equiv 1(\bmod p^2)$ 而 $r^3\equiv 1(\bmod p^2)$	
	IV_2	$G=\{a,b,g\}$, $a^{p^2}=1=b^3=g^2$, $b^{-1}ab=a^r$, $g^{-1}ag=a^{-1}$, $g^{-1}bg=b$		
	V_1	$G=\{a,b,c,g\}$, $a^p=b^p=c^3=g^2=1=[a,b]$, $c^{-1}ac=a^r$, $c^{-1}bc=b^r$, $g^{-1}ag=a$, $g^{-1}bg=b$, $g^{-1}cg=c$	但 $r\not\equiv 1(\bmod p)$ 而 $r^3\equiv 1(\bmod p)$	
	V_2	$G=\{a,b,c,g\}$, $a^p=b^p=c^3=g^2=1=[a,b]$, $c^{-1}ac=a^r$, $c^{-1}bc=b^r$, $g^{-1}ag=a^{-1}$, $g^{-1}bg=b^{-1}$, $g^{-1}cg=c$		
	V_3	$G=\{a,b,c,g\}$, $a^p=b^p=c^3=g^2=1=[a,b]$, $c^{-1}ac=a^r$, $c^{-1}bc=b^r$, $g^{-1}ag=a$, $g^{-1}bg=b^{-1}$, $g^{-1}cg=c$		
	VI_1	$G=\{a,b,c,g\}$, $g^{-1}ag=a$, $g^{-1}bg=b$, $g^{-1}cg=c$	$a^p=b^p=c^3=g^2=1=[a,b]$, $c^{-1}ac=a^{-r}b^{-r^2}$, $c^{-1}bc=a$, 但 $r\not\equiv 1$ 而 $r^3\equiv 1(\bmod p)$, 且 $3\alpha^2+1\equiv 0(\bmod p)$	在 VI_3 与 VI_4 时必有 $(2r+1)\alpha\equiv\pm 1(\bmod p)$ 中之一成立. 若为 $(2r+1)\alpha\equiv 1(\bmod p)$, 则表 XII 中的 VI_3 即为此表中的 VI_3; 如果为 $(2r+1)\alpha\equiv -1(\bmod p)$, 则表 XII 中的 VI_3 与 VI_4 分别为此表中的 VI_4 与 VI_3.
	VI_2	$G=\{a,b,c,g\}$, $g^{-1}ag=a^{-1}$, $g^{-1}bg=b^{-1}$, $g^{-1}cg=c$		
	VI_3	$G=\{a,b,c,g\}$, $g^{-1}ag=a^{\alpha}b^{2r\alpha}$, $g^{-1}bg=a^{-2r^2\alpha}b^{-\alpha}$ $g^{-1}cg=c$,		
	VI_4	$G=\{a,b,c,g\}$, $g^{-1}ag=a^{-\alpha}b^{-2r\alpha}$, $g^{-1}bg=a^{2r^2\alpha}b^{\alpha}$ $g^{-1}cg=c$		

密的，通常叫这结果为舒尔 (Schur) 定理，但舒尔只解决了 A 为交换群的情况，后来由查森浩斯 (Zassenhaus) 推广而去掉 A 为交换性的条件，人们现在都习惯地叫这结果为舒尔定理. 舒尔定理是扩展理论中的一个重要问题，也是扩展理论的一个应用，本节专门讨论这个问题，即

定理 1 (舒尔 (Schur) 定理) 设 $A \lhd G$ 且 $(o(A), [G:A]) = 1$，则 A 在 G 内有补子群.

证明 设 $o(A) = k$，$[G:A] = n$，于是 $o(G) = kn$，且 $(k, n) = 1$. 我们的目的就是要证明 G 有一个阶 n 的子群.

当 $k = 1$ 时，A 是单位元群，这时 G 自身即为 A 之补子群. 今令 $k > 1$，并归纳地假定当正规子群的阶小于 k 时定理是成立的.

因 $o(A) = k > 1$，故有素数 p 使 $k = p^\lambda t$ 及 $(p, t) = 1$，且 $\lambda > 0$. 于是，$o(G) = kn$ 与 $(k, n) = 1$ 保证了 $p^\lambda \| o(G)$，即 G 中每个西洛 p-子群 S_p 的阶等于 p^λ；由于 $A \lhd G$ 又知 $S_p \cap A$ 为 A 之西洛 p-子群，故 $o(S_p \cap A) = p^\lambda$，不得不有 $S_p \cap A = S_p$，$S_p \subseteq A$，即 G 之每个西洛 p-子群 S_p 都是 A 的西洛 p-子群，故 G 中西洛 p-子群之个数等于 A 中西洛 p-子群的个数，即

$$[G:N_G(S_p)] = [A:N_A(S_p)]. \tag{1}$$

但从 $N_A(S_p) = N_G(S_p) \cap A$ 又知道

$$\begin{aligned}[G:N_G(S_p)] \cdot [N_G(S_p):N_G(S_p) \cap A] &= [G:N_G(S_p) \cap A] \\ &= [G:N_A(S_p)] = [G:A] \cdot [A:N_A(S_p)],\end{aligned}$$

故利用 (1) 式，得知 $[N_G(S_p):N_G(S_p) \cap A] = [G:A] = n$.

然而因 $N_A(S_p)/S_p = N_G(S_p) \cap A/S_p \lhd N_G(S_p)/S_p$，且又有 $[N_G(S_p)/S_p:N_A(S_p)/S_p] = [N_G(S_p):N_A(S_p)] = n$，故据归纳法的假定，可知 $N_A(S_p)/S_p$ 在 $N_G(S_p)/S_p$ 内有补子群 H/S_p，即 $o(H/S_p) = n$，因而 $o(H) = np^\lambda$.

再设 Z_p 为 S_p 之中心，于是 $Z_p \neq 1$；并因

$$Z_p \subseteq S_p \subseteq H \subseteq N_G(S_p), \quad Z_p \lhd \lhd S_p, \quad S_p \lhd N_G(S_p),$$

故 $Z_p \lhd N_G(S_p)$，因之有 $Z_p \lhd H$ 与 $S_p/Z_p \lhd H/Z_p$. 但指数 $[H/Z_p:S_p/Z_p] = [H:S_p] = o(H/S_p) = n$，故再据归纳法的假定又

知 H/Z_p 有阶 n 的子群 C/Z_p.

因 $o(Z_p)=p^r\ (0<r\leqslant\lambda)$, 故从 $o(C/Z_p)=n$ 可知 $o(C)=np^r$. 但 $(n, p^r)=1$, 且 Z_p 又是 C 的交换正规子群, 故由 §4 定理 3°, 则知 C 含有阶等于 n 的子群 D, 而这个 D 当然也是 G 中阶 n 的子群. 定理 1 证完.

附注 这定理 1 虽是 § 4 定理 3° 的推广, 但证明时仍需用 § 4 的定理 3°, 这是应注意的地方.

定理 1 解决了补子群的存在性, 关于唯一性又有

定理 2 当定理 1 中的 A 或 G/A 中有一个为可解群时, 则 A 在 G 内的两个补子群是共轭的.

证明 仍设 $o(A)=k$, $[G:A]=n$, 于是 $o(G)=kn$, 且 $(k, n)=1$. 令 D 与 F 为 A 在 G 内的两个补子群, 即 $o(D)=o(F)=n$. 因由 $G=AD=AF$, $A\cap D=1=A\cap F$, 得 $D\simeq G/A\simeq F$, 故若令 F 与 D 之 n 个元各表为 g_i 与 g_i' $(i=1,2,\cdots,n)$, 则 $G=\sum\limits_{i=1}^{n}Ag_i=AF$, $G=\sum\limits_{i=1}^{n}Ag_i'=AD$, 且令一一对应 $g_i\rightleftarrows g_i'$ 得完成同构关系 $F\simeq G/A\simeq D$, 即 $Ag_i=Ag_i'$, 故有使

$$g_i'=c_ig_i(c_i\in A)\ \ (i=1,2,\cdots,n)$$

的 A 之 n 个元 $c_1, c_2,\cdots, c_n$. 因之若令 $g_ig_j=g_{i_j}$,

则 $g_i'g_j'=g_{i_j}'$, 故 $c_{i_j}g_{i_j}=g_{i_j}'=g_i'g_j'=c_ig_ic_jg_j=c_i(g_ic_jg_i^{-1})g_ig_j=c_ic_j^{I_{g_i^{-1}}}\cdot g_ig_j=c_ic_j^{I_{g_i^{-1}}}\cdot g_{i_j}$,

符号 I_x 表示由 G 之元 x 所诱导的 G 之内自同构, 即 $I_x\in I(G)$, 于是得知

$$c_{i_j}=c_ic_j^{I_{g_i^{-1}}}. \tag{2}$$

(一) 先设 A 是可解群(它的步命为 l).

若 $l=1$, 则 A 交换, 因而利用 (2) 式得到

$$\prod_{j=1}^{n}c_ic_j^{I_{g_i^{-1}}}=\prod_{j=1}^{n}c_{i_j}=\prod_{j=1}^{n}c_j=x\in A,$$

且 x 与 i 的变化无关 (因当 j 跑遍 $1, 2\cdots\cdots, n$ 时, 对任一个固定的 i 言, i_j 也必跑遍 $1, 2,\cdots\cdots, n$), 故

$$x = \prod_{j=1}^{n} c_i c_j^{I_{g_i^{-1}}} = c_i^n \cdot \prod_{j=1}^{n} c_j^{I_{g_i^{-1}}} = c_i^n \left(\prod_{j=1}^{n} c_j\right)^{I_{g_i^{-1}}} = c_i^n \cdot x^{I_{g_i^{-1}}},$$

于是，
$$c_i^n = x(x^{-1})^{I_{g_i^{-1}}}. \tag{3}$$

然而 $(k, n)=1$ 保证有 n_1 使 $nn_1 \equiv 1 (\bmod k)$，故从 (3) 及 $o(A)=k$ 可知

$$c_i = c_i^{nn_1} = [x \cdot (x^{-1})^{I_{g_i^{-1}}}]^{n_1} = x^{n_1} \cdot (x^{-n_1})^{I_{g_i^{-1}}},$$

故 $g_i' = c_i g_i = x^{n_1} \cdot (x^{-n_1})^{I_{g_i^{-1}}} \cdot g_i = x^{n_1} g_i x^{-n_1} (i = 1, 2, \cdots, n)$，证明了 $D = y^{-1}Fy\ (y = x^{-n_1} \in A)$，即 D 与 F 共轭，说明在 $l = 1$ 时定理成立. 今后只考虑 $l > 1$.

用归纳法，假定定理对于步小于 l 的可解群成立. 作 A 之换位子群 $A' = [A, A]$. 因 $A' \lhd \lhd A$, $A \lhd G$, 故 $A' \lhd G$, 于是，

$$G/A' = A/A' \cdot FA'/A' = A/A' \cdot DA'/A',$$

且

$$A/A' \cap FA'/A' = 1 = A/A' \cap DA'/A';$$

然而 $FA'/A' \simeq F/F \cap A' = F$, $DA'/A' \simeq D/D \cap A' = D$ 说明了 $o(FA'/A') = n = o(DA'/A')$; 又因 $o(A/A') | o(A) = k$，故必有

$$(o(A/A'), o(FA'/A')) = 1 = (o(A/A'), o(DA'/A'));$$

但 A/A' 是交换的，因之根据刚证过的情况可知有 $a \in A$ 使

$$DA'/A' = (a^{-1}A') \cdot FA'/A' \cdot (aA') = a^{-1}(FA')a/A',$$

即 $DA' = (a^{-1}Fa)A' = G_1$ 为 G 之子群. 但对 G_1 言，因 $o(A') | o(A) = k$, $o(D) = o(a^{-1}Fa) = n$，且 $A' \lhd G_1$，而 A' 又是 $l - 1$ 步的可解群，故由 $(o(A'), [G_1 : A']) = (o(A'), n) = 1$ 而据归纳法的假定，可知 D 与 $a^{-1}Fa$ 共轭(在 G_1 内)，因而有 $b \in A' \subseteq A$ 使 $D = b^{-1}(a^{-1}Fa)b = x^{-1}Fx, x = ab \in A$. 即 D 与 F 共轭.

故当 A 为可解群时，定理 2 确成立.

(二) 再讨论 G/A 为可解群.

这时，设 G/A 之合成群列的长为 l. 因为 $D \simeq G/A \simeq F$，故 D 与 F 都是合成群列的长为 l 的可解群.

设$\mathfrak{A}$是F的一个极小正规子群，于是$\mathfrak{A}$为F的一主群列的倒数第二项，故$\mathfrak{A}$是初等交换p-群(第二章§7的定理2). 再令$\mathfrak{B}=D\cap\mathfrak{A}A$，则从$\mathfrak{A}\lhd F\subseteq G$及$A\lhd G$就有$\mathfrak{A}A\lhd FA(=G)$，故从$G=DA=D\cdot\mathfrak{A}A$得知

$$G/\mathfrak{A}A=D\cdot\mathfrak{A}A/\mathfrak{A}A\simeq D/D\cap\mathfrak{A}A=D/\mathfrak{B},$$

即$\mathfrak{B}\lhd D$. 但由**狄氏律**不难证明

$$\mathfrak{B}A=(D\cap\mathfrak{A}A)A=\mathfrak{A}A\cap DA=\mathfrak{A}A\cap G=\mathfrak{A}A,$$

故

$$\mathfrak{A}=\mathfrak{A}/\mathfrak{A}\cap A\simeq\mathfrak{A}A/A=\mathfrak{B}A/A\simeq\mathfrak{B}/\mathfrak{B}\cap A=\mathfrak{B}.$$

因主群列的长不大于合成群列的长，故当$l=1$时就必有$\mathfrak{A}=F$，随而$\mathfrak{B}=D$，因之这时n等于p的幂，即F与D这时都是G之西洛p-子群，当然为共轭的. 故今后只需考虑$l>1$.

用归纳法假定定理对于合成群列的长小于l时是成立的. 因F之合成群列的长$l>1$，而$\mathfrak{A}$又是F的极小正规子群，故不得不有$\mathfrak{A}<F$，因之从$\mathfrak{A}\lhd F$可知$\mathfrak{A}$是F的某合成群列的中间一项，于是$\mathfrak{A}$之合成群列的长小于l，故从$\mathfrak{B}\simeq\mathfrak{A}$，又知$\mathfrak{B}$之合成群列的长也小于$l$. 但对群$H=A\mathfrak{A}=A\mathfrak{B}$言，因$\mathfrak{A}\cap A=1=\mathfrak{B}\cap A$，$A\lhd H$，且$o(\mathfrak{A})=o(\mathfrak{B})$与$o(A)=k$互素，故据归纳法的假定则知有$x\in H$使$\mathfrak{A}=x^{-1}\mathfrak{B}x$.

再令$D_1=x^{-1}Dx$. 因$\mathfrak{A}\lhd F$，故$F\subseteq N_G(\mathfrak{A})$；同理从$\mathfrak{B}\lhd D$得$D\subseteq N_G(\mathfrak{B})$. 于是

$$D_1=x^{-1}Dx\subseteq x^{-1}\cdot N_G(\mathfrak{B})\cdot x=N_G(x^{-1}\mathfrak{B}x)=N_G(\mathfrak{A}).$$

现在来考虑商群$N_G(\mathfrak{A})/\mathfrak{A}$.

若令$A_1=N_G(\mathfrak{A})\cap A$，则从$A\lhd G$可知$A_1\lhd N_G(\mathfrak{A})$，故$A_1\mathfrak{A}\lhd N_G(\mathfrak{A})$，因而有

$$A_1\mathfrak{A}/\mathfrak{A}\lhd N_G(\mathfrak{A})/\mathfrak{A}.$$

但从$F\subseteq N_G(\mathfrak{A})$，又有(利用**狄氏律**)

$$\begin{aligned}A_1F&=(N_G(\mathfrak{A})\cap A)F=N_G(\mathfrak{A})\cap AF\\&=N_G(\mathfrak{A})\cap G=N_G(\mathfrak{A});\end{aligned}$$

同理由$D_1\subseteq N_G(\mathfrak{A})$，又有

$$A_1D_1 = (N_G(\mathfrak{A}) \cap A)D_1 = N_G(\mathfrak{A}) \cap AD_1$$
$$= N_G(\mathfrak{A}) \cap G = N_G(\mathfrak{A});$$

故

$$N_G(\mathfrak{A})/\mathfrak{A} = A_1\mathfrak{A}/\mathfrak{A} \cdot F/\mathfrak{A} = A_1\mathfrak{A}/\mathfrak{A} \cdot D_1/\mathfrak{A}. \tag{4}$$

然而由 $A_1\mathfrak{A}/\mathfrak{A} \simeq A_1/A_1 \cap \mathfrak{A} = A_1$ 可知 $o(A_1\mathfrak{A}/\mathfrak{A}) | k$，但又 $o(F/\mathfrak{A}) | o(F) = n$，故据 $(k, n) = 1$ 得 $(o(A_1\mathfrak{A}/\mathfrak{A}), o(F/\mathfrak{A})) = 1$，即 $F/\mathfrak{A}$ 是 $A_1\mathfrak{A}/\mathfrak{A}$ 在 $N_G(\mathfrak{A})/\mathfrak{A}$ 内的补子群. 同理，$D_1/\mathfrak{A}$ 也是 $A_1\mathfrak{A}/\mathfrak{A}$ 在 $N_G(\mathfrak{A})/\mathfrak{A}$ 内的补子群. 然而可解群

$$F/\mathfrak{A} \simeq (N_G(\mathfrak{A})/\mathfrak{A})/(A_1\mathfrak{A}/\mathfrak{A}) \simeq D_1/\mathfrak{A}$$

之合成群列的长小于 F 之合成群列的长 l，故由 (4) 式而据归纳法的假定，则知有 $y \in N_G(\mathfrak{A})$ 使

$$F/\mathfrak{A} = (\mathfrak{A}y)^{-1} \cdot D_1/\mathfrak{A} \cdot (\mathfrak{A}y) = y^{-1}D_1y/\mathfrak{A},$$

故 $F = y^{-1}D_1y = y^{-1}x^{-1}Dxy = (xy)^{-1}D(xy)$，即 F 与 D 共轭.

至此，定理 2 完全获证.

附注 定理 2 中的条件"A 或 G/A 中有一为可解群"实际上是多余的. 事实上，由 $(o(A), [G:A]) = 1$，即知 $o(A)$ 与 $o(G/A)$ 至少有一个是奇数，而奇阶群必为可解的(文献 [6])，故 A 与 G/A 至少有一个为可解的. 于是合并定理 1 与 2，则有结论：当有限群之正规子群的阶与它的指数互素时，则这正规子群必有补子群，且除共轭者外，补子群还是唯一的.

有了舒尔定理，容易知道有限群与它的弗拉梯尼子群的阶中所含素因数之关系，即有

定理 3 有限群 G 之阶 $o(G)$ 的每个素因数也一定是商群 $G/\Phi(G)$ 之阶的一个素因数，但 $\Phi(G)$ 是 G 之弗拉梯尼子群. (文献[21]的§2)

事实上，设 $o(G) = p_1^{\lambda_1}p_2^{\lambda_2}\cdots p_t^{\lambda_t}$ 为 $o(G)$ 之素因数分解. 若 $\Phi(G) \neq 1$，则 $\Phi(G)$ 之阶必含某一素数 p_j 之最高幂 $p_j^{\sigma_j}$ 中 $\sigma_j > 0$. 由 G 之有限性知 $\Phi(G)$ 为幂零的 (第二章 §5 定理 7 之 (iii))，故 $\Phi(G)$ 有唯一个西洛 p_j-子群 S_j，因之 $S_j \lhd\lhd \Phi(G)$，故再从 $\Phi(G) \lhd\lhd G$ (第二章 §5 定理 7 之 (i)) 得知 $S_j \lhd\lhd G$. 假若 $\sigma_j = \lambda_j$，则

由舒尔定理，知有使

$$G = S_jB \text{ 及 } S_j \cap B = 1$$

的G之子群B，故 $o(B) = \prod_{i \neq j} p_i^{\lambda_i}$，即 $B < G$；但另方面由 $S_j \subseteq \Phi(G)$ 及 $G = S_jB$ 又必有 $G = B$（第二章 §5 定理 7 之 (ii))，产生了矛盾．故不得不有 $\sigma_j < \lambda_j$，即 $G/\Phi(G)$ 之阶含有 $o(G)$ 之每素因数 p_j 为素因数．至于在 $\Phi(G) = 1$ 时，更勿庸论述．因之定理 3 获证．

关于分离扩张，文献 [33, 34, 35] 都论述了扩张能分离的某些充要条件．例如文献 [33] 中一个主要结果是：若A为有限群G的交换正规子群，则G在A上可分离的充要条件是对 $o(G)$ 之每素因数 p，G 之西洛 p- 子群 S_p 在 $S_p \cap A$ 上可分离．文献 [34] 是利用这结果而去掉A之交换性这一条件后来解决相应的结论．文献 [35] 是企图寻找A应满足怎样的条件（必要又充分）才使凡含A为正规子群的群G恒在A上可分离．对这些问题都不作详述，仅摘录其中的片断作为练习题(参看下面的问题 2—5) 来结束这一节．

问题 1　有限非交换的幂零群G的换位子群之阶能否与其指数互素?

问题 2　设G为A之分离扩张，则A与G之中间群T(即T为包含A为子群的G之子群）也是A的分离扩张．（文献 [33] 的 satz1)

问题 3　设 $A \lhd G$，则G之子群C为具性质 $G = AC$ 的G之一个极小子群的充要条件是 $A \cap C \subseteq \Phi(C)$，但 $\Phi(C)$ 为C之弗拉梯尼子群．（文献 [34] 的 546 页)

问题 4　设 $A \lhd G$ 且 $(o(A), [G:A]) = 1$．试证G之任何子群H为 $A \cap H$ 之分离扩张．（文献 [34] 的 548 页)

问题 5　设A为有限群G之交换正规子群．若G在A上可分离，则G之任何西洛 p-子群 S_p 在 $S_p \cap A$ 上也必可分离．（文献 [33] 的 98 页)

问题 6　若非交换群 G 为其中心 $Z(G)$ 之分离扩张，则商群 $G/Z(G)$ 无中心。

问题 7　试证定理 2 中凡阶等于 A 之指数的 G 之子群的个数必为 $o(A)$ 之因数.

§7. 圈　　积

圈积概念是扩展理论中的一个新的概念，也是一个特殊情况，对于构造群的例子是很有用的工具. 利用它容易决定 n 次对称群 $\mathfrak{S}_n$ 之西洛子群.

定义 1　设 G 为群，而 H 为有限个文字之集合 Ω 上的置换群 (不必是可迁的). 所谓 G 与 H 的圈积(用符号 $G\wr H$ 表示)指的是一切符号偶 (φ, h) 的集合，即

$$G\wr H=\{(\varphi, h)\mid h\in H, \varphi \text{ 为 } \Omega \text{ 在群 } G \text{ 内的映射}\},$$

并规定 $(\varphi_1, h_1)(\varphi_2, h_2)=(\varphi_{12}, h_1h_2)$ 为结合法则，但对任 $i\in\Omega$ 有 $\varphi_{12}(i)=\varphi_1(i)\cdot\varphi_2(i^{h_1})$.

附注　所谓 φ 为 Ω 在群 G 内的映射，其意义是对每 $i\in\Omega$ 有 $\varphi(i)\in G$. 设 $\Omega=\{i_1, i_2, \cdots, i_n\}$，则 $\varphi(i_1), \varphi(i_2), \cdots, \varphi(i_n)$ 表示 G 之 n 个元，但它们中允许有相同的；如另 n 个元 $\psi(i_1), \psi(i_2), \cdots, \psi(i_n)$ 具有关系式 $\psi(i_\lambda)=\varphi(i_\lambda)$ 对 $\lambda=1, 2, \cdots, n$ 都成立，就说 $\psi=\varphi$，否则即 n 个等式 $\psi(i_\lambda)=\varphi(i_\lambda)$ $(\lambda=1, 2, \cdots, n)$ 中只要有一个不成立，就说 $\psi\neq\varphi$.

下面要证明有关**圈积** $G\wr H$ 的几个问题.

1) 在圈积 $G\wr H$ 里，结合律成立:

事实上，$[(\varphi_1, h_1)(\varphi_2, h_2)](\varphi_3, h_3)=(\varphi_{12}, h_1h_2)(\varphi_3, h_3)=(\varphi_{12,3}, h_1h_2h_3)$，式中 $\varphi_{12,3}(i)=\varphi_{12}(i)\cdot\varphi_3(i^{h_1h_2})=\varphi_1(i)\varphi_2(i^{h_1})\varphi_3(i^{h_1h_2})$，但 $i\in\Omega$；而 $(\varphi_1, h_1)[(\varphi_2, h_2)(\varphi_3, h_3)]=(\varphi_1 h_1)(\varphi_{23}, h_2h_3)=(\varphi_{1,23}, h_1h_2h_3)$，式中 $\varphi_{1,23}(i)=\varphi_1(i)\varphi_{23}(i^{h_1})=\varphi_1(i)\varphi_2(i^{h_1})\varphi_3((i^{h_1})^{h_2})=\varphi_1(i)\varphi_2(i^{h_1})\varphi_3(i^{h_1h_2})$；故证明了结合律.

2) 对任 $i\in\Omega$ 令 $\varepsilon(i)=1$ (1 为 G 之单位元)，则 $(\varepsilon, 1)$ 为圈

积 $G \wr H$ 之单位元 ($(\varepsilon, 1)$ 中的 1 为 H 之单位元,即恒等置换).

事实上, $(\varepsilon, 1)(\varphi, h) = (\psi, h)$ 中 $\psi(i) = \varepsilon(i) \cdot \varphi(i^1) = \varepsilon(i) \cdot \varphi(i) = \varphi(i)$, 故 $(\varepsilon, 1)(\varphi, h) = (\varphi, h)$, 即 $(\varepsilon, 1)$ 为 $G \wr H$ 之左单位元. 又 $(\varphi, h)(\varepsilon, 1) = (\psi, h)$ 中 $\psi(i) = \varphi(i) \cdot \varepsilon(i^h) = \varphi(i)$, 即表明了 $(\varphi, h)(\varepsilon, 1) = (\varphi, h)$, 或 $(\varepsilon, 1)$ 为 $G \wr H$ 之右单位元. 故 $(\varepsilon, 1)$ 为 $G \wr H$ 之单位元.

3) $G \wr H$ 之每元 (φ, h) 有逆元 (ψ, h^{-1}), 但

$$\psi(i) = [\varphi(i^{h^{-1}})]^{-1}.$$

事实上, $(\psi, h^{-1}) \cdot (\varphi, h) = (\sigma, h^{-1}h) = (\sigma, 1)$ 中 $\sigma(i) = \psi(i)\varphi(i^{h^{-1}}) = [\varphi(i^{h^{-1}})]^{-1} \cdot \varphi(i^{h^{-1}}) = 1$, 即 $\sigma = \varepsilon$; 又 $(\varphi, h) \cdot (\psi, h^{-1}) = (\gamma, hh^{-1}) = (\gamma, 1)$ 中 $\gamma(i) = \varphi(i) \cdot \psi(i^h) = \varphi(i)[\varphi(i^{hh^{-1}})]^{-1} = \varphi(i) \cdot [\varphi(i)]^{-1} = 1 = \varepsilon(i)$, 即 $\gamma = \varepsilon$. 故 (ψ, h^{-1}) 为 (φ, h) 之逆元.

于是得知定义 1 中的**圈积** $G \wr H$ 是一个群.

若 G 为有限群,则因 $G \wr H$ 中元 (φ, h) 之 h 可跑遍 H, 故 h 之取法有 $o(H)$ 个可能性,而 φ 因可为 n 个文字 $i_1, i_2, \cdots, i_n$ 之集合 Ω 在 G 内的任何映射,即对每 i_λ 言 $\varphi(i_\lambda)$ 可为 G 之任何元,于是 $\varphi(i_1), \varphi(i_2), \cdots, \varphi(i_n)$ 都可独立地跑遍 G, 故 Ω 在 G 内的映射之个数等于 $[o(G)]^n$. 因之有

定理 1 有限群 G 与 n 个文字之集合 Ω 上的置换群 H 之圈积 $G \wr H$ 亦为一有限群,其阶等于 $[o(G)]^n \cdot o(H)$.

下面再研究定理 1 中圈积 $G \wr H$ 之构造.

1) 定理 1 中圈积 $G \wr H$ 有一个子群

$$H^* = \{(\varepsilon, h) \mid h \in H, \varepsilon(i) = 1 \text{ 对任 } i \in \Omega\},$$

且 $H^* \simeq H$.

事实上,若 $h_1, h_2 \in H$, 则因 $(\varepsilon, h_1) \cdot (\varepsilon, h_2) = (\varepsilon, h_1h_2)$, 故映射 $h_1 \longleftrightarrow (\varepsilon, h_1)$ 即可完成 $H^* \simeq H$.

2) 圈积 $G \wr H$ 有 n 个子群 $D_1, D_2, \cdots, D_n$, 且每 $D_i \simeq G$. 其中 $D_i = \{(\varphi, 1) \mid \varphi(j) = 1 \text{ 当 } j \neq i \text{ 时}\}$.

事实上, $(\varphi, 1) \in D_i$ 与 $(\psi, 1) \in D_i$ 时, 因 $(\varphi, 1)(\psi, 1) =$

$(\sigma, 1)$ 中 $\sigma(i) = \varphi(i)\psi(i^{1}) = \varphi(i)\psi(i)$ 及 $\sigma(j)=\varphi(j)\psi(j^{-1})=1$ 当 $j \neq i$ 时，故据 D_i 之意义得知 $(\varphi, 1)(\psi, 1) \in D_i$，且同时还证明了映射 $(\varphi, 1)[\in D_i] \to \varphi(i)$ 为 D_i 在 G 内的同态映射. 但对任 $x \in G$，由于有 Ω 在 G 内的这样一个映射 σ 使 $\sigma(i) = x$ 及 $\sigma(j) = 1$ 当 $j \neq i$ 时，即 $(\sigma, 1) \in D_i$，故 D_i 中元 $(\varphi, 1) \to \varphi(i) \in G$ 为 D_i 在 G 上的同态映射. 又对应 $(\varphi, 1) \to \varphi(i)$ 为一对一的是很明显的. 于是证得了每 $D_i \simeq G$.

3) 设 $D = \{(\varphi, 1) | \varphi: \Omega \to G\}$，则 $D \lhd G \wr H$，且有直积 $D = D_1 \times D_2 \times \cdots \times D_n$，但 D_i 是在 2) 中所定义的.

事实上，当 $(\varphi, 1) \in D$ 时，若令 $\varphi(1) = g_1, \varphi(2) = g_2, \cdots, \varphi(n) = g_n$，并作 Ω 在 G 内的这样的映射 φ_i 使 $\varphi_i(i) = g_i$ 及 $\varphi_i(j) = 1$ 当 $j \neq i$ 时，则因有

$$g_1 = \varphi(1) = \varphi_1(1) = \varphi_1(1)\varphi_2(1)\cdots\varphi_n(1),$$
$$g_2 = \varphi(2) = \varphi_2(2) = \varphi_1(2)\varphi_2(2)\cdots\varphi_n(2),$$
$$\cdots\cdots\cdots\cdots\cdots\cdots\cdots\cdots\cdots\cdots$$
$$g_n = \varphi(n) = \varphi_n(n) = \varphi_1(n)\varphi_2(n)\cdots\varphi_n(n),$$

故 $(\varphi, 1) = (\varphi_1, 1)(\varphi_2, 1)\cdots(\varphi_n, 1) \in D_1 \times D_2 \times \cdots \times D_n$，即证明了 $D = D_1 \times D_2 \times \cdots \times D_n$.

其次，作 $G \wr H$ 在 H 上的映射 $\tau: (\varphi, h) \to h = (\varphi, h)^\tau$. 显然，这映射为多对一的；由于 $(\varphi, h)(\psi, h') = (\sigma, hh')$ 中 $(\sigma, hh')^\tau = hh'$，故 $[(\varphi, h)(\psi, h')]^\tau = (\varphi, h)^\tau(\psi, h')^\tau$；因而证明了 τ 为 $G \wr H$ 在 H 上的同态映射；又这同态的核是由 $h = (\varphi, h)^\tau = 1$ 之 (φ, h) 所组成的，故同态之核是由形为 $(\varphi, 1)$ 之元所组成的，即核为 D，也就是 $D \lhd G \wr H$.

4) H^* 为 D 在 $G \wr H$ 内的补子群，且当 $h^* \in H^*$ 时有

$$(h^*)^{-1} D_i h^* = D_{i^h},$$

式中 $h^* = (\varepsilon, h)$，H^* 及 D_i，D 之意义分别在 1)，2)，3) 中.

事实上，当 $(\varphi, h) \in G \wr H$ 时，因显然有

$$(\varphi, h) = (\varphi, 1) \cdot (\varepsilon, h),$$

式中 $\varepsilon(i) = 1$ 对任 $i \in \Omega$，而 $(\varphi, 1) \in D$，$(\varepsilon, h) \in H^*$，故证得了

$G \wr H = DH^*$. 但 $D \cap H^* = 1$ 显然，故 H^* 为 D 之补子群（在 $G \wr H$ 内）.

其次，当 $h^* = (\varepsilon, h) \in H^*$ 及 $d_i = (\varphi, 1) \in D_i$ 时，因而 $\varphi(j) = 1$ 当 $j \neq i$ 时，就有

$$h^{*-1} d_i h^* = (\varepsilon, h)^{-1}(\varphi, 1)(\varepsilon, h) = (\varepsilon, h^{-1})(\varphi, 1)(\varepsilon, h)$$
$$= (\psi, h^{-1})(\varepsilon, h),$$

式中 $\psi(j) = \varphi(j^{h^{-1}})$，因之得到

$$h^{*-1} d_i h^* = (\sigma, 1),$$

而有

$$\sigma(j) = \psi(j) \cdot \varepsilon(j^{h^{-1}}) = \psi(j) = \varphi(j^{h^{-1}});$$

于是当 $j \neq i^h$ 时，有 $j^{h^{-1}} \neq i$，随而 $\sigma(j) = \varphi(j^{h^{-1}}) = 1$，即 $(\sigma, 1) \in D_{i^h}$，证明了 $h^{*-1} D_i h^* = D_{i^h}$.

总括上述，证得了

定理 2 设 H 是 n 个文字集合 Ω 上的置换群，则圈积 $G \wr H$ 有正规子群

$$D = D_1 \times D_2 \times \cdots \times D_n,$$

其中 $D_i = \{(\varphi, 1) | \varphi(j) = 1$ 当 $j \neq i$ 时$\} \simeq G$. 又 $H^* = \{(\varepsilon, h) | h \in H\} \simeq H$（但 $\varepsilon(i) = 1$ 对任 $i \in \Omega$），且 H^* 为 D 在 $G \wr H$ 内的补子群，因而

$$G \wr H / D \simeq H^*.$$

又以 H^* 之元 $h^* = (\varepsilon, h)$ 变 D_i 之形而有 $h^{*-1} D_i h^* = D_{i^h}$. 特当 G 为有限群时，$o(G \wr H) = o(G)^n \cdot o(H)$.

附注 特当 $H = 1$，即 H 仅由恒等置换而成时，则 $D = G \wr 1$；故今后也就常写 $D = G \wr 1$.

关于圈积的西洛子群，不难证明下面的

定理 3 设 G_p 为有限群 G 的西洛 p-子群，H_p 为 n 个文字之集 Ω 上置换群 H 的西洛 p-子群，则 $G_p \wr H_p$ 为 $G \wr H$ 的西洛 p-子群.

事实上，由定理 1 或定理 2，得知 $o(G_p \wr H_p) = o(G_p)^n \cdot o(H_p)$，$o(G \wr H) = o(G)^n \cdot o(H)$，因而 $o(G_p \wr H_p)$ 等于整除

$o(G \wr H)$ 之 p 的最高幂，故云.

利用圈积的概念，容易求 n 次对称群 $\mathfrak{S}_n$ 的西洛子群.

事实上，$o(\mathfrak{S}_n) = n!$. 易知能整除 $n!$ 的 p 之最高幂等于 p^M，但 $M = \left[\frac{n}{p}\right] + \left[\frac{n}{p^2}\right] + \left[\frac{n}{p^3}\right] + \cdots$，$\left[\frac{n}{p}\right]$ 是不超过 $\frac{n}{p}$ 的最大整数.

再用 p 进制法来表示 n，即写为

$$n = a_0 p^u + a_1 p^{u-1} + \cdots + a_{u-1} p + a_u, \tag{1}$$

但 $0 \leqslant$ 每 $a_i \leqslant p-1$，于是得知

$$M = a_0(p^{u-1} + p^{u-2} + \cdots + p + 1) + a_1(p^{u-2} + \cdots + p + 1) + \cdots + a_{u-1}. \tag{2}$$

特在 $n = p^r$ 时，则 p^r 次对称群 $\mathfrak{S}_{p^r}$ 的西洛 p–子群之阶等于 p^{N_r}，其中 $N_r = p^{r-1} + p^{r-2} + \cdots + p + 1$. 于是，就可知道：如果能作出 $\mathfrak{S}_p, \mathfrak{S}_{p^2}, \cdots, \mathfrak{S}_{p^u}$ 的西洛子群，则 $\mathfrak{S}_n$ 的西洛子群也就可很容易地作出，但 n 为如 (1) 式所表示. 这是由于将 n 个文字分成每组含 p^u 个文字的 a_0 组，每组含 p^{u-1} 个文字的 a_1 组，……，每组含 p 个文字的 a_{u-1} 组，以及含单个文字为一组的共 a_u 组后，若对每一组上的对称群都作其相应的西洛子群，然后作它们的直积 P，这样就得到了一个阶为 p^M 的子群，M 如 (2) 式所表示，因而 P 自然是 $\mathfrak{S}_n$ 的一个西洛 p–子群. 所以下面就来讨论作 $\mathfrak{S}_p, \mathfrak{S}_{p^2}, \cdots, \mathfrak{S}_{p^r}$ 之西洛 p–子群的具体方法.

因 $\mathfrak{S}_p$ 的西洛 p–子群之阶等于 p，故必为阶 p 之循环群，因之由一个 p 项循环 $\alpha_1 = (1, 2, \cdots, p)$ 所生成的 p 阶循环群 $\{\alpha_1\}$ 是 p 个文字 $1, 2, \cdots\cdots, p$ 上对称群 $\mathfrak{S}_p$ 的一个西洛 p–子群. 注意 p^2 个文字 $1, 2, \cdots\cdots, p^2$ 上的对称群 $\mathfrak{S}_{p^2}$ 有一个子群等于 p 个 p 阶循环群之直积，这 p 个 p 阶循环群分别由 p 项循环 $\alpha_1 = (1, 2, \cdots, p)$，$\alpha_2 = (p+1, p+2, \cdots, 2p)$，$\cdots$，$\alpha_p = (p^2 - p + 1, p^2 - p + 2, \cdots, p^2)$ 所生成的. 再作置换

$$\beta = (1, p+1, 2p+1, \cdots, p^2 - p + 1)(2, p+2, 2p+2, \cdots, p^2 - p + 2)\cdots$$

$$(p, 2p, 3p, \cdots, p^2),$$

显然 $o(\beta) = p$，且有 $\beta^{-1}\alpha_i\beta = \alpha_{i+1}$（脚指标是按模 p 而取的）. 于是由 β 及 $\alpha_1, \alpha_2, \cdots, \alpha_p$ 所生成的 $\mathfrak{S}_{p^2}$ 之子群 $P_2 = \{\alpha_1, \alpha_2, \cdots, \alpha_p, \beta\}$ 的阶为 p^{p+1}，故 P_2 为 $\mathfrak{S}_{p^2}$ 之西洛 p–子群. 但据圈积之意义可知 $\{\beta\}\wr\{\alpha_1\}$ 之阶为 p^{p+1}，并由定理 2 知 $\{\beta\}\wr\{\alpha_1\} = (D_1 \times D_2 \times \cdots \times D_p) \cdot H^*$，式中 $D = D_1 \times \cdots \times D_p \lhd \{\beta\}\wr\{\alpha_1\}$，$D \cap H^* = 1$，每 $D_i \simeq \{\beta\} \simeq \{\alpha_1\} \simeq \{\alpha_2\} \simeq \cdots \simeq \{\alpha_p\}$，且 $H^* \simeq \{\alpha_1\} \simeq \{\beta\}$，因之 $D \simeq \{\alpha_1\} \times \{\alpha_2\} \times \cdots \times \{\alpha_p\}$，故以同构关系言应有 $\{\beta\}\wr\{\alpha_1\} \simeq \{\alpha_1\} \times \{\alpha_2\} \times \cdots \times \{\alpha_p\} \cdot \{\beta\} = P_2$，即可视为 $P_2 = \{\beta\}\wr\{\alpha_1\}$.

一般言之，设 P_r 为 p^r 个文字 $1, 2, \cdots\cdots, p^r$ 上的对称群 $\mathfrak{S}_{p^r}$ 之西洛 p–子群. 考虑 p^{r+1} 个文字 $1, 2, \cdots\cdots, p^r, \cdots, 2p^r, \cdots, p^{r+1}$ 上的对称群 $\mathfrak{S}_{p^{r+1}}$. 选取 $\mathfrak{S}_{p^{r+1}}$ 之阶 p 的一元

$$c = [1, p^r + 1, 2p^r + 1, \cdots, (p-1)p^r + 1]\cdots$$
$$[j, p^r + j, 2p^r + j, \cdots, (p-1)p^r + j]\cdots,$$

其中 $j = 1, 2, \cdots, p^r$，则易看出 $P_r^{(i)} = c^{-i}P_rc^i$ 为 p^r 个文字 $ip^r + 1, ip^r + 2, \cdots, (i+1)p^r$ 上的置换群，且其阶为 p^{N_r}. 因为 p 个 $P_r^{(i)}$ $(i = 0, 1, \cdots, p-1)$ 均为文字两两互异之组上的置换群，故由它们所生成的群即等于它们的直积，即

$$\{P_r, P_r^{(1)}, P_r^{(2)}, \cdots, P_r^{(p-1)}\} = P_r \times P_r^{(1)} \times P_r^{(2)} \times \cdots \times P_r^{(p-1)}.$$

于是，c 与 P_r 所生成的群 $\{c, P_r\}$ 之阶等于 p^{pN_r+1}. 但 $pN_r + 1 = p[p^{r-1} + \cdots + p + 1] + 1 = p^r + \cdots + p^2 + p + 1 = N_{r+1}$，故 c 与 P_r 生成的群 $\{c, P_r\} = P_{r+1}$ 为 p^{r+1} 个文字上对称群 $\mathfrak{S}_{p^{r+1}}$ 的西洛 p–子群.

如果把 P_r 看做是 p^r 个文字 $1, 2, \cdots, p^r$ 上的置换群，而取 c 作为 p 项循环 $c = (u_0, u_1, \cdots, u_{p-1})$，则圈积 $P_r\wr\{c\}$ 得视为符号 (i, u_j) 上的置换群 $(i = 1, 2, \cdots, p^r; j = 0, 1, \cdots, p-1)$. 若将符号 (i, u_j) 改写为 $i + jp^r$，即令 $(i, u_j) \equiv i + jp^r$，则由定理 2 可看出如上所定义的 P_{r+1} 恰等于圈积 $P_r\wr\{c\}$. 这说明了作 $\mathfrak{S}_{p^{r+1}}$ 之西洛 p–子群时，只需先作 $\mathfrak{S}_{p^r}$ 之西洛 p–子群 P_r，再作 P_r 与

另一个 p 项循环 $c=(u_0, u_1, \cdots, u_{p-1})$ 之圈积 $P_r\{\wr c\}$，并视符号 $(i, u_j)\equiv i+jp^r$ $(i=1, 2, \cdots, p^r;\ j=0, 1, \cdots, p-1)$ 后，可知 $P_r\wr\{c\}$ 即为 p^{r+1} 个文字 $1, 2, \cdots, p^r, \cdots, p^{r+1}$ 上的对称群 $\mathfrak{S}_{p^{r+1}}$ 之西洛 p-子群．至于具体作 $\mathfrak{S}_{p^{r+1}}$ 之西洛子群之方法可参看上段．

令以 $p=2$ 为例，来求 $\mathfrak{S}_8$ 之西洛 2-子群．很显然，$\mathfrak{S}_2$ 之西洛子群 $P_1=\{a_1\}$，$a_1=(1, 2)$，于是 $\mathfrak{S}_4$ 之西洛 2-子群为 $P_2=\{a_1, b_1\}$，$b_1=(1, 3)(2, 4)$，故 $\mathfrak{S}_8$ 之西洛 2-子群为 $P_3=\{a_1, b_1, c_1\}$，$c_1=(1, 5)(2, 6)(3, 7)(4, 8)$．

同理，为求 $\mathfrak{S}_{27}$ 之西洛 3-子群，先求 $\mathfrak{S}_3$ 之西洛 3-子群 $P_1=\{\alpha\}$，$\alpha=(1, 2, 3)$；再求 $\mathfrak{S}_9$ 之西洛 3-子群 $P_2=\{\alpha, \beta\}$，$\beta=(1, 4, 7)(2, 5, 8)(3, 6, 9)$；于是可得 $\mathfrak{S}_{27}$ 之一个西洛 3-子群为 $P_3=\{\alpha, \beta, \gamma\}$，但 $\gamma=(1, 10, 19)(2, 11, 20)(3, 12, 21)(4, 13, 22)(5, 14, 23)(6, 15, 24)(7, 16, 25)(8, 17, 26)(9, 18, 27)$．

问题　求 $\mathfrak{S}_{21}$ 的西洛 2-子群及西洛 3-子群．

第五章　p-群

p-群的重要性已在第二章里说过，例如有限循环、交换、幂零群都可表写为 p-群的直积，有限可解群虽不能写成 p-群之直积，但可写为两两互相可交换的一些 p-群之积(如西洛基底)．因有限群大致可分为两类，一类是有限单群，一类是有限可解群，故从有限可解群的分解定理来看，足以说明 p-群的理论在有限群中的重要地位．在这章里我们只讨论 p-群的几个基本问题：（一）p-群的基本性质，（二）四元数群，哈密尔顿 (Hamilton)群，（三）有条件限制的 p-群，（四）p-群的自同构群．

关于 p-群的进一步的探索，例如 p-群的表写(构造)、正则 p-群等等都留在下册里面去讨论．

§1. p-群的基本性质

既要研究 p-群，当然首先应弄清楚 p-群具有怎样一些基本性质，便于后面引用．这就是本节的目的．

因为 p-群是幂零群，所以有限幂零群的一些很基本的性质当然在 p-群里都成立：例如，p-群的中心不为单位元群；p-群的真子群恒小于它的正规化子，因而为这 p-群的次正规子群，由是也必为这 p-群之某个合成群列的一项；p-群中异于 1 的正规子群总含有这 p-群的非单位元之中心元．等等．

今后，恒假定 p-群 G 的阶为 p^n，即 $o(G)=p^n$．

G 之有限性保证了 G 有极大子群与极小子群．今问它们对 G 之关系怎样？若 K 为 G 之一极大子群，则由 G 之幂零性知 $K\lhd G$，且商群 G/K 无真子群，因而为素数阶的(循环)群，当然有 $G'=[G,G]\subseteq K$．于是有

定理 1 p^n 阶 p-群 G 之每个极大子群 K 恒为正规的且有指数 $[G:K]=p$（或 $o(K)=p^{n-1}$），并包含 G 的换位子群.

附注 定理 1 实际上也是第二章 § 4 定理 7 之推论 1 的重复. 在下面我们还会知道其个数必 $\equiv 1\ (\bmod p)$. 参看下面的定理 7 或 8.

p-群之极大子群既是正规的且有指数 p，再问其极小子群又怎样呢？易知极小子群的阶为 p，但不一定是正规的；于是问：p-群 G 之极小正规子群 M 又怎样呢？由 $M\lhd G$ 及 G 之幂零性得知 $M\cap Z(G)\neq 1$，故从 $M\cap Z(G)\lhd G$ 以及 M 在 G 内的极小正规性就应有 $M\cap Z(G)=M$，即 $M\subseteq Z(G)$，故 M 之子群也是 G 的正规子群，因而再据 M 之极小正规性可知 M 自身没有异于 1 的真子群，不得不有 $o(M)=p$，即有下面的

定理 2 p-群 G 之极小正规子群的阶等于 p 且包含在 G 之中心内.

附注 还可知道极小子群与极小正规子群的个数都 $\equiv 1(\bmod p)$，参看下面的定理 7 与定理 8.

用完全同样的方法可证明

定理 2′ 任何幂零群的极小正规子群必包含在原群的中心内，随而其阶为一素数.

由定理 2，易证

定理 3 p-群的主群列也是它的合成群列.

事实上，设 $1=G_0<G_1<G_2<\cdots<G_{r-1}<G_r=G$ 为 p-群 G 的一个主群列，于是 G_i/G_{i-1} 是 G/G_{i-1} 之极小正规子群（$i=1,2,\cdots,r-1$），故由定理 2 知 $o(G_i/G_{i-1})=p$（$i=1,2,\cdots,r-1$）；又据主群列之意义知 G_{r-1} 为 G 之极大正规子群，不仅如此而且还知 G_{r-1} 为 G 之极大子群（因不然的话，则如 $G_{r-1}<H<G$ 之 G 之极大子群 H 存在，随而由定理 1 得 $H\lhd G$，而与 G_{r-1} 在 G 内的极大正规性相矛盾），故 $o(G/G_{r-1})=p$（定理 1）. 这足以说明每 G_{i-1} 是 G_i 的一个极大正规子群（$i=1,\cdots,r$），即

$$1=G_0<G_1<G_2<\cdots<G_{r-1}<G_r=G$$

是G之合成群列．证完．

用完全类似的方法，可证

定理 3′ 有限幂零群的主群列也是合成群列．

由定理 3，显然得知下面的

推论 1 p^n 阶 p–群 G 对每 $i=1,2,\cdots,n-1$ 都至少有一个阶 p^i 的正规子群．

附注 实际上，阶为 p^i 之正规子群的个数 $\equiv 1(\mathrm{mod}\, p)$．参看下面定理 7．

由是又有

推论 2 对有限幂零群 G 之阶 $o(G)$ 的每个因数 h，G 恒有阶 h 的正规子群．

事实上，令 $o(G)$ 之素因数分解为 $o(G)=p_1^{\lambda_1}p_2^{\lambda_2}\cdots p_t^{\lambda_t}$，$h=p_1^{\sigma_1}p_2^{\sigma_2}\cdots p_t^{\sigma_t}$（每 $\sigma_i\leqslant\lambda_i$），于是因 $G=S_{p_1}\times S_{p_2}\times\cdots\times S_{p_t}$，$S_{p_i}$ 是G之唯一的一个西洛 p_i–子群，故每 S_{p_i} 至少有一个阶为 $p_i^{\sigma_i}$ 的正规子群 H_i（推论 1），因之由于S_{p_i}为G之直因子又知 $H_i\lhd G$，所以

$$H=\{H_1,H_2,\cdots,H_t\}=H_1H_2\cdots H_t$$
$$=H_1\times H_2\times\cdots\times H_t\lhd G$$

且 $o(H)=h$，证完．

上面是从 p–群的极大子群与极小子群着眼，看它们对 p–群的影响怎样所探索出来的一些性质．我们再从 p–群的交换性与非交换性来考虑．已知 p 阶群为循环群，p^2 阶群为交换群，于是非交换 p–群的阶至少等于 p^3． 今问非交换 p–群 G 的阶恰为 p^3 时，G 究竟有怎样的性质呢？ 这时由于G之非交换性与幂零性可知 $1<Z(G)<G$ 与 $1<G'=[G,G]<G$，由于 $G/Z(G)$ 不能为循环群（第一章 §7 定理 10）可知必有 $o(G/Z(G))=p^2$，即 $o(Z(G))=p$，因之 $G/Z(G)$ 是交换的而有 $G'=[G,G]\subseteq Z(G)$，故这时不得不有 $G'=Z(G)$，即证得了

定理 4 p^3 阶非交换 p–群之中心和换位子群是一致的，而为 p 阶循环群．

对于任意的非交换 p-群也有较定理 4 更一般性的结论，即

定理 5 非交换 p-群之以其换位子群或中心为模的商群，其阶必能被 p^2 所整除.

事实上，由 G 之非交换性知 $G/Z(G) > 1$，但 $G/Z(G)$ 又不能为循环群，故 $p^2 | o(G/Z(G))$. 然而 G 之幂零性又保证了 G 有上中心列

$$1 = Z_0 < Z_1 < \cdots < Z_{m-1} < Z_m = G,$$

式中 $Z_i/Z_{i-1} = Z(G/Z_{i-1})(i = 1, 2, \cdots, m)$，于是由于 $(G/Z_{m-2})/(Z_{m-1}/Z_{m-2})$ 不能为循环群可知与它同构的群 G/Z_{m-1} 也不是循环的，就不得不有 $p^2 | o(G/Z_{m-1})$；但 G/Z_{m-1} 之交换性又保证了 $G' = [G, G] \subseteq Z_{m-1}$，由是当然有 $o(G/Z_{m-1}) | o(G/G')$，故又得 $p^2 | o(G/G')$. 证完.

定理 5 之证明的关键在 G 之非交换性与幂零性这两点，故用完全类似的方法可证得

定理 5′ 有限非交换幂零群之以其换位子群或中心为模的商群，其阶都能至少含两个素因数(异或同).

下面再讨论 p-群之子群的个数这个问题. 当然，要假定 p^n 阶 p-群 G 不是循环群，因为对循环群之阶的每因数 h，这循环群恒有唯一个阶 h 的子群，早在第一章 §4 里就说过. p-群中除循环群外就只有初等交换群较简单些，我们就从初等交换 p-群先谈起.

设 $o(G) = p^n$ 且 G 为初等交换的. 于是 G 中除单位元外各元的阶为 p，故 G 有 $p^n - 1$ 个阶 p 的元. 又知 G 恒有阶 p^r 的子群 $(r = 1, 2, \cdots, n-1)$，今用记号 $N_{n,r}$ 表示 p^n 阶初等交换群 G 中 p^r 阶子群的个数.

由于 G 中每个 p 阶子群含 $p-1$ 个阶 p 的元，且任二个 p 阶子群又无公共元(除单位元外)，故 G 中 $p^n - 1$ 个阶 p 的元得分居在 $(p^n - 1)/(p-1)$ 个 p 阶子群里面，即 G 中 p 阶子群之个数应等于

$$N_{n,1} = (p^n - 1)/(p - 1).$$

再令 P_k 为 p^n 阶初等交换群 G 的一个 p^k 阶子群，于是商群

G/P_k 为 p^{n-k} 阶的初等交换群，故据刚才上段所说的理由得知 G/P_k 中 p 阶子群有

$$N_{n-k,1}=\frac{p^{n-k}-1}{p-1}$$

个，这也就是说 p^n 阶初等交换群 G 中凡包含 P_k 为子群的 p^{k+1} 阶子群之个数等于 $N_{n-k,1}$. 因之，当 P_k 跑遍 G 中一切 p^k 阶子群时，就得到了 G 中 $N_{n-k,1}\cdot N_{n,k}$ 个 p^{k+1} 阶子群（当然其中必出现有重复的），并且 G 中 $N_{n,k+1}$ 个 p^{k+1} 阶子群也完全都在里面.

但因 G 中每个 p^{k+1} 阶子群也是初等交换的，故它应包含 $N_{k+1,k}$ 个 p^k 阶子群，于是 G 中每个 p^{k+1} 阶子群在上段所说的 $N_{n-k,1}\cdot N_{n,k}$ 个内面都要重复 $N_{k+1,k}$ 次，故结果必有 $N_{n-k,1}\cdot N_{n,k}=N_{n,k+1}\cdot N_{k+1,k}$，即

$$N_{n,k+1}=\frac{N_{n-k,1}\cdot N_{n,k}}{N_{k+1,k}}. \tag{1}$$

今以 $k=1$ 代入 (1) 式中，得

$$N_{n,2}=\frac{N_{n-1,1}\cdot N_{n,1}}{N_{2,1}}=\left(\frac{p^{n-1}-1}{p-1}\cdot\frac{p^n-1}{p-1}\right)\Big/\frac{p^2-1}{p-1}$$
$$=\frac{(p^n-1)(p^{n-1}-1)}{(p-1)(p^2-1)},$$

故与公式 $N_{n,1}=\dfrac{p^n-1}{p-1}$ 合并，看出了规律性，可归纳地假定（对 k 言）

$$N_{n,k}=\frac{(p^n-1)(p^{n-1}-1)\cdots(p^{n-k+1}-1)}{(p-1)(p^2-1)\cdots(p^k-1)}, \tag{2}$$

由是再利用公式 (1) 可知

$$N_{n,k+1}=\frac{N_{n-k,1}\cdot N_{n,k}}{N_{k+1,k}}=\frac{p^{n-k}-1}{p-1}$$
$$\cdot\frac{(p^n-1)(p^{n-1}-1)\cdots(p^{n-k+1}-1)}{(p-1)(p^2-1)\cdots(p^k-1)}\Big/$$
$$\frac{(p^{k+1}-1)(p^k-1)\cdots(p^2-1)}{(p-1)(p^2-1)\cdots(p^k-1)}$$

$$=\frac{(p^n-1)(p^{n-1}-1)\cdots(p^{n-k+1}-1)(p^{n-k}-1)}{(p-1)(p^2-1)\cdots(p^k-1)(p^{k+1}-1)},$$

说明了用归纳法证明了公式(2)的正确性．这也就证明了下面的

定理 6 p^n 阶初等交换群 G 中 p^r 阶子群的个数为

$$N_{n,r}=\frac{(p^n-1)(p^{n-1}-1)\cdots(p^{n-r+1}-1)}{(p-1)(p^2-1)\cdots(p^r-1)}.$$

由这定理 6，又得下面的

推论 $N_{n,r}\equiv 1(\bmod p)$，且 $N_{n,r}=N_{n,n-r}$.

事实上，由定理 6 可知

$$N_{n,r}\cdot\prod_{i=1}^{r}(p^i-1)=\prod_{j=n-r+1}^{n}(p^j-1),$$

再展开左、右两边，就得到 $(-1)^r\cdot N_{n,r}\equiv(-1)^r(\bmod p)$，即 $N_{n,r}\equiv 1(\bmod p)$.

又因

$$\prod_{i=1}^{n}(p^i-1)=\prod_{j=1}^{r}(p^j-1)\cdot\prod_{j=r+1}^{n}(p^j-1)$$
$$=\prod_{k=1}^{n-r}(p^k-1)\cdot\prod_{k=n-r+1}^{n}(p^k-1),$$

故

$$\frac{\prod_{k=n-r+1}^{n}(p^k-1)}{\prod_{j=1}^{r}(p^j-1)}=\frac{\prod_{j=r+1}^{n}(p^j-1)}{\prod_{k=1}^{n-r}(p^k-1)},$$

即 $N_{n,r}=N_{n,n-r}$. 证完.

当 p-群为初等交换群时，其中 p^r 阶子群之个数 $N_{n,r}$ 由定理 6 之公式能计算出，因而可知 $N_{n,r}\equiv 1(\bmod p)$；然而当 p^n 阶 p-群 G 不为初等交换群时，其 p^r 阶子群之确切个数 m_r 虽难以估计，但仍有关系式 $m_r\equiv 1(\bmod p)$，而且也知道 G 中 p^r 阶正规子群的个数 n_r 也有 $n_r\equiv 1(\bmod p)$ 的关系式．这些都是 $N_{n,r}\equiv 1(\bmod p)$ 的推广，今分述于下.

先解决下面的

定理 7 任何 p-群 G 中 p^r 阶正规子群的个数 n_r 有 $n_r \equiv 1(\mathrm{mod}\,p)$.

证明 设 $o(G)=p^n$. 当 $n=1$ 时，定理显然正确（因这时 $r=0$ 或 1，只这二个可能）. 今用归纳法假定我们的定理 7 对于比 p^n 小的阶之 p-群言是成立的.

据定理 3 的推论 1 已知 G 至少有一个 p 阶正规子群 P，于是由定理 2 知 $P\subseteq Z(G)$，因之 G 中任二个 p 阶正规子群之积为直积且是初等交换的. 再取 G 的另一个 p 阶正规子群，如它已包含在上述二个之直积内，就丢掉它；如它不在上述二个之直积内，则它与上述直积的积必为三个 p 阶正规子群的直积；用这样的方法继续做下去，由于 G 中 p 阶正规子群之个数是有限的，故结果可知 G 中一切 p 阶正规子群得生成 G 的一个初等交换正规子群 A. 由于 $A\subseteq Z(G)$，可知 A 的每个 p 阶子群又必是 G 的正规子群，于是 G 中 p 阶正规子群之全部也就是 A 中 p 阶子群的全部，故 A 中 p 阶子群的个数也等于 n_1，随而据定理 6 之推论则有 $n_1\equiv 1(\mathrm{mod}\,p)$.

今令 G 中 n_1 个 p 阶正规子群表为 $P_j(j=1,2,\cdots,n_1)$，于是 $P_j(j=1,2,\cdots,n_1)$ 也是 A 的所有 p 阶子群. 设商群 G/P_j 中 p^{r-1} 阶正规子群的个数为 a_j，则因 $o(G/P_j)=p^{n-1}$，故由归纳法的假定可知每 $a_j\equiv 1(\mathrm{mod}\,p)$，于是，

$$\sum_{j=1}^{n_1} a_j \equiv n_1 \equiv 1(\mathrm{mod}\,p).$$

注意 a_j 的意义，则知 G 中包含 P_j 的 p^r 阶正规子群之个数等于 a_j，因而包含 $P_1,P_2,\cdots,P_{n_1}$ 中至少一个的 G 之 p^r 阶正规子群的总个数为 $\sum\limits_{j=1}^{n_1} a_j$（当然，在这总个数里每 p^r 阶正规子群可能出现重复若干次）. 但因 G 中每个 p^r 阶正规子群 $C_r^{(i)}(i=1,2,\cdots,n_r)$ 又必包含 G 的一个（至少一个）p 阶正规子群为其子群（定理 3），故 G 中 n_r 个 p^r 阶正规子群 $C_r^{(1)},C_r^{(2)},\cdots,C_r^{(n_r)}$ 都在上述的总个数 $\sum\limits_{j=1}^{n_1} a_j$ 中出现. 如令 $C_r^{(i)}$ 在总数 $\sum\limits_{j=1}^{n_1} a_j$ 中出现 b_i 次 $(i=1,2,\cdots,$

n_r)，就不得不有

$$\sum_{i=1}^{n_r} b_i = \sum_{j=1}^{n_1} a_j \equiv n_1 \equiv 1(\bmod p). \tag{3}$$

所谓 $C_r^{(i)}$ 在总数 $\sum\limits_{j=1}^{n_1} a_j$ 中出现 b_i 次，指的是 $P_1, P_2, \cdots, P_{n_1}$ 中有且只有 b_i 个包含在 $C_r^{(i)}$ 内．为简单计，设 $P_1, P_2, \cdots, P_{b_i}$ 是包含在 $C_r^{(i)}$ 内的 G 中 b_i 个 p 阶正规子群，于是

$$\{P_1, P_2, \cdots, P_{b_i}\} = B \subseteq A \subseteq Z(G),$$

故 B 之 p 阶子群也是 G 的 p 阶正规子群．但因 $B \subseteq C_r^{(i)}$，故 B 之 p 阶子群也是包含在 $C_r^{(i)}$ 内的 G 之 p 阶正规子群，于是因包含在 $C_r^{(i)}$ 内的 G 之 p 阶正规子群只有 $P_1, P_2, \cdots, P_{b_i}$ 这 b_i 个，故 B 之 p 阶子群也恰只有 $P_1, P_2, \cdots, P_{b_i}$ 这 b_i 个，因而由 B 之初等交换性而据定理 6 的推论可知有 $b_i \equiv 1(\bmod p)$，所以再利用 (3) 式就得到

$$n_r \equiv \sum_{i=1}^{n_r} b_i \equiv 1(\bmod p).$$

故由归纳法知定理 7 完全获证．

由是不难证明下面的

定理 8 任何 p-群 G 中 p^r 阶子群的个数 m_r 恒有 $m_r \equiv 1(\bmod p)$.

事实上，G 中 p^r 阶子群的全部可分为两类：一类全由 G 之正规子群而组成，其个数为 n_r；另一类中的都是 G 之非正规子群，个数令为 t_r；于是 $m_r = n_r + t_r$．据定理 7 已知有 $n_r \equiv 1(\bmod p)$. 但 t_r 个 p^r 阶非正规子群又可分为许多共轭子群类，而每共轭类中之个数又是 $o(G)$ 之大于 1 的因数，因而能被 p 整除，因之有 $t_r \equiv 0(\bmod p)$，故结果有 $m_r \equiv 1(\bmod p)$．证完．

证明定理 8 之过程中，附带地也解决了

推论 p-群 G 之 p^r 阶非正规子群的个数恒为 p 之倍数.

在第二章讲西洛定理时，有这样的结论：若 $p^r \| o(G)$——G 不限为 p-群，则 G 中 p^r 阶子群之个数 $\equiv 1(\bmod p)$．弗罗扁尼斯

(Frobenius) 推广了这结果：只要 $p^r|o(G)$，则 G 中 p^r 阶子群之个数 $\equiv 1(\bmod p)$. 这个由弗罗扁尼斯所推广的结果，曾经由 H. 维兰德给出巧妙的证法，我们在第二章 § 1 的定理 1 里已早有记载. 所以有了第二章 § 1 的定理 1，这里的定理 8 实属多余的，之所以还写它的原因不过是想借定理 6 中明确的公式推导定理 6 之推论、定理 7 与定理 8，别无他意.

我们现在再推广弗罗扁尼斯定理，而有

定理 9 设 $p^\alpha \| o(G)$，H 为 G 中 p^β 阶的子群 $(0 \leqslant \beta \leqslant \alpha)$，则 G 中凡含 H 为子群的 $p^{\beta+k}$ 阶 $(\beta \leqslant \beta + k \leqslant \alpha)$ 子群之个数必 $\equiv 1\ (\bmod p)$.

附注 当 $\beta = 0$ 时，定理 9 即为弗罗扁尼斯定理.

先解决下面的

引理 1 设 $o(G) = p^\alpha$，$H < G$ [即 $o(H) = p^\beta$ 且 $\beta < \alpha$]，则 G 中含 H 且阶为 $p^{\alpha-1}$ 的子群之个数必 $\equiv 1(\bmod p)$.

事实上，因这时 G 为 p-群，故 H 在 G 内是次正规的，即 H 为 G 之某合成群列的一项，因而得知 G 至少有一个阶 $p^{\alpha-1}$ 的子群(当然是正规的)包含 H；于是若令 D 为 G 中所有含 H 的 $p^{\alpha-1}$ 阶子群的交，则 $D \lhd G$ 且 $H \subseteq D$. 由是很容易看出：G 中含 H 的 $p^{\alpha-1}$ 阶子群的全体与 G 中含 D 的 $p^{\alpha-1}$ 阶子群之全体是一致的. 但后者的个数等于商群 G/D 中指数为 p 的子群之个数，故由定理 8 知这个数 $\equiv 1(\bmod p)$，因之 G 中含 H 的 $p^{\alpha-1}$ 阶子群之个数 $\equiv 1(\bmod p)$. 引理 1 证完.

现在来证明定理 9.

当 $k = 0$ 时，结论是正确的，因为这时只有 H 一个. 今归纳地假定当 $k \leqslant r - 1$ 时结论是成立的，而令

$$C_1,\ C_2, \cdots,\ C_{l_{r-1}} \tag{4}$$

为 G 中凡含 H 且阶等于 $p^{\beta+r-1}$ 的子群之全体，则据归纳法的假定可知 $l_{r-1} \equiv 1(\bmod p)$. 再令

$$F_1,\ F_2, \cdots,\ F_{t_r} \tag{5}$$

为 G 中凡含 H 且阶等于 $p^{\beta+r}$ 的子群之全部. 所以今后的目的是要

据 $l_{r-1} \equiv 1(\mathrm{mod}\, p)$ 能证明 $t_r \equiv 1(\mathrm{mod}\, p)$.

为此，令包含 (4) 式中某一个 C_j 的 (5) 式中 F 之个数为 f_j，于是 f_j 很显然就是 G 中凡包含 C_j 且阶为 $p^{\beta+r}$ 的子群之个数，这就是说 G 中凡包含 C_j 且阶为 $p^{\beta+r}$ 之子群限于且只限于这 f_j 个 F；但这些 F 都含 C_j 为正规子群，故它们都在 $N_G(C_j)$ 里面，因而 f_j 就等于商群 $N_G(C_j)/C_j$ 中 p 阶子群的个数，故据弗罗扁尼斯定理可知 $f_j \equiv 1(\mathrm{mod}\, p)$.

再令含在 (5) 式某一个 F_i 内的 (4) 中 C 之个数为 g_i，于是由上述的引理可知每 $g_i \equiv 1(\mathrm{mod}\, p)$. 然而因有等式 $f_1 + f_2 + \cdots + f_{l_{r-1}} = g_1 + g_2 + \cdots + g_{t_r}$，故从每 $f_j \equiv 1(\mathrm{mod}\, p)$ 及每 $g_i \equiv 1(\mathrm{mod}\, p)$ 就得到 $l_{r-1} \equiv t_r(\mathrm{mod}\, p)$，因而由 $l_{r-1} \equiv 1(\mathrm{mod}\, p)$ 得 $t_r \equiv 1(\mathrm{mod}\, p)$. 定理 9 于是获证.

我们知道弗拉梯尼子群在研究幂零群时的重要性. p-群既是幂零群中的特款，故 p-群的弗拉梯尼子群也必有它的特征，今问 p-群之弗拉梯尼子群的特点究竟是什么?

先证下面的

引理 2 设 p-群 G 之商群 G/N 为初等交换的，则 $\Phi(G) \subseteq N$.

事实上，若 $x \in G - N$ (即 $x \in G$, $x \bar{\in} N$)，则 xN 为 G/N 中阶 p 的元，因而为一生成元，即得写

$$G/N = \{xN\} \times \{y_1N\} \times \cdots \times \{y_tN\},$$

于是 $G = \{x, y_1, \cdots, y_t, N\} > \{y_1, \cdots, y_t, N\}$，故 $x \bar{\in} \Phi(G)$——第二章 §5 定理 7 之 (ii). 这就证明了：若 $x \in \Phi(G)$，则必有 $x \in N$. 故 $\Phi(G) \subseteq N$，证完.

附注 引理 2 中的 G 不限于为 p-群，当 G 为有限幂零群时，也有引理 2，证明的方法完全一样.

现在来研究 p-群 G 的弗拉梯尼子群 $\Phi(G)$.

由于 $\Phi(G)$ 是 G 之一切极大子群的交，故设 A 为 G 之任一极大子群时，则 $o(G/A) = p$ (定理 1)，因之对每 $x \in G$ 有 $x^p \in A$，

故若令 $G^p=\{x^p|x\in G\}$[1]，则 $G^p\subseteq A$，因而有 $G^p\subseteq\Phi(G)$. 但 $G'=[G,G]\subseteq\Phi(G)$，于是就有 $G'G^p\subseteq\Phi(G)$. 反之，从 $G'\lhd G$ 及 $G^p\lhd G$ 得 $G'G^p\lhd G$ 而有 $G/G'G^p\simeq(G/G^p)/(G'G^p/G^p)$ 及 $G/G'G^p\simeq(G/G')/(G'G^p/G')$，从后者知 $G/G'G^p$ 交换，但从前者知 $G/G'G^p$ 之每元的阶为 p，故 $G/G'G^p$ 是初等交换的，因之据引理 2 得 $\Phi(G)\subseteq G'G^p$. 两相比较就得到 $\Phi(G)=G'G^p$. 证明了

定理 10 p-群 G 的弗拉梯尼子群 $\Phi(G)=G'G^p$.

特当 $p=2$ 时，则因 $[a,b]=a^{-1}b^{-2}aa^{-2}abab=(a^{-1}ba)^{-2}\cdot a^{-2}\cdot(ab)^2$，故有 $G'\subseteq G^2$，因而又得

推论 1 $p=2$ 时的 p-群 G 有 $\Phi(G)=G^2$，即 $\Phi(G)=\{x^2|x\in G\}$.

又对任意群 G，设 $A\lhd G$，而取 G/A 之一切极大子群 $M_i/A(i=1,2,\cdots)$，则诸 M_i 只是包含 A 的 G 之极大子群，故

$$\Phi(G)\subseteq\bigcap_i M_i,\ \Phi(G)A/A\subseteq\bigcap_i M_i/A=\bigcap_i(M_i/A)=\Phi(G/A).$$

可是对 p-群言，敢断言“等号”成立，即

推论 2 设 G 为 p-群，则当 $A\lhd G$ 时有

$$\Phi(G)A/A=\Phi(G/A).$$

这是由于据定理 10 有 $\Phi(G/A)=(G/A)'\cdot(G/A)^p=G'A/A\cdot G^pA/A=G'A\cdot G^pA/A=G'G^pA/A=\Phi(G)A/A$ 的缘故.

关于 p-群的弗拉梯尼子群，还有一个很重要的结果，即

定理 11 设 G 为 p-群而令 $o(G/\Phi(G))=p^d$. 那末 G 之每最小生成元素组恰含 d 个元素，且凡不在 $\Phi(G)$ 内的 G 之每元都至少属于 G 中有 d 个生成元之组的一个组内.

附注 这结论并非对一般的幂零群言是成立的. 例如 6 阶循环群具有仅由一个元素而成的生成元素组，但它又有由阶 2 之元与阶 3 之元这两个元而成之最小生成元素组.

证明 设 $G=\{x_1,x_2,\cdots,x_\lambda\}$ 为 G 之一个最小生成元素组，因之对每 $x_i(i=1,\cdots,\lambda)$ 言都有

$$G=\{x_1,\cdots,x_i,\cdots,x_\lambda\}>\{x_1,\cdots,x_{i-1},x_{i+1},\cdots,x_n\},$$

---

1) 当 n 为整数时，G^n 表示由 G 中元之 n 次幂所生成的群.

故 $x_i \bar{\in} \Phi(G)$ (第二章§5定理7之(ii)), 于是由 $G/\Phi(G)$ 之初等交换性 (定理10之证明)知 $x_i\Phi(G)$ 为 $G/\Phi(G)$ 中阶 p 之元, 故由 $G/\Phi(G)=\{x_1\Phi(G), x_2\Phi(G), \cdots, x_\lambda\Phi(G)\}$ 又知 $G/\Phi(G)$ 得表写为 $\{x_1\Phi(G)\}$, $\{x_2\Phi(G)\}$, $\cdots$, $\{x_\lambda\Phi(G)\}$ 中 μ 个的直积 ($\mu\leqslant\lambda$), 如

$$G/\Phi(G)=\{x_1\Phi(G)\}\times\{x_2\Phi(G)\}\times\cdots\times\{x_\mu\Phi(G)\},$$

因而有 $G=\{x_1,\cdots,x_\mu,\Phi(G)\}=\{x_1,\cdots,x_\mu\}$, 故由最小生成元素组之意义不得不有 $\mu=\lambda$, 于是 $o(G/\Phi(G))=p^\mu=p^\lambda$, 故据题设 $o(G/\Phi(G))=p^d$ 就应有 $\lambda=d$, 即 G 之每个最小生成元素组恰含 d 个元素.

其次, 设 $x\in G$ 而 $x\bar{\in}\Phi(G)$, 则至少有 G 之一子集 M 使 $G=\{x, M\}>\{M\}$; 今取 M 为具这性质的 G 之一最小子集, 并设 $\{M\}=\{y_1,\cdots,y_t\}$ 且去掉任 y_i 后剩下的都不能生成 $\{M\}$, 于是 $G=\{x, y_1,\cdots,y_t\}$ 且易知 $x, y_1,\cdots, y_t$ 为 G 之一个最小生成元素组; 因而据上段所述得知 $t+1=d$. 定理11完全获证.

在这一节里我们谈了四个问题: 一是 p-群之极大子群与极小子群对这 p-群的关系 (定理1—3), 二为非交换 p-群之换位子群与中心间的关系(定理4, 5), 三是 p-群中子群之个数或有限群中 p-子群之个数问题 (定理6—9), 四为 p-群之**弗拉梯尼**子群的特征(定理10、11). 这都是 p-群的一些重要的性质.

问题1　p^n 阶 p-群至多为几步可解群?

问题2　型为 [2, 1] 的 p^3 阶交换 p-群有 $p+1$ 个 p^2 阶的子群.

问题3　非交换 p-群必有一个其元素不全是中心元的交换正规子群.

问题4　推广问题3, 证明有限非交换幂零群必有一个交换正规子群使其元不全为中心元.

问题5　推广定理10, 证明: 设有限幂零群 G 之阶的素因数分解为 $o(G)=p_1^{a_1}p_2^{a_2}\cdots p_t^{a_t}$, 则 G 之每元 x 恒有 $x^{p_1p_2\cdots p_t}\in\Phi(G)$.

问题6　当 $n\geqslant 2$ 时, p^n 阶初等交换群 G 中 p^r 阶子群的个数 $N_{n,r}\equiv 1+p(\bmod p^2)$ $(1\leqslant r<n)$.

问题7　设 G 是一个非交换 p-群, 且它的任一个非中心元所属之共轭元素类都恰有 p 个元素. 试证:

(i) 若 $xy \neq yx$，则 $x, y^{-1}xy, y^{-2}xy^2, \cdots, y^{-p+1}xy^{p-1}$ 组成 G 中与元素 x 为共轭的一个共轭类；

(ii) G 中每元的 p 次幂为 G 之中心元；

(iii) G 中任一个非中心元的正规化子是 G 的一个极大子群；

(iv) $G' = [G, G] \subseteq Z(G)$；

(v) $G/Z(G)$ 为初等交换群；

(vi) $G' = [G, G]$ 也是初等交换的.

问题 8　设 $o(G) = p^n$，$o(\Phi(G)) = p^m$，则 G 恰有 $\frac{p^{n-m}-1}{p-1}$ 个指数为 p 的子群.

问题 9　证明问题 8 中的 p-群 G 没有阶大于 p^{m+1} 的元.

问题 10　p-群中阶 p 的非中心元决不能够与它的任何次幂共轭.

问题 11　较问题 10 更一般性的结果是：设 $o(G) = p^\alpha n$，p 是素数且 $(p(p-1), n) = 1$，则 G 中阶 p 之元不能与它的任何次幂共轭.

问题 12　p^n 阶 p-群 G 中所有子群之总个数 $\equiv 1 + n \pmod{p}$.

问题 13　p-群中阶 p 之元的个数 $\equiv -1 \pmod{p}$.

问题 14　有限交换群 G 中每元的阶（单位元除外）都等于同一个数 k 时，则 G 必为初等交换 p-群且 $k = p$.

§2. 四元数群，哈密尔顿（Hamilton）群

众所周知：偶素数只有 2，它与奇素数在性质上有很大的差异. 故研究 p-群时有必要对 $p = 2$ 的场合给以特别的注意. 本节的目的就是着重讨论 $p = 2$ 的 p-群. 因为四元数群与哈密尔顿群都与 2-群有紧密联系，尤其四元数群为非交换 2-群中最基本的，而哈密尔顿群又包含四元数群为子群，故这节的重点就放在它们上面. 先以下面的方式提出问题.

已知交换群之每子群是正规的，今问其逆怎样？也就是问有

没有非交换群其中每子群都是正规的呢？这样的非交换群如存在就叫做哈密尔顿群，因为这问题是哈密尔顿首先研究的．于是我们的目的也就是问哈密尔顿群存不存在？如存在，其构造怎样？

首先，能断言下面的

定理 1 p 为奇素数时，p–群决不是哈密尔顿群．换言之，当 p–群 G 之每子群为正规的且 p 又是奇素数，则 G 必为交换的．

证明 设 $o(G)=p^n$．当 $n=1, 2$ 时，G 确为交换的．今归纳地假定定理对 p^{n-1} 阶 p–群成立．取 G 中任一个阶 p 之元 a：$o(a)=p$，则因 $A=\{a\}\lhd G$（假设），故 $A\subseteq Z(G)$（前节定理 2），即 G 中任一个阶 p 的元是中心元．再作商群 $\bar{G}=G/A$，于是 $\bar{G}$ 之每子群 H/A 产生了 G 之一子群 H，因假设了 $H\lhd G$，故 $H/A\lhd\bar{G}$；于是从 $o(\bar{G})=p^{n-1}$ 而由归纳法的假定可知 $\bar{G}=G/A$ 是交换的，故 $G'=[G, G]\subseteq A=\{a\}\subseteq Z(G)$．

苟若 G 非交换，则 G 必有非中心元．今令 s 为 G 中阶最大的一个非中心元，而设 $o(s)=p^\lambda$；由于与 s 不可交换的元必存在，故若令 t 为这样一些元素中阶是最小的一个，而设 $o(t)=p^\mu$，则当然有 $\lambda\geqslant\mu>1$．从 $\bar{G}=G/A$ 之交换性知 $stA=tsA$，即 $t^{-1}st=sa^\alpha(\alpha>0)$ 且 $(\alpha, p)=1$；又因 $\{s\}\lhd G$，故 $t^{-1}st=s^\beta$，$\beta>0$ 且 $(\beta, p)=1$ 并有 $\beta\not\equiv 1(\bmod p^\lambda)$，由是知 $\beta>1$ 且 $s^{\beta-1}=a^\alpha$，故从 $(\alpha, p)=1$ 得知 $\{s^{\beta-1}\}=\{a^\alpha\}=\{a\}=A$，$\beta-1=kp^{\lambda-1}$ 及 $(k, p)=1$，因而有 $\{s^{p^{\lambda-1}}\}=\{s^{kp^{\lambda-1}}\}=\{s^{\beta-1}\}=A$．同理，利用 $\{t\}\lhd G$ 又可证 $\{t^{p^{\mu-1}}\}=A$．故结果有 $\{t^{p^{\mu-1}}\}=\{s^{p^{\lambda-1}}\}$，不得不有 $t^{p^{\mu-1}}=s^{hp^{\lambda-1}}$，$(h, p)=1$．

再考虑元素 $b=ts^{-hp^{\lambda-\mu}}$，显然可知 $bs\neq sb$．另方面，因 $G'=[G, G]\subseteq Z(G)$，故由第一章 §10 定理 4 又得到

$$b^{p^{\mu-1}}=(ts^{-hp^{\lambda-\mu}})^{p^{\mu-1}}=t^{p^{\mu-1}}s^{-hp^{\lambda-1}}[s^{-hp^{\lambda-\mu}}, t]^{\frac{1}{2}p^{\mu-1}(p^{\mu-1}-1)},$$

于是再据 $G'=[G, G]\subseteq A=\{a\}$ 及 $o(a)=p$ 而利用 p 是奇数，就有 $[s^{-hp^{\lambda-\mu}}, t]^{\frac{1}{2}p^{\mu-1}(p^{\mu-1}-1)}=1$，因之又据 $t^{p^{\mu-1}}=s^{hp^{\lambda-1}}$，得知

$$b^{p^{\mu-1}}=(ts^{-hp^{\lambda-\mu}})^{p^{\mu-1}}=1,$$

说明了 G 中还有阶较 p^μ 为小的元 $b=ts^{-hp^{\lambda-\mu}}$，它和 s 为不可交

换的，这与假设矛盾，不可．定理 1 因而完全获证．

据这定理 1，可知非交换 p-群欲为哈密尔顿群，则必有 $p=2$．现在就从非交换 2-群中去寻求，看到底有没有哈密尔顿群．

知道非交换 2-群中阶最小的是 $2^3=8$．首先决定这样的群之构造，即设 $c(G)=2^3=8$ 且 G 非交换的，而来看 G 之构造．从 G 之非交换性得知 G 的元不可能全部都有阶 2（第一章 § 4 问题 1），又由 $o(G)=8$ 知 G 无阶 8 的元（即 G 不可能为循环），于是 G 必有阶 4 之元，今令 $o(a)=4(a\in G)$，因而从 $[G:\{a\}]=2$ 知 $\{a\}\triangleleft G$，且有

$$G/\{a\}=\{b\{a\}\},\ b\in G,\ b^2\in\{a\}.$$

故 $G=\{a,b\}$，$ab\neq ba$．但因 $o(b)\neq 8$，故或 $b^2=1$ 或 $b^2=a^2$，只这二个可能．又由 $ab\neq ba$ 知 $b^{-1}ab=a^3=a^{-1}$．

反之，从定义关系为

$$a^4=1,\ b^2=a^2\text{或}=1,\ b^{-1}ab=a^3=a^{-1}$$

的二元 a，b 生成的集 $G=\{a,b\}$ 据霍尔特定理（第四章 § 3）又确为一个阶 8 的非交换群．故得

定理 2　$2^3=8$ 阶非交换群 G 为且仅为下面二型：

(i) 四元数群 Q_8：

$$G=\{a,b\},\ a^4=1,\ b^2=a^2,\ b^{-1}ab=a^{-1}(=a^3);$$

(ii) 二面体群 D_8：

$$G=\{a,b\},\ a^4=1,\ b^2=1,\ b^{-1}ab=a^{-1}(=a^3).$$

附注　叫型 (i) 的群为四元数群的原因是这样的：$G=\{a,b\}$ 之八个元为 $1,a,a^2,a^3,b,ab,a^2b,a^3b$；把它们和第一章 § 7 定理 9 后面附注所说的相比较即知为四元数群．至型 (ii) 的群叫二面体群容后再谈．

现在来讨论四元数群 $Q_8=G=\{a,b\}$，$a^4=1$，$b^2=a^2$，$b^{-1}ab=a^{-1}$ 的性质．

因 G 中凡属于陪集 $\{a\}b$ 的元 $a^\nu b$ 具性质

$$(a^\nu b)^2=a^\nu ba^\nu b=b(b^{-1}a^\nu b)a^\nu b=ba^{-\nu}a^\nu b=b^2=a^2,$$

故 $o(a^\nu b)=4$，因之除单位元外 G 有 6 个阶 4 之元，仅一个阶 2

的元 a^2，故由 §1 定理 4 知 $Z(G)=G'=[G,G]=\{a^2\}$. 由是，G 只有一个阶 2 的子群 $\{a^2\}(\lhd G)$. 又因每个阶 4 的元可生成 G 之一个指数为 2 的（循环）子群，故为正规子群. 然因 G 只有一个阶 2 的元，故 G 无阶 4 的初等交换子群，因而 G 中 4 阶子群必为循环，即得由阶 4 之元所生成，但每个 4 阶循环子群含两个阶 4 之元，因而 G 恰有 3 个 4 阶子群(均为循环且正规).

总括之，四元数群的每子群是正规的，这是它的第一个重要性质；又四元数群有三个 4 阶循环子群与唯一个 2 阶子群，这是它的第二个重要性质.

四元数群的上述第一个重要性质归纳为

定理 3 四元数群为哈密尔顿群，且是哈密尔顿群中阶最小的.

四元数群的上述第二个重要性质实际上也只有四元数群才独有，也就是具上述第二个重要性质的 p-群只能是四元数群，故有

定理 4 至少含有两个指数为 p 的循环子群且又只含一个 p 阶子群的 p-群 G 是且仅是四元数群.（文献 [30] 的 148 页.）

证明 当 G 为四元数群时，定理中所述条件的成立已在上面说过，故需证的是逆部分.

设 $A=\{a\}$ 与 $B=\{b\}$ 是 p-群 G 之两个指数为 p 的循环子群，即 $[G:A]=p=[G:B]$. 由 A, B 之极大性知 $A\lhd G$, $B\lhd G$, 因而 $G=AB=BA$，故令 $D=A\cap B$ 后，就有 $[G:D]=[G:A][A:D]$ 及 $[A:D]=[G:B]=p$，因之有 $[G:D]=p^2$, G/D 是交换的，$G'=[G,G]\subseteq D$. 且 $A=\{a\}$ 及 $[A:D]=p$ 又说明了 $D=\{a^p\}$，同理有 $D=\{b^p\}$，因而 a 与 b 都和 D 之元可交换，故再由 $G=AB=\{a,b\}$ 得 $D\subseteq Z(G)$. 于是 $G'=[G,G]\subseteq D=A\cap B\subseteq Z(G)$.

由是从 $G'=[G,G]\subseteq Z(G)$ 而据第一章 §10 定理 4 可知对任 $x,y\in G$ 恒有 $[x,y]^p=[x^p,y]$ 及 $(xy)^p=x^py^p[y,x]^{\frac{p(p-1)}{2}}$，故再据 $o(G/A)=p=o(G/B)$ 得 $x^p\in A\cap B=D\subseteq Z(G)$，因之 $[x^p,y]=1$，故 $[x,y]^p=1$. 于是苟若 $p\neq 2$（即 p 为奇素数），

则当然又有 $[y, x]^{\frac{p(p-1)}{2}} = 1$，因而 $(xy)^p = x^p y^p$，即映射 $x \to x^p$ 为 G 在 G^p 上的同态映射，其核 $K = \{x \mid x^p = 1\}$，故据 $G^p \subseteq D$ 及 $G/K \simeq G^p$ 与 $o(G/D) = p^2$ 易知 $o(K)$ 至少等于 p^2；但 $x \in K \Longrightarrow x^p = 1$ 表示 K 之每元生成一 p 阶子群，故从 $p^2 \mid o(K)$ 可知 K 至少有两个不同的 p 阶子群，与题设矛盾，不可．故必有 $p = 2$．

既已知 $p = 2$，故对每 $x \in G$ 有 $x^2 \in D \subseteq Z(G)$，因而 $[x, y]^2 = [x^2, y] = 1$，所以再利用 $(xy)^4 = x^4y^4[y, x]^6$ 得 $(xy)^4 = x^4y^4$，即 $x \to x^4$ 为 G 在 G^4 上的同态映射，而 $G^4 \subseteq G^2 \subseteq D \subseteq Z(G)$．苟若 $D = 1$，则由 $[G:D] = p^2 = 4$ 知 $o(G) = 4$，于是 G 或为循环或为初等交换，在前款时 G 应只有一个指数为 $p(=2)$ 的循环子群，而在后款时 G 含不止一个 $p(=2)$ 阶子群，这都非题设之所许，故 $D \neq 1$．

于是设 $o(G) = 2^n$ 时，由 $o(G/D) = 2^2$ 得 $o(D) = 2^{n-2}$，故必有 $n \geqslant 3$．今可断言 G 不是交换群：因若 G 交换，则由于 G 已有两个指数为 2 的子群 A 与 B 可知这时 G 不能是循环，故 G 可写为至少两个循环 p–群 $(p = 2)$ 的直积，因之 G 也有至少两个 2 阶子群，又与题设矛盾．故证明了 G 非交换的．

已证了 $G \sim G^4$，令其核为 N，则 $G/N \simeq G^4 \subseteq D \subseteq Z(G)$，故令 $o(N) = 2^\lambda$，就有 $2^{n-\lambda} = o(G/N) \mid o(D) = 2^{n-2}$，$\lambda \geqslant 2$，$o(N) \geqslant 2^2$，因而 N 有阶 4 的子群．但 $x \in N$ 的充要条件是 $x^4 = 1$，故 N 之每元必在一个阶 4 的子群内．于是，苟若 N 之每个阶 4 的子群都包含在 D 内时，则 N 之每元也就在 D 内，随而 $N \subseteq D \subseteq Z(G)$，故再据 $G/N \simeq G^4 \subseteq D$ 及 D 之循环性知 G/N 为循环的，所以从 $N \subseteq Z(G)$ 知 G 交换，与上面一段的结论冲突了．故证明了 N 中至少有一个 4 阶子群 F 不在 D 内，即

$$o(F) = 4, \quad F \subseteq N, \quad F \not\subset D.$$

由是可断言 $n = 3$．因若 $n \geqslant 4$，则 $2^2 = 4 \mid o(D)$，故 D 有一个 4 阶子群 $H(H \subseteq D$ 且 $o(H) = 4)$，因而 G 有了两个不同的 4 阶子群 F 与 $H(F \neq H)$，故从 F 与 H 的交换性以及 $H \subseteq D \subseteq Z(G)$

即知 FH 是 G 的交换子群，并有 $o(FH)\geqslant 8=2^3$；但由于 FH 有了两个不同的 4 阶子群 F 与 H，又知 FH 非循环的，故从 FH 之交换性得知 FH 可写为至少两个 2-群之直积，因而 FH 含 2 阶子群至少两个，又和题设矛盾了，不可．故不得不有 $n=3$．

既已有 $n=3$，则从 $[G:A]=[G:B]=2$，$A=\{a\}$，$B=\{b\}$，得 $o(a)=o(b)=4$，于是 $G=\{a,\ b\}$ 中 $a^4=1=b^4$，$o(a^2)=o(b^2)=2$；又由 G 之非交换性，可知由 $A=\{a\}\lhd G$ 得 $b^{-1}ab=a^3(=a^{-1})$；再据 G 只有一个 2 阶子群的题设又知有 $a^2=b^2$．于是，$G=\{a,\ b\}$ 中定义关系是 $a^4=1$，$b^2=a^2$ 及 $b^{-1}ab=a^{-1}$．这无异乎是说 G 为四元数群．定理 4 证完．

从探索四元数群的性质已知四元数群为哈密尔顿群．但 2^3 阶非交换群据定理 2 有二个型，一为四元数群，一为二面体群．但二面体群 $G=\{a,\ b\}$，$a^4=1=b^2$，$b^{-1}ab=a^{-1}$ 中 2 阶子群 $\{b\}$ 易证不是 G 的正规子群，故二面体群不是哈密尔顿群．于是，四元数群是哈密尔顿群中唯一个最小阶的群．下面就提出这样一个问题：一般的哈密尔顿群究竟与四元数群有怎样的关系？

设 H 为哈密尔顿群（一般是无限的）．由 H 之非交换性知有 $a,\ b\in H$ 使 $ab\neq ba$．于是，因 $\{a\}\lhd H$，$\{b\}\lhd H$，故 $c=[a,\ b]=a^{-1}b^{-1}ab\in\{a\}\cap\{b\}$，$c=b^s=a^r$；再令 $Q=\{a,\ b\}$ 时，就不得不有 $c=[a,\ b]\in Z(Q)$，于是据第一章 § 10 定理 4 可知对任何整数 n 常有

$$c^n=[a,\ b]^n=[a^n,\ b]=[a,\ b^n],$$

故特别有 $c^r=[a^r,b]=[c,b]=1$，$c^s=[a,b^s]=[a,c]=1$，因而 $b^{sr}=c^r=1=c^s=a^{rs}$，证明了 H 中任二个不可交换的元都有有限的阶．

再取任 $x\in H$，则当 x 与 a 或 b 中任一个不可交换时，就知 $o(x)$ 为有限的．在 $xa=ax$ 及 $xb=bx$ 时，因 $(xa)b\neq b(xa)$，故 $o(xa)$ 为有限的，于是再利用 $xa=ax$ 及 $o(a)$ 之有限性又知 $o(x)$ 是有限的．即证得了

引理 1 哈密尔顿群 H 中每元的阶为有限．

再假定上面的 a, b 为H中一对这样的不可交换之元，即它们的阶 $o(a)=N$ 与 $o(b)=M$ 是尽可能地最小.

附注 所谓N与M尽可能地最小，意义是这样的：如又有H之元 a_1, b_1 使 $a_1b_1\neq b_1a_1$，而 $o(a_1)=N$, $o(b_1)=M'$ [或 $o(a_1)=N'$, $o(b_1)=M$]，则必有 $M\leqslant M'$ [或 $N\leqslant N'$]. 但H中可能有元 x, y 使 $xy\neq yx$, $o(x)<N$, $o(y)>M$ [或 $o(x)>N$, $o(y)<M$] 之关系成立，可是决不允许有 $o(x)<N$ 及同时 $o(y)\leqslant M$ [或 $o(x)\leqslant N$ 及同时 $o(y)<M$] 的现象. 这是应注意的.

于是，若 p 为N之一素因数，则由 N, M 之最小性的意义可知 $a^pb=ba^p$，故 $c^p=[a,b]^p=[a^p,b]=1$. 对M之任一素因数 q 也可知 $c^q=[a,b]^q=[a,b^q]=1$. 故由 $c=[a,b]\neq 1$，可知N与M必都为同一个素数 p 的幂，因之可设 $N=p^n$, $M=p^m$，于是有

$$a^{p^n}=1=b^{p^m},\quad c=[a,b]\neq 1,\quad c^p=1.$$

因对称性，故不损普遍性可假定 $n\geqslant m(\geqslant 1)$.

因 $c\in\{a\}\cap\{b\}$，故由 $c^p=1$ 知 $c=a^{jp^{n-1}}=b^{kp^{m-1}}$，而 $jk\not\equiv 0(\bmod p)$. 于是，若令 $b_1=a^ub^k(u=-jp^{n-m})$，则 $Q=\{a,b\}=\{a,b_1\}$，随之必有 $ab_1\neq b_1a$，因而由 $o(a)=N$ 及 $o(b)=M$ 为尽可能最小之意义就不得不有 $o(b_1)\geqslant o(b)=p^m$. 再从 $c=[a,b]\in Z(Q)$ 而利用第一章 § 10 定理 4 得

$$c^{uk}=[a,b]^{uk}=[a^u,b^k]\in Z(Q)$$

及

$$\begin{aligned}b_1^{p^{m-1}}&=(a^ub^k)^{p^{m-1}}=a^{up^{m-1}}b^{kp^{m-1}}[b^k,a^u]^{\frac{1}{2}p^{m-1}(p^{m-1}-1)}\\&=a^{-jp^{n-1}}b^{kp^{m-1}}c^{-\frac{1}{2}p^{m-1}(p^{m-1}-1)uk}=c^{\frac{1}{2}jkp^{n-1}(p^{m-1}-1)},\end{aligned}$$

故由 $b_1^{p^{m-1}}\neq 1$ 及 $c^p=1$ 易知必有 $p=2$, $n=m=2$，因之有 $a^4=b^4=1=c^2$, $c=[a,b]$. 但 $c=a^{2j}$ 既为 $\{a\}$ 中阶 2 之元，就不得不有 $c=a^2$. 同理，$c=b^2$. 故 $a^2=b^2=c=a^{-1}b^{-1}ab$, $b^{-1}ab=a^3=a^{-1}$. 这证明了 $Q=\{a,b\}$ 为四元数群，即证得了

引理 2 哈密尔顿群H的任何非交换子群都含有四元数群为它的子群. 并且H中任何一对阶尽可能最小且又不可交换的元都

能生成H的一个四元数(子)群.

再令哈密尔顿群H的任一个四元数子群为 $Q=\{a, b\}$，其定义关系是 $a^4=1$，$b^2=a^2$，$b^{-1}ab=a^{-1}=a^3$，于是 $a^{-1}ba=b^{-1}=b^3$. 任取 $x\in H$；若 $xa\neq ax$，则因 $o(x^{-1}ax)=o(a)$，故从 $\{a\}\lhd H$ 得 $x^{-1}ax\in\{a\}$ 后即知必有 $x^{-1}ax=a^3=a^{-1}$，因而 $x^{-1}ax=b^{-1}ab$，即 xb^{-1} 与 a 可交换，由是

$$a(xb)=(ax)b=(xa^3)b=x(a^3b)=x(ba)=(xb)a,$$

即 xb 与 a 可交换；若这时又有 $(xb)b\neq b(xb)$，则从 $\{b\}\lhd H$ 知 $(xb)^{-1}b(xb)=b^3=b^{-1}$，故

$$\begin{aligned}b(xba)&=[b(xb)]a=[(xb)b^{-1}]a=(xb)(b^{-1}a)\\&=(xb)(a^3b^{-1})=(xb)(ab)=(xba)b\end{aligned}$$

以及

$$a(xba)=(ax)(ba)=(xa^{-1})(a^3b)=xa^2b=xba^2=(xba)a,$$

说明了 $xba\in Z_H(Q)$.

总之，x，xb（或 xa），xba（或 xab）中至少有一个在 $Z_H(Q)$ 内；但不论是哪个，恒可推知 $x\in Q\cdot Z_H(Q)$，故不得不有 $H=Q\cdot Z_H(Q)$，即又得到

引理 3 哈密尔顿群H等于它的任一个四元数子群Q和Q之中心化子 $Z_H(Q)$ 的积：$H=Q\cdot Z_H(Q)$.

还可知道下面的

引理 4 引理 3 中的 $Z_H(Q)$ 是交换群，且无阶 4 的元.

证明 若 $x\in Z_H(Q)$ 且 $o(x)=4$，则从 $xa=ax$，$xb=bx$ 以及 $ab\neq ba$，可知

$$a(bx)=(ab)x\neq(ba)x=b(ax)=b(xa)=(bx)a,$$

即 bx 与 a 为不可交换的，故 $a^{-1}(bx)a\neq bx$；但从 $\{bx\}\lhd H$ 知 $a^{-1}(bx)a=(bx)^i$，于是由 $o(b)=4=o(x)$ 及 $bx=xb$ 得 $o(bx)|4$，而 $o(bx)=2$ 必导致 $i=1$，此不可，故必有 $o(bx)=4$，随而 $a^{-1}(bx)a=(bx)^{-1}$，即 $a^{-1}bax=b^{-1}x^{-1}$，因之再利用 $a^{-1}ba=b^{-1}$ 得 $x=x^{-1}$，$x^2=1$，与 $o(x)=4$ 相冲突. 这说明了 $Z_H(Q)$ 无阶 4 的元. 其次，苟若 $Z_H(Q)$ 非交换，则据引理 2 可知 $Z_H(Q)$

必含有四元数群为子群，因而 $Z_H(Q)$ 含有阶 4 的元，又不可，故 $Z_H(Q)$ 必为交换群．引理 4 证完．

既然交换群 $Z_H(Q)$ 无阶 4 的元，而 $Z_H(Q)$ 中每元的阶又为有限（引理 1），于是 $Z_H(Q)$ 中凡阶为奇数的元与单位元之集合 U 是 $Z_H(Q)$ 的子群，又 $Z_H(Q)$ 中凡阶为 2 之元与单位元的集合 V 也是 $Z_H(Q)$ 之子群，并有 $Z_H(Q)=UV$ 及 $U\cap V=1$，故 $Z_H(Q)=U\times V$.

再假定H对子群言满足极大条件，于是虽然有 $a^2\in V$，确可知道V中必有一个不含 a^2 的最大子群 V_1，即 $a^2\bar{\in}V_1$ 而 $V_1<V$，但在 $V_1<B\leqslant V$ 时又确有 $a^2\in B$．因之，若取 $x\in V$ 而 $x\bar{\in}V_1$ 时，则有

$$a^2\in\{V_1, x\}=V_1\cdot\{x\}=V_1\times\{x\},$$

故 $a^2=v_1x^\delta$ $(v_1\in V_1,\ \delta=0$ 或 $1)$；但由于 $a^2\bar{\in}V_1$，即得 $\delta=1$，即 $a^2=v_1x$，$x=v_1^{-1}a^2$，这证明了 $V=V_1+V_1a^2$，即得V分解为两个陪集 V_1 与 V_1a^2，故

$$V=\{V_1, a^2\}=V_1\cdot\{a^2\}=V_1\times\{a^2\},$$

由是得 $Z_H(Q)=U\times V_1\times\{a^2\}$．然而 $Z_H(Q)$ 无阶 4 的元，而Q中除 $a^2=b^2$ 及 1 外其余元素的阶都是 4，故只能是 $Q\cap Z_H(Q)=\{a^2\}$，因之 $Q\cap(U\times V_1)=1$．又由引理 3 已知 $H=Q\cdot Z_H(Q)=\{Q, Z_H(Q)\}$，故将上述结果代入得

$$H=\{Q, U\times V_1, \{a^2\}\}=\{Q, U\times V_1\}$$
$$=Q\times(U\times V_1)=Q\times U\times V_1.$$

故可证

定理 5 任何哈密尔顿群H必含一个四元数群Q为子群．特当H对子群言满足极大条件时，H得表写为Q与另二个交换子群U和V的直积如 $H=Q\times U\times V$，但除单位元外U之每元的阶为奇数，而V中每元的阶为 2.

反之，凡形为 $Q\times U\times V$ 的群（Q, U, V 的意义同上）也必定是哈密尔顿群．

附注 定理 5 中的U与V都允许可以不出现，也可以只有一个

出现．换言之，不排斥 $U=1$ 及 $V=1$ 的可能性．

实际上，我们需要证明的是定理的后半部，即"反之"那一部分．

设 $G=Q\times U\times V$．于是，G 中任一元 $g=xuv$ $(x\in Q, u\in U, v\in V)$，故若令 $Q=\{a, b\}$，$a^4=1, b^2=a^2, b^{-1}ab=a^{-1}$，则由 Q, U, V 为直积之道理得

$$a^{-1}ga=a^{-1}xa\cdot uv.$$

但 $\{x\}\lhd Q$ 必产生 $a^{-1}xa=x^i$ $(i=1$ 或 $=-1)$；又因 $o(u)=2k+1$，故有整数 r 使

$$r\equiv i \pmod 4 \text{ 及 } r\equiv 1 \pmod{2k+1}.$$

从 $r\equiv i \pmod 4$ 知 r 为奇数，又 $o(v)=2$，故 $v^r=v$，因之

$$x^r=x^i,\ u^r=u,\ v^r=v,$$

而得

$$a^{-1}ga=x^iuv=x^ru^rv^r=(xuv)^r=g^r,$$

即 $a^{-1}\{g\}a\subseteq\{g\}$．同理，$b^{-1}\{g\}b\subseteq\{g\}$．故再据直积 $G=Q\times U\times V$ 的原理得知 $\{g\}\lhd G$．

由是，当 A 为 G 之任一子群时，则对 G 之任一元 x 及任 $g\in A$，就有 $x^{-1}gx\in\{g\}\subseteq A$，即 $x^{-1}Ax\subseteq A$，证明了 $A\lhd G$，故 G 为哈密尔顿群．证完．

由定理 5，即得

推论 有限非交换群 G 为哈密尔顿群的充要条件是 G 或为四元数群 Q，或 G 等于四元数群 Q 与奇阶交换群 U 及初等交换 2-群 V 中之一或二的直积．

这节的主要问题是解决凡子群为正规的非交换群的存在，即哈密尔顿群的存在．讨论过程中牵涉到一个根本问题，就是四元数群，而它又是定理 2 中的一个概括．定理 2 说 2^3 阶非交换群只有两个类型：一为四元数群 Q_8，一为二面体群 D_8．但较定理 2 有更广的结果是

定理 6 $2^n(n\geqslant 3)$ 阶非交换群中有下面二型：

(i) 广义四元数群 $Q_{2^n}=\{a, b\}$，

$$a^{2^{n-1}}=1,\ b^2=a^{2^{n-2}},\ b^{-1}ab=a^{-1};$$

(ii) 二面体群 $D_{2^n}=\{a,b\}$,

$$a^{2^{n-1}}=1,\ b^2=1,\ b^{-1}ab=a^{-1}.$$

这里特提请注意的是：$2^n(n>3)$ 阶非交换群不止定理 6 中所说的两种，定理 6 只不过是说其中有这两种，这与定理 2 中 2^3 阶非交换群只有两种的意义应严加区别. 又不论 $n=3$ 或 >3，类型 (ii) 的群 D_{2^n} 总是叫做**二面体群**；在 $n>3$ 时叫类型 (i) 的群 Q_{2^n} 为**广义四元数群**，而 Q_{2^3} 只叫做**四元数群**.

定理 6 的证明容易(利用霍尔特定理)，留给读者.

附注 二面体群命名的由来是这样的：使一个正多面体在空间中运动，但要求运动前后使该多面体占有空间的同一位置，这样的一切运动之集合成群，叫多面体群. 因之，取一个正多边形，使它在空间中运动，而运动前后的这正多边形占有同一的空间位置，这样一切运动之集合所成的群也就相应地叫做二面体群，但并非说真的有二面体存在. 今取一个正 m 边多角形，看它的运动群是什么？令正 m 边多角形之顶点各用数字 1, 2, 3…, m 依反时针方向顺序记之. 绕这正多边形之中心 O，以反时针方向旋转 $\frac{2\pi}{m},\frac{4\pi}{m},\cdots,\frac{2(m-1)\pi}{m}$ 诸角的回转运动显然仍使这多边形占有同一空间位置. 又以直线 01 为轴旋转 180° 之回转（折射）也是使它占有同一空间位置. 显然，绕中心 O 在这正多边形所在的平面上旋转 $\frac{2\pi}{m}$ 之回转所对应的置换为 $a=\begin{pmatrix}1 & 2 & 3 & \cdots & m-1 & m\\ 2 & 3 & 4 & \cdots & m & 1\end{pmatrix}=(1,2,3,\cdots,m)$，而以直线 01 为轴在空间中的折射所对应之置换为

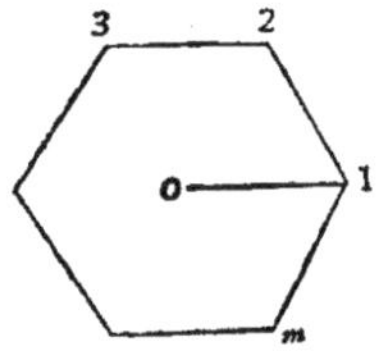

(以 $m=6$ 为示范例)

$$b=\begin{pmatrix}1 & 2 & 3 & \cdots & m-1 & m\\ 1 & m & m-1 & \cdots & 3 & 2\end{pmatrix}.$$

于是显有 $a^m=1$, $b^2=1$, $b^{-1}ab=(1,m,m-1,\cdots,3,2)=a^{-1}$，并据**霍尔特**定理可知由 a, b 所生成的群 $G=\{a,b\}$ 为阶等于 $2m$ 的群，这群的每元都对应于正 m 边多边形占有同一空间位置的一个

运动。定理 2 及定理 6 中的 (ii) 款各为 $m=4$ 及 $m=2^{n-1}$ 的情况. 因此,今后总是叫由 $a^m=1$, $b^2=1$, $b^{-1}ab=a^{-1}$ 所定义的群 $G=\{a, b\}$ 为二面体群,即这样的群可赋予几何意义.

四元数群(或广义的)尚可如下面的定理 7 定义之,即

定理 7 $2^n(n\geqslant 3)$ 阶群 G 为四元数群(或广义)的充要条件是 $G=\{a, b\}$, $a^{2^{n-2}}=b^2=(ab)^2$, $ab\neq ba$.

事实上,G 为广义四元数群时,有 $b^{-1}ab=a^{-1}$, 即 $ab=ba^{-1}$, 故 $(ab)^2=abab=ba^{-1}ab=b^2$, 证明了必要性.

反之,从 $a^{2^{n-2}}=b^2=(ab)^2$ 首先就有 $b^2=abab$, $b=aba$, $1=b^{-1}aba$, 故 $a^{-1}=b^{-1}ab$; 于是又有 $a^{2^{n-2}}=b^2=b^{-1}b^2b=b^{-1}a^{2^{n-2}}b=(b^{-1}ab)^{2^{n-2}}=(a^{-1})^{2^{n-2}}=a^{-2^{n-2}}$, 即 $a^{2^{n-1}}=1$; 故 G 为(广义)四元数群. 证完.

同样,关于二面体群,也有

定理 8 $G=\{a, b\}$ 为二面体群 D_{2^n} 的充要条件是 $a^{2^{n-1}}=b^2=(ab)^2=1$, $ab\neq ba$.

事实上,当 $G=D_{2^n}$ 时,有 $a^{2^{n-1}}=1=b^2$, $b^{-1}ab=a^{-1}$, 故 $ab=ba^{-1}$, 因而 $(ab)^2=abab=ba^{-1}ab=b^2=1$, 证明了条件的必要性.

反之,从 $b^2=1$ 知 $b^{-1}=b$, 故再从 $(ab)^2=1$ 得知 $1=abab$, $a^{-1}=bab=b^{-1}ab$. 因而 $G=D_{2^n}$. 证完.

在这节的开头就说过:由于偶素数 2 与奇素数在性质上有很大的差异,故研究 p-群时应对 $p=2$ 的情况予以特别的注意,上面的论述正是这个目的. 一般,虽有限群 G 不是 p-群时,如果 $o(G)$ 含素因数 2, 那末对 G 之西洛 2-子群给以特别的重视也是应该的. 现在就来讨论这个问题,我们只讨论西洛 2-子群为循环群的情况.

设 $o(G)=2^\alpha m$, m 是奇数且 $\alpha>0$. 假定 G 的西洛 2-子群是循环群,问 G 究竟有怎样的性质?

因 G 之西洛 2-子群是循环群,故有 $g\in G$ 使 $o(g)=2^\alpha$, 于是在 G 之右正则表现 $R(G)$ 中 $[G\simeq R(G)]$, 与 g 对应的

$$R(g)=\begin{pmatrix} x \\ xg \end{pmatrix}=\prod_{i=1}^{m}(x_ig, x_ig^2, x_ig^3, \cdots, x_ig^{2^\alpha-1}, x_ig^{2^\alpha}),$$

即 $R(g)$ 可写为 m 个 2^{α} 项循环的积；但每个 2^{α} 项的循环是奇置换，m 又是奇数，故 $R(g)$ 为奇置换．由是，$R(G)$ 中一切偶置换之集合为 $R(G)$ 的一个指数是 2 的正规子群，随而 G 也有一指数为 2 的正规子群 G_1，即 $G_1 \lhd G(=G_0)$ 且 $o(G_1)=2^{\alpha-1}m$．因 G_1 的西洛 2-子群为 G 之一西洛 2-子群的子群，故 G_1 的西洛 2-子群也为循环的，因之仿上述得知有 $G_2 \lhd G_1$ 且 $o(G_2)=2^{\alpha-2}m$．继续这样做下去，结果可知有 G 的一个子群链如

$$G=G_0>G_1>G_2>\cdots>G_{\alpha-1}>G_{\alpha}=K \tag{1}$$

使每 $G_i \lhd G_{i-1}$ 且 $o(G_i)=2^{\alpha-i}m\ (i=1,2,\cdots,\alpha)$，即 $[G_{i-1}:G_i]=2$，这说明了 (1) 是 G 之某合成群列的一部分．因 $o(K)=2^{\alpha-\alpha}m=m$ 与 $[G:K]=2^{\alpha}$ 互素，故 $K \lhd G$（第一章 §13 的问题 5），即 G 有一个阶 m 的正规子群 K．

若 $A \subseteq G$ 且 $o(A)=2^{\beta}m$，则 $o(AK)=\dfrac{2^{\beta}mm}{o(A\cap K)}\Big| o(G)=2^{\alpha}m$，因而 $\dfrac{m}{o(A\cap K)}\Big| 2^{\alpha-\beta}$，故从 $(m,2)=1$ 就不得不有 $o(A\cap K)=m$，$A\cap K=K$，$K\subseteq A$，说明了任一个阶为 $2^{\beta}m$ 的子群必含 K，故 G 中阶 $2^{\beta}m$ 之子群的个数就等于 G/K 中阶 2^{β} 之子群的个数；但从 $G=\{g\}K$ 得

$$G/K\simeq\{g\}/\{g\}\cap K=\{g\},$$

可知 G/K 为 2^{α} 阶的循环群，故 G/K 有且只有一个阶 2^{β} 的子群．于是，不论 β 为 $0,1,2,\cdots,\alpha$ 中的任何值，G 有且只有唯一个阶 $2^{\beta}m$ 的子群，即除 (1) 中的 $G_{\alpha-\beta}$ 以外，G 再没有阶 $2^{\beta}m$ 的子群．

反之，假定偶阶群 $G(o(G)=2^{\alpha}m$，m 为奇数且 $\alpha>0)$ 对凡适合条件 $0\leqslant\beta\leqslant\alpha$ 的任一个 β 都恒有唯一个阶 $2^{\beta}m$ 的子群，我们将证明 G 之西洛 2-子群为循环群．为什么呢？令 $\beta=0$ 时，则题设条件是说 G 只有唯一个阶 m 的子群 K，故 $K\lhd G$．再取 G 之唯一个阶 $2^{\beta}m$ 的子群 $G_{\alpha-\beta}$，则

$$o(K\cdot G_{\alpha-\beta})=\frac{2^{\beta}mm}{o(K\cap G_{\alpha-\beta})}\Big| o(G)=2^{\alpha}m,$$

故有

$$\frac{2^{\beta}m}{o(K\cap G_{\alpha-\beta})}\Big| 2^{\alpha},\quad \frac{m}{o(K\cap G_{\alpha-\beta})}\Big| 2^{\alpha-\beta}，不得不有\ o(K\cap G_{\alpha-\beta})=m,$$

即 $o(K\cap G_{\alpha-\beta})=o(K)$，故必有 $K\subseteq G_{\alpha-\beta}$，说明了 G/K 中阶 2^{β} 之子群是唯一地存在而为 $G_{\alpha-\beta}/K$，于是由于 $o(G/K)=2^{\alpha}$ 可知 G/K 是循环群（第一章 §4 定理 5）．今令 2^{α} 阶循环群 G/K 的一个生成元为 gK，于是 $(gK)^r=K$ 即 $g^r\in K$ 的充要条件是 $2^{\alpha}|r$，故由于 $g^{o(g)}=1\in K$ 也应有 $2^{\alpha}|o(g)$，随而 $g^{\frac{o(g)}{2^{\alpha}}}$ 之阶等于 2^{α}，即 G 有阶 2^{α} 的元，也就是说 G 之西洛 2-子群是循环的．

于是证得了

定理 9 $2^{\alpha}m$ 阶（$\alpha>0$，m 为奇数）群 G 当且仅当其西洛 2-子群为循环群时才对适合 $0\leqslant\beta\leqslant\alpha$ 之任何 β 都只有唯一个阶 $2^{\beta}m$ 的子群(当然这唯一个阶 $2^{\beta}m$ 的子群是 G 之正规子群).

推论 偶阶群当其西洛 2-子群为循环群时决不是单群[1]；特若 $o(G)=2m$（m 是奇数），则 G 非单群.

问题 1 哈密尔顿群的子群或为交换的或为哈密尔顿的. 又其商群也是这样的.

问题 2 哈密尔顿群中阶 2 的元为中心元.

问题 3 哈密尔顿群恒为类 2 的幂零群.

问题 4 哈密尔顿群的换位子群恒为阶 2 的群，又它的中心的指数等于 4.

问题 5 二面体群 D_8 是 4 阶循环群的全形.

问题 6 试证：四元数群 Q、哈密尔顿群、二面体群 D_8 的内自同构群都是初等交换群.

问题 7 试证任何群 G 的内自同构群 $I(G)$ 中决无一元可写为其他每元的幂.

问题 8 利用问题 7，证明四元数群决不能为一群的内自同构群.

问题 9 设 p 为奇素数，而 G 为非交换的 p-群. 若 G 中每个阶 $>p$ 的子群是正规的，试证 $G'=[G,G]$ 的阶等于 p，且 G 中除 $G'=[G,G]$ 外再无别的阶 p 之正规子群.

问题 10 设 G 为 2^{α} 阶（$\alpha>2$）的哈密尔顿群. 试证：

(i) G 有 $2^{\alpha-2}-1$ 个 2 阶子群；

(ii) G 之换位子群 G' 的阶等于 2；

(iii) G 中指数为 2 之子群的个数等于 $2^{\alpha-1}-1$.

问题 11 先说明有限非交换的幂零群 G 以弗拉梯尼子群 $\Phi(G)$ 为模的商群 $G/\Phi(G)$ 决不能为循环群. 再计算 $[a^{\nu}, a^{\mu}b]$ 而

---

1) 实际上，还是可解群. 因为在上面的证明过程中得 G/K 为幂零的，而 $o(K)=m$ 为奇数又说明了 K 是可解的(文献 [6])，因而 G 是可解的.

证明广义四元数群 Q_{2^n} 和二面体群 D_{2^n} 的弗拉梯尼子群都等于 $\{a^2\}$.

问题 12 有限群 G 之阶的素因数分解为 $o(G)=p_1^{\alpha_1}p_2^{\alpha_2}\cdots p_t^{\alpha_t}$ $(t\geqslant 3)$. 试证: G 之每子群为正规的充要条件是 G 含有指数为 $p_i^{\alpha_i}$ 的子群 M_i $(i=1,\cdots,t)$ 且 M_i 之子群都是 M_i 的正规子群(文献[36]).

问题 13 试证由关系式为 $a^m=b^2=(ab)^2$ 及 $ab\neq ba$ 所定义的 $G=\{a,b\}$ 是 $4m$ 阶的群.

§3. 有条件限制的 p-群

第一节泛论了 p-群的一般基本性质,第二节讨论了 2-群及与之有关的哈密尔顿群,这都是广泛地论述. 象这样广泛地议论,很有必要, 因为广泛研讨 p-群的性质就是认识 p-群的一些共同点. 但仅注意 p-群的共同点, 而不注意各种不同 p-群的各个特点, 欲对 p-群有更深刻的认识, 也是不可能的, 因为任何特殊的 p-群的内部都具有它本身特殊的构造而区别于另一类 p-群. 泛论 p-群的性质是认识 p-群的本质, 固有必要, 但注意各种特殊 p-群在相互联系上的特殊性, 对于认识其本质有时候显得更为重要. 这就是我们为什么要研究一些有条件限制的 p-群的原因.

所谓对 p-群附加某些条件的限制, 可从两方面来考虑它的意义: 一方面是考虑定量关系的条件, 另方面是考虑定性关系的条件.

先从定量关系方面来谈. 我们已知 p-群 G 中阶 p^r 之子群的个数至少为 1, 而一般等于 $\lambda_r p+1$. 今问阶 p^r 之子群的个数恰等于 1 (即 $\lambda_r=0$)时, G 究竟有怎样的性质呢?

设 $o(G)=p^n$. G 中 p^r 阶子群里面有两个极端: 一为 $r=1$, 即 p 阶子群, 也就是 G 之极小子群; 一为 $r=n-1$, 即 p^{n-1} 阶子群, 也就是 G 之极大子群. 先问 p^{n-1} 阶(即指数为 p)子群恰有一个(即 G 只有唯一个极大子群)时, G 怎样呢? 如令 G 中这唯一个

极大子群为 K，则这时就必是 $\Phi(G)=K$，随而 $G/\Phi(G)=G/K$ 之阶为 p，说明了 $G/\Phi(G)$ 是循环群，即 $G=\{g,\Phi(G)\}=\{g\}$，亦即 G 为循环的. 反之，当 G 为循环时，G 只有一个阶 p^{n-1} 的子群的结论早在第一章 §4 里就说过. 于是证明了

定理 1 p-群为循环群的充要条件是它只有一个指数等于 p 的子群.

再讨论 p-群 G 只有一个 p 阶子群（即只一个极小子群）时 G 的性质. 令 G 中这唯一个 p 阶子群为 M，因而必有 $M\lhd G$. 仍设 $o(G)=p^n$.

注意 $n=1$ 时 G 是循环的；当 $n=2$ 时，G 交换，这时由于 G 只有唯一个 p 阶子群，故 G 不可能是初等交换，因而也必是循环的. 再考虑 $n=3$ 的 G，这时取 G 中指数为 p 的一个子群 H，即 $o(H)=p^2$，则因 H 有阶 p 之子群且 H 中阶 p 之子群亦为 G 之子群，故 H 也只有唯一个阶 p 的子群，即 M，因而 H 不可能为初等交换，即 H 必是循环的，这说明了 G 中凡指数为 p 的子群是循环群；于是当 p 为奇素数时由前节的定理 4 即知 G 只有唯一个指数为 p 的子群，故再据上定理 1 可知这时 G 也是循环的. 在 $p=2$ 时，问题反而复杂了，容后讨论.

今归纳地假定：当 p 为奇素数时，只有唯一个 p 阶子群的 p-群如其阶小于 p^n 时恒为循环的. 据此来研究只有唯一个 p 阶子群 M 的 p^n 阶 p-群 G.

取 G 中任一个指数为 p 的子群 H. 由于 H 必有 p 阶子群且其 p 阶子群当然又是 G 之 p 阶子群，故 H 也只有唯一个 p 阶子群（因而必是 M），于是据归纳法之假定得知 H 为循环的. 这说明了 G 中指数为 p 之子群全是循环的，因而复据前节定理 4，由于 p 是奇素数可知 G 只有一个指数为 p 的子群 H，故由定理 1 可知 G 是循环的. 于是证得了

定理 2 当 $p\neq 2$ 时，只有唯一个 p 阶子群的 p-群必是循环的.

再来讨论 $p=2$ 的情况.

先叙述后面要引用的

引理 1 若 A 为非交换幂零群 G 的一个极大交换正规子群，则 $Z_G(A)=A$，且 G/A 是与 A 之自同构群的一子群成同构的.

证明 $A\lhd G$ 导出了 $Z_G(A)\lhd N_G(A)=G$，A 之交换性保证了 $A\subseteq Z_G(A)$，于是 $Z_G(A)/A\lhd G/A$. 因之，苟若 $A<Z_G(A)$，则 G/A 之幂零性保证了 $Z_G(A)/A\cap Z(G/A)\neq 1$（第二章 § 4 定理 8)，说明了有 $x\in Z_G(A)$，$x\bar{\in}A$，且对任 $g\in G$ 恒有 $[x, g]\in A$，即 $g^{-1}xg\in xA\subseteq\{x, A\}$，故 $\{x, A\}\lhd G$；但 $x\in Z_G(A)$ 还保证了 $\{x, A\}$ 之交换性，且 $A<\{x, A\}$（$\because x\bar{\in}A$). 这就说明了 $\{x, A\}$ 是 G 的一个交换正规子群且大于 A，而与 A 之极大性的假设矛盾了. 故不得不有 $Z_G(A)=A$.

再据第一章 § 9 定理 5 又有

$$G/A=N_G(A)/Z_G(A)\simeq S\subseteq A(A).\text{ 证完.}$$

现在可讨论只有唯一个 2 阶子群 M 的 2^n 阶群 G 的性质. 如果 G 是交换的，则 G 得表写为循环 2-群的直积，而每直因子又有阶 2 的子群，故由 G 只有唯一个 2 阶子群 M 的原因就知道循环直因子之个数等于 1，即 G 是循环群. 于是只须考虑 G 不为交换群的情况，因而 $n\geqslant 3$.

由 $o(G)=2^n$ 中 $n\geqslant 3$ 而据 § 1 定理 3 之推论 1，知 G 有 $2^2(=4)$ 阶正规子群 P，故 P 交换；今令 A 为 G 中包含 P 的一个极大交换正规子群，于是如上段对 G 之讨论一样可知 A 之交换性必保证了 A 的循环性. 因而 $A=\{a\}$，$o(a)=2^k$，且 $n>k\geqslant 2$.

由引理 1 又知 $Z_G(A)=A$ 且 $G/A\simeq S\subseteq A(A)$，由于 $o(S)=2^{n-k}$，得令

$$G=\sum_{i=1}^{2^{n-k}}Ax_i=\sum_{i=1}^{2^{n-k}}Z_G(A)\cdot x_i,$$

随而得到了 S 的全部 2^{n-k} 个元素 $\sigma_i(i=1, 2, \cdots, 2^{n-k})$——都是 A 的自同构，式中 σ_i 具 $a^{\sigma_i}=x_i^{-1}ax_i$ 之关系. 因 S 必有阶 2 的元，如令 $\sigma_1^2=\mathbf{1}$，则因 $A=\{a\}=\{a^{\sigma_1}\}=\{x_1^{-1}ax_1\}$，故 $x_1^{-1}ax_1=a^\alpha$，α 为奇数且 $\alpha\neq 1(\bmod 2^k)$，于是就有

$$a = a^{\sigma_1^2} = (a^{\sigma_1})^{\sigma_1} = (x_1^{-1}ax_1)^{\sigma_1} = (a^{\alpha})^{\sigma_1} = (a^{\sigma_1})^{\alpha} = a^{\alpha^2},$$

故 $\qquad \alpha^2 \equiv 1(\bmod 2^k)$ 及 $x_1^2 \in Z_G(A) = A = \{a\}$.

再据 α 为奇数及 $\alpha \not\equiv 1(\bmod 2^k)$，得写 $\alpha = 1 + 2^{\lambda}r$（$r$ 为奇数且 $1 \leqslant \lambda < k$），于是从 $2^k|(\alpha^2 - 1) = 2^{\lambda+1}r(1 + 2^{\lambda-1}r)$ 又知道：

(i) 在 $\lambda = 1$ 时，有 $\alpha = 1 + 2r \equiv -1(\bmod 4)$；

(ii) 在 $\lambda > 1$ 时，有 $\alpha \equiv 1(\bmod 4)$，且 $2^k | 2^{\lambda+1}$，故 $k \leqslant \lambda + 1$.

但 $\lambda = 1$ 时，$\alpha^2 - 1 = 4r(r + 1)$，$2^k | 4r(r + 1)$，$2^{k-2} | (r + 1)$，故 $r = 2^{k-2}v - 1$，因之 $\alpha = 1 + 2r = -1 + 2^{k-1}v$，于是，

$$\alpha \equiv \begin{cases} -1(\bmod 2^k), & \text{当 } v \text{ 为偶数时；} \\ -1 + 2^{k-1}(\bmod 2^k), & \text{当 } v \text{ 为奇数时.} \end{cases}$$

因而 $a^{\sigma_1} = x_1^{-1}ax_1 = a^{\alpha} = a^{-1}$ 或 $= a^{-1+2^{k-1}}$.

然而在 $\lambda > 1$ 时，$2^{\lambda+1} \| (\alpha^2 - 1)$；再由 $k \leqslant \lambda + 1$ 与 $\lambda < k$ 合并就有 $k = \lambda + 1$，$\alpha = 1 + 2^{k-1}r \equiv 1 + 2^{k-1}(\bmod 2^k)$；因之，

$$a^{\sigma_1} = x_1^{-1}ax_1 = a^{\alpha} = a^{1+2^{k-1}}.$$

可是，从 $x_1^{-1}ax_1 = a^{\alpha}$ 知 $x_1^{-1}a^tx_1 = a^{t\alpha}$，$a^tx_1 = x_1a^{t\alpha}$，$(a^tx_1)^2 = a^tx_1^2a^{t\alpha} = a^{t(1+\alpha)+\beta}$，式中 $x_1^2 = a^{\beta}$. 因而从 $x_1^2 \neq 1$[1] 知 β 为偶数：因若 β 为奇，有 $\{a^{\beta}\} = \{a\} = A$，故由 x_1 与 a^{β} 可交换得知 x_1 与 a 可交换，因而 $x_1 \in Z_G(A) = A$，不可. 于是 $\beta = 2^l\mu$（$l \geqslant 1$，μ 为奇）. 苟若 $l \geqslant k$，则由 $a^{2^k} = 1$ 有 $a^{2^l} = 1$，故 $a^{\beta} = 1$，即 $x_1^2 = 1$，不可. 因而 $\beta = 2^l\mu$ 中的 μ 为奇且 $1 \leqslant l \leqslant k - 1$.

今能断言：从 $\sigma_1^2 = 1$，不可能发生 $a^{\sigma_1} = x_1^{-1}ax_1 = a^{\pm 1+2^{k-1}}$ 的现象，故唯一的可能性是 $a^{\sigma_1} = x_1^{-1}ax_1 = a^{-1}$.

为什么呢？若 $x_1^{-1}ax_1 = a^{1+2^{k-1}}$（这时 $\lambda > 1$，$k = \lambda + 1 \geqslant 3$）则 $(a^tx_1)^2 = a^{t(1+\alpha)+\beta} = a^{2t(1+2^{k-2})+2^l\mu} = a^{2[t(1+2^{k-2})+2^{l-1}\mu]}$，故由于 $k \geqslant 3$ 知有 t 使 $t(1 + 2^{k-2}) + 2^{l-1}\mu \equiv 0(\bmod 2^{k-1})$，于是对这 t 言应有 $(a^tx_1)^2 = 1$，说明了这时 G 至少含有两个 2 阶子群，一为 $\{a^tx_1\}(\nsubseteq A)$，一为 $M(\subseteq A)$，与题设矛盾，不可. 假若 $x_1^{-1}ax_1 = a^{-1+2^{k-1}}$，则这时 $(a^tx_1)^2 = a^{t(1+\alpha)+\beta} = a^{2^{k-1}t+\beta}$；但一方面 $x_1^{-1}a^{\beta}x_1 =$

---

1) $x_1^2 = 1$ 说明 $\{x_1\}$ 为 G 之 2 阶子群，故 $\{x_1\} = M \subseteq A$，$x_1 \in A$，$\sigma_1 = 1$，不可.

$x_1^{-1}x_1^2x_1 = x_1^2 = a^\beta$，另方面 $x_1^{-1}a^\beta x_1 = (x_1^{-1}ax_1)^\beta = (a^{-1+2^{k-1}})^\beta = a^{-\beta+\mu\cdot 2^{k+l-1}} = a^{-\beta}$，因之 $a^\beta = a^{-\beta}$，$a^{2\beta} = 1$，$2^k | 2\beta = 2^{l+1}\mu$，$k \leqslant l + 1$，故再与 $l \leqslant k - 1$ 合并得 $k = l + 1$，于是，

$$(a^\mu x_1)^2 = a^{\mu(1+\alpha)+\beta} = a^{2^{k-1}\mu+2^l\mu} = a^{2^k\mu} = 1,$$

说明了 $\{a^\mu x_1\}$ 是 G 的一个 2 阶子群且 $\{a^\mu x_1\} \nsubseteq A$，因而与 M 异，又与题设矛盾了，也不可．总之，不可能有 $a^{\sigma_1} = x_1^{-1}ax_1 = a^{\pm 1+2^{k-1}}$，故唯一的可能性是 $a^{\sigma_1} = x_1^{-1}ax_1 = a^{-1}$.

这就证明了 S 只有唯一个阶 2 的元，即使 $A = \{a\}$ 中各元 a^i 对应于其逆元 a^{-i} 的 A 之自同构是 S 的唯一个阶 2 之元.

现在可以断言 $o(S) = 2$，即 $[G:A] = 2$．为什么呢？因若 $o(S) > 2$，则由于 S 只有唯一个阶 2 的元，可知这时 S 中必有阶大于 2 的元，即有某 $\sigma_j \in S$，$o(\sigma_j) = 2^u (u \geqslant 2)$，而为 $a^{\sigma_j} = x_j^{-1}ax_j = a^w$（$w$ 为奇数），故 $o(\sigma_j^{2^{u-1}}) = 2$，于是根据上段的结论就应有

$$a^{-1} = a^{\sigma_j^{2^{u-1}}} = a^{w^{2^{u-1}}} = y^{-1}ay,\quad y = x_j^{2^{u-1}},$$

因之，$w^{2^{u-1}} \equiv -1 \pmod{2^k}$，当然有 $w^{2^{u-1}} \equiv -1 \pmod 4$，这显非所许，因为奇数的偶次幂$\equiv 1 \pmod 4$．这就证明了 $[G:A] = 2$.

由是，$k = n - 1$ 且 G/A 为 2 阶循环群，令为 $G/A = \{bA\}$，因之有 $G = \{a, b\}$，其定义关系是

$$a^{2^{n-1}} = 1,\quad b^{-1}ab = a^{-1},\quad b^2 \in A = \{a\},\text{ 但 } b^2 \neq 1.$$

故如令 $b^2 = a^t$，则 $t \not\equiv 0 (\bmod 2^k = 2^{n-1})$；但据霍尔特定理又有 $t(-1-1) \equiv 0 \pmod{2^{n-1}}$，即 $2^{n-2} | t$，故 $t = 2^{n-2}\eta$，η 为奇数，因而得设 $\eta = 2\nu + 1$，随之有

$$a^t = a^{2^{n-2}\eta} = a^{2^{n-2}(2\nu+1)} = a^{2^{n-1}\nu} \cdot a^{2^{n-2}} = a^{2^{n-2}},$$

即 $b^2 = a^{2^{n-2}}$．这就证明了 2^n 阶群 $G = \{a, b\}$ 为（广义）四元数群.

反之，（广义）四元数群也的的确确只有唯一个 2 阶子群.

于是，我们证得了

定理 3 当 $p = 2$ 时，p-群只有唯一个 p 阶子群的充要条件是它或为循环的或为（广义）四元数群.

我们已研究了 p^n 阶 p-群 G 中 p^r 阶子群之个数 $\lambda_r p + 1$ 里面

$\lambda_{n-1}=0$ 及 $\lambda_1=0$ 两个特殊情况，结论是上面的定理 1，2，3. 现在来研究一般情况 $\lambda_r=0$，也就是说若有适合 $1<k<n-1$ 的某 k，G 中 p^k 阶子群恰只有一个时(即 $\lambda_k=0$)，G 怎样呢?

今令 B 是 G 中唯一的一个 p^k 阶子群. 因为 B 必包含在 G 之一个 p^{k+1} 阶子群 B_1 内，又 B_1 的 p^k 阶子群也是 G 的 p^k 阶子群，故由 G 只有唯一个 p^k 阶子群，就知道 B_1 也只有唯一个 p^k 阶子群 B、即 B_1 只有唯一个指数为 p 的子群 B，于是据定理 1 知 B_1 为循环的，因而其子群 B 亦必循环，于是 B 只有一个 p 阶子群，也只一个 p^2 阶子群 (因 $k\geqslant 2$). 然 G 中凡 p 阶子群或凡 p^2 阶子群都必为 G 之 p^k 阶子群的子群，故由 G 中 p^k 阶子群 B 之唯一性可知 G 中凡 p 阶子群或凡 p^2 阶子群都必为 B 的子群，因之从 B 之循环性就知道 G 只有一个 p 阶子群，也只有一个 p^2 阶子群. 但(广义)四元数群含有不止一个 $p^2(=4)$ 阶子群，故 G 不能为(广义)四元数群，因而由定理 2 与 3 则知 G 必是循环群. 于是再与定理 1，2，3 合并起来，得到了下列的

定理 4 不论 k 是适合条件 $1<k<n$ 的任何数，若 p^n 阶 p-群 G 只有一个 p^k 阶子群时，则 G 必为循环群. 至于 $k=1$ 时，可能有一例外，即 G 还可能为(广义)四元数群，但这时必定是 $p=2$ 且 $n\geqslant 3$.

从上面的讨论中，可知在 p^n 阶 p-群 G 里如果只有唯一个 p^k 阶子群，那末不管 p 是否为 2，只要 $1<k(<n)$，恒知 G 是循环的，仅在 $k=1$ 时才有必要分清 p 是否为 2. 于是，当 p-群只有唯一个 p 阶子群时，才突出了 p 是否为 2 的必要性，也就是说在这个时候才说明了 $p=2$ 的 p-群与 $p\neq 2$ 的 p-群二者间的不同之点. 今问: p-群只有唯一个 p 阶子群时，$p=2$ 的 p-群与 $p\neq 2$ 的 p-群有没有必然的共同的点的性质呢?

我们知道: 当 p-群 G 只有一个 p 阶子群时，如果 G 已为循环群，那末其子群必都是循环的: 如 G 为(广义)四元数群，也容易验证(这时 $p=2$)p^2 阶(即 4 阶)子群仍都为循环的(因(广义)四元数群只有一个阶等于 2 的元)，虽然较 $p^2(=4)$ 大的阶之子群不

见得恒为循环的. 故不论 p 是否为 2，当 p-群 G 只有唯一个 p 阶子群时，G 中凡 p^2 阶的子群就恒为循环的.

反之，设 p-群 G 中凡 p^2 阶之子群全为循环时，则首先由于 $Z(G) \neq 1$ 确知 $Z(G)$ 必有一个 p 阶子群 $A[A \subseteq Z(G), o(A) = p]$; 如又有 $o(B) = p$ 且 $A \neq B$ $(B \subseteq G)$，则从 $A \lhd G$ 知 AB 为 G 之子群，并由 $A \cap B = 1$ 又知 $o(AB) = p^2$，说明了 AB 为 G 之 p^2 阶的子群; 但 A，B 是 AB 的两个不同的 p 阶子群，故 AB 不能为循环群，这又与 G 中凡 p^2 阶子群全是循环的假设相矛盾，不可. 由是可知 G 必只有一个 p 阶子群.

于是上面所谓共同之点的性质就是凡 p^2 阶子群全是循环的，且这性质又是 p-群 G 只有唯一个 p 阶子群时所特有的，换言之，我们又证得了下面的

定理 5 p-群 G 只有唯一个 p 阶子群的充要条件是 G 中凡 p^2 阶子群全为循环的. 与之等价的是: p-群 G 中凡 p^2 阶子群全是循环的充要条件是 G 或为循环群或为(广义)四元数群.

p-群 G 只有唯一个 p 阶子群的条件是属定量关系方面的 (p 阶子群之个数这个量)，而凡 p^2 阶子群全是循环的这个条件是属定性的性质. 可以说定理 5 是 p-群中定量与定性两者的结合关系. 现在就从这定理 5 为转折点而来讨论 p-群关于定性方面所引起的一些特征.

定理 5 是说 p-群的所有 p^2 阶子群全是循环的. 如果要求更严一点，即设 p-群 G 的所有真子群全为循环时，G 究竟应具怎样的特点呢? 在下册里我们将证明: 凡真子群全为幂零的有限群是可解的. 但将“幂零”改为“循环”即凡真子群全为循环的有限群也只能说是可解的，不能说其他，例如三次对称群就是这样的例子. 可是对 p-群言，因 p-群本身已为幂零的了，确有更深刻的结论，述于下.

今设 $o(G) = p^n$，并假定 p-群 G 之真子群全为循环的. 若 $n = 2$，则 G 有二型: 循环与初等交换. 若 $n = 3$，则由题设知 G 中 p^2 阶子群都是循环的，故据定理 5 可知 G 必为循环的 (当 p 为

奇素数时)，或有可能为四元数群(当 $p=2$ 时). 至于在 $n\geqslant 4$ 时,由于广义四元数群中不是所有的真子群都为循环的,故这时 G 只能为循环的(p 为 2 与否无关). 总括之,有

定理 6 凡真子群都为循环的 p-群 G 一定是循环的,但可能有两个例外,即设 $o(G)=p^n$ 时,则一个例外是 $n=2$ 时可能 G 为初等交换的,另一个例外是在 $n=3$ 且 $p=2$ 时,G 可能为四元数群.

我们知道 p-群是阶没有相异素因数的幂零群,对于这样特殊的有限幂零群当其真子群全为循环时却有定理 6 所说的较复杂的结论. 可是对于一般的有限幂零群言,结论反而简单些,说具体一点,就是:设有限幂零群 G 之阶至少含有两个不同的素因数,若 G 的真子群全为循环时,则 G 自身亦必循环. 证明容易.

定理 6 中假设条件是真子群全为循环的,这条件过强,现在削弱一下,改为 p^n 阶 p-群 G 中凡阶为 p^m 的子群是循环的,但 m 为满足关系式 $1<m<n$ 的一固定数,又怎样呢?

因 $n>m>1$,故 $m\geqslant 2$, $n\geqslant 3$. 于是由 p^m 阶子群全是循环的假设,而每个 p^2 阶子群又必为某个 p^m 阶子群之子群,可知 G 中凡 p^2 阶子群也一定是循环的,故据定理 5 则知 G 为循环的,但在 $m=2$ 且 $p=2$ 时,可能有一个例外,即可能为(广义)四元数群. 故又得

定理 7 设 p^n 阶 p-群 G 中凡阶等于 p^m 的子群全为循环的,但 m 是满足不等式 $1<m<n$ 的某一个确定的数. 那末 G 必为循环群,而只有在 $p=2$ 且又 $m=2$ 时才可能出现 G 为四元数群或广义四元数群这一个例外.

定理 6 和 7 是从 p-群之子群的特性来看所给的 p-群之性质. 现在反过来,先对所给的 p-群附加一些条件而来研究它的子群. 因循环群早在第一章 § 4 里弄清楚了它的性质,故今后要考虑的是 p-群 G 为非循环的情况.

现设 $o(G)=p^n$,且 G 非循环群. 于是 $n\geqslant 2$. 若 $n=2$,则 G 自身为初等交换的,其型为 [1, 1]. 若 $n=3$,则当 $p=2$ 时,

G或为四元数群或为二面体群 D_8 或为交换的，除 G 为交换的或二面体群以外，已知G没有型为 $[1, 1]$ 的初等交换正规子群；可是当 p 为奇素数时，据定理 5 知这时G必有一个初等交换且型为$[1, 1]$的子群因而这时（即 $n=3$ 时）也是正规的．于是除去 $p=2$ 的场合，可知 p^n 阶 p-群 G 非循环时，当 $n=2$ 与 3 时，G都有型为 $[1, 1]$ 的初等交换正规子群．

今归纳地假定：设 p 为奇素数而阶小于 p^n 的非循环 p-群恒有 p^2 阶的初等交换正规子群．在这归纳法的假定下，来研究 p^n 阶的非循环的 p-群 G（p 是奇素数）．

因有 $A \triangleleft G$ 且 $o(A)=p$，故 $A \subseteq Z(G)$（§1 的定理 2 及定理 3 之推论 1）．考虑商群 G/A．

(I) 设 G/A 循环． 这时从 $(G/A)/(Z(G)/A) \simeq G/Z(G)$ 知 $G/Z(G)$ 循环，故有 $g \in G$ 使 $G=\{g, Z(G)\}$，因而G为交换的，于是据G之非循环性知 $G=\{a_1\} \times \cdots \times \{a_t\}$，$t \geqslant 2$，$o(a_i)=p^{\lambda_i}$，$\lambda_i \geqslant 1$ 且 $\sum \lambda_i = n$．这时，易知 $\{a_1^{p^{\lambda_1-1}}\} \times \{a_2^{p^{\lambda_2-1}}\}$ 为G之 p^2 阶初等交换正规子群．

(II) 设 G/A 非循环． 因 $o(G/A)=p^{n-1}$，故据归纳法的假定知有 $M/A \triangleleft G/A$，且 M/A 为 p^2 阶的初等交换群．于是，$o(M)=p^3$，且由 M/A 之非循环性即知 M 亦必为非循环群．故当M中每元的阶为 p 时，则M的每个极大子群阶为 p^2，因而是 p^2 阶初等交换的，然而据 §1 定理 3 又可知有 $C \subseteq M$ 且 $C \triangleleft G$ 而 $o(C)=p^2$，因之C是初等交换的，即G有 p^2 阶初等交换正规子群．于是由 $o(M)=p^3$ 及M之非循环性，就还有M具有 p^2 阶元之场合需待研究．这时又得细分二款，述于下．

(i) M 交换． 这时，$M=\{a\} \times \{b\}$，$o(a)=p^2$，$o(b)=p$．作 $\Omega_1(M)=\{x \mid x \in M$ 且 $x^p=1\}$，即 $\Omega_1(M)$ 为M中单位元与阶 p 之元之集，也就是由M中凡阶 p 之元生成的子群．显然，$\Omega_1(M) \triangleleft\triangleleft M$，故从 $M \triangleleft G$ 得 $\Omega_1(M) \triangleleft G$；但因显然有 $\Omega_1(M)=\{a^p\} \times \{b\}$，故为 p^2 阶的初等交换群，即G有 p^2 阶的初等交换正规子群．

(ii) **M 非交换.** 这时，由 $o(M)=p^3$ 知 $o(M')=p$ 且有 $M'=Z(M)$——§1 的定理 4. 于是据第一章 §10 定理 4，可知当 $x, y\in M$ 时恒有

$$(xy)^p = x^p y^p \cdot [y, x]^{\frac{p(p-1)}{2}} = x^p y^p,$$

说明了映射 $x\to x^p$ 为群M在其子群 $N=M^p$ 上的同态映射. 由M具有阶 p^2 之元，知 $N>1$. 因M非交换，故 $M/\Phi(M)\simeq(M/M')/(\Phi(M)/M')$ 非循环，因而 M/M' 非循环，于是 M/M' 是 p^2 阶初等交换的，故对每 $x\in M$ 常有 $x^p\in M'$，随而 $N=M^p\subseteq M'$，不得不有 $N=M'=\Phi(M)(=M^pM')$，即 $o(N)=p$，故 $M\sim N=M'$ 之核K的阶 $o(K)=p^2$，而实际上K为M中凡具性质 $x^p=1$ 的一切元 x 之集，这无异乎是说K为 p^2 阶的初等交换群. 但 $K\lhd\lhd M$ 显然，故由 $M\lhd G$ 又得 $K\lhd G$，即G有 p^2 阶的初等交换正规子群.

故据归纳法，我们证得了

定理 8 非循环 p-群G当 p 为奇素数时恒有 p^2 阶的初等交换正规子群.

> **附注** 由定理 5 可知与它有等价意义的是：当 p 为奇素数时，非循环 p-群至少有一个 p^2 阶的初等交换子群. 而定理 8 说得更深刻些，它不仅是说有 p^2 阶的初等交换子群，而是说还有这样的正规子群.

我们现在还是来讨论非循环 p-群 G，$o(G)=p^n$，但不再如定理 8 那样泛论，而只研究G有指数为 p 的循环子群，即G有阶为 p^{n-1} 的元.

若这时G是交换的，则因题设G有阶 p^{n-1} 的元a，故由G之非循环性得知 a 是G中一个有最大阶的元，因而据第二章 §3 可知 $G=\{a\}\times\{b\}$，$a^{p^{n-1}}=1=b^p$，$b^{-1}ab=a$.

于是需讨论的是G为非交换群，这时必有 $n\geqslant 3$. 由于 $o(a)=p^{n-1}$，$A=\{a\}$，得 $[G:A]=p$，故 $A=\{a\}\lhd G$ 且 G/A 为 p 阶循环群，因而据霍尔特定理知 $G=\{a, b_1\}$，$a^{p^{n-1}}=1$，$b_1^p=a^t$，

$b_1^{-1}ab_1=a^r$，而 $r^p\equiv 1(\bmod p^{n-1})$ 且 $t(r-1)\equiv 0(\bmod p^{n-1})$．因为 $r^p\equiv r(\bmod p)$，故从 $r^p\equiv 1(\bmod p^{n-1})$ 必有 $r\equiv 1(\bmod p)$，但 G 之非交换性又说明 $r\not\equiv 1(\bmod p^{n-1})$，于是 $r=1+p^{t_1}k$，$1\leqslant t_1\leqslant n-2$，$(k,p)=1$．

当 p 为奇素数时，由 $r=1+p^{t_1}k$ 得

$$r^p=(1+p^{t_1}k)^p\equiv 1+p^{t_1+1}k(\bmod p^{t_1+2}),$$

再利用 $r^p\equiv 1(\bmod p^{n-1})$ 即得 $n-1\leqslant t_1+1$，$n-2\leqslant t_1$．故结果只能是 $t_1=n-2$，$r=1+p^{n-2}k$；于是再由 $t(r-1)\equiv 0(\bmod p^{n-1})$ 又得 $p|t$，即 $t=\lambda p$．

注意 $p=2$ 时，从 $r=1+p^{t_1}k$ 不敢保证 $r^p\equiv 1+p^{t_1+1}k(\bmod p^{t_1+2})$，只能说 $r^p\equiv 1+p^{t_1+1}k(\bmod p^{t_1+1})$，因而上面一段最后一些结论如 $t_1=n-2$，$r=1+p^{n-2}k$ 不敢保证成立，只能说到 $r=1+p^{t_1}k$ 为止（$1\leqslant t_1\leqslant n-2$）．问题的困难也在这里，所以暂将 $p=2$ 的条款置之不理，下面只限于 p 为奇素数．

由归纳法可证

$$(a^sb_1)^m=b_1^m a^{sr(1+r+r^2+\cdots+r^{m-1})},$$

特令 $m=p$ 时有

$$(a^sb_1)^p=b_1^p a^{sr\cdot\frac{r^p-1}{r-1}}=a^{\lambda p+\frac{p^{n-1}(k+pk\mu)}{p^{n-2}k}\cdot sr}$$
$$=a^{\lambda p+srp(1+p\mu)}=a^{p(\lambda+s\nu)},$$

但 $\nu=r(1+p\mu)$，故 $(\nu,p)=1$．再选 s 使

$$\lambda+s\nu\equiv 0(\bmod p^{n-2}),$$

则 $(a^sb_1)^p=1$．故若令 $b_2=a^sb_1$，则显有

$$G=\{a,b_1\}=\{a,b_2\},$$

其中 $a^{p^{n-1}}=1=b_2^p$，且 $b_2^{-1}ab_2=a^r=a^{1+p^{n-2}k}$，$(k,p)=1$．

这时，再选 l 使 $kl\equiv 1(\bmod p)$，可知

$$r^l\equiv 1+p^{n-2}kl(\bmod p^{n-1}),$$

故再令 $b=b_2^l$ 时又得

$$G=\{a,b\},\ a^{p^{n-1}}=1=b^p,\ b^{-1}ab=a^{r^l}=a^{1+p^{n-2}}.$$

于是证得了下面的

定理 9 设 p 为奇素数而 G 为 p^n 阶的非循环群．若 G 有阶 p^{n-1} 的元，则 $G=\{a, b\}$, $a^{p^{n-1}}=b^p=1$, $b^{-1}ab=a$ 或 $=a^{1+p^{n-2}}$.

上面已说过 $p=2$ 的困难性．但 $p=2$ 时究竟怎样呢？这时 $o(G)=2^n$, $a\in G$ 且 $o(a)=2^{n-1}$．若 G 交换，则与讨论 p 为奇数的情况完全一样可知 $G=\{a, b\}$, $a^{2^{n-1}}=1=b^2$, $b^{-1}ab=a$, 即 $G=\{a\}\times\{b\}$．故需研究的是 G 为非交换的场合，这时当然 $n\geqslant 3$.

若 $n=3$，则由 §2 的定理 2 可知这时或 $G=Q_8$ 为四元数群或 $G=D_8$ 为二面体群，只有这二个可能．所以再需考虑 $o(G)=2^n$ 中 $n\geqslant 4$, G 非交换，且有 $a\in G$ 使 $o(a)=2^{n-1}$.

据霍尔特定理，应有

$$G=\{a, b_1\},\quad a^{2^{n-1}}=1,\quad b_1^2=a^t, b_1^{-1}ab_1=a^r,$$

但 $r^2\equiv 1(\bmod 2^{n-1})$ 且 $t(r-1)\equiv 0(\bmod 2^{n-1})$.

G 之非交换性保证了 $r\not\equiv 1(\bmod 2^{n-1})$，故由 r 为奇数，知 $r=1+2^{t_1}k$, $1\leqslant t_1\leqslant n-2$ 且 $(2, k)=1$．故 $r^2-1=2^{t_1+1}k(1+2^{t_1-1}k)$．下分二款.

（一）$\boldsymbol{t_1>1}$ **时．** 由 $2^{n-1}|(r^2-1)$ 得 $n-1\leqslant t_1+1$, $n-2\leqslant t_1$，故此时必有

$$t_1=n-2,\quad r=1+2^{n-2}k\equiv 1+2^{n-2}(\bmod 2^{n-1}).$$

再从 $t(r-1)\equiv 0(\bmod 2^{n-1})$ 得 $t\cdot 2^{n-2}k\equiv 0(\bmod 2^{n-1})$，故 $2|t$，即 $t=2\tau$，于是由关系式

$$(a^xb_1)^2=a^{t+x(1+r)}=a^{2\tau+x(2+2^{n-2}k)}=a^{2[\tau+x(1+2^{n-3}k)]}$$

以及 $1+2^{n-3}k$ 为奇数，可知有 x 使

$$\tau+x(1+2^{n-3}k)\equiv 0(\bmod 2^{n-2}),$$

因而 $(a^xb_1)^2=1$；令 $a^xb_1=b$ 时，显有 $G=\{a, b_1\}=\{a, b\}$，而 $a^{2^{n-1}}=1=b^2$, $b^{-1}ab=a^{1+2^{n-2}}$.

（二）$\boldsymbol{t_1=1}$ **时．** 由 $r^2=1+4k(1+k)$ 及 $2^{n-1}|(r^2-1)$，可知 $2^{n-3}|(1+k)$, $k=-1+2^{n-3}\nu$，故 $r=1+2k=-1+2^{n-2}\nu$，得

$$r \equiv \begin{cases} -1 & (\bmod 2^{n-1}),\ \text{当 } \nu \text{ 为偶数时;} \\ -1+2^{n-2} & (\bmod 2^{n-1}),\ \text{当 } \nu \text{ 为奇数时.} \end{cases}$$

再以 $r=1+2k$ 及 $k=-1+2^{n-3}\nu$ 代入 $t(r-1)\equiv 0(\bmod 2^{n-1})$ 中又知 $2^{n-2}|t$，故 $t=2^{n-2}\sigma$，于是，

$$(a^x b_1)^2 = a^{t+x(1+r)} = a^{2^{n-2}\sigma+x\cdot 2^{n-2}\nu} = a^{2^{n-2}(\sigma+x\nu)}.$$

因之，当 ν 为奇数时[即 $r\equiv -1+2^{n-2}(\bmod 2^{n-1})$] 必有适当的 x 使 $\sigma+x\nu\equiv 0(\bmod 2)$，这样就有 $(a^x b_1)^2=1$，故令 $b=a^x b_1$ 时确有:

$$G=\{a,b_1\}=\{a,b\},\ a^{2^{n-1}}=1=b^2,\ b^{-1}ab=a^{-1+2^{n-2}}.$$

然而当 ν 为偶数时[即 $r\equiv -1(\bmod 2^{n-2})$]，再分 σ 为奇、偶两小款:

(i) **σ 偶.** 这时，$\sigma+x\nu\equiv 0(\bmod 2)$ 确有解 x，因而 $(a^x b_1)^2=1$，故令 $b=a^x b_1$ 后并注意这时有 $b_1^{-1}ab_1=a^r=a^{-1}$，也就有

$$G=\{a,b_1\}=\{a,b\},\ a^{2^{n-1}}=1=b^2,\ b^{-1}ab=a^{-1}.$$

(ii) **σ 奇.** 这时，$\sigma+x\nu\equiv 0(\bmod 2)$ 虽没有解 x，但已经有 $b_1^2=a^t=a^{2^{n-2}\sigma}=a^{2^{n-2}(1+2s)}=a^{2^{n-2}}$，且 $b_1^{-1}ab_1=a^r=a^{-1}$，即 G 之构造已明，可写为

$$G=\{a,b\},\ a^{2^{n-1}}=1,\ b^2=a^{2^{n-2}},\ b^{-1}ab=a^{-1}.$$

总括之，证得了下面的

定理 10 2^n 阶非循环群(当然 $n\geqslant 2$) G 如有一个阶 2^{n-1} 的元，那末 G 只能为下列五种类型:

(i) $G=\{a,b\},\ a^{2^{n-1}}=1=b^2,\ b^{-1}ab=a$ (交换群);

(ii) $G=\{a,b\},\ a^{2^{n-1}}=1=b^2,\ b^{-1}ab=a^{-1}$ (二面体群 D_{2^n}, $n\geqslant 3$);

(iii) $G=\{a,b\},\ a^{2^{n-1}}=1,\ b^2=a^{2^{n-2}},\ b^{-1}ab=a^{-1}$ (四元数群 Q_{2^n}, $n\geqslant 3$);

(iv) $G=\{a,b\},\ a^{2^{n-1}}=1=b^2,\ b^{-1}ab=a^{1+2^{n-2}}$ ($n\geqslant 4$);

(v) $G=\{a,b\},\ a^{2^{n-1}}=1=b^2,\ b^{-1}ab=a^{-1+2^{n-2}}$ ($n\geqslant 4$).

定理 9 与定理 10 揭示了有指数为 p 的循环子群之非循环 p-群的构造. 现在再来研究它们中指数为 p 的循环子群的个数这个

定量问题.

设 $o(G)=p^n$, $a\in G$, $o(a)=p^{n-1}$, G 非循环的.

当 p 为奇素数时,据定理 9 则知

$$G=\{a, b\},\ a^{p^{n-1}}=1=b^p,\ b^{-1}ab=a^{1+\alpha},$$

但 $\alpha=0$ 或 $=p^{n-2}$, 只这二个可能. 不论 $\alpha=0$ 或 p^{n-2}, 当 $n\geqslant 3$ 时恒有 $p^{n-1}|\alpha^2$, 因而

$$b^{-y}a^xb^y=a^{x\cdot(1+\alpha)^y}=a^{x(1+y\alpha)},$$

即 $a^xb^y=b^ya^{x(1+y\alpha)}$; 再用归纳法易知

$$(a^xb^y)^m=b^{my}a^{x\left[m+\frac{m(m+1)}{2}y\alpha\right]}. \tag{1}$$

由于G的元得唯一地表写为 a^xb^y 或 b^ya^x 形 $(0\leqslant x\leqslant p^{n-1}-1, 0\leqslant y\leqslant p-1)$, 于是由 (1) 式易知 $o(a^xb^y)=p^{n-1}$ 的充要条件是 $(x, p)=1$ 及 y 可任意,说明了G中阶 p^{n-1} 的元之个数等于 $p\cdot\varphi(p^{n-1})=\varphi(p^n)$——数论中的欧拉函数,注意这里的$n\geqslant 3$.

另方面, G中 p 个 p^{n-1} 阶的循环子群 $\{ab^y\}$ 是两两互异的 $(y=0, 1, 2,\cdots, p-1)$. 为什么呢? 设 $0\leqslant y, y_1\leqslant p-1$, 则 $\{ab^y\}=\{ab^{y_1}\}$ 的充要条件是 $ab^{y_1}=(ab^y)^m$, 即 $b^{y_1}a^{1+y_1\alpha}=b^{my}a^{m+\frac{m(m+1)}{2}y\alpha}$(利用了 (1) 式),不得不有

$$y_1\equiv my(\mathrm{mod}\,p)\ 与\ 1+y_1\alpha\equiv m+\frac{m(m+1)}{2}y\alpha\,(\mathrm{mod}\,p^{n-1}),$$

由后者得 $m\equiv 1(\mathrm{mod}\,p)$, 因而必有 $y_1\equiv y(\mathrm{mod}\,p)$, 即必有 $y_1=y$. 故云.

又每个 p^{n-1} 阶循环子群 $\{ab^y\}$ $(y=0, 1, 2,\cdots, p-1)$ 中都含有 $\varphi(p^{n-1})$ 个阶 p^{n-1} 的元, 因之这 p 个两两互异的 p^{n-1} 阶循环子群 $\{ab^y\}$ 共含有 $p\cdot\varphi(p^{n-1})=\varphi(p^n)$ 个阶 p^{n-1} 的元, 即包含了G中阶 p^{n-1} 之元的全部,所以G除了这 p 个循环子群(阶为 p^{n-1} 或指数为 p) 以外再没有阶 p^{n-1} 的循环子群了. 这就证明了奇阶 p-群G如有指数 p 的循环子群 [当G非循环时且又 $o(G)=p^n$], 则在 $n\geqslant 3$ 时指数 p 之循环子群的个数恰等于 p.

至于在 $n=2$ 时,从G之非循环性即知G为初等交换的,故这

时 G 中指数为 p 之子群(必是循环的)的个数等于 $N_{2,1}=(p^2-1)/(p-1)=p+1$.

故总括起来,就证得了

定理 11 阶为奇数 p^n 的非循环 p-群 G 中指数为 p 的循环子群之个数是

(i) 在 $n=2$ 时,恰等于 $p+1$;

(ii) 在 $n\geqslant 3$ 时,恰等于 p 或则没有.

回忆定理 11 的证明过程,知其关键问题在决定 (1) 中元 a^xb^y 之阶为 p^{n-1}. 今推广之, 设 $n>k>1$, k 不一定等于 $n-1$, 问 (1) 中元 a^xb^y 之阶为 p^k 的条件是什么?

由 (1) 式易知 $o(a^xb^y)=p^k$ 的充要条件是 $p^{n-k-1}\|x$, 及 y 任意, 故这样的 x 只能从 $j\cdot p^{n-k-1}(j=1,2,\cdots,p^k)$ 中取与 p 互素的那些 j, 于是 G 中阶 p^k 之元的个数为 $p\cdot\varphi(p^k)=\varphi(p^{k+1})$.

另方面, G 中 p 个 p^k 阶循环子群 $\{a^{p^{n-k-1}}b^y\}$ 是两两互异的 $(y=0,1,2,\cdots,p-1)$. 事实上, 设 $0\leqslant y, y_1\leqslant p-1$, $\{a^{p^{n-k-1}}b^y\}=\{a^{p^{n-k-1}}b^{y_1}\}$ 的充要条件是 $a^{p^{n-k-1}}b^{y_1}=(a^{p^{n-k-1}}b^y)^m$,

即 $b^{y_1}a^{p^{n-k-1}(1+y_1\alpha)}=b^{ym}a^{p^{n-k-1}\left[m+\frac{m(m+1)}{2}y\alpha\right]}$ (利用了 (1) 式),不得不有

$$y_1\equiv ym(\mathrm{mod}\,p)\ \text{及}\ 1+y_1\alpha\equiv m+\frac{m(m+1)}{2}y\alpha\,(\mathrm{mod}\,p^k),$$

由后一关系式即知 $m\equiv 1(\mathrm{mod}\,p)$, 因而前一关系式变为 $y_1\equiv y(\mathrm{mod}\,p)$, 随之必有 $y_1=y$. 故云.

于是 G 中 p 个两两互异的 p^k 阶循环子群 $\{a^{p^{n-k-1}}b^y\}(y=0,1,\cdots,p-1)$ 的各个都包含了 G 之 $\varphi(p^k)$ 个阶 p^k 的元素, 因而它们总共就包含了 G 中 $p\cdot\varphi(p^k)=\varphi(p^{k+1})$ 个阶 p^k 的元,即包含了 G 中全部的阶 p^k 之元. 故 G 除了这 p 个 p^k 阶循环子群以外再也没有别的 p^k 阶循环子群了.

这就又证得了下面的

定理 12 设 G 为非循环的奇阶 p^n 的 p-群. 如果 G 有一个指数为 p 的循环子群, 那末只要 $1<k<n$, G 中阶为 p^k 的循环

子群之个数恰为 p.

定理 11 只讨论了 $p \neq 2$ 的情况. 至于 2^n 阶非循环群 G 中指数为 2 的循环子群之个数问题,讨论就更琐细了,可参看下面的问题 1. 本节到此结束.

问题 1　定理 10 中 $n \geqslant 3$ 时, 则 (i), (ii), (iv), (v) 型各群中指数 2 的循环子群之个数分别为 2, 1, 2, 1; 而 (iii) 型群中指数 2 的循环子群之个数等于 3 在 $n = 3$ 时,或等于 1 在 $n \geqslant 4$ 时.

问题 2　若 p-群 G 含有指数为 p 的循环子群, 则 G 之任一个非单位子群也必含有指数为 p 的循环子群.

问题 3　设 G 为型 $[n-1, 1]$ 的 p^n 阶交换群,试证:

(i) 凡 p^m 次幂 $(n-1 \geqslant m \geqslant 1)$ 为单位元的 G 中元素之个数等于 p^{m+1};

(ii) G 中 p 阶子群的个数等于 $p+1$.

问题 4　设 G 是一个非循环的奇阶 p^n 的 p-群. 如果 G 有指数为 p 的循环子群,则 G 中 p 阶子群的个数就等于 $1+p$.

注意这问题 4 也是 p-群的重要性质，并注意它和定理 12 的差异.

提示: 若 G 交换，则变为问题 3. 若 G 非交换，$G = \{a, b\}$，$a^{p^{n-1}} = 1 = b^p$，$b^{-1}ab = a^{1+p^{n-2}}$ (定理 9)；这时 G 中凡 p 次幂为单位元的元之个数等于 p^2，即 G 中阶 p 之元之个数等于 p^2-1，故 p 阶子群之个数为 $p+1$.

问题 5　当问题 4 中 G 为非交换群时,即 $G=\{a, b\}$, $a^{p^{n-1}} = 1 = b^p$ $(n \geqslant 3)$ 且 $b^{-1}ab = a^{1+p^{n-2}}$, 试证下列诸性质:

(i)　$ba^p = a^p b$;

(ii)　$Z(G) = \{a^p\}$;

(iii)　设 $c = [a, b]$, 则 $c \in Z(G)$ 且 $c^p = 1$;

(iv)　$G' = [G, G]$ 为 p 阶循环群 $\{c\} = \{a^{p^{n-2}}\}$;

(v)　p^k 阶子群之个数为 $1 + p (0 < k < n)$;

(vi)　G 的真子群恒为交换的;

(vii)　以非单位正规子群为模的 G 之商群也是交换的;

(viii)　G 中 p^m 阶子群当 $m \geqslant 2$ 时恒为正规的.

提示：由 $b^{-1}ab=a^{1+p^{n-2}}$ 知 $b^{-1}a^pb=a^p$，即(i)．由(i)知 $\{a^p\}\subseteq Z(G)$，$o(G/Z(G))|o(G/\{a^p\})=p^2$，必有 $o(G/Z(G))=p^2$，即(ii)．易证 $ac=a^{1+p^{n-2}}=ca$，$bc=ba^{p^{n-2}}=a^{p^{n-2}}b=cb$，即 $c\in Z(G)$；再由第一章§10的定理4则得 $c^p=[a^p,b]=1$，故有(iii)．又由 $o(G/Z(G))=p^2$，得 $G/Z(G)$ 交换，$G'\subseteq Z(G)$，因之 $[a^xb^y,a^\lambda b^\mu]=[a,b]^{x\mu}[a,b]^{-\lambda y}=c^{x\mu-\lambda y}$，即 $G'=\{c\}$，或(iv)．由问题4只考虑 $1<k<n$，据定理12已知 p^k 阶循环子群有 p 个而为 $A_{k_i}=\{a^{p^{n-k-1}}b^i\}(0\leqslant i\leqslant p-1)$，又 $B_k=\{a^{p^{n-k}},b\}=\{a^{p^{n-k}}\}\times\{b\}$ 为 p^k 阶且型是 $[k-1,1]$ 的交换群；若 $o(H)=p^k$，则由问题2可知 $H=\{x,y\}$，$x^{p^{k-1}}=1=y^p$，$y^{-1}xy=x^{1+\alpha}$（$\alpha=0$ 或 $=p^{k-2}$），于是 $x=a^{jp^{n-k}}b^i$，$y=a^{lp^{n-2}}b^i$，但 $(jl,p)=1$ 且 $0\leqslant i\leqslant p-1$，即 $x\in B_k$，$y\in B_k$，证明了(v)．据(v)可知 p^k 阶 $(k<n)$ 子群恒交换，即(vi)．设 $1<N\lhd G$，则 $1<D=N\cap Z(G)$；取 D 中阶 p 之一元 x，据(ii)知 $x=a^{jp^{n-2}}\in G'=[G,G]$，故 $G'\subseteq D\subseteq N$，G/N 交换，即(vii)．设 $o(H)=p^m$ $(m\geqslant 2)$，据(v)已知 H 或为 $\{a^{p^{n-m-1}}b^i\}$ 或为 $\{a^{p^{n-m}}\}\times\{b\}$；当 $m=n-1$ 时，$H\lhd G$ 自明（$\because H$ 极大），故只讨论 $2\leqslant m\leqslant n-2$；这时利用 $b^iab^{-i}=b^{-(p-i)}ab^{p-i}=a^{(1+p^{n-2})^{p-i}}=a^{1-ip^{n-2}}$，即 $b^ia=a^{1-ip^{n-2}}b^i$，可知 $a^{-1}(a^{p^{n-m-1}}b^i)a=a^{p^{n-m-1}}(a^{-1}b^ia)=a^{p^{n-m-1}}a^{-ip^{n-2}}b^i=a^{p^{n-m-1}(1-p^{m-1}i)}b^i=(a^{p^{n-m-1}}b^i)^{1-ip^{m-1}}$，又 $b^{-1}(a^{p^{n-m-1}}b^i)b=a^{p^{n-m-1}}b^i$，说明了 $\{a^{p^{n-m-1}}b^i\}\lhd G$．又 $a^{-1}ba=a^{-p^{n-2}}b=a^{p^{n-m}(-p^{m-2})}b\in\{a^{p^{n-m}}\}\times\{b\}$，也证明了 $\{a^{p^{n-m}}\}\times\{b\}\lhd G$．即(viii)成立．

问题6　p-群 G 中凡指数为 p^2 的正规子群的交必含 G 之换位子群 G' 为其子群．

问题7　设 G 为非交换的 p-群，并含有两个指数为 p 的交换子群 H 和 K．试证：

(i)　$Z(G)=H\cap K$；

(ii)　$G'=[G,G]$ 为初等交换的；

(iii)　$I(G)$ 是 p^2 阶的初等交换群．

问题8　若 p-群 G 有一个指数为 p^2 的交换子群，那末 G 也必有一个指数为 p^2 的交换正规子群（文献[37]）．

问题9　设 p-群 G 的正规子群 A 之阶 $o(A)=p^i$，试证 $A\subseteq Z_i(G)$．

§4. p-群的自同构群

在前章讲扩展理论时曾经说过：研究有限群的实质问题是有限单群的决定与扩展理论的探索。但谈扩展又和决定一群的自同构群是紧密相关的。所以研究有限群，归根到底是决定有限单群、探索扩展理论、以及求一群的自同构群这三个根本问题。由此可见研究一群的自同构群这个问题的重要性。在第一章§9末又说过了群G的某些性质在多数情况下对自同构群$A(G)$言是不见得成立的，因而研究自同构群$A(G)$也有它的必要性。这一章讨论p-群，当然为要把p-群的性质搞彻底，也就自然而然地提出了要探索p-群的自同构群。

p-群中最简单的是循环群，今令Z_{p^n}表示p^n阶循环p-群。因为$Z_{p^n}=\{a\}$中1-1映射$a\rightleftarrows a^\sigma$为$Z_{p^n}$之自同构的充要条件是$a^\sigma$仍为$Z_{p^n}$之生成元，故$a^\sigma=a^k$中的$(k, p^n)=1$，因之$Z_{p^n}$恰有$\varphi(p^n)=p^{n-1}(p-1)$个自同构，即$A(Z_{p^n})$得与模$p^n$的既约剩余类群成同构。于是，据数论知识，可知当$p$为奇素数，或者$n\leqslant 2$时，$A(Z_{p^n})$都是$\varphi(p^n)$阶的循环群；只有在$p=2$且又$n\geqslant 3$时，$A(Z_{p^n})$才是$\varphi(2^n)=2^{n-1}$阶的交换群而型为$[n-2, 1]$。故得

定理1 设Z_{p^n}是p^n阶的循环p-群，则有：

(i) 在p为奇素数或$n\leqslant 2$时，$A(Z_{p^n})$是$\varphi(p^n)$阶的循环群，且实际上是与模p^n的既约剩余类群成同构。

(ii) 在$p=2$且又$n\geqslant 3$时，$A(Z_{p^n})$与模2^n的既约剩余类群成同构，因而为型$[n-2, 1]$及阶2^{n-1}的交换群。

有了这定理1，再根据第一章§11定理10及第二章§2定理1就知道了任何有限循环群的自同构群的构造，实际上这已早在第二章§2定理3里叙述过，现在在这里不过是重述一遍。

p-群中除循环群外再就是初等交换p-群较简单些。今设p^n阶p-群G是初等交换的，于是

$$G = \{a_1\} \times \{a_2\} \times \cdots \times \{a_n\}, \tag{1}$$

式中 $o(a_i) = p\ (i = 1, 2, \cdots, n)$.

因 G 中除单位元外各元的阶为 p，故 G 有 $p^n - 1$ 个阶 p 之元，因而有 $p^n - 1$ 个方法可选 G 之元充当 (1) 中的 a_1；当 a_1 被选定后，再取 $a_2 \bar{\in} \{a_1\}$，这样的 a_2 之选取的可能性有 $p^n - p$ 种，且这时易证 $\{a_2\} \cap \{a_1\} = 1$，因而有直积 $\{a_1\} \times \{a_2\}$；再取 $a_3 \bar{\in} \{a_1, a_2\} = \{a_1\} \times \{a_2\}$，由于 a_1 与 a_2 被选定后应有 $p^n - p^2$ 个方法去选 a_3，但选定 a_3 后由于 $\{a_3\} \cap \{a_1, a_2\} < \{a_3\}$ 及 $o(a_3) = p$ 则知 $\{a_3\} \cap \{a_1, a_2\} = 1$，故又有直积 $\{a_1\} \times \{a_2\} \times \{a_3\}$. 同理，当 a_1, a_2, a_3 已选定后，又有 $p^n - p^3$ 种方法去选 a_4. 继续这样的步骤，可以知道选择象 (1) 式的一组基底 $a_1, a_2, \cdots, a_n$ 的方法共有

$$(p^n - 1)(p^n - p)(p^n - p^2)\cdots(p^n - p^{n-1}) = p^{\frac{1}{2}n(n-1)} \cdot k_n$$

种，式中 $k_n = \prod_{i=1}^{n} (p^i - 1)$，即如 (1) 式的 G 之基底 $(a_1, a_2, \cdots, a_n)$ 共有 $p^{\frac{1}{2}n(n-1)} k_n$ 组.

然而若 $(a_1, a_2, \cdots, a_n)$ 为 G 之一组固定的基底，而 $(b_1, b_2, \cdots, b_n)$ 为 G 之任一组基底，则映射

$$a_1^{t_1} a_2^{t_2} \cdots a_n^{t_n} \to b_1^{t_1} b_2^{t_2} \cdots b_n^{t_n} \tag{2}$$

确可定义 G 的一个自同构；反之，如果由 (2) 所定义的映射为 G 的自同构，则又易知 $(b_1, b_2, \cdots, b_n)$ 必为 G 的一组基底. 这就说明了 G 之自同构的多寡与象 (1) 式中基底 $(a_1, a_2, \cdots, a_n)$ 之组数的多寡完全相等. 故证得了

定理 2 p^n 阶初等交换 p-群 G 的自同构群 $A(G)$ 的阶等于 $k_n \cdot p^{\frac{1}{2}n(n-1)}$，但 $k_n = \prod_{i=1}^{n} (p^i - 1)$.

定理 2 只解决了初等交换 p-群的自同构群之阶的问题，然而它的构造究竟怎样呢？

当 $(a_1, a_2, \cdots, a_n)$ 为 G 之一组固定基底时，已知映射 (2) 为 G 之自同构的充要条件是 $(b_1, b_2, \cdots, b_n)$ 亦为 G 之一组基底，于是要问 $A(G)$ 之构造怎样，首先要解决当 (1) 式成立时，来决定 G

中 n 个元 $b_1, b_2, \cdots, b_n$ 为 G 之基底的条件.

因 $(a_1, a_2, \cdots, a_n)$ 为 G 之一组基底，故

$$b_i = a_1^{\alpha_{i1}} a_2^{\alpha_{i2}} \cdots a_n^{\alpha_{in}} = \prod_{j=1}^{n} a_j^{\alpha_{ij}}, \tag{3}$$

$(i = 1, 2, \cdots, n)$. 显然，$(b_1, b_2, \cdots, b_n)$ 为 G 之基底的充要条件是

$$a_i = \prod_{j=1}^{n} b_j^{\beta_{ij}} = b_1^{\beta_{i1}} b_2^{\beta_{i2}} \cdots b_n^{\beta_{in}} \quad (i = 1, 2, \cdots, n),$$

因而据 (3) 式有

$$a_i = \prod_{j=1}^{n} b_j^{\beta_{ij}} = \prod_{j=1}^{n} \left(\prod_{k=1}^{n} a_k^{\alpha_{jk}} \right)^{\beta_{ij}} = \prod_{j=1}^{n} \prod_{k=1}^{n} a_k^{\alpha_{jk}\beta_{ij}}$$

$$= \prod_{k=1}^{n} \prod_{j=1}^{n} a_k^{\beta_{ij}\alpha_{jk}} = \prod_{k=1}^{n} a_k^{\sum\limits_{j=1}^{n} \beta_{ij}\alpha_{jk}},$$

故不得不有

$$\sum_{j=1}^{n} \beta_{ij}\alpha_{jk} = \begin{cases} 1 \pmod{p}, & \text{当 } k = i \text{ 时}, \\ 0 \pmod{p}, & \text{当 } k \neq i \text{ 时}. \end{cases} \tag{4}$$

于是若令

$$A = \begin{pmatrix} \alpha_{11} & \alpha_{12} & \cdots & \alpha_{1n} \\ \alpha_{21} & \alpha_{22} & \cdots & \alpha_{2n} \\ \vdots & \vdots & & \vdots \\ \alpha_{n1} & \alpha_{n2} & \cdots & \alpha_{nn} \end{pmatrix}, \quad B = \begin{pmatrix} \beta_{11} & \beta_{12} & \cdots & \beta_{1n} \\ \beta_{21} & \beta_{22} & \cdots & \beta_{2n} \\ \vdots & \vdots & & \vdots \\ \beta_{n1} & \beta_{n2} & \cdots & \beta_{nn} \end{pmatrix},$$

则 (4) 式即表示有关系 $BA \equiv E \pmod{p}$，E 为单位矩阵. 这是说 $(b_1, b_2, \cdots, b_n)$ 为 G 之基底的充要条件是由 (3) 所决定的整数矩阵 $A = (\alpha_{ij})$ 关于模 p 有逆矩阵. 显然，凡是这样的矩阵之集合成群（以模 p 言），即为有 p 个元素的有限域 $k(p) = K_p$（伽罗瓦域）上的 n 级全体线性群 $GL(n, K_p)$.

今设 σ 与 τ 为 G 之任二个自同构，而令 $a_j^{\sigma} = b_i$，$a_i^{\tau} = c_i$ $(i = 1, 2, \cdots, n)$，则 $(b_1, b_2, \cdots, b_n)$ 及 $(c_1, c_2, \cdots, c_n)$ 为 G 之两组基底，因之由

$$a_i^{\sigma} = b_i = \prod_{k=1}^{n} a_k^{\lambda_{ik}} \text{ 与 } a_i^{\tau} = c_i = \prod_{k=1}^{n} a_k^{\mu_{ik}}$$

所决定的矩阵 $\Lambda = (\lambda_{ik})$ 与 $\Delta = (\mu_{ik})$ 都是 $GL(n, K_p)$ 的元，同时也说明了 $A(G)$ 之每元 σ 得唯一地决定了 $GL(n, K_p)$ 之一元 $\Lambda = (\lambda_{ik})$，反之亦然. 故 $A(G)$ 与 $GL(n, K_p)$ 之元间可建立一个 1-1 对应的映射

$$\sigma \leftrightarrows \Lambda = (\lambda_{ik}), \quad \tau \leftrightarrows \Delta = (\mu_{ik}).$$

其次，因为

$$\begin{aligned} a_i^{\sigma\tau} = b_i^{\tau} &= \left(\prod_{k=1}^{n} a_k^{\lambda_{ik}}\right)^{\tau} = \prod_{k=1}^{n} (a_k^{\tau})^{\lambda_{ik}} = \prod_{k=1}^{n} c_k^{\lambda_{ik}} \\ &= \prod_{k=1}^{n} \left(\prod_{j=1}^{n} a_j^{\mu_{kj}}\right)^{\lambda_{ik}} = \prod_{k=1}^{n} \prod_{j=1}^{n} a_j^{\mu_{kj}\lambda_{ik}} \\ &= \prod_{j=1}^{n} \left(\prod_{k=1}^{n} a_j^{\lambda_{ik}\mu_{kj}}\right) = \prod_{j=1}^{n} a_j^{\sum\limits_{k=1}^{n} \lambda_{ik}\mu_{kj}}, \end{aligned}$$

故得

$$\sigma\tau \leftrightarrows \begin{pmatrix} \sum\lambda_{1k}\mu_{k1} \cdots \sum\lambda_{1k}\mu_{kn} \\ \vdots \qquad\qquad \vdots \\ \sum\lambda_{nk}\mu_{k1} \cdots \sum\lambda_{nk}\mu_{kn} \end{pmatrix} = \left(\sum_{j=1}^{n} \lambda_{ij}\mu_{jk}\right) = \Lambda\Delta.$$

这说明了 1-1 映射 $\sigma \leftrightarrows \Lambda$ 为同构映射： $A(G) \simeq GL(n, K_p)$. 故证得了

定理 3 *p^p 阶初等交换 p-群 G 的自同构群 $A(G)$ 与具有 p 个元的有限域 K_p 上的 n 级全体线性群 $GL(n, K_p)$ 是同构的，因而 $GL(n, K_p)$ 之阶等于 $p^{\frac{1}{2}n(n-1)}k_n$，但 $k_n = \prod_{i=1}^{n}(p^i - 1)$.*

定理 3 完全解决了初等交换 p-群的自同构群的构造.

下面再讨论任意 p-群的自同构群. 为此，先证明下面的

引理 1 *设 G 为有限群. 若商群 $G/\Phi(G)$ 最少需要 d 个元素所生成，则*

$$[A(G):1] \mid [\Phi(G):1]^d \cdot [A(G/\Phi(G)):1],$$

证明 令 $\mathfrak{A}=\{\sigma|\sigma\in A(G),\ [\Phi(G)x]^\sigma=\Phi(G)x,\ 任\ x\in G\}$，即使 G 关于 $\Phi(G)$ 之每个陪集都不变的 G 之自同构所成的集合表为 $\mathfrak{A}$. 注意 $[\Phi(G)\cdot x]^\sigma=\Phi(G)^\sigma\cdot x^\sigma=\Phi(G)\cdot x^\sigma$，故 $[\Phi(G)x]^\sigma=\Phi(G)x$ 的充要条件是 $x^\sigma x^{-1}\in\Phi(G)$，即 $A(G)$ 的元 $\sigma\in\mathfrak{A}$ 的充要条件是对每 $x\in G$ 恒有 $x^\sigma x^{-1}\in\Phi(G)$. 于是，当 σ_1，$\sigma_2\in\mathfrak{A}$ 时，就有 $x^{\sigma_1}x^{-1}\in\Phi(G)$，$x^{\sigma_1\sigma_2^{-1}}(x^{-1})^{\sigma_2^{-1}}\in\Phi(G)$，$x^{\sigma_1\sigma_2^{-1}}\in\Phi(G)x^{\sigma_2^{-1}}=[\Phi(G)x]^{\sigma_2^{-1}}=[(\Phi(G)x)^{\sigma_2}]^{\sigma_2^{-1}}=\Phi(G)x$，$x^{\sigma_1\sigma_2^{-1}}x^{-1}\in\Phi(G)$，故 $\sigma_1\sigma_2^{-1}\in\mathfrak{A}$，即 $\mathfrak{A}$ 为 $A(G)$ 之子群.

再若 $\tau\in A(G)$，$\sigma\in\mathfrak{A}$，则 $x^{\tau^{-1}\sigma\tau}x^{-1}=x^{\tau^{-1}\sigma\tau}((x^{\tau^{-1}})^{-1})^\tau=[x^{\tau^{-1}\sigma}(x^{\tau^{-1}})^{-1}]^\tau=[(x^{\tau^{-1}})^\sigma(x^{\tau^{-1}})^{-1}]^\tau\in\Phi(G)^\tau=\Phi(G)$，故 $\tau^{-1}\sigma\tau\in\mathfrak{A}$，即 $\mathfrak{A}\lhd A(G)$，因而有商群 $A(G)/\mathfrak{A}$.

现在首要的任务是证明

$$A(G)/\mathfrak{A}\simeq\mathfrak{M}\subseteq A(G/\Phi(G)).\tag{5}$$

事实上，只要 $\sigma\in\mathfrak{A}$，则对任 $\tau\in A(G)$，恒有

$$[\Phi(G)x]^{\tau\sigma}=[\Phi(G)^\tau\cdot x^\tau]^\sigma=[\Phi(G)x^\tau]^\sigma=\Phi(G)x^\tau,$$

同理也有 $[\Phi(G)x]^{\sigma\tau}=\Phi(G)x^\tau$，这说明了属于 $A(G)$ 关于 $\mathfrak{A}$ 之陪集 $\bar\tau=\tau\mathfrak{A}=\mathfrak{A}\tau$ 内的每元（G 之自同构）总是使陪集 $\Phi(G)x$[G 关于 $\Phi(G)$ 的]映射为陪集 $\Phi(G)x^\tau$. 在这个意义下，就定义了由商群 $A(G)/\mathfrak{A}$ 之每元 $\bar\tau=\tau\mathfrak{A}=\mathfrak{A}\tau$ 得产生商群 $G/\Phi(G)$ 之元素间的一个置换：

$$\bar\tau=\tau\mathfrak{A}=\mathfrak{A}\tau\to[\Phi(G)x]^{\bar\tau}=\begin{pmatrix}\Phi(G)x\\ \Phi(G)x^\tau\end{pmatrix}.\tag{6}$$

因又若 $\bar\sigma=\sigma\mathfrak{A}=\mathfrak{A}\sigma$，则 $\bar\tau\bar\sigma=\mathfrak{A}\tau\mathfrak{A}\sigma=\mathfrak{A}\tau\sigma$，故

$$\begin{aligned}[\Phi(G)x]^{\bar\tau\bar\sigma}&=\begin{pmatrix}\Phi(G)x\\ \Phi(G)x^{\tau\sigma}\end{pmatrix}=\begin{pmatrix}\Phi(G)x\\ \Phi(G)x^\tau\end{pmatrix}\begin{pmatrix}\Phi(G)x^\tau\\ \Phi(G)(x^\tau)^\sigma\end{pmatrix}\\&=\begin{pmatrix}\Phi(G)x\\ \Phi(G)x^\tau\end{pmatrix}\begin{pmatrix}\Phi(G)x\\ \Phi(G)x^\sigma\end{pmatrix}\\&=[\Phi(G)x]^{\bar\tau}[\Phi(G)x]^{\bar\sigma},\end{aligned}$$

即 $\bar\tau\bar\sigma\to[\Phi(G)x]^{\bar\tau}[\Phi(G)x]^{\bar\sigma}$. 说明了由(6)所定义的映射为同态映射. 但当 $\bar\tau\neq\bar\sigma$ 时，与之等价的是 $\tau\sigma^{-1}\bar{\in}\mathfrak{A}$，则据 $\mathfrak{A}$ 的意义就知

道至少有一元 $y \in G$ 使 $y^{\tau\sigma^{-1}}y^{-1} \bar{\in} \Phi(G)$，$(y^{\tau\sigma^{-1}}y^{-1})^{\sigma} = y^{\tau}(y^{\sigma})^{-1} \bar{\in} \Phi(G)^{\sigma} = \Phi(G)$，$y^{\tau} \bar{\in} \Phi(G)y^{\sigma}$，即 $\Phi(G)y^{\tau} \neq \Phi(G)y^{\sigma}$，故

$$\begin{pmatrix} \Phi(G)x \\ \Phi(G)x^{\tau} \end{pmatrix} \neq \begin{pmatrix} \Phi(G)x \\ \Phi(G)x^{\sigma} \end{pmatrix},$$

即 $[\Phi(G)x]^{\tau} \neq [\Phi(G)x]^{\sigma}$，说明了商群 $A(G)/\mathfrak{A}$ 中不同的元素按(6)式得产生商群 $G/\Phi(G)$ 中元素间不同的置换．故由(6)所定义的映射不得不为同构映射，即 $A(G)/\mathfrak{A} \simeq \mathfrak{M}$，而 $\mathfrak{M}$ 为以陪集 $\Phi(G)x$ 作置换之文字的置换群之子群．但实际上由(6)所定义的置换确又可视为 $G/\Phi(G)$ 的一个自同构，因 $\Phi(G)x \to \Phi(G)x^{\tau}$ 与 $\Phi(G)y \to \Phi(G)y^{\tau}$ 之关系自然有关系 $\Phi(G)xy \to \Phi(G)(xy)^{\tau} = \Phi(G)x^{\tau}y^{\tau} = \Phi(G)x^{\tau} \cdot \Phi(G)y^{\tau}$．故上述的所谓置换群实际上得视为 $G/\Phi(G)$ 之自同构群的一子群，即 $\mathfrak{M} \subseteq A(G/\Phi(G))$，故(5)式获证．

既已知(5)式，就有 $[A(G):\mathfrak{A}] \mid [A(G/\Phi(G)):1]$，即

$$[A(G):1] \mid [\mathfrak{A}:1] \cdot [A(G/\Phi(G)):1],$$

因之若能证明

$$[\mathfrak{A}:1] \mid [\Phi(G):1]^{d}, \tag{7}$$

则引理 1 就获解决．

由题设，知 $G/\Phi(G) = \{b_1\Phi(G), b_2\Phi(G), \cdots, b_d\Phi(G)\}$，因而 $G = \{\Phi(G), b_1, b_2, \cdots, b_d\} = \{b_1, b_2, \cdots, b_d\}$．但因每陪集 $\Phi(G)b_i$ 之代表元 b_i 之选取方法有 $[\Phi(G):1]$ 个，故充当 G 的一组生成元 $b_1, b_2, \cdots, b_d$ 之选取方法共有 $[\Phi(G):1]^d$ 种．

但另方面，从 G 之任一固定生成元组 $b_1, b_2, \cdots, b_d$（具有 d 个元），对每 $\sigma \in \mathfrak{A}$，由于

$$[\Phi(G)b_i]^{\sigma} = \Phi(G)b_i^{\sigma} = \Phi(G)b_i,$$

又得 $G = \{b_1, b_2, \cdots, b_d\} = \{b_1^{\sigma}, b_2^{\sigma}, \cdots, b_d^{\sigma}\}$，即 $b_1^{\sigma}, b_2^{\sigma}, \cdots, b_d^{\sigma}$ 也是上段所说 $[\Phi(G):1]^d$ 组生成元组（每组有 d 个元）中的一组．又当 $\sigma, \tau \in \mathfrak{A}$ 且 $\sigma \neq \tau$ 时，由于 $G = \{b_1, b_2, \cdots, b_d\}$ 可知至少有某一 b_j 使 $b_j^{\sigma} \neq b_j^{\tau}$，故从任一生成元组 $(b_1, b_2, \cdots, b_d)$ 出发，当 σ 跑遍 $\mathfrak{A}$ 时，就可产生 $[\mathfrak{A}:1]$ 个生成元组 $(b_1^{\sigma}, b_2^{\sigma}, \cdots, b_d^{\sigma})$．这也

就是说：上段中所说 $[\Phi(G):1]^d$ 组生成元组可以分类，使各类都含有 $[\mathfrak{A}:1]$ 组，而每类中的 $[\mathfrak{A}:1]$ 组均可由 $\mathfrak{A}$ 之元作用于其一组上能诱导之。于是，

$$[\mathfrak{A}:1] \mid [\Phi(G):1]^d,$$

即 (7) 式为真，引理 1 完全获证。

现在再回到求 p–群之自同构群这个问题。

设 $o(G)=p^n$——G 交换与否无关。令 $[G:\Phi(G)]=p^d$，于是 $G/\Phi(G)$ 为 p^d 阶初等交换 p–群（§ 1 定理 10），故由定理 2 得

$$[A(G/\Phi(G)):1]=p^{\frac{1}{2}d(d-1)}\cdot k_d\ \left(k_d=\prod_{i=1}^{d}(p^i-1)\right),$$

而由引理 1 知

$$[A(G):1] \mid p^{(n-d)d}\cdot p^{\frac{1}{2}d(d-1)}k_d=p^{\frac{1}{2}d(2n-d-1)}k_d.$$

然而因 $0<d\leqslant n$，故易验证

$$\frac{1}{2}d(2n-d-1)\leqslant\frac{1}{2}n(n-1),$$

且又有 $k_d\leqslant k_n=\prod_{i=1}^{n}(p^i-1)$，

于是，$[A(G):1] \mid p^{\frac{1}{2}n(n-1)}k_n$。故证得了

定理 4 任何阶 p^n 的 p–群 G 之自同构群 $A(G)$ 的阶恒为 p^n 阶初等交换 p–群之自同构群的阶的因数，即 $o(A(G)) \mid p^{\frac{1}{2}n(n-1)}k_n$，$k_n=\prod_{i=1}^{n}(p^i-1)$。

定理 4 提供了 p^n 阶 p–群 G 之自同构群 $A(G)$ 之阶的上限。今问：$o(A(G))$ 恰等于上限 $p^{\frac{1}{2}n(n-1)}k_n$ 时，p–群 G 是怎样的群呢？

实际上，由定理 4 之证明方法还知道 $o(A(G))$ 的上限可改进，而为

$$o(A(G)) \mid p^{\frac{1}{2}d(2n-d-1)}k_d,$$

式中 $k_d=\prod_{i=1}^{d}(p^i-1)$ 且 $o(G/\Phi(G))=p^d$。于是，$o(A(G))\leqslant p^{\frac{1}{2}d(2n-d-1)}k_d$，故当 $d<n$ 时易知 $k_d<k_n$ 及 $p^{\frac{1}{2}d(2n-d-1)}\leqslant p^{\frac{1}{2}n(n-1)}$，

因之必有 $p^{\frac{1}{2}d(2n-d-1)}k_d < p^{\frac{1}{2}n(n-1)}k_n$，$o(A(G)) < p^{\frac{1}{2}n(n-1)}k_n$. 故欲 $o(A(G)) = p^{\frac{1}{2}n(n-1)}k_n$，则必有 $d = n$，即 $\Phi(G) = 1$，因而 $G = G/\Phi(G)$ 是初等交换的. 故与定理 2 及 4 合并而得

定理 5 p^n 阶 p-群 G 之自同构群 $A(G)$ 的阶恒为 $p^{\frac{1}{2}n(n-1)}k_n$ 之因数，它能等于 $p^{\frac{1}{2}n(n-1)}k_n$ 的充要条件是 G 为初等交换群.

p-群 G 之自同构群 $A(G)$ 之阶的上限已明，其下限又怎样呢？当 p-群 G 为交换时，$A(G)$ 之阶的下限也容易解决。

事实上，设 $o(G) = p^n$，G 之交换性说明 G 可写为 $t(\geqslant 1)$ 个循环 p-群之直积，如

$$G = \{a_1\} \times \{a_2\} \times \cdots \times \{a_t\}, \tag{8}$$

$o(a_i) = p^{\lambda_i}$，$\lambda_1 \geqslant \lambda_2 \geqslant \cdots \geqslant \lambda_t$，$\sum_{i=1}^{t} \lambda_i = n$. G 中元之阶最大者为 p^{λ_1}. 再令 n_1 跑遍模 p^{λ_1} 的既约剩余系 $\boxed{R}_{p^{\lambda_1}}$，而 $n_2, \cdots, n_t$ 分别跑遍模 $p^{\lambda_2}, \cdots$，模 p^{λ_t} 的完全剩余系 $\boxed{S}_{p^{\lambda_2}}, \cdots, \boxed{S}_{p^{\lambda_t}}$，这样就得到了 G 中 $\varphi(p^{\lambda_1}) \cdot p^{\lambda_2+\cdots+\lambda_t} = p^{n-1}(p-1)$ 个元 $a_1^{n_1}a_2^{n_2}\cdots a_t^{n_t}$，它们的阶显然都是 p^{λ_1}，因而都是 G 中最大阶的元，于是不难验证

$$G = \{a_1^{n_1}a_2^{n_2}\cdots a_t^{n_t}\} \times \{a_2\} \times \cdots \times \{a_t\}.$$

设 $i_1 \in \boxed{R}_{p^{\lambda_1}}$，$i_2 \in \boxed{S}_{p^{\lambda_2}}, \cdots, i_t \in \boxed{S}_{p^{\lambda_t}}$，对 G 之任一元 $x = a_1^{s_1}a_2^{s_2}\cdots a_t^{s_t}$，作映射

$$\begin{aligned} x = a_1^{s_1}a_2^{s_2}\cdots a_t^{s_t} \to x^{\sigma_{i_1,i_2,\cdots,i_t}} &= (a_1^{i_1}a_2^{i_2}\cdots a_t^{i_t})^{s_1}a_2^{s_2}\cdots a_t^{s_t} \\ &= a_1^{i_1s_1}a_2^{i_2s_1+s_2}\cdots a_t^{i_ts_1+s_t}; \end{aligned}$$

再令 $y = a_1^{r_1}a_2^{r_2}\cdots a_t^{r_t}$，则

$$y = a_1^{r_1}a_2^{r_2}\cdots a_t^{r_t} \to y^{\sigma_{i_1,i_2,\cdots,i_t}} = a_1^{i_1r_1}a_2^{i_2r_1+r_2}\cdots a_t^{i_tr_1+r_t}.$$

由是，

$$\begin{aligned} (xy)^{\sigma_{i_1,i_2,\cdots,i_t}} &= (a_1^{r_1+s_1}a_2^{r_2+s_2}\cdots a_t^{r_t+s_t})^{\sigma_{i_1,i_2,\cdots,i_t}} \\ &= a_1^{i_1(r_1+s_1)}a_2^{i_2(r_1+s_1)+(r_2+s_2)}\cdots a_t^{i_t(r_1+s_1)+(r_t+s_t)} \\ &= (a_1^{i_1s_1}a_2^{i_2s_1+s_2}\cdots a_t^{i_ts_1+s_t})(a_1^{i_1r_1}a_2^{i_2r_1+r_2}\cdots a_t^{i_tr_1+r_t}) \\ &= x^{\sigma_{i_1,i_2,\cdots,i_t}} \cdot y^{\sigma_{i_1,i_2,\cdots,i_t}}. \end{aligned}$$

其次，$x^{\sigma_{i_1,i_2,\cdots,i_t}} = y^{\sigma_{i_1,i_2,\cdots,i_t}}$ 即 $a_1^{i_1s_1}a_2^{i_2s_1+s_2}\cdots a_t^{i_ts_1+s_t} = a_1^{i_1r_1}a_2^{i_2r_1+r_2}\cdots$

$a_t^{i_t r_1+r_t}$，而由 (8) 可知 $i_1 s_1 \equiv i_1 r_1 (\bmod p^{\lambda_1})$，$i_\mu s_1 + s_\mu \equiv i_\mu r_1 + r_\mu (\bmod p^{\lambda_\mu}; \mu = 2, \cdots, t)$，于是由 $(i_1, p)=1$ 必有 $s_1 \equiv r_1 (\bmod p^{\lambda_1})$，因而从 $p^{\lambda_\mu} | p^{\lambda_1}$ 也必然有 $s_\mu \equiv r_\mu (\bmod p^{\lambda_\mu})$，故结局有 $x = y$. 因而从 G 之有限性得知映射 $\sigma_{i_1, i_2, \cdots, i_t}$ 为 G 的一个自同构，即 $\sigma_{i_1, i_2, \cdots, i_t} \in A(G)$. 于是，我们有了 G 中 $p^{n-1}(p-1)$ 个自同构 $\sigma_{n_1, n_2, \cdots, n_t}$ 的集合 $\mathfrak{S}$.

取 $\mathfrak{S}$ 之任二元 $\sigma_{i_1, i_2, \cdots, i_t}$ 及 $\sigma_{j_1, j_2, \cdots, j_t}$，其中 $i_1, j_1 \in \boxed{R}_{p^{\lambda_1}}$; $i_2, j_2 \in \boxed{S}_{p^{\lambda_2}}$; $\cdots$; $i_t, j_t \in \boxed{S}_{p^{\lambda_t}}$. 对 G 之元 $x = a_1^{s_1} a_2^{s_2} \cdots a_t^{s_t}$ 则有

$$
\begin{aligned}
x^{\sigma_{i_1, i_2, \cdots, i_t} \sigma_{j_1, j_2, \cdots, j_t}} &= \left(a_1^{i_1 s_1} a_2^{i_2 s_1 + s_2} \cdots a_t^{i_t s_1 + s_t}\right)^{\sigma_{j_1, j_2, \cdots, j_t}} \\
&= a_1^{j_1 i_1 s_1} a_2^{j_2 i_1 s_1 + (i_2 s_1 + s_2)} \cdots a_t^{j_t i_1 s_1 + (i_t s_1 + s_t)} \\
&= \left(a_1^{i_1 j_1} a_2^{i_1 j_2 + i_2} \cdots a_t^{i_1 j_t + i_t}\right)^{s_1} a_2^{s_2} \cdots a_t^{s_t} \\
&= \left(a_1^{s_1} a_2^{s_2} \cdots a_t^{s_t}\right)^{\sigma_{i_1 j_1, i_1 j_2 + i_2, \cdots, i_1 j_t + i_t}} \\
&= x^{\sigma_{i_1 j_1, i_1 j_2 + i_2, \cdots, i_1 j_t + i_t}},
\end{aligned}
$$

而 $\sigma_{i_1 j_1, i_1 j_2 + i_2, \cdots, i_1 j_t + i_t} \in \mathfrak{S}$ ($\because (i_1 j_1, p) = 1$). 这证明了 $\mathfrak{S}$ 为 $A(G)$ 之子群，故 $p^{n-1}(p-1) | o(A(G))$.

上面解决了 p^n 阶交换 p-群 G 之自同构群 $A(G)$ 的阶 $o(A(G))$ 必含 $p^{n-1}(p-1)$ 为因数，因而 $p^{n-1}(p-1)$ 为 p^n 阶交换 p-群 G 之自同构群 $A(G)$ 之阶的下限. 下面再问：p^n 阶交换 p-群 G 之自同构群 $A(G)$ 的阶 $o(A(G))$ 恰等于下限 $p^{n-1}(p-1)$ 时，G 是怎样的群呢？

这时，设 G 写为 t 个循环群之直积，如 (8) 式，则如上所证明的过程可知 $A(G)$ 有一子群 $\mathfrak{S}$，其阶 $o(\mathfrak{S}) = p^{n-1}(p-1)$；今既假定了 $o(A(G)) = p^{n-1}(p-1)$，故必有 $A(G) = \mathfrak{S}$. 然而据形成 $\mathfrak{S}$ 之意义可知 $\mathfrak{S}$ 之元(即 G 之自同构)都不使 a_i 发生变化 $(i \geqslant 2)$，但在 $t \geqslant 2$ 时易知 $a_1 \to a_1$，$a_2 \to a_2 a_1^{p^{\lambda_1 - \lambda_2}}$，$a_i \to a_i (i > 2)$ 也为 G 之一自同构，而又不在 $\mathfrak{S}$ 内，故 $A(G) = \mathfrak{S}$ 就说明不应存在这样的自同构，因而 $t \geqslant 2$ 不成立，即必有 $t = 1$，即 G 为循环的. 故证得了

定理 6 p^n 阶交换 p-群 G 之自同构群 $A(G)$ 的阶 $o(A(G))$

恒有下面的整除关系

$$p^{n-1}(p-1) \mid o(A(G)) \mid p^{\frac{1}{2}n(n-1)}k_n \left(k_n = \prod_{i=1}^{n} (p^i - 1) \right),$$

$o(A(G))$ 达到上限 $p^{\frac{1}{2}n(n-1)}k_n$ 的充要条件是 G 为初等交换的，$o(A(G))$ 等于下限 $p^{n-1}(p-1)$ 的充要条件是 G 为循环的.

关于非交换 p-群 G 之自同构群 $A(G)$ 之阶的下限，目前尚未有较好的结果，仅知 $p^2 \mid o(A(G))$，这是因为 $p^2 \mid o(G/Z(G)) = o(I(G)) \mid o(A(G))$ 的缘故(文献 [38]).

非交换 p-群之自同构群已完全解决了的有四元数群，它的自同构群是四次对称群 $\mathfrak{S}_4$. 为要证明它，先要证明下面的

引理 2 设 $o(G)=24$, $J \lhd G$, $o(J)=4$ 且 $J=Z_G(J)$，则 $G \simeq \mathfrak{S}_4$.

证明 $Z(G) \subseteq Z_G(J)=J$. 由西洛定理知有元 $x \in G$ 使 $o(x)=3$，因而 $x \bar{\in} J$. 令 J 中非单位元之另三个元为 a, b, c，则当然有 $J=\{1, a, b, c\}$. $J \lhd G$ 当然有 $x^{-1}ax \in J$; 苟若 $x^{-1}ax = a$，则因 $x \bar{\in} J = Z_G(J)$，故必有 $x^{-1}bx=c$ 及 $x^{-1}cx=b$，因而不论 α 为 J 之任何元恒得 $x^{-2}\alpha x^2=\alpha$，即 $x^2 \in Z_G(J)=J$，但 $o(x^2)=3$，说明了 $3 \mid o(J)=4$，显非所许. 同理也知 $x^{-1}bx \neq b$ 及 $x^{-1}cx \neq c$. 于是用 x 去变 J 中各元之形时，a, b, c 都必发生变化，可不失普遍性令

$$x^{-1}ax=b, \quad x^{-1}bx=c, \quad x^{-1}cx=a.$$

由是知 a, b, c 都非 G 之中心元，因而从 $Z(G) \subseteq J$ 可知 $Z(G)=1$.

又 $\{x\}G \ntriangleleft$. 为什么呢? 假若 $\{x\} \lhd G$，则因 $a^{-1}xa$, $b^{-1}xb$, $c^{-1}xc$ 都非 $\{x\}$ 之单位元就不得不等于 x 或 x^2，于是 $a^{-1}xa$, $b^{-1}xb$, $c^{-1}xc$ 中至少有两个相等，如 $a^{-1}xa=b^{-1}xb$，故 $x(ab^{-1})=(ab^{-1})x$，即用 x 变 J 之形能使 J 中元 $ab^{-1}(\neq 1)$ 不变，这与上段所说用 x 变 J 之形必使 a, b, c 都必发生变化的结论相冲突. 故 $\{x\} \ntriangleleft G$.

由是可知 G 没有阶为 3 的正规子群，故据西洛定理就知道 G 中阶 3 之子群(即西洛 3-子群)之个数为 4，即在 G 中与 $H=\{x\}$

共轭之个数等于 4，令它们为 $H_1(=H)$, H_2, H_3, H_4，于是它们的正规化子 $N_1=N$, N_2, N_3, N_4 也共轭. 再由第三章 § 7 的引理 1 可知 $G\sim G_H$，但 G_H 为四次可迁置换群，这个同态的核为 $D=\bigcap_{i=1}^{4}N_i$.

又能断言 $N_i\neq N_j$ 当 $i\neq j$ 时. 因若 $N_1=N_2$，则由于有 $g\in G$ 使 $H_2=g^{-1}H_1g$，故 $N_1=N_2=g^{-1}N_1g$，即 $g\in N_G(N_1)$；但据第二章 § 1 的定理 7 又知 $N_G(N_1)=N_1$，故 $g\in N_1$，不得不有 $g^{-1}H_1g=H_1$，即 $H_2=H_1$，显非所许. 由是，$D<N_1=N$，故再据 $o(N)=6$ 可知 $o(D)=1$, 2 或 3，只这三个可能.

然而 $D\lhd G$，而 G 又无 3 阶正规子群，故 $o(D)\neq 3$. 苟若 $o(D)=2$，令 $D=\{d\}$，$o(d)=2$，则从 $D\lhd G$ 得知对每 $g\in G$ 常有 $g^{-1}dg=d$，即 $d\in Z(G)=1$，亦非所许. 因而只能是 $o(D)=1$，随之有 $G\simeq G_H$，故再据 $o(G)=24$ 可知四次可迁置换群 G_H 为四次对称群 $\mathfrak{S}_4$. 证完.

据这引理 2，可证下面的

定理 7 四元数群的自同构群为四次对称群.

证明 设 $Q=\{a,b\}$, $a^4=1$, $b^2=a^2$, $b^{-1}ab=a^{-1}$. 若 $\sigma\in A(Q)$，则令 $a^\sigma=a'$, $b^\sigma=b'$ 时，则 $Q=\{a',b'\}$，且当然有 $o(a')=o(b')=4$ 及 $a'b'\neq b'a'$. 反之，取 $Q=\{a,b\}$ 中任二个互不交换且阶均为 4 的元 a' 与 b' 后，则也必有 $Q=\{a',b'\}$，并易验证映射

$$\sigma:\ a^sb^t\to(a^sb^s)^\sigma=a'^sb'^t$$

为 Q 的自同构，即 $\sigma\in A(Q)$. 于是证得了：Q 之一自同构可确定（由 a 及 b 所确定）Q 中一对互不交换且阶均为 4 的元 a' 与 b'；反之，凡 Q 中互不交换且阶均为 4 之二元 a' 与 b' 又能由 a 与 b 决定 Q 的一自同构 $\sigma((a^sb^t)^\sigma=a'^sb'^t)$. 故 $A(Q)$ 的阶就等于上述的 a', b' 这样一对元素的选择方法之总数. 但 Q 中阶 4 之元的个数为 6，它们是 a, a^3, b, ab, a^2b, a^3b；而与其中各个可交换的顺次又只各有 a^3, a, a^2b, a^3b, b, ab；故当上述的 a' 取为 a, a^3, b, ab,

a^2b, a^3b 时，那末 b' 也就顺次决不可为 a^3, a, a^2b, a^3b, b, ab. 这说明取 a' 之方法有六种，而当 a' 取定后再选 b' 的方法就只有 4 种. 因而选取如上述一组 a', b' 之方法的总组数就等于 $6\times4=24$, 即 $o(A(Q))=24$.

又因 $I(Q)\simeq Q/Z(Q)$, $Z(Q)=\{a^2\}$, 故 $o(I(Q))=4$, $I(Q)$ 交换，于是必有

$$I(Q)\subseteq Z_{A(Q)}(I(Q)). \tag{9}$$

然而若 $\sigma\in Z_{A(Q)}(I(Q))$, 则因对每 $x\in Q$ 有 $I_x=\sigma^{-1}\cdot I_x\cdot\sigma=I_{x^\sigma}$, 故 $x^\sigma x^{-1}\in Z(Q)=\{a^2\}$, $x^\sigma\in Z(Q)\cdot x$, 因而特取 x 为 $Q=\{a,b\}$ 之生成元 a, b 时就应有

$$a^\sigma=a \text{ 或 } =a^3,\quad b^\sigma=b \text{ 或 } =a^2b,$$

说明了 σ 只有 $2\times2=4$ 种可能性，即 $o(Z_{A(Q)}(I(Q)))\leqslant4$, 故再由 (9) 式就不得不有

$$I(Q)=Z_{A(Q)}(I(Q)).$$

因之，如将 $A(Q)$ 及 $I(Q)$ 分别当做引理 2 中的 G 和 J, 则据引理 2 即知 $A(Q)\simeq\mathfrak{S}_4$. 定理 7 证完.

关于广义四元数群，其自同构群的阶也解决了，而有下面的

定理 8 2^n 阶广义四元数群 $Q_{2^n}(n>3)$ 的自同构群的阶等于 2^{2n-3}.

证明 设 $Q=Q_{2^n}=\{a,b\}$, $a^{2^{n-1}}=1$, $b^2=a^{2^{n-2}}$, $b^{-1}ab=a^{-1}$. $\sigma\in A(Q)$ 决定了 Q 中二元 $a'=a^\sigma$ 及 $b'=b^\sigma$ 具有 $o(a')=2^{n-1}$, $o(b')=4$ 及 $a'b'\neq b'a$ 的关系. 反之，从 Q 中任选二元 a', b' 使 $o(a')=2^{n-1}$, $o(b')=4$ 及 $a'b'\neq b'a'$ 时，易知 $Q=\{a',b'\}$ 且映射 σ: $a^sb^t\to(a^sb^t)^\sigma=a'^sb'^t$ 为 Q 的自同构. 故 $o(A(Q))$ 应等于这样一组元 a', b' 的选取方法的总数. 但选 a' 的方法只能从 a^λ 中使 $(\lambda,2)=1$ 的那些 a^λ 里面去选取，故这样的 a' 有 $\varphi(2^{n-1})=2^{n-2}$ 个；又可选 $b'=a^\mu b$ (μ 任意), 故选 b' 之方法有 2^{n-1} 种. 因之, $o(A(Q))=2^{n-2}\cdot2^{n-1}=2^{2n-3}$. 证完.

关于二面体群，则有

定理 9 二面体群 D_8 的自同构群 $A(D_8)$ 就是 D_8 自身，而在

$n>3$ 时 $A(D_{2^n})$的阶为 2^{2n-3}.

证明 设 $D_{2^n}=\{a,b\}$, $a^{2^{n-1}}=1=b^2$, $b^{-1}ab=a^{-1}$. 若 σ 为 D_{2^n} 在它自身内的一个映射,令 $a^\sigma=a'$, $b^\sigma=b'$, 则$\sigma\in A(D_{2^n})$ 的充要条件是 $o(a')=2^{n-1}$, $o(b')=2$ 及 $a'b'\neq b'a'$. 因 $D_{2^n}=\{a\}+\{a\}b$ 之陪集 $\{a\}b$ 中每元的阶等于 2; $\{a\}$ 中阶 2^{n-1} 之元为 a^λ 形, 但 $(\lambda,2)=1$, 因而共有 $\varphi(2^{n-1})=2^{n-2}$ 个; 故选 a' 之方法有 2^{n-2} 种, 而当 a' 选定后, 选 b' 之方法有 2^{n-1} 种(即 b' 可选为陪集 $\{a\}b$ 之任何元, 而不能选 b' 为 $a^{2^{n-2}}$). 这说明了 $A(D_{2^n})$ 的阶等于 $2^{n-1}\cdot 2^{n-2}=2^{2n-3}$.

特在 $n=3$ 时, $o(A(D_8))=2^3$; 又 $I(D_8)\simeq D_8/Z(D_8)=D_8/\{a^2\}$说明了 $I(D_8)$为 4 阶的且不为循环的,故 $I(D_8)$为克莱茵四元群 $\mathfrak{K}_4$, 这说明了 $A(D_8)$ 不是四元数群 (因四元数群没有正规子群是克莱茵四元群), 于是 $A(D_8)$ 必是二面体群 D_8 (§ 2 的定理 2). 证完.

这节的主要问题可以说是初等交换 p-群的自同构群, 因为凡阶为 p^n 的任何 p-群的自同构群之阶都是p^n 阶初等交换 p-群的自同构群之阶的因数. 但决定 p^n 阶初等交换 p-群 $G=\{a_1\}\times\cdots\times\{a_n\}$ 之自同构群 $A(G)$ 的构造 (定理 3) 是利用 (3) 式中 b_1, $b_2,\cdots,b_n$ 为G之基底的充要条件来解决的. 当 $b_1,b_2,\cdots,b_n$ 为 G 之基底时,映射

$$a_1^{t_1}a_2^{t_2}\cdots a_n^{t_n}\to b_1^{t_1}b_2^{t_2}\cdots b_n^{t_n} \tag{10}$$

固可决定G之一自同构, 若 $b_1,b_2,\cdots,b_n$ 不必为G之基底, 而是G中任 n 个元(也可能有相同的), 则 (10) 式只能定义G的一个自同态. 反之, G的任一个自同态又决定了 $a_1,a_2,\cdots,a_n$ 的一组象元 $b_1,b_2,\cdots,b_n$, 因而这自同态就确定了映射 (10). 所以G之自同态环 $E(G)$ 所含元素之个数就等于由G中任选 n 个元 b_1, $b_2,\cdots,b_n$ 之选取的总组数; 由于每个 b_i 之选取方法有 p^n, 故组 $(b_1,b_2,\cdots,b_n)$ 之选取的总数等于 $(p^n)^n=p^{n^2}$, 即G之自同态环 $E(G)$ 是具有 p^{n^2} 个元的有限非交换的结合环. 然而 $E(G)$ 之每元决定了 n 个元 $b_1,b_2,\cdots,b_n$ 后又有

$$b_i = \prod_{k=1}^{n} a_k^{\lambda_{ik}} \ (i = 1, 2, \cdots, n), \tag{11}$$

因而产生了伽罗瓦域 K_p 上的一个 n 级矩阵 (λ_{ik})——当然一般为降秩的，即对模 p 言不一定有逆矩阵，其为可逆的充要条件是 $E(G)$ 的这个元属于 $A(G)$，即为 G 的自同构. 反之，对 K_p 上每个 n 级矩阵 (λ_{ik}) 由 (11) 式得有 G 中 n 个元 $b_1, b_2, \cdots, b_n$，因而据 (10) 又决定了 $E(G)$ 之一元. 这说明了 $E(G)$ 与 K_p 上一切 n 级矩阵所成的环(全矩阵环)间有一个 1-1 对应关系. 并且易证这样的 1-1 对应关系还能保持加法与乘法的运算. 故又证得了下面的

定理 10 p^n 阶初等交换群 G 之自同态环 $E(G)$ 是具有 p^{n^2} 个元的有限环，而与伽罗瓦域 K_p 上的 n 级全矩阵环成环同构.

这节的主要问题既是初等交换 p-群的自同构群，但初等交换 p-群为交换特征单群，且反之凡有限阶的交换特征单群也必是初等交换 p-群，所以这节的主要任务是搞清楚了有限交换特征单群的自同构群的构造. 现在提出这样一个问题，即有限阶的非交换特征单群之自同构群的构造怎样呢?

我们已在第一章 §11 定理 15 的推论 2 里说过：有限阶非交换特征单群 G 中一切极小正规子群都是互相同构的单群，且 G 等于它们的直积，即

$$G = G_1 \times G_2 \times \cdots \times G_t,$$

但每 G_i 为非交换单群且 $G_i \simeq G_j$.

于是，若 $\sigma \in A(G)$，则因 G_i^σ 为 $G^\sigma (= G)$ 之极小正规子群，故 $(G_1^\sigma, G_2^\sigma, \cdots, G_t^\sigma)$ 为 $(G_1, G_2, \cdots, G_t)$ 的一个排列，这说明了 $A(G)$ 之每元 σ 可决定 t 个文字 $G_1, G_2, \cdots, G_t$ 上对称群 $\mathfrak{S}_t$ 的一个置换

$$\bar{\sigma} = \begin{pmatrix} G_1 & G_2 & \cdots & G_t \\ G_1^\sigma & G_2^\sigma & \cdots & G_t^\sigma \end{pmatrix};$$

用这样的方法，我们得到了 $A(G)$ 在 $\mathfrak{S}_t$ 内的一个映射 Ψ，即

$$\sigma(\in A(G)) \to \sigma^\Psi = \bar{\sigma} = \begin{pmatrix} G_i \\ G_i^\sigma \end{pmatrix}.$$

再取 $\tau \in A(G)$，则 $\tau^\Psi = \bar{\tau} = \begin{pmatrix} G_i \\ G_i^\tau \end{pmatrix}$，因之有

$$(\sigma\tau)^{\varphi}=\overline{\sigma\tau}=\begin{pmatrix}G_i\\G_i^{\sigma\tau}\end{pmatrix}=\begin{pmatrix}G_i\\G_i^{\sigma}\end{pmatrix}\begin{pmatrix}G_i^{\sigma}\\G_i^{\sigma\tau}\end{pmatrix}=\begin{pmatrix}G_i\\G_i^{\sigma}\end{pmatrix}\begin{pmatrix}G_j\\G_j^{\tau}\end{pmatrix}$$

$$=\bar{\sigma}\cdot\bar{\tau}=\sigma^{\varphi}\cdot\tau^{\varphi},$$

即 $\sigma\to\sigma^{\varphi}=\bar{\sigma}$ 为 $A(G)$ 到 $\mathfrak{S}_t$ **内**的一个同态映射. 下面要解决的是 $\sigma\to\sigma^{\varphi}$ 确为 $A(G)$ 到 $\mathfrak{S}_t$ **上**的同态映射,为什么呢? 设

$$\pi=\begin{pmatrix}G_1 & G_2 & \cdots & G_t\\G_{k_1} & G_{k_2} & \cdots & G_{k_t}\end{pmatrix}=\begin{pmatrix}G_i\\G_{k_i}\end{pmatrix}$$

为 $\mathfrak{S}_t$ 的任一置换,即 $(k_1, k_2, \cdots, k_t)$ 为 $(1, 2, \cdots, t)$ 的任一个排列. 因这些 G_i 互为两两同构,故若令 α_i 表示由 G_i 到 G_{k_i} 上的同构映射,即 $G_i^{\alpha_i}=G_{k_i}$ $(i=1, 2, \cdots, t)$,则由于 G 之元 x 可唯一地写成 $x=x_1x_2\cdots x_t$ 形 $(x_i\in G_i)$,我们就作 G 自身内的一个映射 α:

$$x\to x^{\alpha}=x_1^{\alpha_1}x_2^{\alpha_2}\cdots x_t^{\alpha_t},$$

因之如又有 $y=y_1y_2\cdots y_t(y_i\in G_i)$,则也必有

$$y\to y^{\alpha}=y_1^{\alpha_1}y_2^{\alpha_2}\cdots y_t^{\alpha_t},$$

于是,

$$\begin{aligned}(xy)^{\alpha}&=(x_1x_2\cdots x_ty_1y_2\cdots y_t)^{\alpha}=[(x_1y_1)(x_2y_2)\cdots(x_ty_t)]^{\alpha}\\&=(x_1y_1)^{\alpha_1}(x_2y_2)^{\alpha_2}\cdots(x_ty_t)^{\alpha_t}=(x_1^{\alpha_1}y_1^{\alpha_1})(x_2^{\alpha_2}y_2^{\alpha_2})\cdots(x_t^{\alpha_t}y_t^{\alpha_t})\\&=(x_1^{\alpha_1}x_2^{\alpha_2}\cdots x_t^{\alpha_t})(y_1^{\alpha_1}y_2^{\alpha_2}\cdots y_t^{\alpha_t})=x^{\alpha}y^{\alpha},\end{aligned}$$

说明了 $x\to x^{\alpha}$ 为 G 到 G **内**的同态映射. 但由 $x^{\alpha}=y^{\alpha}$ 而据直积 $G=G_{k_1}\times G_{k_2}\times\cdots\times G_{k_t}$ 之理又必然会产生 $x_i^{\alpha_i}=y_i^{\alpha_i}$ $(i=1, 2, \cdots, t)$,于是再据 α_i 为 G_i 到 G_{k_i} 上的同构映射就应有 $x_i=y_i$,随而也必有 $x=y$,这说明映射 $x\to x^{\alpha}$ 为 1-1 的,因而由 $o(G)$ 之有限性可知 $x\to x^{\alpha}$ 为 G 到 G **上**的,故不得不为 G 的一自同构,即 $\alpha\in A(G)$. 然据定义 $x^{\alpha}=x_1^{\alpha_1}x_2^{\alpha_2}\cdots x_t^{\alpha_t}$ 容易获知 $x_i^{\alpha}=1^{\alpha_1}\cdots1^{\alpha_{i-1}}x_i^{\alpha_i}1^{\alpha_{i+1}}\cdots1^{\alpha_t}=x_i^{\alpha_i}$,故 $G_i^{\alpha}=G_i^{\alpha_i}=G_{k_i}$,即

$$\alpha\to\alpha^{\varphi}=\bar{\alpha}=\begin{pmatrix}G_1 & \cdots & G_t\\G_1^{\alpha} & \cdots & G_t^{\alpha}\end{pmatrix}=\begin{pmatrix}G_1 & G_2 & \cdots & G_t\\G_1^{\alpha_1} & G_2^{\alpha_2} & \cdots & G_t^{\alpha_t}\end{pmatrix}=\begin{pmatrix}G_1 & G_2 & \cdots & G_t\\G_{k_1} & G_{k_2} & \cdots & G_{k_t}\end{pmatrix}$$

$$=\pi,$$

这已证明了 $\sigma\to\sigma^{\varphi}$ 是 $A(G)$ 到 $\mathfrak{S}_t$ **上**的同态映射.

因之,若令 $\sigma\to\sigma^{\varphi}$ 的核为 N,即 $N=\{\sigma|\sigma\in A(G), G_i^{\sigma}=G_i\}$,则

$$A(G)/N\simeq\mathfrak{S}_t.$$

下面要证明 $N=A(G_1)\times A(G_2)\times\cdots\times A(G_t)$. 为什么呢? 从上述的证

明方法，确知 N 中每元 σ 可诱导各个 G_i 的一个自同构（因 $G_i^\sigma = G_i$），令这个由 σ 诱导的 G_i 之自同构表为 σ_i，即 $G_i^{\sigma_i} = G_i^\sigma$，说具体一点就是 G_i 之自同构 σ_i 作用于 G_i 上的结果完全与 σ 作用在 G_i 上的结果一样，故从 $x = x_1x_2\cdots x_t$ $(x_i \in G_i)$ 得 $x^\sigma = (x_1x_2\cdots x_t)^\sigma = x_1^\sigma x_2^\sigma \cdots x_t^\sigma = x_1^{\sigma_1}x_2^{\sigma_2}\cdots x_t^{\sigma_t}$，即每 $\sigma \in N$ 可决定上述的一组 $(\sigma_1, \sigma_2, \cdots, \sigma_t)$. 反之，任给一组 $(\sigma_1, \sigma_2, \cdots, \sigma_t)$ 后，但 $\sigma_j \in A(G_j)$，若令 $\sigma = (\sigma_1, \sigma_2, \cdots, \sigma_t)$ 并对 G 之每元 $x = x_1x_2\cdots x_t$ $(x_i \in G_i)$ 定义

$$x^\sigma = x_1^{\sigma_1}x_2^{\sigma_2}\cdots x_t^{\sigma_t},$$

则如同证明第一章 § 11 定理 10 的 (ii) 中“反之”那一部分完全一样可知 $\sigma \in A(G)$，且 σ 作用在 G_i 上时，其结果与 σ_i 作用的完全相同. 故 $G_i^\sigma = G_i^{\sigma_i} = G_i$，且 $\sigma \to \sigma^\varphi = \bar{\sigma} = \begin{pmatrix} G_i \\ G_i^\sigma \end{pmatrix} = \begin{pmatrix} G_i \\ G_i \end{pmatrix} = \mathbf{1}$（$\mathfrak{S}_t$ 之恒等置换），即 $\sigma \in N$. 这证明了 $N = A(G_1) \times A(G_2) \times \cdots \times A(G_t)$.

因 $G_1, G_2, \cdots, G_t$ 两两互为同构，令 $\lambda_1, \lambda_2, \cdots, \lambda_t$ 分别为 G_1 到 $G_1, G_2, \cdots, G_t$ 上的一组给定的同构映射，故有 $G_1 \simeq G_i = G_1^{\lambda_i}$. 今取 $\mathfrak{S}_t$ 之任一元 $\pi_k = \begin{pmatrix} G_1 & G_2 & \cdots & G_t \\ G_{k_1} & G_{k_2} & \cdots & G_{k_t} \end{pmatrix}$，并考虑 G_i 到 G_{k_i} 上的同构映射 $\lambda_i^{-1}\lambda_{k_i}$；对 G 之每元 $x = x_1x_2\cdots x_t$ $(x_i \in G)$，定义

$$x^{\mu_k} = x_1^{\lambda_1^{-1}\lambda_{k_1}}x_2^{\lambda_2^{-1}\lambda_{k_2}}\cdots x_t^{\lambda_t^{-1}\lambda_{k_t}},$$

故把 $\lambda_i^{-1}\lambda_{k_i}$ 当做上述的 α_i 来看待，则 μ_k 就是上述的 α，因而 $\mu_k \in A(G)$. 再取 $\pi_l = \begin{pmatrix} G_1 & G_2 & \cdots & G_t \\ G_{l_1} & G_{l_2} & \cdots & G_{l_t} \end{pmatrix} \in \mathfrak{S}_t$，并定义 $x^{\mu_l} = x_1^{\lambda_1^{-1}\lambda_{l_1}}x_2^{\lambda_2^{-1}\lambda_{l_2}}\cdots x_t^{\lambda_t^{-1}\lambda_{l_t}}$ 后，又知 $\mu_l \in A(G)$.

$$\begin{aligned} \text{因}\ x^{\mu_k\mu_l} &= (x^{\mu_k})^{\mu_l} = (x_1^{\lambda_1^{-1}\lambda_{k_1}}x_2^{\lambda_2^{-1}\lambda_{k_2}}\cdots x_t^{\lambda_t^{-1}\lambda_{k_t}})^{\mu_l} \\ &= (x_1^{\lambda_1^{-1}\lambda_{k_1}})^{\lambda_{k_1}^{-1}\lambda_{l_{k_1}}}(x_2^{\lambda_2^{-1}\lambda_{k_2}})^{\lambda_{k_2}^{-1}\lambda_{l_{k_2}}}\cdots(x_t^{\lambda_t^{-1}\lambda_{k_t}})^{\lambda_{k_t}^{-1}\lambda_{l_{k_t}}} \\ &= x_1^{\lambda_1^{-1}\lambda_{l_{k_1}}}x_2^{\lambda_2^{-1}\lambda_{l_{k_2}}}\cdots x_t^{\lambda_t^{-1}\lambda_{l_{k_t}}} = x^{\mu_{l_k}} \end{aligned}$$

亦为 $\mathfrak{S}_t$ 中的置换

$$\pi_{l_k} = \begin{pmatrix} G_1 & G_2 & \cdots & G_t \\ G_{l_{k_1}} & G_{l_{k_2}} & \cdots & G_{l_{k_t}} \end{pmatrix}$$

依上述方法所决定的 $A(G)$ 之元 μ_{l_k}，故凡这样一些 μ_k 得组成 $A(G)$ 的一个子群 S 而与 $\mathfrak{S}_t$ 同构：$S \simeq \mathfrak{S}_t$.

今能断言 $N\cap S=1$. 为什么呢? 因若 $\sigma\in N\cap S$, 则对每 i 当然有 $G_i^\sigma=G_i$ ($\because \sigma\in N$),但当 $x\in G_i$ 时由于 $\sigma\in S$ 并据 S 的意义就应有使 $x^\sigma=x^{\lambda_i^{-1}\lambda_{k_i}}$ 的自然数 k_i ($1\leqslant k_i\leqslant t$), 故不得不有 $k_i=i$, 即对每 G_i 中的元 x 恒有 $x^\sigma=x^{\lambda_i^{-1}\lambda_i}=x$, 于是由 $G=G_1\times G_2\times\cdots\times G_t$, 得知对任 $x\in G$ 恒得 $x^\sigma=x$, 即说明了 $\sigma=1$ (G 之恒等自同构). 故证明了 $N\cap S=1$.

又从 $A(G)/N\simeq\mathfrak{S}_t\simeq S$, 知 $o(A(G))=o(N)\cdot o(S)$, 今既已 $N\cap S=1$, 故 $o(NS)=o(N)\cdot o(S)=o(A(G))$, 即 $A(G)=NS$, 说明了 N 在 $A(G)$ 内有一个与 $\mathfrak{S}_t$ 成同构的补子群.

由是,可得下面的

定理 11 设 G 为有限阶的非交换特征单群, 因而 $G=G_1\times G_2\times\cdots\times G_t$, 每 G_i 为非交换单群且 $G_i\simeq G_j$. 于是有下列的结论:

(i) $A(G)=NS$, 式中 $N=A(G_1)\times A(G_2)\times\cdots\times A(G_t)\lhd A(G)$, $S\simeq\mathfrak{S}_t$, 且 $N\cap S=1$;

(ii) $A(G)$ 的任何非单位正规子群都包含 $I(G)$, 即 $I(G)$ 是 $A(G)$ 的唯一个极小正规子群;

(iii) $A(G)$ 为完全群,即 $Z(\mathfrak{A})=1$ 且 $A(\mathfrak{A})=I(\mathfrak{A})$, 但 $\mathfrak{A}=A(G)$.

证明 (i) 已经解决了,需证明的是 (ii) 与 (iii).

因 G_i 之非交换单纯性保证了 $Z(G_i)=1$, 故有 $Z(G)=Z(G_1)\times Z(G_2)\times\cdots\times Z(G_t)=1$, 因而 $I(G)\simeq G$, 于是再从 $I(G_i)\simeq G_i$ 得知 $I(G)=I(G_1)\times I(G_2)\times\cdots\times I(G_t)$.

首先敢断言: $I(G_1), I(G_2),\cdots, I(G_t)$ 组成 $A(G)$ 的一个共轭子群类.

事实上, 在证明 (i) 的过程中已知 $A(G)\sim\mathfrak{S}_t$, 且由其证明方法可知对任二个所给的 i 及 j 必有 $\sigma\in A(G)$ 使得 $G_i^\sigma=G_j$, 于是

$$\sigma^{-1}\cdot I_{g_i}\cdot\sigma=I_{g_i^\sigma}=I_{g_j}\in I(G_j),$$

式中 $g_i\in G_i$, $g_j\in G_j$. 这证明了 $\sigma^{-1}\cdot I(G_i)\cdot\sigma\subseteq I(G_j)$, 因而再据它们的阶相等就有 $\sigma^{-1}\cdot I(G_i)\cdot\sigma=I(G_j)$. 这说明了 $I(G_1)$, $I(G_2)$, $\cdots$, $I(G_t)$ 在 $A(G)$ 内是互为共轭的. 反之, 由 $I(G)\lhd A(G)$ 可知对任 $\tau\in A(G)$ 而利用 $I(G_i)\lhd I(G)$ 得

$$\tau^{-1}\cdot I(G_i)\cdot\tau\lhd\tau^{-1}\cdot I(G)\cdot\tau=I(G);$$

但 $I(G)=I(G_1)\times I(G_2)\times\cdots\times I(G_t)$ 又说明了特征单群 $I(G)$ 只有 $I(G_1)$, $I(G_2)$, $\cdots$, $I(G_t)$ 这 t 个互相同构的极小正规子群(单群),因而 $\tau^{-1}\cdot I(G_i)\cdot\tau$ 不得不与某一个 $I(G_j)$ 相同. 这恰好证明了 $I(G_1)$, $I(G_2)$, $\cdots$, $I(G_t)$ 构成

了 $A(G)$ 的一个共轭子群类.

再证明 $Z_{A(G)}(I(G))=1$, 即 $I(G)$ 在 $A(G)$ 内的中心化子等于 1.

事实上,若 $\sigma^{-1}\cdot I_g\cdot\sigma=I_{g^\sigma}=I_g$, 则 $g^\sigma g^{-1}\in Z(G)=1$, 即对每 $g\in G$ 恒有 $g^\sigma=g$, 故 $\sigma=1$, 即 $Z_{A(G)}(I(G))=1$.

(ii) 的证明 若$B(\neq 1)\lhd A(G)$,则当$B\cap I(G)=1$时,应有直积 $B\times I(G)$, 故 $B\subseteq Z_{A(G)}(I(G))=1$, 不可, 因之 $B\cap I(G)\neq 1$; 于是由 $I(G)$ 之完全分裂性,而据 $B\cap I(G)\lhd I(G)$ 可知 $B\cap I(G)$ 也必为 $I(G_1)$, $I(G_2)$, $\cdots$, $I(G_t)$ 中若干个的直积(第一章§11), 故再据 $I(G_1)$, $I(G_2)$, $\cdots$, $I(G_t)$ 在 $A(G)$ 内的互相共轭性得知每 $I(G_i)\subseteq B\cap I(G)$, 因而不得不有 $I(G)\subseteq B\cap I(G)$, 即 $I(G)\subseteq B$, (ii) 获证.

(iii) 的证明 令 $\mathfrak{A}=A(G)$. 对任 $\Psi\in A(\mathfrak{A})$, 由于 $I(G)\lhd\mathfrak{A}$, 得知 $(G)^\Psi\lhd\mathfrak{A}^\Psi=\mathfrak{A}$, 故据 (ii) 有 $I(G)\subseteq I(G)^\Psi$, 因而由Ψ之任意性可知 $I(G)=II(G)^\Psi$, 且Ψ又通过下述对应关系得产生G的一个自同构 $\bar{\Psi}(\bar{\Psi}\in\mathfrak{A})$:

$$g\rightleftarrows I_g\leftrightarrow I_g^\Psi=I_{g'}\rightleftarrows g',\ \text{令}\ g^{\bar{\Psi}}=g',\ \text{易证}\ \bar{\Psi}\in\mathfrak{A}.$$

注意 g' 随Ψ而变化. 又对任 $x\in G$, 还有

$$\bar{\Psi}^{-1}\cdot I_x\cdot\bar{\Psi}=I_{x^{\bar{\Psi}}}=I_{x'}=I_x^\Psi.$$

故对任 $\sigma\in A(G)=\mathfrak{A}$, 一方面有

$$(\sigma^{-1}\cdot I_x\cdot\sigma)^\Psi=(I_{x^\sigma})^\Psi=\bar{\Psi}^{-1}\cdot I_{x^\sigma}\cdot\bar{\Psi}=I_{(x^\sigma)^{\bar{\Psi}}}=I_{x^{\sigma\bar{\Psi}}},$$

另方面因

$$(\sigma^{-1}\cdot I_x\cdot\sigma)^\Psi=(\sigma^\Psi)^{-1}\cdot(I_x)^\Psi\cdot\sigma^\Psi=(\sigma^\Psi)^{-1}\cdot I_{x^{\bar{\Psi}}}\cdot\sigma^\Psi$$
$$=I_{(x^{\bar{\Psi}})^{\sigma^\Psi}}=I_{x^{\bar{\Psi}\cdot\sigma^\Psi}},$$

故结果必得 $x^{\sigma\bar{\Psi}}=x^{\bar{\Psi}\cdot\sigma^\Psi}$ (任 $x\in G$), 即 $\sigma\bar{\Psi}=\bar{\Psi}\cdot\sigma^\Psi$, 或 $\sigma^\Psi=\bar{\Psi}^{-1}\cdot\sigma\cdot\bar{\Psi}$, 这就是说 $\mathfrak{A}=A(G)$ 除内自同构外再没有别的自同构,即 $A(\mathfrak{A})=I(\mathfrak{A})$.

又 $Z(\mathfrak{A})=Z(A(G))\subseteq Z_{A(G)}(I(G))=1$ 保证了 $Z(\mathfrak{A})=1$.

故 $\mathfrak{A}=A(G)$ 为完全群,即 (iii) 成立. 定理 11 完全获证.

问题 1　有限哈密尔顿群H的自同构群 $A(H)$ 含有四次对称群 $\mathfrak{S}_4$ 为子群.

问题 2　设G是阶 p^n 而型为 $[m_1, m_2, \cdots, m_t]$ 的交换 p-群. 试证 $p^{n-1}(p-1)^t\,|\,o(A(G))$.

问题 3　设A为 p^n 阶群G的极大交换正规子群,且 $o(A)=p^a$. 试证 $2n\leqslant a(a+1)$.

问题 4　设 $o(G)=p_1^{n_1}p_2^{n_2}\cdots p_r^{n_r}$, 且 G 为幂零群, 试证

$o(A(G)) \Big| \prod_{i=1}^{r} p_i^{\frac{1}{2}n_i(n_i-1)} \cdot \prod_{i=1}^{r}\prod_{s_i=1}^{n_i}(p_i^{s_i}-1)$，而 $o(A(G))$ 能达到这个上限的充要条件是 G 为初等交换群(文献[39]).

问题 5　设 $o(G)=p^3$，但 G 非循环而有 p^2 阶的元且 p 又是奇数. 试证 $o(A(G))=p^3(p-1)^2$.

参 考 文 献

[1] H. Wielandt, Entwicklungslinien in der Struktur-Theorie der endlichen Gruppen (*Proc. International Congress of Maths.*, 1958), Cam. Univ. Press, Cambridge (1960), 268—278.

[2] С. А. Чунихин, О некоторых направлениях в развитии теории конечных групп за последние годы, *Усп. мат. наук*, **16** вып. **4** (100) (1961), 31—50.

[3] B. Huppert, Endliche Gruppen I, Springer (1967).

[4] O. Ore, Contributions to the theory of groups of finite order, *Duke Math. Jour.*, 5(1939), 431—460.

[5] Г. Поллак, Новое доказательство простоты знакопеременной группы, *Acta, Sci. Math. Szeged*, **16**(1955), 63—64.

[6] W. Feit and J. G. Thompson, Solvability of groups of odd order, *Pacific Jour. Math.*, **13**(1963), 775—1028.

[7] J. Schreier and S. Ulam, Über die Automorphismen der Permutationsgruppe der natürlichen Zahlenfolge, *Fund. Math.*, **28**(1937), 258—260.

[8] I. E. Segal, The automorphisme of symmetric groups, *Bull. Amer. Math. Soc.*, **46**(1940), 565.

[9] А. Г. Курош, Теория групп, Москва (1953).

[10] O. Hölder, Bildung zusammengesetzter Gruppen, *Math. Ann.*, **46** (1895), 321—422.

[11] G. W. Miller, On a theorem of Hölder, *Amer. Math. Monthly*, **65** (1958), 252—254.

[12] W. Burnside, Theory of groups of finite order, Cambridge (1911) (2nd Edi.).

[13] M. Hall. Theory of groups, Macmillan, New York, (1959).

[14] A. W. Hales and R. J. Nunke. Groups have few composition series, *Amer. Math. Monthly*, **81**(1974), 50—51.

[15] P. Hall, A note on soluble groups, *Jour. London Math. Soc.*, **3** (1928), 98—105.

[16] P. Hall, A characteristic property of soluble groups, *Jour. London Math. Soc.*, 12(1937), 198—200.

[17] P. Hall, On the Sylow systems of a soluble group, *Proc. London Math. Soc.*, 43(1937), 316—323.

[18] J. H. E. Cohn, A condition for a finite group to be cyclic, *Proc. Amer. Math. Soc.*, **32**(1972), 48.

[19] А. И. Мальцев, О некоторых классах бесконечных разрешимых группы

Мат. сб. (нов. с.), **28** (1951), 567—588.

[20] K. A. Hirsch, On infinite soluble groups (III), *Proc. London Math. Soc.*, **49**(1946), 184—194.

[21] R. Baer, Nilpotent characteristic subgroups of finite groups, *Amer. Jour. Math.*, **75**(1953), 633—664.

[22] H. Goheen, Proof of a theorem of Hall, *Bull. Amer. Math. Soc.*, **47** (1941), 143—144.

[23] С. А. Чунихин, О разрешимых группах, *Изв.ниимм. Томского. гос. ун-та*, **2** (1938), 220—223.

[24] H. Bender, A group theoretic proof of Burnside's p^aq^b-theorem, *Math. Zeit.*, **126**(1972), 327—338.

[25] D. Goldschmidt, A group theoretic proof of the p^aq^b-theorem for odd primes, *Math. Zeit.*, **113**(1970), 373—375.

[26] J. Ernest, Central intertwining numbers for representations of finite groups, *Trans. Amer. Math. Soc.*, **99**(1961), 499—508.

[27] P. X. Gallagher, The number of conjugacy classes in a finite group, *Math. Zeit.*, **118**(1970), 175—179.

[28] O. Schreier, Über die Erweiterung von Gruppen I, *Monatsh. Math. Phys.*, **34**(1926), 165—180.

[29] O. Schreier, Über die Erweiterung von Gruppen II, *Abh. Math. Sem. Hamburg*, **4**(1926), 321—346.

[30] H. Zassenhaus, Theory of Groups, Chelsea, New York (1956) (2nd Edi.).

[31] R. Baer, Erweiterung von Gruppen und ihrer Isomorphismen, *Math. Zeit.*, **38**(1934), 375—416.

[32] H. Onishi, Commutator extensions of finite groups, *Michigan Math. Jour.*, **13**(1966), 119—126.

[33] W. Gaschütz, Zur Erweiterungstheorie der endlichen Gruppen, *Jour. Reine Angew. Math.*, **190**(1952), 93—107.

[34] D. G. Higman, Remarks on splitting extensions, *Pacific Jour. Math.*, **4**(1954), 545—555.

[35] J. S. Rose, Splitting properties of group extensions, *Proc. London Math. Soc.*, (**3**)**22**(1971), 1—23.

[36] M. Weichsel, On a theorem of Iwasawa, *Proc. Amer. Math. Soc.*, **12** (1961), 148—150.

[37] J. L. Alperin, Large abelian subgroups of p-groups, *Trans. Amer. Math. Soc.*, **117**(1965), 10—20.

[38] W. R. Scott, The order of the automorphism group of a finite group. *Proc. Amer. Math. Soc.*, **5**(1954), 23—24.

[39] G. Birkhoff and P. Hall, On the order of groups of automorphismus, *Trans. Amer. Math. Soc.*, **39**(1936), 496—499.

表 VIII

群型 / 元之个数 / 元的阶	I_1 (循环)	I_2	I_3	I_4	II_1 (初等交换)	II_2	II_3	II_4
2	1	pq^2	p	q^2	1	q^2	p	pq^2
q	$q-1$	$q-1$	$q-1$	$q-1$	q^2-1	q^2-1	q^2-1	q^2-1
p	$p-1$	$p-1$	$p-1$	$p-1$	$p-1$	$p-1$	$p-1$	$p-1$
$2q$	$q-1$	0	$p(q-1)$	0	q^2-1	0	$p(q^2-1)$	0
$2p$	$p-1$	0	0	$(p-1)q^2$	$p-1$	$(p-1)q^2$	0	0
pq	$(p-1)(q-1)$	$(p-1)(q-1)$	$(p-1)(q-1)$	$(p-1)(q-1)$	$(p-1)(q^2-1)$	$(p-1)(q^2-1)$	$(p-1)(q^2-1)$	$(p-1)(q^2-1)$
q^2	$q(q-1)$	$q(q-1)$	$q(q-1)$	$q(q-1)$	0	0	0	0
$2pq$	$(p-1)(q-1)$	0	0	0	$(p-1)(q^2-1)$	0	0	0
$2q^2$	$q(q-1)$	0	$pq(q-1)$	0	0	0	0	0
pq^2	$q(q-1)(p-1)$	$q(q-1)(p-1)$	$q(q-1)(p-1)$	$q(q-1)(p-1)$	0	0	0	0
$2pq^2$	$q(q-1)(p-1)$	0	0	0	0	0	0	0
合计	$2pq^2-1$	$2pq^2-1$	$2pq^2-1$	$2pq^2-1$	$2pq^2-1$	$2pq^2-1$	$2pq^2-1$	$2pq^2-1$

（续表）

II_5	II_6	III_1	III_2	IV_1	IV_2	IV_3	IV_4	V_1	V_2
q	pq	1	p	1	q	p	pq	1	p
q^2-1	q^2-1	$q-1$	$q-1$	$(pq+1)(q-1)$	$(pq+1)(q-1)$	$(pq+1)(q-1)$	$(pq+1)(q-1)$	$p(q-1)$	$p(q-1)$
$p-1$	$p-1$	$p-1$	$p-1$	$p-1$	$p-1$	$p-1$	$p-1$	$p-1$	$p-1$
$q(q-1)$	$pq(q-1)$	$q-1$	$p(q-1)$	$(pq+1)(q-1)$	$pq(q-1)$	$p(q^2-1)$	$pq(q-1)$	$p(q-1)$	$p(q-1)$
$q(p-1)$	0	$p-1$	0	$p-1$	$(p-1)q$	0	0	$p-1$	0
$(p-1)(q^2-1)$	$(p-1)(q^2-1)$	$(p-1)(q-1)$	$(q-1)(q-1)$	$(p-1)(q-1)$	$(p-1)(q-1)$	$(p-1)(q-1)$	$(p-1)(q-1)$	0	0
0	0	$pq(q-1)$	$pq(q-1)$	0	0	0	0	$pq(q-1)$	$pq(q-1)$
$q(q-1)(p-1)$	0	$(p-1)(q-1)$	0	$(p-1)(q-1)$	0	0	0	0	0
0	0	$pq(q-1)$	$pq(q-1)$	0	0	0	0	$pq(q-1)$	$pq(q-1)$
0	0	0	0	0	0	0	0	0	0
0	0	0	0	0	0	0	0	0	0
$2pq^2-1$	$2pq^2-1$	$2pq^2-1$	$2pq^2-1$	$2pq^2-1$	$2pq^2-1$	$2pq^2-1$	$2pq^2-1$	$2pq^2-1$	$2pq^2-1$

《现代数学基础丛书》已出版书目

1 数理逻辑基础(上册) 1981.1 胡世华 陆钟万 著
2 数理逻辑基础(下册) 1982.8 胡世华 陆钟万 著
3 紧黎曼曲面引论 1981.3 伍鸿熙 吕以辇 陈志华 著
4 组合论(上册) 1981.10 柯 召 魏万迪 著
5 组合论(下册) 1987.12 魏万迪 著
6 数理统计引论 1981.11 陈希孺 著
7 多元统计分析引论 1982.6 张尧庭 方开泰 著
8 有限群构造(上册) 1982.11 张远达 著
9 有限群构造(下册) 1982.12 张远达 著
10 测度论基础 1983.9 朱成熹 著
11 分析概率论 1984.4 胡迪鹤 著
12 微分方程定性理论 1985.5 张芷芬 丁同仁 黄文灶 董镇喜 著
13 傅里叶积分算子理论及其应用 1985.9 仇庆久 陈恕行 是嘉鸿 刘景麟 蒋鲁敏 编
14 辛几何引论 1986.3 J.柯歇尔 邹异明 著
15 概率论基础和随机过程 1986.6 王寿仁 编著
16 算子代数 1986.6 李炳仁 著
17 线性偏微分算子引论(上册) 1986.8 齐民友 编著
18 线性偏微分算子引论(下册) 1992.1 齐民友 徐超江 编著
19 实用微分几何引论 1986.11 苏步青 华宣积 忻元龙 著
20 微分动力系统原理 1987.2 张筑生 著
21 线性代数群表示导论(上册) 1987.2 曹锡华 王建磐 著
22 模型论基础 1987.8 王世强 著
23 递归论 1987.11 莫绍揆 著
24 拟共形映射及其在黎曼曲面论中的应用 1988.1 李 忠 著
25 代数体函数与常微分方程 1988.2 何育赞 萧修治 著
26 同调代数 1988.2 周伯壎 著
27 近代调和分析方法及其应用 1988.6 韩永生 著
28 带有时滞的动力系统的稳定性 1989.10 秦元勋 刘永清 王 联 郑祖庥 著
29 代数拓扑与示性类 1989.11 [丹麦] I. 马德森 著
30 非线性发展方程 1989.12 李大潜 陈韵梅 著

31 仿微分算子引论 1990.2 陈恕行 仇庆久 李成章 编
32 公理集合论导引 1991.1 张锦文 著
33 解析数论基础 1991.2 潘承洞 潘承彪 著
34 二阶椭圆型方程与椭圆型方程组 1991.4 陈亚浙 吴兰成 著
35 黎曼曲面 1991.4 吕以辇 张学莲 著
36 复变函数逼近论 1992.3 沈燮昌 著
37 Banach 代数 1992.11 李炳仁 著
38 随机点过程及其应用 1992.12 邓永录 梁之舜 著
39 丢番图逼近引论 1993.4 朱尧辰 王连祥 著
40 线性整数规划的数学基础 1995.2 马仲蕃 著
41 单复变函数论中的几个论题 1995.8 庄圻泰 杨重骏 何育赞 闻国椿 著
42 复解析动力系统 1995.10 吕以辇 著
43 组合矩阵论(第二版) 2005.1 柳柏濂 著
44 Banach 空间中的非线性逼近理论 1997.5 徐士英 李 冲 杨文善 著
45 实分析导论 1998.2 丁传松 李秉彝 布 伦 著
46 对称性分岔理论基础 1998.3 唐 云 著
47 Gel'fond-Baker 方法在丢番图方程中的应用 1998.10 乐茂华 著
48 随机模型的密度演化方法 1999.6 史定华 著
49 非线性偏微分复方程 1999.6 闻国椿 著
50 复合算子理论 1999.8 徐宪民 著
51 离散鞅及其应用 1999.9 史及民 编著
52 惯性流形与近似惯性流形 2000.1 戴正德 郭柏灵 著
53 数学规划导论 2000.6 徐增堃 著
54 拓扑空间中的反例 2000.6 汪 林 杨富春 编著
55 序半群引论 2001.1 谢祥云 著
56 动力系统的定性与分支理论 2001.2 罗定军 张 祥 董梅芳 著
57 随机分析学基础(第二版) 2001.3 黄志远 著
58 非线性动力系统分析引论 2001.9 盛昭瀚 马军海 著
59 高斯过程的样本轨道性质 2001.11 林正炎 陆传荣 张立新 著
60 光滑映射的奇点理论 2002.1 李养成 著
61 动力系统的周期解与分支理论 2002.4 韩茂安 著
62 神经动力学模型方法和应用 2002.4 阮 炯 顾凡及 蔡志杰 编著
63 同调论——代数拓扑之一 2002.7 沈信耀 著
64 金兹堡-朗道方程 2002.8 郭柏灵 黄海洋 蒋慕容 著

65 排队论基础 2002.10 孙荣恒 李建平 著
66 算子代数上线性映射引论 2002.12 侯晋川 崔建莲 著
67 微分方法中的变分方法 2003.2 陆文端 著
68 周期小波及其应用 2003.3 彭思龙 李登峰 谌秋辉 著
69 集值分析 2003.8 李 雷 吴从炘 著
70 强偏差定理与分析方法 2003.8 刘 文 著
71 椭圆与抛物型方程引论 2003.9 伍卓群 尹景学 王春朋 著
72 有限典型群子空间轨道生成的格(第二版) 2003.10 万哲先 霍元极 著
73 调和分析及其在偏微分方程中的应用(第二版) 2004.3 苗长兴 著
74 稳定性和单纯性理论 2004.6 史念东 著
75 发展方程数值计算方法 2004.6 黄明游 编著
76 传染病动力学的数学建模与研究 2004.8 马知恩 周义仓 王稳地 靳 祯 著
77 模李超代数 2004.9 张永正 刘文德 著
78 巴拿赫空间中算子广义逆理论及其应用 2005.1 王玉文 著
79 巴拿赫空间结构和算子理想 2005.3 钟怀杰 著
80 脉冲微分系统引论 2005.3 傅希林 闫宝强 刘衍胜 著
81 代数学中的 Frobenius 结构 2005.7 汪明义 著
82 生存数据统计分析 2005.12 王启华 著
83 数理逻辑引论与归结原理(第二版) 2006.3 王国俊 著
84 数据包络分析 2006.3 魏权龄 著
85 代数群引论 2006.9 黎景辉 陈志杰 赵春来 著
86 矩阵结合方案 2006.9 王仰贤 霍元极 麻常利 著
87 椭圆曲线公钥密码导引 2006.10 祝跃飞 张亚娟 著
88 椭圆与超椭圆曲线公钥密码的理论与实现 2006.12 王学理 裴定一 著
89 散乱数据拟合的模型、方法和理论 2007.1 吴宗敏 著
90 非线性演化方程的稳定性与分歧 2007.4 马 天 汪宁宏 著
91 正规族理论及其应用 2007.4 顾永兴 庞学诚 方明亮 著
92 组合网络理论 2007.5 徐俊明 著
93 矩阵的半张量积:理论与应用 2007.5 程代展 齐洪胜 著
94 鞅与 Banach 空间几何学 2007.5 刘培德 著
95 非线性常微分方程边值问题 2007.6 葛渭高 著
96 戴维-斯特瓦尔松方程 2007.5 戴正德 蒋慕蓉 李栋龙 著
97 广义哈密顿系统理论及其应用 2007.7 李继彬 赵晓华 刘正荣 著
98 Adams 谱序列和球面稳定同伦群 2007.7 林金坤 著

99 矩阵理论及其应用 2007.8 陈公宁 编著
100 集值随机过程引论 2007.8 张文修 李寿梅 汪振鹏 高 勇 著
101 偏微分方程的调和分析方法 2008.1 苗长兴 张 波 著
102 拓扑动力系统概论 2008.1 叶向东 黄 文 邵 松 著
103 线性微分方程的非线性扰动(第二版) 2008.3 徐登洲 马如云 著
104 数组合地图论(第二版) 2008.3 刘彦佩 著
105 半群的 S-系理论(第二版) 2008.3 刘仲奎 乔虎生 著
106 巴拿赫空间引论(第二版) 2008.4 定光桂 著
107 拓扑空间论(第二版) 2008.4 高国士 著
108 非经典数理逻辑与近似推理(第二版) 2008.5 王国俊 著
109 非参数蒙特卡罗检验及其应用 2008.8 朱力行 许王莉 著
110 Camassa-Holm 方程 2008.8 郭柏灵 田立新 杨灵娥 殷朝阳 著
111 环与代数(第二版) 2009.1 刘绍学 郭晋云 朱 彬 韩 阳 著
112 泛函微分方程的相空间理论及应用 2009.4 王 克 范 猛 著
113 概率论基础(第二版) 2009.8 严士健 王隽骧 刘秀芳 著
114 自相似集的结构 2010.1 周作领 瞿成勤 朱智伟 著
115 现代统计研究基础 2010.3 王启华 史宁中 耿 直 主编
116 图的可嵌入性理论(第二版) 2010.3 刘彦佩 著
117 非线性波动方程的现代方法(第二版) 2010.4 苗长兴 著
118 算子代数与非交换 L_p 空间引论 2010.5 许全华 吐尔德别克 陈泽乾 著
119 非线性椭圆型方程 2010.7 王明新 著
120 流形拓扑学 2010.8 马 天 著
121 局部域上的调和分析与分形分析及其应用 2011.4 苏维宜 著
122 Zakharov 方程及其孤立波解 2011.6 郭柏灵 甘在会 张景军 著
123 反应扩散方程引论(第二版) 2011.9 叶其孝 李正元 王明新 吴雅萍 著
124 代数模型论引论 2011.10 史念东 著
125 拓扑动力系统——从拓扑方法到遍历理论方法 2011.12 周作领 尹建东 许绍元 著
126 Littlewood-Paley 理论及其在流体动力学方程中的应用 2012.3 苗长兴 吴家宏 章志飞 著
127 有约束条件的统计推断及其应用 2012.3 王金德 著
128 混沌、Mel'nikov 方法及新发展 2012.6 李继彬 陈凤娟 著
129 现代统计模型 2012.6 薛留根 著
130 金融数学引论 2012.7 严加安 著
131 零过多数据的统计分析及其应用 2013.1 解锋昌 韦博成 林金官 著

132　分形分析引论　2013.6　胡家信　著

133　索伯列夫空间导论　2013.8　陈国旺　编著

134　广义估计方程估计方程　2013.8　周　勇　著

135　统计质量控制图理论与方法　2013.8　王兆军　邹长亮　李忠华　著

136　有限群初步　2014.1　徐明曜　著

137　拓扑群引论(第二版)　2014.3　黎景辉　冯绪宁　著

138　现代非参数统计　2015.1　薛留根　著